# 铝合金门窗

## 设计与制作安装

### （第2版）

主　编　孙文迁　王　波

副主编　王春华　赵林君

参编单位　江西金鑫发铝业有限公司

中国电力出版社
CHINA ELECTRIC POWER PRESS

# 内 容 提 要

本书共分 15 章，书中对铝合金门窗用型材型号及选择、玻璃及其选配、五金配件及其选用、铝合金门窗的加工组装及施工安装等进行了较为详细的说明；对铝合金门窗的各项物理性能设计、结构设计、热工设计、耐火完整性设计及防雷等其他安全设计等进行了较为系统地论述；对相关物理性能对门窗节能的影响进行了探讨；对铝合金门窗的系统设计就行了初步介绍；对智能门窗及门窗智能制造就行了探讨；对铝合金门窗的生产组织及产品检验等给出了较为详细地介绍。本书所引用相关产品标准及规范均为现行有效标准及规范。

再版较初版新增了第 9 章 铝合金门窗系统设计及第 10 章 铝合金门窗的智能化；新增了 2.3 铝合金隔热型材的节能设计、3.3.6 中空玻璃的暖边技术、3.5 真空玻璃、4.4 辅助件、5.8.2 采光性能设计、5.9 耐火完整性设计、7.7.4 门窗防结露设计、7.8 THERM 和 WINDOWS 软件简介及 8.4 耐火性能设计等内容，删除了原 2.3 铝合金门窗用型材的选择、原 4.8 五金配件的选用、原 8.4 铝合金门窗系统设计、原 6.7 抗风压计算示例及原 7.3 保温性能计算示例等章节内容；重新调整了第 4 章五金配件及第 7 章铝合金门窗热工设计等章节相关内容；修订了相关标准内容更新。

本书采用理论与实例相结合，实用性较强，可作为门窗技术人员、管理人员的实用参考资料，也可作为相关建筑专业学生的学习用书。

**图书在版编目（CIP）数据**

铝合金门窗设计与制作安装/孙文迁，王波主编 . —2 版 . —北京：中国电力出版社，2022.3
ISBN 978 - 7 - 5198 - 6501 - 6

Ⅰ.①铝… Ⅱ.①孙…②王… Ⅲ.①铝合金—门—造型设计②铝合金—窗—造型设计③铝合金—门—生产工艺④铝合金—窗—生产工艺 Ⅳ.①TU228②TU758.16

中国版本图书馆 CIP 数据核字（2022）第 025556 号

---

出版发行：中国电力出版社
地　　址：北京市东城区北京站西街 19 号（邮政编码 100005）
网　　址：http://www.cepp.sgcc.com.cn
责任编辑：乐　苑（010 - 63412380）
责任校对：黄　蓓　郝军燕　李　楠
装帧设计：王红柳
责任印制：杨晓东

---

印　　刷：北京雁林吉兆印刷有限公司
版　　次：2022 年 3 月第二版
印　　次：2022 年 3 月北京第十三次印刷
开　　本：787 毫米×1092 毫米　16 开本
印　　张：27.25
字　　数：671 千字
定　　价：68.00 元

# 再版前言

　　《铝合金门窗设计与制作安装》一书自 2013 年 4 月发行以来，受到了广大读者的欢迎，给予了铝合金门窗技术人员以生产指导和提供了相关专业学生学习铝合金门窗生产技术的专业书籍，对广大门窗技术人员及从业人员有着良好的指导及借鉴作用。

　　本书再版编写的背景正是在节能降耗、中国制造及门窗智能化发展的关键时期。

　　节约能源，保护环境是我国的基本国策。建筑能耗约占社会总能耗的 40%，而作为建筑围护结构的门窗约占建筑能耗的 50%。随着我国建筑节能要求的不断提高，特别是我国提出了 2030 年实现碳达峰，2060 年实现碳中和的目标，对建筑门窗的节能也提出了更高的要求，进一步推动了建筑门窗技术的发展。随着我国提出中国制造 2025 的宏伟目标，建筑门窗生产技术也迎来了革命性的发展。因此，超低能耗节能门窗、智能门窗及智能制造是近几年门窗行业热门话题与实现目标。

　　目前，铝合金门窗技术的发展也重点转向门窗的系统化设计、智能化设计及其生产技术的研发上。根据铝合金门窗行业的发展趋势，本书再版较初版新增了第 9 章铝合金门窗系统设计及第 10 章铝合金门窗的智能化；新增了 2.3 铝合金隔热型材的节能设计、3.3.6 中空玻璃的暖边技术、3.5 真空玻璃、4.4 辅助件、5.8.2 采光性能设计、5.9 耐火完整性设计、7.7.4 门窗防结露设计、7.8 THERM 和 WINDOWS 软件简介及 8.4 耐火性能设计等内容；删除了原 2.3 铝合金门窗用型材的选择、原 4.8 五金配件的选用、原 8.4 铝合金门窗系统设计、原 6.7 抗风压计算示例及原 7.3 保温性能计算示例等章节内容；优化了第 4 章五金配件及第 7 章铝合金门窗热工设计等章节相关内容；更新了相关标准内容。

　　节能设计、系统化设计、智能化设计及智能制造技术是本书再版的主要方向，同时也补充了铝合金门窗近几年出现的新技术、新工艺等设计、生产方面的内容。

　　本书由南昌职业大学门窗学院孙文迁研究员、济南大学土建学院王波副教授主编，江西金鑫发铝业有限公司王春华、南昌职业大学工程技术学院赵林君任副主编。

　　本书在再版编写过程中，江西金鑫发铝有限公司提供了大力支持，在此表示感谢。

作者<br>2021 年 11 月

# 前　言

　　铝合金门窗作为目前建筑门窗的主导产品之一，在我国建筑门窗市场有着 50％以上的占有率。

　　目前，我国铝合金门窗生产企业众多，大多数企业普遍存在技术力量短缺、人员素质较低的情况。随着铝合金门窗生产技术的不断发展，铝合金门窗生产工艺水平的不断提高，很多铝合金门窗生产企业的技术力量和人员素质亟待提高。作者在与广大铝合金门窗生产企业及从业人员的接触交流过程中，深刻体会到铝合金门窗生产企业及技术人员迫切需要有关铝合金门窗设计计算、材料选用、加工制作、施工安装等方面进行系统介绍的指导性参考资料。针对此种情况，本书作者与有关人员认真探讨并积极搜集相关资料，编写了此书。

　　本书编写组成员由多年从事建筑门窗研究的专家、教授以及多年在建筑门窗生产一线从事设计、生产、管理的高级技术人员组成。

　　本书共分 13 章，分别对铝合金门窗的各项物理性能设计、结构设计、热工设计、防雷及其他安全设计等进行了较为系统的论述；对铝合金门窗用型材型号及选择、玻璃及其选配、五金配件及其选用、铝合金门窗的构件加工、组装、制作及施工安装等进行了较为详细的说明；对铝合金门窗的生产组织及产品检验等给出了较为详细的介绍。

　　本书既包括了铝合金门窗行业生产一线所需要的最实用、最基本的知识，又对于铝合金门窗发展的最新技术进行了介绍并予以探讨。在铝合金门窗的设计与生产制作过程中，既有门窗生产的前沿技术，又要遵循相关的产品标准和规范。因此，本书在编写过程中力求兼顾，所引用的标准均为现行有效标准及规范，对于广大铝合金门窗生产企业具有较高实际参考价值。

　　本书采用理论与实例相结合，既可作为建筑相关专业学生的学习用书，又可作为广大铝合金门窗行业技术人员、管理人员的实用参考用书。

　　本书由山东省建筑科学研究院孙文迁、济南大学土建学院王波主编；由山东山伟铝业有限公司薛建伟、淄博市建设监理协会胡晓亮、青岛市建筑工程质量监督站石百军任副主编。参加编写的人员还有山东省建筑科学研究院黄楠、李承伟、冯功斌、许芹祖、齐雅欣、刘敏。

　　本书在编写过程中得到山东富达装饰工程有限公司于明杰董事长的大力支持，在此表示衷心感谢。

　　由于编者水平所限，书中难免存在缺点和不足，欢迎广大读者批评指正。

编　者

# 目　录

# 第1章

# 铝合金门窗概述

## 1.1 铝合金门窗术语

为了统一、规范铝合金门窗设计、制作及安装过程中相关用语，便于读者阅读、理解，本书对部分门窗术语进行了摘编。

（1）门窗：建筑用窗及人行门的总称。

（2）门：围蔽墙体门洞口，可开启关闭，并可供人出入的建筑部件。

（3）窗：围蔽墙体洞口，可起采光、通风或观察等作用的建筑部件的总称。通常包括窗框和一个或多个窗扇以及五金件，有时还带有亮窗和换气装置。

（4）门窗洞口：墙体上安装门窗的预留开口。

（5）框：用于安装门窗活动扇和固定部分（固定扇、玻璃或镶板），并与门窗洞口或附框连接固定的门窗杆件系统。

（6）附框：预埋或预先安装在门窗洞口中，用于固定门窗杆件的系统。

（7）活动扇：安装在门窗框上的可开启和关闭的组件。

（8）固定扇：安装在门窗框上不可开启的组件。

（9）铝合金门窗：采用铝合金建筑型材制作框、扇杆件结构的门、窗的总称。

（10）主型材：组成门窗框、扇杆件系统的基本架构，在其上开启扇或玻璃、辅型材、附件的门窗框和扇梃型材，以及组合门窗拼樘框型材。

（11）辅型材：铝合金门窗框、扇杆件系统中，镶嵌或固定于主型材杆件上，起到传力或某种功能作用的附加型材（如玻璃压条、披水条、封口边梃型材等）。

（12）主要受力杆件：承受并传递门窗自身重力及水平风荷载等作用力的中横框、中竖框、扇梃以及组合门窗拼樘框等型材构件。

（13）门窗附件：门窗组装用的配件和零件。

（14）双金属腐蚀：由不同金属构成电极而形成的电偶腐蚀。

（15）干法安装：墙体门窗洞口预先安置附框并对墙体缝隙进行填充、防水密封处理，在墙体洞口表面装饰湿作业完成后，将门窗固定在附框上的安装方法。

（16）湿法安装：将门窗直接安装在未经表面装饰的墙体洞口上，在墙体表面湿作业装饰时对门窗洞口间隙进行填充和防水密封处理。

（17）系统门窗：按照由材料、构造、门窗形式、技术、性能等要素构成的门窗技术体系要求制造、安装的建筑门窗。

（18）普通型门窗：只有气密性能、水密性能和抗风压性能指标要求的外门窗和下列两种内门窗：①仅有气密性能指标要求的；②无气密性能、水密性能、抗风压性能、保温性能、隔热性能、耐火完整性等性能要求的。

（19）隔声型门窗：空气声隔声性能值不低于 35dB 的门窗。

（20）保温型门窗：传热系数 K 小于 2.5W/(m² · K) 的门窗。

（21）隔热型门窗：太阳得热系数 $SHGC$ 不大于 0.44 的门窗。

（22）保温隔热型门窗：传热系数 K 小于 2.5W/(m² · K) 且太阳得热系数 SHGC 不大于 0.44 的门窗。

（23）耐火型门窗：在规定的试验条件下，关闭状态耐火完整性 E 不小于 30min 的门窗。

（24）门窗框扇杆件及相关附件：门窗框示意图如图 1-1 所示。

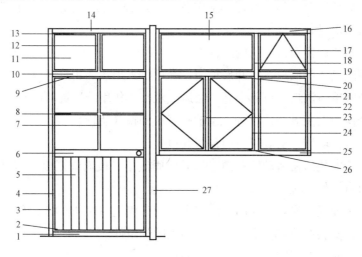

图 1-1　门窗框示意

1—门下框；2—门扇下梃；3—门边框；4—门扇边梃；5—镶板；6—门扇中横梃；7—竖芯；8—横芯；
9—门扇上梃；10—门中横框；11、17—亮窗；12—亮窗中竖框；13—玻璃压条；14—门上框；
15—固定亮窗；16—窗上框；18—窗中竖框；19—窗中横框；20—窗扇上梃；21—固定窗；
22—窗边框；23—窗中竖梃；24—窗扇边梃；25—窗下框；26—窗扇下梃；27—拼樘框

1）上框：门窗框构架的上部横向杆件。

2）边框：门窗框构架的两侧边部竖向杆件。

3）中横框：门窗框构架的中间横向杆件。

4）中竖框：门窗框构架的中间竖向杆件。

5）下框：门窗框构架的底部横向杆件。

6）拼樘框：两樘及两樘以上门之间或窗之间或门与窗之间组合时的框构架的横向和竖向连接杆件。

7）上梃：门窗扇构架的上部横向杆件。

8）中横梃：门窗扇构架的中部横向构件。

9）边梃：门窗扇构架的两侧边部竖向杆件。

10）带勾边梃：不在一个平面内的两推拉窗扇（在相邻两平行导轨上）关闭时，重叠相邻的带有相互配合密封构造的边梃杆件。

11）下梃：门窗扇构架的底部横向杆件。

12）封口边梃：附加边梃，指在同一平面内两相邻的边梃之间接合密封所用的型材杆件。

13）横芯：门窗扇构架的横向玻璃分格条。

14）竖芯：门窗扇构架的竖向玻璃分格条。

15）玻璃压条：镶嵌固定门窗玻璃的可拆卸的杆状件。

16）披水条：门窗扇之间、框与扇之间以及框与门窗洞口之间横向缝隙处的挡风及排泄雨水的型材杆件。

## 1.2 铝合金门窗分类和标记

### 1.2.1 分类和代号

1. 按用途分类

门、窗按外围护用和内围护用，划分为两类：

（1）外门窗，代号为 W。

（2）内门窗，代号为 N。

2. 按使用性能分类

门、窗按主要使用性能划分的类型及代号见表 1-1。

表 1-1　　　　　　　　　　门、窗的主要性能类型及代号

| 种类 | | 普通型 | | 隔声型 | | 保温型 | | 隔热型 | 保温隔热型 | 耐火型 |
|---|---|---|---|---|---|---|---|---|---|---|
| 代号 | | PT | | GS | | BW | | GR | BWGR | NH |
| 用途 | | 外门窗 | 内门窗 | 外门窗 | 内门窗 | 外门窗 | 内门窗 | 外门窗 | 外门窗 | 外门窗 |
| 主要性能 | 抗风压性能 | ◎ | — | ◎ | — | ◎ | — | ◎ | ◎ | ◎ |
| | 水密性能 | ◎ | — | ◎ | — | ◎ | — | ◎ | ◎ | ◎ |
| | 气密性能 | ◎ | ○ | ◎ | ◎ | ◎ | ○ | ◎ | ◎ | ◎ |
| | 隔声性能 | — | — | ◎ | ◎ | — | — | — | — | — |
| | 保温性能 | — | ○ | — | ○ | ◎ | ◎ | — | ◎ | ○ |
| | 隔热性能 | — | — | ○ | — | — | — | ◎ | ◎ | ○ |
| | 耐火性能 | — | — | — | — | — | — | — | — | ◎ |

注："◎"为必选性能；"○"为选择性能；"—"为不要求。

（1）抗风压性能：可开启部分在正常锁闭状态时，在风压作用下外门窗变形（包括受力杆件变形和面板变形）不超过允许值，且不发生损坏（包括裂缝、面板破损、连接破坏、粘结破坏、窗扇掉落或被打开以及可观察到的不可恢复的变形等现象）或功能障碍（包括五金件松动、开启困难、胶条脱落等）的能力，以 kPa 为单位。

（2）水密性能：可开启部分在正常锁闭状态时，在风雨同时作用下，外门窗阻止雨水渗漏的能力，以 Pa 为单位。

（3）气密性能：可开启部分在正常锁闭状态时，外门窗阻止空气渗透的能力，以 $m^3/(m \cdot h)$ 或 $m^3/(m^2 \cdot h)$ 为单位，分别表示单位缝长空气渗透量和单位面积空气渗透量。

（4）保温性能：门窗在冬季阻止热量从室内高温侧向室外低温侧传递的能力，用传热系数 K 表征。传热能力越强，门窗的保温性能就越差。门窗的传热系数指在稳定传热条件下，门窗两侧空气温差为 1K，单位时间内通过单位面积的传热量，以 $W/(m^2 \cdot K)$ 为单位。

（5）隔声性能：可开启部分在正常锁闭状态时，门窗阻隔室外声音传入室内的能力，以 dB 为单位。

（6）采光性能：建筑外窗在漫射光照射下透过光的能力。以窗的透光折减系数 $T_r$ 作为分级指标。

（7）隔热性能：门窗在夏季阻隔太阳辐射得热的能力，用太阳得热系数 SHGC（太阳能总透射比）表征。门窗太阳得热系数指通过门窗进入室内的太阳得热量与投射在其表面的太阳辐射能总量之比值，也称为太阳能总透射比。

门窗的夏季隔热还包括其阻止室外高温产生的温差得热部分，但因其温差得热远小于太阳辐射得热，故门窗隔热性能主要以其太阳得热系数表征。

（8）遮阳性能：门窗在夏季阻隔太阳辐射热的能力。遮阳性能以遮阳系数 SC 表示。遮阳系数指在给定条件下，太阳辐射透过门窗所形成的室内得热量与相同条件下透过相同面积的 3mm 厚透明玻璃所形成的太阳辐射得热量之比。3mm 厚透明玻璃的太阳能总透射比为 0.87，故 $SC = SHGC/0.87$。

（9）耐火完整性：在标准耐火试验条件下，建筑门窗某一面受火时，在一定时间内阻止火焰或热气穿透或在被火面出现火焰的能力。耐火型门窗要求室外侧耐火时，耐火完整性不应低于 E30（O）；耐火型门窗要求室内侧耐火时，耐火完整性不应低于 E30（i）。

3. 按开启形式分类

门窗按开启形式划分门、窗的分类及其代号分别如表 1-2 和表 1-3 所示。

表 1-2　门的开启形式分类与代号

| 开启类别 | 平开旋转类 | | | 推拉平移类 | | | 折叠类 | |
|---|---|---|---|---|---|---|---|---|
| 开启形式 | 平开（合页） | 平开（地弹簧） | 平开下悬 | （水平）推拉 | 提升推拉 | 推拉下悬 | 折叠平开 | 折叠推拉 |
| 代号 | P | DHP | PX | T | ST | TX | ZP | ZT |

表 1-3　窗的开启形式分类与代号

| 开启类别 | 平开旋转类 | | | | | | | |
|---|---|---|---|---|---|---|---|---|
| 开启形式 | 平开（合页） | 滑轴平开 | 上悬 | 下悬 | 中悬 | 滑轴上悬 | 内平开下悬 | 立转 |
| 代号 | P | HZP | SX | XX | ZX | HSX | PX | LZ |
| 开启类别 | 推拉平移类 | | | | | 折叠类 | | |
| 开启形式 | 推拉 | 提升推拉 | 平开推拉 | 推拉下悬 | 提拉 | 折叠推拉 | | |
| 代号 | T | ST | PT | TX | TL | ZT | | |

#### 4. 按产品系列分类

门、窗的产品系列以门、窗框在洞口深度方向的尺寸即门、窗框厚度构造尺寸（$C_2$）划分，并以其数值表示。

门、窗框厚度构造尺寸以其与洞口墙体连接侧的型材截面外缘尺寸确定。门、窗四周框架的厚度构造尺寸不同时，以其中厚度构造尺寸最大的数值确定。

如门、窗框厚度构造尺寸为 70mm 时，其产品系列称为 70 系列；门、窗框厚度构造尺寸为 68mm 时，其产品系列称为 68 系列。

#### 5. 按规格分类

以门窗宽、高构造尺寸（$B_2$、$A_2$）的千、百、十位数字前后顺序排列的六位数字表示，无千位数字时以"0"表示。

如门窗的 $B_2$、$A_2$ 分别为 950mm 和 1450mm 时，则该门窗的尺寸规格代号为 095145。

### 1.2.2 标记

#### 1. 标记方法

门窗产品的标记顺序为：产品名称、标准编号、用途代号、类型代号、系列、品种代号、产品名称代号（铝合金门 LM；铝合金窗 LC）、规格代号、主要性能符号及等级或指标值。外门窗可能标记的主要性能符号及等级或指标值：抗风压性能 $P_3$—水密性能 $\Delta P$—气密性能 $q_1/q_2$—隔声性能（$R_w+C_{tr}$）—保温性能 $K$—隔热性能 SHGC—耐火完整性 $E$。

内门窗可能标记的主要性能符号及等级或指标值：气密性能 $q_1/q_2$—隔声性能（$R_w+C$）—保温性能 $K$。

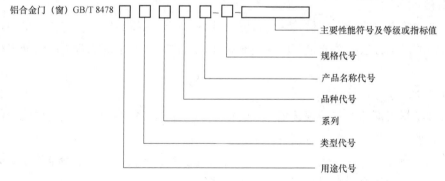

#### 2. 标记示例

【示例 1】外窗、普通型、50 系列、滑轴平开、铝合金窗，规格代号为 115145，抗风压性能 5 级，水密性能 3 级，气密性能 7 级，其标记为：

铝合金窗 GB/T 8478 WPT50HZPLC - 115145 - $P_3$5/$\Delta P$3/$q_1$7。

【示例 2】外门、保温型、70 系列、平开、铝合金门，规格代号为 085205，抗风压性能 6 级，水密性能 5 级，气密性能 8 级，保温性能 $K$ 值 2.5，其标记为：

铝合金门 GB/T 8478 WBW70PLM - 085205 - $P_3$6/$\Delta P$5/$q_1$8/K2.5。

【示例 3】外窗、保温隔热型、80 系列、内平开下悬、铝合金窗，规格代号为 147147，抗风压性能 5 级，水密性能 4 级，气密性能 7 级，保温性能 $K$ 值 2.2，隔热性能 SHGC0.4，其标记为：

铝合金窗 GB/T 8478 WBWGR80PXLC - 147147 - $P_3$5/$\Delta P4$/$q_1$7/$K2.2$/SHGC0.4。

【示例4】外窗、保温耐火型、65系列、平开、铝合金窗，规格代号为120125，抗风压性能6级，水密性能3级，气密性能6级，保温性能$K$值2.0，室外侧耐火完整性E为30min，其标记为：

铝合金窗 GB/T 8478 WBWNH65PLC - 120125 - $P_3$6/$\Delta P3$/$q_1$6/$K2.0$/E30（O）。

【示例5】内门、隔声型、125系列、提升推拉、铝合金门，规格代号为175205，隔声性能（$R_w + C$）3级，其标记为：

铝合金门 GB/T 8478 NGS125TLM175205（$R_w + C$）3。

## 1.3 铝合金门窗的特性

1. 稳定性

铝合金门窗的设计结构符合静力学原理。挤压成的长条状的铝型材，应符合铝合金门窗所要求的功能和尺寸，并且要用最轻的重量来满足一切结构上的要求，获得静力学上最合理的截面。这些特点明显地表现在大尺寸的框架和大面积采光的结构中。实践已证明，使用常见的机械铆接和胶粘的组角工艺（包括焊接连角工艺），可以获得一个密闭良好和牢固的结构。与其他生产外窗材料相比，铝合金型材还具有较高的抗腐蚀和较稳定的特点。不怕潮湿，更不会因受潮而变形，阳光的照射也不会使型材萎缩和软化，冰冻和紫外线也不会使型材变脆。

2. 耐候性

应用于建筑上的铝合金型材在一切常温条件下，都能保持高度的稳定性。采用符合铝合金型材特性的加工方法，并通过专门的表面处理，这样生产出来的铝合金门窗的实际寿命是无限的。

3. 装饰性

铝合金型材表面的特殊处理技术，可使铝合金门窗具有独特的外观及目前流行的装饰性金属颜色，如银白色、茶色、青铜色、黄铜色、黑色等各种颜色。目前对铝合金型材表面处理技术有阳极氧化、电泳涂漆、静电粉末喷涂及氟碳漆处理法及在静电粉末喷涂基础上的木纹转印技术，可使铝合金型材具有各种颜色和花纹。

4. 隔热性

通过对铝合金型材隔热设计，可以较大幅度提高型材的隔热性能。采用隔热型材生产的铝合金门窗，具有较好的隔热性能。合理配置节能玻璃，铝合金门窗的隔热效果可达到较佳状态，甚至门窗整体传热系数$K$可达到1.0W/(m² · K)以下，完全满足超低能耗建筑节能要求。

5. 重量轻

铝材的密度为2.7g/cm³，约为钢材的1/3，重量轻的特点给运输带来了方便，也给铝合金门窗的生产过程搬运带来了方便，降低了运输成本。因为重量轻，生产同样面积的窗，耗用的型材就少，可以降低生产成本。

6. 密封性

铝型材框架非常坚固，而且采用了特制的连接件及分布在四周的密封材料，使得铝合金平开窗具有较高的抗风压、水密性、气密性和隔声性能。

7. 易维护性

经表面处理后的铝合金型材表面坚硬，不受各种气候条件的影响，因而无须其他昂贵的维护。铝型材表面的清理，只需使用玻璃清洁剂即可，清理的时间间隔可以视情况自己决定。

8. 经济性

由于铝合金门窗的以上特性，使得铝合金门窗的使用者获得了很好的经济效益和实惠：

（1）易于维护和保养。

（2）省去了任何的重新刷漆维修，只需一般清洗，就能恢复本来的装饰效果。

（3）密封性好，通过选用合适的密封材料，可以获得良好的密封性能，使得空气和热对流都保持在较低的水平，达到了节能降耗的效果。

（4）使用隔热型材可达到理想节能保温的效果。

（5）使用寿命长。

9. 易加工性

由于制造铝门窗的铝合金型材，主要成分为铝 Al、镁 Mg、硅 Si，生产加工时切削力较小，切削速度快。因此，使用专用的加工铝型材的工具、设备，可以缩短加工时间，提高加工效率。

易加工性还表现在可塑性、可弯曲性和良好的冲压加工性。

10. 易于工业化生产

由于铝合金型材的易加工性，铝合金门窗的生产从型材加工，配套零件及密封件的制作到成品的组装都可以在工厂内大批量生产，有利于实现铝合金门窗产品的设计标准化、系列化和零配件的通用化。

# 第2章 铝合金建筑型材

铝合金型材作为构成铝合金门窗的主要构件，其质量的优劣及性能的高低，决定了铝合金门窗产品质量的优劣及性能的高低。

铝合金型材质量主要由铝合金型材的合金牌号、化学成分、力学性能及尺寸偏差等决定。铝合金型材的表面处理方式决定了铝合金门窗的耐候性能，铝合金型材的断面规格尺寸决定了铝合金门窗的抗风压性能及安全性能，铝合金型材的断面结构形式决定了铝合金门窗的气密性能和水密性能，而铝合金型材的隔热性能直接影响了铝合金门窗的保温、隔热性能。

## 2.1 铝合金建筑型材的分类

### 2.1.1 合金牌号

铝合金牌号是以铝为基础的合金总称。主要合金元素有铜、硅、镁、锌、锰，次要合金元素有镍、铁、钛、铬、锂等。铝合金密度低，但强度比较高，接近或超过优质钢，塑性好，可加工成各种型材，具有优良的导电性、导热性和抗蚀性，工业上广泛使用，使用量仅次于钢。

铝合金按加工方法可以分为变形铝合金和铸造铝合金。铸造铝合金，在铸态下使用；变形铝合金，能承受压力加工，力学性能高于铸态。主要用于制造航空器材、日常生活用品、建筑用门窗等。变形铝合金又分为不可热处理强化型铝合金和可热处理强化型铝合金。不可热处理强化型不能通过热处理来提高机械性能，只能通过冷加工变形来实现强化，它主要包括高纯铝、工业高纯铝、工业纯铝以及防锈铝等。可热处理强化型铝合金可以通过淬火和时效等热处理手段来提高机械性能，它可分为硬铝、锻铝、超硬铝和特殊铝合金等。铸造铝合金按化学成分可分为铝硅合金、铝铜合金、铝镁合金和铝锌合金。

铝合金可以采用热处理获得良好的机械性能、物理性能和抗腐蚀性能。

《变形铝及铝合金牌号表示方法》（GB/T 16474—2011）包括国际四位数字体系牌号和四位字符体系牌号的命名方法。按化学成分，已在国际牌号注册组织命名的铝及铝合金，直接采用国际四位数字体系牌号，国际牌号注册组织未命名的铝及铝合金，则按四位字符体系牌号命名。

牌号的第一位数字表示铝及铝合金的组别，见表 2 - 1。

表 2 - 1 铝及铝合金牌号表示法

| 组　　别 | 牌号系列 |
| --- | --- |
| 纯铝（铝含量不小于 99.00%） | 1××× |
| 以铜为主要元素的铝合金 | 2××× |
| 以锰为主要元素的铝合金 | 3××× |
| 以硅为主要元素的铝合金 | 4××× |
| 以镁为主要元素的铝合金 | 5××× |
| 以镁和硅为主要元素的铝合金并以 $Mg_2Si$ 相为强化相的铝合金 | 6××× |
| 以锌为主要元素的铝合金 | 7××× |
| 以其他元素为主要合金元素的铝合金 | 8××× |
| 备用合金组 | 9××× |

## 2.1.2 状态

《变形铝及铝合金状态代号》（GB/T 16475—2008）规定了变形铝及铝合金的状态代号。状态代号分为基础状态代号和细分状态代号。

基础代号用一个英文大写字母表示。基础状态分为五种，见表 2 - 2。

表 2 - 2 基础状态代号、名称及说明与应用

| 代号 | 名称 | 说明与应用 |
| --- | --- | --- |
| F | 自由加工状态 | 适用于在成型过程中，对于加工硬化和热处理条件无特殊要求的产品，该状态产品的力学性能不做规定 |
| O | 退火状态 | 适用于经完全退火获得最低强度的加工产品 |
| H | 加工硬化状态 | 适用于经过加工硬化提高强度的产品 |
| W | 固熔热处理状态 | 一种不稳定状态，仅适用于经固熔热处理后，室温下自然时效的合金，该状态代号仅表示产品处于自然时效阶段 |
| T | 热处理状态（不同于 F、O、H 状态） | 适用于热处理后，经过（或不经过）加工硬化达到稳定状态的产品 |

注：时效是淬火后铝合金的强度、硬度随时间增长而显著提高的现象。自然时效是在常温下发生的时效。人工时效是在高于室温的某一温度范围（如 100～200℃）内发生的时效。

细分状态代号采用基础状态代号后跟一位或多位阿拉伯数字或英文大写字母表示，这些阿拉伯数字或英文大写字母表示影响产品特性的基本处理或特殊处理。

1. H 状态的细分状态

在字母 H 后面添加 2～3 位阿拉伯数字表示 H 的细分状态。

(1) H 后面的第一位数字表示获得该状态的基本工艺,用数字 1～4 表示。

H1×——单纯加工硬化状态。适用于未经附加热处理,只经加工硬化即获得所需强度的状态。

H2×——加工硬化后不完全退火的状态。适用于加工硬化程度超过成品规定要求后,经不完全退火,使强度降低到规定指标的产品。对于室温下自然时效软化的合金,H2 与对应的 H3 具有相同的最小极限抗拉强度值;对于其他合金,H2 与对应的 H1 具有相同的最小极限抗拉强度值,但延伸率比 H1 稍高。

H3×——加工硬化后稳定化处理的状态。适用于加工硬化后经热处理或由于加工过程中受热作用致使其力学性能达到稳定的产品。H3 状态仅适用于在室温下逐渐时效软化(除非经稳定化处理)的合金。

H4×——加工硬化后涂漆处理的状态。适用于加工硬化后,经涂漆处理导致了不完全退火的产品。

(2) H 后面的第二位数字表示产品的最后加工硬化程度。用数字 1～9 表示。数字 8 硬状态。各种 H×× 细分状态代号及对应的加工硬化程度,见表 2-3。

表 2-3　　　　　　　　　　H×× 细分状态代号与加工硬化程度

| 细分状态代号 | 加工硬化程度 |
|---|---|
| H×1 | 最终抗拉强度极限值,为 O 状态与 H×2 状态的中间值 |
| H×2 | 最终抗拉强度极限值,为 O 与 H×4 状态的中间值 |
| H×3 | 最终抗拉强度极限值,为 H×2 与 H×4 状态的中间值 |
| H×4 | 最终抗拉强度极限值,为 O 与 H×8 状态的中间值 |
| H×5 | 最终抗拉强度极限值,为 H×4 与 H×6 状态的中间值 |
| H×6 | 最终抗拉强度极限值,为 H×4 与 H×8 状态的中间值 |
| H×7 | 最终抗拉强度极限值,为 H×6 与 H×8 状态的中间值 |
| H×8 | 硬状态 |
| H×9 | 超硬状态,最小抗拉强度极限值超过 H×8 状态至少 10MPa |

(3) H 后面的第 3 位数字或字母,表示影响产品特性,但产品特性仍接近其两位数字状态(H112、H116、H321 除外)的特殊处理。

2. T 状态的细分状态

在字母 T 后面添加一位或多位阿拉伯数字表示 T× 的细分状态。

(1) 在 T 后面添加 1～10 的阿拉伯数字,表示的细分状态(称作 T 状态)见表 2-4。

表 2 - 4　　　　　　　　　　　　T×细分状态代号说明与应用

| 状态代号 | 说明与应用 |
|---|---|
| T1 | 高温成型＋自然时效。适用于由高温成型后冷却＋自然时效、不再进行冷加工（或影响力学性能极限的矫直、矫平）的产品 |
| T2 | 高温成型过程＋冷加工＋自然时效。适用于高温成型后冷却，进行冷加工（或影响力学性能极限的矫直、矫平）以提高强度，然后自然时效的产品 |
| T3 | 固熔热处理＋冷加工＋自然时效。适用于固熔热处理后，进行冷加工（或影响力学性能极限的矫直、矫平）以提高强度，然后自然时效的产品 |
| T4 | 固熔热处理＋自然时效。适用于固熔热处理后，不再进行冷加工（或影响力学性能极限的矫直、矫平），然后自然时效的产品 |
| T5 | 高温成型＋人工时效。适用于高温成型后冷却，不经过冷加工（或影响力学性能极限的矫直、矫平），然后进行人工时效的产品 |
| T6 | 固溶热处理＋人工时效。适用于固溶热处理后，不再进行冷加工（或影响力学性能极限的矫直、矫平），然后进行人工时效的产品 |
| T7 | 固溶热处理＋过时效。适用于固溶热处理后，进行过时效至稳定化状态。为获取除力学性能外的其他某些重要特性，在人工时效时，强度在时效曲线上越过了最高峰点的产品 |
| T8 | 固溶热处理＋冷加工＋人工时效。适用于固溶热处理后，经冷加工（或影响力学性能极限的矫直、矫平）以提高强度，然后进行人工时效的产品 |
| T9 | 固溶热处理＋人工时效＋冷加工。适用于固溶热处理后，人工时效，然后进行冷加工（或影响力学性能极限的矫直、矫平）以提高强度的产品 |
| T10 | 高温成型＋冷加工＋人工时效。适用高温成型后冷却，经冷加工（或影响力学性能极限的矫直、矫平）以提高强度，然后进行人工时效的产品 |

注：某些 6×××或 7×××的合金，无论是炉内固溶热处理，还是从高温成型后急冷以保留可溶性组分在固溶体中，均能达到相同的固溶热处理效果，这些合金的 T3、T4、T6、T7、T8 和 T9 状态可采用上述两种处理方法的任一种。

（2）在 T×状态代号后面再添加一位阿拉伯数字（称作 T××状态），或添加两位阿拉伯数字（称作 T×××状态），表示经过了明显改变产品特性（如力学性能、抗腐蚀性能等）的特定工艺处理的状态，见表 2 - 5。

表 2 - 5　　　　　　　　　　T××及 T×××细分状态代号说明与应用

| 状态代号 | 说明与应用 |
|---|---|
| T42 | 适用于自 O 或 F 状态固溶热处理后，自然时效达到充分稳定状态的产品，也适用于需方对任何状态的加工产品热处理后，力学性能达到了 T42 状态的产品 |
| T62 | 适用于自 O 或 F 状态固溶热处理后，进入人工时效的产品，也适用于需方对任何状态的加工产品热处理后，力学性能达到了 T62 状态的产品 |
| T66 | 适用于固溶热处理后人工时效，通过工艺控制使力学性能达到 T66 要求的特殊状态的产品 |
| T73 | 适用于固溶热处理后，经过时效以达到规定的力学性能和抗应力腐蚀性能指标的产品 |
| T74 | 与 T73 状态定义相同。该状态的抗拉强度大于 T73 状态，但小于 T76 状态 |

| 状态代号 | 说明与应用 |
| --- | --- |
| T76 | 与 T73 状态定义相同。该状态的抗拉强度分别高于 T73、T74 状态，抗应力腐蚀断裂性能分别低于 T73、T74 状态，但其抗剥落腐蚀性能仍较好 |
| T7×2 | 适用于自 O 或 F 状态固溶热处理后，进行人工时效处理，力学性能及抗腐蚀性能达到了 T7X 状态的产品 |
| T81 | 适用于固溶热处理后，经 1%左右的冷加工变形提高强度，然后进行人工时效的产品 |
| T87 | 适用于固溶热处理后，经 7%左右的冷加工变形提高强度，然后进行人工时效的产品 |

### 2.1.3 表面处理方式

铝合金型材表面处理技术因原理不同，其工艺也有较大区别。根据保护层的性质和工艺特点，铝型材表面处理技术可分为阳极氧化处理、阳极氧化—电泳复合处理和有机涂层处理三大类。其中，有机涂层处理包括粉末喷涂、氟碳漆喷涂和木纹处理（见图 2-1）。

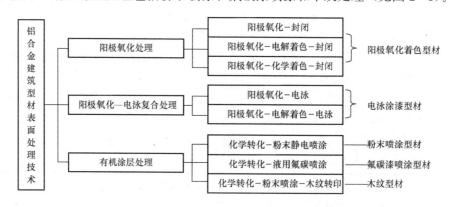

图 2-1　铝合金建筑型材表面处理技术

1. 阳极氧化、着色型材

经阳极氧化、电解着色的铝合金热挤压型材，简称阳极氧化、着色型材。

（1）阳极氧化处理。

阳极氧化处理工艺，又称为"氧化处理工艺"，是生产装饰性、稳定性和持久颜色的铝表面处理的传统工艺。

阳极氧化处理还包括事先对铝型材表面作的彻底清洁和去油脂及除去自然氧化层，否则会在电解槽中干扰电流的通过。阳极氧化后，由许多微小细孔构成的氧化层要进行封孔处理。

阳极氧化设备由不导电的槽子构成，槽内装有电解液，使用直流电工艺（GS-工艺），是目前最常用的标准工艺，水加上添加剂，每千克水加硫酸 $150\sim270g$，设备用直流电工作，由此而得名"直流电工艺"即直流电—硫酸工艺。被加工的铝件由悬挂装置吊进槽内，通过货物架接通电流（＋）阳极，槽中的两侧为阴极板，直流电通过阳极导向阴极板夹具，电流将水分解为氧分子和氢分子。氢分子向上漂浮，氧分子被吸附在带阳极的铝件上，与铝

构成细微的氧化物 $Al_2O_3$，在阳极出现人工氧化现象。这一氧化层的厚度是自然氧化层的数千倍。采用直流电氧化法的氧化层为透明色，因此，阳极氧化后铝件颜色为底层的铝发出的银白自然纯色（本色）。氧化层脆硬，抗磨、抗光、抗风和抗紫外线，具有优良的抗腐蚀性能，有较高的抗有机和无机制剂的侵蚀能力，铝的自然纯色在风雨中可几十年不变。

除直流阳极氧化法（GS 法）外，还有下列阳极氧化法：

1）GXS 法（直流电－硫酸/草酸法）；

2）WX 法（交流电－草酸法）；

3）GX 法（直流电－草酸法）。

通过上述方法可获得部分厚度的保护层和颜色。

（2）着色。铝合金型材的着色分为电解着色和化学着色。

1）化学着色。化学着色分有机染料着色和无机染料着色。

①有机染料着色是将经过阳极氧化的铝合金浸渍在含有机染料的溶液中，由于氧化膜多孔层的吸附作用，染料分子因此进入孔隙而显色，所以有机染料着色也称化学染色。有机染料着色膜的耐晒性、耐候性较差，一般只用于室内装饰用铝型材的着色处理。

②无机染料着色是将经过阳极氧化的铝合金浸泡在金属盐溶液中获得染色。如用高锰酸钾溶液，可以染出棕色，用铁盐溶液可以染出金黄色。无机染料着色，颜色的稳定性高，不易褪色，能经受阳光的长期暴晒。但无机染色的颜色种类较少，均匀性较差。

2）电解着色。电解着色有"自变发色法"和"电介质着色法"两种工艺方法。

①"自变发色法"的工艺是使用特制电解液，按照不同的合金组成各种色谱的氧化层（不加颜色），有黄色、青铜色、棕色、灰色和黑色，色彩与氧化层的厚度有关。这种氧化层比硫酸阳极氧化法的氧化层更坚硬。著名的氧化法有 Duranodlc 法、Kalcolor 法、Permandic 法和 Veroxal 法等。

②"电介质着色法"是制造着色氧化层较经济的一种方法（又称"二级氧化法"）。这种方法是指在一级氧化处理时，采用直流电－硫酸氧化法（GS）或直流电－硫酸/草酸氧化法（GXS）获得微孔氧化层；在第二级处理时，采用金属盐溶液着色，金属盐主要成分是镍盐、钴盐、铜盐和锡盐。在第二级电解液中，这类金属盐通过电流分解，金属成分渗入氧化层的微孔中，并附在微孔的底部，使第一级氧化处理的无色氧化层镀上了一定的颜色。著名的方法有 Anoolor 法、Anolok 法、Coloranodic 法、Korundalor 法、Metoxal 法等。

为统一氧化色彩，制定了欧洲统一的色谱——"欧洲标准色谱"。以下为各种颜色标志：C－O：无色；C－31：浅青铜色；C－32：亮青铜色；C－33：中青铜色；C－34：深青铜色；C－35：黑色；C－36：浅灰色；C－37：中灰色；C－38：深灰色。

经过阳极氧化处理后的铝材氧化表面有自然微孔，通过封孔处理技术，可以达到理想的硬度和防腐蚀性能。

封孔处理是在纯沸水或蒸汽温度为 $98 \sim 100℃$ 时完成的，这时氧化面出现变化，体积变大，微孔缩小，使上一工序（电介质着色法）的彩色被固定住。氧化层的封孔度提高，使铝氧化面的吸附变质的现象被排除。

建筑用铝合金氧化型材的着色主要采用氧化层电解着色。

**2. 电泳涂漆型材**

表面经阳极氧化和电泳涂漆（水溶性清漆）复合处理的铝合金热挤压型材，简称电泳型材。

铝合金电泳涂漆的原理是基材表面经阳极氧化处理后，生成多孔性蜂巢式的氧化膜保护层。在直流电压作用下，铝合金作为阳极，电流通过氧化膜微孔电解水，电泳涂料液在电场作用下，向阳极被涂物件移动，并沉积于被涂物上。在电场的作用下，膜中的水分子渗透析出，最终膜中水分含量低至 $2\% \sim 5\%$。经过烘烤产生交联反应硬化，电泳涂漆起到封闭多孔质氧化膜的作用。

电泳涂漆型材保护膜为阳极氧化膜和电泳涂层的复合膜，因此其耐候性优于阳极氧化型材。电泳涂漆型材表面光泽柔和，能抵抗水泥、砂浆酸雨的侵蚀，而且对于异形型材也有很好的涂装效果。电泳型材外观华丽，但漆膜易划伤。

**3. 喷粉型材**

以热固性饱和聚酯粉末作涂层的铝合金热挤压型材称为粉末喷涂型材，简称喷粉型材。

粉末喷涂又称静电喷涂，是根据电泳的物理现象，使雾化了的油漆微粒在直流高压电场中带上负电荷，并在静电场的作用下，定向地被流向带正电荷的工件表面，被中和沉积成一层均匀附着牢固的薄膜的涂装方法。

静电喷涂分为空气雾化式喷涂和旋杯雾化式喷涂两种。

（1）空气雾化式喷涂。空气雾化式喷涂采用压缩空气喷枪喷涂，负高压接通在喷漆嘴和极针上，油漆在压缩空气的作用下，呈雾化状态，由喷漆嘴射出，射至喷漆嘴口及极针处，雾化后油漆粒子受到强电场力的分裂作用，进一步的雾化并带电，成为"离子漆粒群"。"离子漆粒群"在电场力和压缩空气喷射力（同一方向）的同时作用下，向正极性的工件表面吸附中和，这就构成了空气雾化式静电喷涂。

（2）旋杯雾化式喷涂。旋杯式静电喷涂是利用一个具有锐利边缘高速旋转的金属杯，并在旋杯轴上接通负高压静电，则旋杯的内壁，由于旋转，油漆受离心力的作用向四周扩散，而形成均匀的薄膜状态，并向旋杯口流甩，流甩至旋杯口的油漆，受到强电场力的分裂作用，进一步雾化为带负电荷的油漆微粒子。在电场力的作用下漆粒子群迅速向正极性工件吸附中和，于是油漆便均匀地牢固吸附在工件表面上，这样就形成了静电喷涂。

铝型材粉末涂料主要为热固性饱和聚酯，其颜色种类较多，可以根据用户需要更换粉末。粉末涂层其局部厚度应不小于 $40\mu m$。粉末涂层坚固耐用，耐化学介质性能好，生产简单，在铝型材表面处理中占有较大比重。

粉末静电喷涂型材的特点是抗腐蚀性能优良，耐酸碱盐雾大大优于阳极氧化、着色型材。

**4. 喷漆型材**

以聚偏二氟乙烯漆作涂层的建筑用铝合金热挤压型材称为氟碳漆喷涂型材，简称喷漆型材。

氟碳喷涂采用静电液相喷涂法，为了得到性能优良的涂层，一般采用二层、三层、四层工艺，其中以二层、三层工艺为主。具体工艺流程为：化学前处理→底漆静电喷涂→流平→

面漆静电喷涂→流平→罩光漆静电喷涂→流平→烘烤固化。

氟碳涂料以聚偏二氟乙烯树脂（PVDF）为基料，加以金属粉合成，具有金属光泽。氟碳涂层耐紫外线辐射，其耐蚀性能优于粉末涂层，一般用于高档铝型材的表面处理。

5. 木纹处理

木纹处理 20 世纪 90 年代末开始引入我国，主要用于室内装饰型材的表面处理。木纹处理目前主要采用转印法，它是在经过粉末静电喷涂合格的铝型材表面贴上一层印有一定图案（木纹、大理石纹）的渗透膜，然后抽真空，使渗透膜完全覆盖在铝型材表面，再经过加热，使渗透膜上的油墨转移，渗入粉末涂层，从而使铝型材表面形成与渗透膜上图案完全一样的外观。木纹处理是在粉末涂层上进行的，因此，粉末涂层的准备与粉末喷涂型材的生产工序完全相同，只是所用粉末必须与热渗透膜匹配，否则可能不易上纹，其膜厚宜控制在 $60\sim90\mu m$。

## 2.1.4　铝合金型材的规格

建筑用铝合金型材应符合《铝合金建筑型材》（GB 5237.1～5237.6—2007）的有关规定。该标准适用于建筑行业用 6005、6060、6061、6063、6063A、6463、6463A 高温挤压成型、快速冷却并人工时效（T5）或经固熔热处理（T4、T6、T66）状态的型材。

铝合金型材是制作铝合金门窗的基本材料，是铝合金门窗的主体。铝合金型材的规格尺寸、精度等级、化学成分、力学性能和表面质量，对铝合金门窗的制作质量、使用性能和使用寿命有重要影响。

铝合金型材的规格尺寸，主要以型材截面的高度尺寸（用在铝合金门窗称为框厚度尺寸）为标志，并构成尺寸系列。

铝合金门窗用型材主要有 55mm、60mm、63mm、65mm、70mm、75mm、80mm、90mm、100mm、110mm、120mm 等尺寸系列。

铝合金门窗用型材标注的尺寸系列相同，不一定型材的截面形状和尺寸都相同。相同尺寸系列的铝合金门窗用型材，其截面形状和尺寸是相当繁杂的。必须依据图样具体分析和对待。铝合金门窗用型材根据截面形状，区分为实心型材和空心型材，空心型材的应用量较大。铝合金门窗用型材的壁厚尺寸按照《铝合金门窗》（GB/T 8478—2020）的规定为：

（1）门窗用主型材基材壁厚公称尺寸外门、外窗分别不低于 2.2mm 和 1.8mm，内门、内窗分别不低于 2.0mm 和 1.4mm。

（2）有装配关系的门窗主型材基材壁厚公称尺寸允许偏差应采用 GB/T 5237.1—2007 规定的超高精级。

（3）有装配关系的门窗主型材基材非壁厚公称尺寸允许偏差宜采用 GB/T 5237.1—2007 规定的超高精级。

铝合金门窗用型材的长度尺寸分定尺、倍尺和不定尺三种。定尺长度一般不超过 6m，不定尺长度不少于 1m。

### 2.1.5 隔热铝合金型材

隔热铝合金型材内、外层由铝合金型材组成,中间由低导热性能的非金属隔热材料连接成"隔热桥"的复合材料,简称隔热型材。

随着我国建筑节能标准的不断提高,低能耗建筑、超低能耗建筑甚至近零能耗建筑正在大力推广普及,建筑节能技术随着取得了快速发展。铝合金节能门窗的应用快速普及,隔热铝合金型材得到普及应用。

隔热型材的生产方式主要有三种,一种是把隔热材料浇注入铝合金型材的隔热腔体内,经过固化,去除断桥金属等工序形成"隔热桥",称为"浇注式"隔热型材;另一种是采用条形隔热材料与铝型材,通过机械开齿、穿条、滚压等工序形成"隔热桥",称为"穿条式"隔热型材;还有一种是浇注辊压一体式即将铝型材和高密度隔热条,经穿条辊压加工后,使铝塑成一体,再在隔热腔内浇注隔热树脂达到双效隔热的效果。

1. 浇注式隔热铝合金型材

浇注式隔热铝合金型材把铝合金强度高与 PU 树脂导热系数低的特性进行巧妙地结合合,优势互补,形成了新型的隔热铝合金型材产品。加工过程见图 2-2。

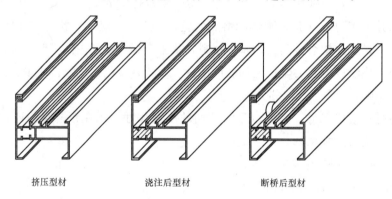

挤压型材　　　　　浇注后型材　　　　　断桥后型材

图 2-2　浇注式铝合金隔热型材加工过程

2. 穿条式隔热铝合金型材

穿条式隔热铝合金型材是采用机械加工的方法,把两部分型材通过隔热条进行连接,连接的隔热条起到隔热断桥的作用,加工过程见图 2-3。

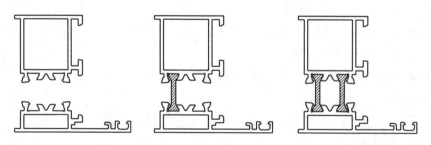

图 2-3　穿条式铝合金隔热型材加工过程

穿条式隔热铝合金型材主要生产工艺技术是采用辊压嵌入式,无论是国外或国产加工设备，均采用三步法的生产工序：开齿、穿条、辊压。有的企业开始研究二步法的生产工序，即开齿和穿条同步进行为一步，辊压为第二步。二步法可以缩短工艺流程，提高生产效率。虽然穿条式隔热铝合金型材加工工艺简单，但对铝合金型材的加工尺寸精度要求高，复合处的型材断面尺寸（包括隔热条）精度要求高。

3. 浇注辊压一体隔热铝合金型材

浇注辊压一体隔热铝合金型材是采用机械加工的方法，把两部分型材通过隔热条进行连接，在连接的隔热条腔内浇注 PU 树脂起到双效隔热断桥的作用，加工过程见图 2-4。

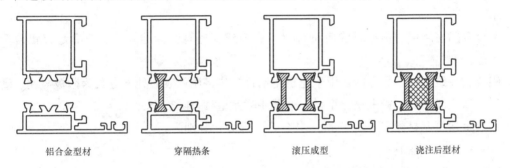

铝合金型材　　　　穿隔热条　　　　滚压成型　　　　浇注后型材

图 2-4　浇注滚压一体隔热铝合金型材

浇注辊压一体隔热铝合金型材的生产工艺是综合浇注式隔热铝合金型材与穿条式隔热铝合金型材两种工艺而成，工艺要求严格复杂。

它通过隔热条（尼龙 66 条）来阻断热量在铝型材上的传导，有效地降低了型材的传热系数 K 值。而浇注 PU 树脂阻止了热量的对流传导，使得型材节能效果更加显著。

通过对复合隔热条（尼龙 66）的隔热铝型材与在隔热条内再浇注 PU 树脂的隔热铝型材做力学性能对比试验，试验结果表明复合隔热条（尼龙 66）的隔热铝型材的抗压强度为 22.9MPa，复合隔热条（尼龙 66）再浇注 PU 树脂的隔热铝型材抗压强度为 78.4MPa。

隔热型材的内外两面，可以是不同断面的型材，也可以是不同表面处理方式的不同颜色型材。但受地域、气候的影响，避免因隔热材料和铝型材的线膨胀系数的差距很大，在热胀冷缩时二者之间产生较大应力和间隙；同时，隔热材料和铝型材复合成一体，在门窗和幕墙结构中，同样和铝材一样受力。因此，要求隔热材料还必须有与铝合金型材相接近的抗拉强度、抗弯强度、膨胀系数和弹性模量，同时隔热材料与铝合金型材的复合强度应足够并满足标准要求，否则就会使隔热桥遭到断开和破坏。因此，隔热材料的选用是非常重要的。

## 2.2　铝合金建筑型材的性能要求

铝合金门窗是长期暴露在外的建筑配套产品。我国地域辽阔、气候复杂，有些地区常年处在气候恶劣条件下，门窗要长期处在自然环境不利的条件下，如太阳暴晒、酸雨侵蚀、风沙等，因此，要求铝合金门窗使用的铝型材、玻璃、密封材料、五金配件等要有良好的耐候性和使用耐久性。

　　铝合金门窗属于轻质、薄壁杆件结构，部分构件经常启闭，是建筑外围护结构的薄弱部分，直接影响使用者和社会公众的人身安全。我国南方沿海地区曾发生在台风袭击下铝合金门窗严重破坏的原因之一，就是由于铝合金型材壁厚过小，造成门窗框扇主型材构件抗弯变形能力差，或外框与墙体锚固点变形或破坏。铝合金门窗主要受力杆件的中横框、中竖框和扇梃及拼樘框等主型材构件直接承受风荷载，需要有足够的抗变形刚度，框扇杆件的连接强度、开启扇与框的铰接和锁点等五金配件的装配紧固等都需要型材壁厚作为构件的可靠保证，因此，铝合金门窗框扇杆件型材壁厚要求也是门窗杆件结构必要的构造要求。

　　铝合金门窗所用的铝型材除应符合《铝合金建筑型材》标准外，还应满足《铝合金门窗》产品标准。

　　铝合金建筑型材产品标准适用于建筑用铝合金热挤压，表面处理方式为阳极氧化、着色型材、电泳涂漆型材、粉末喷涂型材、氟碳漆喷涂型材及隔热型材。

　　铝合金建筑型材标准 GB/T 5237 共分为六部分，分别为：

GB/T 5237.1 基材

GB/T 5237.2 阳极氧化型材

GB/T 5237.3 电泳涂漆型材

GB/T 5237.4 喷粉型材

GB/T 5237.5 喷漆型材

GB/T 5237.6 隔热型材

### 2.2.1　基材

　　基材是指表面未经处理的铝合金建筑型材。

　　装饰面是指经加工、组装成制品并安装在建筑物上的型材，目视可见部位对应的基材表面（包括处于开启和关闭状态）。

　　外接圆指能够将型材横截面完全包围的最小圆。

　　1. 合金牌号、状态

　　铝合金建筑型材的合金牌号及状态应符合表 2-6 的规定。

表 2-6　　　　　　　　　　　　合金牌号及供应状态

| 合金牌号 | 供应状态 |
|---|---|
| 6060、6063 | T5、T6、T66 |
| 6061 | T4、T6 |
| 6005、6063A、6463、6463A | T5、T6 |

　　2. 化学成分

　　化学成分是决定材料各项性能的关键。为了获得良好的挤压性能、优质的表面处理性能、适宜的力学性能、满意的表面质量和外观装饰效果，必须严格控制合金的化学成分。

铝合金建筑用型材的化学成分规定见表 2-7。

表 2-7　　6005、6060、6061、6063、6063A、6463、6463A 合金牌号的化学成分（质量分数）

| 牌号 | Si | Fe | Cu | Mn | Mg | Cr | Zn | Ti | 其他 | | Al |
| --- | --- | --- | --- | --- | --- | --- | --- | --- | 单个 | 合计 | |
| 6005 | 0.6～0.9 | 0.35 | 0.10 | 0.10 | 0.4～0.6 | 0.10 | 0.10 | 0.10 | 0.05 | 0.15 | 余量 |
| 6060 | 0.3～0.6 | 0.1～0.3 | 0.10 | 0.10 | 0.35～0.6 | 0.05 | 0.15 | 0.10 | 0.05 | 0.15 | 余量 |
| 6061 | 0.4～0.8 | 0.7 | 0.15～0.40 | 0.15 | 0.8～1.2 | 0.04～0.35 | 0.25 | 0.15 | 0.05 | 0.15 | 余量 |
| 6063 | 0.2～0.6 | 0.35 | 0.10 | 0.10 | 0.45～0.9 | 0.10 | 0.10 | 0.10 | 0.05 | 0.15 | 余量 |
| 6063A | 0.3～0.6 | 0.15～0.35 | 0.10 | 0.15 | 0.6～0.9 | 0.05 | 0.15 | 0.10 | 0.05 | 0.15 | 余量 |
| 6463 | 0.2～0.6 | ≤0.15 | ≤0.20 | ≤0.05 | 0.45～0.9 | — | ≤0.05 | — | ≤0.05 | ≤0.15 | 余量 |
| 6463A | 0.2～0.6 | ≤0.15 | ≤0.25 | ≤0.05 | 0.3～0.9 | — | ≤0.05 | — | ≤0.05 | ≤0.15 | 余量 |

3. 物理性能

铝合金建筑型材物理性能见表 2-8。

表 2-8　　　　　　　　　　铝合金建筑型材物理性能

| 弹性模量（MPa） | 线胀系数 $\alpha$（以℃$^{-1}$计） | 密度（kg/m$^3$） | 泊松比 $\upsilon$ |
| --- | --- | --- | --- |
| $7\times10^4$ | $2.35\times10^{-5}$ | 2710 | 0.33 |

4. 材质要求

《铝合金建筑型材　第一部分：基材》（GB/T 5237.1—2017）对铝合金建筑型材——基材的质量做了规定。

（1）型材的合金牌号、供应状态应符合表 2-6 的规定。

（2）型材的化学成分应符合表 2-7 的规定。

（3）横截面尺寸偏差。铝合金建筑型材的横截面尺寸分为壁厚尺寸、非壁厚尺寸、角度、倒角半径及圆角半径、曲面间隙和平面间隙。

1）壁厚尺寸。铝合金建筑型材的壁厚尺寸分为 A、B、C 三组，如图 2-5 所示。

型材的壁厚尺寸偏差分为普通级、高精级和超高精级，见表 2-9。壁厚允许偏差应按实际装配或搭接要求选择，有装配

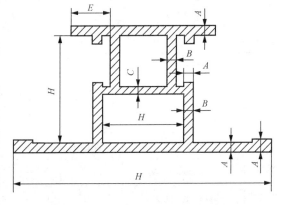

图 2-5　铝合金建筑型材的壁厚尺寸

A—翅壁壁厚；B—封闭空腔周壁壁厚；
C—两个封闭空腔间的隔断壁厚；H—非壁厚尺寸；
E—对开口部位的 H 尺寸偏差有重要影响的基准尺寸

关系的 6060—T5、6063—T5、6063A—T5、6463—T5、6463A—T5 的型材壁厚允许偏差应选择表 2-9 的高精级或超高精级，或严于超高精级的偏差要求。

表 2-9　　　　　　　　　　　壁厚允许偏差

| 级别 | 公称壁厚（mm） | 对应于下列外接圆直径的型材壁厚尺寸允许偏差（mm） | | | | | |
| --- | --- | --- | --- | --- | --- | --- | --- |
| | | ≤100 | | >100～250 | | >250～350 | |
| | | A | B、C | A | B、C | A | B、C |
| 普通级 | ≤1.50 | 0.15 | 0.23 | 0.20 | 0.30 | 0.38 | 0.45 |
| | >1.50～3.00 | 0.15 | 0.25 | 0.23 | 0.38 | 0.54 | 0.57 |
| | >3.00～6.00 | 0.18 | 0.30 | 0.27 | 0.45 | 0.57 | 0.60 |
| | >6.00～10.00 | 0.20 | 0.60 | 0.30 | 0.90 | 0.62 | 1.20 |
| | >10.00～15.00 | 0.20 | — | 0.30 | — | 0.62 | — |
| | >15.00～20.00 | 0.23 | — | 0.35 | — | 0.65 | — |
| | >20.00～30.00 | 0.25 | — | 0.38 | — | 0.69 | — |
| | >30.00～40.00 | 0.30 | — | 0.45 | — | 0.72 | — |
| 高精级 | 1.20～2.00 | 0.13 | 0.20 | 0.15 | 0.23 | 0.20 | 0.30 |
| | >2.00～3.00 | 0.13 | 0.21 | 0.15 | 0.25 | 0.25 | 0.38 |
| | >3.00～6.00 | 0.15 | 0.26 | 0.18 | 0.30 | 0.38 | 0.45 |
| | >6.00～10.00 | 0.17 | 0.51 | 0.20 | 0.60 | 0.41 | 0.90 |
| | >10.00～15.00 | 0.17 | — | 0.20 | — | 0.41 | — |
| | >15.00～20.00 | 0.20 | — | 0.23 | — | 0.43 | — |
| | >20.00～30.00 | 0.21 | — | 0.25 | — | 0.46 | — |
| | >30.00～40.00 | 0.26 | — | 0.30 | — | 0.48 | — |
| 超高精级 | 1.20～2.00 | 0.09 | 0.10 | 0.10 | 0.12 | 0.15 | 0.25 |
| | >2.00～3.00 | 0.09 | 0.13 | 0.10 | 0.15 | 0.15 | 0.25 |
| | >3.00～6.00 | 0.10 | 0.21 | 0.12 | 0.25 | 0.18 | 0.35 |
| | >6.00～10.00 | 0.11 | 0.34 | 0.13 | 0.40 | 0.20 | 0.70 |
| | >10.00～15.00 | 0.12 | — | 0.14 | — | 0.22 | — |
| | >15.00～20.00 | 0.13 | — | 0.15 | — | 0.23 | — |
| | >20.00～30.00 | 0.15 | — | 0.17 | — | 0.25 | — |
| | >30.00～40.00 | 0.17 | — | 0.20 | — | 0.30 | — |

2) 非壁厚尺寸。铝合金型材的非壁厚尺寸如图 2-6 所示的 $H$、$H_1$、$H_2$等 $H$ 尺寸。

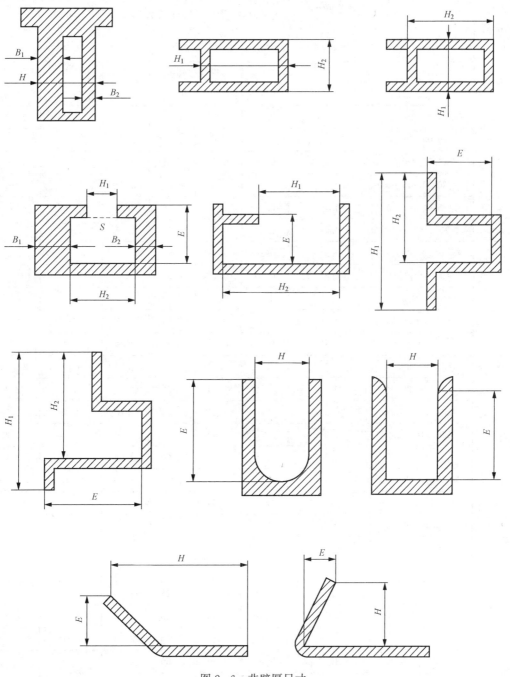

图 2-6 非壁厚尺寸

非壁厚尺寸偏差分为普通级、高精级和超高精级，分别见表 2-10~表 2-12。非壁厚允许偏差应按实际装配或搭接要求选择，有装配关系的 6060－T5、6063－T5、6063A－T5、6463－T5、6463A－T5 的型材尺寸偏差应选择高精级或超高精级、或严于超高精级。

表 2 - 10　　　　　　　　非壁厚尺寸（H）允许偏差（普通级）　　　　　　　　（mm）

| 外接圆直径 | H 尺寸 | 实体金属不小于75%的 H 尺寸允许偏差，± | 实体金属小于75%的 H 尺寸对应于下列 E 尺寸的允许偏差，± | | | | | |
|---|---|---|---|---|---|---|---|---|
| | | | >6～15 | >15～30 | >30～60 | >60～100 | >100～150 | >150～200 |
| | 1 栏 | 2 栏 | 3 栏 | 4 栏 | 5 栏 | 6 栏 | 7 栏 | 8 栏 |
| ≤100 | ≤3.00 | 0.15 | 0.25 | 0.30 | — | — | — | — |
| | >3.00～10.00 | 0.18 | 0.30 | 0.36 | 0.41 | — | — | — |
| | >10.00～15.00 | 0.20 | 0.36 | 0.41 | 0.46 | 0.51 | — | — |
| | >15.00～30.00 | 0.23 | 0.41 | 0.46 | 0.51 | 0.56 | — | — |
| | >30.00～45.00 | 0.30 | 0.53 | 0.58 | 0.66 | 0.76 | — | — |
| | >45.00～60.00 | 0.36 | 0.61 | 0.66 | 0.79 | 0.91 | — | — |
| | >60.00～100.00 | 0.61 | 0.86 | 0.97 | 1.22 | 1.45 | — | — |
| >100～250 | ≤3.00 | 0.23 | 0.33 | 0.38 | — | — | — | — |
| | >3.00～10.00 | 0.27 | 0.39 | 0.45 | 0.51 | — | — | — |
| | >10.00～15.00 | 0.30 | 0.47 | 0.51 | 0.58 | 0.61 | — | — |
| | >15.00～30.00 | 0.35 | 0.53 | 0.58 | 0.64 | 0.67 | — | — |
| | >30.00～45.00 | 0.45 | 0.69 | 0.73 | 0.83 | 0.91 | 1.00 | — |
| | >45.00～60.00 | 0.54 | 0.79 | 0.83 | 0.99 | 1.10 | 1.20 | 1.40 |
| | >60.00～90.00 | 0.92 | 1.10 | 1.20 | 1.50 | 1.70 | 2.00 | 2.30 |
| | >90.00～120.00 | 0.92 | 1.10 | 1.20 | 1.50 | 1.70 | 2.00 | 2.30 |
| | >120.00～150.00 | 1.30 | 1.50 | 1.60 | 2.00 | 2.40 | 2.80 | 3.20 |
| | >150.00～200.00 | 1.70 | 1.80 | 2.00 | 2.60 | 3.00 | 3.60 | 4.10 |
| | >200.00～250.00 | 2.10 | 2.10 | 2.40 | 3.20 | 3.70 | 4.30 | 4.90 |
| >250～350 | ≤3.00 | 0.54 | 0.64 | 0.69 | — | — | — | — |
| | >3.00～10.00 | 0.57 | 0.67 | 0.76 | 0.89 | — | — | — |
| | >10.00～15.00 | 0.62 | 0.71 | 0.82 | 0.95 | 1.50 | — | — |
| | >15.00～30.00 | 0.65 | 0.78 | 0.93 | 1.30 | 1.70 | — | — |
| | >30.00～45.00 | 0.72 | 0.85 | 1.20 | 1.90 | 2.30 | 3.00 | — |
| | >45.00～60.00 | 0.92 | 1.20 | 1.50 | 2.20 | 2.60 | 3.3. | 4.60 |
| | >60.00～90.00 | 1.30 | 1.60 | 1.80 | 2.50 | 2.90 | 3.60 | 4.90 |
| | >90.00～120.00 | 1.30 | 1.60 | 1.80 | 2.50 | 2.90 | 3.60 | 4.90 |
| | >120.00～150.00 | 1.70 | 1.90 | 2.20 | 2.90 | 3.20 | 3.80 | 5.20 |
| | >150.00～200.00 | 2.10 | 2.30 | 2.50 | 3.20 | 3.50 | 4.10 | 5.40 |
| | >200.00～250.00 | 2.40 | 2.60 | 2.90 | 3.50 | 3.80 | 4.40 | 5.70 |
| | >250.00～300.00 | 2.80 | 3.00 | 3.20 | 3.80 | 4.10 | 4.70 | 6.00 |
| | >300.00～350.00 | 3.20 | 3.30 | 3.60 | 4.10 | 4.40 | 5.00 | 6.20 |

表 2 - 11　　　　　　　　　非壁厚尺寸（$H$）允许偏差（高精级）　　　　　　　（mm）

| 外接圆直径 | $H$尺寸 | 实体金属不小于75%的$H$尺寸允许偏差，± | 实体金属小于75%的$H$尺寸对应于下列$E$尺寸的允许偏差，± | | | | | |
|---|---|---|---|---|---|---|---|---|
| | | | >6～15 | >15～30 | >30～60 | >60～100 | >100～150 | >150～200 |
| | 1栏 | 2栏 | 3栏 | 4栏 | 5栏 | 6栏 | 7栏 | 8栏 |
| ≤100 | ≤3.00 | 0.13 | 0.21 | 0.25 | — | — | — | — |
| | >3.00～10.00 | 0.15 | 0.26 | 0.31 | 0.35 | — | — | — |
| | >10.00～15.00 | 0.17 | 0.31 | 0.35 | 0.39 | 0.43 | — | — |
| | >15.00～30.00 | 0.21 | 0.35 | 0.39 | 0.43 | 0.48 | — | — |
| | >30.00～45.00 | 0.26 | 0.45 | 0.49 | 0.56 | 0.65 | — | — |
| | >45.00～60.00 | 0.31 | 0.52 | 0.56 | 0.67 | 0.77 | — | — |
| | >60.00～100.00 | 0.53 | 0.73 | 0.82 | 1.04 | 1.23 | — | — |
| >100～250 | ≤3.00 | 0.15 | 0.25 | 0.30 | — | — | — | — |
| | >3.00～10.00 | 0.18 | 0.30 | 0.36 | 0.41 | — | — | — |
| | >10.00～15.00 | 0.20 | 0.36 | 0.41 | 0.46 | 0.51 | — | — |
| | >15.00～30.00 | 0.23 | 0.41 | 0.46 | 0.51 | 0.56 | — | — |
| | >30.00～45.00 | 0.30 | 0.53 | 0.58 | 0.66 | 0.76 | 0.89 | — |
| | >45.00～60.00 | 0.36 | 0.61 | 0.66 | 0.79 | 0.91 | 1.07 | 1.27 |
| | >60.00～90.00 | 0.61 | 0.86 | 0.97 | 1.22 | 1.45 | 1.73 | 2.03 |
| | >90.00～120.00 | 0.61 | 0.86 | 0.97 | 1.22 | 1.45 | 1.73 | 2.03 |
| | >120.00～150.00 | 0.86 | 1.12 | 1.27 | 1.63 | 1.98 | 2.39 | 2.79 |
| | >150.00～200.00 | 1.12 | 1.37 | 1.57 | 2.08 | 2.51 | 3.05 | 3.56 |
| | >200.00～250.00 | 1.37 | 1.63 | 1.88 | 2.54 | 3.05 | 3.68 | 4.32 |
| >250～350 | ≤3.00 | 0.36 | 0.46 | 0.51 | — | — | — | — |
| | >3.00～10.00 | 0.38 | 0.48 | 0.56 | 0.71 | — | — | — |
| | >10.00～15.00 | 0.41 | 0.51 | 0.61 | 0.76 | 1.27 | — | — |
| | >15.00～30.00 | 0.43 | 0.56 | 0.69 | 1.02 | 1.52 | — | — |
| | >30.00～45.00 | 0.48 | 0.61 | 0.86 | 1.52 | 2.03 | 2.54 | — |
| | >45.00～60.00 | 0.61 | 0.86 | 1.12 | 1.78 | 2.29 | 2.79 | 4.32 |
| | >60.00～90.00 | 0.86 | 1.12 | 1.37 | 2.03 | 2.54 | 3.05 | 4.57 |
| | >90.00～120.00 | 0.86 | 1.12 | 1.37 | 2.03 | 2.54 | 3.05 | 4.57 |
| | >120.00～150.00 | 1.12 | 1.37 | 1.63 | 2.29 | 2.79 | 3.30 | 4.83 |
| | >150.00～200.00 | 1.37 | 1.63 | 1.88 | 2.54 | 3.05 | 3.56 | 5.08 |
| | >200.00～250.00 | 1.63 | 1.88 | 2.13 | 2.79 | 3.30 | 3.81 | 5.33 |
| | >250.00～300.00 | 1.88 | 2.13 | 2.39 | 3.05 | 3.56 | 4.06 | 5.59 |
| | >300.00～350.00 | 2.13 | 2.39 | 2.64 | 3.30 | 3.81 | 4.32 | 5.84 |

表 2-12                                    **非壁厚尺寸（$H$）允许偏差（超高精级）**                   （mm）

| 外接圆直径 | $H$ 尺寸 | 实体金属不小于 75%的 $H$ 尺寸允许偏差，± | 实体金属小于 75%的 $H$ 尺寸对应于下列 $E$ 尺寸的允许偏差，± | | |
| --- | --- | --- | --- | --- | --- |
| | | | >6~15 | >15~60 | >60~120 |
| | 1栏 | 2栏 | 3栏 | 4栏 | 6栏 |
| ≤100 | ≤3.00 | 0.10 | 0.14 | 0.14 | — |
| | >3.00~10.00 | 0.11 | 0.14 | 0.14 | — |
| | >10.00~15.00 | 0.13 | 0.18 | 0.18 | — |
| | >15.00~30.00 | 0.15 | 0.22 | 0.22 | — |
| | >30.00~45.00 | 0.18 | 0.27 | 0.27 | 0.41 |
| | >45.00~60.00 | 0.27 | 0.36 | 0.36 | 0.50 |
| | >60.00~100.00 | 0.37 | 0.41 | 0.41 | 0.59 |
| >100~350 | ≤3.00 | 0.10 | 0.15 | 0.15 | — |
| | >3.00~10.00 | 0.12 | 0.15 | 0.15 | — |
| | >10.00~15.00 | 0.13 | 0.20 | 0.20 | — |
| | >15.00~30.00 | 0.15 | 0.25 | 0.25 | — |
| | >30.00~45.00 | 0.20 | 0.30 | 0.30 | 0.45 |
| | >45.00~60.00 | 0.24 | 0.40 | 0.40 | 0.55 |
| | >60.00~90.00 | 0.40 | 0.45 | 0.45 | 0.65 |
| | >90.00~120.00 | 0.45 | 0.57 | 0.60 | 0.80 |
| | >120.00~150.00 | 0.57 | 0.73 | 0.80 | 1.00 |
| | >150.00~200.00 | 0.75 | 0.89 | 1.00 | 1.30 |
| | >200.00~250.00 | 0.91 | 1.09 | 1.20 | 1.50 |
| | >250.00~300.00 | 1.25 | 1.42 | 1.50 | 1.80 |
| | >300.00~350.00 | 1.42 | 1.58 | 1.73 | 2.16 |

3）角度。基材角度允许偏差应符合表 2-13 的规定，精度等级在图样或合同中注明，未注明时 6060—T5、6063—T5、6063A—T5、6463—T5、6463A-T5 基材角度偏差按高精级执行，其他基材按普通级执行。

表 2-13                               **角度允许偏差**

| 级别 | 允许偏差（°） |
| --- | --- |
| 普通级 | ±1.5 |
| 高精级 | ±1.0 |
| 超高精级 | ±0.5 |

4）倒角半径及圆角半径。基材横截面上的倒角（或过渡圆角）半径（$r$）及圆角半径（R）如图 2-7 所示。

门窗用铝合金基材夹角边公称壁厚通常不大于 3mm，当基材图样上标注有倒角半径 "$r$" 字样时，表示倒角半径为不大于 0.5mm，否则，倒角半径将以数字的方式标在图样上。

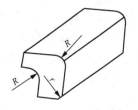

图 2-7　倒角和圆角半径

当基材图样上标注有圆角半径 "$R$" 字样时，表示圆角半径符合表 2-14 的规定，否则，圆角半径将以数字的方式标在图样上。

表 2-14　　　　　　　　　　　　圆角半径允许偏差　　　　　　　　　　　　（mm）

| 圆角半径 $R$ | 允许偏差 |
|---|---|
| ≤1.0 | ±0.3 |
| >1.0~5.0 | ±0.5 |
| >5.0 | ±0.1$R$ |

5）曲面间隙。将标准弧样板紧贴在基材的曲面上，基材曲面与标准弧样板之间的最大间隙即为基材的曲面间隙，如图 2-8 所示。

基材曲面与标准样板之间的间隙为每 25mm 的弦长上允许的最大值不超过 0.13mm，不足 25mm 的部分按 25mm 计算。

6）平面间隙。将长度大于型材平面宽度的直尺靠在型材的凹面上，则直尺与型材之间的最大间隙即为型材在整个宽度上的平面间隙，如图 2-9 所示。

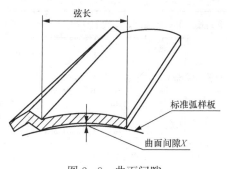

图 2-8　曲面间隙

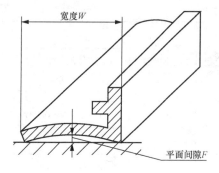

图 2-9　平面间隙

基材的平面间隙应符合表 2-15 的规定。未注明精度级别时 6060—T5、6063—T5、6063A—T5、6463—T5、6463A—T5 基材平面间隙按高精级执行，其他基材按普通级执行。

表 2-15　　　　　　　　　　　　　　平面间隙　　　　　　　　　　　　　　（mm）

| 型材公称宽度（$W$） | 平面间隙，不大于 | | |
|---|---|---|---|
| | 普通级 | 高精级 | 超高精级 |
| ≤25.00 | 0.20 | 0.15 | 0.10 |
| >25.00~100.00 | 0.70%×$W$ | 0.50%×$W$ | 0.40%×$W$ |
| >100.00~350.00 | 0.80%×$W$ | 0.60%×$W$ | 0.33%×$W$ |
| 任意 25.00mm 宽度上 | 0.20 | 0.15 | 0.10 |

5. 弯曲度

将基材放在平台上，借自重达到稳定时，则沿基材长度方向上的基材底部与平台间的最大间隙即为基材全长（L）上的弯曲度；将300mm长的直尺沿基材长度方向靠在基材上，则基材与直尺间的最大间隙即为基材任意300mm长度上的弯曲度，如图2-10所示。

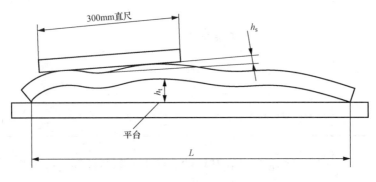

图 2-10 弯曲度

基材的弯曲度应符合表 2-16 的规定。未注明弯曲度的精度等级时 6060—T5、6063—T5、6063A—T5、6463—T5、6463A—T5 基材弯曲度按高精级执行，其他基材按普通级执行。

表 2-16                                    弯曲度                                    （mm）

| 外接圆直径 | 最小壁厚 | 下列长度上的弯曲度，不大于 | | | | | |
| --- | --- | --- | --- | --- | --- | --- | --- |
| | | 普通级 | | 高精级 | | 超高精级 | |
| | | 任意 300mm | 全长 $L$ | 任意 300mm | 全长 $L$ | 任意 300mm | 全长 $L$ |
| ≤38 | ≤2.4 | 1.3 | $0.004 \times L$ | 1.0 | $0.003 \times L$ | 0.3 | $0.0006 \times L$ |
| | >2.4 | 0.5 | $0.002 \times L$ | 0.3 | $0.001 \times L$ | 0.3 | $0.0006 \times L$ |
| >38 | — | 0.5 | $0.0015 \times L$ | 0.3 | $0.0008 \times L$ | 0.3 | $0.0005 \times L$ |

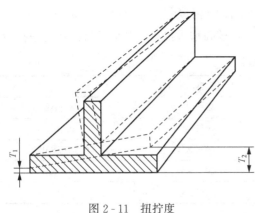

图 2-11 扭拧度

6. 扭拧度

将基材放在平台上，并使其一端紧贴平台，基材借自重达到稳定时，基材翘起端的两侧端点与平台之间的间隙 $T_1$ 和 $T_2$ 的差值即为基材的扭拧度，如图 2-11 所示。

公称长度小于或等于 7000mm 的基材，扭拧度应符合表 2-17 的规定。未注明扭拧度精度等级时 6060—T5、6063—T5、6063A—T5、6463—T5、6463A—T5 基材弯曲度按高精级执行，其他基材按普通级执行。

表 2-17　　　　　　　　　　　　　　　　扭拧度

| 精度等级 | 公称宽度（mm） | 下列长度（L）上的扭拧度（mm） | | | | | |
|---|---|---|---|---|---|---|---|
| | | ≤1m | >1~2m | >2~3m | >3~4m | >4~5m | >5~7m |
| | | 不大于 | | | | | |
| 普通级 | ≤25.00 | 1.30 | 2.00 | 2.30 | 3.10 | 3.30 | 3.90 |
| | >25.00~50.00 | 1.80 | 2.60 | 3.90 | 4.20 | 4.70 | 5.50 |
| | >50.00~75.00 | 2.10 | 3.40 | 5.20 | 5.80 | 6.30 | 6.80 |
| | >75.00~100.00 | 2.30 | 3.50 | 6.20 | 6.60 | 7.00 | 7.40 |
| | >100.00~125.00 | 3.00 | 4.50 | 7.80 | 8.20 | 8.40 | 8.60 |
| | >125.00~150.00 | 3.60 | 5.50 | 9.80 | 9.90 | 10.10 | 10.30 |
| | >150.00~200.00 | 4.40 | 6.60 | 11.70 | 11.90 | 12.10 | 12.30 |
| | >200.00~300.00 | 5.50 | 8.20 | 15.60 | 15.80 | 16.00 | 16.20 |
| 高精级 | ≤25.00 | 1.20 | 1.80 | 2.10 | 2.60 | 2.60 | 3.00 |
| | >25.00~50.00 | 1.30 | 2.00 | 2.60 | 3.20 | 3.70 | 3.90 |
| | >50.00~75.00 | 1.60 | 2.30 | 3.90 | 4.10 | 4.30 | 4.70 |
| | >75.00~100.00 | 1.70 | 2.60 | 4.00 | 4.40 | 4.70 | 5.20 |
| | >100.00~125.00 | 2.00 | 2.90 | 5.10 | 5.50 | 5.70 | 6.00 |
| | >125.00~150.00 | 2.40 | 3.60 | 6.40 | 6.70 | 7.00 | 7.20 |
| | >150.00~200.00 | 2.90 | 4.30 | 7.60 | 7.90 | 8.10 | 8.30 |
| | >200.00~300.00 | 3.60 | 5.40 | 10.20 | 10.40 | 10.70 | 10.90 |
| 超高精级 | ≤25.00 | 1.00 | 1.20 | 1.50 | 1.80 | 2.00 | 2.00 |
| | >25.00~50.00 | 1.00 | 1.20 | 1.50 | 1.80 | 2.00 | 2.00 |
| | >50.00~75.00 | 1.00 | 1.20 | 1.50 | 1.80 | 2.00 | 2.00 |
| | >75.00~100.00 | 1.00 | 1.20 | 1.50 | 2.00 | 2.20 | 2.50 |
| | >100.00~125.00 | 1.00 | 1.50 | 1.80 | 2.20 | 2.50 | 3.00 |
| | >125.00~150.00 | 1.20 | 1.50 | 1.80 | 2.20 | 2.50 | 3.00 |
| | >150.00~200.00 | 1.50 | 1.80 | 2.20 | 2.60 | 3.00 | 3.50 |
| | >200.00~300.00 | 1.80 | 2.50 | 3.00 | 3.50 | 4.00 | 4.50 |

7. 长度

型材公称长度小于 6m 时，允许偏差为 +15mm；长度大于 6m 时，允许偏差双方协商。

## 8. 端头切斜度

型材端头切斜度不应超过 2°。

## 9. 力学性能

铝合金建筑型材的室温力学性能应符合表 2-18 的规定。

**表 2-18**　　　　　　　　　　　　　　室温力学性能

| 合金牌号 | 供应状态 | | 壁厚 (mm) | 拉伸性能 | | | | 硬度 | | |
|---|---|---|---|---|---|---|---|---|---|---|
| | | | | 拉伸强度 $(Rm)$ $(N/mm^2)$ | 规定非比例伸长应力 $R_{p0.2}$ $(N/mm^2)$ | 断后伸长率 (%) | | 试样厚度 (mm) | 维氏硬度 HV | 韦氏硬度 HW |
| | | | | | | $A$ | $A_{50}$ mm | | | |
| | | | | 不小于 | | | | | | |
| 6005 | T5 | | ≤6.30 | 260 | 240 | — | 8 | — | — | — |
| | T6 | 实心型材 | ≤5.00 | 270 | 225 | — | 6 | — | — | — |
| | | | >3.00~10.00 | 260 | 215 | — | 6 | — | — | — |
| | | | >10.00~25.00 | 250 | 200 | 8 | 6 | — | — | — |
| | | 空心型材 | ≤5.00 | 255 | 215 | — | 6 | — | — | — |
| | | | >5.00~15.00 | 250 | 200 | 8 | 6 | — | — | — |
| 6060 | T5 | | ≤5.00 | 160 | 120 | — | 6 | — | — | — |
| | | | >5.00~25.00 | 140 | 100 | 8 | 6 | — | — | — |
| | T6 | | ≤3.00 | 190 | 150 | — | 6 | — | — | — |
| | | | >3.00~25.00 | 170 | 140 | 8 | 6 | — | — | — |
| | T66 | | ≤3.00 | 215 | 160 | — | 6 | — | — | — |
| | | | >3.00~25.00 | 195 | 150 | 8 | 6 | — | — | — |
| 6061 | T4 | | 所有 | 180 | 110 | 16 | 16 | — | — | — |
| | T6 | | 所有 | 265 | 245 | 8 | 8 | — | — | — |
| 6063 | T5 | | 所有 | 160 | 110 | 8 | 8 | 0.8 | 58 | 8 |
| | T6 | | 所有 | 205 | 180 | 8 | 8 | — | — | — |
| | T66 | | ≤10.00 | 245 | 180 | — | 6 | — | — | — |
| | | | >10.00~25.00 | 225 | 200 | 8 | 6 | — | — | — |
| 6063A | T5 | | ≤10.00 | 200 | 160 | — | 5 | 0.8 | 65 | 10 |
| | | | >10.00 | 190 | 150 | 5 | 5 | 0.8 | 65 | 10 |
| | T6 | | ≤10.00 | 230 | 190 | — | 5 | — | — | — |
| | | | >10.00 | 220 | 180 | 4 | 4 | — | — | — |
| 6463 | T5 | | ≤50.00 | 150 | 110 | 8 | 6 | — | — | — |
| | T6 | | ≤50.00 | 195 | 160 | 10 | 8 | — | — | — |
| 6463A | T5 | | ≤12.00 | 150 | 110 | — | 6 | — | — | — |
| | T6 | | ≤3.00 | 205 | 170 | — | 6 | — | — | — |
| | | | >3.00~12.00 | 205 | 170 | — | 8 | — | — | — |

10. 外观质量

（1）基材表面应整洁，不允许有裂纹、起皮、腐蚀和气泡等缺陷存在。

（2）基材表面上允许有轻微的压痕、碰伤、擦伤存在，其允许深度见表 2-19；模具挤压痕的允许深度见表 2-20。

表 2-19　　　　　　　　　　　基材表面缺陷允许深度　　　　　　　　　　（mm）

| 状态 | 缺陷允许深度，不大于 | |
| --- | --- | --- |
| | 装饰面 | 非装饰面 |
| T5 | 0.03 | 0.07 |
| T4、T6、T66 | 0.06 | 0.10 |

表 2-20　　　　　　　　　　　模具挤压痕的允许深度　　　　　　　　　　（mm）

| 合金牌号 | 模具挤压痕深度，不大于 |
| --- | --- |
| 6005、6061 | 0.06 |
| 6060、6063、6063A、6463、6463A | 0.03 |

（3）基材端头允许有因锯切产生的局部变形，其纵向长度不应超过 10mm。

## 2.2.2　阳极氧化型材

局部膜厚：在型材装饰面上某个不大于 $1cm^2$ 的考察面内作若干次（不少于 3 次）膜厚测量所得的测量值。

平均膜厚：在型材装饰面上测出若干个（不少于 5 处）局部膜厚的平均值。

（1）基材质量、合金牌号及状态、化学成分、力学性能及尺寸偏差（包括氧化膜在内）应符合《铝合金建筑型材 第 1 部分：基材》（GB/T 5237.1—2017）的规定。

（2）阳极氧化膜的厚度级别应符合表 2-21 的规定。

表 2-21　　　　　　　　　　　阳极氧化膜的厚度级别

| 级别 | 单件平均膜厚（μm）≥ | 单件局部膜厚（μm）≥ |
| --- | --- | --- |
| AA10 | 10 | 8 |
| AA15 | 15 | 12 |
| AA20 | 20 | 16 |
| AA25 | 25 | 20 |

（3）阳极氧化膜的厚度级别、典型用途、表面处理方式见表 2-22。

表 2-22　　　　　　　　　　阳极氧化膜的厚度级别所对应的使用环境

| 厚度等级 | 典型用途 | 表面处理方式 |
| --- | --- | --- |
| AA10 | 室内外建筑或车辆部件 | 阳极氧化 |
| AA15 | 室外建筑或车辆部件 | 阳极氧化加电解着色 |
| AA20 | 室外苛刻环境下使用的建筑部件 | |
| AA25 | | 阳极氧化加有机着色 |

（4）氧化膜的封孔质量采用磷铬酸侵蚀质量损失法试验，失重不大于 $30\mathrm{mg}/\mathrm{dm}^2$。

（5）阳极氧化膜的颜色，应符合供需双方商定颜色基本一致。

（6）阳极氧化膜的耐蚀性采用铜加速醋酸盐雾试验（CASS），耐磨性采用落砂试验检测，结果应符合表 2-23 规定。

表 2-23            阳极氧化膜分级表

| 膜厚级别 | 耐蚀性 | | 耐磨性 |
| --- | --- | --- | --- |
| | CASS 试验 | | 落砂试验磨耗系数 |
| | 时间（h） | 级别 | $f(\mathrm{g}/\mu\mathrm{m})$ |
| AA10 | 16 | ≥9 | ≥300 |
| AA15 | 24 | ≥9 | ≥300 |
| AA20 | 48 | ≥9 | ≥300 |
| AA25 | 48 | ≥9 | ≥300 |

（7）阳极氧化膜的耐候性采用 313B 荧光紫外灯人工加速老化试验后，电解着色膜变色程度至少达到 1 级，有机着色膜变色程度至少达到 2 级。

（8）外观质量。产品表面不允许有电灼伤、氧化膜脱落等影响使用的缺陷。距型材端头 80mm 以内允许局部无膜或电灼伤。

### 2.2.3 电泳涂漆型材

（1）基材质量、合金牌号及状态、化学成分、力学性能、尺寸偏差（包括复合膜在内）应符合《铝合金建筑型材 第1部分：基材》（GB/T 5237.1—2017）的规定。

（2）阳极氧化复合膜膜厚级别、漆膜类型、典型用途见表 2-24。

表 2-24        阳极氧化复合膜膜厚级别、漆膜类型、典型用途

| 膜厚级别 | 漆膜类型 | 典型用途 |
| --- | --- | --- |
| A | 有光或消光透明漆膜 | 室外苛刻环境下使用的建筑部件 |
| B | | 室外建筑或车辆部件 |
| S | 有光或消光有色漆膜 | 室外建筑或车辆部件 |

（3）复合膜性能。

1）颜色、色差。颜色应与要求的一致。

2）膜厚。膜厚度应符合表 2-25 的规定。

表 2-25            复合膜膜厚要求

| 厚度级别 | 膜厚（μm） | | |
| --- | --- | --- | --- |
| | 阳极氧化局部膜厚 | 漆膜局部膜厚 | 复合膜局部膜厚 |
| A | ≥9 | ≥12 | ≥21 |
| B | ≥9 | ≥7 | ≥16 |
| S | ≥6 | ≥15 | ≥21 |

3）漆膜硬度。采用铅笔划痕试验，漆膜硬度应≥3$H$。

4）漆膜附着性。漆膜的干附着性和湿附着性均应达到 0 级。

5）耐沸水性。漆膜经沸水试验后应无皱纹、裂纹、气泡，并无脱落或变色现象，附着性应达到 0 级。

6）耐磨性。漆膜耐磨性应经受 3300g 落砂试验或喷磨时间不少于 35s 的喷磨试验。

7）耐盐酸性。经耐盐酸性试验后，目视复合膜表面应无气泡及其他明显变化。

8）耐碱性。经耐碱性试验后，保护等级应≥9.5 级。

9）耐砂浆性。经耐砂浆性试验后，复合膜表面应无脱落及其他明显变化。

10）耐溶剂性。经耐溶剂性试验，型材表面不应露出阳极氧化膜。

11）耐洗涤剂性。经耐洗涤剂性试验后，复合膜表面应无气泡、脱落及其他明显变化。

12）耐盐雾腐蚀性。漆膜经铜加速乙酸盐雾（CASS）试验和乙酸盐雾（AASS）试验结果应符合规定要求。

13）耐湿热性。复合膜经 4000h 湿热试验后，综合破坏等级应达到 1 级。

14）耐候性。漆膜的耐候性应符合规定要求。

（4）外观质量。涂漆后的漆膜应均匀、整洁、不允许有皱纹、裂纹、气泡、流痕、夹杂物、发黏和漆膜脱落等影响使用的缺陷，但在型材端头 80mm 范围内允许局部无膜。

### 2.2.4　喷粉型材

膜层是喷涂在金属基体表面上经固化的热固性有机聚合物粉末覆盖层。

（1）喷粉型材的基材质量、牌号、状态和规格、化学成分、力学性能、尺寸允许偏差应符合《铝合金建筑型材　第 1 部分：基材》（GB/T 5237.1—2017）的规定。

（2）膜层类型及特点。膜层类型及特点见表 2-26。

表 2-26　　　　　　　　　　　　　　膜层类型及特点

| 膜层类型 | 膜层代号 | 膜层特点 |
| --- | --- | --- |
| 聚酯类粉末膜层 | GA40 | 膜层由饱和羧基聚酯为主成分的粉末漆料喷涂固化而成，具有较好的防腐性能及耐候性能 |
| 聚氨酯类粉末膜层 | GU40 | 膜层由饱和羟基聚酯为主成分的粉末涂料喷涂固化而成，具有高耐磨性能，且膜层光滑，质感细腻。用于热转印时，油墨渗透性优于聚酯膜层 |
| 氟碳类粉末膜层 | GF40 | 膜层由热固性 FEVE 树脂为主成分的粉末涂料喷涂固化而成，或者由热塑性的 PVDF 树脂为主成分的粉末涂料喷涂形成。具有更优良的耐候性能，适用于腐蚀气氛严重、太阳辐射强的环境 |

（3）膜层性能级别及对应型材的适用环境。

膜层性能级别按加速耐候性分为Ⅰ级、Ⅱ级、Ⅲ级。膜层性能级别对应的型材适用环境见表 2-27。

表 2 - 27 　　　　　　　　　　　膜层性能级别及对应型材的适用环境

| 膜层性能级别 | 型材适用环境 |
| --- | --- |
| Ⅲ级 | 优异的耐候性能，适用于太阳辐射强烈的环境 |
| Ⅱ级 | 良好的耐候性能，适用于太阳辐射较强的环境 |
| Ⅰ级 | 一般的耐候性能，适用于太阳辐射一般的环境 |

（4）膜层性能。

1）光泽。膜层的 60°光泽值应符合表 2 - 28 的规定。

表 2 - 28 　　　　　　　　　光泽值及允许偏差 　　　　　　　单位为光泽单位

| 光泽值范围 | 允许偏差 |
| --- | --- |
| 3～30 | ±5 |
| 31～70 | ±7 |
| 71～100 | ±10 |

2）色差。采用仪器测定时，单色膜层与样板间的色差 $\Delta E_{ab}^* \leqslant 1.5$，同一批型材之间的色差 $\Delta E_{ab}^* \leqslant 1.5$。

3）厚度。装饰面上膜层局部厚度不应小于 $40\mu m$，平均膜厚宜控制在 $60\sim120\mu m$。由于型材横截面形状的复杂性，致使型材某些表面（如内角、横沟等）的膜层厚度低于规定值是允许的。

4）压痕硬度。膜层经压痕试验，其抗压痕性≥80。

5）附着性。膜层的干附着性、湿附着性和沸水附着性应达到 0 级。

6）耐冲击性。膜层正面经冲击试验后应无开裂和脱落现象，但在四面的周边处允许有细小皱纹。

7）抗杯突性。经杯突试验后，膜层应无开裂和脱落现象。

8）抗弯曲性。经曲率试验后，膜层应无开裂和脱落现象。

9）耐磨性。经落砂试验后，磨耗系数≥0.8L/$\mu m$。

10）耐盐酸性。膜层经盐酸试验后，目视检查表面不应有气泡和其他明显变化。

11）耐溶剂性。膜层的耐溶剂试验结果应为 3 级或 4 级。

12）耐砂浆性。膜层经砂浆试验后，其表面不应有脱落和其他明显变化。

13）耐盐雾腐蚀性。经 1000h 乙盐雾试验后，膜层表面不应有气泡、脱落或其他明显变化，划线两侧膜下单边渗透腐蚀宽度不应超过 4mm。

14）耐沸水性。经沸水试验后膜层表面应无皱纹、脱落现象，但允许色泽稍有变化，附着性应达到 0 级。

15）耐洗涤剂性。经耐洗涤剂性试验后，膜层表面应无气泡、脱落及其他明显变化。

16）耐湿热性：经 1000h 试验后，膜层表面不应有气泡、脱落或其他明显变化。

17）耐候性。膜层的耐候性应符合规定要求。

18）外观质量。型材装饰面上的膜层应平滑、均匀，不允许有皱纹、流痕、鼓泡、裂纹、等影响使用的缺陷。但允许有轻微的粘皮现象。

### 2.2.5　喷漆型材

漆膜指涂覆在金属基体表面上，经固化的氟碳漆的膜，也可称为涂层。

（1）喷漆型材的基材质量、合金牌号、状态和规格、化学成分、力学性能、尺寸偏差应符合《铝合金建筑型材　第 1 部分：基材》（GB/T 5237.1—2017）的规定。膜层应符合表 2-29 的规定。

表 2-29　　　　　　　　　　膜层类型、代号、组成及适用环境

| 膜层类型 | 膜层代号 | 膜层组成 | 膜层特点及适用环境 |
| --- | --- | --- | --- |
| 二涂层 | LF2-25 | 底漆加面漆 | 一般为单色或珠光云母闪烁膜层，不需要额外的清漆保护。适用于太阳辐射较强、大气腐蚀较强的环境 |
| 三涂层 | LF3-34 | 底漆、面漆加清漆 | 一般为金属效果的膜层，该膜层面漆中使用球磨铝粉以获得金属质感效果，其金属质感不同于二涂层的珠光云母膜层，因铝粉易氧化或剥落，膜层表面需要清漆保护以保证膜层的综合性能。用于太阳辐射较强、大气腐蚀较强的环境 |
| 四涂层 | LF4-55 | 底漆、阻挡漆、面漆加清漆 | 一般为性能要求更高的金属效果膜层，该膜层在三涂层基础上，增加阻隔紫外线的阻挡漆膜层，提高了耐紫外光能力。适用于太阳辐射极强、大气腐蚀极强的环境 |

（2）膜层性能。

1）光泽。膜层的 60°光泽值允许偏差为 ±5 个光泽单位。

2）色差。使用仪器测定时，单色膜层与标准色板间的色差 $\Delta E_{ab}^* \leqslant 1.5$，同一批产品之间的色差 $\Delta E_{ab}^* \leqslant 1.5$。

3）膜厚。装饰面上的膜厚应符合表 2-30 的规定。由于型材横截面形状的复杂性，致使型材某些表面（如内角、横沟等）的膜厚低于规定值是允许的，但不允许出现露底现象。

表 2-30　　　　　　　　　　膜厚

| 膜层类型 | 平均膜厚（μm） | 局部膜厚（μm） |
| --- | --- | --- |
| 二涂层 | ≥30 | ≥25 |
| 三涂层 | ≥40 | ≥34 |
| 四涂层 | ≥65 | ≥55 |

4）硬度。经铅笔划痕试验，膜层硬度应不小于 $1H$。

5）附着性。涂层的干附着性、湿附着性和沸水附着性均应达到 0 级。

6）耐冲击性。经耐冲击试验后，膜层允许有微小裂纹，但粘胶带上不允许有粘落的涂层。

7) 耐磨性。经落砂试验后，磨耗系数应不小于 1.6L/$\mu$m。

8) 耐盐酸性。经耐盐酸试验后，膜层表面应无气泡和其他明显变化。

9) 耐硝酸性。单色膜层经硝酸试验后，颜色变化 $\Delta E_{ab}^* \leqslant 5$。

10) 耐溶剂性。经耐溶剂性试验后，型材表面不露出基材。

11) 耐洗涤剂性。经洗涤剂性试验后，膜层表面应无气泡、脱落和其他明显变化。

12) 耐砂浆性。经耐砂浆性试验后，膜层表面不应有脱落和其他明显变化。

13) 耐盐雾腐蚀性。经盐雾腐蚀性试验后，划线两侧膜下单边渗透腐蚀宽度不应超过 2.0mm，划线两侧 2.0mm 以外部分的膜层不应有腐蚀现象。

14) 耐湿热性。涂层经 4000h 耐湿热试验后，其变化≤1 级。

15) 耐候性。膜层的加速耐候性和自然耐候性应符合要求。

16) 外观质量。型材装饰面上的膜层应平滑、均匀，不允许有皱纹、流痕、气泡、脱落及其他影响使用的缺陷。

### 2.2.6 隔热型材

**1. 术语**

(1) 隔热材料。用以连接铝合金型材的低导热率的非金属材料。

(2) 隔热型材。以隔热材料连接铝合金型材而制成的具有隔热功能的复合型材。

(3) 隔热条。在隔热铝合金型材中起减少热传导作用和结构连接的硬质塑料挤压条材。

(4) 聚酰胺型材。以聚酰胺 66 和玻璃纤维为主要原料，用在铝合金隔热型材中起到结构连接作用并减少传热效果的热挤压型材。

(5) 隔热胶。在铝合金隔热型材中起到减少热传导并具有结构连接作用的由异氰酸酯组合料和多元醇组合料作为原料经化学反应法制成的聚氨酯化合物。

(6) 穿条式。通过开齿、穿条、滚压等工序，将聚酰胺型材穿入铝合金型材穿条槽口内，并使之被铝合金型材咬合 [见图 2-12 (a)] 的复合方式。

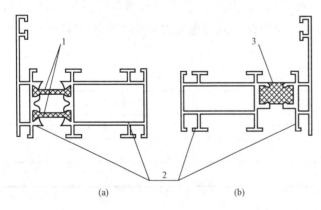

(7) 浇注式。把液态隔热材料注入铝合金型材浇注槽内并固化，切除铝合金型材浇注槽内的连接桥使之断开金属连接，通过隔热材料将铝合金型材断开的两部分结合在一起 [见图 2-12 (b)] 的复合方式。

(8) 特征值。服从对数正态分布，按 95% 的保证概率、75% 置信度确定并计算的性能值。

(9) 横向抗拉强度。在隔热型材横截面方向施加在铝合金型材上的单位长度横向拉力。

图 2-12 隔热型材示意图
(a) 穿条式隔热型材；(b) 浇注式隔热型材
1—隔热条；2—铝合金型材；3—隔热胶

(10) 抗剪强度。在垂直隔热型材横截面方向施加的单位长度的纵向剪切力。

2. 质量规定

（1）产品分类。

1）铝合金型材牌号、状态和尺寸规格应符合 GB/T 5237.1—2017 的规定。

2）铝合金型材表面处理类别、膜层外观效果、膜层代号、膜层性能级别及推荐的适用环境见表 2-31。

表 2-31　　　　铝合金型材表面处理类别、膜层外观效果、膜层代号、膜层性能级别
及推荐的适用环境

| 型材表面处理类别 | 膜层外观效果 | | 膜层代号 | 膜层性能级别 | 推荐的适用环境 |
|---|---|---|---|---|---|
| 阳极氧化 | 光面、砂面、抛光面、拉丝面 | | AA10、AA15、AA20、AA25 | — | 阳极氧化膜适用于强紫外光辐射的环境。污染较重或潮湿的环境宜选用 AA20 或 AA25 的阳极氧化膜。海洋环境慎用 |
| 电泳涂漆 | 有光或消光透明漆膜 | | EA21、EB16 | Ⅳ、Ⅲ、Ⅱ | 复合膜适用于大多数环境，热带海洋性环境宜选用Ⅲ级或Ⅳ级复合膜 |
| | 有光或消光有色漆膜 | | ES21 | | |
| 喷粉 | 平面效果 | | GA40、GU40、GF40、GO40 | Ⅲ、Ⅱ、Ⅰ | 粉末喷涂膜适用于大多数环境，潮湿的热带海洋环境宜选用Ⅱ级或Ⅲ级喷涂膜 |
| | 纹理效果 | 砂纹、木纹、大理石纹、立体彩雕、金属效果 | | | |
| 喷漆 | 单色或珠光云母闪烁效果 | | LF2-25 | — | 氟碳漆膜适用于绝大多数太阳辐射较强、大气腐蚀较强的环境，特别是靠近海岸的热带海洋环境 |
| | 金属效果 | | LF3-34、LF4-55 | | |

注：电泳涂漆膜层性能级别符合 GB/T 5237.3 的规定；喷粉膜层性能级别符合 GB/T 5237.4 的规定。

3）隔热型材复合形式分为穿条式和浇注式两类（见图 2-12），对应的隔热型材特性见表 2-32。

表 2-32　　　　　　　　　隔热型材的复合方式及其特性

| 复合方式 | 隔热型材特性 |
|---|---|
| 穿条式 | 穿条型材所使用的聚酰胺型材线膨胀系数与铝合金型材的线膨胀系数接近，不会因为热胀冷缩而在复合部位产生较大应力、滑移错位、脱落等现象。穿条型材具有良好的耐高温性能，可选择的截面类型多，对隔热型材生产加工环境没有特殊要求，但开齿、滚压等工序的生产工艺控制不当时，会对产品性能造成严重影响（如聚酰胺型材与铝合金型材在使用中分离）。<br>　　可通过采用非 I 型复杂形状聚酰胺型材，降低穿条型材的传热系数，提升穿条型材的隔热效果。但采用非 I 型复杂形状聚酰胺型材的穿条型材，横向抗拉性能不及采用 I 型聚酰胺型材的穿条型材，其在使用前若未进行力学可靠性校核或模拟荷载试验考核，可能导致使用中的意外开裂。<br>　　采用单支聚酰胺型材的穿条型材，复合性能可能达不到本部分的要求。对于结构件用穿条型材，宜采用双支聚酰胺型材 |

| 复合方式 | 隔热型材特性 |
| --- | --- |
| 浇注式 | 浇注型材所使用的隔热胶的线膨胀系数与铝合金型材的线膨胀系数虽不一致,但其有效粘结膜层表面时,足以确保浇注型材复合部位不产生滑移错位、脱落等现象。浇注型材具有良好的抗冲击性能与延展性,但若浇注工序生产环境控制不当,会对产品性能造成严重影响(如低温断裂)。<br>采用Ⅰ级隔热胶的浇注型材,在70℃以上使用时,复合性能衰减,导致承载能力下降。<br>当铝合金型材的表面处理方式导致隔热胶无法有效粘结膜层表面时,不适宜采用浇注式复合方式制作隔热型材 |

注:1. 同时存在穿条和浇注复合方式的隔热型材,其性能须同时满足穿条型材和浇注型材的性能要求。

2. 隔热型材用于某些结构件时,可能承受重力荷载、风荷载、地震作用、温度作用等各种荷载和作用产生的效应,应根据隔热型材使用环境和设计要求,以最不利的效应组合作为荷载组合,对该荷载组合下的隔热型材,可能承受的弯曲变形量、抗弯强度、纵向抗剪强度、横向抗拉强度等受力指标进行计算或分析,从而选择适宜的隔热型材。

3. 隔热型材等效惯性矩计算方法见 YS/T 437。

4) 隔热型材按剪切失效类型分为 A、B、O 三类,见表 2-33。

表 2-33 隔热型材剪切失效类型

| 剪切失效类型 | 说明 |
| --- | --- |
| A | 复合部位剪切失效后不影响横向抗拉性能的隔热型材,一般为穿条型材 |
| B | 复合部位剪切失效将引起横向抗拉失效的隔热型材,一般为浇注型材 |
| O | 因特殊要求(如为解决门扇的热拱现象)而有意设计的无纵向抗剪性能或纵向抗剪性能较低的穿条型材 |

5) 隔热型材的传热系数按隔热效果分为Ⅰ级、Ⅱ级、Ⅲ级和Ⅳ级,推荐各级别适用环境、聚酰胺型材高度、浇注型材槽口型号见表 2-34。

表 2-34 传热系数级别及推荐的适用环境、聚酰胺型材高度、浇注型材槽口型号

| 传热系数级别 | 推荐适用环境 | 推荐的聚酰胺型材高度(mm) | 推荐的浇注型材槽口型号 |
| --- | --- | --- | --- |
| Ⅰ | 温和地区或对产品隔热性能要求不高的环境<br>(如昆明) | ≤12 | AA |
| Ⅱ | 夏热冬暖地区(如广州、厦门) | >12~14.8 | BB |
| Ⅲ | 夏热冬冷地区(如上海、重庆) | >14.8~24 | CC |
| Ⅳ | 严寒和寒冷地区(如哈尔滨、北京) | >24 | CC 以上 |

(2) 隔热型材用铝合金型材应符合《铝合金建筑型材》(GB/T 5237.1～GB/T 5237.5)的相应规定。

(3) 隔热材料。

1) 聚酰胺型材。

聚酰胺型材的主要组分为不小于 65% 的聚酰胺 66 和 25% 的玻璃纤维,余量为颜料、热稳定剂、增韧剂、挤压助剂等添加剂。

聚酰胺型材的导热系数、线性膨胀系数的典型值参见表 2-35，其他性能应符合表 2-35的规定。

表 2-35　　　　　　　　　　　　聚酰胺型材的性能要求

| 项　目 | | 要　求 |
|---|---|---|
| 密度 | | $(1.30\pm0.05)$ g/cm$^2$ |
| DSC 熔融峰温 | | $\geqslant250℃$ |
| 轴钉应力开裂性能 | | 孔口无裂纹 |
| 邵氏硬度（$H_D$） | | $80\pm5$ |
| 低温无缺口冲击强度（$-30℃\pm2℃$） | | $\geqslant50$kJ/m$^2$ |
| 室温纵向抗拉特征值（$23℃\pm2℃$） | | $\geqslant90$MPa |
| 室温纵向拉伸断裂伸长率 | | $\geqslant3\%$ |
| 室温纵向拉伸弹性模量 | | $\geqslant4500$MPa |
| 室温横向抗拉特征值（$23℃\pm2℃$） | Ⅰ型（截面高度＜20mm） | $\geqslant90$MPa |
| | Ⅰ型（截面高度≥20mm） | $\geqslant80$MPa |
| | 非Ⅰ型 | $\geqslant25$MPa |
| 高温横向抗拉特征值（$90℃\pm2℃$） | Ⅰ型（截面高度＜20mm） | $\geqslant55$MPa |
| | Ⅰ型（截面高度≥20mm） | $\geqslant45$MPa |
| | 非Ⅰ型 | $\geqslant20$MPa |
| 低温横向抗拉特征值（$-30℃\pm2℃$） | Ⅰ型（截面高度＜20mm） | $\geqslant90$MPa |
| | Ⅰ型（截面高度≥20mm） | $\geqslant80$MPa |
| | 非Ⅰ型 | $\geqslant25$MPa |
| 耐水性能 | Ⅰ型（截面高度＜20mm） | 横向抗拉特征值$\geqslant85$MPa |
| | Ⅰ型（截面高度≥220mm） | 横向抗拉特征值$\geqslant75$MPa |
| | 非Ⅰ型 | 横向抗拉特征值$\geqslant22$MPa |
| 热老化性能 | Ⅰ型（截面高度＜20mm） | 横向抗拉特征值$\geqslant60$MPa |
| | Ⅰ型（截面高度≥220mm） | 横向抗拉特征值$\geqslant55$MPa |
| | 非Ⅰ型 | 横向抗拉特征值$\geqslant20$MPa |
| 导热系数典型值 | 热流计法 | 0.30W/(m·K) |
| 线性膨胀系数典型值 | | $2.3\times10^{-5}$K$^{-1}$～$3.5\times10^{-5}$K$^{-1}$ |

注：在选用非Ⅰ型聚酰胺型材时，应经工程设计验算。

2）聚氨酯隔热胶。

Ⅰ级隔热胶适用于风压不大于 2000Pa 的建筑门窗，Ⅱ级隔热胶用于幕墙及风压大于2000Pa 的建筑门窗。隔热胶的导热系数、线性膨胀系数、固化放热温度参见表 2-36。

表 2-36                                隔热胶的性能要求

| 项目 | | 要求 | |
|---|---|---|---|
| | | Ⅰ级隔热胶 | Ⅱ级隔热胶 |
| 外观质量 | | 光滑、色泽均匀、无杂质 | |
| 密度 | | ≥1.149g/cm² | |
| 负荷变形温度 (0.455MPa) | | ≥60℃ | ≥80℃ |
| 室温悬臂梁缺口冲击强度 | | ≥75J/m | ≥80J/m |
| 低温悬臂梁缺口冲击强度 (−30℃) | | ≥60J/m | ≥65J/m |
| 邵氏硬度 ($H_D$) | | ≥65 | |
| 室温抗拉强度 | | ≥30MPa | ≥34MPa |
| 室温断裂伸长率 | | ≥25% | ≥20% |
| 低温抗拉强度 (−30℃) | | ≥45MPa | ≥50MPa |
| 高温抗拉强度 (70℃) | | ≥18MPa | ≥22MPa |
| 耐紫外线老化性能 (200h) | 室温抗拉强度 | ≥24MPa | ≥30MPa |
| | 悬臂梁缺口冲击强度 | ≥70J/m | ≥75J/m |
| 导热系数 | 热线法 | 0.12~0.14W/(m·K) | |
| | 热流计法 | 0.21W/(m·K) | |
| 线性膨胀系数 | | $1.0×10^{-4}~1.1×10^{-4}K^{-1}$ | |
| 固化放热温度 | | 120~150℃ | |

(4) 尺寸偏差。尺寸偏差应符合 GB/T 5237.1—2017 的规定，隔热材料视同金属实体。

(5) 传热系数。隔热型材传热系数要求及分级见表 2-37。

表 2-37                                传热系数及分级

| 传热系数级别 | 传热系数 [W/(m²·K)] | 传热系数级别 | 传热系数 [W/(m²·K)] |
|---|---|---|---|
| Ⅰ | >4.0 | Ⅲ | 2.5~3.2 |
| Ⅱ | >3.2~4.0 | Ⅳ | <2.5 |

(6) 复合性能。穿条式和浇注式隔热型材的复合性能应分别符合表 2-38 和表 2-39 的规定。

表 2-38                            穿条式隔热型材复合性能

| 试验项目 | 纵向抗剪特征值 (N/mm) | | | 横向抗拉特征值 (N/mm) | | | 隔热材料变形量平均值 (mm) |
|---|---|---|---|---|---|---|---|
| | 室温 | 低温 | 高温 | 室温 | 低温 | 高温 | |
| 纵向剪切试验 | ≥24 | | | — | | | — |
| 横向拉伸试验 | — | | | ≥24 | | | — |
| 高温持久负荷横向拉伸试验 | — | — | — | | ≥24 | | ≤0.6 |

表 2 - 39 　　　　　　　　　　　　　　浇注式隔热型材复合性能

| 试验项目 | 试验结果 | | | | | | |
|---|---|---|---|---|---|---|---|
| | 纵向抗剪特征值（N/mm） | | | 横向抗拉特征值（N/mm） | | | 隔热材料变形量平均值（mm） |
| | 室温 | 低温 | 高温 | 室温 | 低温 | 高温 | |
| 纵向剪切试验 | ≥24 | | | — | — | — | — |
| 横向拉伸试验 | — | | | ≥24 | | ≥12 | — |
| 热循环试验 | ≥24 | — | — | — | — | — | ≤0.6 |

穿条隔热型材的抗弯性能随聚酰胺型材高度的增加而下降，浇注型材的抗弯性能随聚氨酯隔热胶高度的增加而下降。

对于隔热型材的纵向抗剪和横向抗拉性能，可通过试验确定。当不进行产品的性能试验时，可通过相似产品进行推断，但相似产品的性能试验结果应标准规定要求。

（7）产品外观质量。

1）穿条式隔热型材复合部位允许涂层有轻微裂纹，但不允许铝基材有裂纹。

2）浇注式隔热型材的隔热材料表面应光滑、色泽均匀，去除金属临时连接桥时，切口应规则、平整。

3. 隔热型材性能的推断

铝合金隔热型材性能（抗剪特征值、抗拉特征值、剪切弹性系数特征值以及蠕变系数），允许用满足下列要求的相似产品的性能进行推断：

（1）隔热材料的材质及力学性能相似，并符合 GB/T 23615.1、GB/T 23615.2 相应的规定。

（2）铝合金型材的合金牌号、状态、力学性能符合 GB/T 5237.1 规定，并且表面处理方式相同。

（3）复合工艺相同。

（4）隔热型材连接界面处的几何特征相同。

（5）连接处铝合金型材的壁厚 $t_m$ 及隔热材料厚度 $t_b$ 相同，如图 2 - 13 所示。

（6）隔热材料的有效高度 $h$（见图 2 - 13）应相同。

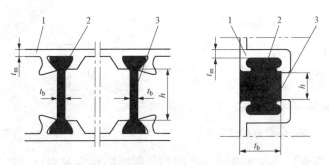

图 2 - 13　铝合金型材与隔热材料连接示意图

1—铝合金型材；2—连接表面；3—隔热型材

## 2.3 铝合金隔热型材的节能设计

铝合金隔热型材的节能设计应遵循如下原则：

(1) 多腔设计，冷腔、热腔室独立，气密、水密腔室分隔，并做空腔密封处理；

(2) 优化空腔设计，降低腔体内部的对流传热；

(3) 优化隔热条设计，降低隔热型材的传热系数；

(4) 传热各部件等温线尽量设计在一条直线上。

铝合金隔热型材的节能设计分为型材截面的隔热设计和型材配合节点构造的隔热设计两部分。

### 2.3.1 型材隔热设计

隔热条承担着铝合金隔热型材的主要隔热性能，隔热条的隔热性能高低决定了型材的隔热性能高低，因此，隔热条设计是铝合金型材隔热设计的重点。

(1) 增加隔热条间隔宽度是降低隔热型材传热系数手段之一。

隔热条的间隔宽度 $d$ 决定隔热金属型材传热系数大小（见图 2 - 14）。

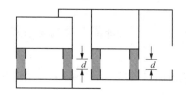

图 2 - 14　隔热铝合金型材示意图
$d$—隔热条间隔宽度（mm）

根据《铝合金建筑型材　第 6 部分：隔热型材》（GB/T 5237.6—2017）对穿条隔热型材槽口设计规定（图 2 - 15），型材穿条槽口高度为 2.5mm，因此，穿条隔热型材实际隔热条的间隔宽度 $d$ 应为隔热条的宽度减去 5mm。

隔热条宽度尺寸越大，隔热型材的传热系数越小。隔热条宽度与隔热型材传热系数的关系见图 2 - 16 ［引自《建筑门窗玻璃幕墙热工计算规程》（JGJ/T 151—2008）］。

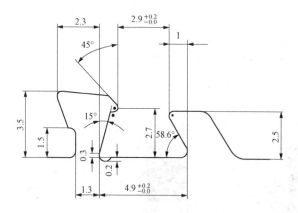

图 2 - 15　穿条隔热型材槽口尺寸

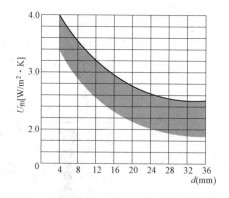

图 2 - 16　隔热铝合金窗框的传热系数

由于隔热条的宽度尺寸受强度等因素限制，所以隔热金属型材的传热系数减小空间有限。当隔热条在达到一定宽度后，还需要解决金属型材内空气对流传热的问题。

(2) 改变隔热条的形状，增加隔热腔室也是降低隔热型材传热系数的手段之一。

图 2-17 为欧洲在不同的年代隔热条发展变化与隔热型材传热系数对应关系图。从图中可以看出，时间从 1980 年代到 2010 年代，随着对门窗节能要求的提高，对隔热型材的传热系数要求有着大幅度地降低，此时，影响隔热型材传热系数的关键材料—隔热条从早期的 I 型到 C 型，再到后期的复杂形状设计，最终使得隔热型材的传热系数从 4.0W/(m² · K) 减小到后期的 1.2W/(m² · K) 左右。

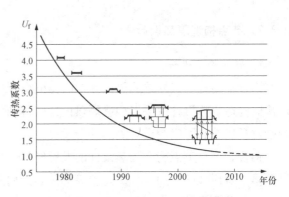

图 2-17　隔热型材传热系数与隔热条关系

表 2-40 是基于 Bisco 软件，依据标准 BS EN ISO 10077-2—2003《门、窗和百叶窗的热性能—热传递系数的计算—框架的数值法》，以图 2-18 所示的左固定右平开铝合金窗为例计算出的隔热条宽度与型材传热系数 $K_f$ 对应关系表。

表 2-40　　　　　　　　　　　隔热条宽度与型材 $K_f$ 对应表

| 隔热条宽度 | $K_f$ [W/(m² · K)] | | | | 隔热腔添泡沫，使用空腔胶条等改进措施后 $K_f$ [W/(m² · K)] |
| --- | --- | --- | --- | --- | --- |
| | 框—扇 | 扇—扇 | 固定框 | 平均 | |
| 14.8 | 3.6 | 3.7 | 3.3 | 3.6 | — |
| 16 | 3.4 | 3.5 | 3.1 | 3.4 | — |
| 18.6 | 3.2 | 3.3 | 2.9 | 3.2 | 3.0～3.15 |
| 20 | 3.0 | 3.1 | 2.7 | 3.0 | 2.8～2.95 |
| 22 | 2.8 | 2.9 | 2.6 | 2.8 | 2.65～2.75 |
| 24 | 2.7 | 2.8 | 2.5 | 2.7 | 2.5～2.6 |
| 27.5 | 2.6 | 2.7 | 2.4 | 2.6 | 2.4～2.5 |

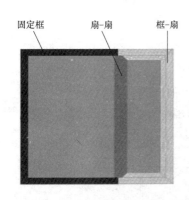

图 2-18　隔热计算窗型图

对表 2-40 分析可以看出，隔热条的间隔宽度 $d$ 和隔热条分隔形状对隔热型材的传热系数起到决定性的影响。假设铝合金隔热型材框厚度一定，当隔热条间隔宽度 $d$ 增大，则隔热型材铝合金部分减小，当隔热条的间隔宽度 $d$ 增大到与型材框厚度一致时，则隔热型材变成单纯的 PA66GF25（或其他隔热材料）型材，当 $d$ 减小，则隔热型材铝合金部分增大，当隔热条的间隔宽度 $d$ 减小为 0 时，则隔热型材变成普通的铝合金型材。

基于上面的分析，铝合金隔热型材的隔热设计，就是通过对隔热条的综合设计，来降低型材的传热系数，以满足对隔热型材传热系数的设计要求。

### 2.3.2 节点构造隔热设计

1. 节点构造设计

铝合金型材节点构造隔热设计指门窗框扇开启腔的框扇配合构造隔热设计和固定腔内玻璃镶嵌构造隔热设计。节点构造隔热设计应遵循"三线"（热密线、气密线和水密线）原则，分别对开启腔和固定腔进行隔热综合设计。

铝合金型材节点构造隔热设计的发展经过四个阶段：

第一阶段［图 2-19（a）］，单腔隔热，开启腔可以通过对流传热；玻璃固定腔冷腔、热腔没进行分隔设计。

第二阶段［图 2-19（b）］，I 形隔热条和等压密封胶条配合，虽然等压胶条将开启腔分隔成独立的冷腔和热腔，但等压胶条与铝合金型材搭接，热密线存在热桥，不能完全实现隔热。

第三阶段［图 2-19（c）］，T 形隔热条和等压胶条搭接，形成完整的热密线，但隔热条和等压胶条的截面设计比较简单，隔热效果不够完美。

第四阶段［图 2-19（d）、（e）］，采用的隔热条、胶条截面形状比较复杂，隔热间距比较大，隔热腔多腔设计，热密线将开启腔全部分开，其开启腔隔热效果有较大提升，玻璃固定腔冷腔热腔分隔设计。

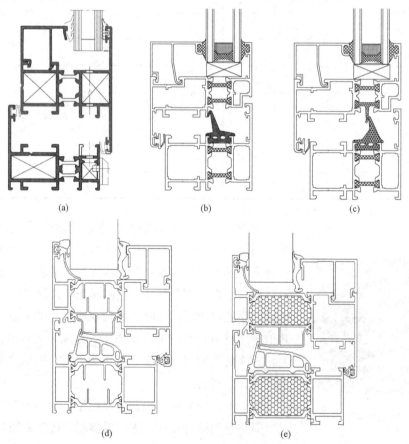

(a)　　　　　　　　(b)　　　　　　　　(c)

(d)　　　　　　　　(e)

图 2-19　铝合金型材节点构造图

　　热工计算时，冷热端温度变化梯度线中温度相同点连线称为等温线，如图 2-20 所示。等温线图是反映某一气温空间分布的重要手段和方法。

　　图 2-21 为不同节点构造隔热设计的等温线图。图 2-21 (a) 为单腔隔热，隔热条宽度为 14.8mm，等压腔内外型材可以通过对流传热，等温线起伏较大（图中圆圈部分）；图 2-21 (b) 为双腔隔热，隔热条宽度为 14.8mm，T 形隔热条和鸭嘴形胶条搭接，形成内外冷暖两腔，等温线起伏较图 2-21 (a) 情况平缓，框、扇及玻璃各节点等温线之间已能形成完全的热密线；图 2-21 (c) 与图 2-21 (b) 隔热型材的结构形式一样，只是 T 型隔热条宽度增加到 24mm，从图 2-21 (c) 可以看出，隔热条加宽，等温线逐渐平缓；图 2-21 (d) 为图 2-19 (e) 等温线图。从图 2-21 (d) 中可以看出，随着隔热条的加宽及复杂设计，各节点等温线连接平缓，接近在框扇型材、开启腔、固定腔及玻璃的中位线上。

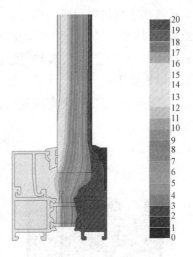

图 2-20　等温线图

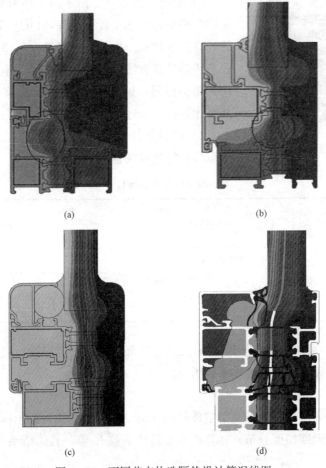

(a)　　　　　　　　　　(b)

(c)　　　　　　　　　　(d)

图 2-21　不同节点构造隔热设计等温线图

镶嵌玻璃的固定腔隔热设计是很多人忽视的地方，如图 2-19（a）～（c），由于玻璃内外侧贯通，热量可以通过对流的方式传递。图 2-19（d）和（e）在玻璃内外侧利用镶嵌条延长搭接于型材中间隔热条上，将镶嵌玻璃的固定腔分隔为三腔，与框扇型材隔热设计一致，可以阻隔空气在固定腔内的对流传热，符合多腔设计、冷暖腔体独立的节能设计原则，有利于在固定腔形成完整热密线。

欧洲的门窗节能设计理论是由门窗框扇型材、开启腔/固定腔隔热条和中空玻璃等节点产生的等温线形成密闭完整的热密线，并在一条直线上，此时整窗的传热系数最小，保温性能最佳。

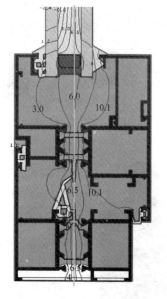

图 2-22 隔热型材外窗节点

**2. 热工计算分析**

下面采用热工仿真软件 Therm 对此进行计算分析。

（1）计算方法和条件。

1）计算方法。采用热工仿真软件 Therm 对隔热型材外窗节点（图 2-22 框厚 60mm）进行传热系数计算、等温线显示，并根据计算结果寻找隔热型材优化设计的途径和规律。

2）型材节点处理。由于热工仿真软件 Therm 及《建筑门窗玻璃幕墙热工计算规程》（JGJ/T 151—2008）规定的计算是在建筑门窗、玻璃幕墙空气渗透量为零，且采用稳态传热计算方法进行的计算，因此本次选用型材的节点均为结构相同，只是型腔大小或隔热条位置不同，以保证其可比性。

3）边界条件。采用 JGJ/T 151—2008 标准规定的传热系数计算边界条件，见表 2-41。

表 2-41 模拟计算边界条件

| | | 室内 | 室外 |
|---|---|---|---|
| 周边环境 | 温度（℃） | 20 | −20 |
| | 对流换热系数 [W/(m² · K)] | 3.6 | 16 |
| 窗周边框 | 对流换热系数 [W/(m² · K)] | — | 8 |
| 玻璃边缘 | | | 12 |

4）结果处理。用热工仿真软件 Therm 显示截面图形中的等温线，利用等温线可清楚看到温度梯度分布；计算各节点传热系数 $K_f$ 值。

（2）计算结果。

通过对窗框扇、框扇隔热条及中空玻璃的几何中心位置变换，画出框扇、隔热条及中空玻璃的等温线图及温度梯度分布并计算出节点传热系数 $K_f$ 值。具体结果见表 2-42。

**表 2 - 42**　　　　　　　　　　　　　　模拟计算结果

| 计算结果 | | 模拟工况 | | | | | | | |
|---|---|---|---|---|---|---|---|---|---|
| | | 几何中心线 | | 几何中心线 | | 几何中心线 | | 几何中心线 | |
| | | 框扇隔热条重合 | 框扇隔热条、玻璃重合 | 框扇隔热条重合 | 框扇隔热条较玻璃偏向室内 2.5mm | 框扇隔热条重合 | 框扇隔热条较玻璃偏向室内 1mm | 框扇隔热条重合 | 框扇隔热条较玻璃偏向室内 8mm |
| 等温线 | 框扇隔热条 | 基本重合 | — | 基本重合 | — | 基本重合 | — | 基本重合 | — |
| | 玻璃 | — | 偏向室内 2.5mm | — | 偏左 1mm | — | 基本重合 | — | 偏室外 5mm |
| $K_f[\mathrm{W}/(\mathrm{m}^2 \cdot \mathrm{K})]$ | | 2.5729 | | 2.5709 | | 2.5707 | | 2.5753 | |

（3）结论。

从表 2 - 42 中可以得出以下结论：

1）门窗节点中，框扇隔热条几何中心线在一条直线上时，它们的等温线也在一条直线上，且与隔热条几何中心线基本重合。

2）框扇及玻璃三者等温线在同一直线上时，传热系数 $K_f$ 值最小。

从表 2 - 37 中还可以看出，虽然当框扇及玻璃三者等温线在同一直线上时传热系数值最小，$K_f = 2.5707[\mathrm{W}/(\mathrm{m}^2 \cdot \mathrm{K})]$，但当框扇及玻璃三者几何中心线在同一直线上时，传热系数值 $K_f = 2.5729[\mathrm{W}/(\mathrm{m}^2 \cdot \mathrm{K})]$，较最小值相差 $0.0022[\mathrm{W}/(\mathrm{m}^2 \cdot \mathrm{K})]$，小于千分之一。因此在隔热门窗的节能设计中，为了设计方便，近似取框、扇及玻璃三者几何中心线在同一直线时的传热系数为最优值。

从上面看出，除隔热条的宽度对隔热型材 K 值有影响以外，隔热条的形状、搭接方式，以及所放位置不同，都会直接影响隔热型材的传热系数。研究显示，在隔热型材结构不变的情况下：

① 采用非 I 型（如 C、T、CF 型）隔热条，型材的传热系数 K 值降低 3%～10%；

② 隔热条中间填充发泡剂后，型材的传热系数 K 值降低 5%～9%。

# 第3章

# 玻　璃

玻璃是铝合金门窗的另一主要原料，采用玻璃的目的有以下几个：一是增加采光性能；二是提高保温性能；三是增加隔声性能；四是提高窗户的安全性能。因此，玻璃性能和质量的好坏对铝合金门窗的性能有着重要的影响。

铝合金门窗最常用的玻璃有平板玻璃、钢化玻璃、夹层玻璃、镀膜玻璃、中空玻璃。随着建筑节能门窗的推广应用，作为建筑门窗主要原材料的玻璃必须满足节能门窗的要求。因铝合金门窗常用玻璃中，单片的平板玻璃、镀膜玻璃、钢化玻璃、夹层玻璃不能满足铝合金门窗节能需求，通过对它们进行深加工，可以生产出符合节能要求的产品——中空玻璃。

## 3.1　平板玻璃

按《平板玻璃术语》（GB/T 15764—2008）的规定，平板玻璃就是板状的硅酸盐玻璃。平板玻璃按生产工艺的不同分为普通平板玻璃和浮法平板玻璃。按颜色属性分为无色透明平板玻璃和本体着色平板玻璃。

由于生产玻璃的原料中含有亚铁的杂质，使生产的玻璃产品带有绿色，因此，可通过加入少量的二氧化锰或硒，使之变成无色玻璃。通过无色透明玻璃的生产可以了解，所谓本体着色玻璃，就是在玻璃原料内加入着色颜料（一般为金属氧化物）使玻璃具有颜色的方法。如通过加入氧化铜（Ⅱ）或氧化铬（Ⅲ）产生绿色，氧化钴（Ⅱ）产生蓝色，二氧化锰产生紫色，二氧化锡或氧化钙产生乳白色，铀化合物产生黄绿色荧光，胶态硒产生红玉色，胶态金产生红、红紫和蓝色，氧化亚铁产生红、绿或蓝色，亚铁化合物产生绿色，量多时为黑色，铁（Ⅲ）化合物产生黄色。

1. 普通平板玻璃

普通平板玻璃是指用垂直引上法和平拉法生产的平板玻璃，也称白片玻璃或净片玻璃。普通平板玻璃是用石英砂岩粉、硅砂、钾化石、纯碱、芒硝等原料，按一定比例配制，经熔窑高温熔融，通过垂直引上法或平拉法、压延法生产出来的透明无色的平板玻璃。厚度通常为 2mm、3mm、4mm、5mm、6mm 等。

2. 浮法平板玻璃

浮法平板玻璃指采用熔窑内熔融的玻璃液流入有保护气体锡槽内浮在金属锡液面上，经摊平、抛光形成玻璃带的成形工艺生产的平板玻璃。

（1）生产工艺。浮法玻璃生产的成型过程是在通入保护气体（$N_2$及$H_2$）的锡槽中完成的。浮法平板玻璃是用海沙、石英砂岩粉、纯碱、白云石等原料，按一定比例配制，经熔窑高温熔融，熔融玻璃从池窑中连续流入并漂浮在相对密度大的锡液表面上，在重力和表面张力的作用下，玻璃液在锡液面上铺开、摊平、形成上下表面平整、硬化、冷却后被引上过渡辊台。辊台的辊子转动，把玻璃带拉出锡槽进入退火窑，经退火、切裁，就得到浮法平板玻璃产品。

（2）浮法平板玻璃按用途分为：制镜级、汽车级和建筑级。

（3）浮法平板玻璃的特点。首先是平度好，没有水波纹。其次是浮法平板玻璃选用的矿石石英砂，原料好。生产出来的玻璃纯净、洁白，透明度好，明亮、无色，没有玻璃疔、气泡之类的瑕疵。最后是结构紧密、质量大，手感平滑，同样厚度每平方米比普通平板比重大，好切割，不易破损。

3. 质量要求

（1）平板玻璃长度和宽度的尺寸偏差应不超过表3-1规定。

表3-1　　　　　　　　　　　尺 寸 偏 差　　　　　　　　　　（mm）

| 公称厚度 | 尺寸偏差 | |
| --- | --- | --- |
| | 尺寸≤3000 | 尺寸>3000 |
| 2～6 | ±2 | ±3 |
| 8～10 | +2，-3 | +3，-4 |
| 12～15 | ±3 | ±4 |
| 19～25 | ±5 | ±5 |

（2）对角线偏差。平板玻璃对角线差应不大于其平均长度的0.2%。

（3）厚度偏差和厚薄差。平板玻璃的厚度偏差和厚薄差应不超过表3-2规定。

表3-2　　　　　　　　　　厚 度 偏 差 和 厚 薄 差　　　　　　　（mm）

| 公称厚度 | 厚度偏差 | 厚薄差 | 公称厚度 | 厚度偏差 | 厚薄差 |
| --- | --- | --- | --- | --- | --- |
| 2～6 | ±0.2 | 0.2 | 19 | ±0.7 | 0.7 |
| 8～12 | ±0.3 | 0.3 | 22～25 | ±1.0 | 1.0 |
| 15 | ±0.5 | 0.5 | | | |

（4）弯曲度。平板玻璃弯曲度应不超过0.2%。

（5）光学特性。

1）无色透明平板玻璃可见光透射比应不大于表3-3的规定。

表3-3                                无色透明平板玻璃可见光透射比最小值

| 公称厚度（mm） | 可见光透射比最小值（%） | 公称厚度（mm） | 可见光透射比最小值（%） |
|---|---|---|---|
| 2 | 89 | 10 | 81 |
| 3 | 88 | 12 | 79 |
| 4 | 87 | 15 | 76 |
| 5 | 86 | 19 | 72 |
| 6 | 85 | 22 | 69 |
| 8 | 83 | 25 | 67 |

2）本体着色平板玻璃可见光透射比、太阳光直接透射比、太阳能总透射比偏差应不超过表3-4的规定。

表3-4                                本体着色平板玻璃透射比偏差

| 种类 | 偏差（%） |
|---|---|
| 可见光（380~780nm）透射比 | 2.0 |
| 太阳光（300~2500nm）直接透射比 | 3.0 |
| 太阳能（300~2500nm）总透射比 | 4.0 |

3）本体着色平板玻璃颜色均匀性，同一批产品色差应符合 $\Delta E^*_{ab} \leqslant 2.5$。

（6）外观质量。平板玻璃的外观质量根据玻璃产品等级按照光学变形、断面缺陷、点状缺陷、点状缺陷密度、划伤、线道、裂纹等缺陷多少分别来判定的。

**4. 超白浮法玻璃**

由于生产玻璃的原料中含有亚铁的杂质，使生产的玻璃产品带有绿色。在实际使用中，当需要高可见光透射比的玻璃时，普通的浮法玻璃不能满足要求，可通过加入少量的二氧化锰或硒，使之变成无色玻璃。这种采用浮法工艺生产的，成分中 $Fe_2O_3$ 含量不大于 0.015%，具有高可见光透射比的平板玻璃称为超白浮法玻璃，简称超白玻璃。

超白玻璃属于浮法平板玻璃，因此，超白玻璃的外观质量分类及公称厚度分类方法与平板玻璃一致。超白玻璃的尺寸偏差、对角偏差、厚度偏差、厚薄差和弯曲度等质量要求应满足平板玻璃的质量要求。

超白玻璃不同于普通平板玻璃在于其对虹彩、$Fe_2O_3$ 含量、可见光透射比、太阳光总透射比等性能的特殊要求。

（1）虹彩。虹彩是浮法玻璃经过热弯或钢化后，玻璃下表面（成形时与锡液接触的表面）呈现光干涉色。

对于普通的热弯或钢化玻璃，以 45°入射角看钢化玻璃都会有彩虹反应，这是正常的，是在钢化工艺过程中弓形变形产生的，基本上是不可以避免的。但对于超白玻璃的一等品和优等品，则不允许出现虹彩现象。

在正常使用过程中，普通玻璃发生霉变现象时会出现彩虹现象。这是因为我们肉眼看上去玻璃表面光滑，显微镜放大下观察其实玻璃表面粗糙，容易附着污迹。如长时间在潮湿空气环境下微生物（霉菌等）容易附着生长，菌落数量大量增加，足以肉眼可见。霉变有以下几个阶段：

1）白雾、白点。因存放时间、空气湿度或玻璃质量问题而在玻璃表面出现的最轻微的发霉情况。

2）彩虹。当白雾、白点出现久了没有及时处理，会形成彩虹，这时的发霉情况还只是停留在玻璃表面上，没有腐蚀进玻璃里。

3）硫变。玻璃发霉的外观特征和轻微发霉一样，但玻璃表面的碱性发霉成分已经腐蚀到玻璃里面，属于严重霉变。

4）纸印。和硫变一样，发霉在玻璃外部和内部，属严重霉变。

在发霉的1）、2）阶段可尝试用玻璃去霉剂擦洗，过水即恢复光洁，如果在3）、4）阶段则是严重霉变，就不易处理了。

（2）$Fe_2O_3$ 含量。超白玻璃与普通平板玻璃最直观的区别，就是 $Fe_2O_3$ 含量比普通平板玻璃低很多，以至于用肉眼观看超白玻璃为纯透明色。超白玻璃成分中 $Fe_2O_3$ 含量应不大于 0.015%。

（3）可见光透射比。玻璃的可见光透射比指采用人眼视见函数进行加权，标准光源透过玻璃成为室内的可见光通量与投射到玻璃上的可见光通量的比值。

生产超白玻璃的目的就是为了获得高可见光透射比。因此，可见光透射比是衡量超白玻璃的主要指标。由于玻璃厚度对玻璃的可见光透射比有影响，因此，在测定玻璃的可见光透射比时统一换算成5mm标准厚度玻璃为基准进行比较，超白玻璃换算成5mm标准厚度的可见光透射比应大于91%。

（4）太阳能总透射比。通过玻璃成为室内得热量的太阳辐射部分与投射到玻璃上的太阳辐射照度的比值，称为太阳能总透射比。成为室内得热量的太阳辐射部分包括太阳辐射通过辐射透射的得热量和太阳辐射被玻璃吸收再传入室内的得热量两部分。

超白玻璃的太阳能总透射比应符合《超白浮法玻璃》（JC/T 2128—2012）的规定。

## 3.2　镀膜玻璃

镀膜玻璃也称反射玻璃，指通过物理或化学方法，在玻璃表面涂镀一层或多层金属、金属化合物或非金属化合物的薄膜，以满足特定要求的玻璃制品。

### 3.2.1　镀膜玻璃分类

镀膜玻璃按产品的不同特性可分为阳光控制镀膜玻璃、低辐射镀膜玻璃（又称 Low-E 玻璃）和导电膜玻璃等。目前，建筑门窗用镀膜玻璃主要是指阳光控制镀膜玻璃和低辐射镀膜玻璃两类。

#### 1. 阳光控制镀膜玻璃

阳光控制镀膜玻璃是通过膜层，改变其化学性能，对波长 300～2500nm 的太阳光具有选择性反射和吸收作用的镀膜玻璃。一般是在玻璃表面镀一层或多层诸如铬、钛或不锈钢等金属或其化合物组成的薄膜,使产品呈丰富的色彩,对于可见光有适当的透射率,对红外线有较高的反射率,对紫外线有较高吸收率,与普通玻璃比较,降低了遮阳系数,即提高了遮阳性能,但对传热系数改变不大。因此,也称为热反射玻璃,主要用于建筑和玻璃幕墙。热反射镀膜玻璃表面镀层不同,颜色也有很大的差别,如灰色、银灰、蓝灰、茶色、金色、黄色、蓝色、绿色、蓝绿、纯金、紫色、玫瑰红、中性色等。

2. 低辐射镀膜玻璃(Low-E玻璃)

低辐射镀膜玻璃是一种对波长 $4.5 \sim 25 \mu m$ 红外线有较高反射比的镀膜玻璃。根据不同型号一般分为:高透型 Low-E 玻璃、遮阳型 Low-E 玻璃和双银型 Low-E 玻璃。

(1) 高透型 Low-E 玻璃。

1) 具有较高的可见光透射率,采光自然,效果通透,可以有效避免"光污染"危害。

2) 具有较高的太阳能透过率,冬季太阳热辐射透过玻璃进入室内增加室内的热能。

3) 具有极高的中远红外线反射率,优良的隔热性能,较低 $K$ 值(传热系数)。

适用范围:寒冷的北方地区。制作成中空玻璃(膜面在第3面)使用节能效果更加优良。

(2) 遮阳型 Low-E 玻璃。

1) 具有适宜的可见光透过率和较低的遮阳系数,对室外的强光具有一定的遮蔽性。

2) 具有较低的太阳能透过率,有效阻止太阳热辐射进入室内。

3) 具有极高的中远红外线反射率,限制室外的二次热辐射进入室内。

适用范围:南方地区。它所具有的丰富装饰性能起到一定的室外实现的遮蔽作用,适用于各类型建筑物。从节能效果看,遮阳型不低于高透型,制作成中空玻璃节能效果更加明显。

(3) 双银型 Low-E 玻璃。

双银型 Low-E 玻璃,因其膜层中有双层银层面而得名,膜系结构比较复杂。它突出了玻璃对太阳热辐射的遮蔽效果,将玻璃的高透光性与太阳热辐射的低透过性巧妙地结合在一起,与普通 Low-E 玻璃相比,在可见光透射率相同的情况下具有更低太阳能透过率。

适用范围:不受地区限制,适合于不同气候特点的地区。主要用于建筑和汽车、船舶等交通工具,但由于低辐射镀膜玻璃的膜层强度较差,一般都制成中空玻璃使用。低辐射镀膜玻璃还可以复合阳光控制功能,称为阳光控制低辐射玻璃。

### 3.2.2  镀膜玻璃的生产工艺

镀膜玻璃的生产工艺很多,主要有真空磁控溅射法、真空蒸发法、化学气相沉积法以及溶胶—凝胶法等。

1. 真空磁控溅射法

磁控溅射镀膜指真空环境中,在电场及磁场的作用 $F$,靶材被气体辉光放电产生的荷能离子轰击,粒子从其表面射出,在被镀基体表面沉积或反应成膜的工艺过程。

离线 Low-E 镀膜玻璃表面镀的是一层银膜,由于银膜容易在空气中氧化,故必须做成中空或夹胶玻璃。

真空磁控溅射（离线）工艺生产镀膜玻璃是利用磁控溅射技术可以设计制造多层复杂膜系，可在白色的玻璃基片上镀出多种颜色，膜层的耐腐蚀和耐磨性能较好，热反射性能优良，节能特性明显，但其缺点是膜层易被氧化，热弯加工性能较差，是目前生产和使用最多的产品之一。

单银 Low‐E 玻璃表面膜层结构是：保护层＋抗氧化层＋银膜＋抗氧化层＋保护层共五层；双银 Low‐E 则膜层再增加抗氧化层＋银膜＋抗氧化层＋保护膜共九层。银膜有很好的反射远红外及红外线的能力，这才是 Low‐E 玻璃真正节能的原因。

2. 真空蒸发法

真空蒸发工艺镀膜玻璃的品种和质量与磁控溅射镀膜玻璃相比均存在一定差距，已逐步被真空溅射法取代。

3. 化学气相沉积法

化学气相沉积法是在浮法玻璃生产线上通入反应气体在灼热的玻璃表面分解，均匀地沉积在玻璃表面形成镀膜玻璃。化学气相沉积工艺是一种在线镀膜工艺，镀膜时将镀膜前驱体施加到高温基体表面，在气相—固相界面发生化学反应，在基体表面沉积反应成膜的工艺过程。

在线 Low‐E 镀膜玻璃的膜层用的是一种稳定的锡化合物，抗氧化性好。在线 Low‐E 镀膜玻璃可以做成单片，也可以合成中空。由于在线 Low‐E 镀膜玻璃是直接在浮法生产线上、高温环境下镀膜而成，颜色与玻璃原片有很大关系，可选择范围小（普遍偏深），能在镀膜情况下热弯。但在线 Low‐E 镀膜的成分与离线 Low‐E 镀膜不同，它的节能效果介于普通镀膜与离线 Low‐E 之间（中空情况下）。

该方法的缺点是生产的玻璃品种单一、热反射性能较离线法要差，但优点是设备投入少、易调控，产品成本低、化学稳定性好，可进行热加工，是目前最有发展前途的生产方法之一。

4. 溶胶—凝胶法

溶胶—凝胶法生产的镀膜玻璃工艺简单，稳定性也好，不足之处是产品光透射比太高，装饰性较差。目前镀膜玻璃中在建筑上应用最多的是热反射镀膜玻璃和低辐射镀膜玻璃。基本上采用化学气相沉积（在线）法和真空磁控溅射（离线）法两种生产工艺。《镀膜玻璃生产规程》（JC/T 2068—2011）对磁控溅射镀膜和化学气相沉积镀膜两种生产工艺进行了规范。

### 3.2.3　镀膜玻璃的质量要求

1. 阳光控制镀膜玻璃

阳光控制镀膜玻璃产品标准为《镀膜玻璃　第 1 部分：阳光控制镀膜玻璃》（GB/T 18915.1—2013）。

（1）产品分类。

1）阳光控制镀膜玻璃按镀膜工艺分为离线阳光控制镀膜玻璃和在线阳光控制镀膜玻璃。

2）按其是否进行热处理和热处理种类分类：

①非钢化阳光控制镀膜玻璃：镀膜前后，未经钢化或半钢化处理；

②钢化阳光控制镀膜玻璃：镀膜后，进行钢化加工或在钢化玻璃上镀膜；

③半钢化阳光控制镀膜玻璃：镀膜后，进行半钢化加工或在半钢化玻璃上镀膜。

3）按阳光控制镀膜玻璃膜层耐高温性能的不同，分为可钢化阳光控制镀膜玻璃和不可钢化阳光控制镀膜玻璃。

（2）性能要求。

1）光学性能。阳光控制镀膜玻璃的光学性能包括：紫外线透射比、可见光透射比、可见光反射比、太阳光直接透射比、太阳光直接反射比和太阳能总透射比。光学性能要求见表 3-5。

表 3-5　　　　　　　　　　　阳光控制镀膜玻璃的光学性能要求

| 项目 | 允许偏差最大值（明示标称值） | 允许最大差值（未明示标称值） |
| --- | --- | --- |
| 光学性能 | ±1.5% | ≤3.0% |

注：对于明示标称值（系列值）的产品，以标称值作为偏差的基准，偏差的最大值应符合本表的规定；对于未明示标称值的产品，则取 3 块试样进行测试，3 块试样之间差值的最大值应符合本表的规定。

2）颜色的均匀性。阳光控制镀膜玻璃的颜色均匀性以 CIELAB 均匀色空间的色差 $\Delta E_{ab}^{*}$ 表示，其色差应不大于 2.5。

3）耐磨性。阳光控制镀膜玻璃经耐磨试验后，可见光透射比平均值的差值不应大于 4%。

4）耐酸、碱性。阳光控制镀膜玻璃经耐酸、碱试验后，可见光透射比平均值的差值不应大于 4%，并且膜厚不应有明显的变化。

2. 低辐射镀膜玻璃

低辐射镀膜玻璃（Low-E 玻璃）产品标准为《镀膜玻璃　第 2 部分：低辐射镀膜玻璃》（GB/T 18915.2—2013）。

（1）产品分类。

1）低辐射镀膜玻璃按镀膜工艺分为离线低辐射镀膜玻璃和在线低辐射镀膜玻璃。

2）低辐射镀膜玻璃按膜层耐高温性能分为可钢化低辐射镀膜玻璃和不可钢化低辐射镀膜玻璃。

（2）性能要求。

1）光学性能。低辐射镀膜玻璃的光学性能包括：紫外线透射比、可见光透射比、可见光反射比、太阳光直接透射比、太阳光直接反射比和太阳能总透射比。光学性能要求见表 3-6。

表 3-6　　　　　　　　　　　低辐射镀膜玻璃的光学性能要求

| 项目 | 允许偏差最大值（明示标称值） | 允许最大差值（未明示标称值） |
| --- | --- | --- |
| 指标 | ±1.5% | ≤3.0% |

注：对于明示标称值（系列值）的产品，以标称值作为偏差的基准，偏差的最大值应符合本表的规定；对于未明示标称值的产品，则取 3 块试样进行测试，3 块试样之间差值的最大值应符合本表的规定。

2）颜色均匀性。低辐射镀膜玻璃的颜色均匀性以 CIELAB 均匀色空间的色差 $\Delta E_{ab}^*$ 表示，其色差应不大于 2.5。

3）辐射率。低辐射镀膜玻璃辐射率是指温度 293K、波长 $4.5\sim25\mu m$ 波段范围内膜面的半球辐射率。

离线低辐射镀膜玻璃的辐射率应低于 0.15；在线低辐射镀膜玻璃的辐射率应低于 0.25。

4）耐磨性及耐酸、碱性。低辐射镀膜玻璃经耐磨、耐酸及耐碱试验后可见光透射比差值的绝对值不应大于 4%。

由于离线 Low-E 镀膜玻璃采用金属银作为长波辐射反射功能膜层，这既是 Low-E 镀膜玻璃具有较低辐射率的优点又成为其致命的缺点，因为银在空气中是要起化学变化的，银与硫元素反应后生成的化合物的膨胀系与银不同，降低了膜层的耐磨性能。Low-E 玻璃不具有耐酸碱和耐磨性，保有期短，单片输送过程中必须对玻璃进行真空包装，开封之后一般必须在 48 小时内加工成中空玻璃，而且要求在合成中空玻璃时必须除去膜层边部。如果膜层边部不能得到很好的处理，就会造成玻璃膜层从边部开始向中心腐蚀，导致玻璃低辐射性能的逐渐丧失，使玻璃变花，由这种情况造成玻璃报废的例子很多。

### 3.2.4　镀膜玻璃的热学性能

#### 1. 热能的形式及玻璃组件的传热

自然环境中的最大热能是太阳辐射能，其中可见光的能量约占 1/3，其余的 2/3 主要是热辐射能。自然界另一种热能形式是远红外热辐射能，其能量分布在 $4\sim50\mu m$ 波长之间。在室外，这部分热能是由太阳照射到物体上被物体吸收后再辐射出来的，夏季成为来自室外的主要热源之一。在室内，这部分热能是由暖气、家用电器、阳光照射后的家具及人体所产生的，冬季成为来自室内的主要热源。

太阳辐射投射到玻璃上，一部分被玻璃吸收或反射，另一部分透过玻璃成为直接透过的能量。被玻璃吸收太阳能使其温度升高，并通过与空气对流及向外辐射而传递热能，因此最终仍有相当部分透过了物体，这可归结为传导、辐射、对流形式的传递。对暖气发出的远红外热辐射而言，不能直接透过玻璃，只能反射或吸收它，最终又以传导、辐射、对流的形式透过玻璃。因此，远红外热辐射透过玻璃的传热是通过传导、辐射及与空气对流体现的。玻璃吸收能力的强弱，直接关系到玻璃对远红外热能的阻挡效果。辐射率低的玻璃不易吸收外来的热辐射能量，从而玻璃通过传导、辐射、对流所传递的热能就少，低辐射玻璃正是限制了这一部分的传热。

以上两种形式的热能透过玻璃的传递可归结为两个途径：太阳辐射直接透过传热及对流传导传热。透过每平方米玻璃传递的总热功率 $Q$ 可由下式表示：

$$Q = 630SHGC + K(T_{in} - T_{out}) \qquad (3-1)$$

式中　　630——透过 3mm 透明玻璃的太阳能强度；

$(T_{in}-T_{out})$——玻璃两侧的空气温度，均是与环境有关的参数；

$SHGC$——玻璃自身固有参数：玻璃的太阳得热系数，数值范围 $0\sim1$，它反映玻璃对太阳直接辐射的遮蔽效果，太阳得热系数越小，阻挡阳光热量向室内辐射的性能越好；

$K$——玻璃自身固有参数：玻璃的传热系数，它反映玻璃传导热量的能力。

因此，玻璃节能性能的优劣由 $K$ 和 $SHGC$ 这两个参数就完全可以判定。

2. 不同玻璃的传热特性

（1）透明玻璃。透明玻璃（钠钙硅玻璃）的透射范围正好与太阳辐射光谱区域重合，因此，在透过可见光的同时，阳光中的红外线热能也大量地透过了玻璃，而 $3\sim5\mu m$ 中红外波段的热能又被大量地吸收，这导致它不能有效地阻挡太阳辐射能。而对暖气发出的波长 $5\mu m$ 以上的热辐射，普通玻璃不能直接透过而是近乎完全吸收，并通过传导、辐射及与空气对流的方式将热能传递到室外。

（2）热反射镀膜玻璃。热反射镀膜玻璃，在玻璃表面镀金属或金属化合物膜，使玻璃呈现丰富色彩并具有新的光、热性能。其主要作用就是降低玻璃的太阳得热系数 $SHGC$，限制太阳辐射的直接透过。热反射膜层对远红外线没有明显的反射作用，故对改善 $K$ 值没有大的贡献。在夏季光照强的地区，热反射玻璃的隔热作用十分明显，可有效衰减进入室内的太阳热辐射。但在无阳光的环境中，如夜晚或阴雨天气，其隔热作用与白玻璃无异。从节能的角度来看它不适用于寒冷地区，因为这些地区需要阳光进入室内采暖。

（3）低辐射镀膜玻璃。低辐射镀膜玻璃（Low-E 玻璃），在玻璃表面镀低辐射材料银及金属氧化物膜，使玻璃呈现出不同颜色。其主要作用是降低玻璃的 $K$ 值，同时有选择地降低 $SHGC$，全面改善玻璃的节能特性。高透型 Low-E 玻璃，太阳得热系数 $SHGC>0.44$，对透过的太阳能衰减较少。这对以采暖为主的北方地区极为适用，冬季太阳能波段的辐射可透过这种 Low-E 玻璃进入室内，经室内物体吸收后变为 Low-E 玻璃不能透过的远红外热辐射，并与室内暖气发出的热辐射共同被限制在室内，从而节省采暖费用。遮阳型 Low-E 玻璃，太阳得热系数 $SHGC\leqslant0.44$，对透过的太阳能衰减较多。这对以空调制冷的南方地区极为适用，夏季可最大限度地限制太阳能进入室内，并阻挡来自室外的远红外热辐射，节省空调使用费用。不同的 Low-E 玻璃品种适用于不同的气候地区，就节能性而言，其功能已经覆盖了热反射镀膜玻璃。

### 3.2.5 镀膜玻璃的鉴别方法

1. 导电测量法

Low-E 玻璃的热反射作用是膜层自由电子与电磁波作用的结果，所以其表面是导电的。普通的非镀膜玻璃表面电阻值为无穷大，阳光控制的镀膜玻璃所镀的膜层材料不同，表面电阻值虽会有所下降，但依然很高。而 Low-E 玻璃表面的方块电阻值一般会在 $20\Omega$ 以下。利用这一特性，可以快速鉴别其真伪。

测量玻璃表面的方块电阻值时要使用四探针测试仪测量，将测量头放在干燥清洁的玻璃表面就可以测出方块电阻，方块电阻能够通过相关的公式转化成辐射率，从而判定是否为 Low-E 玻璃。使用普通万用表也可以简单判定，将万用表笔尖放置在玻璃表面，正负笔尖间距 1cm 左右，此时如果显示的电阻值在几十欧姆时，即可判定是 Low-E 玻璃膜面，如果是 $100\Omega$ 以上则不是。但此种方法易受笔尖间距和接触压力及接触面积影响，所以应多测几点综合判定。

### 2. 仪器测量法

对中空 Low‐E 玻璃，由于膜面在玻璃中间，鉴别比较困难。虽然这种玻璃比普通中空玻璃的传热系数低很多，但要在现场快速测出玻璃传热系数却并不容易。目前，在不破坏中空玻璃的前提下，相对简单的办法还是使用 Low‐E 玻璃的导电性原理。利用电磁线圈或者是电容制造出一个弱电磁场，当镀有导电膜的 Low‐E 玻璃靠近这个电磁场时，会改变磁场的状态，从而影响输出电流或输出电压。依据这一原理，便可以检测出中空玻璃内部是否有 Low‐E 膜，并可以依据变化的大小得知 Low‐E 膜距离是远还是近。目前市场上技术比较成熟的 Low‐E 膜面测试仪便是基于此原理。测量时将手持式 Low‐E 测试仪紧贴中空玻璃的表面放置，按下测试按钮，依据指示灯闪亮状态便可以判别是否有 Low‐E 膜面。这种方法快速简单，不用拆解中空玻璃，因而具有良好的推广价值。但如果中空玻璃面积太小，检测结果易受到边部铝条或窗框的影响，其检测结果也不具有权威性。

### 3. 影像测量法

（1）将火柴或光亮物体放在中空玻璃前，观察玻璃里面呈现的 4 个影像（换句话说，有 4 束火焰或 4 个物像），若是 Low‐E 玻璃，则有一个影像的颜色不同于其他 3 个影像；若 4 个影像的颜色相同，便可确定未装 Low‐E 玻璃。这种方法是利用即使是无色的高透型 Low‐E 玻璃也会有一点轻微的反射色的原理进行判别的，仅适用于白玻中空玻璃与无色 Low‐E 中空玻璃之间的简单判别。

（2）借用铅笔看影子判断，即将削好头的铅笔笔头接触被测面倾斜（45°～60°为宜）测量，若能从此面看出两个影子的面为非膜面，另一面即为镀膜面（此方法尤其适用于热反射镀膜玻璃）。

离线 Low‐E 合成中空时需要剔除边部膜层，所以可以通过查看玻璃边部靠近间隔条的位置是否有一道玻璃与膜的分界线来判定。在线 Low‐E 合成中空时不剔除边部膜层，所以也可以在边部密封胶未盖住玻璃内表面的地方用电阻法判定。

综上所述，单片镀膜玻璃的鉴别方法比较简单，中空镀膜玻璃在不拆解的情况下很难精确判定，目前许多研究人员正在研究更为实用的检测仪器。在实际工程应用时，可以通过上述的多种办法综合判定，但最为准确的途径，还是推荐从实际产品中随机抽取样品送到权威检测部门测试。

## 3.3 中空玻璃

中空玻璃是一种良好的隔热、隔声、美观适用，并可降低建筑物自重的新型建筑材料。中空玻璃是将两片或多片玻璃以有效支撑均匀隔开并周边粘结密封，使玻璃层间形成有干燥气体空间的玻璃制品。中空玻璃主要材料是玻璃、铝间隔条（或胶条）、插接件、丁基胶、密封胶、干燥剂。

中空玻璃与普通双层玻璃的区别为前者密封，后者不密封，灰尘、水汽很容易进入玻璃内腔，水汽遇冷结霜，遇热结露，附着在玻璃内表面的灰尘永远不能清除。双层玻璃在一定程度上也能起一定的隔声、隔热作用,但性能却相差甚远。

中空玻璃的分类:

(1) 按形状分类。可分为平面中空玻璃和曲面中空玻璃。

(2) 按中空腔内气体分类。

①普通中空玻璃:中空腔内为空气的中空玻璃;

②充气中空玻璃:中空腔内充入氩气、氪气等气体的中空玻璃。

### 3.3.1 中空玻璃的加工工艺

1. 中空玻璃的生产方法

中空玻璃生产技术最早发明于美国,并首先在美国得到了推广和应用。产品经历了焊接中空玻璃、熔接中空玻璃、胶接中空玻璃和一段时期内几种中空玻璃并存,发展到以胶接中空玻璃为主其他为辅的局面。

(1) 焊接法。将两片或两片以上玻璃四边的表面镀上锡及铜涂层,以金属焊接的方法使玻璃与铅制密封框密封相连。焊接法具有比较好的耐久性,但工艺复杂,需要在玻璃上镀锡、镀铜、焊接等热加工,设备多,生产需要用较多的有色金属,生产成本高,不宜推广。

(2) 熔接法。采用高频电炉将两块材质相同玻璃的边部同时加热至软化温度,再用压机将其边缘加压,使两块玻璃的四边压合成一体,玻璃内部保持一定的空腔并充入干燥气体。熔接法生产的产品具有不漏气、耐久性好的特点。缺点是产品规格小,不易生产三层及镀膜等特种中空玻璃,选用玻璃厚度范围小(一般为3~4mm),难以实现机械化连续生产,产量低,生产工艺落后。

(3) 胶接法。将两片或两片以上玻璃,周边用装有干燥剂的间隔框分开,并用双道密封胶密封以形成中空玻璃的方法。胶接法的生产关键是密封胶,典型代表槽铝式中空玻璃。胶接法中空玻璃具有以下特点:

1) 生产工艺成熟稳定。

2) 产品设计灵活,易于开发特种性能的中空玻璃。

3) 产品适用范围广。

4) 生产所用原材料(如干燥剂、密封胶)在生产现场可以进行质量鉴定和控制。

(4) 胶条法。将两片或两片以上的玻璃四周用一条两侧粘有粘接胶的胶条(胶条中加入干燥剂,并有连续或不连续波浪形铝片)粘结成具有一定空腔厚度的中空玻璃。典型代表是复合胶条式中空玻璃。

目前,国内市场上中空玻璃产品主要为槽铝式中空玻璃和胶条法中空玻璃,槽铝式中空玻璃生产工艺于20世纪80年代引入国内,技术相对成熟些,但是加工工艺较复杂。胶条法中空玻璃在国内起步较晚,但是生产制造工艺简单,推广很快。

2. 复合胶条式中空玻璃生产工艺

复合胶条式中空玻璃生产工艺流程如图3-1所示。

(1) 玻璃切割下料。原片玻璃一般为无色平板玻璃、镀膜玻璃、钢化玻璃、夹层玻璃、

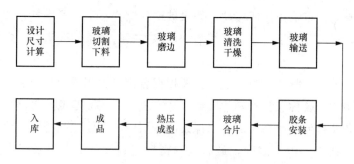

图 3-1　复合胶条式中空玻璃生产工艺流程图

压花玻璃或着色玻璃，厚度一般为 3～12mm，上述玻璃必须符合相应的产品标准规定，经检验合格后方可使用。玻璃切割可由手工或机器进行，但应保证合乎尺寸要求。此道工序工人在操作过程中，应随时注意玻璃表面不得有划伤，内质均匀，不得有气泡、夹渣等明显缺陷。

（2）玻璃清洗干燥。玻璃清洗一定要采用机器清洗法，因为人工清洗无法保证清洗质量。清洗前须检验玻璃表面有无划伤，为保证密封胶条与玻璃的粘结性，最好使用去离子水。另外为保证水循环使用，节约水资源，可对水进行过滤，保证长期使用。清洗后的玻璃要通过光照检验，检验玻璃表面有无水珠、水渍及其他污渍，若有水珠、水渍及其他污渍，则需对机器运行速度、加热温度、风量、毛刷间隙进行调整，直到达到效果完好为止。

清洗干燥后的玻璃应于 1 小时内组装成中空玻璃。另外为保证玻璃与玻璃之间不要摩擦划伤，应有半成品玻璃储存输送车，将玻璃片与片之间隔开。

（3）复合胶条的配置。复合胶条按以下要求敷到玻璃上：

1）全部玻璃必须是干净和干燥的。

2）复合胶条必须垂直放到玻璃上以防止压合过程中胶条偏斜。

3）胶条可分离纸的一侧必须放置到中空玻璃件的外侧。

4）胶条必须是干净、干燥和尺寸相当的。

5）胶条的纵向开端和末端须切割成方形。

6）胶条放置在距玻璃边至少 1.5mm，以便在玻璃片压紧后胶粘剂不会伸到玻璃边的外部。

7）接角处需要留出 1～4mm 开口，以便中空玻璃在加热和压紧时排气，1mm 开口用于普通中空玻璃，4mm 开口用于充气中空玻璃。

（4）胶条贴敷和中空玻璃合片。

复合胶条在玻璃上的贴敷，可以是工具，也可以用人工沿一个方向贴敷，禁止沿两边围贴。在开始操作时复合胶条带的前端应切割成方形。如果胶条端部切割不干净或不成方形，则拐角连接密封质量就会不好。贴敷胶条操作过程中应注意尽可能不用手接触胶条的粘贴面和不损伤胶条，胶条的贴敷起点，要视客户要求的中空玻璃种类按其要求的参数确定。

合片时，两片玻璃一定要对齐，任何错位，都会使中空玻璃件某些周边部位的胶条与玻璃的黏合不充分而影响中空玻璃的质量。一旦第二片玻璃接触复合胶条，就不可再调整对位。胶条的初始黏附值将阻止任何移动,如果玻璃片位置不正,可将复合胶条从两片玻璃间剥下,但胶条不能再用,对于玻璃可仔细清洗,除去密封胶条的残渣,干燥后可重新使用。

(5) 压合。

复合胶条中空玻璃在胶条贴敷完成后,要根据公称尺寸调整中空玻璃热压机或夹层玻璃平压机的压辊间距达到公称尺寸(两片玻璃尺寸+胶条的实际厚度)再进行压合。压合过程中,中空玻璃胶条开口处要放在后面,以保证间隔层内的气体顺利排出。要控制从热压机出来的胶条温度保持在40~55℃之间,最后角的密封应通过三步程序来完成,以确保胶条完全密封。

(6) 玻璃放置。

制作完成的中空玻璃产品应垂直放置在直角形的双(单)L架上,以借助两块玻璃平均支撑。

3. 槽铝式中空玻璃生产工艺

槽铝式中空玻璃生产工艺流程见图3-2所示。

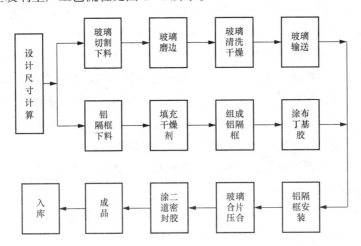

图3-2 槽铝式中空玻璃生产工艺流程图

(1) 玻璃切割下料。见"复合胶条式中空玻璃生产工艺简述"。

(2) 玻璃清洗干燥。见"复合胶条式中空玻璃生产工艺简述"。

(3) 槽铝式中空玻璃组装。

1) 对环境的要求。组装温度应在10~30℃之间。

2) 相对湿度的要求。槽铝式中空玻璃对湿度的要求稍低一些,正常情况即可。但应注意的是,干燥剂应选择正规厂家的合格产品,以保证干燥剂的有效使用,干燥剂开封后应在24小时内用完,特别是雨季,湿度较大,应减少干燥剂暴露在空气中的时间。用丁基胶作为第一道密封,起到阻隔气体的作用,用聚硫胶或硅酮胶作为第二道密封,主要作用是粘结作用,其次才是隔气作用。实践证明,单道密封的中空玻璃寿命只有5年左右,而双道密封的中空玻璃可达20年甚至40年以上。

(4) 玻璃压片。槽铝式中空玻璃,合片后铝框外边部和玻璃边部应有5~7mm的距离,用于涂第二道密封胶,密封胶应均匀沿一侧涂布,以防止气泡出现,涂完后刮去玻璃表面残余，直至完成槽铝式中空玻璃的加工。

（5）中空玻璃的放置。中空玻璃的放置正确与否也会对中空玻璃的最终质量产生影响，无论是在生产还是在运输或在工地存放首先堆垛架的设计要求要考虑到中空玻璃的特点，堆垛架要有一定的倾斜度。但底部平面与侧部应始终保持 90°，从而保证中空玻璃的两片玻璃底边能垂直地置放在堆垛架上。另外，玻璃底部不要沾上油渍、石灰及其他溶剂，因为它们对中空玻璃的二道密封胶会产生不同程度的侵蚀作用。

（6）中空玻璃产地与使用地海拔高度相差超过 800m 时，因两地的大气压差约为 10%，因此应加装毛细管平衡内外气压差。

### 3.3.2　门窗用中空玻璃质量要求

中空玻璃是生产节能型铝合金门窗的重要原材料，产品标准为《中空玻璃》（GB/T 11944—2012）。为了保证中空玻璃产品质量及其发挥最大的性能，产品标准对中空玻璃产品原材料及中空玻璃质量提出了具体的要求。

1. 材料要求

中空玻璃作为玻璃的深加工产品，其原片玻璃应符合相应的产品质量要求。中空玻璃可以根据要求选用各种不同性能的玻璃原片，如平板玻璃、压花玻璃、着色玻璃、镀膜玻璃、夹层玻璃、钢化玻璃、均质钢化玻璃等。平板玻璃应符合《平板玻璃》（GB 11614—2009）的规定，夹层玻璃应符合《建筑用安全玻璃　第 3 部分：夹层玻璃》（GB 15763.3—2009）的规定，钢化玻璃应符合《建筑用安全玻璃　第 2 部分：钢化玻璃》（GB 15763.2—2005）的规定，均质钢化玻璃应符合《建筑用安全玻璃　第 4 部分：均质钢化玻璃》（GB 15763.4—2009）的规定，镀膜玻璃应符合《镀膜玻璃》（GB/T 18915—2012）的规定。其他品种的玻璃符合相应的产品标准要求。

作为中空密封材料的密封胶应满足以下要求：中空玻璃用硅酮结构密封胶应符合《中空玻璃用硅酮结构密封胶》（GB 24266—2009）的规定，中空玻璃用热熔丁基胶应符合《中空玻璃用丁基热熔密封胶》（JC/T 914—2014）的规定。

用塑性密封胶制成的含有干燥剂和波浪形铝带的胶条，其性能应符合相应标准要求；铝间隔框须去污并进行氧化处理。

干燥剂的质量、规格、性能必须满足中空玻璃制造及性能要求。

2. 尺寸偏差

（1）中空玻璃的长度及宽度允许偏差见表 3-7。

表 3-7　　　　　　　　中空玻璃的长度及宽度允许偏差　　　　　　　　（mm）

| 长度或宽度 L | 允许偏差 |
|---|---|
| L<1000 | ±2 |
| 1000≤L<2000 | +2，−3 |
| 2000≤L | ±3 |

（2）中空玻璃的厚度允许偏差见表 3-8。

表 3-8　　　　　　　　　　中空玻璃的厚度允许偏差　　　　　　　　　　　（mm）

| 公称厚度 D | 允许偏差 |
| --- | --- |
| $D<17$ | ±1.0 |
| $17≤D<22$ | ±1.5 |
| $22≤D$ | ±2.0 |

注：中空玻璃的公称厚度为玻璃原片的公称厚度与间隔层厚度之和。

（3）中空玻璃两对角线之差。正方形和矩形中空玻璃对角线之差不应大于对角线平均长度的 0.2%。

（4）中空玻璃密封胶厚度。

中空玻璃外道密封胶宽度应≥5mm，内道密封胶层宽度应≥3mm，如图 3-3 所示；复合密封胶条的胶层宽度为（8±2）mm，如图 3-4 所示。

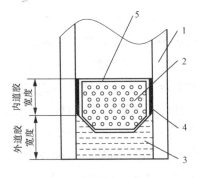

图 3-3　胶层宽度示意

1—玻璃；2—干燥剂；3—外道密封胶；

4—内道密封胶；5—间隔框

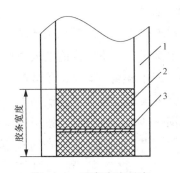

图 3-4　胶条宽度示意

1—玻璃；2—胶条；3—支撑带

3. 性能要求

中空玻璃的露点性能将玻璃表面局部降温至−60℃并逐步按 5℃温差逐级升温到−40℃，察看每一温度级别下玻璃试样的内部水气结露情况判定玻璃的露点性能。经露点试验后中空玻璃内表面应无结霜或结露。

中空玻璃的耐紫外线辐照性能是检验中空玻璃经过紫外线照射后玻璃内部密封胶是否有有机物、水等挥发物。经紫外线照射后的中空玻璃内表面应无结雾、水汽凝结或污染的痕迹出现且密封胶无明显变形。

中空玻璃的水气密封耐久性能是检测中空玻璃水气渗透耐久情况，以判断中空玻璃对外部水气密封的密封耐久性能高低。以水分渗透指数表示，且 $I≤0.25$，平均值 $I_{av}≤0.20$。

水分渗透指数的含义是中空玻璃经过耐久性试验后，其干燥剂的含水量比刚制作完成时干燥剂含水量增加的量与制成的中空玻璃中干燥剂的剩余吸附量的比值。水分渗透指数不仅反映了密封胶阻隔水气透过的能力，也直观地反映了分子筛的吸附能力以及在中空玻璃制作环节的工艺控制水平。因此，$I$ 值可以在 0~1 的范围内变化，如果密封胶一点水都不渗透，

那么 $I=0$；如果中空玻璃密封失败，进水了，那么 $I$ 就等于 1 或接近 1。通过 $I$ 值的定量测量，不仅能够比较不同结构和配置中空玻璃耐久性能的好坏，还有助于预测中空玻璃的使用寿命。

中空玻璃的初始气体含量主要用于检测充气中空玻璃中所充气体的初试含量值，反映的是充气中空玻璃所充气体含量能否满足保温隔热性能要求。中空玻璃的气体密封耐久性能通过高低温循环试验检测，反映的是中空充气密封后的密封泄露情况。充气中空玻璃的初试气体含量应≥85％（V/V），经试验后气体含量应≥85％（V/V）。

中空玻璃的 $K$ 值是玻璃的传热系数，具体要求以设计值为准并应满足门窗整体节能设计要求。

4. 中空玻璃密封胶的相容性

中空玻璃的密封主要靠两道密封胶。内道密封胶是热熔性丁基胶，主要起阻止水汽进入的作用；外道密封胶由聚硫胶或硅酮胶来完成，靠其良好的粘结性和耐候性能，起到密封和保护作用。如果中空玻璃的二道密封胶与内、外片玻璃、铝隔框及丁基胶之间不相容，则二道密封胶就不能起到很好的密封作用，中空玻璃容易透气、透水，起不到很好的保温作用。因此，要求外道密封胶与同其相接触的内、外片玻璃、铝隔条及丁基胶具有良好的相容性和粘结性。

对于隐框铝合金窗，由于玻璃与铝合金附框之间、中空玻璃内外片之间完全靠密封胶相互粘结，密封胶要承受玻璃的自重荷载及风荷载，属于结构性安装。因此，中空玻璃二道密封胶应采用硅铜结构密封胶，并要求密封胶与其相接触材料之间具有良好的相容性和粘结性，相容性试验应按《建筑用硅酮结构密封胶》（GB 16776—2005）标准进行。同时硅酮结构密封胶的注胶宽度应经结构性计算来确定。

### 3.3.3 中空玻璃性能特点

1. 中空玻璃的隔热、隔声性能

能量的传递有三种方式：辐射传递、对流传递和传导传递。

（1）辐射传递。辐射传递是能量通过射线以辐射的形式进行的传递，这种射线包括可见光、红外线和紫外线等的辐射，就像太阳光线的传递一样。合理配置的中空玻璃和合理的中空玻璃间隔层厚度，可以最大限度地降低能量通过辐射形式的传递，从而降低能量的损失。

（2）对流传递。对流传递是由于在玻璃的两侧具有温度差，造成空气在冷的一面下降而在热的一面上升，产生空气的对流，而造成能量的流失。造成这种现象的原因有几个：

1）玻璃与周边的框架系统的密封不良，造成窗框内外的气体能够直接进行交换产生对流，导致能量的损失。

2）中空玻璃的内部空间结构设计得不合理，导致中空玻璃内部的气体因温度差的作用产生对流，带动能量进行交换，从而产生能量的流失。

3）构成整个系统的窗的内外温度差较大，致使中空玻璃内外的温度差也较大，空气借助冷辐射和热传导的作用，首先在中空玻璃的两侧产生对流，然后通过中空玻璃整体传递过去，形成能量的流失。合理的中空玻璃设计，可以降低气体的对流，从而降低能量的对流损失。

(3) 传导传递。传导传递是通过物体分子的运动，带动能量进行运动，而达到传递的目的，而中空玻璃对能量的传导传递是通过玻璃和其内部的空气来完成的。玻璃的导热系数是0.77W/(m·k)，而空气的导热系数是0.028W/(m·k)，由此可见，玻璃的热传导率是空气的27倍，而空气中的水分子等活性分子的存在，是影响中空玻璃能量的传导传递和对流传递性能的主要因素，因而提高中空玻璃的密封性能，是提高中空玻璃隔热性能的重要因素。

中空玻璃具有极好的隔声性能，其隔声效果通常与噪声的种类和声强有关，一般可使噪声下降30~44dB，对交通噪声可降低31~38dB。因而中空玻璃可以隔离室外噪声，创造室内良好的工作和生活环境条件。

2. 中空玻璃的防结露、降低冷辐射和安全性能

由于中空玻璃内部存在着可以吸附水分子的干燥剂，气体是干燥的，在温度降低时，中空玻璃的内部也不会产生凝露的现象，同时，在中空玻璃的外表面结露点也会升高。如当室外风速为5m/s，室内温度20℃，相对湿度为60%时，5mm玻璃在室外温度为8℃时开始结露，而16mm厚的（5+6+5）中空玻璃在同样条件下，室外温度为-2℃时才开始结露，27mm厚的（5+6+5+6+5）三层中空玻璃在室外温度为-11℃时才开始结露。

由于中空玻璃的隔热性能较好，玻璃两侧的温度差较大，还可以降低冷辐射的作用。当室外温度为-10℃时，室内单层玻璃窗前的温度为-2℃，而中空玻璃窗前的温度是13℃。在相同的房屋结构中，当室外温度为-8℃，室内温度为20℃时，3mm普通单层玻璃冷辐射区域占室内空间的67.4%，而采用双层中空玻璃（3+6+3）则为13.4%。

使用中空玻璃，可以提高玻璃的安全性能，在使用相同厚度的原片玻璃的情况下，中空玻璃的抗风压强度是普通单片玻璃的1.5倍。

### 3.3.4 中空玻璃的节能特性分析

1. 中空玻璃节能特性的基本指标

中空玻璃诸多的性能指标中，能够用来判别其节能特性的主要有传热系数 $K$ 和太阳得热系数 $SHGC$。

中空玻璃的传热系数 $K$ 是指在稳定传热条件下，玻璃两侧空气温度差为1K时，单位时间内通过单位面积中空玻璃的传热量，以 $W/(m^2·K)$ 表示。$K$ 值越低，说明中空玻璃的保温隔热性能越好，在使用时的节能效果越显著。

太阳得热系数 $SHGC$ 是指在太阳辐射相同的条件下，太阳辐射能量透过窗玻璃进入室内的量与通过相同尺寸但无玻璃的开口进入室内的太阳热量的比率。玻璃的 $SHGC$ 值增大时，意味着更多的太阳直射热量进入室内，减小时则将更多的太阳直射热量阻挡在室外。$SHGC$ 值对节能效果的影响是与建筑物所处的不同气候条件相联系的，在炎热气候条件下，应该减少太阳辐射热量对室内温度的影响，此时需要玻璃具有相对低的 $SHGC$ 值；在寒冷气候条件下，应充分利用太阳辐射热量来提高室内的温度，此时需要高 $SHGC$ 值的玻璃。在 $K$ 值与 $SHGC$ 值之间，前者主要衡量的是由于温度差而产生的传热过程，后者主要衡量

的是由太阳辐射产生的热量传递，实际生活环境中两种影响同时存在，所以在各建筑节能设计标准中，是通过限定 $K$ 和 $SHGC$ 的组合条件来使窗户达到规定的节能效果。

2. 中空玻璃节能指标的影响因素分析

（1）玻璃的厚度。中空玻璃的传热系数，与玻璃的热阻［玻璃的热阻为 $1(\mathrm{m^2 \cdot K})/W$］和玻璃厚度的乘积有着直接的联系。当增加玻璃厚度时，必然会增大该片玻璃对热量传递的阻挡能力，从而降低整个中空玻璃系统的传热系数。通过对具有 12mm 空气间隔层的普通中空玻璃进行计算，当两片玻璃都为 3mm 白玻璃时，$K = 2.745 \mathrm{W}/(\mathrm{m^2 \cdot K})$；当都为 10mm 白玻璃时，$K = 2.64 \mathrm{W}/(\mathrm{m^2 \cdot K})$，降低了 3.8％ 左右，且 $K$ 值的变化与玻璃厚度的变化基本为直线关系，如图 3 - 5 所示。从计算结果也可以看出，增加玻璃厚度对降低中空玻璃 $K$ 值的作用不是很大，8＋12A＋8 的组合方式比常用的 6＋12＋6 组合方式 $K$ 值仅降低 $0.03 \mathrm{W}/(\mathrm{m^2 \cdot K})$，对建筑能耗的影响甚微。由吸热玻璃或镀膜玻璃组成的中空玻璃系统，其变化情况与白玻璃相近，所以在下面其他因素分析中将以常用的 6mm 玻璃为主。

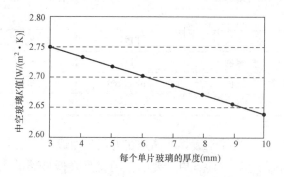

图 3 - 5　中空玻璃 $K$ 值与玻璃厚度关系

当玻璃厚度增加时，太阳光穿透玻璃进入室内的能量将会随之而减少，从而导致中空玻璃太阳得热系数的降低。如图 3 - 6 所示，在由两片白玻璃组成中空时，单片玻璃厚度由 3mm 增加到 10mm，$SHGC$ 值降低了 16％；由绿玻璃（选用典型参数）＋白玻璃组成中空时，$SHGC$ 值降低了 37％ 左右。不同厂商、不同颜色的吸热玻璃影响程度将会有所不同，但同一类型中，玻璃厚度对 $SHGC$ 值的影响都会比较大，同时对可见光透过率的影响也很大。所以，建筑上选用吸热玻璃组成的中空玻璃时，应根据建筑物能耗的设计参数，在满足结构要求的前提下，考虑玻璃厚度对室内获得太阳能强度的影响程度。在镀膜玻璃组成中空时，厚度会依基片的种类而产不同程度地影响，但主要的因素是膜层的类型。

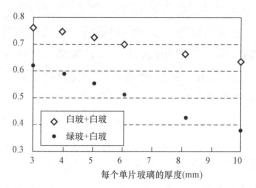

图 3 - 6　中空玻璃 $SHGC$ 值与玻璃厚度关系

（2）玻璃的类型。组成中空玻璃的玻璃类型有白玻璃、吸热玻璃、阳光控制镀膜、Low - E 玻璃等，以及由这些玻璃所产生的深加工产品。玻璃被热弯、钢化后的光学热工特性会有微小的改变，但不会对中空玻璃系统产生明显的变化，所以此处仅分析未进行深加工的玻璃原片。不同类型的玻璃，在单片使用时的节能特性就有很大的差别，当合成中空时，各种形式的组合也会呈现出不同的变化特性。

吸热玻璃是通过本体着色减小太阳光热量的透过率、增大吸收率，由于室外玻璃表面的空气流动速度会大于室内，所以能更多地带走玻璃本身的热量，从而减少了太阳辐射热进入室内的程度。不同颜色类型、不同深浅程度的吸热玻璃,都会使玻璃的 SHGC 值和可见光透过率发生很大的改变。但各种颜色系列的吸热玻璃,其辐射率都与普通白玻璃相同,约为 0.84。

所以在相同厚度的情况下,组成中空玻璃时传热系数 K 值是相同的。选取不同厂商的几种有代表性的 6mm 厚度吸热玻璃,中空组合方式为吸热玻璃+12mm 空气+6mm 白玻璃,表 3-9 列出了各项节能特性参数。计算结果表明,吸热玻璃仅能控制太阳辐射的热量传递,不能改变由于温度差引起的热量传递。

表 3-9　　　　　　　　不同类型吸热玻璃对中空节能特性的影响

| 玻璃类型 | 生产厂商 | K 值[W/(m²·K)] | SHGC 值 | 可见光透过率 |
| --- | --- | --- | --- | --- |
| 白色 | 普通 | 2.703 | 0.701 | 0.786 |
| 灰色 | PPG | 2.704 | 0.454 | 0.395 |
| 绿色 | PPG | 2.704 | 0.404 | 0.598 |
| 茶色 | Pilkington | 2.704 | 0.511 | 0.482 |
| 蓝绿色 | Pilkington | 2.704 | 0.509 | 0.673 |

阳光控制镀膜玻璃是在玻璃表面镀上一层金属或金属化合物膜,膜层不仅使玻璃呈现丰富的色彩,而且更主要的作用就是降低玻璃的太阳得热系数 SHGC 值,限制太阳热辐射直接进入室内。不同类型的膜层会使玻璃的 SHGC 值和可见光透过率发生很大的变化,但对远红外热辐射没有明显的反射作用,所以阳光控制镀膜玻璃单片或中空使用时,K 值与白玻相近。

Low-E 玻璃是一种对波长范围 4.5~25μm 的远红外线有很高反射比的镀膜玻璃。在我们周围的环境中,由于温度差引起的热量传递主要集中在远红外波段上,白玻、吸热玻璃、阳光控制镀膜玻璃对远红外热辐射的反射率很小,吸收率很高,吸收的热量将会使玻璃自身的温度提高,这样就导致热量再次向温度低的一侧传递。与之相反,Low-E 玻璃可以将温度高的一侧传递过来的 80% 以上的远红外热辐射反射回去,从而避免了由于自身温度提高产生的二次热传递,所以 Low-E 玻璃具有很低的传热系数。

(3) Low-E 玻璃的辐射率。Low-E 玻璃的传热系数与其膜面的辐射率有着直接的联系。辐射率越小时,对远红外线的反射率越高,玻璃的传热系数也会越低。例如,当 6mm 单片 Low-E 玻璃的膜面辐射率为 0.2 时,传热系数为 3.80W/(m²·K);辐射率为 0.1 时,传热系数为 3.45W/(m²·K)。单片玻璃 K 值的变化必然会引起中空玻璃 K 值的变化,所以 Low-E 中空玻璃的传热系数会随着低辐射膜层辐射率的变化而改变。图 3-7 所示的数据为白玻与 Low-E 玻璃采用 6+12A+6 的组合时,中空玻璃 K 值受膜面辐射率变化的情况。可以看出,当辐射率从 0.2 降低到 0.1 时,K 值仅降低了 0.17W/(m²·K)。这说明与单片 Low-E 的变化相

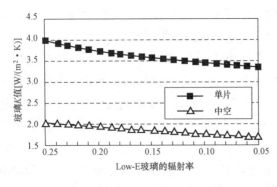

图 3-7　Low-E 玻璃 K 值受辐射率影响程度

比，Low - E 中空的 $K$ 值变化受辐射率的影响不是非常显著。

（4）Low - E 玻璃镀膜面位置。由于 Low - E 玻璃膜面所具有的独特的低辐射特性，所以在组成中空玻璃时，镀膜面放置位置的不同将使中空玻璃产生不同的光学特性。以耀华 Low - E 玻璃为例，按照与白玻进行 6＋12＋6 的组合方式计算，将镀膜面放置在 4 个不同的位置上时（室外为 1 号位置，室内为 4 号位置），中空玻璃节能特性的变化见表 3 - 10。根据结果显示，膜面位置在 2 号或 3 号时的中空玻璃 $K$ 值最小，即保温隔热性能最好。3 号位置时的太阳得热系数要大于 2 号位置，这一区别是在不同气候条件下使用 Low - E 玻璃时要注意的关键因素。寒冷气候条件下，在对室内保温的同时人们希望更多地获得太阳辐射热量，此时镀膜面应位于 3 号位置；炎热气候条件下，人们希望进入室内的太阳辐射热量越少越好，此时镀膜面应位于 2 号位置。

表 3 - 10　　　　　　　　　　　　　Low - E 玻璃膜面位置对节能的影响

| 镀膜面位置 | 基本指标 | （室外）1 号 | 2 号 | 3 号 | 4 号（室内） |
|---|---|---|---|---|---|
| 白玻组合 | $K$ 值 [W/(m²·K)] | 2.677 | 1.923 | 1.923 | 2.041 |
| | $SHGC$ 值 | 0.632 | 0.625 | 0.676 | 0.640 |
| 吸热玻璃组合（以浅绿为例） | $K$ 值 [W/(m²·K)] | 2.680 | 1.925 | 1.925 | 2.042 |
| | $SHGC$ 值 | 0.416 | 0.586 | 0.347 | 0.345 |

如果为了建筑节能或颜色装饰的设计需要，在炎热地区采用吸热玻璃与 Low - E 玻璃组。成中空玻璃时，从表 3 - 10 中可以看出，膜面在 2 号或 3 号位置时的传热系数都是最小，但 3 号位置的太阳得热系数比 2 号位置小得多，此时 Low - E 膜层应该位于 3 号位置。

（5）间隔气体的类型。中空玻璃的导热系数比单片玻璃低 50% 左右，这主要是气体间隔层的作用。中空玻璃内部充填的气体除空气以外，还有氩气、氪气等惰性气体。由于气体的导热系数很低 [空气 0.024W/(m·K)；氩气 0.016W/(m·K)]，因此极大地提高了中空玻璃的热阻性能。6＋12＋6 的白玻中空组合，当充填空气时 $K$ 值约为 2.7W/(m²·K)，充填 90% 氩气时 $K$ 值约为 2.55W/(m²·K)，充填 100% 氩气时约为 2.53W/(m²·K)，充填 100% 氪气时 $K$ 值约为 2.47W/(m²·K)。两种惰性气体相比，氩气在空气中的含量丰富，提取比较容易，使用成本低，所以应用较为广泛。不论填充何种气体，相同厚度情况下，中空玻璃的 $SHGC$ 值和可见光透过率基本保持不变。

（6）气体间隔层的厚度。常用的中空玻璃间隔层厚度为 6mm、9mm、12mm 等。气体间隔层的厚薄与传热阻的大小有着直接的联系。在玻璃材质、密封构造相同的情况下，气体间隔层越大，传热阻越大。但气体层的厚度达到一定程度后，传热阻的增长率就很小了。因为当气体层厚增大到一定程度后，气体在玻璃之间温差的作用下就会产生一定的对流过程，从而减低了气体层增厚的作用。如图 3 - 8 所示，气体层从 1mm 增加到

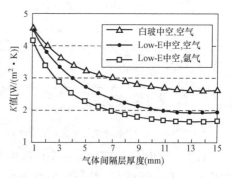

图 3 - 8　气体间隔层厚度对 $K$ 值的影响

9mm 时，白玻中空充填空气时 $K$ 值下降 37%，Low-E 中空玻璃充填空气时 $K$ 值下降 53%，充填氩气时下降 59%。气体层从 9mm 增加到 13mm 时，下降速度都开始变缓。气体层大于 13mm 以后，$K$ 值反而有轻微的回升。所以，对于 6mm 厚度玻璃的中空组合，超过 13mm 的气体间隔层厚度再增大不会产生明显的节能效果。

从图 3-8 中我们也可以看出，气体间隔层增加时，Low-E 中空玻璃 $K$ 值的下降速度比普通中空玻璃要快。这种特性使得在组成三玻中空玻璃时，如果必须采用两个气体层不一样厚度的特殊组合时，Low-E 部位的间隔层厚度应不小于白玻部位的间隔层厚度。例如，6mm 玻璃中空组合时，白玻+6mm+白玻+12mm+Low-E 的 $K$ 值为 1.48W/(m²·K)；白玻+9mm+白玻+9mm+Low-E 的 $K$ 值为 1.54W/(m²·K)；白玻+12mm+白玻+6mm+Low-E 的 $K$ 值为 1.70W/(m²·K)。

（7）间隔条的类型。中空玻璃边部密封材料的性能对中空玻璃的 $K$ 值有一定影响。通常情况下，大多数间隔使用铝条法，虽然重量轻，加工简单，但其导热系数大，导致中空玻璃的边部热阻降低。在室外气温特别寒冷时，室内的玻璃边部会产生结霜现象。以 Swiggle 胶条为代表的暖边密封系统具有更优异的隔热性能，大大降低了中空玻璃边部的传热系数，有效地减少了边部结霜现象，同时可以将白玻中空玻璃的中央 $K$ 值降低 5% 以上，Low-E 中空玻璃的中央 $K$ 值降低 9% 以上。表 3-11 为各种边部密封材料的导热系数。

表 3-11　　　　　　　　　　　各种边部密封材料的导热系数

| 边部材料 | 双封铝条 | 热熔丁基/U 形 | 铝带 Swiggle | 不锈钢 Swiggle |
|---|---|---|---|---|
| 导热系数 [W/(m·K)] | 10.8 | 4.43 | 3.06 | 1.36 |

（8）中空玻璃的安装角度。一般情况下，中空玻璃都是垂直放置使用，但目前中空玻璃的应用范围越来越广泛，如果应用于温室或斜坡屋顶时，其角度将会发生改变。当角度变化时，内部气体的对流状态也会随之而改变，这必将影响气体对热量的传递效果，最终导致中空玻璃的传热系数发生变化。

以常用的 6+12+6 白玻空气填充组合形式为例，图 3-9 显示了不同角度的中空玻璃 $K$ 值变化情况（受不同角度范围采用不同的计算公式影响，图中数据仅供分析参考），常用的垂直放置（90°）状态 $K$ 值为 2.70W/(m²·K)，水平放置（0°）时 $K$ 值为 3.26W/(m²·K)，增加了 21%。所以，当中空玻璃被水平放置使用时，必须考虑 $K$ 值变大对建筑节能效果的影响。但应注意图 3-9 中的 $K$ 值变化趋势是指在室内温度大于室外温度的环境条件下，相反条件时变化并不明显。

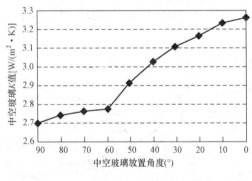

图 3-9　中空玻璃放置角度的影响

（9）室外风速的变化。在按照国内外标准测试或计算一块中空玻璃的传热系数时，一般都将室内表面的对流换热设置为自然对流状态，室外表面为风速在 3~5m/s 的强制对流状态。但实际安装到高层建筑上时，玻璃外表面的风速将会随着高度的增加而增大，使玻璃外表面的换热能力加强，中空玻璃的传热系数会略有增大。

对比图 3-10 中的数据，当风速从测试标准采用的 5m/s 加大到 15m/s 时，白玻中空的 $K$ 值增加了 $0.16W/(m^2 \cdot K)$，Low-E 中空的 $K$ 值增加了 $0.1W/(m^2 \cdot K)$。对于窗墙比数值较小的高层建筑结构，上述 $K$ 值的变化对节能效果不会产生大的影响，但对于纯幕墙的高层建筑来说，为了使顶层房间也能保持良好的热环境，就应该考虑高空风速变大对节能效果的影响。

通过以上对中空玻璃的原片组合、间隔类型、使用环境的详细数据分析可以看出，影响中空玻璃节能特性的重要因素是玻璃原片的类型和间隔层的厚度及种类。其中，Low-E 玻璃以其优异的光学热工特性使中空玻璃的节能效果得到了巨大的飞跃。

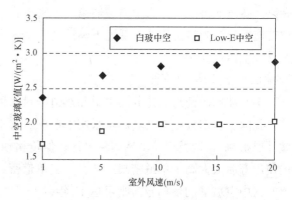

图 3-10 室外风速对节能特性的影响

### 3.3.5 中空玻璃的密封与密封胶选择

在建筑中使用中空玻璃，关键是解决密封结构和密封胶问题，而要科学合理选择中空玻璃的密封结构和密封胶，必须了解各种中空玻璃密封胶的性能。

1. 中空玻璃密封胶的种类

中空玻璃密封胶是指能黏结固定玻璃，使用时是非定形的膏状物，使用后经一定时间变成具有一定硬度橡胶状材料的密封材料。按固化方式，可分为反应型和非反应型；按产品形态分类，可分为单组分型和双组分型。对于反应型密封胶，单组分型是从容器中将密封胶挤出后利用空气中的水分或氧气进行固化的；双组分型是使用时将主剂和固化剂按规定量计量，充分混合后发生化学反应而固化的，双组分型密封胶的固化不受涂胶厚度的影响。目前中空玻璃用密封胶，主要有聚硫密封胶、硅酮密封胶、聚氨酯密封胶和丁基胶四种，除丁基胶为非反应型单组分热熔胶外，其他均为反应型密封胶。

2. 中空玻璃密封胶的性能特点

（1）硅酮密封胶。硅酮密封胶是以有机硅聚合物为主要成分的密封胶。由于原胶骨架中含有高键能的硅氧键，其耐候性、耐久性等性能优良。大部分为双组分型。特征如下：①耐候性、耐久性优良；②耐热性、耐寒性优良；③耐臭氧、耐紫外线老化性能优良；④对玻璃的黏结性优良；⑤由于密封胶中未反应的有机硅吸附尘埃，显示污染性。

（2）聚硫密封胶。聚硫密封胶是以分子末端具有硫醇基（—SH）、分子中具有二硫键（—SS—）的液态聚硫橡胶为主成分的密封胶。它是弹性密封胶中历史最长、应用实例最多的密封胶。用作中空玻璃密封胶时，使用活性二氧化锰作固化剂，为双组分型。其特性如下：①具有较好的黏结性；②具有良好的耐候性和耐久性；③水蒸气透过率低，仅次于丁基胶；④耐油性、耐溶剂性优良。

（3）聚氨酯密封胶。聚氨酯系密封胶是以聚氨酯为主要成分的密封胶，是弹性型密封胶中价格较低的密封胶，但其耐候性较差。大部分为双组分型。其特征是：①价格便宜；②涂装性良好；③施工时，温度、湿度高的情况下，易产生气泡；④表面易老化变黏。

（4）丁基密封胶。丁基密封胶是以聚异丁烯聚合物为主成分的单组分型热熔胶。将胶在高温、高压下挤出，作为中空玻璃第一道密封胶，或与波纹铝片做成复合胶条，直接用于中空玻璃密封。其特征是：①低温下黏结性下降，因其不是化学粘接；②水蒸气透过率最小；③易产生错位。

### 3. 中空玻璃的密封结构

中空玻璃的密封工艺分为单道和双道密封两种。目前国外中空玻璃普遍采用双道密封工艺，我国仍有部分中空玻璃厂家采用单道密封（不用丁基热熔做内层密封，只用聚硫密封胶做外层密封），这类产品虽然质量欠佳，但价格便宜，仍占据部分低档市场。双道密封工艺的使用寿命大大高于单道密封工艺，一般单道密封中空玻璃的使用寿命只有 5 年左右，而双道密封中空玻璃的使用寿命则可达 15 年以上。

中空玻璃的密封失效，主要是由于密封胶中存在的机械杂质或在涂胶施工过程中而存在的毛细小孔，在空气层内外气压差或浓度差的作用下，空气中的水汽进入中空玻璃密闭的空气层中使其水分增加，从而使中空玻璃失效。在对中空玻璃密封失效原因进行分析中，发现密封胶的透气率（或水蒸气透过率）是决定中空玻璃使用寿命的一个重要指标。密封胶透气率越低，则密封寿命越长。双道密封工艺，即第一道以丁基（或聚异丁烯）为胶粘剂，第二道以聚硫、硅酮、聚氨酯类为胶粘剂，正是利用了丁基（或聚异丁烯）密封剂透气率最低的优点和快速固定玻璃与间隔框的特点（因为其与玻璃间隔框的粘结为物理性粘结，而非化学性粘结），利用了聚硫（硅硐等）固化型密封剂所具有的优良的结构强度，良好的耐候性、粘结性的优点以及可控制固化速度的特点，大大提高中空玻璃的密封寿命。双道密封结构目前在中空玻璃广泛采用，因为它把固化型和热熔型密封剂的各自的优点和特点有机地结合运用于中空玻璃制作中，从而找到了一种较佳的中空玻璃加工方式。

### 4. 中空玻璃密封胶的选择

（1）中空玻璃密封胶的作用。

密封胶在中空玻璃中的作用，一是起密封作用，保持间隔层内的气体，利于中空玻璃保持长期节能效果；二是起粘结作用，保持中空玻璃的结构稳定。中空玻璃在全寿命周期始终面临着外来的水汽渗透、风吹雨淋、烈日暴晒、紫外线照射、温差变化，以及气压、风荷载等外力的作用等，各种环境因素共同作用使中空玻璃面临较为恶劣的条件，因此要求密封胶必须具有不透水、不透气、耐辐射、耐温差、耐湿气等性能，还要满足中空玻璃生产工艺的要求。

（2）中空玻璃密封胶的选择。

为确保中空玻璃的质量，提高节能和隔声性能，选择优质的密封胶是最基本的保证。试验证明，中空玻璃必须靠双道密封来保证其优良的性能。第一道采用热熔丁基密封胶，起密封作用；第二道采用聚硫或硅酮密封胶，保持中空玻璃结构稳定。

常用中空玻璃密封胶的性能比较见表 3-12。

表 3-12 中空玻璃密封胶的性能比较

| 密封胶类型 | 粘结性 | 水蒸气透过性 | 结构强度 | 耐候性 |
|---|---|---|---|---|
| 聚硫密封胶 | 良好 | 小 | 大 | 良好 |
| 硅酮密封胶 | 良好 | 大 | 大 | 好 |
| 聚氨酯密封胶 | 良好 | 小 | 大 | 表面易劣化 |
| 热容丁基胶 | 低温粘结性差、非化学粘结 | 极小 | 小 | 差 |

从表 3-12 中可以看出，中空玻璃一道密封胶选用丁基胶可以保证中空的密封性能，如果仅为了保证中空玻璃的粘结性能，其他三种密封胶均可选用做中空玻璃的二道密封胶。但为保证中空玻璃的使用耐久性，可选用耐候性能良好的聚硫密封胶或选用耐候性能优良的硅酮密封胶。

但若中空玻璃应用于隐框窗上，则起结构粘结作用的中空玻璃二道密封胶必须选用硅酮结构密封胶。硅酮结构密封胶与中空玻璃的内外片玻璃、铝隔框及丁基胶具有很好的相容性。

5. 中空玻璃密封胶的使用

为了保证中空玻璃的良好密封性能，仅选择质量性能优异的密封胶是不够的，正确使用密封胶也是重要的一个方面。如果在使用密封胶前，表面处理不当和没有清洗干净，密封胶与任何基质都不能保持长期粘结。使用正确的清洗剂并遵守规定的表面处理和清洗程序是取得良好粘接效果的前提条件。中空玻璃用双道密封胶都有自己的施工方法和要求。丁基密封胶是槽铝式双道中空玻璃的第一道密封，它是一种热熔胶，具有很低的水汽透过率（在中空玻璃密封胶中最低）和较高的黏性，是铝条侧面和玻璃之间阻挡水汽的最有效屏障，但它需由专用机器加热、加压、挤出涂布在铝条两侧。一般挤出温度在 $100\sim130℃$ 之间，不同的施工环境要对挤出温度做适当调整。挤出压力要根据涂胶速度、挤出口大小等而定。涂丁基密封胶是制作中空玻璃的重要环节，它决定着中空玻璃制品的综合质量，必须重视这一环节。涂胶须均匀，涂胶截面要一致，应仔细检查中间有无断线、气泡以及影响美观的杂质，四角丁基胶条应互相接触压合，必要时应重新涂敷或补胶。制作时应严格控制生产工艺，杜绝漏涂、断胶现象和对封口的疏忽，不要存在漏气的隐患，把好密封的第一关。第二道密封胶一般为双组分聚硫或硅酮密封胶，涂胶时还有以下要求：

（1）A、B 组分应严格按生产厂商提供的混合比例配比。

（2）A、B 组分应混合充分。

（3）打胶准确，无欠胶和多胶现象。

涂胶时还应做到：①密封胶应均匀沿一侧涂布，以防止产生气泡，涂完后刮去玻璃表面残余。②涂胶时要与第一道密封胶紧密接触，不应留有空隙。如果两道密封胶之间存在缝隙，会引起气漏。③保证胶层宽度至少为 $5\sim7mm$（隐框窗用中空玻璃涂胶宽度需经计算）。

涂抹过薄的第二道密封胶，在安装使用一段时间后，受环境温度变化、日晒及风压的作用，密封胶会造成裂纹（即使极小的裂纹存在），水汽就有可能会慢慢地进入胶层内，形成雾化，失去其密封性，丧失密封作用。另外，需要注意的是，无论选用双组分或单组分密封胶都要考虑与第一道密封胶的相容性，两者不能相互溶解或反应；否则，就会造成密封胶的流淌或解析，造成密封失效。

6. 提高中空玻璃密封寿命的措施

（1）中空玻璃密封失效的原因。

中空玻璃腔体内有可见的水汽或结露现象产生，即为中空玻璃失效。中空玻璃密封失效的直接表现是中空玻璃内框里有水汽凝露（结雾）。

环境中的水汽会从中空玻璃的边部向中空玻璃腔内渗透，边部密封系统的干燥剂会因不断吸附水分而最终丧失水汽吸附能力，导致中空玻璃中空腔内水汽含量升高而失效。因此，边缘密封的质量极大影响了中空玻璃的使用寿命和性能。

中空玻璃所处环境的变化，中空玻璃腔内气体始终处于热胀或冷缩状态，使密封胶长期处于受力状态，同时环境中的紫外线、水和潮气的作用都会加速密封胶的老化，从而加快水汽进入中空玻璃内的速度，最终使中空玻璃失效。研究证实，水、高温和阳光同时作用会对中空玻璃的边缘密封产生最大的应力。这种降解效果在密封胶与玻璃界面是最明显的，是经常导致有机密封胶部分或完全黏结性失败的原因。影响中空玻璃寿命的因素很复杂，虽然密封胶系统本身的耐久性和有效性是非常重要的，但最基本的还是密封胶对玻璃与间隔条材料的粘结性，造成中空玻璃密封失败的主要原因也是密封胶与玻璃之间粘结脱落。各类密封胶的水汽渗透率 MVTR、渗透率、透气性（氩气）见表 3 - 13。

表 3 - 13　　　　各类密封胶的水汽渗透率 MVTR、渗透率、透气性（氩气）

| 密封胶 | MVTR [g/(m² · d)] | 渗透率 | 透气率（氩气） |
|---|---|---|---|
| 聚异丁烯胶 | 2.25 | 0.045 | 1 |
| 热熔丁基胶 | 3.60 | 0.073 | 2 |
| 聚硫胶 | 19.0 | 0.380 | 4 |
| 聚氨酯 | 12.4 | 0.250 | 10 |
| 硅酮胶 | 50.0 | 1.000 | ⩾100 |

（2）提高中空玻璃密封寿命的措施。

提高中空玻璃密封寿命，主要是密封胶在使用过程中要尽量减少恶劣环境因素的影响，日常使用中适当加以保护或安装防护设施；在安装设计中空玻璃时，玻璃镶嵌槽应足够高以充分保护中空玻璃边部密封胶免遭紫外线破坏和为玻璃槽排水流畅提供足够的间隙，要考虑玻璃和窗框的尺寸误差等。

对于中空玻璃密封胶的要求是在外界各种荷载（温度、风荷载、地震荷载等）作用下以及高湿度和紫外线照射下，能够保持中空玻璃的结构整体性和防止外界水汽进入中空玻璃空气层内。在建筑门窗结构中使用中空玻璃时，由于热熔密封胶的弹性变形能力小、低温粘结性较差，其在严寒地区、寒冷地区的应用受到限制。随着科技的不断进步，新材料、新工艺不断出现，新型的中空玻璃密封材料、结构形式也会不断得到应用。只有综合考虑中空玻璃密封胶的不同应用部位、要求、结构形式，以及不同环境、地区等因素，才能正确选择密封胶。

### 3.3.6 中空玻璃的暖边技术

为改善中空玻璃四周部分热阻过小、容易结露结霜现象，采用导热系数较低的材料替代传统的铝质间隔条，能使内层玻璃周边温度比过去高，避免内层玻璃边缘处的结露。

暖边技术即任何一种间隔条只要其热传导系数低于铝金属的导热系数，就可以称为暖边。

1. 暖边间隔系统的种类

中空玻璃间隔系统基本上可分为两大类：一类为低导热系数的金属框与密封胶组成的刚性间隔，另一类是以高分子材料为主制成的非刚性间隔条。

（1）框架式刚性间隔系统。不锈钢的导热系数为 $17W/(m \cdot K)$，不锈钢的导热系数大大低于铝，用不锈钢材料替代铝质间隔条，它们的导热系数之比为 1:11，所以可改善中空玻璃边部热阻过小的状况。美国 PPG 公司的产品 Intercept，先用不锈钢带压制成槽型，然后在槽内铺上含分子筛的胶泥，接着在边部涂层胶，再折框，最后合片。其特点是折框设备全自动，生产速度快，适合生产批量大、规格简单的民用建筑的中空玻璃。

该间隔系统能提供足够的强度以保持玻璃片平整，防止绝缘气体外溢和湿气进入，其关键技术是密封胶。中空玻璃在使用期间面临着来自外界的温差、气压、风荷载等影响，因此密封胶既要保证系统的结构稳定，还要防止外来水汽渗透进入中空玻璃的空气层内。

对密封胶的性能要求主要有与基材（玻璃、间隔条）的粘接能力、在使用环境下的耐水性、抗太阳光紫外线照射能力、耐高温性和耐低温性。要求密封材料在膨胀收缩的动态下不开裂、老化。

密封胶可分外两大类：结构密封和低水汽渗透率密封（Low MVT sealants）。用于结构密封的主要为热固性材料，如聚硫胶、聚氨酯胶和硅酮胶等，它们增强了中空玻璃的稳定性，都具有较高的模量值。但气密性差，抗水汽渗透率差，一般大于 $15g/(m^2 \cdot d)$，硅酮胶达到 $50g/(m^2 \cdot d)$。低水汽渗透率密封主要为热塑性材料，常用的为聚异丁烯（PIB），水汽渗透率小于 $1g/(m^2 \cdot d)$，由于是热熔性的，其操作温度为 150℃ 左右。

暖边技术与暖边产品的关系密切，不同的暖边产品有其相应的密封工艺。他们都影响到中空玻璃的质量，也与其隔热功能有关。

（2）条状式非刚性间隔系统。由于高分子材料导热系数小，所以采用热固性材料做间隔条得到很大发展。TruSeal 公司的 Swiggle 胶条将干燥剂与塑料做成一体，中间嵌以波纹状金属隔片，在我国很普遍。其另一产品 Insuledge 是非金属的矩形管状隔条，中间是波纹状管形内芯，波纹可抗压，又能适当伸展。外面套一矩形管状箔片，以增强间隔条抗水汽渗透的性能，边部胶层防湿气，内层含有干燥剂，造型美观，单道与双道密封均可。其特点是用中空取代了固体材料或发泡材料，充分利用了空气导热系数小的特点，强度则通过波纹管得以增强。其间隔空间为 13mm，导热系数为 $0.08W/(m \cdot K)$，水汽渗透率为 $0.098g/(m^2 \cdot d)$。产品 DuraSeal 可适用于双层、三层的中空玻璃，用热压方法密封，一步制成，间隔空间为 6～18mm。

Edgetech 公司的产品 Super Spacer 与其他用丁基橡胶包裹不锈钢或铝质间隔条的暖边

产品不同,它是完全用高绝缘的热固性材料制成的胶条,不含金属。是一种含有干燥剂、具有抗压缩功能的聚硅酮发泡产品,内含上百万个微型气泡。其导热系数与铝的比值为1∶950,与不锈钢的比值为1∶85。

一般而言,含有金属的刚性间隔框比较硬,对自然的膨胀和收缩会产生应力,导致密封失败。该产品尽管由热固性材料制成,但能抵抗风压,并随温度变化而膨胀和收缩,始终保持中空玻璃整个结构的完整和稳定。采用双道密封,结构密封为丙烯酸胶。

此外,塑料间隔框由于导热系数小,也得到大量应用。但其缺点是加工时不易被弯曲,不易在生产时做成整件。因此,先做成塑料条,然后根据间隔框尺寸被割断成直条,再在直条端连接形成框架。与金属相比,塑料的气密性较差,所以这样连接的间隔框的边角部对气密要求是个薄弱点。

2. 中空玻璃间隔层内的气体

暖边技术的一个重要方面是密封技术,它与中空玻璃间隔层内的气体密切相关。最常用的内充气体为干燥空气,干燥空气中无水分,所以在玻璃冷面上不会结露和结霜,同时干燥空气的导热系数也比湿空气小,其来源方便,在生产中使用较广泛。随着玻璃镀膜技术的发展,采用惰性气体以及六氟化硫、卤代烃 $R_{13}$ 和 $R_{12}$ 为内充气体的中空玻璃不断增多。

常用的惰性气体有氩气、氪气和氙气,它们安全无毒、无色无臭、不会燃烧,导热系数都比空气小,是较好的隔热体。氪气可用来制作间隔层较小、隔热性能好的中空玻璃,氪气价格较为昂贵。自然状态下的氙气非常稀少,提纯价格高,因而很少用于中空玻璃的制作。六氟化硫在一些要求较高的场所也有使用,且具有很好的隔音效果,但其露点较高。

氩气在空气中的含量较高,100L气体中约含934mL,其露点较低,对太阳能的反应不敏感,也可以充气在灯泡中。通过中空玻璃的能量主要由热辐射造成,用普通透明玻璃制成的中空玻璃,其辐射率高,能吸收大量辐射热,即使内充氩气,其隔热效果也不明显。

Low-E玻璃的镀膜有效地阻挡了辐射热,使氩气导热系数低的特性得到充分发挥。因为内充氩气节能效果显著、成本低廉且简单易行,所以使用较多。间隔层内惰性气体的浓度对传热也有一定影响,《中空玻璃》(GB/T 11944—2012)规定了中空玻璃的初始充气浓度为不小于85%,在充气浓度提高10%以上之后,中空玻璃的传热效果将下降近10%,使节能效果进一步提高。

3. 暖边技术与中空玻璃的节能

铝金属间隔条的应用使中空玻璃的现代生产成为可能,但另一方面,却是以牺牲中空玻璃的节能性为代价的,这是由于铝金属间隔条的导热系数大,形成能源损失的通道。为了解决中空玻璃边部的热损失问题,暖边间隔条应运而生,随着建筑节能要求的不断提高,暖边技术必将得到广泛应用。

暖边可以采用三种方法得到:非金属材料,如超级间隔条、TPS、玻璃纤维条;部分金属材料,如断桥间隔条、复合胶条;低于铝金属传导系数的金属间隔条,如不锈钢间隔条。

按节能性能可将间隔条分为低性能、中等性能和高性能三类:

(1) 低性能间隔条的特点是含有部分金属或采用比铝金属导热系数低的金属,低性能间隔条对整窗的 $K$ 值降低约 0.06W/(m²·K)。

（2）中等性能间隔条的特点是含有部分金属或采用比铝金属导热系数低的金属，中等性能间隔条对整窗的 $K$ 值降低约 $0.11W/(m^2 \cdot K)$。

（3）高性能间隔条的特点是采用非金属材料，因此导热系数大大低于铝金属，高性能间隔条（如超级间隔条）对整窗的 $K$ 值降低约 $0.2W/(m^2 \cdot K)$。

### 3.3.7　影响中空玻璃的质量问题分析

中空玻璃的节能效果和使用寿命依赖于产品质量。中空玻璃的节能性能是通过构造中空玻璃的空间结构实现的，其中干燥的不对流的空气层，可阻断热传导的通道，从而可以有效降低中空玻璃的传热系数，以达到节能的目的。

国家对中空玻璃产品的质量有着严格的要求，其中中空玻璃的性能包括：露点、密封性能、耐紫外线辐照性能、气候循环耐久性能和高温高湿耐久性能。目前，市场上使用的中空玻璃存在的质量问题主要有以下几个方面。

（1）露点不达标。露点是玻璃表面温度降低到某一温度时，中空玻璃内部气体开始在内表面结露或结霜时的温度，这是用来评价中空玻璃间隔层内气体干燥程度的指标。露点越低，中空玻璃内部越干燥，其节能性能就越好，《中空玻璃》（GB/T 11944—2012）规定露点低于 $-40℃$ 为合格。

一般中空玻璃生产企业生产操作都是在自然环境中进行，不对生产环境的湿度进行控制，如果干燥剂暴露在空气中时间过长，干燥剂的吸附能力就会降低，甚至完全丧失干燥能力。失效的干燥剂，无法吸附中空玻璃内气体中的水分，不能保持玻璃内气体应有的干燥程度，露点就很难达到标准要求。

（2）中空玻璃耐紫外线辐照性能有待提高。耐紫外线辐照性能是考核中空玻璃密封胶的耐老化能力。中空玻璃产品标准规定，经过 168h 的紫外线照射试验后，中空玻璃内表面不得有结雾或有污染的痕迹，玻璃原片无明显错位和产生胶条蠕变。影响中空玻璃耐紫外线辐照性能的主要原因是密封胶，特别是丁基胶中含有挥发性的溶剂而干燥剂又没有吸附这些溶剂的能力造成的。如果门窗使用了这样的中空玻璃，由于长时间的阳光照射，密封胶中的挥发性溶剂逐渐挥发出来，会在玻璃内表面形成一层妨碍透视的油膜，影响使用效果。

（3）中空玻璃的耐久性能差，使用寿命短。国外中空玻璃的使用寿命一般都可以达到 20 年以上，而我国一些中空玻璃企业生产的中空玻璃只能保证 5 年的使用寿命，甚至更短。中空玻璃的失效主要表现为：

1）露点升高、内部结雾甚至凝水。中空玻璃在使用过程中露点升高，耐久性达不到标准要求，主要是由于密封胶质量差、干燥剂的有效吸附能力低、生产工艺控制不严格造成的。

中空玻璃系统的密封和结构的稳定是靠中空玻璃密封胶来实现的。在双道槽铝式中空玻璃系统中，用第一道密封胶（丁基胶）防止水汽的侵入，用二道密封胶保持结构的稳定。因此，密封胶能否与玻璃保持很好的粘结，阻止水汽的入侵，是保持中空玻璃使用耐久性的关键。而密封胶与内外片玻璃保持很好的粘结性则取决于密封胶的质量好坏及密封胶与相接触材料（内、外片玻璃、铝隔框、丁基胶）的相容性和粘结性。

中空玻璃使用干燥剂的目的一是吸附中空玻璃生产时密封于间隔层内的水分及挥发性有机溶剂；二是在中空玻璃使用过程中，不断吸附通过密封胶进入间隔层内的水分，以保持中空玻璃内气体的干燥。干燥剂的有效吸附能力指的是干燥剂被密封于间隔层之后所具有的吸附能力。它受分子筛的性能、空气湿度、装填量以及在空气中放置的时间等因素的影响，干燥剂的有效吸附能力的高低，很大程度上影响着中空玻璃的使用寿命。

2) 中空玻璃炸裂。导致中空玻璃炸裂的原因既有生产、选材方面的，也有安装方面的。选择干燥剂的型号不当，使中空玻璃密封后，间隔层气体产生负压，造成玻璃挠曲变形，加之环境的影响，当这种变形产生的应力超过了玻璃能够承受的最大应力时，中空玻璃就会炸裂。

使用吸热玻璃和镀膜玻璃制作的中空玻璃，在太阳光的照射下，在玻璃的不同位置存在较大温差，产生热应力，也可能引起玻璃的破坏。

中空玻璃密封胶硬度较大，弹性不好会制约玻璃因环境温度变化而产生的变形，使中空玻璃边部应力增大，而有些低质量的密封胶挥发成分较多，在打胶固化时，胶体收缩过大，尤其会增加受冻炸裂的可能。

在中空玻璃安装过程中，要求在玻璃的四周及前后部位要留有足够的余隙，并且这些余隙应采用密封胶条或密封胶镶嵌，使玻璃与四周槽口弹性相接触，保证玻璃在环境温度变化时产生变形引起的边部应力因弹性接触而释放。如果在玻璃四周硬性固定，则这种应力超过了玻璃能够承受的最大应力时，必然引起玻璃的炸裂。

## 3.4 安全玻璃

安全玻璃指经剧烈震动或撞击不易破碎或即使破碎也不易伤人的玻璃。因此，符合现行国家标准规定的钢化玻璃和夹层玻璃以及由它们构成的复合产品，都称为安全玻璃。玻璃是典型的脆性材料，作用在玻璃上的外力超过允许限度，玻璃就会破碎。这些外力包括风压、地震力，人体冲击或飞来的物体等。

建筑用安全玻璃分为防火玻璃、钢化玻璃、夹层玻璃、均质钢化玻璃。

### 3.4.1 钢化玻璃

钢化玻璃是经热处理工艺之后的平板玻璃，其实是一种预应力玻璃。

由于钢化玻璃的机械强度和抗热冲击强度比经过良好退火的玻璃要高出好多倍，而且破碎时具有一定的安全性，在国内外被大量使用。

1. 钢化玻璃分类

(1) 钢化玻璃按形状分类，分为平面钢化玻璃和曲面钢化玻璃。常见钢化玻璃厚度有3mm、4mm、5mm、6mm、8mm、10mm、12mm、15mm、19mm 等。曲面（即弯钢化）钢化玻璃对每种厚度都有个最大的弧度限制。

(2) 钢化玻璃按生产方法分为物理钢化法和化学钢化法。

（3）钢化玻璃按生产工艺分类，分为水平法钢化玻璃和垂直法钢化玻璃。

垂直法钢化玻璃是指在钢化过程中采取夹钳吊挂的方式生产出来的钢化玻璃。

水平法钢化玻璃是指在钢化过程中采取水平辊支撑的方式生产出来的钢化玻璃。

2. 钢化玻璃生产方法

钢化玻璃是平板玻璃的二次加工产品，钢化玻璃的加工可分为物理钢化法和化学钢化法。玻璃中的应力一般分为三类：热应力、结构应力、机械应力。玻璃中由于存在温度差而产生的应力称为热应力，热应力按存在特点分为暂时应力和永久应力。暂时应力是玻璃温度低于应变点时处于弹性变形温度范围，当加热或冷却玻璃时，由于温度梯度的存在而产生热应力，当温度梯度消失应力也随之消失。它与热膨胀系数、导热系数、厚度和加热（冷却）速度等有关。永久应力是玻璃温度高于应变点时，从黏弹性状态冷却下来时，由于温度梯度的存在而产生热应力，当温度梯度消失时仍保留在玻璃中的应力称为永久应力，又称为残余应力。钢化的原理就是形成永久应力的过程。

（1）物理法钢化。物理法钢化是采用将玻璃加热，然后冷却的方法，以增加玻璃的机械强度和热稳定性的方法，也称为热钢化法。玻璃在加热炉内按一定升温速度加热到低于软化温度，然后将此玻璃迅速送入冷却装置，用空气、液体或采用其他方法使其淬冷，玻璃外层首先收缩硬化，由于玻璃的导热系数小，这时内部仍处于高温状态，待到玻璃内部也开始硬化时，已硬化的外层将阻止内层的收缩，从而使先硬化的外层产生压应力，后硬化的内层产生张应力。由于玻璃表面层存在压应力，当外力作用于该表面时，首先必须抵消这部分压应力，这就大大提高玻璃的机械强度，经过这样物理处理的玻璃制品就是钢化玻璃。

根据冷却介质的不同，物理法钢化包括空气钢化、液体钢化、粉末钢化、雾钢化、固体钢化等技术，其中以空气钢化技术应用最为广泛，应用在汽车、舰船、建筑物上。

物理法钢化的优点是成本低，产量大，但是对玻璃的厚度和形状有一定的要求，还存在钢化过程中玻璃变形问题，无法在要求光学质量的领域中应用。

（2）化学法钢化。化学法钢化是通过改变玻璃表面的化学组成来提高玻璃的强度，一般是应用离子交换法进行钢化，即将玻璃表面成分改变，使玻璃表面形成一层压应力层加工处理而成的化学钢化法。其方法是将含有碱金属离子的硅酸盐玻璃，浸入到熔融状态的锂（$Li^+$）盐中，使玻璃表层的 $Na^+$ 或 $K^+$ 离子与 $Li^+$ 离子发生交换，表面形成 $Li^+$ 离子交换层，由于 $Li^+$ 的膨胀系数小于 $Na^+$、$K^+$ 离子，从而在冷却过程中造成外层收缩较小而内层收缩较大，当冷却到常温后，玻璃便同样处于内层受拉，外层受压的状态，其效果类似于物理钢化玻璃。

化学法钢化技术特别适用于形状复杂、厚度较薄的玻璃制品的强化，到目前为止，是强化 3 毫米以下异形薄玻璃的唯一有效方法。

化学钢化玻璃有许多独特之处：强度大，应力均匀，表面结构致密，化学稳定性高，热稳定性好，可以对钢化产品进行切裁加工，特别是在增强过程中不产生变形，钢化前后平整度相同，不会产生光畸变。

化学法钢化玻璃的不足之处是生产周期长，能耗大，成本高。尽管不容易破碎，但是破碎后会产生较大的碎片。

化学钢化玻璃性能优异，目前在宇宙飞船、军用飞机、民用飞机、高速列车、战斗车辆和舰船风挡等高技术领域中广泛应用。随着生产规模的加大和生产成本的下降，化学强化玻璃将获得更为广泛地应用。

3. 钢化玻璃生产工艺

目前，建筑用钢化玻璃均为物理法生产钢化玻璃，而物理法钢化过程中尤以风冷为主流工艺。因此，在介绍钢化玻璃的生产工艺时，本书主要介绍物理法钢化风冷工艺。

图 3-11 为物理法钢化玻璃的大致生产工艺流程。这种物理钢化法主要装备是由输送装置、加热炉和淬冷装置等几部分构成。玻璃钢化的装备又按其输送玻璃方式的不同分为垂直吊挂钢化法和水平（辊道式和气垫式）钢化两种。

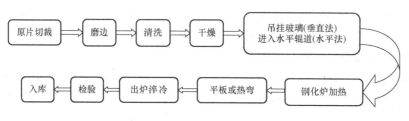

图 3-11　物理法钢化生产工艺流程

（1）垂直吊挂钢化法。垂直吊挂钢化法是指在玻璃钢化过程中采取夹钳吊挂的方式生产出来的钢化玻璃。

垂直钢化工艺是物理钢化法的一种，该系统主要由加热炉、压弯装置和钢化风栅三部分组成。经过原片切裁、磨边、洗涤、干燥等预处理的玻璃，用耐热钢夹钳钳住送入电加热炉中进行加热。当玻璃加热到所需温度后，快速移至风栅中进行淬冷。淬冷后的玻璃从风栅中移出并去除夹具，经检验后可包装入库。

垂直钢化法的缺点是生产效率低，产品存在着不可避免的夹痕缺陷，玻璃加热时出现拉长，弯曲或翘曲，不易实现生产自动化。其优点是投资少、成本低廉、操作简单。

（2）水平钢化法。水平钢化法是使玻璃水平通过加热炉加热，然后经淬冷而使玻璃获得增强的一种工艺。水平钢化是目前广泛应用的工艺方法，用这种工艺方法生产的钢化玻璃，能满足工业、科技、国防以及人们生活中对产品质量、形状、尺寸和使用特性的要求，可以批量化生产，成本低、产量大、质量好、尺寸多样化。

水平钢化法生产钢化玻璃的设备有气垫钢化和水平辊道钢化两种。

1）气垫钢化。气垫钢化是指玻璃板由加热气体或燃烧产物构成的气垫支承，在加热炉内加热到接近软化温度；由输送机构快速送入双面气垫冷却装置，用压缩空气垫对玻璃进行急剧均匀冷却，再由转辊输送机将钢化好的成品玻璃送出。

该装备线特点是气垫装置，其优点是被加热的玻璃表面不与任何固体机件接触，使产品具有较高的质量。这种气垫钢化法，不仅生产效率高，而且还可以生产较薄的钢化玻璃，但装备投资大，运行和操作技术要求严格。

2）水平辊道钢化。水平辊道钢化是使玻璃由水平辊道支撑，用转辊输送机水平输送、通过加热炉加热到接近软化温度，然后经淬冷区淬冷使玻璃强化的一种方法。这是目前普遍采用的工艺方式。主要经过三个工艺过程：输送—加热—淬冷，淬冷后的玻璃经检验入库。

4. 钢化玻璃质量要求

生产钢化玻璃所使用的玻璃，其质量应符合相应的产品标准要求。对于有特殊要求的，用于生产钢化玻璃的玻璃，玻璃的质量由供需双方确定。

钢化玻璃的产品标准为《建筑用安全玻璃 第2部分：钢化玻璃》（GB 15763.2—2005）。

（1）尺寸及允许偏差。平面钢化玻璃的外形尺寸用最小刻度为1mm的钢直尺或钢卷尺测量，厚度测量时，使用外径千分尺，在距玻璃板边15mm内的四边中点测量，测量结果取算术平均值即为厚度值。

1）长方形平面钢化玻璃边长的允许偏差应符合表3-14的规定。

表3-14 长方形平面钢化玻璃边长允许偏差 （mm）

| 厚度 | 边长（L）允许偏差 | | | |
|---|---|---|---|---|
| | L≤1000 | 1000<L≤2000 | 2000<L≤3000 | L>3000 |
| 3、4、5、6 | +1 −2 | ±3 | ±4 | ±5 |
| 8、10、12 | +2 −3 | | | |
| 15 | ±4 | ±4 | | |
| 19 | ±5 | ±5 | ±6 | ±7 |
| >19 | 供需双方商定 | | | |

2）长方形平面钢化玻璃的对角线差应符合表3-15的规定。

表3-15 长方形平面钢化玻璃对角线差允许值 （mm）

| 玻璃公称厚度 | 对角线差允许值 | | |
|---|---|---|---|
| | 边长≤2000 | 1000<边长≤2000 | 边长>3000 |
| 3、4、5、6 | ±3.0 | ±4.0 | ±5.0 |
| 8、10、12 | ±4.0 | ±5.0 | ±6.0 |
| 15、19 | ±5.0 | ±6.0 | ±7.0 |
| >19 | 供需双方商定 | | |

3）钢化玻璃的厚度的允许偏差应符合表3-16的规定。

表3-16 厚度及其允许偏差 （mm）

| 公称厚度 | 厚度允许偏差 | 公称厚度 | 厚度允许偏差 |
|---|---|---|---|
| 3、4、5、6 | ±0.2 | 15 | ±0.6 |
| 8、10 | ±0.3 | 19 | ±1.0 |
| 12 | ±0.4 | >19 | 供需双方商定 |

（2）外观质量。钢化玻璃的外观质量应满足表3-17的要求。

表3-17　　　　　　　　　　　　钢化玻璃的外观质量

| 缺陷名称 | 说明 | 允许缺陷数 |
|---|---|---|
| 爆边 | 每片玻璃每米边长上允许有长度不超过10mm，自玻璃边部向玻璃板表面延伸深度不超过2mm，自板面向玻璃厚度延伸不超过1/3的爆边个数 | 1处 |
| 划伤 | 宽度在0.1mm以下的轻微划伤，每平方米面积内允许存在条数 | 长度≤100mm时<br>4条 |
| | 宽度在0.1mm划伤，每平方米面积内允许存在条数 | 宽度0.1～1mm<br>长度≤100mm时<br>4条 |
| 夹钳印 | 夹钳印与玻璃边缘的距离≤20mm，边部变形量≤2mm | |
| 裂纹、缺角 | 不允许存在 | |

（3）弯曲度。平面钢化玻璃的弯曲度，弓形时应不超过0.3％，波形时应不超过0.2％。

平面钢化玻璃弯曲度测量前，应先将被测试样在室温下放置4小时以上，在测量时把试样垂直立放，并在其长边的下方1/4处垫上2块垫块。然后用钢直尺或金属线水平贴紧制品的两边或对角线方向，再用塞尺测量直线边与玻璃之间的间隙，并以弧的高度与弦的长度之比的百分率来表示弓形时的弯曲度。进行局部波形测量时，用钢直尺或金属线沿平行玻璃边缘25mm方向进行测量，测量长度300mm。用塞尺测得波谷或波峰的高，并除以300mm后的百分率表示波形弯曲度，见图3-12。

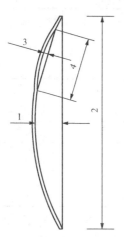

图3-12　弓形和波形弯曲度
示意图

1—弓形变形；
2—玻璃边长或对角线长；
3—波形变形；4—300mm

（4）抗冲击性能。钢化玻璃的抗冲击性能要求取6块钢化玻璃进行试验，试样破坏数不超过1块为合格，多于或等于3块为不合格。破坏数为2块时，再另取6块进行试验，试样必须全部不被破坏为合格。

试验时，在常温条件下取同厚度、同种类的，且在同一工艺条件下制造的尺寸为610mm（0mm，＋5mm）×610mm（0mm，＋5mm）的平面钢化玻璃分别放在试验装置上，并使冲击面保持水平，然后用直径为63.5mm（质量为1040g）表面光滑的钢球在距离试样1000mm的正上方自由落下冲击玻璃试样一次，冲击点应在距试样中心25mm范围内。

（5）碎片状态。取4块玻璃试样进行试验，每块试样在任何50mm×50mm区域内的最少碎片数必须满足表3-18的要求。且允许有少量长条形碎片，其长度不超过75mm。

表 3 - 18　　　　　　　　　　　　　　　最少允许碎片数

| 玻璃品种 | 公称厚度（mm） | 最少碎片数（片） |
|---|---|---|
| 平面钢化玻璃 | 3 | 30 |
| | 4～12 | 40 |
| | ≥15 | 30 |
| 曲面钢化玻璃 | ≥4 | 30 |

试验时，将钢化玻璃试样自由平放在试验台上，并用透明胶带纸或其他方式约束玻璃周边，以防止玻璃碎片溅开。在试样的最长边中心线上距离周边 20mm 左右的位置，用尖端曲率半径为 0.2mm±0.05mm 的小锤或冲头进行冲击，使试样破碎。然后进行碎片计数，计数时，应除去距离冲击点半径 80mm 以及距玻璃边缘或钻孔边缘 25mm 范围内的部分。从余下部分中选择碎片最大的部分，在这部分中用 50mm×50mm 的计数框计算框内的碎片数，每个碎片内不能有贯穿的裂纹存在，横跨计数框边缘的碎片按 1/2 个碎片计算。

（6）表面应力。钢化玻璃的表面应力不应小于 90MPa。表面应力测量如图 3 - 13（a）所示，在距长边 100mm 的距离上，引平行于长边的 2 条平行线，并与对角线相交于 4 点，这 4 点以及制品的几何中心点即为测量点。若制品短边长度不足 300mm 时，见图 3 - 13（b），则在距短边 100mm 的距离上引平行于短边的两条平行线与中心线相交于 2 点，这两点以及制品的几何中心点即为测量点。测量结果为各测量点的测量值的算术平均值。

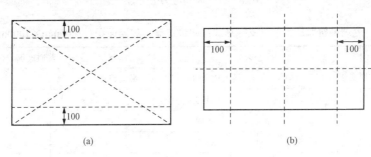

图 3 - 13　测量点示意图（单位：mm）

（7）耐热冲击性能。钢化玻璃应耐 200℃ 温差不破坏。耐热冲击性能测量是将 300mm×300mm 的钢化玻璃试样置于 200℃±2℃ 的烘箱中，保温 4h 以上，取出后立即将试样垂直浸入 0℃ 的冰水混合物中，应保证试样高度的 1/3 以上能浸入水中，5min 后观察玻璃是否破坏。玻璃表面和边部的鱼鳞状剥离不视作破坏。

5. 钢化玻璃性能特点

（1）钢化玻璃的优点。

1）强度高。钢化后玻璃的抗压强度、抗冲击性、抗弯强度能够达到普通玻璃的 4～5 倍。普通玻璃受荷载弯曲时，上表层受到压应力，下层受到拉压力，玻璃的抗张强度较低，超过抗张强度就会破裂，所以普通玻璃的强度很低。而钢化玻璃受到荷载时，其最大张应力不像普通玻璃一样位于玻璃表面，而是在钢化玻璃的板中心，所以钢化玻璃在相同的荷载下并不破裂。

如图3-14所示，分图（a）为钢化玻璃应力分布图，压应力分布在玻璃表面，张应力在玻璃中间，图（b）为普通玻璃荷载时应力分布图，（c）为钢化玻璃荷载时应力分布图。当玻璃受到压应力时，内部的张应力抵消了部分压应力。表3-19为单片钢化玻璃与普通玻璃抗风压性能对比。

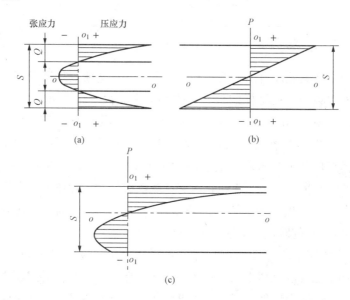

图3-14　玻璃应力分布图

表3-19　　　　玻璃抗风压性能（支撑形式：四边支撑，玻璃面积：2000mm×1000mm）

| 玻璃厚度 | 钢化玻璃 | | 普通玻璃 | |
| --- | --- | --- | --- | --- |
| | 最大风压（kPa） | 最大挠度（mm） | 最大风压（kPa） | 最大挠度（mm） |
| 6 | 11.2 | 34.3 | 2.1 | 12.3 |
| 8 | 16.5 | 30.2 | 3.2 | 9.2 |
| 10 | 18.6 | 22.7 | 4.8 | 7.4 |
| 12 | 21.5 | 17.5 | 6.8 | 6.1 |
| 15 | 22.5 | 10.3 | 7.5 | 3.5 |
| 19 | 35.5 | 8.2 | 12.0 | 2.8 |

2）热稳定性好。钢化玻璃可以承受巨大的温差而不会破损，抗剧变温差能力是同等厚度普通浮法玻璃的3倍，一般可承受220～250℃的温差变化，而普通玻璃仅可承受70～100℃，因此对防止热炸裂有明显的效果。在火焰温度为500℃冲击下，钢化玻璃的耐火时间为5～8min，而普通玻璃的耐火时间小于1min。

3）安全性高。钢化玻璃受强力破损后，迅速呈现微小钝角颗粒，从而最大限度地保证人身安全。

钢化之所以能使玻璃具有安全性能，是因为玻璃经过钢化之后，在其表面形成压力，内部形成张应力，提高了玻璃表面的抗拉伸性能。这种玻璃处于内部受拉，外部受压的应力状态，一旦局部发生破损，便会发生应力释放，玻璃被破碎成无数小块，这些小的碎片没有尖锐棱角，不易伤人（图 3-15）。普通玻璃破碎时为尖锐的大块片状碎块，容易对人体造成严重的伤害（图 3-16）。

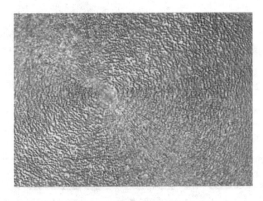

图 3-15　钢化玻璃碎片状态　　　　　　图 3-16　普通玻璃碎片状态

（2）钢化玻璃的缺点。

1）钢化后的玻璃不能再进行切裁和加工，只能在钢化前就对玻璃进行加工至需要的形状，再进行钢化处理。

2）钢化玻璃强度虽然比普通玻璃强，但是钢化玻璃在温差变化大时有自爆（自己破裂）的可能性，而普通玻璃不存在自爆的可能性。

（3）钢化玻璃的辨别。玻璃经过钢化处理后，由于钢化过程中加热和冷却的不均匀，在玻璃板面上会产生不同的应力分布。由光弹理论可以知道，玻璃中应力的存在会引起光线的双折射现象。光线的双折射现象通过偏振光可以观察。把钢化玻璃放在偏振光下，可以观察到在玻璃面板上不同区域的颜色和明暗变化，这就是钢化玻璃应力斑。在日光中就存在着一定成分的偏振光，偏振光的强度受天气和阳光的入射角影响。通过偏振光眼镜或以与玻璃的垂直方向成较大的角度去观察钢化玻璃，钢化玻璃的应力斑会更加明显。正是这个特点，应力斑特征成为鉴别真假钢化玻璃的重要标志。

6. 钢化玻璃的均质处理

均质钢化玻璃是指经过特定工艺条件处理过的钠钙硅钢化玻璃，又称热浸钢化玻璃（简称 HST）。

（1）钢化玻璃的自爆。

玻璃主料石英砂或砂岩含有镍，燃料及辅料含有硫，在玻璃的生产过程中，经过 1400～1500℃高温熔窑燃烧熔化，形成了硫化镍结石。当温度超过 1000℃时，硫化镍结石以液滴形式随机分布于熔融玻璃液中；当温度降至 797℃时，这些小液滴结晶固化，硫化镍处于高温态的 $\alpha$-NiS 晶相（六方晶体）；当温度继续降至 379℃时，发生晶相转变成为低温状态的 $\beta$-NiS（三方晶系），同时伴随着 2%～4% 的体积膨胀，在玻璃内部引发微裂纹，从而埋下可能导致钢化玻璃自爆的隐患。晶相转变过程的快慢，取决于硫化镍颗粒中不同组成物（包括 Ni7S6、NiS、NiS1.01）的百分比含量，也取决于周围温度的高低。如果硫化镍相变没有转换完全，则即使在自然存放及正常使用的温度条件下，这一过程仍然继续，只是速度很低而已。

典型的 NiS 引起的自爆碎片见图 3-17，玻璃碎片呈放射状分布，放射中心有二块形似蝴蝶翅膀的玻璃块，俗称"蝴蝶斑"。NiS 结石位于二块"蝴蝶斑"的界面上，如图 3-18 所示。

图 3-17　自爆碎片形态图

图 3-18　NiS 结石图

图 3-19 是从自爆后玻璃碎片中提取的 NiS 结石的扫描电镜照片，其表面起伏不平、非常粗糙。

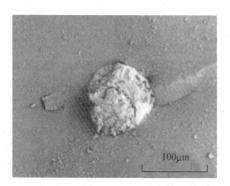

图 3-19　NiS 结石扫描电镜照片

当玻璃钢化加热时，玻璃内部板芯温度约 620℃，所有的硫化镍都处于高温态的 α-NiS 相。随后，玻璃进入风栅急冷，玻璃中的硫化镍在 379℃发生相变。与浮法退火窑不同的是，钢化急冷时间很短，来不及转变成低温态 β-NiS 而以高温态硫化镍 α 相被"冻结"在玻璃中。快速急冷使玻璃得以钢化，形成外压内张的应力平衡体。在已经钢化了的玻璃中硫化镍相变低速持续地进行着，体积不断膨胀扩张，对其周围玻璃的作用力随之增大。钢化玻璃板芯本身就是张应力层，位于张应力层内的硫化镍发生相变时体积膨胀也形成张应力，这两种张应力叠加在一起，足以引发钢化玻璃的破裂，即自爆。

常见的减少这种自爆的方法有三种：

1）玻璃钢化时，使用含较少硫化镍结石的原片，即使用优质原片。

2）避免钢化玻璃应力过大。

3）对钢化玻璃进行均质处理。

进一步实验表明：对于表面压应力为 100MPa 的钢化玻璃，其内部的张应力为 45MPa 左右。此时张应力层中任何直径大于 0.06mm 的硫化镍均可引发自爆。另外，根据自爆研究统计结果分析，95％以上的自爆是由粒径分布在 0.04～0.65mm 之间的硫化镍引发。根据材料断裂力学计算出硫化镍引发自爆的平均粒径为 0.2mm。

国外研究表明，硫化镍在玻璃中一般位于张应力区，大部分集中在板芯部位的高张应力区，处在压应力区的 NiS，一般不会导致自爆。钢化玻璃内应力越大，硫化镍结石临界直径就越小，能引起自爆的 NiS 颗粒也就越多，自爆率相应就越高。

如上所述，钢化应力越大，硫化镍结石的临界半径就越小，能引起自爆的结石就越多。显然，钢化应力应控制在适当的范围内，这样既可保证钢化碎片颗粒度满足有关标准要求，也能避免高应力引起的不必要自爆风险。平面应力（钢化均匀度）应越小越好，这样不仅减小自爆风险，而且能提高钢化玻璃的平整度。

（2）钢化玻璃的检测。

1）目前已发展出无损测定钢化玻璃表面压应力的方法和仪器。测定表面应力的方法主要有两种：差量表面折射仪法（简称 DSR）和临界角表面偏光仪法（简称 GASP）。

DSR 应力仪的原理是测定因应力引起的玻璃折射率的变化。当一定入射角的光到达玻璃表面时，由于应力双折射的作用，光束会分成两股以不同的临界角反射，借助测微目镜测出二光束之间的距离，即可计算出应力值。

GASP 应力仪将激光束导入玻璃表面，在表面附近的薄层中以平行玻璃表面的方向运行一小段距离，应力双折射导致激光束发生干涉，测定干涉条纹的倾角就可计算出应力值。两种方法各有优缺点。

DSR 应力仪可测定化学钢化玻璃，但操作要求较高、不易掌握、测量精度相对较低。GASP 应力仪工作可靠、精度高、易校验，不足之处是价格较贵。

2）钢化均匀度是指同一块玻璃不同区域的应力一致性（见图 3 - 20），可测定由同一块玻璃平面各部分的加热温度及冷却强度不一致产生的平面应力，这种应力叠加在厚度应力上，使一些区域的实际板芯张应力上升，引起临界直径值下降，最终导致自爆率增加。对图 3 -20 所示两个钢化应力图像，比较而言，左边图像较差，右边图像较好。

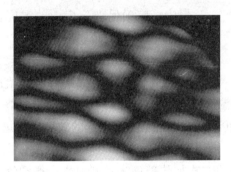

图 3 - 20　应力仪下钢化均匀度直观图像

钢化均匀度（平面应力）测定较简单，利用平面透射偏振光就能定性分析。但要定量分析，须使用定量应力分析方法，一般常用检偏器旋转法测定应力消光补偿角，根据角度可方便地计算出应力值。

（3）钢化玻璃的均质处理。

对钢化玻璃进行二次热处理的过程，通常称为均质处理或引爆。均质处理是公认的彻底解决自爆问题的有效方法。将钢化玻璃再次加热到 280℃ 左右并保温一定时间，使硫化镍在玻璃出厂前完成晶相转变，让今后可能自爆的玻璃在工厂内提前破碎。这种钢化后再次热处理的方法，国外称作 "Heat Soak Test"，简称 HST。我国通常将其译成 "均质处理"，也俗称 "引爆处理"。

从原理上看,均质处理似乎很简单,许多厂家对此并不重视,认为可随便选择外购甚至自制均质炉。实际并非如此,玻璃中的硫化镍夹杂物往往是非化学计量的化合物,并含有比例不等的其他元素,其相变速度高度依赖于温度制度。研究结果表明,280℃时的相变速率是250℃时的100倍,因此必须确保炉内的各块玻璃经历同样的温度制度。否则,一方面有些玻璃温度太高,会引起硫化镍逆向相变;另一方面温度低的玻璃因保温时间不够,使得硫化镍相变不完全。两种情况均会导致无效的均质处理。研究人员曾测试了多台均质炉的温度制度,发现最好的进口炉也存在30℃以上的温差,多台国产炉内的温差甚至超过55℃。这或许解释了经均质处理的玻璃仍然出现许多自爆的原因。

1)均质处理过程。均质处理过程包括升温、保温及降温三个阶段,如图3-21所示。

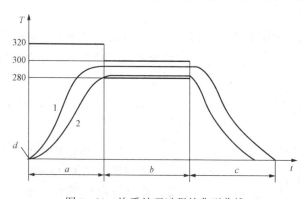

图3-21 均质处理过程的典型曲线

T—温度坐标(℃);t—时间坐标(h);

1—第一片达到280℃的玻璃的温度曲线;

2—最后一片达到280℃的玻璃的温度曲线;

a—加热阶段;b—保温阶段;

c—冷却阶段;d—环境温度(升温起始阶段)

①升温阶段。升温阶段开始于所有玻璃所处的环境温度,终止于最后一片玻璃表面温度达到280℃的时刻。在升温阶段,炉内温度有可能超过320℃,但玻璃表面的温度不能超过320℃,并应尽量缩短玻璃表面温度超过300℃的时间。

②保温阶段。保温阶段开始于所有玻璃表面温度达到280℃的时刻,保温时间至少为2小时。在整个保温阶段中,应确保玻璃表面的温度保持在290℃±10℃的范围内。

③冷却阶段。当最后达到280℃的玻璃完成2小时保温后,开始冷却阶段,在此阶段玻璃温度降至环境温度。当炉内温度降至70℃时,可认为冷却阶段终止。降温时应对降温速率进行控制,以最大限度地减少玻璃由于热应力而引起的破坏。

2)均质处理系统。

①均质炉。均质炉必须采用强制对流加热的方式加热玻璃。对流加热靠热空气加热玻璃,加热元件布置在风道中,空气在风道中被加热,然后进入炉内。这种加热方式可避免元件直接辐射加热玻璃,引起玻璃局部过热。

对流加热的效果依赖于热空气在炉内的循环路线,因此均质炉内的气体流通必须经过精心设计,总的原则是尽可能地使炉内气流通畅、温度均匀。即使发生玻璃破碎,碎片也不能堵塞气流通路。

只有全部玻璃的温度达到至少280℃并保温至少2h,均质处理才能达到满意的效果。然而,在日常生产中,控制炉温只能依据炉内的空气温度。因此,必须对每台炉子进行标定试验,找出玻璃温度与炉内空气温度之间的关系。炉内的测温点必须足够多,以满足处理工艺的需要。

②玻璃放置方式。均质炉内的玻璃片之间是热空气的对流通道,因此玻璃的堆置方式对

于均质处理的质量是极其重要的。

首先，玻璃的堆置方向应顺应气流方向，不可阻碍空气流动。可以采用竖直方式支撑玻璃（图 3-22）。不得用外力固定或夹紧玻璃，应使玻璃处于自由支撑状态。竖直支撑可以是绝对竖直，也可以以与绝对竖直向夹角小于 15°的角度支撑。

其次，玻璃片与片之间的空隙须足够大，分隔物不能堵塞空气通道，玻璃片之间至少须有 20mm 的间隙，如图 3-23 所示，片之间不能直接接触。当玻璃尺寸差异较大，或有孔及/或凹槽的玻璃放在同一支架上时，为了防止玻璃破碎，玻璃间隔应该加大。

图 3-22　玻璃竖直支撑示意图　　　图 3-23　玻璃的竖直支撑及间隔体

③均质温度制度。均质处理的温度制度也是决定均质质量的一个决定性因素。1990 年版的德国标准 DIN18516 笼统规定了均质炉内的平均炉温为（290±10）℃，保温时间长达 8 小时。实践证明，按此标准进行均质处理的玻璃自爆率还是较高，结果并不理想。因此，根据 1994 年以来的大量研究成果，2000 年的欧洲新标准讨论稿将规定改为：均质炉内玻璃的温度在（290±10）℃下保温 2 小时。多年累积的数据分析表明，严格按新标准均质处理过的玻璃，发生后续自爆的概率在 0.01 以下。此概率的意义是：每 1 万平方米玻璃，在 1 年之内再发生 1 例自爆的概率小于 1%。由此才可自信地称钢化玻璃为"安全玻璃"。

（4）均质钢化玻璃的质量要求。

1）弯曲强度（四点弯法）。以 95%的置信区间，5%的破损概率，均质钢化玻璃的弯曲强度应符合表 3-20 的规定。

表 3-20　　　　　　　　　　　　　　　钢化玻璃的弯曲强度　　　　　　　　　　　　　　　（MPa）

| 均质钢化玻璃 | 弯曲强度 |
| --- | --- |
| 以浮法玻璃为原片的均质钢化玻璃<br>镀膜均质钢化玻璃 | 120 |
| 釉面均质钢化玻璃（釉面为加载面） | 75 |
| 压花均质钢化玻璃 | 90 |

2）均质钢化玻璃的其他质量要求与钢化玻璃的质量要求相同。

### 3.4.2 防火玻璃

防火玻璃是一种特殊的建筑材料，具有普通玻璃的透光性能，并且具有防火材料的耐高温、阻燃等防火性能。

建筑用防火玻璃是一种具有防火功能的建筑外墙用幕墙和门窗玻璃，是采用物理与化学的方法，对浮法玻璃进行处理而得到的。在规定的耐火试验中能够保持其完整性和隔热性，从而有效地阻止火焰与烟雾的蔓延的特种玻璃，称为防火玻璃。

防火玻璃的产品标准为《建筑用安全玻璃　第1部分：防火玻璃》（GB 15763.1—2009），按照防火玻璃产品标准的规定，防火玻璃的相关性能定义如下：

耐火完整性指在标准耐火试验条件下，玻璃构件当其一面受火时，能在一定时间内防止火焰和热气穿透或在背火面出现火焰的能力。

耐火隔热性指在标准耐火试验条件下，玻璃构件当其一面受火时，能在一定时间内使其背火面温度不超过规定值的能力。

耐火极限是指在标准耐火试验条件下，玻璃构件从受火的作用时起，到失去完整性或隔热型要求时止的这段时间。

防火玻璃和其他玻璃相比，在同样的厚度下，它的强度是普通浮法玻璃的6～12倍，是钢化玻璃的1.5～3倍。

1. **产品分类**

（1）按产品结构分类。防火玻璃安产品结构的不同分为复合防火玻璃（以FFB表示）和单片防火玻璃（以DFB表示）。复合防火玻璃按生产方法不同又分为复合型（干法）和灌注型（湿法）。

（2）按耐火性能等级分类。防火玻璃按耐火性能等级分隔热型防火玻璃（A类）和非隔热型防火玻璃（C类）。

隔热型防火玻璃（A类）指耐火性能同时满足耐火完整性和耐火隔热性要求的防火玻璃。包括复合型防火玻璃和灌注型防火玻璃两种。此类玻璃具有透光、防火（隔烟、隔火、遮挡热辐射）、隔声、抗冲击性能，适用于建筑装饰钢木防火门、窗、上亮、隔断墙、采光顶、挡烟垂壁、透视地板及其他需要既透明又防火的建筑组件中。

非隔热型防火玻璃（C类）指耐火性能仅满足耐火完整性要求的防火玻璃。此类玻璃具有透光、防火、隔烟、强度高等特点。适用于无隔热要求的防火玻璃隔断墙、防火窗、室外幕墙等。

（3）按耐火极限分类。防火玻璃按耐火极限可分为五个等级：0.50h、1.00h、1.50h、2.00h、3.00h。

2. **质量要求**

生产防火玻璃所用的玻璃原片，可以选用镀膜或非镀膜的浮法玻璃、钢化玻璃，复合防火玻璃原片，还可选用单片防火玻璃。原片玻璃其质量应符合相应的产品标准的要求。

防火玻璃的产品标准《建筑用安全玻璃　第1部分：防火玻璃》（GB 15763.1—2009）。

（1）尺寸、厚度允许偏差。防火玻璃的尺寸、厚度允许偏差应符合表3-21和表3-22

的规定。

**表 3 - 21**　　　　　　　　**复合防火玻璃的尺寸、厚度允许偏差**　　　　　　（mm）

| 玻璃的公称厚度 d | 长度或宽度（L）允许偏差 | | 厚度允许偏差 |
|---|---|---|---|
| | L≤1200 | 1200<L≤2400 | |
| 5≤d<11 | ±2 | ±3 | ±1.0 |
| 11≤d<17 | ±3 | ±4 | ±1.0 |
| 17≤d<24 | ±4 | ±5 | ±1.3 |
| 24≤d<35 | ±5 | ±6 | ±1.5 |
| ≥35 | ±5 | ±6 | ±2.0 |

注：当 L 大于 2400mm 时，尺寸允许偏差由供需双方商定。

**表 3 - 22**　　　　　　　　**单片防火玻璃的尺寸、厚度允许偏差**　　　　　　（mm）

| 玻璃公称厚度 | 长度或宽度（L）允许偏差 | | | 厚度允许偏差 |
|---|---|---|---|---|
| | L≤1000 | 1000<L≤2000 | >2000 | |
| 5、6 | +1<br>-2 | ±3 | ±4 | ±0.2 |
| 8、10 | +2 | | | ±0.3 |
| 12 | -3 | | | ±0.3 |
| 15 | ±4 | ±4 | | ±0.5 |
| 19 | ±5 | ±5 | ±6 | ±0.7 |

（2）外观质量。防火玻璃的外观质量应符合表 3 - 23 和表 3 - 24 的规定。

**表 3 - 23**　　　　　　　　**复合防火玻璃的外观质量**

| 缺陷名称 | 要求 |
|---|---|
| 气泡 | 直径 300mm 圆内允许长 0.5mm～1.0mm 的气泡 1 个 |
| 胶合层杂质 | 直径 500mm 圆内允许长 2.0mm 以下的杂质 2 个 |
| 划伤 | 宽度≤0.1mm，长度≤50mm 的轻微划伤，每平方米面积内不超过 4 条 |
| | 0.1mm<宽度≤0.5mm，长度≤50mm 的轻微划伤，每平方米面积内不超过 1 条 |
| 爆边 | 每米边长允许有长度不超过 20mm、自边向玻璃表面延伸深度不超过厚度一半的爆边 4 个 |
| 叠差、裂纹、脱胶 | 脱胶、裂纹不允许存在；总叠差不应大于 3mm |

注：复合防火玻璃周边 15mm 范围内的气泡、胶合层杂质不做要求。

**表 3 - 24**　　　　　　　　**单片防火玻璃的外观质量**

| 缺陷名称 | 要求 |
|---|---|
| 爆边 | 不允许存在 |
| 划伤 | 宽度≤0.1mm，长度≤50mm 的轻微划伤，每平方米面积内不超过 2 条 |
| | 0.1mm<宽度≤0.5mm，长度≤50mm 的轻微划伤，每平方米面积内不超过 1 条 |
| 结石、裂纹、缺角 | 脱胶、裂纹不允许存在；总叠差不应大于 3mm |

(3) 耐火性能。隔热型防火玻璃（A 类）和非隔热型防火玻璃（C 类）的耐火性能应满足表 3-25 的要求。

表 3-25 防火玻璃的耐火性能

| 分类名称 | 耐火极限等级 | 耐火性能要求 |
|---|---|---|
| 隔热型防火玻璃<br>（A 类） | 3.00h | 耐火隔热性时间≥3.00h，且耐火完整性时间≥3.00h |
|  | 2.00h | 耐火隔热性时间≥2.00h，且耐火完整性时间≥2.00h |
|  | 1.50h | 耐火隔热性时间≥1.50h，且耐火完整性时间≥1.50h |
|  | 1.00h | 耐火隔热性时间≥1.00h，且耐火完整性时间≥1.00h |
|  | 0.50h | 耐火隔热性时间≥0.50h，且耐火完整性时间≥0.50h |
| 非隔热型防火玻璃<br>（C 类） | 3.00h | 耐火完整性时间≥3.00h，且耐火隔热性无要求 |
|  | 2.00h | 耐火完整性时间≥2.00h，且耐火隔热性无要求 |
|  | 1.50h | 耐火完整性时间≥1.50h，且耐火隔热性无要求 |
|  | 1.00h | 耐火完整性时间≥1.00h，且耐火隔热性无要求 |
|  | 0.50h | 耐火完整性时间≥0.50h，且耐火隔热性无要求 |

(4) 弯曲度。防火玻璃的弓形弯曲度不应超过 0.3%，波形弯曲度不应超过 0.2%。

(5) 可见光透射比。防火玻璃的可见光透射比允许偏差最大值在明示标称值时为±3%，未明示标称值时为不大于 5%。

(6) 耐热、耐寒性能。复合防火玻璃经过耐热、耐寒性能试验后，其外观质量应符合表 3-23 的要求。

(7) 耐紫外线辐照性。当复合防火玻璃使用在有建筑采光要求的场合时，其耐紫外线辐照性能应满足要求。

(8) 抗冲击性能、碎片状态。防火玻璃的抗冲击性能和碎片状态经破坏试验后应满足相应标准要求。

3. 防火玻璃的防火原理及适用范围

(1) 复合型防火玻璃（干法）。复合防火玻璃是由两层或两层以上玻璃复合而成或由一层玻璃和有机材料复合而成，并满足相应耐火性能要求的特种玻璃。

1）防火原理。火灾发生时，向火面玻璃遇高温后很快炸裂，其防火胶夹层相继发泡膨胀十倍左右，形成坚硬的乳白色泡状防火胶板，有效地阻断火焰，隔绝高温及有害气体，见图 3-24。成品可磨边、打孔、改尺切割。

2）适用范围。建筑物房间、走廊、通道的防火门窗及防火分区和重要部位防火隔断墙。适用于外窗、幕墙时，设计方案应考虑防火玻璃与 PVB 夹层玻璃组合使用。

(2) 灌注型防火玻璃（湿法）。由两层玻璃原片（特殊需要也可用三层玻璃原片），四周以

图 3-24 防火玻璃示意图

特制阻燃胶条密封。中间灌注的防火胶液，经固化后为透明胶冻状与玻璃粘结成一体。

1) 防火原理。遇高温以后，玻璃中间透明胶冻状的防火胶层会迅速硬结，形成一张不透明的防火隔热板。在阻止火焰蔓延的同时，也阻止高温向背火面传导。此类防火玻璃不仅具有防火隔热性能，而且隔声效果出众，可加工成弧形。

2) 适用范围。适用于防火门窗、建筑天井、中庭、共享空间、计算机机房防火分区隔断墙。由于玻璃四周显露黑色密封边框，适用于周边压条镶嵌安装。

(3) 单片防火玻璃（DFB）。单片防火玻璃是由单层玻璃构成，并满足相应耐火性能要求的特种玻璃。适用于外幕墙、室外窗、采光顶、挡烟垂壁、防火玻璃无框门，以及无隔热要求的隔断墙。

单片防火玻璃主要有硼硅酸盐防火玻璃、铝硅酸盐防火玻璃、微晶防火玻璃及软化温度高于800℃以上的钠钙料优质浮法玻璃等。其共同的主要特点是：玻璃软化点较高，一般均在800℃以上，热膨胀系数低，在强火焰下一般不会因高温而炸裂或变形，尤其是微晶防火玻璃，除具有上述特点外，还具有机械强度高、抗折、抗压强度高及良好的化学稳定性和物理力学性能。它同样具备软化温度高、热膨胀系数小的优点，它们用作防火玻璃，可为上等佳品，但特种材料的防火玻璃（硼、铝硅酸盐防火玻璃，微晶防火玻璃）生产成本高，销售市价贵。

4. 防火玻璃的选择

自国内单片防火玻璃批量生产以来，防火玻璃得到了更加广泛地应用，但使用时有几点必须注意：

(1) 选用防火玻璃前，要先清楚由防火玻璃组成的防火构件的消防具体要求，是防火、隔热还是隔烟，耐火极限要求等。

(2) 单片和复合灌注型防火玻璃不能像普通平板玻璃那样用玻璃刀切割，必须定尺加工，但复合型（干法）防火玻璃可以达到可切割的要求。

(3) 选用防火玻璃组成防火构件时，除考虑玻璃的防火耐久性能外，其支承结构和各元素也必须满足耐火的需要。

### 3.4.3　夹层玻璃

夹层玻璃，就是玻璃与玻璃和/或塑料等材料，用中间层分隔并通过处理使其粘结为一体的复合材料的统称。常见和大多使用的是玻璃与玻璃，用中间层分隔并通过处理使其粘结为一体的玻璃构件，如图3-25所示。

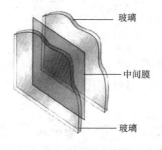

图 3-25　夹层玻璃示意图

1. 产品分类

(1) 按产品形状分类。夹层玻璃按产品形状分为平面夹层玻璃和曲面夹层玻璃。尤以平面夹层玻璃在建筑门窗上的应用最为普遍。夹层玻璃从两个外表面依次向内,玻璃和/或塑料及中间层等材料在种类、厚度和/或一般特性等均相同的称为对称夹层玻璃。反之,不相同的称为不对称夹层玻璃。

(2) 按霰弹袋冲击性能分为Ⅰ类夹层玻璃、Ⅱ-1 类夹层玻璃、Ⅱ-2 类夹层玻璃和Ⅲ类夹层玻璃。

Ⅰ类夹层玻璃是指对霰弹袋冲击性能不做要求的夹层玻璃,该类玻璃不能作为安全玻璃使用。

Ⅱ-1 类夹层玻璃是指经霰弹袋自高度 1200mm 冲击后,结果未破坏和/或安全破坏的夹层玻璃。该类玻璃可作为安全玻璃使用。

Ⅱ-2 类夹层玻璃是指经霰弹袋自高度 750mm 冲击后,结果未破坏和/或安全破坏的夹层玻璃。该类玻璃可作为安全玻璃使用。

Ⅲ类夹层玻璃是指经霰弹袋自高度 300mm 冲击后,结果未破坏和/或安全破坏的夹层玻璃。该类玻璃可作为安全玻璃使用。

(3) 按生产方法分胶片法(干法)和灌浆法(湿法)。

1) 胶片法(干法)夹层玻璃是将有机材料夹在两层或多层玻璃中间,经加热、加压而成的复合玻璃制品。夹层玻璃的中间层材料一般有离子性中间层、PVB 中间层和 EVA 中间层及有机硅和聚氨酯等。其中,离子性中间层指含有少量金属盐,以乙烯-甲基丙烯酸共聚物为主,可与玻璃牢固地粘结的中间层材料;PVB 中间层是以聚乙烯醇缩丁醛为主的中间层;EVA 中间层是以乙烯-聚醋酸乙烯共聚物为主的中间层材料。

PVB 树脂胶片对无机玻璃有很好的粘结力,具有透明、耐热、耐寒、耐温、机械强度高等特性,用 PVB 胶片制成的特种玻璃在受到外界强烈冲击时,能够吸收冲击能量,不产生破碎片,是当前世界上制造夹层安全玻璃用的最佳粘合材料。PVB 膜还具有很强的过滤紫外线能力,阻隔紫外线率可达 99.9%,可以防止紫外线辐射对各种器具的褪色和破坏。常用的 PVB 膜的种类有:透明、茶色、灰色、乳白、蓝绿等,PVB 膜的厚度:0.38mm、0.76mm、1.52mm。PVB 中间膜能减少穿透玻璃的噪声数量,降低噪声分贝,达到隔音效果,使用 PVB 塑料中间膜制成的夹层玻璃能有效地阻隔常见的 1000~2000Hz 的场合噪声。

2) 灌浆法(湿法)夹层玻璃是将配制好的胶粘剂浆液灌注到已合好模的两片或多片玻璃中间,通过加热聚合或光照聚合而制成的夹层玻璃。由于不同胶水配方体系的差异,固化胶水的方式一般有三种:热固化,室温固化和光固化。

2. 夹层玻璃生产工艺

(1) 胶片法(干法)生产工艺。胶片法夹层玻璃生产工艺流程见图 3-26。

1) 工艺要求。合片室的环境温度为 20~25℃,相对湿度为 20%~30%。PVB 膜贮存室温度为 20~25℃,相对湿度为 30%~40%。

2) 预热预压。两次预热预压,第一次预热的目的使 PVB 初步软化,便于辊压排除空气,第一次预压的目的是通过挤压排除玻璃与 PVB 之间的空气。第二次预热的目的是使

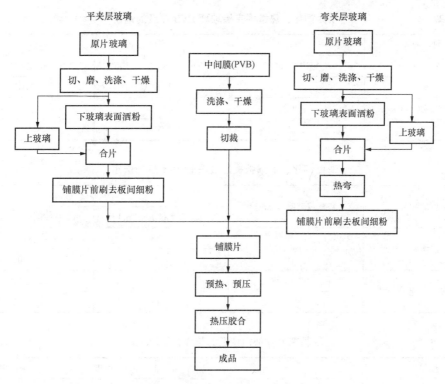

图 3-26 胶片法夹层玻璃生产流程图

PVB 软化，便于封边，第二次预压的目的是通过挤压使玻璃与 PVB 粘结在一起，避免外界空气进入玻璃与 PVB 之间。经加热辊压后玻璃表面温度要求达到 40~80℃，一般情况下，玻璃边部比中部温度高 5~6℃，这样可以达到良好的封边效果，防止空气的渗入而产生气泡。

3）釜压。高压釜压力范围：0.8~1.5MPa，高压釜温度范围：125~150℃，在高压釜内夹层玻璃的放置须间隔均匀，间隔最少为 3cm，使高压釜内的温度和压缩空气的循环保持均匀。高压釜循环一次工作时间取决于夹层玻璃的厚度和装载量，加热和冷却的能力，厚玻璃和薄玻璃混载时，按厚玻璃的时间加工。

4）夹层玻璃 PVB 厚度的选用。夹层玻璃 PVB 厚度的选用见表 3-26~表 3-29。

表 3-26 普通夹层玻璃 PVB 厚度的选用

| 基片玻璃厚度（mm） | PVB 膜厚度（mm） | |
|---|---|---|
| | 短边≤800 | 短边＞800 |
| ≤6 | 0.38 | 0.38 |
| 8 | 0.38 | 0.76 |
| 10 | 0.76 | 0.76 |
| 12 | 1.14 | 1.14 |
| 15、19 | 1.52 | 1.52 |

表3-27                        平面钢化、热增强夹层玻璃PVB厚度的选用

| 基片玻璃厚度 | PVB膜厚度（mm） | | |
|---|---|---|---|
| （mm） | 短边≤800 | 800mm＜短边≤1500 | 短边＞1500 |
| ≤6 | 0.76 | 1.14 | 1.52 |
| 8～12 | 1.14 | 1.52 | 1.52 |
| ≥15 | 1.52 | 2.28 | 2.28 |

表3-28                        弯曲钢化、热增强夹层玻璃PVB厚度的选用

| 夹层玻璃种类 | 基片玻璃厚（mm） | PVB膜厚度（mm） | |
|---|---|---|---|
| | | 曲率半径 R＞3m | 曲率半径 R≤3m |
| 弯曲钢化、热增强夹层玻璃 | ≤8 | 2.28 | 3.04 |
| | ≥10 | 3.04 | 3.04 |
| 热弯玻璃 | ≤6 | 0.76 | 1.14～1.52 |
| | ≥8 | 1.14 | 1.52 |

表3-29                    获国家公安部门认证的防弹、防爆玻璃                    （mm）

| 型号 | 组合 | 厚度 | 透光率（≥） |
|---|---|---|---|
| F64A－26－SSG | 5＋2.28＋12＋2.28＋5 | 26.56 | 75％ |
| F54B－26－SSG（1） | 8＋0.76＋8＋0.76＋8＋0.18PET | 25.17 | 75％ |
| F54C－25－SSG（11） | 5＋1.52＋12＋1.52＋5＋0.18PET | 25.22 | 75％ |

（2）灌浆法（湿法）生产工艺。灌浆法法夹层玻璃生产工艺流程见图3-27。该法一般是手工成型方法，工艺简单，价格低，投资小，可小规模生产，产品容易变换，可以生产多种特殊产品。但人为影响产品质量的因素多，不易实现规模生产。

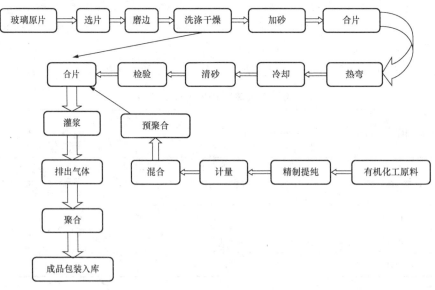

图3-27  灌浆法夹层玻璃生产工艺流程图

（3）EN膜夹层玻璃。EN膜夹层玻璃是以EN膜为中间层的真空一步法（无需用高压釜）夹层玻璃。EN膜是专门用于生产安全平板夹层玻璃、弧形夹层玻璃、工艺夹层玻璃、防弹玻璃、太阳能电池等特种玻璃产品的中间体（EN膜化学成分为乙烯醋酸乙烯基纤维聚合物）。可夹丝绢、布、纸制品及各种功能膜、玻璃与合成树脂板的复合夹层等，具有安全、节能、美观等特点，而且材料利用率极高，膜片可拼接使用，玻璃表面不留痕迹。

**3. 产品质量要求**

建筑用夹层玻璃产品标准为《建筑用安全玻璃　第3部分：夹层玻璃》（GB 15763.3—2009）。

夹层玻璃由玻璃、塑料以及中间层材料组合构成。所采用的材料均应满足相应的国家标准、行业标准、相关技术条件或订货文件要求。

玻璃可选用浮法玻璃、普通平板玻璃、压花玻璃、抛光夹丝玻璃、夹丝压花玻璃等，可以是无色的、本体着色的或镀膜的；透明的、半透明的或不透明的；退火的、热增强的或钢化的；表面处理的，如喷砂或酸腐蚀的等。

塑料可选用聚碳酸酯、聚氨酯和聚丙烯酸酯等，可以是无色的、着色的、镀膜的；透明的或半透明的。

夹层玻璃的中间层可选用材料种类和成分、力学和光学性能等不同的材料，如离子性中间层、PVB中间层、EVA中间层等；可以是无色的或有色的；透明、半透明或不透明的。

（1）外观质量。夹层玻璃产品外观质量不允许存在裂口、爆边、脱胶、皱痕及条纹等缺陷。

（2）尺寸偏差。

1）长度和宽度允许偏差。夹层玻璃最终产品的长度和宽度允许偏差应符合表3-30的规定。

表3-30　　　　　　　　　　夹层玻璃长度和宽度允许偏差　　　　　　　　　（mm）

| 公称尺寸（边长 L） | 公称厚度≤8 | 公称厚度>8 | |
|---|---|---|---|
| | | 每块玻璃公称厚度<10 | 至少一块玻璃公称厚度≥10 |
| L≤1100 | +2.0<br>-2.0 | +2.5<br>-2.0 | +3.5<br>-2.5 |
| 1100<L≤1500 | +3.0<br>-2.0 | +3.5<br>-2.0 | +4.5<br>-3.0 |
| 1500<L≤2000 | +3.0<br>-2.0 | +3.5<br>-2.0 | +5.0<br>-3.5 |
| 2000<L≤2500 | +4.5<br>-2.5 | +5.0<br>-3.0 | +6.0<br>-4.0 |
| L>2500 | +5.0<br>-3.0 | +5.5<br>-3.5 | +6.5<br>-4.5 |

2）叠差。夹层玻璃叠差如图3-28所示，最大允许偏差见表3-31。

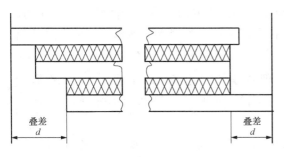

图 3-28　叠差

表 3-31　夹层玻璃最大允许叠差　　（mm）

| 长度或宽度 L | 最大允许叠差 |
|---|---|
| L≤1000 | 2.0 |
| 1000<L≤2000 | 3.0 |
| 2000<L≤4000 | 4.0 |
| L>4000 | 5.0 |

3）厚度。

①对于三层及三层原片以上夹层玻璃制品、原片材料总厚度超过 24mm 及使用钢化玻璃作为原片时，其厚度允许偏差可由供需双方商定。

②干法夹层玻璃厚度偏差不能超过构成夹层玻璃的原片厚度允许偏差和中间层材料厚度允许偏差总和。中间层的总厚度<2mm 时，不考虑中间层的厚度偏差；中间层总厚度≥2mm 时，其厚度允许偏差为±0.2mm。

③湿法夹层玻璃的厚度偏差，不能超过构成夹层玻璃的原片厚度允许偏差和中间层材料厚度允许偏差总和。湿法中间层厚度允许偏差应符合表 3-32 的规定。

4）对角线差。矩形夹层玻璃制品，长边长度不大于 2400mm 时，对角线差不得大于 4mm；长边长度大于 2400mm 时，对角线差由供需双方商定。

表 3-32　　　　　　　　湿法夹层玻璃中间层厚度允许偏差　　　　　　　　（mm）

| 湿法中间层厚度 d | 最大允许叠差 | 湿法中间层厚度 d | 最大允许叠差 |
|---|---|---|---|
| d<1 | ±0.4 | 2≤d<3 | ±0.6 |
| 1≤d<2 | ±0.5 | d≥3 | ±0.7 |

（3）弯曲度。平面夹层玻璃的弯曲度，弓形时应不超过 0.3%，波形时应不超过 0.2%。原片材料使用有非无机玻璃时，弯曲度由供需双方商定。

（4）夹层玻璃的可见光透射比和反射比应根据应用建筑物功能设计要求进行。

（5）抗风压性能。夹层玻璃的抗风压性能应根据所应用建筑物风荷载设计要求并按照《建筑玻璃应用技术规程》（JGJ 113—2015）对夹层玻璃的材料、结构和规格尺寸进行验证。

（6）夹层玻璃的耐热性、耐湿性和耐辐照性、落球冲击性能、霰弹袋冲击性能应满足产品标准要求。

4. 性能特点

（1）安全性。在受到外来撞击时，由于弹性中间层有吸收冲击的作用，可阻止冲击物穿透，即使玻璃破损，也只产生类似蜘蛛网状的细碎裂纹，其碎片牢固地粘附在中间层上，不会脱落四散伤人，并可继续使用直到更换。

（2）保安防范特性。标准的"二夹一"玻璃能抵挡一般冲击物的穿透；用 PVB 胶片特制的防弹玻璃能抵挡住枪弹和暴力的攻击，金属丝夹层玻璃能有效地防止偷盗和破坏事件的发生。

（3）隔声性。PVB 膜具有过滤声波的阻尼功能，有效地控制声音传播。音障产生的声音衰减都与它的单位质量、面积、柔性及气密性有关。PVB 膜有很好的柔性，声音传递的衰减随柔性增加而增加。从声音衰减特性的观点来看，PVB 膜的最佳厚度为 1.14mm。

（4）控制阳光和紫外线特性。PVB 膜具有过滤紫外线功能，特制的 PVB 膜能减弱太阳光的透射，防止炫目，有效地阻挡紫外线，可保护室内的物品免受紫外线辐射而发生褪色。

（5）良好的节能环保性能。PVB 薄膜制成的建筑夹层玻璃能有效地减少太阳光透过。同样厚度，采用深色低透光率 PVB 薄膜制成的夹层玻璃阻隔热量的能力更强。目前，国内生产的夹层玻璃具有多种颜色。

（6）装饰效果。夹置云龙纸或各种图案的 PET 膜，能塑造典雅的装饰效果。具有别致装饰效果的冰裂玻璃也是夹层玻璃的一种特殊应用。

（7）耐寒性。长时间在≤－50℃的环境下使用，PVB 膜不变硬，不变脆，与玻璃不产生剥离，不产生混浊现象。

（8）耐枪击性能。自动步枪在距 100m 处用穿透爆炸性子弹射击，子弹不穿透防弹玻璃。

5. 夹层玻璃在建筑上的应用

夹层玻璃一般用在建筑的以下方面：

（1）建筑物玻璃对人身安全最容易发生危害的地方使用。

（2）要求控光、节能、美观的建筑物上使用。

（3）要求控制噪音或有噪声源的建筑物上应用。

（4）防弹、防盗的建筑物及构件上使用。

（5）要求防爆、放冰雹的建筑物上应用。

（6）需要装饰的墙面、柱、护板、地板、天花板及坚固的隔墙应用。

（7）要求防火的建筑物门、窗上应用。

（8）要求调光、防止眩光的建筑物上应用。

（9）要求安装隔离又可观察的场所应用。

## 3.5 真空玻璃

真空玻璃是将两片或两片以上平板玻璃以支撑物隔开，四周密封，在玻璃间形成真空层的玻璃制品（见图 3-29）。支撑物厚度一般为 0.1～0.4mm，起骨架支撑作用的支撑物非常小，由无机材料构成，不会影响玻璃的透光性。保护帽由金属或有机材料制成，安装在排气孔上，对真空玻璃排气孔起到保护作用。

### 3.5.1 真空玻璃的保温隔热机理

真空玻璃是新型玻璃深加工产品，在节能、隔声方面有很大的作用，具有良好的发展潜力和前景。

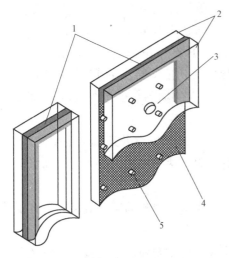

图 3-29 真空玻璃结构图
1—封边；2—玻璃；3—排气孔；
4—Low-E膜面；5—支撑物

真空玻璃的保温原理基于保温瓶原理，从原理上看真空玻璃可比喻为平板形保温瓶。二者相同点是两层玻璃的夹层均为气压低于 0.1Pa 的真空，使气体传热可忽略不计；二者不同点：一是真空玻璃用于门窗必须透明或透光，二是必须在两层玻璃之间设置"支撑物"方阵来承受每平方米约 10 吨的大气压，使玻璃之间保持间隔，形成真空层。"支撑物"方阵间距根据玻璃板的厚度及力学参数设计，在 20~60mm。为了减小支撑物"热桥"形成的传热并使人眼难以分辨，支撑物直径在 0.3~0.5mm，高度在 0.1~0.4mm。真空玻璃和中空玻璃在结构和制作上完全不相同，中空玻璃是简单地把两片玻璃粘合在一起，中间夹有空气层，而真空玻璃是在两片玻璃中间夹入胶片支撑，在高温真空环境下使两片玻璃完全融合，并且两片玻璃中间是真空的，真空状态下声音是无法传播的。真空玻璃另一个更好的功能那就是隔声，由于是真空层无法传导噪声，所以真空玻璃可以隔绝 90% 的噪声。

由于真空玻璃中间为真空层，因此，其中心部位传热由辐射传热和支撑物引起的传导传热构成，缺少了气体对流传热。而中空玻璃则由气体传热（包括传导和对流）和辐射传热构成。

由此可见，要减小因温差引起的传热，真空玻璃和中空玻璃都要减小辐射传热，有效的方法是采用镀有低辐射膜的玻璃（Low-E玻璃），在兼顾其他光学性能要求的条件下，其发射率（也称辐射率）越低越好。真空玻璃还要尽可能减小点阵支撑物的传热，中空玻璃则要尽可能减小气体传热。为了减小气体传热并兼顾隔声性及厚度等因素，中空玻璃的空气层厚度一般为 9~24mm，以 12mm 居多。要减少气体传热，还可用惰性气体来代替空气，但即使如此，气体传热仍占据主导地位。

### 3.5.2 真空玻璃的性能特点

1. 结构特点

真空玻璃与中空玻璃的结构比较见表 3-33。

表 3-33　　　　　　　　　　真空玻璃与中空玻璃用结构比较

| 名称 | 间隔层 | 间隔尺寸（mm） | 四周密封方式 | 总厚度 |
|---|---|---|---|---|
| 真空玻璃 | 真空 | 0.1~0.2 | 玻璃熔封 | 几乎为两片玻璃的厚度 |
| 中空玻璃 | 空气或氩气 | 9~24 | 铝合金间隔框加胶粘剂 | 最薄15mm |

2. 隔热性能

真空玻璃的保温隔热性能可达中空玻璃的两倍。表 3-34 是真空玻璃与中空玻璃隔热性能比较。

表 3 - 34 真空玻璃与中空玻璃隔热性能比较

| 样品类别 | | 厚度（mm）<br>（玻璃＋间隙＋玻璃） | 热阻<br>（m²·K/W） | 表观热导率<br>[W/(m·K)] | 传热系数<br>[W/(m²·K)] |
|---|---|---|---|---|---|
| 真空<br>玻璃 | 普通型 | 3＋0.1V＋3≈6 | 0.1885 | 0.0315 | 2.921 |
| | 单面低辐射膜 | 4＋0.1V＋4≈8 | 0.4512 | 0.0155 | 1.653 |
| | 双面低辐射膜 | 4＋0.1V＋4≈8 | 0.6553 | 0.0122 | 1.23 |
| 中空<br>玻璃 | 普通型 | 3＋6A＋3≈12 | 0.1071 | 0.112 | 3.833 |
| | 普通型 | 3＋12A＋3≈18 | 0.1333 | 0.135 | 3.483 |
| | 单面低辐射膜<br>（$e=0.23$） | 6＋12A＋6≈20 | 0.3219 | 0.0746 | 2.102 |

3. 防结露性能

由于真空玻璃热阻高，与中空玻璃相比具有更好的防结露性能，表 3 - 35 列出了真空玻璃与中空玻璃防结露性能比较。由表可见在相同湿度条件下，真空玻璃结露温度更低。这对严寒地区冬天的采光更为有利，而且真空玻璃不会像中空玻璃常发生"内结露"现象。"内结露"现象是中空玻璃间隔层内因含有水汽，在较低温度下结露而产生，无法去除，严重影响视觉和采光。

表 3 - 35 真空玻璃与中空玻璃防结露性能比较

| 样品类别 | 厚度（mm） | 室外温度（结露温度，℃）<br>室内湿度 60% | 室内湿度 70% | 室内湿度 80% |
|---|---|---|---|---|
| 真空玻璃 | 3＋0.1V＋3≈6 | －21 | －8 | 2 |
| 中空玻璃 | 3＋6A＋3≈12 | －5 | －1 | 11 |

注：室温 20℃，室内自然对流，户外风速 3.5m/s，真空玻璃一面为低辐射玻璃。

4. 隔声性能

真空玻璃具有良好的隔声性能，表 3 - 36 列出了真空玻璃与中空玻璃隔声性能的比较。在大多数情频段，特别是低频段，真空玻璃优于中空玻璃。

表 3 - 36 真空玻璃与中空玻璃隔声性能比较

| 样品<br>类别 | 厚度<br>（mm） | 不同频段的透过衰减分贝（dB）<br>100～<br>160Hz | 200～<br>315Hz | 400～<br>630Hz | 800～<br>1250Hz | 600～<br>2500Hz | 3150～<br>5000Hz | 平均值 | 达到性能<br>等级 |
|---|---|---|---|---|---|---|---|---|---|
| 真空玻璃 | 3＋0.1V＋3 | 22 | 27 | 31 | 35 | 37 | 31 | 31 | 3 |
| 中空玻璃 | 3＋6A＋3 | 20 | 22 | 20 | 29 | 38 | 23 | 28 | 2 |
| | 3＋12A＋3 | 19 | 17 | 20 | 32 | 40 | 30 | 28 | 2 |

5. 抗风压性能

真空玻璃具有比中空玻璃更好的抗风压性能，以铝合金窗扇为例，见表 3 - 37 和表 3 - 38。

表 3 - 37 　　　　　　　　　(3＋0.1V＋3)mm 真空玻璃抗风压试验结果

| 名称 | 规格 | 结果 | 性能等级 |
|---|---|---|---|
| A 样品 | (500×1390×6.1) mm | 正压 3.5kPa，负压－3.5kPa | 6 |
| B 样品 | (1129×1347×5.5) mm | 正压 3.5kPa，负压－3.5kPa | 6 |

表 3 - 38 　　　　　　　　　(3＋3)mm 中空玻璃抗风压试验结果

| 名称 | 规格 | 结果 | 性能等级 |
|---|---|---|---|
| 与 A 样品面积相近 | 0.7m² | 2.8kPa | 4 |
| 与 B 样品面积相近 | 1.5m² | 1.2kPa | 1 |

由上述试验结果可见，同样面积、同样厚度条件下，真空玻璃抗风压性能优于中空玻璃。

6. 采光性能

真空玻璃采光性能优于中空玻璃。表 3 - 39 是（3＋0.1V＋3)mm 普通真空玻璃铝合金窗扇的采光性能结果。

表 3 - 39 　　　　　　　　　(3＋0.1V＋3)mm 普通真空玻璃采光性能结果

| 名称 | 规格 | 结果 | 性能等级 |
|---|---|---|---|
| B 样品 | (1129×1347×5.5) mm | 透光折减系数 $T=0.53$ | 4 |

7. 耐久性

真空玻璃性能长期稳定可靠。参照中空玻璃拟定的环境和寿命试验有紫外线照射试验、气候循环试验、高温高湿试验，检测结果见表 3 - 40。

表 3 - 40 　　　　　　　　　(3＋0.1V＋3)mm 普通真空玻璃环境试验结果

| 类别 | 检测项目 | 试样处理 | 检测条件 | 检测结果 | 热阻变化 |
|---|---|---|---|---|---|
| 紫外线照射 | 热阻 [(m²·K)/W] | (23±2)℃，60%±5%RH 条件下放置 7d | 平均温度 14℃ | 0.223 | －1.3% |
| | | 浸水－紫外线光照 600h 后在 (23±2)℃，60%±5%RH 条件下放置 7d | | 0.220 | |
| 气候循环试验 | | (23±2)℃，60%±5%RH 条件下放置 7d | 平均温度 13℃ | 0.216 | 0.5% |
| | | (－23±2)℃下 500h (23±2)℃，60%±5%RH 条件下放置 7d | | 0.217 | |
| 高温高湿试验 | | (23±2)℃，60%±5%RH 条件下放置 7d | 平均温度 13℃ | 0.214 | －2% |
| | | 250 次热－冷却循环 (23±2)℃，60%±5%RH 条件下放置 7d 循环条件：加热 (52±2)℃，RH＞95%，(140±1) min；冷却 (25±2)℃，(40±1) min | | 0.210 | |

注：RH 为相对湿度。

从表 3-40 看出，热阻变化均在 2% 以内，可以认为真空玻璃性能是长期稳定、可靠的。

### 3.5.3　真空玻璃的应用

真空玻璃可以与另一片玻璃、真空玻璃、中空玻璃组合成新的节能玻璃产品。

**1. 真空夹层玻璃**

真空玻璃产品可做成单面夹层结构，也可以做成双面夹层结构。其特点是安全性和防盗性，同时其传热系数、隔声及抗风压等性能也优于真空玻璃原片，总厚度也比较薄。由于玻璃和夹胶层的热导较大，对热阻贡献较小，因而真空夹层玻璃的传热系数只比真空玻璃略小，但隔声性能会有较大提高。

**2. "真空＋中空"组合真空玻璃**

"真空＋中空"组合真空玻璃结构相当于把真空玻璃当成一片玻璃再与附加玻璃板合成中空，附加玻璃板厚度一般选 5mm 或 6mm 的钢化玻璃，放在建筑物外侧，也可以做成"中空＋真空＋中空"的双面中空组合形式。这种组合除解决安全性外，其隔热隔声性能也都有提高。特别是附加玻璃板也选用 Low-E 钢化玻璃时更使传热系数降低。

**3. "真空夹层＋中空"结构**

"真空夹层＋中空"结构传热系数与上述"真空＋中空"相近，但优点除传热系数低并解决了安全性之外，由于真空玻璃两侧不对称，减小了声音传播的共振，使隔声性能提高。

**4. 双真空层真空玻璃**

双真空层真空玻璃结构的总热阻可看成两片真空玻璃热阻之和，双真空玻璃的热阻高，$K$ 值低，而且很薄，可做到约 9mm 厚，也可以制成双真空层夹层安全玻璃。

## 3.6　建筑玻璃的选择应用

建筑玻璃的选用，要从玻璃的安全性、功能性和经济性三方面综合考虑，才能做到科学、合理的选择。

### 3.6.1　建筑玻璃的安全性

建筑玻璃是典型的脆性材料，极易被破坏。其破坏不但导致其建筑功能的丧失，而且可能给人体带来直接的伤害。因此，在选择建筑玻璃时，其安全性是首要因素。

建筑玻璃的安全性包含两层含义：其一是建筑玻璃在正常使用条件下不破坏；其二是如果建筑玻璃在正常使用条件下破坏或意外破坏，不对人体造成伤害或将对人体的伤害降低为最小。建筑玻璃的安全性主要表现在它的力学性能，建筑玻璃在使用时要承受各种荷载，如玻璃幕墙、玻璃门、玻璃窗要承受风荷载、自重荷载、日温差作用荷载、年温差作用荷载、地震作用荷载等；玻璃屋顶、玻璃雨棚和斜屋顶窗除要承受风荷载、自重荷载、日温差作用荷载、年温差作用荷载、地震作用荷载外，还要承受雨荷载、雪荷载，玻璃屋顶还要承受维修的活荷载；玻璃楼梯和玻璃地板要承受自重荷载和活荷载；玻璃隔断、落地玻璃窗、玻璃门、玻璃栏还要考虑人体冲击的荷载；水下用玻璃要承受水荷载。建筑玻璃应用不同的建筑部位要承受不同的荷载，在相应的荷载作用下进行玻璃的强度和刚度计算，玻璃幕墙按《玻璃幕墙工程技术规范》(JGJ 102—2003)进行计算并要满足其设计要求，其他建筑部位的玻璃按《建筑玻璃应用技术规程》(JGJ 113—2015)进行计算并要满足其设计要求。玻璃刚度和强度有一项不符合要求，该玻璃都不能选用，有些建筑部位还强调必须使用安全玻璃，即钢化玻璃和夹层玻璃。钢化玻璃破碎时，呈细小的颗粒状，不会给人带来大的伤害；夹层玻璃破坏时，PVB胶片将破碎的玻璃粘在一起，不易伤人，因此这两种玻璃称为安全玻璃。保证安全性是建筑玻璃选择的第一道门槛。

### 3.6.2 建筑玻璃的功能性

传统的建筑玻璃只有三项功能，即遮风、避雨和采光。现代建筑玻璃品种繁多，功能各异。除具有传统的遮风、避雨和采光性能外，还具有透光性、反光性、隔热性、隔声性、防火性、电磁波屏蔽性等。

(1) 透光性。一般说来，玻璃是透明的，玻璃用来采光正是基于它的透明，玻璃的透明是它的传统基本属性之一，也为人们所熟知，这里不予讨论。这里论及的是玻璃的透光性，它与透明性是两个概念，透光不一定透明。

玻璃的透光性具有极好的装饰效果，应用玻璃的透光性，可使室内的光线柔和、恬静、温暖。室内光线过强会刺激人眼，使人躁动不安。应用玻璃的透光性可消除这些不利因素，同时增加建筑的隐蔽性。例如用压花玻璃装饰卫生间的门和窗，不但阻隔了外界的视线，同时也美化了卫生间的环境。用磨砂玻璃作室内隔断，既节省室内空间，又显得富丽堂皇。用透光玻璃装饰的室内过道窗，透出淡淡的纤细柔光，朦胧中充满神秘感。可以说，现代化建筑正在越来越多地运用玻璃的透光性。

(2) 反光性。在建筑上大量应用玻璃的反射性始于热反射镀膜玻璃的产生。人们发明热反射镀膜玻璃的目的之一是为了建筑的节能，是为了降低玻璃的遮阳系数和降低玻璃的热传导系数；目的之二是为了美观，因为热反射玻璃有各种颜色，如茶色、银白色、银灰色、绿色、蓝色、金色、黄色等。热反射玻璃不仅有颜色，其反射率也比普通玻璃高，通常为10%～50%之间，因此热反射玻璃可谓是半透明玻璃。如今热反射玻璃大量地应用于建筑，如建筑门、窗，特别是幕墙，可以说，热反射玻璃在幕墙上的应用是玻璃反射性应用的最高境界。它使得一幢幢大厦色彩斑斓，较高的反射率将建筑物对面的街景反射在建筑物上，可谓景中有景。

在应用玻璃的反射性时应限制在合理的范围，不可盲目地追求高反射率。有些玻璃幕墙的反射率非常高，与其周围的建筑和街景及不协调，就是该建筑物本身除了光亮耀眼，其他方面的美感已荡然无存。反射率过高，不仅破坏建筑的美与和谐，而且会造成"光污染"。

(3) 隔热性。由于玻璃是绝缘材料，其热阻值为 $1(m^2 \cdot K)/W$，所以表面看来玻璃的隔热性应当很好。传热有三种形式，热传导、对流和热辐射。由于玻璃是透明材料，因此，三种传热形式都具有，并且玻璃是薄型板材，从这个意义上来说，玻璃的隔热性不好。普通平板玻璃的热传导系数 $K$ 值高达 $5.3～6W/(m^2 \cdot K)$，所以门窗是建筑能耗的主要洞口，玻璃幕墙则更是高能耗。玻璃是透明材料，其热工性能用两个参数来表征，其一是传热系数 $K$

值，其二是太阳得热系数 $SHGC$。为增加玻璃的隔热性，可选用普通中空玻璃，其传热系数为 $3\sim3.5W/(m^2\cdot K)$。如果想进一步增加玻璃的隔热性，可选用 Low‑E 中空玻璃，其传热系数可小于 $2W/(m^2\cdot K)$。当采用由 Low‑E 玻璃组成的两腔中空玻璃时，传热系数 $K$ 可达 $1.0W/(m^2\cdot K)$ 以下，采用真空复合中空玻璃时，传热系数 $K$ 可达 $0.5W/(m^2\cdot K)$ 以下，遮阳系数可小于 $0.2$，其隔热性可与普通砖墙比拟。

（4）隔声性。所谓隔声就是用建筑围护结构把声音限制在某一范围内，或者在声波传播的途径上用屏蔽物把它遮挡住一部分，这种做法称之为隔声。

建筑上的隔声主要指隔绝空气声，就是用屏蔽物（如门、窗、墙等）隔绝在空气中传播的声音。普通玻璃的隔声性能比较差，其平均隔声量为 $25\sim35dB$，中空玻璃由于空气层的作用，其平均隔声量可达 $45dB$。这是因为声波入射到第一层玻璃上的时候，玻璃就产生"薄膜"振动，这个振动作用在空气层上，而被封闭的空气层是有弹性的，由于空气层的弹性作用将使振动衰减，然后再传给第二层玻璃，于是总的隔声量就提高了。夹层玻璃的隔声量可达 $50dB$，是玻璃家族中隔声性能最好的玻璃。夹层玻璃由于在两片玻璃之间夹有 PVB 胶片，PVB 胶片是粘弹性材料，消除了两片玻璃之间的声波耦合，极大地提高了玻璃的隔声性能。如果要进一步提高玻璃的隔声性能，可选用夹层中空玻璃，甚至双夹层中空玻璃，如机场候机室、电台或电视台播音室等。

（5）防火性。防火玻璃是指具有透明、能阻挡和控制热辐射、烟雾及火焰，防止火灾蔓延的玻璃。当它暴露在火焰中时，能成为火焰的屏障，能经受一个半小时左右的负载，这种玻璃的特点是能有效地限制玻璃表面的热传递，并且在受热后变成不透明，能使居民在着火时看不见火焰或感觉不到温度升高及热浪，避免了撤离现场时的惊慌。

防火玻璃还具有一定的抗热冲击强度，而且在 $800℃$ 左右仍有保护作用。普通玻璃是不防火的，具有防火性能的玻璃主要有复合防火玻璃、夹丝玻璃和玻璃空心砖等。

（6）电磁波屏蔽性。只有金属材料才具有屏蔽电磁波的作用，玻璃是无机非金属材料，因此普通玻璃不具有屏蔽电磁波的功能。只有使其具有金属的性能才能达到屏蔽电磁波的目的。通常采用三种方法，其一是在普通玻璃表面镀透明的导电膜；其二是在夹层玻璃中夹金属丝网；其三是上述两种方法同时采用。

电磁屏蔽玻璃主要考虑的是其电磁屏蔽功能，因此其装饰性能是次要的。电磁屏蔽玻璃一般可以做到将 $1GHz$ 频率的电磁波衰减 $30\sim50dB$，高档产品可以衰减 $80dB$，达到防护室内设备的作用。在大型计算机中心、电视台演播室、工业控制系统、军事单位、外交部门、情报部门等有保密需求的或者需防止干扰的场所，都可以使用屏蔽玻璃作为建筑门窗玻璃或者幕墙玻璃。

### 3.6.3 建筑玻璃选择的经济性

并不是安全性越高，功能性越全，造价越高的玻璃才是好玻璃。正确选择玻璃的方法是：安全性和功能性满足设计要求，同时其成本尽可能地低，经济性好，才是科学、合理的选择。例如 8mm 厚的钢化玻璃能满足设计要求，就没必要采用 10mm 厚的钢化玻璃。例如在 Low‑E 中空玻璃时，镀膜面位于玻璃组合的第 2 面或第 3 面，其热工性能没有显著的差异，但价格却相差很多。选择玻璃时应考虑其经济性，除考虑一次投资成本，还要考虑建筑物的运行成本。如选择中空玻璃虽然造价高于单片玻璃，但其隔热性能优良，减少了建筑物的制冷和采暖费用，其综合经济性好。

综上所述，选择建筑玻璃的原则是保证安全性，满足功能性，兼顾经济性。具体到建筑的不同部位有时仅有一种选择，有时会有多种选择，因此要根据建筑玻璃的选择原则，综合分析，做出科学、合理的选择。表3-41列出了不同建筑部位玻璃的选择建议，仅供参考。

表3-41　　　　　　　　　　　　　　　建筑玻璃选择

| 玻璃品种 \ 建筑部位 | 普通幕墙 | 点式幕墙 | 门 | 窗 | 屋顶 | 楼梯与地板 | 室内隔断 | 栏河与雨棚 | 斜屋顶窗 | 经济性 |
|---|---|---|---|---|---|---|---|---|---|---|
| 浮法玻璃 | O | × | × | △ | × | × | × | × | × | × |
| 吸热玻璃 | △ | × | × | △ | × | × | × | × | × | × |
| 钢化玻璃 | △ | △ | △ | △ | O | × | △ | O | O | O |
| 半钢化玻璃 | △ | × | × | △ | × | × | O | × | O | O |
| 普通热弯玻璃 | O | × | △ | △ | × | × | × | × | × | O |
| 钢化热弯玻璃 | △ | △ | △ | △ | × | × | O | × | × | △ |
| 普通夹层玻璃 | △ | × | × | △ | △ | × | O | O | O | O |
| 钢化夹层玻璃 | △ | △ | △ | △ | △ | × | △ | △ | O | △ |
| 半钢化夹层玻璃 | △ | △ | × | △ | △ | × | O | △ | O | △ |
| 夹层热弯玻璃 | △ | △ | △ | △ | △ | × | × | × | × | △ |
| 热反射镀膜夹层玻璃 | △ | × | × | △ | △ | × | × | × | × | △ |
| 普通中空玻璃 | O | × | × | △ | × | × | × | × | △ | O |
| Low-E吸热中空玻璃 | O | × | × | △ | × | × | × | × | △ | △ |
| 钢化中空玻璃 | △ | × | × | △ | × | × | × | × | O | △ |
| 热反射镀膜中空玻璃 | △ | × | × | △ | × | × | × | × | × | △ |
| 夹层中空玻璃 | △ | × | × | △ | △ | × | × | × | × | △ |
| 夹层钢化中空玻璃 | △ | △ | × | △ | △ | × | × | × | × | △ |
| Low-E钢化中空玻璃 | △ | △ | × | △ | △ | × | × | × | O | △ |
| Low-E钢化夹层中空玻璃 | △ | △ | × | △ | △ | × | × | × | O | △ |

注：×—不适合，价格低；O—适合，价格适中；△—非常适合，价格高。

# 第4章

# 五金配件

## 4.1　五金配件分类及性能要求

门窗配件按产品类别分为五金件、密封材料及辅助件三大类。

### 4.1.1　分类

1. 五金件

（1）按产品功能分类。

1）操纵部件：包括传动机构用执手、旋压执手、双面执手、单点锁闭器等；

2）承载部件：包括合页（铰链）、滑撑、滑轮等；

3）传动锁闭部件：包括传动锁闭器、多点锁闭器、插销等；

4）辅助部件：包括撑挡、下悬拉杆等。

（2）按用途分类。门窗五金件按类别分为门用五金件和窗用五金件。按用途可分为推拉门窗五金件、平开窗五金件、内平开下悬窗五金配件。

1）推拉门窗五金配件。

门窗的导轨是在门窗框型材上直接成型，滑轮系统固定在门窗扇底部。推拉门窗的滑动是否自如不仅取决于滑轮系统的质量，而且与型材平直度和加工精度以及门窗框安装精度有关。积尘对轨道和滑轮的磨损也会影响推拉门窗的开关功能。推拉门窗的锁一般是插销式锁，这种锁会因为安装精度不高、积尘等原因而失效。推拉门窗的拉手通常由插销式锁的开关部分所代替，但也有高档推拉窗将窗扇型材做出一个弧形，起拉手的作用。

提升推拉用五金系统。提升推拉门由外框和门扇组成，其五金配件主要由执手、传动器、滑轮组成。整个系统利用了杠杆力学原理，通过轻轻转动专用长臂执手来控制门扇的提升和下降，实现门扇的固定和开启。当执手向下转动180°时。通过与之相连的传动器的传动，使滑轮落在下框的轨道上并带动门扇向上提起，此时门扇就处于开启状态可以自由推拉滑动。当执手向上转动180°时，滑轮与下框轨道分离且门扇下降。门扇通过重力作用使胶条紧紧地压在门框上。此时门扇处于关闭状态。

2）平开门窗的五金配件。

平开门窗的基本配件之一是合页。由于合页的单向开启性质，合页总是安装在开启方向，即内开门窗合页安装在室内，外开门窗的合页安装在室外。门窗的锁是一种旋转的锁，把手通常与锁相结合。限位器是外开门窗必备的部件，防止风将门窗扇吹动并产生碰撞。但是，两个合页与限位器三点形成的固定平面的牢固程度有限。

3）内平开下悬窗五金配件。

内平开下悬窗的概念从形式上看，是既能下悬内开，又可以内平开的窗。但是这远不止一种特殊的开窗方式，实际上，它是各种窗控制功能的综合。首先当这种窗内倾时，目的是换气。顶部剪式连接件起着限位器的作用。当内平开时，顶部剪式连接件又是一个合页。底部合页同时是一个供内悬用的轴。内平开的目的一方面是可以清楚地观察窗外景色，更重要的是容易清洗玻璃。可以说内平开下悬窗是对人们进行综合性的满足。内平开下悬窗的五金件包括顶部剪式连接件、角连接件、锁、执手、连杆、多点锁、下角连接件兼下悬窗底轴、底部合页兼内旋底轴。

（3）辅助件。

门窗用辅助件主要有连接件、接插件、加强件、缓冲垫、玻璃垫块、固定地角、密封盖等。

随着门窗生产的专业化和自动化，对门窗生产企业来说，绝大部分辅助件变成了外购件。甚至为了提高门窗的组装水平，保证门窗的整窗性能，大部分型材生产企业对部分辅助件如连接件、接插件、加强件等都进行配套生产。门窗生产企业只需根据生产门窗型号配套选用即可。

生产门窗用辅助件的材质应满足性能要求，规格尺寸应满足安装配套要求及使用要求。

2．密封材料

门窗密封材料按用途分为镶嵌玻璃用密封材料和框扇间密封用密封材料；按材料分有密封胶条、密封毛条和密封胶。密封胶主要用于镶嵌玻璃用，密封毛条主要用于推拉门窗框扇之间的密封用，密封胶条既用于玻璃镶嵌密封用，又用于门窗框扇之间密封用，特别是平开窗，但二者的规格、型号及材质不同。

3．辅助件

门窗用辅助件主要有连接件、接插件、加强件、密封垫、缓冲垫、玻璃垫块、固定地角、密封盖等。

随着门窗生产的专业化和自动化，对门窗生产企业来说，绝大部分辅助件变成了外购件。甚至为了提高门窗的组装水平，保证门窗的整窗性能，大部分型材生产企业对部分辅助件如连接件、接插件、加强件等都进行配套生产。门窗生产企业只需根据生产门窗型号配套选用即可。

生产门窗用辅助件的材质应满足性能要求，规格尺寸应满足安装配套要求及使用要求。

## 4.1.2　五金件通用要求

门窗五金件通用要求包括适用于门窗（平开门窗，上、下悬窗，推拉门窗或其他开启形式）五金系列中的传动执手、双面执手、旋压执手、合页（铰链）、传动锁闭器、滑撑、撑挡、插销、多点锁闭器、滑轮、单点锁闭器及内平开下悬五金系统等所用材料及外观质量要求。

1. 五金件产品常用材料性能

(1) 碳素钢。碳素钢材料应符合《碳素结构钢》(GB/T 700—2006) 中 Q235 性能要求的材料。冷轧工艺部件、冷拉工艺部件的外形及允许偏差应符合《冷拉圆钢、方钢、六角钢尺寸、外形、重量及允许偏差》(GB/T 905—1994) 中的要求；冷轧钢板及钢带的外形及允许偏差应符合《碳素结构钢冷轧薄钢板及钢带》(GB/T 11253—2007) 中的要求；热轧工艺部件的外形及允许偏差应符合《热轧钢棒外形尺寸、重量及允许偏差》(GB/T 702—2017) 中的要求。

(2) 锌合金。压铸锌合金应符合《压铸锌合金》(GB/T 13818—2009) 中的 YZZnAl4Cu1 性能要求的材料；

(3) 铝合金。挤压铝合金应符合《铝合金建筑型材：基材》(GB/T 5237.1—2017) 中 6063T5 性能要求的材料；压铸铝合金应符合《压铸铝合金》(GB/T 15115—2009) 中 YZAlSi12 性能要求的材料；锻压铝合金应符合《变形铝及铝合金化学成分》(GB/T 3190—2008) 中 7075 性能要求的材料。

(4) 不锈钢。不锈钢冷轧钢板应符合《不锈钢冷轧钢板和钢带》(GB/T 3280—2015) 中 0Cr18Ni9 性能要求的材料；冷顶锻用不锈钢丝应符合《冷顶锻用不锈钢丝》(GB/T 4232—2009) 中 1Cr18Ni9Ti 性能要求的材料；不锈钢棒应符合《不锈钢棒》(GB/T 1220—2007) 中 0Cr18Ni9 性能要求的材料。

(5) 铜。热轧黄铜板应符合 H62 的力学性能（拉伸强度≥294N/mm², 伸长率≥30%）的要求；铜及铜合金棒应符合《铜及铜合金拉制棒》(GB/T 4423—2007) 中 H62 性能要求的材料。

(6) 轴承钢。轴承钢应符合《高碳铬轴承钢》(GB/T 18254—2016) 中 GCr15 性能材料的要求；高碳铬不锈轴承钢应不低于《高碳铬不锈轴承钢》(GB/T 3086—2008) 中 9GCr18 的要求。

(7) 塑料。常用 ABS 时，应采用弯曲强度不低于《丙烯腈－丁二烯－苯乙烯（ABS）树脂》(GB/T 12672—2009) 中 62MPa 的材料。

(8) 粉末喷涂涂料。氟碳涂料应符合《交联型氟树脂涂料》(HG/T 3792—2014) 中 Ⅱ 型金属表面用氟树脂涂料性能的要求；聚酯粉末涂料应符合《热固性粉末涂料》(HG/T 2006—2006) 中涂膜耐候性能在 500h 以上、硬度在 F 以上的热固性聚酯粉末的性能要求。

2. 主体材料要求

(1) 传动机构用执手。传动机构用执手主体常用材料应为压铸锌合金、压铸铝合金、锻压铝合金、不锈钢等。

(2) 旋压执手。旋压执手主体常用材料应为压铸锌合金、压铸铝合金等。

(3) 双面执手。双面执手主体常用材料应为压铸锌合金、压铸铝合金、锻压铝合金、不锈钢等。

(4) 合页（铰链）。合页（铰链）主体常用材料应为碳素钢、压铸锌合金、压铸铝合金、挤压铝合金、不锈钢等。

（5）传动锁闭器。传动锁闭器主体常用材料应为不锈钢、碳素钢、压铸锌合金、挤压铝合金等。

（6）滑撑。滑撑主体常用材料应为不锈钢等。

（7）撑挡。撑挡主体常用材料应为不锈钢、挤压铝合金等。

（8）插销。插销主体常用材料应为压铸锌合金、挤压铝合金、碳素钢、不锈钢等。

（9）多点锁闭器。多点锁闭器主体常用材料应为不锈钢、碳素钢、压铸锌合金、挤压铝合金等。

（10）滑轮。滑轮主体常用材料应为不锈钢、黄铜、轴承钢、聚甲醛等，轮架主体常用材料应为碳素钢、不锈钢、压铸铝合金、压铸锌合金、挤压铝合金、聚甲醛等。

（11）单点锁闭器。单点锁闭器主体常用材料应为不锈钢、压铸锌合金、挤压铝合金等。

（12）下悬拉杆。下悬拉杆主体常用材料应为压铸锌合金、碳素钢、不锈钢等。

3.外观质量要求

（1）外观。

1）外表面。产品外露表面应无明显疵点、划痕、气孔、凹坑、飞边、锋棱、毛刺等缺陷。联结处应牢固、圆整、光滑，不应有裂痕。

2）涂层。涂层色泽均匀一致，无气泡、流挂、脱落、堆漆、橘皮等缺陷。

3）镀层。镀层致密、均匀，无露底、泛黄、烧焦等缺陷。

4）阳极氧化表面。阳极氧化膜应致密，表面色泽一致、均匀、无烧焦等缺陷。

（2）耐蚀性、耐候性、膜厚度及附着力。

1）耐蚀性。五金件耐蚀性能应符合表4-1的规定。

表4-1　　　各类基材常用表面覆盖层的耐腐蚀性能、膜厚度及附着力要求

| 常用覆盖层 | | 各类基材应达到指标 | | |
|---|---|---|---|---|
| | | 碳素钢基材 | 锌合金基材 | 铝合金基材 |
| 金属镀层 | 镀锌层 | 室外用 | 中性盐雾（NSS）试验，96h镀锌层达到外观评级 $R_A$≥8，240h基体达到保护评级 $R_P$≥8级 | 中性盐雾（NSS）试验，96h镀锌层达到外观评级 $R_A$≥8级 | — |
| | | 室内用 | 中性盐雾（NSS）试验，72h镀锌层达到外观评级 $R_A$≥8，168h基体达到保护评级 $R_P$≥8级 | 中性盐雾（NSS）试验，72h镀锌层达到外观评级 $R_A$≥8级 | — |
| | Cu＋Ni＋Cr 或 Ni＋Cr | 铜加速乙酸盐雾（CASS）试验16h，腐蚀膏腐蚀（CORR）试验16h，乙酸盐雾（AASS）试验96h试验，达到外观评级 $R_A$≥8级 | | 铜加速乙酸盐雾（CASS）试验16h，腐蚀膏腐蚀（CORR）试验16h，乙酸盐雾（AASS）试验96h试验，达到外观评级 $R_A$≥8级 | — |

续表

| 常用覆盖层 | 各类基材应达到指标 | | |
|---|---|---|---|
| | 碳素钢基材 | 锌合金基材 | 铝合金基材 |
| 阳极氧化 | — | — | 铜加速乙酸盐雾（CASS）试验 16h，达到外观评级 $R_A \geq 8$ 级 |

2）耐候性。人工氙灯 1000h 加速老化试验后，聚酯粉末喷涂表面的室外用五金件涂层变色等级不低于 2 级，时光程度等级不低于 3 级。

3）膜厚度及附着力。五金件常用覆盖层膜厚度及附着力应符合表 4 - 2 的规定。

表 4 - 2　　　　　　　　　　五金件常用覆盖层膜厚度及附着力要求

| 常用覆盖层 | 碳素钢基材 | | 铝合金基材 | 锌合金基材 |
|---|---|---|---|---|
| 金属镀层 | 室外用 | 平均膜厚≥16$\mu$m | | |
| | 室内用 | 平均膜厚≥12$\mu$m | | |
| 阳极氧化膜 | | | 平均膜厚度≥15$\mu$m | |
| 电泳涂漆 | — | | 复合膜平均厚度≥21$\mu$m，其中漆膜平均膜厚≥12$\mu$m | |
| | | | 干式附着力应达到 0 级 | |
| 聚酯粉末喷涂 | | | 装饰面上最小局部膜厚≥40$\mu$m | |
| | | | 干式附着力应达到 0 级 | |

### 4.1.3　执手

门窗用执手包括"旋压执手""双面执手"和"传动机构用执手"。

**1. 旋压执手**

旋压执手是通过传动手柄，实现窗启闭、锁定功能的装置。通过对旋压执手施力，即可控制窗的开、关和窗扇的锁闭或开启（见图 4 - 1）。

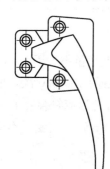

旋压型执手俗称单点执手、7 字执手，只能在一点上进行锁闭。至于左旋压、右旋压主要是用于左开窗、右开窗，为方便开启用力而设计的。

（1）旋压执手的性能要求。

1）操作力矩。空载时，操作力矩不应大于 1.5N·m；承载时，操作力矩不应大于 4N·m。

2）强度。旋压执手手柄承受 700N 力作用后，任何部件不能断裂。

图 4 - 1　旋压执手　　3）反复启闭。反复启闭 1.5 万次后，旋压位置的变化不应超过 0.5mm。

（2）性能特点。

只能实现单点锁闭，完成单一平开启闭、通风功能。使用寿命 1.5 万次以上。

（3）适用范围。适用于窗扇面积不大于 $0.24m^2$（扇对角线不超过 0.7m）的小尺寸平开窗，且扇宽应小于 750mm。

2. 双面执手

执手分别装在门扇的两面，且均可实现驱动锁闭装置的一套组合部件。适用于民用建筑室内门或室外门。

（1）性能要求。

1）操作力。操作力矩应满足表 4 - 3 的规定。

表 4 - 3 操作力矩

| 双面执手的结构型式 | 操作规程 | 指标 | |
|---|---|---|---|
| | | 使用频率 I 级 | 使用频率 II 级 |
| 无回位装置的球形双面执手 | 双面执手旋转至不小于 60°后，返回初始静止位置的过程 | 操作力矩不应大于 0.6N·m | 操作力矩不应大于 0.6N·m |
| 无回位装置的杆形双面执手 | | | 操作力矩不应大于 1.5N·m |
| 带回位装置的双面执手 | 双面执手从初始位置旋转到不小于 40°或设计最大开启角度的过程 | 操作力矩不应大于 1.5N·m，操作力矩测试后，静止时的位移偏差不应大于 ±2° | 操作力矩不应大于 2.4N·m，操作力矩测试后，静止时的位移偏差不应大于 ±1° |

2）自由位移。双面执手在 15N 外力作用下，距离旋转轴 75mm 处的位移量应符合表 4 - 4 的规定。

表 4 - 4 自由位移

| 项目 | 要求 | |
|---|---|---|
| | 使用频率 I 级 | 使用频率 II 级 |
| 轴向位移 | ≤10 | ≤6 |
| 角位移 | ≤10 | ≤5 |

3）允许变形。使用频率 I 级的双面执手在转动力矩 30N·m 作用后、使用频率 II 级的双面执手在转动力矩 40N·m 作用后，距离执手旋转轴 50mm 处的残余变形量不大于 5mm。

4）反复启闭。在外力作用下，使用频率 I 级的双面执手进行反复启闭 100 000 次，使用频率 II 级的双面执手进行反复启闭 200 000 次，试验后自有位移和允许变形应符合要求。

5）抗破坏性能。按表 4 - 5 要求作破坏试验后，不应断裂，且在 75mm 处永久变形不应大于 2mm。

表 4 - 5 抗破坏性能

| 项目 | 要求 | |
|---|---|---|
| | I 级 | II 级 |
| 50mm 处轴向力 | 600 | 1000 |

（2）适用范围。适用于手动启闭操作的人行门用双面执手。

3. 传动机构用执手

传动机构用执手是指驱动传动锁闭器、多点锁闭器，实现门窗启闭的操纵装置。

传动机构用执手本身并不能对门窗进行锁闭，必须通过与传动锁闭器或多点锁闭器一起使用，才能实现门窗的启闭，图 4-2 所示。因此，它只是一个操纵装置，通过操纵执手，进而驱动传动锁闭器或多点锁闭器完成门窗的启闭与锁紧。

传动机构用执手仅适用与传动锁闭器、多点锁闭器一起使用。

（1）性能要求。

1）操作力和力矩。应同时满足空载操作力不大于 40N，操作力矩不大于 2N·m。

2）反复启闭。反复启闭 25 000 个循环试验后，应满足（1）中的操作力矩的要求，开启、关闭自定位位置与原设计位置偏差应小于 5°。

3）强度。抗扭曲，传动机构用执手在 24~26N·m 力矩作用下，各部位不应损坏，执手手柄轴线位置偏移应小于 5°；抗拉伸，传动机构用执手在承受 600N 拉力作用后，执手柄最外端最大永久变形量应小于 5mm。

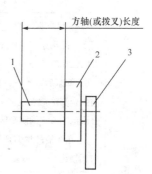

图 4-2　传动机构用执手
1—方轴或拨叉；2—执手基座；
3—执手手柄

（2）适用范围。适用建筑门、窗中与传动锁闭器、多点锁闭器等配合使用。不适用于双面执手。

### 4.1.4　合页（铰链）、滑撑及撑挡

1. 合页（铰链）

合页（铰链）是用于连接门窗框和扇，支撑门窗扇，实现门窗扇向室内或室外产生旋转的装置。合页（铰链）分为门用和窗用及明装式和隐藏式。合页（铰链）使用频率分类及代号应符合表 4-6 规定。

表 4-6　　　　　　　　　　合页（铰链）使用频率分类代号

| 使用频率 | 用于使用频率较高场所的门合页（铰链） | 用于使用频率较低场所的门合页（铰链） | 应于窗的合页（铰链） |
|---|---|---|---|
| 反复启闭次数 | ≥20 万次 | ≥10 万次 | ≥2.5 万次 |
| 使用频率代号 | Ⅰ | Ⅱ | Ⅲ |

（1）性能要求。

合页（铰链）的力学性能应符合表 4-7 的要求。

表 4-7 　　　　　　　　　　　　　合页（铰链）力学性能要求

| 项目 | 要求 | 适用产品 | | | |
|---|---|---|---|---|---|
| | | 使用频率Ⅰ的门用合页（铰链） | 使用频率Ⅱ的门用明装合页（铰链） | 使用频率Ⅲ的窗用明装合页（铰链） | 使用频率Ⅲ的窗用隐藏合页（铰链） |
| 转动力 | ≤6N | √ | — | — | — |
| | ≤40N | — | √ | √ | √ |
| 承重性能 | a) 一组合页（铰链）在 2 倍的扇质量作用下，门扇水平方向位移应≤2mm，垂直方向位移应≤4mm；<br>b) 卸载后，水平方向残余变形和垂直方向残余变形应在图 4-3 承重后的允许变形极限范围所示的阴影区域内；<br>c) 在 3 倍的扇重质量作用下，不应有破损、裂纹 | √ | — | — | — |
| | 一组合页（铰链）承受实际承重级别，并附加悬端外力作用后，门窗扇自由端竖直方向位置的变化值应≤1.5mm，试件无变形或损坏，且能正常开启 | — | √ | √ | — |
| | 一组合页（铰链）承受实际承重级别，并附加悬端外力作用后，试件无变形或损坏，能正常启闭 | — | — | — | √ |
| 承受静态荷载 | 门用明装式合页（铰链）承受静态荷载（拉力）应满足表 4-8 的规定，试验后均不应断裂 | — | √ | — | — |
| | 窗用上部合页（铰链）承受静态荷载应满足表 4-9 的规定，试验后均不应断裂 | — | — | √ | √ |
| 反复启闭 | 一组合页（铰链）按实际承载重量，反复启闭 20 万次后。<br>a) 水平方向变形和垂直方向变形应在图 4-4 反复启闭后的允许变形极限范围的阴影区域内，试验前后，应转动力矩的要求。<br>b) 在承载级别 3 倍的扇质量作用下，不应有破损、裂纹 | √ | — | — | — |
| | 一组合页（铰链）按实际承载重量，反复启闭 10 万次后，门扇自由端竖直方向位置的变化值应≤2mm，试件无严重变形或损坏 | — | √ | — | — |
| | 一组合页（铰链）按实际承载质量，窗合页（铰链）反复启闭 25 000 次后，试件无严重变形或损坏，能正常启闭 | — | — | √ | √ |

续表

| 项目 | 要求 | 适用产品 | | | |
|---|---|---|---|---|---|
| | | 使用频率Ⅰ的门用合页（铰链） | 使用频率Ⅱ的门用明装合页（铰链） | 使用频率Ⅲ的窗用明装合页（铰链） | 使用频率Ⅲ的窗用隐藏合页（铰链） |
| 悬端吊重 | 悬端吊重1kN试验后，扇不应脱落 | — | √ | √ | √ |
| 撞击洞口 | 通过重物的自由落体进行扇撞击洞口试验，反复3次后，扇不应脱落 | √ | √ | √ | √ |
| 撞击障碍物 | 通过重物的自由落体进行扇撞击障碍物试验，反复3次后，扇不应脱落 | √ | √ | √ | √ |

表 4 - 8　　　　使用频率Ⅱ的明装式上部门用合页（铰链）承受静态荷载

| 承载级别代号 | 扇质量 WG（kg） | 拉力 F（N）（允许误差＋2%） | 承载级别代号 | 扇质量 WG（kg） | 拉力 F（N）（允许误差＋2%） |
|---|---|---|---|---|---|
| 50 | 50 | 500 | 130 | 130 | 1250 |
| 60 | 60 | 600 | 140 | 140 | 1350 |
| 70 | 70 | 700 | 150 | 150 | 1450 |
| 80 | 80 | 800 | 160 | 160 | 1550 |
| 90 | 90 | 900 | 170 | 170 | 1650 |
| 100 | 100 | 1000 | 180 | 180 | 1750 |
| 110 | 110 | 1100 | 190 | 190 | 1850 |
| 120 | 120 | 1150 | 200 | 200 | 1950 |

表 4 - 9　　　　使用频率Ⅲ的上部窗用合页（铰链）承受静态荷载

| 承载级别代号 | 窗扇质量 WG(kg) | 拉力 F(N)（允许误差＋2%） | 承载级别代号 | 窗扇质量 WG(kg) | 拉力 F(N)（允许误差＋2%） |
|---|---|---|---|---|---|
| 30 | 30 | 1250 | 120 | 120 | 3250 |
| 40 | 40 | 1300 | 130 | 130 | 3500 |
| 50 | 50 | 1400 | 140 | 140 | 3900 |
| 60 | 60 | 1650 | 150 | 150 | 4200 |
| 70 | 70 | 1900 | 160 | 160 | 4400 |
| 80 | 80 | 2200 | 170 | 170 | 4700 |
| 90 | 90 | 2450 | 180 | 180 | 5000 |
| 100 | 100 | 2700 | 190 | 190 | 5300 |
| 110 | 110 | 3000 | 200 | 200 | 5500 |

（2）适用范围。适用于建筑平开门、平开窗。实际使用时，可根据产品检测报告中模拟试验门窗型的承载级别、门窗型尺寸、门窗扇的高宽比等情况综合选配。

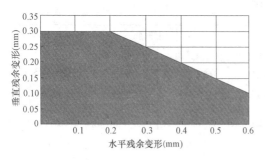

图 4-3 荷载变形的允许极限范围

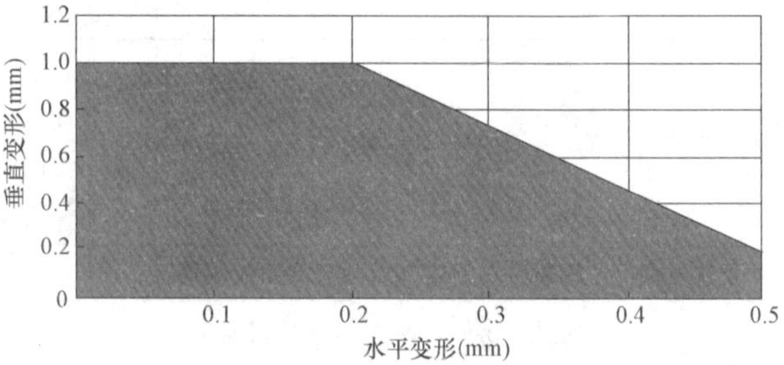

图 4-4 反复启闭后的允许变形极限范围

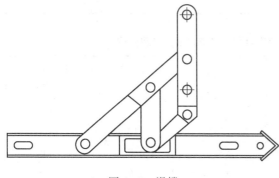

图 4-5 滑撑

**2. 滑撑**

滑撑指用于连接窗框和窗扇，支撑窗扇实现向室外产生旋转并同时平移开启多连杆装置，如图 4-5 所示。滑撑分为外平开窗用滑撑和外开上悬窗用滑撑。

（1）性能要求。

1）自定位力。自定位力应可调整，调整时所有测点应可调整到不小于 40N。

2）启闭力。外平开窗用滑撑的启闭力不应大于 40N。外开上悬窗用滑撑的启闭力应符合表 4-10 的规定。

表 4-10　　　　　　　　　外开上悬窗用滑撑的启闭力

| 承载质量 $m$(kg) | 启闭力 $F$(N) | 承载质量 $m$(kg) | 启闭力 $F$(N) |
|---|---|---|---|
| $m \leqslant 40$ | $F \leqslant 50$ | $70 < m \leqslant 80$ | $F \leqslant 100$ |
| $40 < m \leqslant 50$ | $F \leqslant 60$ | $80 < m \leqslant 90$ | $F \leqslant 110$ |
| $50 < m \leqslant 60$ | $F \leqslant 75$ | $90 < m \leqslant 100$ | $F \leqslant 120$ |
| $60 < m \leqslant 70$ | $F \leqslant 85$ | $m > 100$ | $F \leqslant 140$ |

3）操作力。外平开窗用滑撑操作力应不大于 80N。

4）间隙。窗扇锁闭状态，在力的作用下，安装滑撑的角部，扇、框间密封间隙变化值不应大于 0.5mm。

5）刚性。外平开窗用滑撑在规定的试验状态下承受 300N 作用力后，应仍满足对自定位力、启闭力、操作力及间隙的要求；外开上悬窗用滑撑在规定的试验状态下承受 300N 作用力后，应仍满足对启闭力及间隙要求。

6）反复启闭。外平开窗用滑撑反复启闭过程中各杆件应正常回位，3.5 万次后，各部件不应脱落，包角和滑槽不应开裂，启闭力和操作力不应大于 80N，扇、框间密封间隙变化值不应大于 1.5mm；外开上悬窗用滑撑反复启闭过程中各杆件应正常回位，3.5 万次后，各部件不应脱落，包角和滑槽不应开裂，启闭力仍应满足表 2-64 的要求，扇、框间密封间隙变化值不应大于 1.5mm。

7）抗破坏。抗破坏应满足最大开启位置时，承受 1000N 的外力的作用后，滑撑所有部件不得脱落；关闭位置时，承受 1500N 的外力的作用后，滑撑所有部件不得脱落且回位正常。

8）悬端吊重。外平开窗用滑撑在承受 100N 的作用力后，滑撑的所有部件不得脱落。

（2）适用范围。适用于建筑外开上悬窗、外平开窗。实际使用时，可根据产品检测报告中模拟试验窗型的承载质量、滑撑长度、窗型规格等情况综合选配。

3. 撑挡

撑挡是限制活动扇角度的装置，又称限位器、开启限位器。撑挡按开启形式分为内平开窗用、内开下悬窗用、外开上悬窗用，图 4-6 所示；按锁定力产生原理分为无可调功能锁定式、有可调功能锁定式、无可调功能摩擦式。

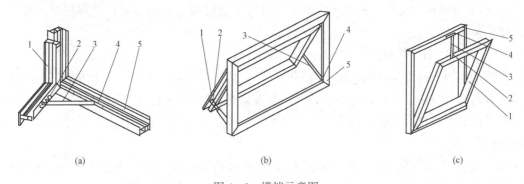

图 4-6　撑挡示意图

（a）内平开窗用撑挡；（b）外开上悬窗应撑挡；（c）内开下悬窗用撑挡

1—窗扇；2—撑挡扇上部件；3—撑挡支撑部件；4—撑挡框上部件；5—窗框

锁定式撑挡指通过机械卡位固定开启扇角度的撑挡。摩擦式撑挡指通过摩擦锁紧构造限制窗扇开启角度的撑挡。阻止窗扇在外力作用下沿开启或关闭方向脱离锁定位置的力称为锁定力。

锁定式撑挡可将窗扇固定在任意位置上，摩擦式撑挡靠撑挡上的摩擦力使窗扇在受到外力作用时缓慢进行角度变化，在风大时摩擦式撑挡就难以将窗扇固定在一个固定的位置上。撑挡是一种与合页（铰链）或滑撑配合使用的配件。

（1）性能要求。

1）锁定力。锁定式撑挡的锁定力应不小于 200N，摩擦式撑挡的锁定力应不小于 40N。

2）反复启闭。锁定式内平开窗用撑挡、外开上悬窗用撑挡经过 1 万次反复启闭后，摩擦式内开上悬窗用撑挡、外开上悬窗用撑挡、无可调功能内开下悬窗用锁定式撑挡经过 1.5 万次反复启闭后，各部件不应损坏，锁定式撑挡的锁定力应不小于 200N，摩擦式撑挡的锁定力应不小于 40N。

3）抗破坏。内平开窗用撑挡承受 350N 作用力，撑挡不应脱落；外开上悬窗用撑挡，在开启方向承受 1000N 作用力和关闭方向承受 600N 作用力后，撑挡所有部件不应损坏；内开下悬窗用无可调功能锁定式撑挡承受 1150N 作用力后，拉杆不应脱落。

（2）适用范围。适用于建筑内平开窗、外开上悬窗、内开下悬窗。实际使用时，可根据产品检测报告中模拟试验窗型的窗型规格、窗扇重量等情况综合选配。

4. 合页（铰链）、滑撑及撑档区别及选择

（1）合页（铰链）、滑撑及撑档之间的区别。

1）滑撑通常是指保持窗扇打开或关闭时做平动及转动的四连杆，有时也可以是六连杆或其他杆系结构，其受力特征是在窗扇打开过程及打开状态承受主要的竖向荷载（如重力）及水平荷载（如风力）。滑撑在平开窗中主要受剪力而在上悬窗中主要受轴向力，这是两种滑撑类型的本质区别，所以是绝不能混用的。另外，平开窗开启角度一般要求较大，所以要求滑撑平动行程较长，故一般需要窗宽的 $1/2 \sim 2/3$，而上悬窗一般 $1/2$ 左右即可。

2）撑档通常指保持窗为打开状态的限位装置，一般是二连杆或其他杆系（如有的二连杆的支撑杆可以伸缩，窗的开启角度则可以调节）。

3）合页（铰链）通常是指保持门窗扇打开或关闭时做转动的装置，其连接框、扇，支撑门窗扇重量。

4）三者的区别与联系。

①位置不同。滑撑与撑挡使用位置不同。以上悬窗为例，滑撑用在窗上方角部，而撑挡在窗下方角部，或中下部位；合页（铰链）与滑撑安装位置不同。合页（铰链）安装于门窗扇的转动侧边，而滑撑安装于窗扇的上下（平开）或左右（悬窗）两侧边。滑撑不用于安装铝合金门上。

②功能不同。撑挡和滑撑的功能不同。滑撑支持窗扇运动并保持开启状态，在整个过程中均为重要的受力杆件，而撑挡则仅在保持窗开启角度时起作用，其受力一般较小（受力可以根据力矩平衡求得）。同一樘窗，滑撑的安装位置是相对固定的，而撑挡则可以在窗下方较大范围内调整，撑挡的长度及安装位置，决定窗扇的开启角度的范围。

③合页（铰链）在门窗的开启过程中与滑撑的功能完全相同，但使用合页（铰链）时窗扇只发生转动，而使用滑撑的窗扇既转动同时又平动。很多时候合页（铰链）和滑撑可以互相代替，但有些特殊情况则必须使用合页（铰链），如平开下悬窗或上悬窗一般使用合页，再如超大平开门窗使用滑撑一般很难满足受力要求，这时需要使用多个合页（铰链）共同受力。

④合页（铰链）用在平开窗上面，因为其本身不能提供像滑撑一样的摩擦力，所以它往往同撑挡一起使用，以避免当窗开启的时候，风力将窗扇吹回并损坏。而滑撑就不同了，他可以提供一定的摩擦力，所以可以单独使用。用在平开窗上面的滑撑和用在上悬窗上面的滑撑又稍有不同在于同窗框连接的外臂的长短不一样。当上悬窗达到一定的尺寸时，由于自重的原因，也要配合一定的撑挡使用。

⑤材质的区别，滑撑、风撑一般为不锈钢材质，而合页（铰链）有不锈钢、铝合金等多种材质。

（2）应用选择。

滑撑一般用在外平开窗和外开上悬窗上。选用滑撑时必须根据窗扇重量，选用足够强度的滑撑，并且滑撑与窗框连接一定要牢固可靠。

合页（铰链）既可用在外平开窗上，也可用在内平开窗上。选择合页（铰链）时，同样注意选用足够强度的合页（铰链），同时配撑挡使用。

从加工方面来说，合页（铰链）窗加工方便，不用铣加工。滑撑通常要铣边框或窗扇，

并且在边框和窗扇上增加加强件与滑撑连接，这样才牢固。

从使用方面来说，合页（铰链）窗擦窗不方便，使用时间长了要把紧固螺丝重新上紧。滑撑窗擦窗方便，不用另加撑挡。

从安全方面来说，外开窗一般不要选用合页为好，尤其是卡槽合页，当碰到强风作用下，仅靠合页夹持 $1.4 \sim 2.0$mm 壁厚的铝型材，即使合页标示的最大承重力能达到要求，型材的夹持面也未必能达到良好的效果，极容易出现问题。外开窗不仅要考虑窗扇的自重，还得考虑窗扇的受风面积。因为外开窗不但关闭时受正负风压作用，在开启时也受风吹动。合页（铰链）支撑时，窗受力中心——撑挡——合页（铰链）正好形成一个杠杆受力方式，而合页（铰链）正是杠杆的短边，受力极大。滑撑支撑时，窗开启时扇重心离支撑点近，因此窗受力好。另外，选用滑撑支撑，开启时扇两侧都可通风，因此受风作用面积小。因此，相对来说，外平开窗安装滑撑比较安全，但是窗扇的尺寸不宜超过 800mm×1000mm。

### 4.1.5　滑轮

滑轮是承受门窗扇重量，并能在外力的作用下，通过滚动使门窗扇沿框材轨道往复运动的装置。滑轮分为窗用滑轮和门用滑（吊）轮，见图 4 - 7 所示。

滑轮仅适用于推拉门窗用。滑轮是用于推拉门（窗）扇底部使门（窗）扇能轻巧移动的五金件。作为门（窗）用滑轮，首先必须滑动灵活；其次应有足够的承重能力，足以承受门（窗）扇的重量，且能保证滑动灵活；最后，还应有较长的使用寿命。

（1）性能要求。

1）滑轮运转平稳性。轮体与滑轨的接触表面径向跳动量应不大于 0.3mm，轮体轴向窜动量应不大于 0.4mm。

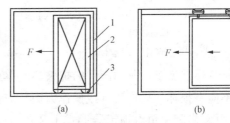

图 4 - 7　滑轮形式示意图

(a) 门窗用滑轮；(b) 门用吊轮

1—门窗框；2—门窗扇；3—滑轮；4—吊轮

2）操作力。承载质量 100kg 以下操作力应不大于 40N；承载质量 100～200kg 操作力应不大于 60N；承载质量 200kg 以上操作力应不大于 80N。

3）反复启闭。门用滑轮、吊轮达到 10 万次后，窗用滑轮达到 2.5 万次后，滑轮在承载质量作用下，竖直方向位移量不应大于 2mm；承受 1.5 倍的承载质量时，操作力应不大于规定值得 1.5 倍；吊轮承受 1.5 倍的承载质量时，操作力应不大于规定值得 1.5 倍，2 倍承载质量作用下，不应有损坏、破裂。

4）耐温性。

耐高温性。非金属轮体的一套滑轮或吊舱，在 50℃ 环境中，承受 1.5 倍承载质量后，启闭力不应大于规定值的 1.5 倍。

耐低温性。非金属轮体的一套滑轮或吊舱，在 −20℃ 环境中，承受 1.5 倍承载质量后，滑轮或吊轮体不破裂，操作力应不大于规定值的 1.5 倍。

5）抗侧向力。吊轮在承受 1000N 的侧向作用力后，不应脱落。

6）抗冲击。吊轮沿扇开启方向承受 30kg，5 次冲击后，不应脱落。

（2）适用范围。适用于推拉门窗。实际使用时，可根据产品检测报告中模拟试验窗型的窗型规格、窗扇重量、实际行程等情况综合选配。

### 4.1.6 锁闭器

1. 单点锁闭器

单点锁闭器适用于推拉窗、室内推拉门用，对推拉门窗实行单一锁闭的装置。包括锁闭器形式Ⅰ、锁闭器形式Ⅱ和锁闭器形式Ⅲ，见图 4-8。

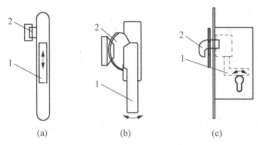

图 4-8　单点锁闭器形式示意图

（a）单点锁闭器形式Ⅰ；（b）单点锁闭器形式Ⅱ；

（c）单点锁闭器形式Ⅲ

1—驱动部件；2—锁闭部件

单点锁闭器种类很多，推拉锁、半圆锁及钩锁是单点锁闭器的典型代表。

（1）性能要求。

1）操作力（或操作力矩）。单点锁闭器形式Ⅰ操作力不应大于 20N，单点锁闭器形式Ⅱ操作力矩不应大于 2N·m，单点锁闭器形式Ⅲ操作力矩不应大于 1.5N·m。

2）抗破坏。锁闭部件的抗破坏，单点锁闭器的锁闭部件在标准规定的试验拉力作用后，不应有损坏，卸载后操作力（或操作力矩）应符合标准要求；驱动部件的抗破坏，单点锁闭器的驱动部件在标准规定的试验拉力作用后，不应有损坏，操作力（或操作力矩）应符合标准要求。

3）反复启闭。单点锁闭器形式Ⅰ和单点锁闭器形式Ⅱ1.5 万次、单点锁闭器形式Ⅲ5 万次反复启闭试验后，启闭应正常，操作力（或操作力矩）应满足标准规定的要求。

（2）适用范围。单点锁闭器一般适用于推拉窗和室内推拉门。

2. 传动锁闭器

传动锁闭器是控制门窗扇锁闭和开启的杆形、带锁点的传动装置。传动锁闭器一般与传动机构用执手配套使用，共同完成对建筑门窗的开启和锁闭或上（下）悬功能。

传动锁闭器按驱动原理分为齿轮驱动式传动锁闭器和连杆驱动式传动锁闭器。示意图见图 4-9。

（1）性能要求。

1）操作力。无锁舌的齿轮驱动式传动锁闭器空载转动力矩不应大于 3N·m，连杆驱动式传动锁闭器空载滑动驱动力不应大于 15N；有锁舌的齿轮驱动式传动锁闭器操作力包括由执手驱动锁舌的驱动部件操作力矩不应大于 3N·m，由钥匙驱动锁舌的驱动部件操作力矩不应大于 1.2N·m，斜舌回程力不应

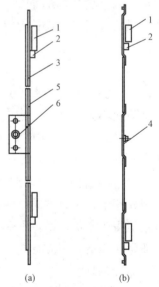

图 4-9　传动锁闭器示意

（a）齿轮驱动式传动锁闭器；

（b）连杆驱动式传动锁闭器

1—锁座；2—锁点；3—动杆；

4—连杆；5—静杆；6—齿轮

小于 2.5N，能够使斜舌和扣板正确啮合的关门力不应大于 25N。

2）抗破坏。驱动部件抗破坏包括无锁舌齿轮驱动式传动锁闭器承受 $25_0^{+1}$N·m 力矩的作用后，各零部件不应断裂、损坏，无锁舌连杆驱动式传动锁闭器承受 $1000_0^{+50}$N 静拉力作用后，各零部件不应断裂、脱落，使用频率 I 有锁舌齿轮传动锁闭器：斜舌驱动部件承受 60N·m 扭矩后，方舌驱动部件承受 30N·m 扭矩后，传动锁闭器应保持使用功能正常，且操作力应满足标准要求，使用频率 II 有锁舌齿轮传动锁闭器：斜舌驱动部件承受 $25_0^{+1}$N·m 扭矩后；方舌或暗舌驱动部件承受 20N·m 扭矩后，传动锁闭器应保持使用功能正常，且操作力应满足标准的要求；锁闭部件的抗破坏包括锁点、锁座在承受 $1800^{+50}$N 破坏力后，各部件应无损坏等。

3）反复启闭。按使用频率启闭循环后，各构件应无扭曲、无变形、不影响正常使用。且应满足反复启闭后齿轮驱动式传动锁闭器转动力矩不应大于 10N·m，连杆驱动式传动锁闭器驱动力不应大于 100N，在扇开启方向上框、扇间的间距变化值应小于 1mm。

（2）适用范围。传动锁闭器仅适用于平开门窗、上悬窗、下悬窗、中悬窗及立转窗等。实际使用时，可根据产品检测报告中模拟试验窗型的门窗型规格等情况综合选配。

3．多点锁闭器

多点锁闭器适用于推拉门窗，对推拉门窗实现多点锁闭功能的装置，多点锁闭器分为齿轮驱动式和连杆驱动式两类。

（1）性能要求。

1）抗破坏。齿轮驱动部件在承受 25N·m 力矩的作用后，各零部件不有断裂等损坏，连杆驱动部件在承受 1000N 静拉力作用后，各零部件不应断裂、脱落；单个锁点、锁座的锁闭部件在承受轴向 1000N 静拉力后，所有零部件不应损坏。

2）反复启闭。反复启闭 2.5 万次后，应操作正常，不影响正常使用，且齿轮驱动式多点锁闭器操作力矩不应大于 1N·m，连杆驱动式多点锁闭器滑动力不应大于 15N，锁点、锁座工作面磨损量不应大于 1mm。

（2）适用范围。多点锁闭器一般适用于推拉窗和推拉门。

4．插销

插销指具有双扇平开门窗扇锁闭功能的装置，适用于双扇平开门窗，实现对门窗扇的定位和锁闭功能，插销分为单动插销和联动插销两类。

插销的力学性能应符合表 4-11 的要求。

表 4-11　　　　　　　　　　　　　插销的力学性能

| 项目 | 要求 | |
|---|---|---|
| | I 级 | II 级 |
| 操作力矩/操作力 | a）单动插销：空载时，操作力矩应不大于 2N·m 或操作力不大于 50N，承载时，操作力矩应不大于 4N·m 或操作力不大于 100N。 | |
| | b）联动插销：空载时，操作力矩应不大于 4N·m，承载时，操作力矩应不大于 8N·m | |
| 反复启闭 | 反复启闭 1 万次后，应能满足操作力/操作力矩的要求 | 反复启闭 0.5 万次后，应能满足操作力/操作力矩的要求 |

| 项目 | 要求 | |
|---|---|---|
| | Ⅰ级 | Ⅱ级 |
| 驱动部件抗破坏 | 驱动部件承受100N作用力后，各部件不应损坏且满足操作力矩/操作力的要求 | 驱动部件承受50N作用力后，各部件不应损坏且满足操作力矩/操作力的要求 |
| 插销杆侧向抗破坏 | 插销杆承受2500N侧向作用力后，仍能回缩 | 插销杆承受1800N侧向作用力后，仍能回缩 |
| 插销杆轴向抗破坏 | 插销杆承受2500N轴向作用力后，伸出量应不小于12mm | 插销杆承受700N轴向作用力后，回缩量应不小于3mm，应仍能回缩 |

### 4.1.7 内平开下悬五金系统

随着门窗技术的发展，门窗的功能和开启方式发生了很大的变化，为了适应门窗的功能和开启方式的变化，开发出了集多种功能于一身的内平开下悬五金系统。

内平开下悬五金系统是指通过操作执手，就可以使门窗具有内平开、下悬、锁闭等功能的五金系统。它是一套通过各种部件相互配合完成内平开窗的一系列开、关、下悬动作的五金配件的组合。

用内平开下悬五金系统按开启状态顺序不同分为两种类型：

内平开下悬：锁闭—内平开—下悬；下悬内平开：锁闭—下悬—内平开。

内平开下悬五金系统由于实际锁点不少于3个，使用后提高了窗户的气密、水密及抗风压性能。

1. 性能要求

（1）上部合页（铰链）承受静态荷载性能。落地窗用上部合页（铰链），承受静态荷载（拉力）应满足表4-12的规定，且试验后不能断裂。常用窗用上部合页（铰链），承受静态荷载（拉力）应满足表4-13的规定，且试验后不能断裂。

表4-12　　　　　落地窗用上部合页（铰链）承受静态荷载

| 承载质量代号 | 扇质量（kg） | 拉力F(N)（允许误差+2%） | 承载质量代号 | 扇质量（kg） | 拉力F(N)（允许误差+2%） |
|---|---|---|---|---|---|
| 060 | 60 | 600 | 140 | 140 | 1350 |
| 070 | 70 | 700 | 150 | 150 | 1450 |
| 080 | 80 | 800 | 160 | 160 | 1550 |
| 090 | 90 | 900 | 170 | 170 | 1650 |
| 100 | 100 | 1000 | 180 | 180 | 1750 |
| 110 | 110 | 1100 | 190 | 190 | 1850 |
| 120 | 120 | 1150 | 200 | 200 | 1950 |
| 130 | 130 | 1250 | — | — | — |

表 4 - 13　　　　　　　　　　　常用窗用上部合页（铰链）承受静态荷载

| 承载质量代号 | 扇质量(kg) | 拉力 $F$(N)（允许误差＋2%） | 承载质量代号 | 扇质量(kg) | 拉力 $F$(N)（允许误差＋2%） |
|---|---|---|---|---|---|
| 060 | 60 | 1650 | 140 | 140 | 3900 |
| 070 | 70 | 1900 | 150 | 150 | 4200 |
| 080 | 80 | 2200 | 160 | 160 | 4400 |
| 090 | 90 | 2450 | 170 | 170 | 4700 |
| 100 | 100 | 2700 | 180 | 180 | 5000 |
| 110 | 110 | 3000 | 190 | 190 | 5300 |
| 120 | 120 | 3250 | 200 | 200 | 5700 |
| 130 | 130 | 3500 | — | — | — |

（2）下部合页（铰链）承受静态荷载性能。落地窗用下部合页（铰链），与压力方向成 $11°±0.5°$时，承受静态荷载（压力）应满足表 4 - 14 的规定，且试验后不能断裂。常用窗用下部合页（铰链），与压力方向成 $30°±0.5°$时，承受静态荷载（压力）应满足表 4 - 15 的规定，且试验后不能断裂。

表 4 - 14　　　　　　　　　　　落地窗用下部合页（铰链）承受静态荷载

| 承载质量代号 | 扇质量(kg) | 拉力 $F$(N)（允许误差＋2%） | 承载质量代号 | 扇质量(kg) | 拉力 $F$(N)（允许误差＋2%） |
|---|---|---|---|---|---|
| 060 | 60 | 3050 | 140 | 140 | 7150 |
| 070 | 70 | 3550 | 150 | 150 | 7650 |
| 080 | 80 | 4000 | 160 | 160 | 8150 |
| 090 | 90 | 4600 | 170 | 170 | 8650 |
| 100 | 100 | 5100 | 180 | 180 | 9150 |
| 110 | 110 | 5600 | 190 | 190 | 9700 |
| 120 | 120 | 6100 | 200 | 200 | 10200 |
| 130 | 130 | 6500 | — | — | — |

表 4 - 15　　　　　　　　　　　常用窗用下部合页（铰链）承受静态荷载

| 承载质量代号 | 扇质量(kg) | 拉力 $F$(N)（允许误差＋2%） | 承载质量代号 | 扇质量(kg) | 拉力 $F$(N)（允许误差＋2%） |
|---|---|---|---|---|---|
| 060 | 60 | 3400 | 140 | 140 | 8000 |
| 070 | 70 | 4000 | 150 | 150 | 8550 |
| 080 | 80 | 4550 | 160 | 160 | 9150 |
| 090 | 90 | 5100 | 170 | 170 | 9700 |
| 100 | 100 | 5700 | 180 | 180 | 10300 |
| 110 | 110 | 6250 | 190 | 190 | 10850 |
| 120 | 120 | 6800 | 200 | 200 | 11450 |
| 130 | 130 | 7400 | — | — | — |

（3）启闭力性能。平开状态下的启闭力不应大于 50N，下悬状态下的启闭力不应大于表 4-16 的规定。

表 4-16　　　　　　　　　　　　　　下悬状态的推入力

| 常用窗推入力 | | 落地窗推入力 |
| --- | --- | --- |
| 扇质量 130kg 以下 | 扇质量 130kg 以上 | 60kg 以上 |
| 180N | 230N | 150N |

（4）反复启闭性能。反复启闭 15000 个循环后，所有操作功能正常。执手或操纵装置操作五金系统的转动力矩不应大于 $10N \cdot m$，施加在执手上的力不应大于 100N；关闭时，框、扇间的间距变化值应小于 1mm；窗扇在平开位置关闭时，推入框内的作用力不应大于 120N。

（5）锁闭部件强度。锁点、锁座承受 $1800_{0}^{+50}$ N 破坏力后，各部件应无损坏。

（6）90°平开启闭性能。窗扇反复启闭 10 000 个循环试验后，应保持操作功能正常，将窗扇从平开位置关闭时，窗扇推入框内的作用力，不应大于 120N。

（7）冲击性能。通过重物的自由落体进行窗扇冲击试验，反复 5 次后，将窗扇从平开位置关闭时，窗扇推入框内的作用力，不应大于 120N。

（8）悬端吊重性能。悬端吊重试验后，窗扇不脱落，合页（铰链）应仍然连接在框材上。

（9）开启撞击性能。通过重物的自由落体进行窗扇撞击洞口试验，反复 3 次后，窗扇不得脱落，合页（铰链）应仍然连接在框桄上。

（10）关闭撞击性能。通过重物的自由落体进行撞击障碍物试验，反复 3 次后，窗扇不得脱落，合页（铰链）应仍然连接在框桄上。

（11）各类基材、常用表面覆盖层的耐腐蚀性能应符合标准要求。

（12）常用覆盖层膜厚度及附着力应符合标准要求。

2. 适用范围

实际选配内平开下悬五金系统时，可根据产品承载质量、窗型尺寸及扇的宽高比等情况综合选配。

### 4.1.8　提升推拉五金系统

1. 门用提升推拉五金系统

提升推拉五金系统指由提升机构、锁闭部件等组成的，可以使门具有升降、推拉及锁闭功能的五金系统。提升机构是由执手、多点锁闭器、连接部件等组成的，可实现升降功能的组合，锁闭部件是分别安装在框、扇上，当发生相互作用后能起到阻止扇向开启方向运动的零件。

2. 力学性能

（1）操作力。单个活动扇质量不大于 200kg 时，系统初始操作力不得大于 100N，单扇活动扇质量大于 200kg 时，由供需双方商定。

（2）反复启闭。

1）提升下降过程反复循环 2.5 万次后，系统应工作正常，并满足操作力要求；

2）滑轮组反复推拉 2.5 万循环后，应满足 JG/T 129—2017 中 5.4.3 的要求；

3）升降、推拉、锁闭反复循环 2.5 万次后，系统应能正常工作，操作力应满足要求。

（3）抗破坏。

1）对每个锁闭部件分别施加 $100_0^{+50}$N 的力，保持 5min 后，部件不应损坏、仍能保持正常使用功能；

2）提升机构承受 $100_0^{+50}$N 力作用 5min 后，扇不得脱落，仍能保持正常使用功能；

3）执手承受 300N 力作用 60s 后，不得损坏。

（4）抗撞击。活动扇撞击试验后不得脱落。

3. 适用范围

提升推拉五金系统仅适用于建筑推拉门。

## 4.2　五金件槽口及配置

### 4.2.1　五金件槽口

门窗配套件槽口是指门窗型材在设计、生产过程中，为了使门窗能够达到预先设定的功能要求而预留的与其他配套材料的配合槽口，包括门窗型材与五金件配合槽口、门窗框扇开启腔的五金件安装空间、门窗型材与密封胶条配合槽口及门窗玻璃镶嵌槽口等。型材槽口首先要满足功能尺寸的设计要求。

现代门窗技术起源于欧洲，特别是以德国为代表的西欧。我国门窗技术来源于欧洲，门窗五金采用欧洲的五金标准，其型材槽口也采用欧标槽口。所谓欧标槽口就是欧洲统一使用的安装五金件的标准槽口，标准槽口的使用利于门窗五金和型材的标准化生产及通用性。

在欧洲，铝合金门窗系统中只有欧洲标准槽口，即一种铝合金专用五金槽口，也即我国市场上所谓的"C"槽。U 型五金槽口是塑料门窗欧洲标准槽口，由于铝合金门窗五金的材质和构造的特殊要求导致铝合金门窗五金件价格偏高，而塑料门窗五金配件价格要比铝合金门窗五金配件低约 40%，所以就有铝合金型材厂家将塑料门窗的五金槽口移植到铝合金门窗型材上，也就出现了铝合金门窗的"U"型槽口。因此，欧洲门窗五金槽口有 C 槽和 U 槽及平槽三种。

在我国南方部分地区，门窗以外平开窗为主，为了适应外开五金的应用及增加五金的承重能力，形成了中国特色的 K 槽五金槽口。

1. C 槽

C 槽指门窗型材安装五金件的功能槽口为标准的欧标槽口，因其形似英文字母 C，故称此类型材为 C 槽型材，与之配套的五金件则称为 C 槽五金件。C 槽槽口宽度为 15/20mm。另外也有部分 C 槽槽口为 18/24mm（如旭格型材）及 16/23mm C 槽槽口（如 ALUK）。目前市场铝合金门窗用型材主要为 15/20 槽口。

（1）C 槽构造配合尺寸。C 槽构造尺寸如图 4 - 10 所示。图中字母符号代表含义为：A—扇槽高，B—扇槽深，C—框槽高，D—框槽深，E—框扇槽口间距，F—扇边高控制尺寸，G—扇槽底宽，H—扇槽口宽，I—框槽口宽，J—框槽底宽，K—框槽口边距，L—合页安装间距，M—执手安装构造尺寸。应该注意的是，C 槽所有的构造配合尺寸均为表面处理后的尺寸。欧式标准槽铝型材生产厂家生产时，阳极氧化和喷涂表面处理型材的生产不要共用一套模具，以免喷涂处理后槽口尺寸变小，影响与五金件的装配。

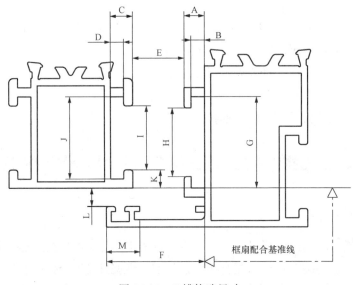

图 4 - 10　C 槽构造尺寸

（2）20mm C 槽框/扇构造配合尺寸要求。20mmC 槽铝合金门窗框/扇构造尺寸配合要求见图 4 - 11。20mm 槽的内部空间尺寸为 $20_{0}^{+0.3}\,\mathrm{mm}\times3_{-0.1}^{+0.2}\,\mathrm{mm}$，这就构成了绕窗扇一周的滑槽。五金件和铝拉杆是通过窗扇四角上的特殊加工的豁口推进 C 槽的，为了保证可动五金件和铝拉杆在窗扇中能灵活地滑动，所以五金件和滑杆的滑动部位表面处理后的最大尺寸为 19.7×2.7mm。20mm 槽开口处的尺寸为 $15_{0}^{+0.3}\,\mathrm{mm}$，它和五金件以及滑杆的滑动部分相配合，在五金件运动过程中起到定位和导向的作用。窗扇和窗框之间的相对位置靠两个尺寸定位，窗扇和窗框相距在水平方向为 $11.5_{0}^{+0.5}\,\mathrm{mm}$，这是安装五金件必需的空间尺寸。

从图 4 - 11 可看到窗扇的凸缘尺寸为 22mm，并由此测出窗扇和窗框之间的搭接量为 $6_{-0.5}^{0}\,\mathrm{mm}$。在窗扇一周的五金件将通过上部的上悬部件和上下部的悬开铰链固定在窗框型材的内表面，因此在窗扇和窗框 Y 轴方向有 3.5～5mm 的合页通道。合页通道为 3.5mm 时，五金件承受窗扇的重量为 90kg。合页通道为 5mm 时，因为上下铰链的厚度被加大，五金件承受窗扇的重量可以提高到 130kg。

窗框的槽口为图 4 - 11 中的 B1 和 B2 槽口。这两种槽口的区别在于开口处的尺寸不同，B1 开口尺寸为 12～14mm，适用于厚度较大的型材，B2 开口尺寸为 10～11.5mm 适用于厚度尺寸较小的型材。不同尺寸的锁块、防脱器、固定座等五金件要对应安装在这两种槽口上。

另外，铰链的底条设计也必须保证安装完毕后，底条两侧边与五金件紧密接触，而螺钉

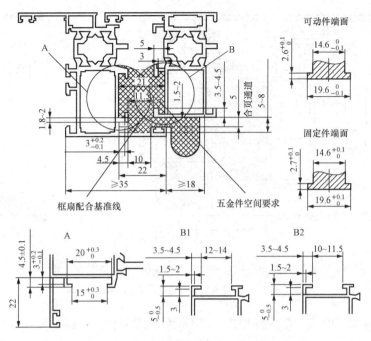

图 4 - 11　20mm C 槽铝合金门窗框/扇构造配合尺寸

(注：图中所有尺寸均为表面处理后尺寸，单位为 mm)

孔上端面不能与铰链接触，尽量选用不锈钢冲压加工。这样设计的铰链使用起来既灵活，又可靠。

在传动部件上应该配有可调偏心锁点，通过调整偏心锁点可以调节窗户的密闭度。通过调整上悬部件上的调整螺钉，可以调整搭接量。最好是能达到三维方向都能调节的功能。

(3) 23mm C 槽框/扇构造配合尺寸要求。23 槽口又称阿鲁克槽口，23 槽口铝合金门窗框/扇的构造配合要求见图 4 - 12。它的内部空间尺寸为 $23_0^{+0.5}$ mm $\times 3_{-0.1}^{+0.2}$ mm，为了保证可动五金件和拉杆在窗扇中能灵活地滑动，它们在经过表面处理后的最大尺寸为 22.7mm $\times$ 2.8mm。固定五金件（连杆、转向角等）只要能够顺利放入扇槽即可，所以它们在经过表面处理后的最大尺寸为 22.7mm $\times$ 2.9mm。23 槽开口处的尺寸为 $16_0^{+0.5}$ mm，它与五金件的滑动部分相配合，在五金件运动过程中起到定位和导向的作用。窗扇和窗框之间的相对位置靠两个尺寸定位，窗扇和窗框相距在水平方向为 $16_0^{+0.5}$ mm，这是安装五金件必需的空间尺寸。

从图 4 - 12 可以看到窗扇的凸缘尺寸为 27mm，并由此测出窗扇和窗框之间的搭接量为 $6_{-0.5}^{0}$ mm。在窗扇一周的五金件将通过上部的上悬部件和悬开铰链固定在窗框型材的内表面，因此在窗扇和窗框搭接处有 3.5～5mm 的合页通道。合页通道为 3.5mm 时，五金件承受窗扇的重量为 90kg。合页通道为 5mm 时，因为上下铰链的厚度被加大，五金件承受窗扇的重量可以提高到 130kg。一般来说 23 窗框的槽口尺寸也为 $23_0^{+0.5}$ mm $\times 16_0^{+0.5}$ mm $\times 3_0^{+0.3}$ mm。在传动部件上也要有可调偏心锁点，通过调整偏心锁点可以调节窗户的密闭度。通过调整上悬部件上的调整螺钉，可以调整搭接量。

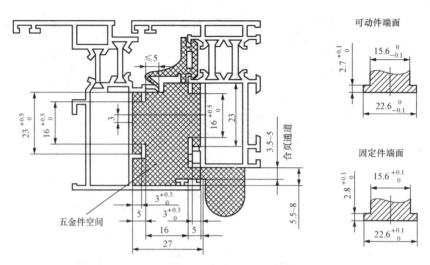

图 4-12　23mm C 槽铝合金门窗框/扇构造配合尺寸

(注：图中所有尺寸均为表面处理后尺寸，单位为 mm)

一般配欧标槽口的执手都为拨叉式的。不同的执手其拨叉外露长度各五金厂家都有几种配置，可根据型材选配。执手安装时，开槽口要保证执手转动 180°或 90°的拨叉活动范围，同时必须使拨叉与槽内的传动杆充分接触，又不破坏滑槽，还能自如的带动传动杆上下移动。执手的内部结构要满足转动是否灵活，有无手感，轴/径向间隙的大小、开启次数等方面检验标准，在符合标准的基础上再要求外形美观来设计产品。

（4）C 槽五金件的安装。

门窗 C 槽五金一般采用嵌入式和卡槽式固定。C 槽五金安装是依靠不锈钢螺钉顶紧力和机螺钉不锈钢衬片与五金槽口夹紧力来保障五金件的安装牢固度，不锈钢螺钉顶紧会在型材表面产生 0.5～1.0mm 的局部变形使不锈钢螺钉与铝型材紧密的结合在一起保障五金件在受力时不发生位移。

C 槽五金材质通常为锌合金或不锈钢，不同五金组件之间靠铝合金锁条进行联动（也有用 PA66 的）。这种固定方式只能用在金属材料的门窗上。C 槽和 U 槽是不能互换的，因为塑料窗和木窗上不能开 C 槽。

C 槽是欧洲标准槽口，优点是锁点可以任意增加，从而对门窗的气密性等效果好。还有就是可以做大，五金件承重比较好，比如合页。另外就五金选择面广，最好的一点就是五金安装简单，方便。

2. U 槽

U 槽指门窗型材安装五金件的功能槽口为标准的欧标槽口，因其形似英文字母 U，故称此类型材为 U 槽型材，与之配套的五金件则称为 U 槽五金件。U 槽槽口宽度为 16 毫米，在欧洲称之为 16mm 槽。

（1）U 槽构造配合尺寸。

U 槽槽口在欧洲主要应用于塑料门窗、实木门窗的型材及五金件。在我国有少部分企业应用于铝合金门窗上，近年来，随着铝木复合门窗的出现，U 槽技术也逐渐应用在铝木复合门窗上。由于 U 槽技术在塑料门窗上应用较成熟、槽口构造尺寸较规范、统一，因此，应用于铝合金门窗后仍然沿用了 U 槽在塑料门窗上的构造尺寸配合，这样的目的是保持 U 槽五金配件的通用性和互换性。图 4 - 13 为铝合金门窗型材 U 槽槽口构造配合尺寸。

图 4 - 14 为塑料门窗型材典型 U 槽槽口尺寸，图 4 - 15 为塑料门窗型材 U 槽构造配合尺寸。

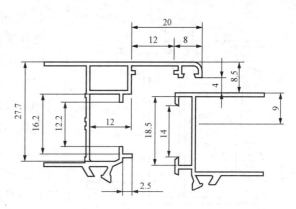

图 4 - 13　U 槽构造尺寸图（单位：mm）

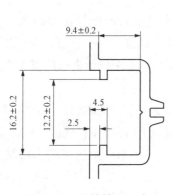

图 4 - 14　U 槽槽口尺寸

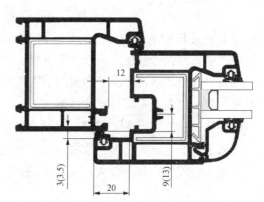

图 4 - 15　U 槽构造配合尺寸

图 4 - 15 中 12 表示五金件活动空间为 12mm，20 表示型材的搭接边为 20mm，9（13）表示五金件安装后五金件中心线与框型材小面的距离为 9mm 或 13mm，3（3.5）表示框、扇配合间隙为 3mm 或 3.5mm。

（2）U 槽五金安装。

U 型槽口的五金连接方式采用自攻螺钉螺接的方式安装五金件。铝合金窗由于金属成型好既可以开 C 槽也可以开 U 槽，所以在铝合金门窗上可使用铝合金门窗五金也可以使用塑料门窗五金件，C 槽五金件的安装大多为夹持式，使用方便。但是在木包铝窗上使用 U 槽五金件要优于 C 槽五金。

U 形槽口的五金件需要五金件有定杆和动杆，所以一般为传动器形式。而 C 形槽口的五金件一般是传动件在槽口内滑动安装相对方便。

3. 平槽

平槽就是没有任何五金安装槽口的型材，也称为无槽口。早期国内的型材都用这种形式，唯一的好处就是节省型材。平槽铝合金门窗不是隔热门窗，因为用于生产门窗的铝合金型材是普通非隔热型材。随着国家建筑节能政策的实施及对铝合金门窗物理性能要求的提高，平槽铝合金门窗已不能满足要求，因此，平槽铝合金门窗逐渐退出门窗市场。平槽铝合金门窗框扇构造配合尺寸如图 4 - 16 所示。

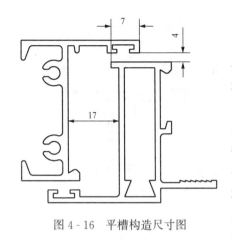

图 4-16 平槽构造尺寸图

### 4. K 槽

在我国部分地区，铝合金窗以普通外开窗、外开上悬窗为主。随着窗扇及玻璃重量的增大，为了保证受力强度，必须使用强度增强的摩擦铰链，因 C 槽槽口尺寸所限，在安装重型铰链的过程中需将 C 槽槽口凸筋铣除，但铣加工后破坏了型材表面涂层致使型材抗腐蚀能力减弱。为适应铰链的安装槽口要求，五金公司开发出直接安装铰链的铰链槽（简称 K 槽）。K 槽是在原来门窗 C 槽槽口基础上改宽槽口，增大五金安装空间尺寸，通用安装铰链，使用高强度锁座起到锁闭防盗效果。

由于外开窗使用 K 槽五金的优点明显，因此，部分企业修改欧标槽口而大范围使用 K 槽铰链，形成产品系列化，形成应用于外平开窗、外开上悬窗、内平开窗、内平开下悬窗等多款窗型，以及平开门体系，解决了门窗配套五金的问题，整个铰链槽口门窗系统逐渐得到完善，并形成了我国门窗五金槽口尺寸体系。

门窗节能性能的提高，带来了门窗玻璃厚度的增加及窗扇自重增加；大开启扇设计趋势的增加同样带来了窗扇自重的增加。这些因素极大地增加了门窗扇的自重，要求门窗五金具有更大的承载能力。因此，具有较大尺寸的 K 槽门窗槽口体系，适应了门窗市场主流槽口发展趋势。

### 5. C 槽与 U 槽五金件的优缺点

塑料窗和木窗只能采用 U 槽，用螺钉将五金固定到钢衬和窗扇上。铝合金门窗 C 槽采用嵌入式和卡槽式固定，这种固定方式只能用在金属材料的门窗上。C 槽和 U 槽是不能互换的，因为塑料窗和木窗上不能开 C 槽。铝合金窗由于金属成型好既可以开 C 槽也可以开 U 槽，所以在铝合金窗上可使用铝合金窗五金也可以使用塑料窗五金件，C 槽五金件的安装大多为夹持式，使用方便。但是在木包铝窗上使用 U 槽五金件要优于 C 槽五金。在选择五金件时首先考虑什么样型材的窗选用什么样的五金件，其次考虑五金件的承重和最大能承受的荷载。需要指出的是，塑料窗五金件的固定和木窗是有区别的，木窗是实体型材，五金件固定用木螺丝钉固定，其固定强度较高，塑料窗一般是壁厚 2～3mm 之间的空腔型材，不能使用一般的木窗用螺丝钉，必须采用自攻螺钉。五金配件及固定五金件的螺钉必须是表面经防腐防锈，镀锌或是镀铬，执手和窗拉手应经过阳极氧化处理。

（1）U 槽五金在欧洲是针对塑料门窗和木门窗的专用五金槽口，U 型槽口的五金连接采用自攻螺钉螺接的方式安装五金件。但是如果应用在铝合金门窗上，当安装 U 槽五金用的自攻螺钉承载由门窗开关所产生的纵向剪切力时，由于自攻钉的硬度远大于铝合金型材，自攻钉的螺扣就会对铝合金型材产生破坏，造成安装孔扩大，长此以往五金件的螺钉连接就会出现脱扣。由于塑料门窗的内衬为钢材，材料硬度与自攻钉相等不会发生安装孔扩大和五金件脱扣现象。但 U 槽技术在塑料门窗上应用较成熟、槽口构造尺寸较规范、统一，实现了 U 槽五金配件的通用性和互换性。

（2）U 型槽口五金的材质主要为钢制，五金件通过钢制自攻钉连接到铝型材上，当受到雨水和潮湿空气的侵蚀时会发生较明显的电化学反应。因此，采用 U 槽时，五金件的安装应注意防腐。

（3）C 槽五金安装是依靠不锈钢螺钉顶紧力和螺钉不锈钢衬片与五金槽口夹紧力来保障五金件的安装牢固度，不锈钢螺钉顶紧会在型材表面产生约 0.5～1.0mm 的局部变形使不锈钢钉与铝型材紧密的结合在一起保障五金件在受力时不发生位移。

（4）C 型槽口五金安装方便。不用打安装孔，不采用自攻钉连接，安装简便，对设备等（电、气）辅助条件的依赖低，可以实现现场安装。

（5）C 型槽口铰链采用高硬度的不锈钢衬片，在紧固螺钉拧紧时衬片上的特殊构造将像牙齿一样咬入铝合金型材的表面，形成若干 0.2～0.5mm 的局部变形（小坑），从而保证了窗扇的安全性能，杜绝由连接螺钉与铝型材硬度不等产生脱扣而出现平开窗（门）的窗（门）扇脱落现象。

### 4.2.2　五金件的配置与安装

**1. 五金件的功能配置**

门窗是一个系统的工程，它由型材、玻璃、胶条、五金件等材料，通过专门的加工设备，按照严格的设计、制造工艺要求，有机的结合成为一个系统。门窗五金配件是这个系统中连接门窗的框与扇、实现门窗各种功能、保证门窗各种性能的重要部件。

（1）门窗五金件配置原则。

门窗五金不仅与门窗的性能有关，还与门窗的使用方便性、安全性、装饰性等有关。因此，门窗五金件除满足门窗的抗风压性能、气密性能、水密性能、保温性能等物理性能外，还要满足下列要求：

1）操作简便、单点控制、门窗开启方式多样化；

2）良好的外观装饰效果，主要五金件多隐藏在铝门窗型材结构之间；

3）承重力强，可做成较大、较重的开启扇；

4）具有良好的防盗性能；

5）防误操作功能、防止由于错误操作损坏门窗和五金件；

6）标准化、系列化、配套完善；

7）可靠性好、寿命长、性价比高。

（2）C 槽五金件典型功能配置。

C 槽五金材质通常为锌合金或不锈钢，不同五金组件之间的靠铝合金（或 PA66）锁条进行联动，采用夹持式连接，内六角螺丝定位锁条在扇 C 槽内滑动。

C 槽五金目前仅应用在铝合金门窗或铝木复合（木包铝）门窗上。标准 C 槽为扇 15/20和框 14/18 槽口，为开放五金系统。少部分铝系统门窗公司采用封闭的五金槽口系统，如采用 16/23 或 18/24 槽口的铝合金型材及五金配件。本书仅探讨标准 C 槽 15/20 槽口及其五金配件。

内平开下悬窗的五金配置有多种，如两边多点锁五金系统和四边多点锁五金系统等。图

4-17为典型C槽四边多点锁内平开下悬窗五金系统功能配置。

图4-18为典型外开窗五金系统功能配置。

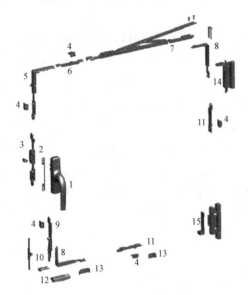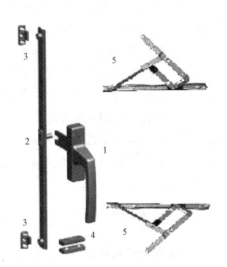

图4-17　C槽多边多点锁内平开下悬窗五金系统配置

1—执手；2—放松垫片；3—防误传动杆；4—锁块；

5—转角器；6—中间传动杆；7—上拉杆；8—小转角器；

9—翻转支撑；10—防脱器；11—边传动杆；12—支撑块；

13—防水盖；14—上合页；15—下合页

图4-18　外平开窗五金系统

1—执手；2—传动杆；3—锁块；

4—防坠块；5—滑撑

**2. 典型窗用五金件配置与安装**

(1) 内平开窗。

1) 五金件配置。内平开窗五金件通常包括连接框扇、承载窗扇重量的上、下合页（铰链），实现单扇定位、锁闭作用的插销，可实现多点锁闭功能的传动锁闭器，能使开启扇固定在某一角度的撑挡，以及可驱动传动锁闭器、实现窗扇启闭的传动机构用执手。

2) 五金件安装。常用内平开窗五金件安装位置示意见图4-19。

(2) 外平开窗。

1) 五金件配置。外平开窗五金件通常包括连接框扇、承载窗扇重量的滑撑，可实现多点锁闭功能的传动锁闭器，以及可驱动传动锁闭器、实现窗扇启闭的传动机构用执手；当开启扇对角线尺寸不超过0.7m时，也可适用滑撑、旋压执手的配置。

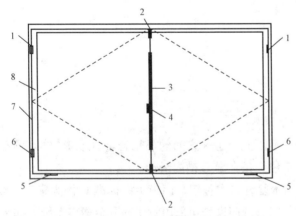

图4-19　常用内平开窗五金件安装位置示意图

1—上部合页（铰链）；2—插销；3—传动锁闭器；

4—传动机构用执手；5—撑挡；6—下部合页（铰链）；

7—窗框；8—窗扇

2）五金件安装。常用外平开窗五金件安装位置示意图见图 4 - 20。

（3）外开上悬窗。

1）五金件配置。外开上悬窗五金件通常包括连接框扇、承载窗扇重量的滑撑，能使开启扇固定在某一角度的撑挡，可实现多点锁闭功能的传动锁闭器，以及可驱动传动锁闭器、实现窗扇启闭的传动机构用执手。

2）五金件安装。常用外开上悬窗五金件安装位置示意图见图 4 - 21。

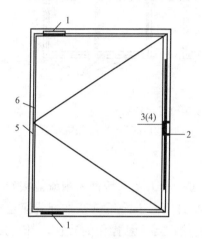

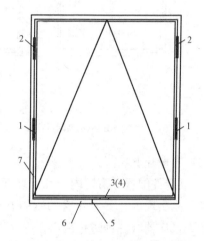

图 4 - 20　常用外平开窗五金件安装位置示意图
1—滑撑；2—传动锁闭器；
3（4）—传动机构用执手（旋压执手）；
5—窗框；6—窗扇

图 4 - 21　常用外开上悬窗五金件安装位置示意图
1—撑挡；2—滑撑；
3（4）—传动机构用执手（旋压执手）；
5—传动锁闭器；6—窗框；7—窗扇

（4）内开下悬窗。

1）五金件配置。内开下悬窗五金件通常包括连接框扇、承载窗扇重量的合页，（能使开启扇固定在某一角度的撑挡，可实现多点锁闭功能的传动锁闭器，以及可驱动传动锁闭器、实现窗扇启闭的传动机构用执手。

2）五金件安装。常用内开下悬窗五金件安装位置示意图见图 4 - 22。

（5）推拉窗。

1）五金件配置。常用推拉窗五金件配置包括单点锁闭五金系列配置和多点锁闭五金系列配置。

单点锁闭推拉窗五金件通常包括滑轮、单点锁闭器（包括适用于两个推拉扇间、形成单一位置锁闭的半圆锁，适用于扇框间、形成单一位置锁闭的边锁等）。

多点锁闭推拉窗五金件通常包括滑轮、多点锁闭器、传动机构用执手。

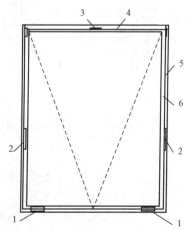

图 4 - 22　常用内开下悬窗五金件
安装位置示意图
1—合页（铰链）；2—撑挡；3—传动机构用执手；
4—传动锁闭器；5—窗框；6—窗扇

2）五金件安装。单点锁闭推拉窗常用五金件安装位置示意图见图 4-23（a）、（b），多点锁闭推拉窗常用五金件安装位置示意图见图 4-23（c）。

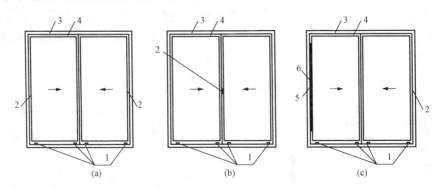

图 4-23　常用推拉窗五金件安装位置示意图

1—滑轮；2—单点锁闭器；3—窗框；4—窗扇；5—传动机构用执手；6—多点锁闭器

（6）内平开下悬窗。

1）五金件配置。窗用内平开下悬五金系统是通过一套五金系统使窗扇既能实现内平开开启，又能实现内开下悬开启功能的五金系统。内平开下悬五金系统基本配置应包括连接杆，防误操作器（一种防止窗扇在内平开状态时，直接进行下悬操作的装置），传动机构用执手，锁点，锁座，斜拉杆（一种窗扇在内开下悬状态时，用于连接窗上部合页与窗扇的装置），上、下合页（铰链），摩擦式撑挡（用于平开限位）等。

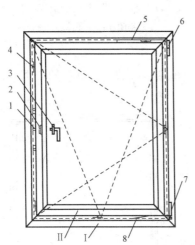

图 4-24　铝合金窗用内平开下悬五金系统基本配置示意图

1—连接杆；2—防误操作器；3—执手；

4—锁点、锁座；5—斜拉杆；6—上部合页（铰链）；

7—下部合页（铰链）；8—摩擦式撑挡（平开限位器）；

Ⅰ—窗框；Ⅱ—窗扇

位置见图 4-26。

2）五金件安装。常用窗用内平开下悬五金系统安装位置示意图见图 4-24。

3. 典型门用五金件配置与安装

（1）平开门。

1）五金件配置。平开门五金件通常包括连接框扇、承载门扇重量的上、下合页（铰链），可实现多点锁闭功能的传动锁闭器，以及可驱动传动锁闭器、实现门扇启闭的传动机构用执手，实现单扇定位、锁闭作用的插销。

2）五金件安装。常用平开门五金件安装位置见图 4-25。

（2）推拉门。

1）五金件配置。常用推拉门五金件配置通常包括滑轮、多点锁闭器、传动机构用执手。

2）五金件安装。常用推拉门五金件安装

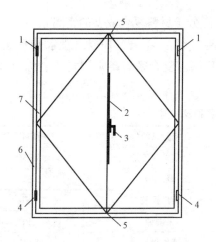

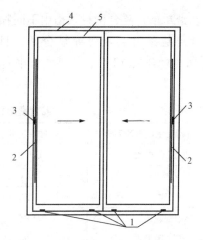

图 4 - 25　常用平开门五金件安装位置示意图
1—上部合页（铰链）；2—传动锁闭器；
3—传动机构用执手；4—下部合页（铰链）；
5—插销；6—门框；7—门扇

图 4 - 26　常用推拉门五金件安装位置示意图
1—滑轮；2—多点锁闭器；3—传动机构用执手；
4—门框；5—门扇

## 4.3　密封材料

门窗密封材料按用途分为镶嵌玻璃用密封材料和框扇间密封用密封材料；按材料分有密封胶条、密封毛条和密封胶。密封胶主要用于镶嵌玻璃用，密封毛条主要用于推拉门窗框扇之间的密封用，密封胶条既用于玻璃镶嵌密封用，又用于门窗框扇之间密封用，特别是平开窗，但二者的规格、型号不同。

### 4.3.1　密封条

密封胶条是用于门窗密封的材料，又称为密封条。密封胶条的颜色一般为黑色，也可根据要求而制成各种不同的颜色，以配合不同颜色的门窗，使之协调一致。

1. 分类

门窗用密封胶条分为硫化橡胶类密封胶条和热塑性弹性体类密封胶条及复合密封条。

（1）硫化类密封胶条。硫化橡胶类胶条包括有三元乙丙橡胶、硅橡胶、氯丁橡胶胶条等。

（2）热塑性弹性体类胶条。热塑性弹性体类胶条包括有热塑性硫化胶、聚氨酯热塑性弹性体、增塑聚氯乙烯胶条等。

常用密封胶条材料名称代号见表 4 - 17。

表 4 - 17　　　　　　　　　　常用密封胶条材料名称代号

| 硫化橡胶类 | | 热塑性弹性体类 | |
|---|---|---|---|
| 胶条主体材料 | 名称代号 | 胶条主体材料 | 名称代号 |
| 三元乙丙橡胶 | EPDM | 热塑性硫化胶 | TPV |
| 硅橡胶 | MVQ | 聚氨酯热塑性弹性体 | TPU |
| 氯丁橡胶 | CR | 增塑聚氯乙烯 | PPVC |

复合密封条。复合密封条指由不同物理性能的高分子材料复合成型的密封条。

复合密封条分为：海绵复合条（HM）、包覆海绵复合条（BF）、遇水膨胀复合条（PZ）、加线复合条（JX）、软硬复合密实密封条（RY）。复合密封条常用材质名称及代号见表 4-18。

**表 4-18**                      **复合密封条常用材质名称及代号**

| 组成复合密封条的材质名称 | 材料代号 | 组成复合密封条的材质名称 | 材料代号 |
|---|---|---|---|
| 三元乙丙橡胶 | EPDM | 增塑聚氯乙烯 | PPVC |
| 硅橡胶 | MVQ | 聚乙烯 | PE |
| 氯丁橡胶 | CR | 天然橡胶 | NR |
| 热塑性硫化胶 | TPV | 聚丙烯 | PP |
| 三元乙丙发泡 | F—EPDM | 未增塑聚乙烯 | U—PVC |
| 聚氨酯发泡 | PU | 玻璃纤维 | GF |

2. 性能要求

（1）材料的物理性能。

硫化橡胶类密封胶条所用的材料的物理性能如表 4-19 所示，热塑性弹性体类密封胶条所用的材料的物理性能如表 4-20 所示。

**表 4-19**                     **硫化橡胶类密封胶条材料的物理性能**

| 项目 | | | 要求 |
|---|---|---|---|
| 基本物理性能 | 硬度（邵氏 A） | | 符合设计硬度要求（±5） |
| | 拉伸强度（MPa） | | ≥5.0 |
| | 拉断伸长率（%） | 硬度（邵氏 A）＜55 | ≥300 |
| | | 硬度（邵氏 A）≥55 | ≥250 |
| | 压缩永久变形（%） | | ≤35 |
| 热空气老化性能 | 硬度（邵氏 A）变化 | | −5～+10 |
| | 拉伸强度变化率（%） | | ＜25 |
| | 拉断伸长率变化率（%） | | ＜40 |
| | 加热失重（%） | | ≤3.0 |
| | 热老化后回弹恢复（Da）分级 | | 1 级：30%＜Da≤40% |
| | | | 2 级：40%＜Da≤50% |
| | | | 3 级：50%＜Da≤60% |
| | | | 4 级：60%＜Da≤70% |
| | | | 5 级：70%＜Da≤80% |
| | | | 6 级：80%＜Da≤90% |
| | | | 7 级：90%＜Da |
| | 硬度（邵氏 A）变化 | | −10～+10 |
| | −40℃时，低温脆性 | | 不破裂 |

表 4 - 20                     热塑性弹性体类密封胶条材料的物理性能

| 项　目 | | 要　求 |
|---|---|---|
| 基本物理性能 | 硬度（邵氏 A） | 符合设计硬度要求（±5） |
| | 拉伸强度（MPa） | ≥5.0 |
| | 拉断伸长率（%） | ≥250 |
| 热空气老化性能 | 硬度（邵氏 A）变化 | −5～+10 |
| | 拉伸强度变化率（%） | <15 |
| | 拉断伸长率变化率（%） | <30 |
| | 加热失重（%） | ≤3.0 |
| | 热老化后回弹恢复（Da）分级 | 1 级：30%<Da≤40%<br>2 级：40%<Da≤50%<br>3 级：50%<Da≤60%<br>4 级：60%<Da≤70%<br>5 级：70%<Da≤80%<br>6 级：80%<Da≤90%<br>7 级：90%<Da |
| 硬度（邵氏 A）变化 | −10～0℃ | −10～+10 |
| | 0～23℃ | −15～+15 |
| | 23～40℃ | −10～+10 |
| −20℃时，低温脆性 | | 不破裂 |

（2）密封胶条制品的性能要求。

1）密封胶条制品的回弹恢复以 70℃×22h 条件下热空气老化后的回弹恢复（Dr）分级；密封胶条制品的加热收缩率以 70℃×24h 条件下的制品长度收缩率考核，其收缩率应小于 2%；密封胶条制品的污染及相容性应符合相应产品标准要求；密封胶条制品的老化性能包括耐臭氧老化性能和光老化性能，性能指标应符合产品标准要求。

2）复合类密封条制品的性能如表 4 - 21～表 4 - 25 所示。

表 4 - 21                     海绵复合密封条制品性能要求

| 性　能 | 指　标 |
|---|---|
| 海绵体密度 | 密度应达到 0.4～0.8g/cm³ |
| 压缩力 | 框扇间海绵体复合密封条达到设计工作压缩范围的压缩力不应大于 5N |
| 弯曲性 | 180°弯曲后，复合密封条表面不应出现裂纹 |
| 抗剥离性 | 在外力作用下，不同材料的结合部位不应出现长度大于 5%的平整剥离现象 |
| 污染相容性 | 复合密封条与型材、玻璃的污染相容性试验后，在型材、玻璃上允许留有密封条试样浅黄色的污染轮廓，不允许留有深色轮廓或实心印痕。型材、玻璃、密封条试样表面不应出现起泡、发黏、凹凸不平 |
| 老化（耐臭氧）性能 | 硫化橡胶类海绵复合密封条，耐臭氧老化试验 96h 后，试验表面不应出现龟裂 |

| 性　　能 | 指　　标 |
|---|---|
| 变化率 | 70℃连续加热24h后，工作方向的变化率（$H$）不应大于工作压缩范围（$d$）的15%（$-0.15d \leqslant H \leqslant 0.15d$）；长度方向的变化率（$L$）不应大于加热前试样长度（$L_0$）的1.5%（$-0.015L_0 \leqslant L \leqslant 0.015L_0$） |
| 低温弯折性 | $-40$℃条件下，弯折面应无裂痕 |

表 4-22　　　　　　　　　　　　包覆海绵复合密封条制品性能要求

| 性　　能 | 指　　标 |
|---|---|
| 压缩力 | 框扇间复合密封条达到设计工作压缩范围的压缩力不应大于10N |
| 抗剥离性 | 在外力作用下，不同材料的结合部位不应出现长度大于5%的平整剥离现象 |
| 污染相容性 | 复合密封条与型材的污染相容性试验后，在型材上允许留有密封条试样浅黄色的污染轮廓，不允许留有深色轮廓或实心印痕。型材、密封条试样表面不应出现起泡、发黏、凹凸不平 |
| 老化（光老化）性能 | 热塑性材料复合密封条，光老化试验4GJ/m²（2000h），应满足以下要求：<br>a) 表面不出现龟裂，颜色变化按GB/T 250灰卡等级进行评定，不应小于3级；<br>b) 环绕360°后，试样不应断裂 |
| 变化率 | 70℃连续加热24h后，工作方向的变化率（$H$）不应大于工作压缩范围（$d$）的15%（$-0.15d \leqslant H \leqslant 0.15d$）；长度方向的变化率（$L$）不应大于1.5%（$-0.015L_0 \leqslant L \leqslant 0.015L_0$） |

表 4-23　　　　　　　　　　　　遇水膨胀复合密封条制品性能要求

| 性　　能 | 指　　标 |
|---|---|
| 污染相容性 | 复合密封条与玻璃的污染相容性试验后，在玻璃上允许留有密封条试样浅黄色的污染轮廓，不允许留有深色轮廓或实心印痕。玻璃、密封条试样表面不应出现起泡、发黏、凹凸不平 |
| 老化（耐臭氧）性能 | 硫化橡胶类海绵复合密封条，耐臭氧老化试验96h后，试验表面不应出现龟裂 |
| 变化率 | 70℃连续加热24h后，工作方向的变化率（$H$）不应大于工作压缩范围（$d$）的15%（$-0.15d \leqslant H \leqslant 0.15d$）；长度方向的变化率（$L$）不应大于1.5%（$-0.015L_0 \leqslant L \leqslant 0.015L_0$） |

表 4-24　　　　　　　　　　　　加线复合密封条制品性能要求

| 性　　能 | 指　　标 |
|---|---|
| 压缩力 | 框扇间海绵体加线复合密封条达到设计工作压缩范围的压缩力不应大于5N，其他加线复合密封条达到设计工作压缩范围的压缩力不应大于10N |
| 抗剥离性 | 加线复合密封条在力作用下，加线不应抽出 |
| 污染相容性 | 复合密封条与型材、玻璃的污染相容性试验后，在型材、玻璃上允许留有密封条试样浅黄色的污染轮廓，不允许留有深色轮廓或实心印痕。型材、玻璃、密封条试样表面不应出现起泡、发黏、凹凸不平 |

| 性　　能 | | 指　　标 |
|---|---|---|
| 老化<br>性能 | 耐臭氧 | 硫化橡胶类加线复合密封条,耐臭氧老化试验96h后,试验表面不应出现龟裂 |
| | 光老化 | 热塑性材料加线复合密封条,光老化试验8GJ/m² (4000h),应满足以下要求:<br>a) 表面不出现龟裂,颜色变化按 GB/T 250 灰卡等级进行评定,不应小于 3 级;<br>b) 环绕 360°后,试样不应断裂 |
| 变化率 | | 70℃连续加热 24h 后,工作方向的变化率 ($H$) 不应大于工作压缩范围 ($d$) 的 15%<br>($-0.15d{\leqslant}H{\leqslant}0.15d$);长度方向的变化率不应大于 1% ($-0.01L_0{\leqslant}L{\leqslant}0.01L_0$) |
| 加热失重 | | 密实类加线复合密封条加热失重不应大于 3% |

表 4 - 25　　　　　　　　　　　　软硬复合密封条制品性能要求

| 性　　能 | | 指　　标 |
|---|---|---|
| 压缩力 | | 框扇间海绵体加线复合密封条达到设计工作压缩范围的压缩力不应大于 10N |
| 抗剥离性 | | 在外力作用下,不同材料的结合部不应出现 5% 的平整剥离现象 |
| 污染相容性 | | 复合密封条与型材、玻璃的污染相容性试验后,在型材、玻璃上允许留有密封条试样浅黄色的污染轮廓,不允许留有深色轮廓或实心印痕。型材、玻璃、密封条试样表面不应出现起泡、发黏、凹凸不平 |
| 老化<br>性能 | 耐臭氧 | 硫化橡胶类软硬复合密封条,耐臭氧老化试验 96h 后,试验表面不应出现龟裂 |
| | 光老化 | 热塑性材料加线复合密封条,光老化试验 8GJ/m² (4000h),应满足以下要求:<br>a) 表面不出现龟裂,颜色变化按 GB/T 250 灰卡等级进行评定,不应小于 3 级;<br>b) 静态拉伸伸长率达到 50% 时,试样不应断裂 |
| 变化率 | | a) 硫化橡胶类软硬复合密封条:70℃连续加热 24h 后,工作方向的变化率($H$)不应大于工作压缩范围($d$)的 15% ($-0.15d{\leqslant}H{\leqslant}0.15d$);长度方向的变化率不应大于1.5% ($-0.015L_0{\leqslant}L{\leqslant}0.015L_0$)。<br>b) 热塑性弹性体类软硬复合密封条:70℃连续加热 24h 后,工作方向的变化率($H$)不应大于工作压缩范围($d$)的 15% ($-0.15d{\leqslant}H{\leqslant}0.15d$) |
| 加热失重 | | 软硬复合密封条加热失重不应大于 3% |

3. 主要密封胶条的性能特点

(1) 主体材质特点。

1) 三元乙丙橡胶。基本物理性能(拉伸强度、拉断伸长压缩永久变形)优越,综合性能优异,具有突出的耐臭氧性、优良的耐候性、很好的耐高温、低温性能、突出的耐化学药品性、能耐多种极性溶剂,相对密度小,使用温度范围−60~150℃。可适用于高温、寒冷、沿海、紫外线照射强烈地区,可长期在光照、潮湿、寒冷的自然环境下使用,拉伸强度较高。缺点是在一般矿物油及润滑油中膨胀量较大,一般用来制作黑色制品。

2) 硅橡胶。有优秀的抗臭氧性能、电绝缘性能,能广泛应用于有绝缘性要求的环境。具有突出的耐高温、低温特性,有极好的疏水性和适当的透气性,可达到食品卫生要求的卫生级别,可满足各种颜色的要求。硅橡胶能适应−60~300℃的工作范围,可适用于高温、寒冷、紫外线照射强烈地区。缺点是拉伸强度较低，不耐油。

3）热塑性硫化胶。具有橡胶的柔性和弹性，可用塑料加工方法进行生产，无须硫化，废料可回收并再次利用，是性能范围较宽的材料，耐热性、耐寒性良好，相对密度小，耐油性、耐溶剂性能较差，可满足各种颜色的要求。使用温度范围$-40\sim150℃$。缺点是耐压缩永久变形和耐磨耗较差。

4）增塑聚氯乙烯。物料的基本物理性能（拉伸强度、拉断伸长率、压缩永久变形）较好，具有阻燃性且耐腐蚀、耐磨，适用于温差变化不大的环境。缺点是配合体系内增塑剂易迁移，低温性能差。

（2）复合胶条特性。

1）表面喷涂胶条。是在密封条（包括所有主体材料）的表面喷涂聚氨酯、有机硅等。除具有主体材各项性能外，还具有良好的耐磨、光滑性，表面摩擦系数小，有利于门窗扇的滑动。适用于带有滑动的门窗上。

2）夹线密封胶条。在主体材料（主要材质通常为三元乙丙）中嵌入一根线型材料（目前主要为玻璃纤维和聚酯线）两种材质紧密结合不可剥离的复合密封条。主要用于玻璃外侧，可以防止安装过程中由于拉伸、温度变化产生的收缩，减少转角处出现收缩缺陷。

3）软硬复合胶条。采用主体材料（包括所有主体材料）由两种或两种以上不同硬度的密实材料复合而成的。其优点是提高安装效果，便捷牢固。

4）海绵复合胶条。采用主体材料（主体材料通常为三元乙丙），至少有一种材料为发泡状态（密度为$0.4\sim0.8g/cm^3$），且发泡制品外表面自结皮。用于框扇之间密封，其优点是能实现更好的密封效果，减少启闭力。

5）遇水膨胀胶条。采用主体材料（主体材料通常为元乙丙），至少有一种材料遇水可以膨胀的复合密封条（不适用于框扇间密封）。主要用于玻璃外侧，其优点是有效防止雨水从胶条间隙渗漏，通过遇水膨胀能实现更好的密封效果。

根据密封胶条在建筑门窗上的功能和使用要求，它需具有足够的机械强度，良好的弹性，适宜的邵氏硬度，优异的耐候性耐老化性能、耐化学药品性，低的压缩永久变形和优异的耐高低温性能。一般情况下：

高温地区可选用橡胶类密封胶条，如三元乙丙橡胶、硅橡胶密封胶条等。

严寒地区可选用耐寒性能好的密封胶条，如三元乙丙橡胶、硅橡胶密封胶条等。

紫外线照射强烈地区可选用耐老化性能较好的密封胶条，元乙丙橡胶密封胶条、硅橡胶密封胶条等。

沿海地区可选用耐化学介质好的密封胶条，如三元乙丙橡胶密封胶条、增塑聚氯乙烯密封胶条等。

高层建筑物或抗风压强度要求高的门窗可选用综合性能好的密封胶条，如三元乙丙橡胶密封胶条等。

带有滑动窗扇或门扇的门窗上可选用耐磨、润滑性好的密封如表面植绒或涂层密封胶条等。

考虑密封胶条与接触材料的相容性是为了预防两界面间发生化学反应，产生粘接现象，影响使用；污染性的出现会对接触面产生变色等不良现象，影响美观。

### 4.3.2　密封胶

建筑密封胶主要应用于门窗的玻璃镶嵌上。玻璃的镶嵌有干法和湿法之分。干法镶嵌即采用密封胶条镶嵌，湿法镶嵌即采用密封胶镶嵌。

用于门窗镶装玻璃的密封胶主要有硅酮密封胶和弹性密封胶。两种密封胶的产品标准分别为《硅酮和改性硅酮建筑密封胶》（GB/T 14683—2017）和《建筑窗用弹性密封胶》（JC/T 485—2007）。

对于铝合金隐框窗用密封胶，结构装配用密封胶应符合《建筑用硅酮结构密封胶》（GB 16776—2005）的规定要求，玻璃接缝用密封胶应符合《幕墙玻璃接缝用密封胶》（JC/T 882—2001）的规定要求。

1. 分类

（1）类型。

1）按组分分为单组分（Ⅰ）和多组分（Ⅱ）两类。

2）硅酮建筑密封胶按用途分为三类：

F 类——建筑接缝用。

Gn 类——普通装饰装修镶装玻璃用，不适用于中空玻璃。

Gn 类——建筑幕墙非结构性装配用，不适用于中空玻璃。

3）改性硅酮建筑密封胶按用途分为两类：

F 类——建筑接缝用。

R 类——干缩位移接缝用，常见于装配式预制混凝土外挂墙板接缝。

（2）级别。

1）按 GB/T 22083—2008 中 4.2 的规定对位移能力分为 50、35、25、20 四个级别。

2）按拉伸模量分为高模量（HM）和低模量（LM）两个次级别。

2. 应用

密封胶的产品种类很多，但用于门窗的玻璃镶嵌的密封胶则要仔细选择。

（1）镶装玻璃用的密封胶要承受长时间的太阳光紫外线辐射，因而要求密封胶具有良好的耐候性和抗老化性及永久变形小等。因此应选用具有良好耐候性能和位移能力的硅酮密封胶。

（2）镶装玻璃用的密封胶在密封时与玻璃及铝合金型材接触，如果密封胶与相接触材料不相容，即二者之间不能长时间很好的粘结，就不能起到密封的作用。因此，生产企业选用密封胶后应进行密封胶与所接触材料的相容性和粘结性试验，只有相容性和粘结性试验合格的密封胶才能使用。

（3）不同的密封胶用途不同，不能随意替用。如同样是满足标准《硅酮建筑密封胶》（GB/T 14683）要求的硅酮建筑密封胶，有镶装玻璃用和建筑接缝用两类。因此，要求门窗生产企业慎重选用，并严格检查密封胶实物是否符合产品用途的要求。

（4）由于密封胶性能的时效性，过期的密封胶其耐候性能和伸缩性能下降，表面容易裂纹，影响密封性能。因此，密封胶必须保证是在有效期内使用。

总之，选用密封胶产品时，应查验密封胶供货单位提供的有效产品检验报告和产品质量保证书，并符合相应的产品标准要求。

## 4.4 辅助件

铝合金门窗用辅助件与门窗的功能和开启形式相配套，又与门窗的加工工艺密切相关。门窗辅助件主要有连接件、接插件、加强件、密封垫、缓冲垫、玻璃垫块、固定地角、密封盖等。本节主要介绍对铝合金门窗性能和质量具有关键影响的连接件。

连接件是铝合金门窗最常用的辅助件。连接件与铝合金门窗技术设计、加工工艺密切相关。连接件的形式和材质与铝门窗的技术设计有关；连接件的形式还与加工工艺相关，不同的加工工艺，选择不同的连接件及连接技术。

铝合金门窗连接件主要包括角部连接件和中横（竖）框 T（或十字）型连接件。连接件确切说是一种连接技术，包括连接件、连接辅助件及连接注胶。角部连接和中横（竖）框 T（或十字）型连接是铝合金门窗的关键组装工序，其组装质量决定着铝合金门窗的产品质量与性能。

### 4.4.1  角部连接件

45°组角是铝合金门窗的加工过程中最常见的组装工艺。组角工艺主要有挤角组角和销钉组角两种工艺，不管哪种组角工艺都要用到角码。

铝合金门窗组角角码有整体角码和活动角码之分，整体角码又分为铸铝角码和切割铝角码。

1. 整体角码

整体角码，如图 4-27 所示，图中（a）为铸铝角码，（b）为挤出铝角码。

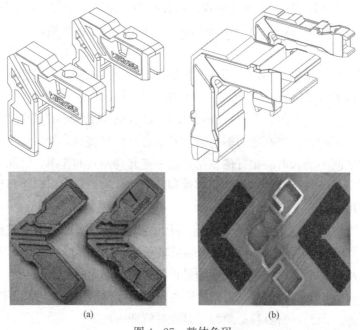

(a)                          (b)

图 4-27  整体角码

（1）铸铝角码。

铸铝角码由铸造工艺生产，可制作相对于挤出角码更复杂的形状，易成型，但强度、韧性等相对于挤出角码要差一些，且成本较高。

铸铝角码尺寸及形状是根据型材腔室尺寸、形状设计，精度较高，与型腔配合较好。且每一个角码单独铸造而成，使用时两个角码扣合使用，注胶时不用再配合导流片使用。

（2）挤出角码。

挤出角码实际是根据铝合金型材腔室尺寸，设计角码型材尺寸，通过挤压机挤出成型而生产出角码型材，使用时再根据要求切割。

挤出角码的韧性好一些，控制好时效状态，强度，刚性，韧性都比较好。但由于受挤出方向限制，成型受限，特殊的三维形状无法直接成型。

在挤出角码上实现注胶需要配合其他组件（导流板）实现，在导流板的配合下实现注胶的流向、流量及注胶位置的控制。而铸铝角码可以直接在角码上实现流向流量及位置的控制。

导流板装在角码两侧，导流板应根据铝角码形状尺寸配套设计，导流板的槽可以把双组分组角胶引向型材切 45°角后组装侧面缝隙及角码角端的横向缝隙，实现角码和型材间隙的密封及结构加强作用。组角胶成本较高，因此，注胶组角工艺要求角码必须配合导流片使用。

挤出角码，又称切割铝角码，是在成型的角码型材上根据实际尺寸要求切割而成。因此，这就要求角码的下料切割精度符合要求。同样，角码型材的挤出尺寸与型材腔室配合间隙也应合理设计，否则，易造成角码与型材装配不匹配问题。

2. 活动角码

活动角码（见图 4-28）是由两片组成，采用螺丝链接，且自带定位器，使用简单方便，经济又实用。然而，活动角码使用单螺丝紧固，在运输途及窗的使用过程中，可能会发生松动、错位，从而导致窗框或窗扇产生缝隙、变形，使得窗的密封、隔音及抗风压性能都有所降低。因此，活动角码主要用在门窗纱扇的组角装配上。

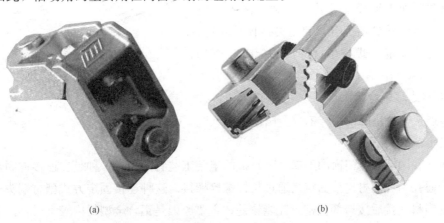

(a)　　　　(b)

图 4-28　活动角码

### 3. 组角连接片

组角连接片（见图 4 - 29），又称组角片，是铝合金门窗组角必不可少的少的组角辅助件。铝合金门窗的框扇组角时，型材主体采用角码组角连接，但是框扇型材翼边部位是薄壁

悬臂，易变形。因此，组角时通过组角片增强组角强度及两翼边连接平整度，同时在 45°接缝部位预留注胶孔，通过注胶增加接缝部位的密封防水性能。

### 4.4.2 中横（竖）框连接件

中横（竖）框是铝合金门窗的主要受力杆件，门窗受到的风荷载或自重荷载均通过其承受。因此，中横（竖）框的连接强度与连接部位的密封情况决定了铝合金门窗的抗风压性能、气密及水密性能。

图 4 - 29 组角连接片

中横（竖）框 T（或十字）型连接件，确切说是一种连接技术，包括连接件、连接辅助件和连接注胶。

### 1. T（十字）型连接件

T（十字）型连接件，见图 4 - 30 所示，是铝合金门窗中横（竖）框 T（或十字）型连接时的连接辅助件。

T 型连接件根据铝合金型材腔室尺寸，设计连接型材尺寸，通过挤压机挤出成型而生产出连接件型材，使用时再根据要求锯切加工成连接件。因此，T 型连接件具有与所配套型材的专属性。

T 型连接件固定方式也有多种情况，一种是在连接件固定端通过加工螺栓通孔，与型材连接固定是通过长杆螺栓螺接，这种方式具有一定的通用性。其缺点是连接件固定端与型材配合密切度不够，型材需要加工螺栓安装孔，不利于注胶密封；另一种是与铝型材 C 槽配合，利用夹持顶丝固定在 C 槽内，这种固定方式与型材槽口的配合较密切，利于注胶密封。

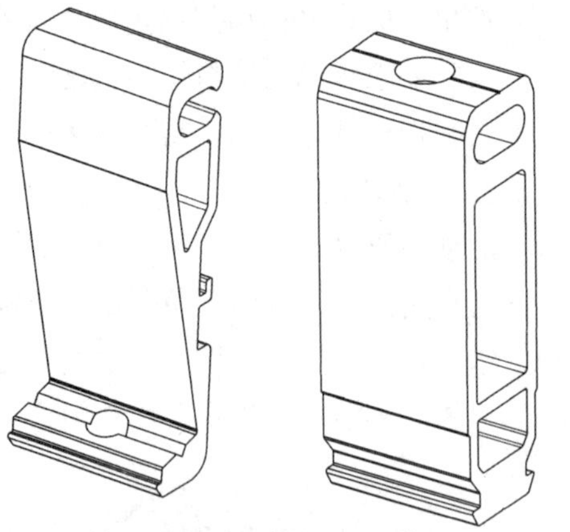

图 4 - 30 T 型连接件

### 2. T 型连接密封垫

T 型连接密封垫的使用与铝合金门窗中横（竖）框的连接工艺有关。

目前，我国铝合金门窗的中横（竖）框的组装工艺有两种。一种是在连接件固定端通过加工螺栓通孔，与型材连接固定是通过长杆螺栓螺接。这种连接固定方式型材端头通过多榫口插接，型材连接后接口部位密封性能较差，主要原因是铝合金型材内腔空心，注胶部位不密实，且浪费接缝密封胶；另一种是与铝型材 C 槽配合，利用夹持顶丝固定在 C 槽内。这种连接固定方式型材端头 90°锯切，不需要加工榫口，90°型材端头需要专用密封胶垫配合密

封，见图 4-31，图中（a）为密封垫图，（b）为密封垫与型材配合图。这种中横（竖）框的组装方式，两种型材端头配合较密切，型材腔室内部充实，利于注胶密封。

3. T 型连接加强件

T 型连接加强件，见图 4-32，其作用类似于组角连接片。铝合金门窗中横（竖）框的组装连接时，T（或十字）型连接两型材翼边属薄壁悬臂，为加强两型材翼边的稳定与平整，通过配套专属 T 型连接加强件加强中横（竖）框的连接的稳定性，同时，在连接加强件上设有注胶口，通过注胶口注胶固定和密封连接部位缝隙。

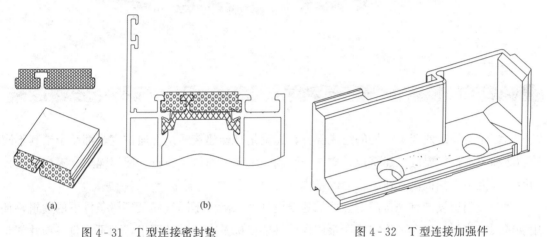

(a)　　　　　　　　(b)

图 4-31　T 型连接密封垫　　　　　　　图 4-32　T 型连接加强件

# 第5章
## 铝合金门窗建筑设计

## 5.1 设计考虑因素

门窗作为建筑外围护结构的组成部分，无论是高档建筑还是普通住宅，都赋予了其不同的功能和要求，如要满足建筑设计效果、防雨、采光、通风、视野、保温隔热、隔声等多种功能，才能为人们提供舒适、宁静的室内环境。

铝合金门窗设计首先是门窗性能的建筑设计，以满足不同气候及环境条件下的建筑物使用功能要求为目标，合理确定铝合金门窗的性能指标及有关设计要求，而不是将各项性能指标定得越高越好。门窗同时又兼有建筑室内外装饰二重性，还要符合建筑装饰整体性要求。因此，铝合金门窗的产品设计时，要考虑以下几方面的因素。

(1) 使用环境：地理位置、气候条件、生活习惯及开启方式对铝合金门窗的要求。

(2) 建筑风格与构造形式：建筑构造、色彩、分格方案、造型及民用或公共对铝合金门窗的要求。

(3) 节能与资源利用：建筑物的节能设计对铝合金门窗形式、配件、玻璃选用等的要求。

(4) 建筑物理性能：由建筑物的性能设计要求对铝合金门窗的物理性能要求。

(5) 技术可靠性：材料、加工技术、安装技术的要求。

(6) 造价成本：建筑物造价成本的要求。

(7) 使用安全及耐久性：铝合金门窗应满足设计规定的耐久性要求。

### 5.1.1 性能要求

(1) 铝合金门窗的物理性能有抗风压性能、水密性能、气密性能、保温性能、空气隔声性能、隔热性能（遮阳性能）和采光性能。

产品标准《铝合金门窗》(GB/T 8478—2020) 中对铝合金门窗各项物理性能及分级做了规定，性能分级越高，门窗的性能越好。门窗的性能要求和建筑物所处的地理位置和气候条件有关，如在沿海台风多发地区，门窗的抗风压性能和水密性能就需要达到较高的等级，而严寒、寒冷地区的门窗其保温性能和气密性能必须符合相应的要求，达到较高的等级要求，才能满足人们生活、工作等对室内环境的要求。夏热冬暖地区的门窗设计，则必须注重门窗的隔热性能设计。

（2）门窗在正常使用过程中，使用安全性和使用耐久性也是在铝合金门窗设计中应考虑的因素。

门窗围护的室内场所的安全性包括要防止门窗玻璃的突然炸裂、门窗玻璃的破碎对人身的伤害等情况。同时，人们在使用过程中要对门窗开启部分进行频繁的开启、关闭。因此，要求在设计时应考虑门窗材料及配件的使用耐久性。我国《住宅性能评定技术标准》（GB/T 50362—2005）中提出门窗的设计使用年限为不低于 20 年、25 年和 30 年三个档次。公共建筑门窗的设计使用年限一般比居住建筑门窗的使用年限更高。因此，铝合金门窗的设计应按使用年限确定与其相一致的门窗耐久性指标，门窗应符合设计规定的耐久性要求。

### 5.1.2 使用环境要求

1. 地域环境

我国地域环境分布中，地区及人口分布参考表 5 - 1。

表 5 - 1　　　　　　　　　　　中国地域环境分布中地区及人口分布

| 分区名称 | 分区指标 | 设计要求 | 地区（%） | 人口（%） |
|---|---|---|---|---|
| 严寒地区 | 最冷月均≤−10℃ | 保温 | 45 | 11.9 |
| 寒冷地区 | 最冷月均−10～0℃ | 保温为主，隔热 | 30 | 27.3 |
| 夏热冬冷地区 | 最冷月均 0～10℃<br>最热月均 25～30℃ | 隔热为主，保温 | 15 | 47.3 |
| 夏热冬暖地区 | 最冷月均>10℃<br>最热月均 25～29℃ | 隔热 | 5 | 10.2 |
| 温和地区 | 最冷月均 0～13℃<br>最热月均 18～25℃ | 保温 | 5 | 3.2 |

从表 5 - 1 中看出，要求保温地区占全国 95% 以上，其中 0℃ 以下保温地区占全国 75%，人口占 39.2%。这些地区是要求必须考虑保温的地区，防止热量向户外传递，可采用隔热措施。有隔热要求地区占 50%，这些地区以防太阳辐射为主，防止热量进入室内，制冷能耗占建筑能耗的 41%～45%，良好的隔热窗型在夏季可节省 70% 左右的制冷电力，可采用可遮蔽的外窗设计。

2. 风力与风速

在进行铝合金门窗设计计算时，风力作用的大小以风压表示，风压是指在风力作用下，垂直于风向平面上所受到的压强，其单位为 $Pa(N/m^2)$。低速流动的空气可作为不可压缩的流体看待，由不可压缩的理想流体质点作稳定运动时的伯努利方程得到风压和风速的关系式为：

$$W_0 = \rho v^2/2 = r v^2/2g \qquad (5 - 1)$$

其中，重力加速度 $g$ 和空气容重 $r$ 因地理位置而变化，在标准大气压 101.325kPa

（760mmHg），常温 15℃时，干空气容重 $r=0.012018kN/m^3$。纬度 45°处海平面上重力加速度 $g=9.8m/s^2$ 计算得到 （$r/2g=1/1630≈1/1600kN \cdot s^2/m^4$）。

根据《建筑结构荷载规范》（GB 50009—2012）取风压系数为 1/1600，则风压与风速的关系为 $W_0=v^2/1600$ （$kN/m^2$）。

【示例】6 级风力的风速为 12.6m/s，代入公式 $W_0=v^2/1600=100Pa$ （$N/m^2$）。

根据风压与风速的关系式及蒲氏风级见表 5-2，可以计算出铝合金门窗检测时对应的风力等级。如气密检测时风压为 100Pa，则风速为 12.6m/s，相当于蒲氏风力等级 6 级。水密检。

表 5-2 蒲氏风级表

| 风力等级 | 名称 | 距地 10m 高度相当风速（m/s） | 风力等级 | 名称 | 距地 10m 高度相当风速（m/s） |
|---|---|---|---|---|---|
| 0 | 静 | 0～0.2 | 9 | 台风 | 20.8～24.4 |
| 1 | 软 | 0.3～1.5 | 10 | 台风 | 24.5～28.4 |
| 2 | 轻 | 1.6～3.3 | 11 | 台风 | 28.5～32.6 |
| 3 | 微 | 3.4～5.4 | 12 | 台风 | 32.7～36.9 |
| 4 | 和 | 5.5～7.9 | 13 | 台风 | 37.0～41.4 |
| 5 | 清 | 8.0～10.7 | 14 | 台风 | 41.5～46.1 |
| 6 | 强 | 10.8～13.8 | 15 | 台风 | 46.2～50.9 |
| 7 | 疾风 | 13.9～17.1 | 16 | 台风 | 51.0～56.0 |
| 8 | 大风 | 17.7～20.7 | 17 | 台风 | 56.1～61.2 |

测时，性能分级为 500Pa，则风速为 28.3m/s，相当于蒲氏风力等级 10 级。抗风压性能检测时，性能分级为 3500Pa，则风速为 75m/s，相当于蒲氏风级表 17 级以上。

### 5.1.3 建筑风格与构造形式

铝合金门窗作为建筑围护结构，不仅要与建筑物的功能结合在一起，也要与建筑物的设计风格、色彩、造型结合起来，与整栋建筑成为一体。因此，铝合金门窗的材料、线条、分格方案等要满足建筑物的功能设计和美学艺术的要求，形成与建筑物造型、美学艺术、建筑环境紧密结合的统一体。铝合金门窗的立面造型、质感、色彩等应与建筑外立面及周围环境和室内环境协调。

近年来，为满足人们采光、观景、装饰和立面设计要求，建筑门窗洞口尺寸越来越大，不少住宅建筑甚至安装了玻璃幕墙。人们在追求通透、明亮的大立面、大分格、大开启窗的同时，不能忽视室内热环境舒适和节能的可持续发展要求。应该在建筑门窗的设计时协调解决好大立面窗与保温隔热节能的矛盾。我国居住建筑和公共建筑节能设计标准均对窗墙面积比有相应的规定。因此，铝合金门窗的宽、高构造尺寸，应根据天然采光设计确定的房间有效采光面积和建筑节能要求的窗墙面积比等因素综合确定。

铝合金门窗的立面分格尺寸，应根据开启扇允许最大宽、高尺寸，并考虑玻璃原片的成材率等综合确定。门窗的立面分格尺寸大小，要受其最大开启扇尺寸和固定部分玻璃面板尺寸的制约。开启扇允许最大高、宽尺寸由具体的门窗产品特点和玻璃的许用面积决定。门窗立面设计时应了解拟采用的同类门窗产品的最大单扇尺寸，并考虑玻璃板的材料利用率，不能盲目决定。

铝合金门窗开启形式和开启面积比例，应根据各类用房的使用特点决定，并应满足房间自然通风，以及启闭、清洁、维修的方便性和安全性的要求。

### 5.1.4　节能与资源利用

全球的环境问题，引起了人们的普遍关注，开始了对地球上的大型人工建筑物对自然环境所造成的影响进行研究和评估，发现引起全球气候变暖的有害物质中有 50% 是在建筑的建造和使用过程中产生的，建造和使用过程中所消耗的能源占总能源的 1/4，而门窗、幕墙则占我国目前建筑能耗的 1/2。

20 世纪 60 年代，人们提出了城市建筑生态学理论，把生态学和建筑学结合成一体，即生态建筑学。以人、建筑、自然和社会协调发展为目标，有节制的利用和改造自然，寻求最适合人类生存和发展的生态建筑环境。归纳起来有三个基本问题：资源利用、舒适健康和可持续发展。

普通空调建筑的重点在于空调调节室内环境，而生态建筑则把建筑"外皮"的调节作为重点，这一转变引起了建筑外观形式的变化，引起了外墙材料、玻璃、涂层和门窗等的一系列变革，门窗不再单纯只是为了观景和通风，还要增加许多功能如采光系数、控制阳光、天气变化等，门窗与洞口的连接构造和开启方式等方面都有所突破。合理利用新技术、新材料，创造新的门窗产品，以适应不同的建筑朝向、立面构造、建筑功能和经济指标等。

长期以来人们将门窗看作是一个单纯的封堵构件，如何提高门窗的强度、刚度（抗风压性能）、气密、水密性能一直是产品设计的追求。除此三性以外，积极利用自然资源、节约能源、利用各种技术手段，寻求最少的能源消耗，换取能源对环境的回报，达到适宜的居住生活环境，应是铝合金门窗产品设计的指导思想。

铝合金门窗所具有的三种热能关系（传热、对流、辐射），是设计开发节能门窗产品的基本概念之一。

（1）隔热构件，达到降低热传导、阻挡室内外热量交流。

（2）散热构件，起到通风、换气、热交换的作用。

（3）防热构件，减少光线辐射，通过光反射和隔热以减少室外热量进入室内。

建筑物外部以自然能源为主（太阳、风），内部则以人工资源为主（电能、燃料等），有些需要抑制，有些需要置换、利用，也有些需要吸纳，进行系统设计。

门窗作为建筑外围护结构的一部分，应按照建筑气候分区对建筑基本要求确定其热工性能。同时，门窗又是薄壁的轻质构件，其使用能耗约占建筑能耗的一半以上，是建筑节能的重中之重。

我国对不同气候分区的建筑节能设计提出了相应的要求，如《严寒和寒冷地区居住建筑节能设计标准》（JGJ 26）、《夏热冬冷地区居住建筑节能设计标准》（JGJ 134）、《夏热冬暖地区居住建筑节能设计标准》（JGJ 75）、《温和地区居住建筑节能设计标准》（JGJ 475）和《公共建筑节能设计标准》（GB 50189）都对建筑外门窗的热工性能提出了要求，甚至为了应对更高建筑节能要求制定了《近零能耗建筑技术标准》（GB/T 51350）。

## 5.2 门窗形式与外观设计

### 5.2.1 门窗形式设计

1. 常用门窗开启形式特性和适用场所

铝合金门窗的形式设计包括门窗的开启构造形式和门窗产品规格系列两个方面。

铝合金门窗的开启构造形式很多，但归纳起来大致可将其分为旋转式（平开）开启门窗，平移式（推拉）开启门窗和固定门窗三大类。其中旋转式门窗主要有：外平开门窗、内平开门窗、内平开下悬门窗、上悬窗、中悬窗、下悬窗、立转窗等；平移式门窗主要有：推拉门窗、上下推拉窗、内平开推拉门窗、提升推拉门窗、推拉下悬门窗、折叠推拉门窗等。各种门窗又有不同的系列产品，如常用的平开窗有 60 系列、65 系列、70 系列、75 系列及适应超低能耗建筑的 100 系列等，推拉窗有 70 系列、90 系列、95 系列、100 系列等。采用何种门窗开启构造形式和产品系列，应根据建筑类型、使用场所要求和门窗窗型使用特点来确定。

（1）外平开门窗。外平开门窗是目前我国南方台风多发地区广泛使用的一种窗型，它的特点是构造简单、使用方便、水密性较好，通常可达 4 级以上，造价相对低廉，适用于低层公共建筑和住宅建筑。但当门窗开启时，若受到大风吹袭可能发生窗扇坠落事故，故高层建筑应慎用这一窗型。外平开门窗一般采用滑撑作为开启连接配件，采用单点（适用于小开启扇）或多点（适用于大开启扇）锁紧装置锁紧，开启扇应采取防坠落装置并正确安装。

（2）内平开门窗。内平开门窗通常采用合页（铰链）作为开启连接配件，并配以撑挡以确保开启角度和位置，锁紧装置同外平开窗。内平开门窗同外平开门窗一样，具有构造简单，使用方便，采用多密封节点构造设计，保温性能、气密性、水密性较好的特点，同时相对安全，适用于各类公共建筑和住宅建筑。但内平开窗开启时开启扇开向室内，占用室内空间，对室内人员的活动造成一定影响，同时对窗帘的挂设也带来一些问题，在设计选用时需注意协调解决这一问题。

（3）推拉门窗。推拉门窗最大的特点是节省空间，开启简单，造价低廉，目前在我国得到广泛使用，但其水密性能和气密性能相对平开窗较低，一般只能达 3 级左右，在要求水密性能和气密性能高的建筑上不宜使用。推拉门窗适用于水密性能和气密性能要求较低的建筑外门窗和室内门窗，如封闭阳台门等。推拉门窗通常采用装在底部的滑轮来实现窗扇在窗框平面内沿水平方向滑移，采用钩锁、碰锁或多点锁紧装置锁紧。

（4）上悬窗。上悬窗通常采用滑撑作为开启连接配件，另配撑挡作开启限位，紧固锁紧装置采用七字执手（适用于小开启扇）或多点锁（适用于大开启扇）。

（5）内平开下悬门窗。此窗型是一款具有复合开启功能的窗型，外观精美，功能多样，综合性能高。通过操作简单的联动执手，可分别实现门窗的内平开（满足人员进出、擦窗和大通风量之需要）和下悬（满足通风、换气之需要）开启，以满足不同的用户需求。当其下悬开启时，在实现通风换气的同时，还能避免大量雨水进入室内和阻挡部分噪声。而当其关闭时，通过多边多点锁闭器将窗扇的四边锁固在窗框上，具有优良的抗风压性能和水密、气密性能。但其造价相对较高，另外，设计时同样需要协调考虑由于内平开所带来的问题。

（6）推拉下悬门窗。此窗型也是一款具有复合开启功能的窗型，可分别实现推拉和下悬开启，以满足不同的用户需求，综合性能高，配件复杂，造价高，用量相对较少。

（7）折叠推拉门窗。折叠推拉门窗采用合页将多个门窗扇连接为一体，可实现门窗扇沿水平方向折叠移动开启，满足大开启和通透的需要。

2. 铝合金门窗选取原则

一般情况下，在进行门窗形式设计时，应按工程及客户的需求，尽可能选用标准门窗形式，以达到方便设计、生产、施工和降低产品成本的目的。在门窗形式选用时，应充分考虑下列因素合理选取：

（1）选取与地理环境、建筑形式相适应的门窗形式和系列。

（2）满足门窗抗风压性能、水密性能、气密性能、保温性能及隔声性能等物理性能要求。

我国地域辽阔，从严寒的北方地区到炎热的南海之滨，从干燥的北方内陆到多雨的东南沿海，从沙尘时起的西北高原到蚊蝇肆虐的江南水乡，气候环境差异巨大，同时各类建筑也有不同的建筑功能和建筑装饰要求。因此，在进行门窗形式设计和选用时，应根据各地气候特点与建筑设计要求，正确合理的选择建筑外门窗形式。如北方严寒地区冬季气候寒冷，建筑门窗首要考虑的是门窗的保温性能和气密性能，应选用高气密性能的平开型门窗；而南方夏热冬暖地区多狂风暴雨，气候炎热，应注重门窗的抗风压性能、水密性能和隔热性能，可选用满足抗风压性能和水密性能要求的隔热型平开门窗；处在夏热冬冷地区的门窗，则保温和隔热需要同时兼顾；噪声较大地区的门窗，如机场、港口、高速高铁及城市主干道两侧等，还需考虑门窗隔声性能对室内环境的影响。

特殊情况下，现有的标准窗型可能不能满足要求，此时，可根据要求另行对标准窗型进行部分型材的修改设计甚至全部重新设计，但因新窗型设计须进行一系列的研发程序（型材设计、开模、型材试模、样窗试制、型式试验、定型等），将会大大增加工程成本和延缓工程工期，所以是否必须采用新设计窗型应综合考虑工程要求、工程造价预算及工期等方面因素后慎重决定。

## 5.2.2　铝合金门窗外观设计

铝合金门窗外观设计包含门窗色彩、造型、立面分格尺寸等诸多内容。

1. 铝合金门窗色彩

门窗所用玻璃、铝合金型材的类型和色彩种类繁多。

铝合金门窗色彩组合是影响建筑立面和室内装饰效果的重要因素，在选择时要综合考虑以下因素：建筑物的性质和用途；建筑外立面基准色调；室内装饰要求；门窗造价等，同时要与周围环境相协调。

2. 铝合金门窗造型

铝合金门窗可根据建筑的需要设计出各种立面造型，如平面型、折线型、圆弧型等。在设计铝合金门窗的立面造型时，同样应综合考虑与建筑外立面及室内装饰相协调，同时考虑生产工艺和工程造价，如制作圆弧型门窗需将型材和玻璃拉弯，当采用特殊玻璃时会造成玻璃成品率低，甚至在门窗使用期内玻璃不慎爆裂，影响门窗的正常使用，其造价也比折线型门窗的造价高许多，另外当门窗需要开启时，亦不宜设计成圆弧形门窗。所以在设计门窗的立面造型时，应综合考虑装饰效果、工程造价和生产工艺等因素，以满足不同的建筑需要。

3. 铝合金门窗立面分格设计

门窗立面分格要符合美学特点。分格设计时，主要应根据建筑立面效果、房间间隔、建筑采光、节能、通风和视野等建筑装饰效果和满足建筑使用功能要求，同时兼顾门窗受力计算、成本和玻璃成材率等多方面因素合理确定。

(1) 门窗立面分格设计原则。

1) 门窗立面设计时要考虑建筑的整体效果，如建筑的虚实对比、光影效果、对称性等。

2) 立面分格根据需要可设计为独立窗，也可设计为各种类型的组合窗和条形窗。

3) 门窗立面分格既要有一定的规律，又要体现变化，在变化中求规律，分格线条疏密有度；等距离、等尺寸划分显示了严谨、庄重；不等距划分则显示韵律、活泼和动感。

4) 至少同一房间、同一墙面门窗的横向分格线条要尽量处于同一水平线上，竖向线条尽量对齐。在主要的视线高度范围内（1.5～1.8m）最好不要设置横向分格线，以免遮挡视线。

5) 分格比例的协调性。就单个玻璃板块来说，长宽比宜按黄金分割比来设计，而不宜设计成正方形和长宽比达1：2以上的狭长矩形。

(2) 门窗立面分格设计时主要应考虑的因素。

1) 建筑功能和装饰的需要。如门窗的通风面积和活动扇数量要满足建筑通风要求；有采光要求的门窗的采光面积应满足相关标准要求，同时应满足建筑节能要求的窗墙面积比、建筑立面和室内的装饰要求等。

2) 门窗结构设计计算。门窗的分格尺寸除了根据建筑功能和装饰的需要来确定外，它还受到门窗结构计算的制约，如型材、玻璃的强度计算、挠度计算、五金件承重计算等；当建筑师理想的分格尺寸与门窗结构计算出现矛盾时，解决办法有调整分格尺寸和更换所选定的材料或采用相应的加强措施。

3) 玻璃原片的成材率。玻璃原片尺寸通常为2.1～2.4m宽，3.3～3.6m长，各玻璃厂的产品原片尺寸不尽相同，在进行门窗分格尺寸设计时，应根据所选定玻璃厂家提供的玻璃原片规格，确定套裁方法，合理调整分格尺寸，尽可能提高玻璃板材的利用率，这一点在门窗厂自行进行玻璃裁切时显得尤为重要。

4) 门窗开启形式。门窗分格尺寸特别是开启扇尺寸同时还受到门窗开启形式的限制，各类门窗开启形式所能达到的开启扇尺寸各不相同，主要取决于五金件的安装形式和承重能力。如采用摩擦铰链承重的外平开窗开启扇宽度通常不宜超过 750mm，过宽的开启扇会因窗扇在自重作用下发生坠角导致窗扇的开关困难。合页（铰链）的承载能力强于摩擦铰链，所以当采用合页（铰链）连接承重时可设计制作分格较大的平开窗扇。推拉窗如开启扇设计过大过重，超过了滑轮的承重能力，也会出现开启不畅的情况。所以，在进行门窗立面设计时，还需根据门窗开启形式和所选取的五金件通过计算或试验确定门窗开启扇允许的高、宽尺寸。

铝合金门窗的开启形式不同，其适合的场合也不同。在进行门窗窗型设计时，应按工程的不同要求，尽可能选用标准窗型，以达到方便设计、生产、施工和降低产品成本的目的，同时窗型的设计应考虑不同地区、环境和建筑类型，并满足门窗抗风压性能、水密性能、气密性能和保温性能等物理性能要求。门窗的窗型及外观设计应与建筑外立面和室内环境相协调，并充分考虑其安全性，避免在使用过程中因设计不合理造成损坏，引发危及人身安全的事件。

## 5.3　抗风压性能设计

### 5.3.1　性能设计要求

抗风压性能指可开启部分在正常锁闭状态时，在风压作用下，外门窗变形（包括杆件和面板）不超过允许值且不发生损坏（如裂缝、面板破损、连接破坏、粘结破坏、窗扇掉落或被打开及不可恢复的变形等）或功能障碍（如五金件松动、启闭困难、胶条脱落等）的能力，以 kPa 为单位。抗风压性能分级及指标值 $P_3$ 见表 5-3。

**表 5-3** 　　　　　　　　　　　　　抗风压性能分级　　　　　　　　　　　（kPa）

| 分级 | 1 | 2 | 3 | 4 | 5 |
|---|---|---|---|---|---|
| 指标值 | $1.0{\leqslant}P_3{<}1.5$ | $1.5{\leqslant}P_3{<}2.0$ | $2.0{\leqslant}P_3{<}2.5$ | $2.5{\leqslant}P_3{<}3.0$ | $3.0{\leqslant}P_3{<}3.5$ |
| 分级 | 6 | 7 | 8 | 9 | |
| 指标值 | $3.5{\leqslant}P_3{<}4.0$ | $4.0{\leqslant}P_3{<}4.5$ | $4.5{\leqslant}P_3{<}5.0$ | ${\geqslant}5.0$ | |

铝合金门窗在抗风压性能分级指标值 $P_3$ 作用下，主要受力构件面法线挠度值应符合表 5-4 的规定，且不应出现使用功能障碍；在 $1.5P_3$ 风压作用下，不应出现危及人身安全的损坏。

**表 5-4** 　　　　　　　　　　门窗主要受力杆件面法线挠度允许值　　　　　　　　（mm）

| 支承玻璃种类 | 单层、夹层玻璃 | 中空玻璃 |
|---|---|---|
| 相对挠度 | ${\leqslant}L/100$ | ${\leqslant}L/150$ |
| 相对挠度最大值 | 20 | |

注：L 为主要受力杆件的支承跨距。

铝合金门窗在抗风压性能分级指标值 $P_3$ 作用下，玻璃面板的挠度值为其短边边长的 1/60；在 $1.5P_3$ 风压作用下，玻璃面板不应发生损坏。

《铝合金门窗工程技术规范》(JGJ 214)规定,铝合金外门窗的抗风压性能指标值($P_3$)应按不低于门窗所受的风荷载标准值($W_k$)确定,且不小于 $1.0kN/m^2$。铝合金的抗风压性能设计时,还应参考地方标准对抗风压性能的要求。

铝合金门窗的结构设计另见第 6 章"铝合金门窗的结构设计"相关内容。

### 5.3.2 风荷载标准值计算

风荷载是作用于建筑外门窗上的一种主要荷载,它垂直作用在门窗的表面上。建筑外门窗是一种薄壁外围护构件,一块玻璃,一根杆件就是一个受力单元,而且质量较轻。在设计时,既需要考虑长期使用过程中,在一定时距平均最大风速的风荷载作用下保证其正常功能不受影响,又必须考虑在阵风袭击下不受损坏,避免安全事故。根据现行国家标准《建筑结构荷载规范》(GB 50009—2012)的规定,作用在建筑外门窗上的风荷载标准值与其承受的基本风压、建筑物高度、形状(体型)等因素有关。

风荷载按下式计算,并不应小于 1.0kPa。

$$W_k = \beta_{gz}\mu_{s1}\mu_z w_0 \tag{5-2}$$

式中　$W_k$——作用在门窗上的风荷载标准值,kPa;

　　　$\beta_{gz}$——高度 $Z$ 处的阵风系数;

　　　$\mu_{s1}$——风荷载局部体型系数;

　　　$\mu_z$——风压高度变化系数;

　　　$w_0$——基本风压,$kN/m^2$。

1. 基本风压 $w_0$

基本风压是根据各地气象台多年的气象观测资料,取当地比较空旷的地面上离地 10m 高处,统计所得的 50 年一遇 10 分钟平均最大风速 $v_0$(m/s)为标准确定的风压值。对于特别重要的建筑或高层建筑可采用 100 年一遇的风压。《建筑结构荷载规范》(GB 50009—2012)中,已给出了各城市、各地区的设计基本风压值,在设计时仅需按照建筑物所处的地区相应取值,最小不应小于 0.3kPa。

2. 地面粗糙度

作用在建筑上的风压力与风速有关,即使在同一城市,不同地点的风速也是不同的。在沿海、山口、城市边缘等地方风速较大,在城市中心建筑物密集处风速较小。对这些不同处,采用地面粗糙度来表示,《建筑结构荷载规范》(GB 50009—2012)将地面粗糙度类别分为 A、B、C、D 四类,分别为:

A 类:指近海海面和海岛、海岸、湖岸及沙漠地区。

B 类:指田野、乡村、丛林、丘陵及房屋比较稀疏的乡镇。

C 类:指有密集建筑群的城市市区。

D 类:指有密集建筑群且房屋较高的城市市区。

在进行门窗的风荷载标准值设计计算时,须按建筑物所处的位置确定其地面粗糙度类别。

3. 风荷载体型系数 $\mu_{s1}$

风荷载体型系数是指风作用在建筑物表面一定面积范围内所引起的实际压力（或吸力）与来流风的速度压的比值，主要与建筑物的体型和尺度有关，也与周围环境和地面粗糙度有关。

通常情况下作用于高层建筑物表面的风压分布并不匀，在角隅、檐口、边棱处和在附属结构的部位（如阳台、雨篷等外挑构件），局部风压会超过平均风压。因此，在进行门窗风荷载标准值计算时，风荷载体型系数 $\mu_{s1}$ 按《建筑结构荷载规范》（GB 50009—2012）第 8.3.3 计算围护构件的局部风压体型系数的规定采用：

（1）封闭式矩形平面房屋的墙面及屋面可按《建筑结构荷载规范》（GB 50009—2012）表 8.3.3 的规定采用。

（2）檐口、雨篷、遮阳板、边棱处的装饰条等突出构件，取 −2.0。

（3）其他房屋和构筑物可按按《建筑结构荷载规范》（GB 50009—2012）表 8.3.1 规定的体型系数的 1.25 倍取用。

建筑外门窗一般位于建筑物的外立面墙上，根据最常见建筑物的情况，依据上述 3 种情况围护结构件的局部风压体型系数的采用规定，给出建筑外门窗的常见体型系数。

（1）封闭式矩形平面房屋［体形见图 5-1（a），其中 $E$ 取 $2H$ 和迎风面宽度 $B$ 中较小者］墙面的局部体型系数 $\mu_{s1}$ 可按下面取值：

迎风面：$\mu_{s1}$ 取 1.0；侧面：$S_a$ 区内 $\mu_{s1}$ 取 −1.4，$S_b$ 区内 $\mu_{s1}$ 取 −1.0；背风面：$\mu_{s1}$ 取 −0.6。

（2）高度超过 45m 的矩形截面高层建筑［图 5-1（b）］，其体型系数按下面取值。

迎风面：$\mu_{s1}$ 取 1.0；侧面：$\mu_{s1}$ 取 −0.7；背风面体形系数取值见表 5-5（a）。

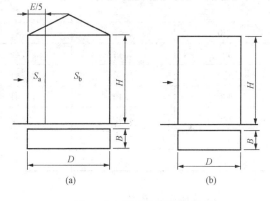

图 5-1　建筑体型系数图

表 5-5（a）　　　　　　　　　　　背风面体形系数取值

| $D/B$ | $\mu_{s1}$ | $D/B$ | $\mu_{s1}$ |
|---|---|---|---|
| ≤1 | −0.6 | 2 | −0.4 |
| 1.2 | −0.5 | ≥4 | −0.3 |

4. 高度 $Z$ 处的阵风系数 $\beta_{gz}$

作用在建筑物上的风压为平均风压加上由脉动风引起的导致结构风振的等效风压。门窗这类围护结构其刚性一般较大，在结构效应中可不必考虑其共振分量，仅在平均风压的基础上乘上相应的阵风系数，近似考虑脉动风瞬间的增大因素。阵风系数与地面粗糙度、围护结构离地面高度有关，具体数值见表 5-5（b）。

表 5-5 (b)                                  阵风系数 $\beta_{gz}$

| 离地面高度 | 地面粗糙度类别 | | | |
|---|---|---|---|---|
| (m) | A | B | C | D |
| 5 | 1.65 | 1.70 | 2.05 | 2.40 |
| 10 | 1.60 | 1.70 | 2.05 | 2.40 |
| 15 | 1.57 | 1.66 | 2.05 | 2.40 |
| 20 | 1.55 | 1.63 | 1.99 | 2.40 |
| 30 | 1.53 | 1.59 | 1.90 | 2.40 |
| 40 | 1.51 | 1.57 | 1.85 | 2.29 |
| 50 | 1.49 | 1.55 | 1.81 | 2.20 |
| 60 | 1.48 | 1.54 | 1.78 | 2.14 |
| 70 | 1.48 | 1.52 | 1.75 | 2.09 |
| 80 | 1.47 | 1.51 | 1.73 | 2.04 |
| 90 | 1.46 | 1.50 | 1.71 | 2.01 |
| 100 | 1.46 | 1.50 | 1.69 | 1.98 |
| 150 | 1.43 | 1.47 | 1.63 | 1.87 |
| 200 | 1.42 | 1.45 | 1.59 | 1.79 |
| 250 | 1.41 | 1.43 | 1.57 | 1.74 |
| 300 | 1.40 | 1.42 | 1.54 | 1.70 |
| 350 | 1.40 | 1.41 | 1.53 | 1.67 |
| 400 | 1.40 | 1.41 | 1.51 | 1.64 |
| 450 | 1.40 | 1.41 | 1.50 | 1.62 |
| 500 | 1.40 | 1.41 | 1.50 | 1.60 |
| 550 | 1.40 | 1.41 | 1.50 | 1.59 |

5. 风压高度变化系数 $\mu_z$

(1) 平坦或稍有起伏地形的建筑物。在大气边界层内,风速随离地面高度的增加而增大。当气压场随高度不变时,风速随高度增大的规律,主要取决于地面粗糙度和温度垂直梯度。离地面越高,空气流动受地面粗糙度影响越小,风速越大,风压也越大。通常认为在离地面高度 300~550m 时风速不再受地面粗糙度的影响,也即达到所谓"梯度风速",该高度称为梯度风高度。地面粗糙度等级低的地区,其梯度风高度比等级高的地区为低。

根据地面粗糙度及梯度风高度,得出风压高度变化系数的关系如下;

$$\mu_z^A = 1.284 \left(\frac{z}{10}\right)^{0.24}, \quad \mu_z^B = 1.000 \left(\frac{z}{10}\right)^{0.30}$$

$$\mu_z^C = 0.544 \left(\frac{z}{10}\right)^{0.44}, \quad \mu_z^D = 0.262 \left(\frac{z}{10}\right)^{0.60}$$

针对四类地貌,风压高度变化系数分别规定了各自的截断高度,对应 A~D 类分别取为 5m、10m、15m 和 30m,即高度变化系数取值分别不小于 1.09、1.00、0.65 和 0.51。

不同地面粗糙度对应得风压高度变化系数 $\mu_z$ 见表 5-6。

表 5 - 6 　　　　　　　　　　　风压高度变化系数 $\mu_z$

| 离地面或海平面高度<br>（m） | 地面粗糙度类别 | | | |
|---|---|---|---|---|
| | A | B | C | D |
| 5 | 1.09 | 1.00 | 0.65 | 0.51 |
| 10 | 1.28 | 1.00 | 0.65 | 0.51 |
| 15 | 1.42 | 1.13 | 0.65 | 0.51 |
| 20 | 1.52 | 1.23 | 0.74 | 0.51 |
| 30 | 1.67 | 1.39 | 0.88 | 0.51 |
| 40 | 1.79 | 1.52 | 1.00 | 0.60 |
| 50 | 1.89 | 1.62 | 1.10 | 0.69 |
| 60 | 1.97 | 1.71 | 1.20 | 0.77 |
| 70 | 2.05 | 1.79 | 1.28 | 0.84 |
| 80 | 2.12 | 1.87 | 1.36 | 0.91 |
| 90 | 2.18 | 1.93 | 1.43 | 0.98 |
| 100 | 2.23 | 2.00 | 1.50 | 1.04 |
| 150 | 2.46 | 2.25 | 1.79 | 1.33 |
| 200 | 2.64 | 2.46 | 2.03 | 1.58 |
| 250 | 2.78 | 2.63 | 2.24 | 1.81 |
| 300 | 2.91 | 2.77 | 2.43 | 2.02 |
| 350 | 2.91 | 2.91 | 2.60 | 2.22 |
| 400 | 2.91 | 2.91 | 2.76 | 2.40 |
| 450 | 2.91 | 2.91 | 2.91 | 2.58 |
| 500 | 2.91 | 2.91 | 2.91 | 2.74 |
| ≥550 | 2.91 | 2.91 | 2.91 | 2.91 |

（2）山区的建筑物。对于山区的建筑物，风压高度变化系数除按平坦地面的粗糙度类别由表 5 - 6 确定外，还应考虑地形条件的修正系数，修正系数 $\eta$ 应按下列规定采用：

1）对于山峰和山坡（图 5 - 2），修正系数按下列规定采用；

①顶部 B 处的修正系数按式（5 - 3）计算：

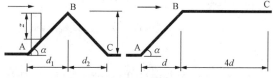

图 5 - 2　山峰和山坡示意

$$\eta_B = \left[ 1 + \kappa \tan\alpha \left( 1 - \frac{z}{2.5H} \right) \right]^2 \tag{5 - 3}$$

式中　$\tan\alpha$——山峰或山坡在迎风面一侧的坡度；当 $\tan\alpha$ 大于 0.3 时，取 0.3；

$\kappa$——系数，对山峰取 2.2，对山坡取 1.4；

$H$——山顶或山坡全高；

$z$——建筑物计算位置离建筑物地面的高度（m）；当 $z > 2.5H$ 时，取 $z = 2.5H$。

②其他部位的修正系数，可按图5-2所示，取A、C处的修正系数为1，AB间和BC间的修正系数按 $\eta$ 的线形插值确定。

2）对于山间盆地、谷地等闭塞地形，$\eta$ 可在 $0.75\sim0.85$ 选取。

3）对于与风向一致的谷口、山口，$\eta$ 可在 $1.20\sim1.50$ 选取。

（3）远海海面和海岛的建筑物。对于远海海面和海岛的建筑物或构筑物，风压高度变化系数除可按A类粗糙度类别由表5-6确定外，还应考虑表5-7给出的修正系数。

表 5-7　　　　　　　　　　远海海面和海岛的修正系数 $\eta$

| 距海岸距离（km） | $\eta$ |
| --- | --- |
| <40 | 1.0 |
| 40~60 | 1.0~1.1 |
| 60~100 | 1.1~1.2 |

6. 风荷载标准值 $W_k$

门窗风荷载标准值 $W_k$ 为50年一遇的阵风风压值。一般情况下，以风荷载标准值 $W_k$ 为门窗的抗风压性能分级值 $P_3$，即 $P_3=W_k$。在此风压作用下，门窗的受力杆件和玻璃面板的挠度应满足抗风压性能的要求。

7. 计算示例

【示例1】

工程所在省市：天津市塘沽市区，铝合金门窗安装最大高度 $z=100m$，计算风荷载标准值。

（1）基本风压。按《建筑结构荷载规范》（GB 50009—2012）规定，采用50年一遇的风压，$W_0=550N/m^2$

（2）阵风系数 $\beta_{gz}$ 取值。本工程按C类有密集建筑群的城市市区取值。由门窗最大安装高度 $z=100m$，查表5-5知：$\beta_{gz}=1.69$

（3）风压高度变化系数 $\mu_z$ 取值。本工程按C类有密集建筑群的城市市区取值。由门窗最大安装高度 $z=100m$，查表5-6知：$\mu_z=1.50$

（4）风荷载体型系数。按《建筑结构荷载规范》（GB 50009—2012）8.3.3规定，迎风面 $\mu_{s1}=1.0$

（5）风荷载标准值计算。按式（5-2）计算

$$W_k=\beta_{gz}\cdot\mu_{s1}\cdot\mu_z\cdot w_0=1.69\times1.50\times1.0\times550=1394.25(N/m^2)$$

【示例2】

工程所在省市：辽宁省大连市市区，塑料门窗安装最大高度 $z=21m$，计算风荷载标准值。

（1）基本风压。按《建筑结构荷载规范》（GB 50009—2012）规定，采用50年一遇的风压，$W_0=650N/m^2$

（2）阵风系数 $\beta_{gz}$ 取值。本工程按C类有密集建筑群的城市市区取值。由门窗最大安装高度 $z=21m$，查表5-5知：$\beta_{gz}=1.98$

（3）风压高度变化系数 $\mu_z$ 取值。本工程按 C 类有密集建筑群的城市市区取值。由门窗最大安装高度 $z=21\text{m}$，查表 5 - 6 知：$\mu_z = 0.754$

（4）风荷载体型系数。按《建筑结构荷载规范》（GB 50009—2012）8.3.3 规定，迎风面 $\mu_{s1} = 1.0$

（5）风荷载标准值计算。按式（5 - 2）计算

$$W_k = \beta_{gz} \cdot \mu_s \cdot \mu_z \cdot w_0 = 1.98 \times 0.754 \times 1.0 \times 650 = 970.398(\text{N/m}^2)$$

### 5.3.3　连接构造设计

抗风压性能的连接构造设计主要是型材连接以及框扇与五金的连接。连接构造设计应在已确定的主型材及节点构造的基础上，对型材的角部连接、中横框和中竖框连接构造及拼樘框连接构造进行设计。

铝合金门窗的结构设计在于保证门窗承受的荷载能够及时有效地传递到主体结构上，因此，主要受力杆件之间及五金件和框扇型材之间的可靠连接是荷载传递的关键。

铝合金门窗的连接构造设计主要包括角部连接构造、中横（竖）框连接构造、框扇与五金件的连接构造、拼樘框连接构造及防坠落安全装置连接构造的设计等。

## 5.4　水密性能设计

水密性能指可开启部分正常锁闭状态时，在风雨同时作用下，铝合金门窗阻止雨水渗漏的能力，以 Pa 为单位。水密性能分级及指标值 $\Delta P$ 见表 5 - 8。

表 5 - 8　　　　　　　　　　　　　　　水密性能分级　　　　　　　　　　　　　　（Pa）

| 分级 | 1 | 2 | 3 | 4 | 5 | 6 |
|---|---|---|---|---|---|---|
| 指标值 | $100 \leqslant \Delta P$ $< 150$ | $150 \leqslant \Delta P$ $< 250$ | $250 \leqslant \Delta P$ $< 350$ | $350 \leqslant \Delta P$ $< 500$ | $500 \leqslant \Delta P$ $< 700$ | $\Delta P \geqslant 700$ |

### 5.4.1　性能设计

铝合金门窗的水密性能设计指标即门窗不发生雨水渗漏的最高风压力差值（$\Delta P$）。

（1）根据本章 5.1 节中式（5 - 1），得知风速与风压的关系式 $P = \rho V_0^2 / 2$，则水密性能风压力差值如下：

$$\Delta P = \mu_s \mu_z \rho (1.5 V_0)^2 / 2 \tag{5 - 4}$$

式中　$\Delta P$——任意高度 $Z$ 处的水密性能压力差值，Pa；

　　　$\mu_z$——风压高度变化系数，按 5.3 节规定取值；

　　　$\mu_s$——风荷载体型系数，降雨时建筑迎风外表面正压系数最大为 1.0，而内表面压力系数取 $-0.2$，则 $\mu_s$ 的取值为 0.8；

　　　$\rho$——空气密度（t/m³），按现行国家标准《建筑结构荷载规范》（GB 50009—2012）附录 D 的规定，按 $\rho = 0.001\,25\text{e}^{-0.000\,1z}$ 计算；

$V_0$——水密性能设计风速，m/s；

1.5——瞬时风速与 10min 平均风速之平均比值（$1.5V_0$ 是考虑降雨时的瞬时最大风速即阵风风速）。

将以上各参数代入式（5-4）中并将系数取整，则得到水密性能风压力差值计算公式

$$\Delta P = 0.9\rho\mu_z V_0^2 \tag{5-5}$$

由式（5-5）可知，在铝合金门窗水密性能设计时，首先应根据建筑物所在地的气象观测数据和建筑设计需要，确定建筑物所需设防的降雨强度时的最高风力等级，然后按风力等级与风速的对应关系确定水密性能设计用风速 $V_0$（10min 平均风速），最后将 $V_0$ 代入公式（5-5），即可计算得到水密性能设计所需的风压力差值（$\Delta P$）。

将计算得到的风压力差值（$\Delta P$）与表 5-8 水密性能分级中分级值相对应，确定所设计铝合金门窗的水密性能等级。风力等级与风速的对应关系见表 5-2。根据铝合金门窗水密性能设计需要将表 5-2 简化为表 5-9，其中，设计时风速一般取中数。

表 5-9          风力等级与风速的对应关系

| 风力等级 | 4 | 5 | 6 | 7 | 8 | 9 | 10 | 11 | 12 |
|---|---|---|---|---|---|---|---|---|---|
| 风速范围 (m/s) | 5.5~7.9 | 8.0~10.7 | 10.8~13.8 | 13.9~17.1 | 17.2~20.7 | 20.8~24.4 | 24.5~28.4 | 28.5~32.6 | 32.7~36.9 |
| 中数 (m/s) | 7 | 9 | 12 | 16 | 19 | 23 | 26 | 31 | >33 |

（2）热带风暴和台风地区门窗水密性能设计指标 $\Delta P$ 也可按式（5-6）计算：

$$\Delta P \geqslant \mu_s\mu_z w_0 \tag{5-6}$$

式中  $\Delta P$——任意高度 Z 处门窗的风压力差值，Pa；

   $\mu_s$——水密性能风压体型系数，取值 0.8；

   $\mu_z$——风压高度变化系数，按 GB 50009—2012《建筑结构荷载规范》确定；

   $w_0$——基本风压（Pa），按 GB 50009—2012《建筑结构荷载规范》的规定采用。

（3）计算示例。

【示例 1】  工程所在省市：广东省深圳市区，铝合金门窗安装最大高度 $z=90m$，建筑物所需设防的降雨强度时的最高风力等级按 8 级设计，计算水密性能设计值。

（1）空气密度 $\rho$。按《建筑结构荷载规范》附录 D 公式 $\rho=0.001\,25e^{-0.0001z}$ 计算空气密度，高度 $z=90m$ 处：$\rho=0.001\,25e^{-0.000\,1z}=0.001\,25e^{-0.009}=0.001\,238\,8(t/m^3)$

（2）风压高度变化系数 $\mu_z$。本工程按 D 类有密集建筑群且房屋较高的城市市区取值。由门窗最大安装高度 $z=90m$，查表 5-6 知：$\mu_z=1.19$

（3）设计风速 $V_0$。本工程建筑物设防的降雨强度时的最高风力等级为 8 级，查表 5-9 取 $V_0=19(m/s)$

（4）水密性能设计值计算。$\Delta P=0.9\rho\mu_z V_0^2=0.9\times0.001\,238\,8\times1.19\times19^2=479(Pa)$

将计算所得水密性能设计值 $\Delta P=479Pa$ 与表 5-8 水密性能分级中分级值相对应，确定所设计铝合金门窗的水密性能等级为 5 级。

【**示例 2**】　　工程所在省市：山东省济南市区，铝合金门窗安装最大高度 $z=70\mathrm{m}$，计算水密性能设计值。

（1）基本风压。按《建筑结构荷载规范》规定，采用 50 年一遇的风压，$W_0=450\mathrm{N/m^2}$

（2）风压高度变化系数 $\mu_z$。本工程按 D 类有密集建筑群且房屋较高的城市市区取值。由门窗最大安装高度 $z=70\mathrm{m}$，查表 5-6 知：$\mu_z=1.02$。

（3）计算系数 C。按非热带风暴和台风袭击的地区取值为 0.4。

（4）水密性能设计值计算。依公式（5-6）计算得：$\Delta P \geqslant C\mu_z W_0 = 0.4 \times 1.02 \times 450 = 184(\mathrm{Pa})$。

将计算所得水密性能设计值 $\Delta P \geqslant 184\mathrm{Pa}$ 与表 5-8 水密性能分级中分级值相对应，确定所设计铝合金门窗的水密性能等级为 3 级。

### 5.4.2　构造设计

水密性能构造设计是产品设计时实现性能设计指标的具体技术措施。合理设计铝合金门窗的结构，采取有效的结构防水和密封防水措施，是水密性能达到设计要求的保证。

1. 选用合理的门窗形式

一般来说平开门窗水密性能要优于普通推拉门窗。这是因为平开门窗框扇间均设有 2～3 道橡胶密封胶条密封，在门窗扇关闭时通过锁紧装置可将密封胶条压紧，形成有效密封。普通的推拉门窗活动扇上下滑轨间因推拉启闭，密封材料不能有效压紧，存在缝隙，且相邻的两扇间密封材料不能形成有效压紧力，密封性能较弱，造成气密、水密性能较差。因此，对于水密性能要求较高的建筑，应尽量采用平开门窗。

2. 采用雨幕原理设计

"雨幕原理"是一个设计原理，它指出雨水对这一层"幕"的渗透将如何被阻止的原理。这一原理应用在铝合金门窗上主要指在门窗开启部位内部要设有空腔，空腔内的气压在所有部位上一直要保持和室外气压相等，以使外表面两侧处于等压状态，也称"等压原理"。压力平衡的取得不是由于门窗外表面的开启缝严密密封所构成的，而是有意令其处于敞开状态，使窗外表面的开启缝两侧不存在任何气压差。

图 5-3 是应用雨幕原理压力平衡设计的内平开窗示意图。该窗外侧不使用密封胶条，而是在窗扇关闭后留有一圈小缝隙，与小缝隙联通的内腔始终保持和室外等压。由腔中间的密封胶条与窗内侧的密封胶条形成的气密腔保证了该窗的气密性，雨水根本无法渗透到窗内侧。

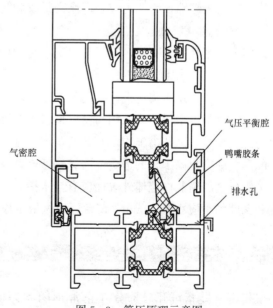

气压平衡腔

气密腔

鸭嘴胶条

排水孔

图 5-3　等压原理示意图

利用等压原理进行水密性能设计的框扇外道密封胶条的设置，一般情况下遵循如下原则：

（1）沿海台风较多地区，应装设外道密封胶条，同时增加阻水檐口或增加披水板，可以阻止大量雨水的涌入，并在适当部位开启气压平衡孔。

（2）风沙较多地区，外道密封胶条应装设，同时增加阻水檐口，可以防止因大量沙尘进入而阻塞排水通道，在适当部位开启气压平衡孔。

（3）其他地区可以视情况决定外道密封胶条装设状态，但应增加阻水檐口，留出的缝隙可以作为等压腔与室外连接的气压平衡通道。

根据水密设计的等压原理可以知道，对于平开门窗和固定门窗，固定部分门窗玻璃的镶嵌槽空间以及开启扇的框与扇配合空间，可进行压力平衡的防水设计。

对于不宜采用等压原理及压力平衡设计的外门窗结构，如有的固定窗应采用密封胶阻止水进入的密封防水措施。

对于外平开窗和推拉窗，主要是通过合理设计门窗型材室内外高差，特别是下框室内侧翼缘挡水板的高度，排水孔的合理设计及提高密封设计等达到提高水密性能的要求。根据一般经验，水密性能风压差值 100Pa 约需下框翼缘挡水高度为 10mm 以上。排水孔的开口尺寸最小在 6mm 以上，以防止排水孔被水封住。

3. 提高结构设计刚度

铝合金门窗在强风暴雨时所承受的风压比较大，因此，提高门窗受力杆件的刚度，可减少因受力杆件变形引起的框扇相对变形和破坏防水设计的压力平衡。可设计截面刚度好的型材，采用多点锁紧装置，采用多道密封以实现多腔减压和挡水。

4. 连接部位密封

由于铝合金门窗框、扇杆件连接采用机械连接装配，在型材装配部位和五金附件装配部位均会有装配缝隙，因此，应采用涂密封胶和防水密封型螺钉等密封措施。

5. 墙体洞口密封

门窗水密性能的高低，除了与门窗本身的构造设计和制造质量有关外，门窗框与洞口墙体安装间隙的防水密封处理也至关重要。如处理不当，将容易发生渗漏，所以应注意完善其安装部位的防、排水构造设计。门窗下框与洞口墙体之间的防水构造，可采用底部带有止水板的一体化下框型材，或采用与窗框型材配合连接的披水板及安装部位防水隔汽和防水透汽膜的合理涂敷。这些措施均是有效的防水措施，但这样的安装构造防水措施需相应的构造施工配合，并会提高工程的造价，需综合考虑。

铝合金门窗洞口墙体外表面应有排水措施，外墙窗楣应做滴水线或滴水槽，滴水槽的宽度和深度均不应小于 10mm，窗台面应做散水坡度。

## 5.5 气密性能设计

气密性能指可开启部分在正常锁闭状态时，铝合金门窗阻止空气渗透的能力，以 $m^3/(m \cdot h)$ 或 $m^3/(m^2 \cdot h)$ 为单位，分别表示单位开启缝长空气渗透量和单位面积空气渗透量。气密性能采用在标准状态下，压力差为 10Pa 时的单位开启缝长空气渗透量 $q_1$ 和单位面积空气渗透量 $q_2$ 作为分级指标。气密性能分级及指标值 $q_1$、$q_2$ 见表 5-10。

表 5-10　　　　　　　　　　　　　气密性能分级

| 分级 | 1 | 2 | 3 | 4 | 5 | 6 | 7 | 8 |
|---|---|---|---|---|---|---|---|---|
| 单位开启缝长分级指标值 $q_1[\text{m}^3/(\text{m}\cdot\text{h})]$ | $4.0\geqslant q_1>$ 3.5 | $3.5\geqslant q_1>$ 3.0 | $3.0\geqslant q_1>$ 2.5 | $2.5\geqslant q_1>$ 2.0 | $2.0\geqslant q_1>$ 1.5 | $1.5\geqslant q_1>$ 1.0 | $1.0\geqslant q_1>$ 0.5 | $q_1\leqslant$ 0.5 |
| 单位面积分级指标值 $q_2[\text{m}^3/(\text{m}^2\cdot\text{h})]$ | $12\geqslant q_2>$ 10.5 | $10.5\geqslant q_2>$ 9.0 | $9.0\geqslant q_2>$ 7.5 | $7.5\geqslant q_2>$ 6.0 | $6.0\geqslant q_2>$ 4.5 | $4.5\geqslant q_2>$ 3.0 | $3.0\geqslant q_2>$ 1.5 | $q_2\leqslant$ 1.5 |

## 5.5.1　性能设计

气密性能设计就是依据建筑物性能设计要求及功能设计要求对门窗进行气密性能设计。铝合金门窗气密性能设计还应考虑建筑物节能设计要求对门窗的气密性能要求。

门窗的气密性能与节能性能密切相关，现行国家建筑节能设计标准分别对建筑门窗的气密性能做出了明确规定。

《严寒和寒冷地区居住建筑节能设计标准》（JGJ 26—2018）规定：严寒和寒冷地区外窗及敞开式阳台门的气密性能等级不应低于标准《建筑外门窗气密、水密、抗风压性能检测方法》（GB/T 7106—2019）中规定的 6 级。

《夏热冬冷地区居住建筑节能设计标准》（JGJ 134）规定：建筑外窗及敞开式阳台门的气密性能等级不应低于《建筑外门窗气密、水密、抗风压性能检测方法》（GB/T 7106—2019）中规定的 6 级。

《夏热冬暖地区居住建筑节能设计标准》（JGJ 75）规定：建筑外窗及敞开式阳台门的气密性能等级不应低于《建筑外门窗气密、水密、抗风压性能检测方法》（GB/T 7106—2019）中规定的 6 级。

《温和地区居住建筑节能设计标准》（JGJ 475—2019）规定：温和 A 区居住建筑 1 层～9 层的外窗及敞开式阳台门的气密性等级，不应低于国家标准中规定的 4 级；10 层及 10 层以上的外窗及敞开式阳台门的气密性等级，不应低于该标准规定的 6 级。温和 B 区居住建筑的外窗及敞开阳台门的气密性等级，不应低于 4 级。

《公共建筑节能设计标准》（GB 50189—2015）规定：10 层及以上建筑外窗的气密性能不应低于 7 级，10 层以下建筑外窗气密性能不应低于 6 级，严寒和寒冷地区建筑外门的气密性能不应低于 4 级。

《近零能耗建筑技术标准》（GB/T 51350—2019）规定：外窗气密性能不宜低于国家标准中规定的 8 级，外门、分隔供暖空间与非供暖空间的户门气密性能不宜低于 6 级。

另外，对于节能性能有特别要求的建筑物，其外门窗的气密性能还应满足相应的建筑节能设计要求。

## 5.5.2　构造设计

气密性能构造设计的关键是要合理设计门窗缝隙断面尺寸与几何形状，以提高门窗缝隙的空气渗透阻力。应采用耐久性好并具有良好弹性的密封胶或密封胶条进行玻璃镶嵌密封和框扇之间的密封，以保证良好、长期的密封效果。不宜采用性能低、弹性差、易老化的改性PVC塑料胶条，而应采用合成橡胶类的三元乙丙橡胶、氯丁橡胶、硅橡胶等热塑性弹性密封条。门窗杆件间的装配缝隙以及五金件的装配间隙也应进行妥善密封处理。

气密性能构造设计应符合下列要求：

(1) 在满足通风及功能要求的前提下，适当控制可开启扇与固定部分的比例。

(2) 合理设计门窗的构造形式，提高门窗缝隙空气渗透阻力。

(3) 采用耐久性好并具有良好弹性的密封胶或胶条进行玻璃镶嵌密封和框扇之间的密封。

(4) 推拉门窗框扇宜采用自润滑密封胶条密封；采用摩擦式密封时，应使用毛束致密的中间加片型硅化密封毛条，确保密封效果。

(5) 密封系统应保证在门窗四周的连续性，形成封闭的密封结构。

(6) 门窗框扇杆件连接部位和五金配件装配部位，应采用密封材料进行妥善的密封处理。

(7) 合理进行门窗形式设计。一般来说平开门窗气密性能要优于推拉门窗。特别是框扇间带中间密封胶条的结构形式，由于中间密封胶条将气密和水密腔室分开，提高了门窗的气密性能。

(8) 选用多锁点五金系统，增加框扇之间的锁闭点，减少在风荷载作用下框扇间因风压变形失调而引起的气密性能下降。

## 5.6 热工性能设计

门窗的热工性能包括保温性能和隔热性能。

保温性能指门窗在冬季阻止热量室内高温侧向室外低温侧传递的能力，用传热系数 $K$ 表征。门窗的保温性能分级及指标值 $K$ 见表 5-11。保温型门窗的传热系数 $K$ 应不小于 $2.5W/(m^2 \cdot K)$。

**表 5-11** 门窗保温性能分级 $[W/(m^2 \cdot K)]$

| 分级 | 1 | 2 | 3 | 4 | 5 |
|---|---|---|---|---|---|
| 分级指标值 | $K \geqslant 5.0$ | $5.0 > K \geqslant 4.0$ | $4.0 > K \geqslant 3.5$ | $3.5 > K \geqslant 3.0$ | $3.0 > K \geqslant 2.5$ |
| 分级 | 6 | 7 | 8 | 9 | 10 |
| 分级指标值 | $2.5 > K \geqslant 2.0$ | $2.0 > K \geqslant 1.6$ | $1.6 > K \geqslant 1.3$ | $1.3 > K \geqslant 1.1$ | $K < 1.1$ |

隔热性能是门窗在夏季阻隔太阳辐射得热的能力，用太阳得热系数 $SHGC$（太阳能总透射比）表征。门窗的夏季隔热还包括其组织室外高温产生的温差得热部分，但因其温差得热远小于太阳辐射得热，故门窗隔热性能主要以太阳得热系数表征。太阳导热系数 $SHGC$ 分级应符合表 5-12 的规定。隔热型门窗的太阳导热系数 $SHGC$ 不应大于 0.44。

表 5 - 12                                门窗隔热性能分级

| 分级 | 1 | 2 | 3 | 4 | 5 | 6 |
|------|---|---|---|---|---|---|
| 指标值 | $0.7{\geqslant}SHGC{>}$ $0.6$ | $0.6{\geqslant}SHGC{>}$ $0.5$ | $0.5{\geqslant}SHGC{>}$ $0.4$ | $0.4{\geqslant}SHGC{>}$ $0.3$ | $0.3{\geqslant}SHGC{>}$ $0.2$ | $SHGC{\leqslant}0.2$ |

　　另一反映门窗在夏季阻隔太阳辐射得热的能力为遮阳性能，以遮阳系数 $SC$ 表征。遮阳系数 $SC$ 指在给定条件下，太阳辐射透过外门、窗所形成的室内得热量与相同条件下透过相同面积的 3mm 厚透明玻璃所形成的太阳辐射得热量之比。太阳辐射透过 3mm 厚玻璃的太阳能透射比为 0.87，因此，$SC=SHGC/0.87$。遮阳性能分级及指标如表 5 - 13 所示。

表 5 - 13                                门窗遮阳性能分级

| 分级 | 1 | 2 | 3 | 4 | 5 | 6 | 7 |
|------|---|---|---|---|---|---|---|
| 指标值 | $0.8{\geqslant}SC{>}0.7$ | $0.7{\geqslant}SC{>}0.6$ | $0.6{\geqslant}SC{>}0.5$ | $0.5{\geqslant}SC{>}0.4$ | $0.4{\geqslant}SC{>}0.3$ | $0.3{\geqslant}SC{>}0.2$ | $SC{\leqslant}0.2$ |

## 5.6.1　性能设计

　　铝合金门窗的热工性能应满足建筑节能和热工设计要求。我国地域辽阔，南北跨度较大，按照建筑节能气候分区自北向南分别分为：严寒地区 A 区、严寒地区 B 区、严寒地区 C 区、寒冷地区、夏热冬冷地区、夏热冬暖地区和温和地区，具体气候分区如表 5 - 14 所示。不同气候分区对建筑热工性能要求不同。我国建筑节能设计对民用建筑和公共建筑的节能要求也有所区别。因此，对门窗节能设计应根据建筑物所处气候分区对热工性能要求以及国家建筑节能设计标准的有关规定，合理的确定所设计门窗的热工性能指标。

表 5 - 14                                主要城市所处分区

| 气候分区 | | 代表性城市 |
|------|------|------|
| 严寒地区 | A 区 | 博克图、伊春、呼玛、海拉尔、满洲里、阿尔山、玛多、黑河、嫩江、海轮、齐齐哈尔、富锦、哈尔滨、牡丹江、大庆、安达、佳木斯、二连浩特、多伦、大柴旦、阿勒泰、那曲 |
| | B 区 | |
| | C 区 | 长春、通化、延吉、通辽、四平、抚顺、沈阳、本溪、阜新、鞍山、呼和浩特、包头、鄂尔多斯、赤峰、额济纳旗、大同、乌鲁木齐、克拉玛依、酒泉、西宁、日喀则、甘孜、康定 |
| 寒冷地区 | A 区 | 丹东、大连、张家口、承德、唐山、青岛、洛阳、太原、阳泉、晋城、天水、榆林、延安、宝鸡、银川、平凉、兰州、喀什、伊宁、阿坝、拉萨、林芝、北京、天津、石家庄、保定、邢台、济南、德州、兖州、郑州、安阳、徐州、运城、西安、咸阳、吐鲁番、库尔勒、哈密 |
| | B 区 | |
| 夏热冬冷地区 | A 区 | 南京、蚌埠、盐城、南通、合肥、安庆、九江、武汉、黄石、岳阳、汉中、安康、上海、杭州、宁波、温州、宜昌、长沙、南昌、株洲、永州、赣州、韶关、桂林、重庆、达县、万州、涪陵、南充、宜宾、成都、遵义、凯里、绵阳、南平 |
| | B 区 | |
| 夏热冬暖地区 | A 区 | 福州、莆田、龙岩、梅州、兴宁、英德、河池、柳州、贺州、泉州、厦门、广州、深圳、湛江、汕头、海口、南宁、北海、梧州、三亚 |
| | B 区 | |
| 温和地区 | A 区 | 昆明、贵阳、丽江、会泽、腾冲、保山、大理、楚雄、曲靖、泸西、屏边、广南、兴义 |
| | B 区 | 瑞丽、耿马、临沧、澜沧、思茅、江城、蒙自 |

建筑门窗的热工性能直接影响建筑物的采暖和空调负荷与能耗。由于我国地域辽阔，一个气候区的面积就可能相当于欧洲几个国家，区内的冷暖程度相差比较大，为了使建筑物适应各地不同的气候条件，满足节能要求，标准《民用建筑热工设计规范》（GB 50176—2016）将建筑热工设计区划分为两级。建筑热工设计一级区划指标及设计原则应符合表 5 - 15 的规定。

表 5 - 15　　　　　　　　　　　　建筑热工设计一级区划指标及设计原则

| 一级区划名称 | 区划指标 | | 设计要求 |
|---|---|---|---|
| | 主要指标 | 辅助指标 | |
| 严寒地区（1） | $t_{min \cdot m} \leqslant -10℃$ | $145 \leqslant d_{\leqslant 5}$ | 必须充分满足冬季保温要求，一般可以不考虑夏季防热 |
| 寒冷地区（2） | $-10℃ < t_{min \cdot m} \leqslant 0℃$ | $90 \leqslant d_{\leqslant 5} < 145$ | 应满足冬季保温要求，部分地区兼顾夏季防热 |
| 夏热冬冷地区（3） | $0℃ < t_{min \cdot m} \leqslant 10℃$<br>$25℃ < t_{max \cdot m} \leqslant 29℃$ | $0 \leqslant d_{\leqslant 5} < 90$<br>$40 \leqslant d_{\geqslant 25} < 110$ | 必须满足夏季防热要求，适当兼顾冬季保温 |
| 夏热冬暖地区（4） | $10℃ < t_{min \cdot m}$<br>$25℃ < t_{max \cdot m} \leqslant 29℃$ | $100 \leqslant d_{\geqslant 25} < 200$ | 必须充分满足夏季防热要求，一般可不考虑冬季保温 |
| 温和地区（5） | $0℃ < t_{min \cdot m} \leqslant 13℃$<br>$18℃ < t_{max \cdot m} \leqslant 25℃$ | $0 \leqslant d_{\leqslant 5} < 90$ | 部分地区应考虑冬季保温，一般可不考虑夏季防热 |

注：$t_{min \cdot m}$ 表示最冷月平均温度；$t_{max \cdot m}$ 表示最热月平均温度；$d_{\leqslant 5}$ 表示日平均温度 $\leqslant 5℃$ 的天数；$d_{\geqslant 25}$ 表示日平均温度 $\geqslant 25℃$ 的天数。

在各一级区划内，采用采暖度日数（HDD18）和空调度日数（CDD26）作为二级区划指标，将 5 个一级区划细化成 11 个二级区。各二级区划指标及设计要求应符合表 5 - 16 的规定。

表 5 - 16　　　　　　　　　　　　建筑热工设计二级区划指标及设计要求

| 二级区划名称 | 区划指标 | | 设计要求 |
|---|---|---|---|
| 严寒 A 区（1A） | $6000 \leqslant HDD18$ | | 冬季保温要求极高，必须满足保温设计要求，不考虑防热设计 |
| 严寒 B 区（1B） | $5000 \leqslant HDD18 < 6000$ | | 冬季保温要求非常高，必须满足保温设计要求，不考虑防热设计 |
| 严寒 C 区（1C） | $3800 \leqslant HDD18 < 5000$ | | 必须满足保温设计要求，可不考虑防热设计 |
| 寒冷 A 区（2A） | $2000 \leqslant HDD18 < 3800$ | $CDD26 \leqslant 90$ | 应满足保温设计要求，可不考虑防热设计 |
| 寒冷 B 区（2B） | | $CDD26 > 90$ | 应满足保温设计要求，宜满足隔热设计要求，兼顾自然通风、遮阳设计 |
| 夏热冬冷 A 区（3A） | $1200 \leqslant HDD18 < 2000$ | | 应满足保温、隔热设计要求，重视自然通风、遮阳设计 |
| 夏热冬冷 B 区（3B） | $700 \leqslant HDD18 < 1200$ | | 应满足保温、隔热设计要求，强调自然通风、遮阳设计 |
| 夏热冬暖 A 区（4A） | $500 \leqslant HDD18 < 700$ | | 应满足隔热设计要求，宜满足保温设计要求，强调自然通风、遮阳设计 |

续表

| 二级区划名称 | 区划指标 | | 设计要求 |
|---|---|---|---|
| 夏热冬暖 B 区（4B） | HDD18＜500 | | 应满足隔热设计要求，可不考虑保温设计要求，强调自然通风、遮阳设计 |
| 温和 A 区（5A） | CDD26 | 700≤HDD18＜2000 | 应满足冬季保温设计需求，可不考虑防热设计 |
| 温和 B 区（5B） | ＜10 | HDD18＜700 | 宜满足冬季保温设计需求，可不考虑防热设计 |

衡量一个地方的寒冷的程度可以用不同的指标。从人的主观感觉出发，一年中最冷月的平均温度比较直观地反映了当地的寒冷程度，但是采暖的需求除了温度的高低因素外，还与低温持续的时间长短有着密切的关系。

采暖度日数是指一年中，当某天室外日平均温度低于 18℃时，将该日平均温度与 18℃的差值乘以 1d，并将此乘积累加，得到一年的采暖度日数。某地采暖度日数的大小反映了该地寒冷的程度。

空调度日数是指一年中，当某天室外日平均温度高于 26℃时，将该日平均温度与 26℃的差值乘以 1d，并将此乘积累加，得到一年的空调度日数。某地空调度日数的大小反映了该地热的程度。

窗墙面积比是指窗户洞口面积与房间立面单元面积（即建筑层高与开间定位线围成的面积）之比。窗墙面积比越大，采暖和空调能耗越大，因此，窗墙面积比越大，对窗的热工性能要求越高。

不同功能用途的建筑，不同的气候分区，对外窗的热工性能要求不同。因此，应根据建筑物所处城市的气候分区区属及功能用途不同，对铝合金门窗的热工性能进行设计。

1. 居住建筑

（1）严寒和寒冷地区。《严寒和寒冷地区居住建筑节能设计标准》（JGJ 26—2018）规定了不同气候分区居住建筑外窗热工性能限值，见表 5-17～表 5-21。

表 5-17　　　　　　　　严寒 A（1A）区外窗热工性能参数限值

| 外窗 | 传热系数 $K[\mathrm{W}/(\mathrm{m}^2 \cdot \mathrm{K})]$ | |
|---|---|---|
| | ≤3 层 | ≥4 层 |
| 窗墙面积比≤0.30 | 1.4 | 1.6 |
| 0.30＜窗墙面积比≤0.45 | 1.4 | 1.6 |
| 屋面天窗 | 1.4 | |

表 5-18　　　　　　　　严寒 B（1B）区外窗热工性能参数限值

| 外窗 | 传热系数 $K[\mathrm{W}/(\mathrm{m}^2 \cdot \mathrm{K})]$ | |
|---|---|---|
| | ≤3 层 | ≥4 层 |
| 窗墙面积比≤0.30 | 1.4 | 1.8 |
| 0.30＜窗墙面积比≤0.45 | 1.4 | 1.6 |
| 屋面天窗 | 1.4 | |

表 5 - 19 严寒 C (1C) 区外窗热工性能参数限值

| 外窗 | 传热系数 $K[W/(m^2 \cdot K)]$ | |
|---|---|---|
| | ≤3 层 | ≥4 层 |
| 窗墙面积比≤0.30 | 1.6 | 2.0 |
| 0.30＜窗墙面积比≤0.45 | 1.4 | 1.8 |
| 屋面天窗 | 1.6 | |

表 5 - 20 寒冷 A (2A) 区外窗热工性能参数限值

| 外窗 | 传热系数 $K[W/(m^2 \cdot K)]$ | |
|---|---|---|
| | ≤3 层 | ≥4 层 |
| 窗墙面积比≤0.30 | 1.8 | 2.2 |
| 0.30＜窗墙面积比≤0.50 | 1.5 | 2.0 |
| 屋面天窗 | 1.8 | |

表 5 - 21 寒冷 B (2B) 区外窗热工性能参数限值

| 外窗 | 传热系数 $K[W/(m^2 \cdot K)]$ | |
|---|---|---|
| | ≤3 层 | ≥4 层 |
| 窗墙面积比≤0.30 | 1.8 | 2.2 |
| 0.30＜窗墙面积比≤0.50 | 1.5 | 2.0 |
| 屋面天窗 | 1.8 | |

（2）夏热冬冷地区。《夏热冬冷地区居住建筑节能设计标准》（JGJ 134）规定了不同朝向、不同窗墙面积比的外窗传热系数和太阳得热系数限值（表 5 - 22）。

表 5 - 22 夏热冬冷地区居住建筑透光围护结构热工性能参数限值

| 外窗 | | 传热系数 $K$ $[W/(m^2 \cdot K)]$ | 太阳得热系数 $SHGC$ (东、西向/南向) |
|---|---|---|---|
| 夏热冬冷 A 区 | 窗墙面积比≤0.25 | ≤2.80 | —/— |
| | 0.25＜窗墙面积比≤0.40 | ≤2.50 | 夏季≤0.40/ |
| | 0.40＜窗墙面积比≤0.60 | ≤2.20 | 夏季≤0.25/冬季≥0.50 |
| 夏热冬冷 B 区 | 窗墙面积比≤0.25 | ≤2.80 | —/— |
| | 0.25＜窗墙面积比≤0.40 | ≤2.80 | 夏季≤0.40/ |
| | 0.40＜窗墙面积比≤0.60 | ≤2.50 | 夏季≤0.25/冬季≥0.50 |

注：1. 表中的"东、西"代表从东或西偏北 30°（含 30°）至偏南 60°（含 60°）的范围；"南"代表从南偏东 30°至偏西 30°的范围。

2. 楼梯间、外走廊的窗不按本表规定执行。

（3）夏热冬暖地区。夏热冬暖地区城镇的气候区属应符合现行国家标准《民用建筑热工设计规范》（GB 50176）的规定，夏热冬暖地区应分为 2 个二级区（4A、4B 区）。夏热冬暖A 区内建筑节能设计应主要考虑夏季空调，兼顾冬季供暖。夏热冬暖 B 区内建筑节能设计应考虑夏季空调，可不考虑冬季供暖。

标准《夏热冬暖地区居住建筑节能设计标准》（JGJ 75）对 A 区、B 区的外窗（包括透光的阳台门）的传热系数和太阳得热系数作了不同的规定，分别见表 5-23 和表 5-24。

表 5-23　　　　　　　　　　夏热冬暖地区居住建筑外窗的传热系数限值

| 外窗的窗墙面积比 | 传热系数 $K[W/(m^2 \cdot K)]$ | |
| --- | --- | --- |
| | A 区 | B 区 |
| 窗墙面积比≤0.35 | ≤3.5 | ≤4.0 |
| 0.35＜窗墙面积比≤0.40 | ≤3.2 | ≤3.5 |

表 5-24　　　　　　　　　　夏热冬暖地区居住建筑外窗的太阳得热系数限值

| 外窗的窗墙面积比 | 夏季太阳得热系数 $SHGC$ | |
| --- | --- | --- |
| | A 区（西向/东、南向/北向） | B 区（西向/东、南、北向） |
| 窗墙面积比≤0.25 | ≤0.35/≤0.35/≤0.35 | ≤0.35/≤0.35 |
| 0.25＜窗墙面积比≤0.35 | ≤0.30/≤0.30/≤0.35 | ≤0.30/≤0.30 |
| 0.35＜窗墙面积比≤0.60 | ≤0.20/≤0.30/≤0.35 | ≤0.20/≤0.30 |

（4）温和地区。《温和地区居住建筑节能设计标准》（JGJ 475—2019）规定了温和 A 区不同朝向、不同窗墙面积比的外窗传热系数不应大于表 5-25 规定的限值。当外窗为凸窗时，凸窗的传热系数限值应比表 5-25 规定提高一档。温和 B 区居住建筑外窗的传热系数应小于 $4.0W/(m^2 \cdot K)$。温和地区外窗综合遮阳系数应符合表 5-26 的限值规定。

表 5-25　　　　　　温和 A 区不同朝向、不同窗墙面积比的外窗传热系数限值

| 建筑 | 窗墙面积比 | 传热系数 $K[W/(m^2 \cdot K)]$ |
| --- | --- | --- |
| 体形系数≤0.45 | 窗墙面积比≤0.30 | 3.8 |
| | 0.30＜窗墙面积比≤0.40 | 3.2 |
| | 0.40＜窗墙面积比≤0.45 | 2.8 |
| | 0.45＜窗墙面积比≤0.60 | 2.5 |
| 体形系数＞0.45 | 窗墙面积比≤0.20 | 3.8 |
| | 0.20＜窗墙面积比≤0.30 | 3.2 |
| | 0.30＜窗墙面积比≤0.40 | 2.8 |
| | 0.40＜窗墙面积比≤0.45 | 2.5 |
| | 0.45＜窗墙面积比≤0.60 | 2.3 |
| 水平方向（天窗） | | 3.5 |

**表 5 - 26**              温和地区外窗综合遮阳系数限值

| 部位 | | 外窗综合遮阳系数 $SC_w$ | |
|---|---|---|---|
| | | 夏季 | 冬季 |
| 外窗 | 温和 A 区 | — | 南向≥0.50 |
| | 温和 B 区 | 东、西向≤0.40 | — |
| 水平方向（天窗） | | ≤0.30 | ≥0.50 |

### 2. 公共建筑

《公共建筑节能设计标准》（GB 50189—2015）根据建筑所处城市的建筑气候分区、窗墙面积比及体形系数分别对甲类和乙类单一立面公共建筑门窗的热工性能做出了相应的规定见表 5 - 27～表 5 - 29。

**表 5 - 27**      严寒地区、寒冷地区甲类公共建筑单一立面外窗热工性能限值

| 气候分区 | 窗墙面积比 C | 体形系数≤0.30 | | 0.30<体形系数≤0.50 | |
|---|---|---|---|---|---|
| | | 传热系数 K [W/(m²·K)] | 太阳得热系数 SHGC 东南西向/北向 | 传热系数 K [W/(m²·K)] | 太阳得热系数 SHGC 东南西向/北向 |
| 严寒地区 A、B 区 | C≤0.20 | ≤2.7 | — | ≤2.5 | — |
| | 0.20<C≤0.30 | ≤2.5 | — | ≤2.3 | — |
| | 0.30<C≤0.40 | ≤2.2 | — | ≤2.0 | — |
| | 0.40<C≤0.50 | ≤1.9 | — | ≤1.7 | — |
| | 0.50<C≤0.60 | ≤1.6 | — | ≤1.4 | — |
| | 0.60<C≤0.70 | ≤1.5 | — | ≤1.4 | — |
| | 0.70<C≤0.80 | ≤1.4 | — | ≤1.3 | — |
| | C>0.80 | ≤1.3 | — | ≤1.2 | — |
| 严寒地区 C 区 | C≤0.20 | ≤2.9 | — | ≤2.7 | — |
| | 0.20<C≤0.30 | ≤2.6 | — | ≤2.4 | — |
| | 0.30<C≤0.40 | ≤2.3 | — | ≤2.1 | — |
| | 0.40<C≤0.50 | ≤2.0 | — | ≤1.7 | — |
| | 0.50<C≤0.60 | ≤1.7 | — | ≤1.5 | — |
| | 0.60<C≤0.70 | ≤1.7 | — | ≤1.5 | — |
| | 0.70<C≤0.80 | ≤1.5 | — | ≤1.4 | — |
| | C>0.80 | ≤1.4 | — | ≤1.3 | — |
| 寒冷地区 | C≤0.20 | ≤3.0 | — | ≤2.8 | — |
| | 0.20<C≤0.30 | ≤2.7 | ≤0.52/— | ≤2.5 | ≤0.52/— |
| | 0.30<C≤0.40 | ≤2.4 | ≤0.48/— | ≤2.2 | ≤0.48/— |
| | 0.40<C≤0.50 | ≤2.2 | ≤0.43/— | ≤1.9 | ≤0.43/— |
| | 0.50<C≤0.60 | ≤2.0 | ≤0.40/— | ≤1.7 | ≤0.40/— |
| | 0.60<C≤0.70 | ≤1.9 | ≤0.35/0.60 | ≤1.7 | ≤0.35/0.60 |
| | 0.70<C≤0.80 | ≤1.6 | ≤0.35/0.60 | ≤1.5 | ≤0.35/0.60 |
| | C>0.80 | ≤1.5 | ≤0.30/0.52 | ≤1.4 | ≤0.30/0.52 |

表 5-28　　夏热冬冷、夏热冬暖和温和地区甲类公共建筑单一立面外窗热工性能限值

| 气候分区 | 窗墙面积比 C | 传热系数 K [W/(m²·K)] | 太阳得热系数 SHGC（东南西向/北向） |
|---|---|---|---|
| 夏热冬冷地区 | C≤0.20 | ≤3.5 | — |
| | 0.20<C≤0.30 | ≤3.0 | ≤0.44/0.48 |
| | 0.30<C≤0.40 | ≤2.6 | ≤0.40/0.44 |
| | 0.40<C≤0.50 | ≤2.4 | ≤0.35/0.40 |
| | 0.50<C≤0.60 | ≤2.2 | ≤0.30/0.40 |
| | 0.60<C≤0.70 | ≤2.2 | ≤0.30/0.35 |
| | 0.70<C≤0.80 | ≤2.0 | ≤0.26/0.35 |
| | C>0.80 | ≤1.8 | ≤0.24/0.30 |
| 夏热冬暖地区 | C≤0.20 | ≤5.2 | ≤0.52/— |
| | 0.20<C≤0.30 | ≤4.0 | ≤0.44/0.52 |
| | 0.30<C≤0.40 | ≤3.0 | ≤0.35/0.44 |
| | 0.40<C≤0.50 | ≤2.7 | ≤0.35/0.40 |
| | 0.50<C≤0.60 | ≤2.5 | ≤0.26/0.35 |
| | 0.60<C≤0.70 | ≤2.5 | ≤0.24/0.30 |
| | 0.70<C≤0.80 | ≤2.5 | ≤0.22/0.26 |
| | C>0.80 | ≤2.0 | ≤0.18/0.26 |
| 温和地区 | C≤0.20 | ≤5.2 | — |
| | 0.20<C≤0.30 | ≤4.0 | ≤0.44/0.48 |
| | 0.30<C≤0.40 | ≤3.0 | ≤0.40/0.44 |
| | 0.40<C≤0.50 | ≤2.7 | ≤0.35/0.40 |
| | 0.50<C≤0.60 | ≤2.5 | ≤0.35/0.40 |
| | 0.60<C≤0.70 | ≤2.5 | ≤0.30/0.35 |
| | 0.70<C≤0.80 | ≤2.5 | ≤0.26/0.35 |
| | C>0.80 | ≤2.0 | ≤0.24/0.30 |

表 5-29　　　　　　　　　　乙类公共建筑单一立面外窗热工性能限值

| 传热系数 K[W/(m²·K)] | | | | | 太阳得热系数 SHGC | | |
|---|---|---|---|---|---|---|---|
| 严寒 A、B 区 | 严寒 C 区 | 寒冷地区 | 夏热冬冷地区 | 夏热冬暖地区 | 寒冷地区 | 夏热冬冷地区 | 夏热冬暖地区 |
| ≤2.0 | ≤2.2 | ≤2.5 | ≤3.0 | ≤4.0 | — | ≤0.52 | ≤0.48 |

**3. 近零能耗建筑**

2017 年 2 月，住房和城乡建设部发布《建筑节能与绿色建筑发展"十三五"规划》提出：积极开展超低能耗建筑、近零能耗建筑建设示范，提炼规划、设计、施工、运行维护等环节共性关键技术，引领节能标准提升进程，在具备条件的园区、街区推动超低能耗建筑集中连片建设，鼓励开展零能耗建筑建设试点。

近零能耗建筑指适应气候特征和场地条件，通过被动式建筑设计最大幅度降低建筑供暖、空调、照明需求，通过主动技术措施最大幅度提高能源设备与系统效率，充分利用可再

生能源，以最少的能源消耗提供舒适室内环境，且其室内环境参数和能效指标符合《近零能耗建筑设计标准》（GB/T 51350—2019）规定的建筑，其建筑能耗水平应较国家 2016 年建筑节能设计标准降低 60%～75% 以上。2016 年执行的国家建筑节能设计标准包括《公共建筑节能设计标准》（GB 50189—2015）、《严寒和寒冷地区居住建筑节能设计标准》（JGJ 26—2010）、《夏热冬冷地区居住建筑节能设计标准》（JGJ 134—2010）、《夏热冬暖地区居住建筑节能设计标准》（JGJ 75—2012）。

超低能耗建筑是近零能耗建筑的初级表现形式，其室内环境参数与近零能耗建筑相同，能效指标略低于近零能耗建筑，其建筑能耗水平较 2016 年国家建筑节能设计标准降低 50% 以上。以 2016 年为基准，在此基础上，建筑能耗降低 25%～30% 的建筑可称为"低能耗建筑"。《严寒和寒冷地区居住建筑节能设计标准》（JGJ 26—2018）为 75% 节能率，相对于 2016 年国家建筑节能设计标准，属于"低能耗建筑"标准。

零能耗建筑是近零能耗建筑的高级表现形式，其室内环境参数与近零能耗建筑相同，充分利用建筑本体和周边的可再生能源资源，使可再生能源年产能大于或等于建筑全年全部用能的建筑。

健康、舒适的室内环境是近零能耗建筑的基本前提。近零能耗建筑室内环境参数应满足较高的热舒适水平。室内热湿环境参数主要是指建筑室内的温度、相对湿度，这些参数直接影响室内的热舒适水平和建筑能耗。《近零能耗建筑技术标准》（GB/T 51350—2019）规定了建筑主要房间室内热湿环境参数应符合表 5-30 的规定。通过以室内热湿环境参数为设计目标，规定了居住建筑外窗热工性能参数限值（见表 5-31），公共建筑外窗热工性能参数限值（见表 5-32）。

表 5-30　　　　　　　　　　建筑主要房间室内热湿环境参数

| 室内热湿环境参数 | 冬季 | 夏季 |
|---|---|---|
| 温度（℃） | ≥20 | ≤26 |
| 相对湿度（%） | ≥30 | ≤60 |

表 5-31　　　居住建筑外窗传热系数（$K$）和太阳得热系数（$SHGC$）值

| 性能参数 | | 严寒地区 | 寒冷地区 | 夏热冬冷地区 | 夏热冬暖地区 | 温和地区 |
|---|---|---|---|---|---|---|
| 传热系数 $K[W/(m^2 \cdot K)]$ | | ≤1.0 | ≤1.2 | ≤2.0 | ≤2.5 | ≤2.0 |
| 太阳得热系数 $SHGC$ | 冬季 | ≥0.45 | ≥0.45 | ≥0.40 | — | ≥0.40 |
| | 夏季 | ≤0.30 | ≤0.30 | ≤0.30 | ≤0.15 | ≤0.30 |

表 5-32　　　公共建筑外窗传热系数（$K$）和太阳得热系数（$SHGC$）值

| 性能参数 | | 严寒地区 | 寒冷地区 | 夏热冬冷地区 | 夏热冬暖地区 | 温和地区 |
|---|---|---|---|---|---|---|
| 传热系数 $K[W/(m^2 \cdot K)]$ | | ≤1.2 | ≤1.5 | ≤2.2 | ≤2.8 | ≤2.2 |
| 太阳得热系数 $SHGC$ | 冬季 | ≥0.45 | ≥0.45 | ≥0.40 | — | — |
| | 夏季 | ≤0.30 | ≤0.30 | ≤0.15 | ≤0.15 | ≤0.30 |

严寒和寒冷地区外门透光部分宜符合表 5 - 31 的规定；严寒地区外门非透光部分传热系数 $K$ 值不宜大于 1.2W/(m² · K)，寒冷地区外门非透光部分传热系数 $K$ 值不宜大于 1.5W/(m² · K)。

确定门窗的热工性能要求，可以用实测的方法，也可以通过模拟计算的方法。建筑门窗的热工性能计算应按《建筑门窗幕墙热工计算规程》(JGJ/T 151) 进行。

门窗的热工性能应以实测的数据为准，但可以通过模拟计算对门窗的热工性能进行预先估算，只有在方法正确、模拟计算结果满足节能设计指标的情况下，才能进行门窗的生产。必要时应在计算结果的基础上通过实际检测对计算结果进行确认，以免因造成计算结果与实测结果偏差太大而造成不必要的浪费。

铝合金门窗的传热系数是门窗保温性能指标，是影响建筑冬季保温和节能的重要因素。在居住建筑节能设计标准和公共建筑节能设计标准中都对外门窗的传热系数做出了明确规定，并且是建筑节能设计的强制执行条文，因此，在进行铝合金门窗产品的保温性能设计时必须认真设计门窗的传热系数。

太阳得热系数是外窗的隔热性能指标，是影响建筑夏季隔热和节能的重要因素。窗户的太阳得热系数越小，透过窗户进入室内的太阳辐射热就越少，对降低夏季空调负荷有利，但对降低冬季采暖负荷确是不利的。

## 5.6.2　构造设计

**1. 铝合金门窗保温性能构造设计应符合以下要求**

(1) 采用隔热断桥铝型材。铝合金隔热型材传热系数 $K$ 值的高低与型材中间的隔热材料形状和尺寸有关。如通过加宽穿条式隔热型材隔热条的尺寸、隔热腔多腔设计或填充隔热材料措施等降低型材的传热系数。

图 5 - 4 所示为三种铝合金型材的断面结构图，图 (a) 为隔热条 20mm 的隔热型材，型材的传热系数约为 2.6W/(m² · K)，适合夏热冬冷地区节能门窗用型材。图 (b) 为隔热条 37mm，隔热腔填充隔热材料，型材的传热系数约为 1.7W/(m² · K)，适合严寒、寒冷地区低能耗建筑节能门窗用型材。图 (c) 为隔热条 64mm，隔热型材中间隔热条采用多腔结构，填充隔热材料，型材的传热系数约 0.85W/(m² · K)，适合超低能耗建筑节能门窗用型材。

(2) 采用中空玻璃或真空玻璃。采用充惰性气体中空玻璃或 Low - E 中空玻璃可以大大降低门窗玻璃的传热系数，同样的中空玻璃如果采用暖边设计或填充惰性气体可以更好地降低玻璃的传热系数。对于要求传热系数更低的玻璃，可采用真空玻璃加中空玻璃组成的复合节能玻璃。

(3) 提高门窗的气密性能。提高门窗的气密性能可减少因空气渗透而产生的热量损失。通过采用中间增加密封胶条的平开门窗，可以将框扇密封腔分隔成各自独立的气密和水密腔室，极大地提高门窗的气密性能 (见图 5 - 4)。

(4) 采用双重门窗设计。采用带有风雨门窗的双重门窗可以更加有效地提高门窗的保温性能。

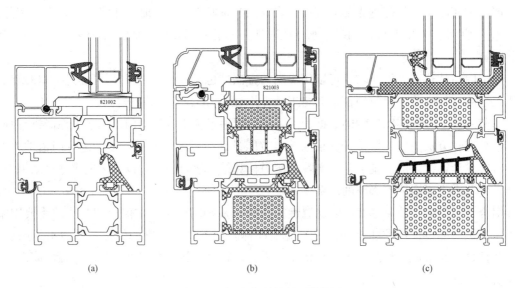

(a)　　　　　　　　　　(b)　　　　　　　　　　(c)

图 5-4　铝合金型材断面结构图

（5）门窗框与洞口之间安装缝隙密封保温处理。门窗框与安装洞口之间的安装缝隙应进行妥善的密封保温处理，以防止由此造成的热量损失。

（6）节能门窗的安装位置应与建筑节能方式相符，尽可能使门窗的等温线与建筑物等温线重合，最大限度减小安装节点产生的热桥。

以上这些措施，应根据不同地区建筑气候的差别和保温性能的不同具体要求，综合考虑，合理采用。

2. 隔热性能构造设计可采取的措施

（1）设置隔热效果好的窗外遮蔽。在无窗口建筑外遮阳的情况下，降低外窗太阳得热系数应优先采用窗户系统本身的外遮阳装置如外卷帘窗、外百叶窗等。

（2）采用窗户的内遮阳。采用窗户系统本身的内置遮阳如中空玻璃内置百叶、卷帘等，可以同时起到外装美观和保护内遮阳装置的双重效果。

（3）采取太阳得热系数小的玻璃。单层着色玻璃（吸热玻璃）和阳光控制镀膜玻璃（热反射玻璃）有一定的隔热效果；阳光控制镀膜玻璃和着色玻璃组成的中空玻璃隔热效果更好；阳光控制低辐射镀膜玻璃（遮阳型 Low-E 玻璃）与透明玻璃组成的中空玻璃隔热效果很好。

以上各种遮阳措施应根据外窗遮阳隔热和建筑装饰要求，并考虑经济成本而适当采用。

### 5.6.3　气密性能对建筑门窗保温性能的影响

1. 空气渗透产生的热损失

（1）门窗热损失的形式。通过能量的传递方式可以知道，门窗产生的热损失有辐射热损失、对流热损失和传导热损失。其中辐射热损失是热量以射线形式通过门窗玻璃和窗框辐射产生。在室外，主要是由太阳照射在门窗上而向室内传递，在室内，主要是由取暖设备产生并通过门窗向室外传递；传导热损失是通过物体分子运动而进行能量的传递，从而将热量从温度较高一侧传递到较低一侧。根据建筑门窗传热系数检测原理可知，上述两种热损失以门窗的整窗传热系数来衡量，传热系数越大，其热损失越大；对流热损失即通过门窗缝隙的空气渗透热损失，通过门窗的空气渗透越大，其对流热损失越大。而根据建筑门窗传热系数检测原理可知，检测时将门窗缝隙进行密封处理，并未考虑对流热损失对门窗整体传热系数的影响。综上所述，门窗的实际节能效果应由表征对流热损失的门窗缝隙引起的空气渗透热损失和衡量辐射和传导热损失情况的整体传热系数综合反映。

（2）空气渗透热损失的计算。《工业建筑供暖通风与空气调节设计规范》（GB 50019—2015）中规定了多层和高层民用建筑加热由门窗缝隙渗入室内的冷空气的耗热量：

$$Q = 0.28C_{p}\rho_{wn}L(t_{n} - t_{wn}) \tag{5-7}$$

式中　$Q$——由门窗缝隙渗入室内的冷空气的耗热量，W；

$\quad$ $C_{p}$——空气的定压比热容，$C_{p} = 1\text{kJ}/(\text{kg} \cdot \text{℃})$；

$\quad$ $\rho_{wn}$——采暖室外计算温度下的空气密度，$\text{kg}/\text{m}^{3}$；

$\quad$ $L$——渗透的冷空气量，$\text{m}^{3}/\text{h}$；

$\quad$ $t_{n}$——采暖室内计算温度，℃；

$\quad$ $t_{wn}$——采暖室外计算温度，℃。

空气密度按《严寒和寒冷地区居住建筑节能设计标准》（JGJ 26—2018）规定计算，见式（5-8）：

$$\rho_{wn} = \frac{353}{t_{wn} + 273} \tag{5-8}$$

计算时，为了和《建筑外门窗保温性能检测方法》（GB/T 8484—2020）中传热系数检测条件相一致，计算由门窗缝隙渗入室内的冷空气密度时取室外温度 $t_{wn} = -20℃$，此时空气密度按式（5-8）计算得：$\rho_{wn} = \dfrac{353}{t_{wn} + 273} = 1.395\text{kg}/\text{m}^{3}$

通过门窗缝隙渗透的冷空气量为：

$$L = q_{2} \times S \tag{5-9}$$

式中　$L$——门窗的总空气渗透量，$\text{m}^{3}/\text{h}$；

$\quad$ $q_{2}$——门窗的单位面积空气渗透量，$\text{m}^{3}/(\text{m}^{2} \cdot \text{h})$；

$\quad$ $S$——门窗的面积，$\text{m}^{2}$。

将空气的定压比热容 $C_{p} = 1\text{kJ}/(\text{kg} \cdot \text{℃})$，采暖期室外计算温度下的空气密度 $\rho_{wn} = 1.395\text{kg}/\text{m}^{3}$，$\Delta t = t_{n} - t_{wn}$ 及式（5-9）代入式（5-7）中得加热由门窗缝隙渗入室内的冷空气的耗热量分别为：

$$Q = 0.28C_{p}\rho_{wn}V(t_{n} - t_{wn}) = 0.28 \times 1 \times 1.395 \times q_{2} \times S \times \Delta t \tag{5-10}$$

则由式（5-10）可以计算出建筑门窗室内外温度差为 1K 时，单位面积空气渗透热损失为：

$$K_{QS} = \frac{Q}{S \cdot \Delta t} = 0.39q_{2} \tag{5-11}$$

仿照门窗传热系数的定义，将 $K_{QS}$ 称为门窗单位面积空气渗透热损失传热系数。

因此，实际工程中反映建筑外门窗保温性能的综合传热系数 $K'$ 应为：

$$K' = K_{QS} + K \tag{5-12}$$

**2. 气密性能对保温性能的影响效果分析**

对于表5-10建筑门窗气密性能分级表中单位面积空气渗透量 $q_2$，按式（5-11）可计算出对应的单位面积空气渗透热损失传热系数 $K_{QS}$，见表5-33。

表 5-33　　　　　　　　　　单位面积空气渗透热损失传热系数 $K_{QS}$

| 分级 | $q_2[m^3/(m^2 \cdot h)]$ | $K_{QS}[W/(m^2 \cdot K)]$ | 分级 | $q_2[m^3/(m^2 \cdot h)]$ | $K_{QS}[W/(m^2 \cdot K)]$ |
|---|---|---|---|---|---|
| 1 | $12 \geqslant q_2 > 10.5$ | $4.68 \geqslant K_{QS} > 4.10$ | 5 | $6.0 \geqslant q_2 > 4.5$ | $2.34 \geqslant K_{QS} > 1.76$ |
| 2 | $10.5 \geqslant q_2 > 9.0$ | $4.1 \geqslant K_{QS} > 3.51$ | 6 | $4.5 \geqslant q_2 > 3.0$ | $1.76 \geqslant K_{QS} > 1.17$ |
| 3 | $9.0 \geqslant q_2 > 7.5$ | $3.51 \geqslant K_{QS} > 2.93$ | 7 | $3.0 \geqslant q_2 > 1.5$ | $1.17 \geqslant K_{QS} > 0.59$ |
| 4 | $7.5 \geqslant q_2 > 6.0$ | $2.93 \geqslant K_{QS} > 2.34$ | 8 | $q_2 \leqslant 1.5$ | $K_{QS} \leqslant 0.59$ |

假设某一组建筑外窗检测传热系数均为 $K=2.7[W/(m^2 \cdot K)]$，其气密性能分别对应分级表5-10所示气密分级，则按照式（5-12）计算反映该组外窗实际保温性能的综合传热系数 $K'$ 见表5-34。

表 5-34　　　　　　　　　　　综合传热系数 $K'$

| 分级 | $q_2[m^3/(m^2 \cdot h)]$ | $K'[W/(m^2 \cdot K)]$ | 分级 | $q_2[m^3/(m^2 \cdot h)]$ | $K'[W/(m^2 \cdot K)]$ |
|---|---|---|---|---|---|
| 1 | $12 \geqslant q_2 > 10.5$ | $7.38 \geqslant K' > 6.80$ | 5 | $6.0 \geqslant q_2 > 4.5$ | $5.04 \geqslant K' > 4.46$ |
| 2 | $10.5 \geqslant q_2 > 9.0$ | $6.80 \geqslant K' > 6.21$ | 6 | $4.5 \geqslant q_2 > 3.0$ | $4.46 \geqslant K' > 3.87$ |
| 3 | $9.0 \geqslant q_2 > 7.5$ | $6.21 \geqslant K' > 5.63$ | 7 | $3.0 \geqslant q_2 > 1.5$ | $3.87 \geqslant K' > 3.29$ |
| 4 | $7.5 \geqslant q_2 > 6.0$ | $5.63 \geqslant K' > 5.04$ | 8 | $q_2 \leqslant 1.5$ | $K' \leqslant 3.29$ |

从表5-33及表5-34中可以看出，相同传热系数 $K$ 的一组外窗，由于气密性能等级不同，其气密性能引起的空气渗透热损失相差巨大，气密性能等级越低，空气渗透引起的热损失就越大，外窗的实际热损失就越大。

通过表5-33可以看出，表5-35中居住建筑节能设计标准要求的气密性能指标中，对于低层建筑而言，因气密性能引起的最大单位面积空气渗透热损失传热系数 $K_{QS}$ 达到 2.93 $[W/(m^2 \cdot K)]$，如果外窗的检测传热系数 $K=2.7[W/(m^2 \cdot K)]$ 满足节能设计要求，则其因空气渗透引起的单位面积空气渗透热损失传热系数 $K_{QS}$ 甚至大于检测传热系数 $K$。此时，外门窗的实际综合传热系数 $K'$ 为 5.63 $[W/(m^2 \cdot K)]$，空气渗透引起的热损失占比最大达到 2.93/5.63＝52%。即使是对于高层建筑的气密性能指标要求中，因气密性能引起的最大单位面积空气渗透热损失传热系数 $K_{QS}$ 达到 1.76 $[W/(m^2 \cdot K)]$，对于检测传热系数 $K=2.7$ $[W/(m^2 \cdot K)]$ 的外门窗，外门窗的实际综合传热系数 $K'$ 也达到 4.46 $[W/(m^2 \cdot K)]$。空气渗透引起的热损失占比最大也达到 1.76/4.46＝39.5%。

表 5 - 35　　　　　　　　　　　不同建筑节能标准对门窗气密性能要求

| 标准 | 气密性能要求 | |
| --- | --- | --- |
| | $q_1$ $[m^3/(m \cdot h)]$ | $q_2$ $[m^3/(m^2 \cdot h)]$ |
| JGJ 26—2018 | 严寒、寒冷地区≤1.5 | 严寒、寒冷地区≤4.5 |
| JGJ 134—2010 | ≤2.5（1～6 层），≤1.5（≥7 层） | ≤7.5（1～6 层），≤4.5（≥7 层） |
| JGJ 75—2012 | ≤2.5（1～9 层），≤1.5（≥10 层） | ≤7.5（1～9 层），≤4.5（≥10 层） |
| JGJ 475—2019 | A 区：≤2.5（1～9 层），≤1.5（≥10 层）<br>B 区：≤2.5 | A 区：≤7.5（1～9 层），≤4.5（≥10 层）<br>B 区：≤7.5 |
| GB 50189—2015 | ≤1.5（1～9 层），≤1.0（≥10 层） | ≤4.5（1～9 层），≤3.0（≥10 层） |
| GB/T 51350—2019 | 外窗：≤0.5；外门：≤1.5 | 外窗：≤1.5；外门：≤4.5 |

同样，利用单位面积空气渗透热损失传热系数 $K_{QS}$ 和综合传热系数 $K'$ 还可以对不同类型的门窗产品的实际节能效果进行评价。

我国推行的建筑门窗节能标识体系中，气密性能作为评价门窗节能性能的重要指标。

3. 应对措施

由于结构性的原因，推拉窗的气密性能普遍低于平开窗，很难满足气密性较高的要求。因此，在要求较高的节能设计中，应优先选用平开窗。

对于平开窗而言，应采用带中间密封的三密封结构，如图 5-5 所示。在这种密封结构的平开窗设计中，由于中间密封将水密和气密分隔成独立的腔室，提高了门窗的气密和水密性能。

根据门窗气密性能分级指标 $q_1$ 的 $q_2$ 关系，门窗设计时，在开启部分满足通风换气及功能需要的前提下，应尽可能减小开启部分的面积，减小因气密性能产生的空气渗透热损失。

由于安装中空玻璃后的平开窗扇较重，因此，应采用材料可靠，承重性能好及具有多点锁闭功能的五金配件。

总之，气密性能对建筑门窗的节能性能有着重要的影响。门窗的实际节能效果应通过保温性能和气密性能综合评价，提高门窗的节能性能应从提高保温性能和降低气密性能两方面综合考虑。

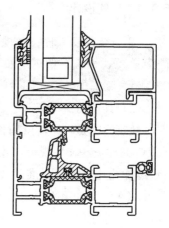

图 5 - 5　带中间密封的隔热
　　　　铝合金窗

## 5.7 空气声隔声性能设计

空气声隔声性能是可开启部分正常锁闭状态时，外门窗阻止室外声音传入室内的能力。以 dB 为单位。

透过试件的透射声功率与入射试件的入射声功率之比值称为声透射系数，以字母 $\tau$ 表示。隔声量是入射到门窗试件上的声功率与透过试件的透射声功率之比值，取以 10 为底的对数乘以 10，以字母 $R$ 表示。则隔声量 $R$ 与声透射系数的关系为：$R=10\lg\dfrac{1}{\tau}$ 或 $\tau=10^{-R/10}$。

计权隔声量是将测得的试件空气声隔声量频率特性与规定的空气声隔声基准曲线按照规定的方法相比较而得出得单值计价量。将计权隔声量值转换为试件隔绝粉红噪声时试件两侧空间的 A 计权声压级差所需的修正值称为粉红噪声频谱修正量。将计权隔声量值转换为试件隔绝交通噪声时试件两侧空间的 A 计权声压级差所需的修正值称为交通噪声频谱修正量。

现行国家标准《建筑幕墙、门窗通用技术条件》(GB/T 31433—2015)规定,外门、外窗以"计权隔声量和交通噪声频谱修正量之和（$R_w+C_{tr}$）"作为分级指标。内门、内外窗以"计权隔声量和粉红噪声频谱修正量之和（$R_w+C$）"作为分级指标。空气声隔声性能分级及指标值见表 5-36。

表 5-36　　　　　　　　　　　空气隔声性能分级　　　　　　　　　　（dB）

| 分级 | 外门、外窗分级指标 | 内门、内窗分级指标 | 分级 | 外门、外窗分级指标 | 内门、内窗分级指标 |
|---|---|---|---|---|---|
| 1 | $20{\leqslant}R_w+C_{tr}{<}25$ | $20{\leqslant}R_w+C{<}25$ | 4 | $35{\leqslant}R_w+C_{tr}{<}40$ | $35{\leqslant}R_w+C{<}40$ |
| 2 | $25{\leqslant}R_w+C_{tr}{<}30$ | $25{\leqslant}R_w+C{<}30$ | 5 | $40{\leqslant}R_w+C_{tr}{<}45$ | $40{\leqslant}R_w+C{<}45$ |
| 3 | $30{\leqslant}R_w+C_{tr}{<}35$ | $30{\leqslant}R_w+C{<}35$ | 6 | $R_w+C_{tr}{\geqslant}45$ | $R_w+C{\geqslant}45$ |

### 5.7.1　性能设计

《铝合金门窗工程技术规范》(JGJ 214—2010)中对建筑外门窗空气隔声性能指标计权隔声量（$R_w+C_{tr}$）值规定如下:

(1) 临街的外窗、阳台门和住宅建筑外窗及阳台门不应低于 30dB。

(2) 其他门窗不应低于 25dB。

建筑门窗是轻质薄壁构件,是围护结构隔声的薄弱环节。国家标准《住宅建筑标准》(GB 50368—2005)规定,外窗隔声量 $R_w$ 不应小于 30dB,户门隔声量 $R_w$ 不应小于 25dB。《近零能耗建筑技术标准》(GB/T 51350—2019)规定:居住建筑室内噪声昼间不应大于 40dB（A）,夜间不应大于 30dB（A）。《铝合金门窗》(GB/T 8478—2020)规定了隔声型门窗的隔声性能值不应小于 35dB。

建筑物的用途不同,对隔声性能的要求不同。因此,工程中具体门窗隔声性能设计,应根据建筑物各种用房的允许噪声级标准和室外噪声环境（外门窗）或相邻房间隔声环境（内门窗）情况,按照外围护墙体（外门窗）或内围护隔墙（内门窗）的隔声要求具体确定外门窗或内门窗隔声性能指标。

《民用建筑隔声设计规范》(GB 50118—2010)对不同用途建筑的外门窗隔声性能提出了具体的要求,见表 5-37～表 5-41。

表 5-37　　　　住宅建筑外窗（包括未封闭阳台的门）的空气声隔声标准

| 构件名称 | 空气声隔声单值评价量＋频谱修正量（dB） | |
|---|---|---|
| 交通干线两侧卧室、起居室（厅）的窗 | 计权隔声量＋交通噪声频谱修正量（$R_w+C_{tr}$） | $\geqslant30$ |
| 其他窗 | 计权隔声量＋交通噪声频谱修正量（$R_w+C_{tr}$） | $\geqslant25$ |

表 5-38　　　　　　　　　　学校建筑教学用房外窗和门的空气声隔声标准

| 构件类型 | 空气声隔声单值评价量＋频谱修正量（dB） | |
| --- | --- | --- |
| 临交通干线的外窗 | 计权隔声量＋交通噪声频谱修正量（$R_w+C_{tr}$） | ≥30 |
| 其他外窗 | 计权隔声量＋交通噪声频谱修正量（$R_w+C_{tr}$） | ≥25 |
| 产生噪声房间的门 | 计权隔声量＋粉红噪声频谱修正量（$R_w+C$） | ≥25 |
| 其他门 | 计权隔声量＋粉红噪声频谱修正量（$R_w+C$） | ≥20 |

表 5-39　　　　　　　　　　医院建筑外窗和门的空气声隔声标准

| 构件名称 | 空气声隔声单值评价量＋频谱修正量（dB） | |
| --- | --- | --- |
| 外窗 | 计权隔声量＋交通噪声频谱修正量<br>（$R_w+C_{tr}$） | ≥30（临街病房） |
| | | ≥25（其他） |
| 门 | 计权隔声量＋粉红噪声频谱修正量<br>（$R_w+C$） | ≥30（听力测听室） |
| | | ≥20（其他） |

表 5-40　　　　　　　　　　旅馆建筑外门窗的空气声隔声标准

| 构件名称 | 空气声隔声单值评价量＋频谱修正量 | 特级（dB） | 一级（dB） | 二级（dB） |
| --- | --- | --- | --- | --- |
| 客房外窗 | 计权隔声量＋交通噪声频谱修正量（$R_w+C_{tr}$） | ≥35 | ≥30 | ≥25 |
| 客房门 | 计权隔声量＋粉红噪声频谱修正量（$R_w+C$） | ≥30 | ≥25 | ≥20 |

表 5-41　　　　　　　　　　办公建筑外窗和门的空气声隔声标准

| 构件类型 | 空气声隔声单值评价量＋频谱修正量（dB） | |
| --- | --- | --- |
| 临交通干线的办公室、会议室外窗 | 计权隔声量＋交通噪声频谱修正量（$R_w+C_{tr}$） | ≥30 |
| 其他外窗 | 计权隔声量＋交通噪声频谱修正量（$R_w+C_{tr}$） | ≥25 |
| 门 | 计权隔声量＋粉红噪声频谱修正量（$R_w+C$） | ≥20 |

## 5.7.2　构造设计

　　门窗的隔声性能主要取决于占门窗面积 70%～80% 的玻璃的隔声效果。单层玻璃的隔声效果有限，通常采用单层玻璃时门窗的隔声效果只能达到 29dB 以下，提高门窗隔声性能最直接有效的方法就是采用隔声性能良好的中空玻璃或夹层玻璃。如需进一步提高隔声性能，可采用不同厚度的玻璃组合，以避免共振，得到更好的隔声效果。门窗玻璃镶嵌缝隙及框、扇开启缝隙，也是影响门窗隔声性能的重要环节。采用耐久性好的密封胶和弹性密封胶条进行门窗密封，是保证门窗隔声效果的必要措施。对于有更高隔声性能要求的门窗也可采用双重门窗系统。门窗框与洞口墙体之间的安装间隙是另一个不可忽视的隔声环节。因此，铝合金门窗隔声性能的构造设计可遵照下述要求：

（1）提高门窗隔声性能，宜采用中空玻璃或夹层玻璃。

（2）中空玻璃内充惰性气体或内外片玻璃采用不同厚度的玻璃。

（3）门窗玻璃镶嵌缝隙及框与扇开启缝隙，应采用具有柔性和弹性的密封材料密封。

（4）采用双层门窗构造。

（5）采用密封性能良好的门窗形式。

### 5.7.3　窗户透声基本知识

窗户安装玻璃的主要功能，是提供室内采光和向外的视线，除此之外，还起隔声作用。窗户的声音透射通常影响建筑的整体隔声效果。

支配窗户声透射的物理定律与支配建筑墙体声透射的物理定律相同，但玻璃窗实际的噪声控制程度还要受玻璃本身的性质和窗户的安装特点的影响。例如，增加玻璃的厚度在大多数频率区间都可以提高隔声量，但是玻璃的刚度却限制了隔声量的提高。使用多层玻璃（双层和三层）在大多数频率处可以降低噪声，但这取决于玻璃之间的隔离方式。

隔声量是用来测量在某一频率范围的降噪程度的标准尺度。尽管使用声透射系数对评定建筑物的某些声源的降噪效果，比如人的说话声音，一般来说是令人满意的，但是，使用声透射系数来评定较低频率的声源来说，却不大适用。因为，大多数室外噪音源如飞机和公路上的交通车辆都位于这一区间，仅仅用声透射系数来评定建筑物的外立面的降噪程度，是远远不够的。

1. 密封单层玻璃窗

从理论上看，如果玻璃刚度的作用忽略不计的话，大片单层玻璃的声频或质量每增加2倍，其隔声量增加6dB。尽管单层玻璃的隔声量在某些频率处基本服从"质量"定律，但是由于玻璃本身的刚度和窗户玻璃的面积有限，却导致了玻璃的隔声量偏离质量定律的规定。

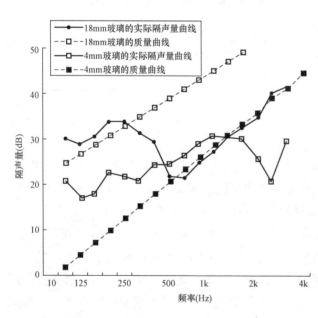

图5-6 密封单层玻璃窗的隔声量曲线

图5-6描绘的是两个不同厚度的密封单层玻璃窗的质量定律曲线和实际隔声量曲线。质量定律曲线显示的隔声量变化随着频率的增加大于实际测量窗户的隔声量。

在低频处，实际测量的隔声量高于相对应的质量定律曲线。这是因为窗户密封材料的吸声和相对于声波波长的窗户尺寸所导致的。一般来说，这些影响对于大片玻璃如玻璃墙隔断来说是微不足道的。玻璃隔声量的大小取决于窗户的尺寸、形状以及窗户是如何安装在窗户框内的。使用弹性密封材料（如氯丁橡胶密封条）可提高玻璃在低频处的隔声量3到5dB。

在较高频率处，实际测量的隔声量降到对应的质量曲线以下。实际测量隔声量的这种大幅度下降通常被称为"符合频率下垂"（coincidence dip）。导致符合频率下垂的原因是由玻璃板内的弯波造成的。

符合频率下垂发生的频率与玻璃的厚度成反比。2mm 厚玻璃的符合频率下垂接近于 500kHz，而 18mm 厚的玻璃的符合频率下垂发生在频率为 50Hz 处。从图 5-5 可见，由于符合频率下垂的作用，在频率 500Hz 处，18mm 厚玻璃的隔声量事实上比 4mm 厚玻璃的隔声量要小。在频率 200Hz 以上，实际测量的 18mm 厚玻璃的隔声量远远小于用质量定律所表示的隔声量曲线。由于符合频率下垂的影响，紧紧靠增加玻璃厚度对单片玻璃的声透射系数的影响是十分有限的。

在符合下垂频率之上，夹胶玻璃的隔声量较之同等厚度的单片玻璃大得多。夹胶玻璃的隔声量曲线在符合下垂频率以上十分接近质量定律曲线。这种隔声量的改善显然是得益于玻璃之间的弹性胶片产生的阻尼（振动能耗散）。但必须注意，这种阻尼是温度的函数。在加拿大北部寒冷的冬天，夹层玻璃的隔声量的增加幅度会大幅度的下降。

2. 双玻中空玻璃

双玻中空玻璃的隔声量主要取决于两片玻璃之间的空气层厚度。图 5-7 描绘的曲线表示中空玻璃的隔声量随空气层的增加而增加。图中的曲线显示，中空玻璃空气层每增加 2 倍，其声透射系数就大约增加 3。此外，该图还显示，声透射系数还随着玻璃的厚度增加而增加。

如果两片玻璃之间的间隔小（小于 25mm），则双层中空玻璃的声透射系数可能比相同厚度的单片玻璃的声透射系数仅仅高一点点（或事实上可能还要低一些）。之所以如此，是因为两层玻璃之间的空气像弹簧一样将振动能从一层玻璃传到另一层玻璃上，从而导致中空玻璃隔声量的大幅度减少，这种现象称为质量-空气-质量共振。中空玻璃的共振频率可由下列公式求出：

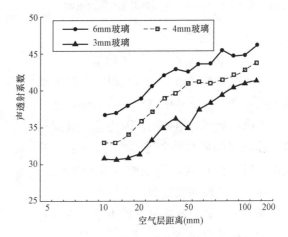

图 5-7　透声系数和中空玻璃窗空气层间距之间的关系

$$T = 1150(t_1 + t_2)^{1/2}/(t_1 t_2 d)^{1/2} \tag{5-13}$$

式中　$T$——中空玻璃的共振频率；

$t_1$，$t_2$——分别表示两片玻璃的厚度，mm；

$d$——表示空气层距离，mm。

一般来说，在工厂中制作的密封中空玻璃的共振频率位于 200～400Hz 之间。图 5-8 描绘的是这类中空玻璃共振频率的下降恰恰处于这一区间。天空中的飞机和路面上的交通车辆的绝大部分声能都处于该频率范围。通过增加空气层的厚度和使用较厚的玻璃，这类共振频率就可降低，从而改善对这种噪声源的隔声效果。

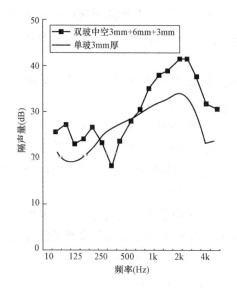

图 5 - 8　小空气层对中空玻璃隔声量的影响

在质量－空气－质量共振频率以下，双层中空玻璃和相同厚度的单层玻璃的隔声量相同。在位于共振频率以上时，中空玻璃的隔声量较之其中单层玻璃的要大。当空气层每增加 2 倍时，其声透射系数的增加大约为 3dB。

### 3. 三玻中空玻璃与双玻中空玻璃

尽管人们普遍认为在双玻中空基础上增加一层玻璃对隔声效果会起作用，但实际上除非中间空气层间隔相应地增加许多的话，否则三玻中空玻璃与双玻中空玻璃的隔声效果基本上是一致的。图 5 - 9 绘的是总厚度类似的双玻中空和三玻中空玻璃的隔声量比较曲线。图中的玻璃规格分别为，双层中空玻璃：3mm＋12mm＋3mm，三层中空玻璃：3mm＋6mm＋3mm＋6mm＋3mm，两者的空气层总厚度同为 12mm。

从图 5 - 9 中可见，在低于质量－空气－质量的共振频率（约 250Hz）时，三层中空玻璃的隔声量较三玻中空玻璃高 3dB，这与质量定律所预测的相一致，因为从双玻到三玻，玻璃窗的质量增加了 50%。在位于共振频率以上的位置，两条曲线几乎完全一致。因此，三玻和双玻的声透射级相同。

无论是双玻中空还是三玻中空，除非它们的空气层距离在 25mm 以上，否则三玻中空的隔声量与双玻中空的隔声量就十分近似。假定两个双玻中空玻璃，它们的质量相同，但其中一个的空腔很大，另一个较小。

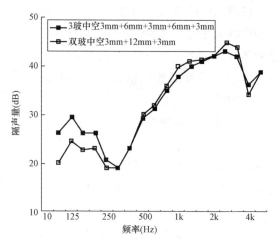

图 5 - 9　中空玻璃的隔声量曲线对比

如果用后者替代前者中的一层玻璃的话，隔声量的增加是十分有限的。

### 4. 玻璃窗降噪设计

如果对门窗的降噪要求不是特别大，人们一般就选用双玻中空窗。双玻中空窗的空气间隔必需相当大，才足以达到大量降噪的要求。

在双玻中空和三玻中空玻璃中采用非对称厚度的玻璃，其降噪效果较之相同厚度的玻璃的降噪量要大。图 5 - 7 中的双玻中空的玻璃厚为 6mm。如果将其中的一片用 3mm 厚的玻璃来替代，其透声系数与之替代前相比，相同或更大一些。中空玻璃中采用不同厚度的玻璃来降噪，是十分有效的一种方法，原因是不同厚度的玻璃的声音共振频率是位于不同区间的。双层玻璃的厚度比为 1∶2 时，效果是最明显的。

从窗框中透射的声能会限制中空玻璃的降噪效果，特别对隔声量大的中空玻璃窗的影响更大。图 5-7 的隔声量数据取自于安装在木质窗框上的中空玻璃，窗框的总厚度为 40mm。实验表明声音透过木窗框的能量是微不足道的，但对安装在重量轻的金属框的中空玻璃来说，隔声量是较低的，很明显是由于声音透过金属窗框导致其共振造成的。一般来说，应避免使用轻体的窗框材料。

影响降低噪声的因素包括：中空玻璃的安装、空气层内所充的气体、玻璃厚度、空气层距离、窗户边缘部的密封程度、玻璃种类（普通玻璃、夹层玻璃）、间隔条种类、边部的阻尼效果和窗框材料等。此外，需要记住的是，惰性气体和夹胶玻璃在中空玻璃内的使用，在一定的意义上说，可以对降噪起到作用，但在使用时必须对应用的条件做具体分析，如使用胶片夹层玻璃在寒冷的冬天条件下，由于阻尼作用的丧失，其降噪效果与同等厚度的单层玻璃是一样的。

### 5.7.4　空气声隔声性能的计算

建筑围护结构构件的隔声，单指质量定律下空气声的隔绝。声音通过围护结构的传播，按传播规律有两种途径，一种是振动直接撞击围护结构，并使其成为声源，通过维护结构的构件作为媒介介质使振动沿固体构件传播，称为固体传声、撞击声或结构声；另一种是空气中的声源发声以后激发周围的空气振动，以空气为媒质，形成声波，传播至构件并激发构件振动，使小部分声音等透射传播到另一个空间，此种传播方式也叫空气传声或空气声。而无论是固体传声还是空气传声，最后都通过空气这一媒质，传声入耳。门窗等结构工程，需要计算的是空气声隔声。

1. 隔声计算基本定律

质量定律是决定围护结构构件隔声量的基本规律。表述如下：围护结构构件的隔声量与其表面密度（或单位面积的质量）的对数成正比，用公式可表示为

$$R = 20\lg(mf) - 43 \tag{5-14}$$

式中　$R$——正入射隔声量；

　　　$m$——面密度；

　　　$f$——声波频率。

质量定律说明，当围护结构构件的材料已经决定后，为增加其隔声量，唯一的办法是增加它的厚度，厚度增加一倍，单位面积质量即增加一倍，隔声量增加 6dB；该定律还表明，低频的隔声比高频的隔声要困难。实际工程经验表明，靠增加厚度所能获得的隔声量的增加比理论值低，厚度加倍，隔声量大约只增加 4.5dB。

在实际隔声研究中最常用的是六个倍频程，中心频率分别是 125Hz、250Hz、500Hz、1000Hz、2000Hz、4000Hz，基本上代表了常用的声频范围。

2. 隔声量计算方法、公式的选择

隔声量的计算有多种方法，如公式计算法、图线判断法、平台作图法、隔声指数法、实测图表法等。一些计算软件采用公式计算法进行计算，下面对这种方法进行一些介绍。

所有的理论计算公式由于都是在许多不同假设条件下推导出来的，所以计算值偏差普遍偏大，并不符合实际工程情况，无法直接应用在工程实际中，而在工程中一般采用成组的经

验公式,对于门窗等外围护结构我们使用国际、国内众多声学专家推荐并普遍采用的公式进行计算,相关公式如下:

(1) 计算单层玻璃构件时:

$$R = 13.5 \lg M + 13 \qquad (5-15)$$

式中　$R$——单层玻璃的隔声量;

$M$——构件的面密度。

(2) 计算中空或夹层玻璃构件时:

$$R = 13.5 \lg(m_1 + m_2) + 13 + \Delta R_1 \qquad (5-16)$$

式中　$R$——双层玻璃结构的隔声量;

$m_1$,$m_2$——组成构件的面密度;

$\Delta R_1$——双层构件中间层的附加隔声量;

对于 PVB 膜,当膜厚为 0.38 时取 4dB;

当膜厚为 0.76 时取 5.5dB;

当膜厚为 1.14 时取 6dB;

当膜厚为 1.52 时取 7dB;

对空气层,按"瑞典技术大学"试验测定参数曲线选取,在空气层为 100mm 以下时,附加隔声量近似等于空气层厚度的 0.1。

(3) 计算中空+夹层玻璃构件时:

$$R = 13.5 \lg(m_1 + m_2 + m_3) + 13 + \Delta R_1 + \Delta R_2 \qquad (5-17)$$

式中　$\Delta R_1$——构件空气层的附加隔声量;

$\Delta R_2$——构件 PVB 膜的附加隔声量;

其他参数可以参看双层玻璃构件。

(4) 计算三片双中空玻璃构件时:

$$R = 13.5 \lg(m_1 + m_2 + m_3) + 13 + \Delta R_1 + \Delta R_2 \qquad (5-18)$$

式中　$\Delta R_1$——构件空气层 1 的附加隔声量;

$\Delta R_2$——构件空气层 2 的附加隔声量;

其他参数可以参看双层玻璃构件。

【示例】

结构组成(单位:mm):中空玻璃,玻璃组成为 6+12(空气层)+6,计算玻璃构件隔声量。

依据上面的介绍,采用式(5-16)进行计算:

$$R = 13.5 \lg(m_1 + m_2) + 13 + \Delta R_1$$
$$= 13.5 \times \lg[2.56 \times (6+6)] + 13 + 1.2$$
$$= 34.28 \text{dB}$$

按《建筑幕墙、门窗通用技术条件》(GB/T 31433—2015)空气声隔声性能分级,构件隔声性能属于 3 级。

## 5.8　采光性能设计

采光性能指铝合金窗在漫射光照射下透过光的能力。以透光折减系数 $T_r$ 作为分级指标。采光性能仅指外窗而言。采光性能分级及指标值 $T_r$ 如表 5-42 所示。

表 5-42　　　　　　　　　　　　　　采光性能分级

| 分级 | 1 | 2 | 3 | 4 | 5 |
|---|---|---|---|---|---|
| 分级指标值 | $0.20 \leqslant T_r < 0.30$ | $0.30 \leqslant T_r < 0.40$ | $0.40 \leqslant T_r < 0.50$ | $0.50 \leqslant T_r < 0.60$ | $T_r \geqslant 0.60$ |

### 5.8.1　自然光的利用

昼光是巨大的照明能源，将适当的昼光通过窗户引进室内照明，并透过窗户观看室内景物，是提高居住舒适，提高工作效率的重要条件。建筑物充分利用昼光照明，不仅能够获得很好的视觉效果，而且可以有效地节约能源。多变的天然光又是建筑艺术造型、材料质感、渲染室内外环境气氛的重要手段。

为了提高建筑外窗的采光效率，在设计时要尽量选择采光性能好的外窗，采光性能好坏用透光折减系数 $T_r$ 表示。$T_r$ 为光通过窗户和采光材料及与窗相结合的挡光部件后减弱的系数。

### 5.8.2　采光性能设计

《建筑采光设计标准》（GB/T 50033—2013）将采光与节能紧密联系在一起。采光效率的高低，采光材料是关键的因素，随着进入室内光量的增加，太阳辐射热也会增加，在夏季会增加很多空调负荷，因此在考虑充分利用天然光的同时，还要尽量减少因过热所增加的能耗，所以在选用采光材料时，要权衡光和热两方面的得失。光热比为材料的可见光透射比与材料的太阳光总透射比之比，推荐在窗墙比小于 0.45 时，采用光热比大于 1.0 的采光材料，窗墙比大于 0.45 时，采用光热比大于 1.2 的采光材料。

《建筑采光设计标准》（GB/T 50033—2013）第 7.0.3 条规定：采光窗的透光折减系数 $T_r$ 应大于 0.45。

在进行外窗的采光设计时，应进行采光计算。外窗的透光折减系数 $T_r$ 值的计算，可根据《建筑采光设计标准》（GB/T 50033—2013）要求计算。

节能外窗的采光性能设计应满足建筑节能设计标准对外窗综合遮阳系数的要求。外窗采光最主要的部分是窗玻璃。昼光透过玻璃射入室内，同时也把太阳光中的辐射热带入室内空间。因此，选择窗玻璃不但要考虑透光比的大小、透射光的分布，还要考虑玻璃的热工性能。对于有空调设备的房间要减少玻璃的热辐射透过量，对于节能和节省空调运行费用有重要的作用。而利用太阳能取暖的房间，从玻璃透入的辐射热则越多越好。

很多建筑为提高室内的采光性能及室内景观效果采用了较大面积的外窗。由于外窗的热工性能较建筑墙体差很多，所以过大面积的外窗往往导致热量的流失。根据建筑所处的气候分区，窗墙比与建筑外窗的传热系数或遮阳系数存在对应关系，而且一般情况下应满足窗墙比小于0.7，如果不能满足，应通过热工性能的权衡计算判断。

　　建筑外窗天然采光性能影响到建筑节能。目前，既有建筑中大量使用的热反射镀膜玻璃，虽然有很好的遮阳效果，能将大部分太阳辐射热反射回去，但其可见光透射率太低（8%～40%），会严重影响室内采光，导致室内人工照明能耗增加。因此，窗户的遮阳和采光要兼顾，要综合满足节能效果。

　　表5-43为建筑玻璃的光热参数值。

　　可见光透射比是指透过透明材料的可见光光通量与投射在其表面上的可见光光通量之比。

　　对于采光窗来说，在窗的结构确定情况下，窗玻璃最终决定采光效率和节能效果。在设计外窗选用玻璃时，应考虑选用透光性能好，传热系数低的透光材料。

表5-43　　　　　　　　　　　　　建筑玻璃的光热参数值

| 材料类型 | 材料名称 | 规格 | 颜色 | 可见光 | | 太阳光 | | 遮阳系数 | 光热比 |
|---|---|---|---|---|---|---|---|---|---|
| | | | | 透射比 | 透射比 | 直接透射比 | 总透射比 | | |
| 单层玻璃 | 普通白玻 | 6mm | 无色 | 0.89 | 0.08 | 0.80 | 0.84 | 0.97 | 1.06 |
| | | 12mm | 无色 | 0.86 | 0.08 | 0.72 | 0.78 | 0.90 | 1.10 |
| | 超白玻璃 | 6mm | 无色 | 0.91 | 0.08 | 0.89 | 0.90 | 1.04 | 1.01 |
| | | 12mm | 无色 | 0.91 | 0.08 | 0.87 | 0.89 | 1.02 | 1.03 |
| | 浅蓝玻璃 | 6mm | 蓝色 | 0.75 | 0.07 | 0.56 | 0.67 | 0.77 | 1.12 |
| | 水晶玻璃 | 6mm | 灰色 | 0.64 | 0.06 | 0.56 | 0.67 | 0.77 | 0.96 |
| 夹层玻璃 | 夹层玻璃 | 6C/1.52PVB/6C | 无色 | 0.88 | 0.08 | 0.72 | 0.77 | 0.89 | 1.14 |
| | | 3C+0.38PVB+3C | 无色 | 0.89 | 0.08 | 0.79 | 0.84 | 0.96 | 1.07 |
| | | 3F绿+0.38PVB+3C | 浅绿 | 0.81 | 0.07 | 0.55 | 0.67 | 0.77 | 1.21 |
| | | 6C+0.76PVB+6C | 无色 | 0.86 | 0.08 | 0.67 | 0.76 | 0.87 | 1.14 |
| | | 6F绿+0.38PVB+6C | 浅绿 | 0.72 | 0.07 | 0.38 | 0.57 | 0.65 | 1.27 |
| Low-E中空玻璃 | 高透Low-E | 6Low-E+12A+6C | 无色 | 0.76 | 0.11 | 0.47 | 0.54 | 0.62 | 1.41 |
| | | 6C+12A+6Low-E | 无色 | 0.67 | 0.13 | 0.46 | 0.61 | 0.70 | 1.10 |
| | 遮阳Low-E | 6Low-E+12A+6C | 灰色 | 0.65 | 0.11 | 0.44 | 0.51 | 0.59 | 1.27 |
| | | 6Low-E+12A+6C | 浅蓝灰 | 0.57 | 0.18 | 0.36 | 0.43 | 0.49 | 1.34 |
| | 双银Low-E | 6Low-E+12A+6C | 无色 | 0.66 | 0.11 | 0.34 | 0.40 | 0.46 | 1.65 |
| | | 6Low-E+12A+6C | 无色 | 0.68 | 0.11 | 0.37 | 0.41 | 0.47 | 1.66 |
| | | 6Low-E+12A+6C | 无色 | 0.62 | 0.11 | 0.34 | 0.38 | 0.44 | 1.62 |
| 镀膜玻璃 | 热辐射镀膜玻璃 | 6mm | 浅蓝 | 0.64 | 0.18 | 0.59 | 0.66 | 0.76 | 0.97 |
| | 硬镀膜低辐射玻璃 | 3mm | 无色 | 0.82 | 0.11 | 0.69 | 0.72 | 0.83 | 1.14 |
| | | 4mm | 无色 | 0.82 | 0.10 | 0.68 | 0.71 | 0.82 | 1.15 |
| | | 5mm | 无色 | 0.82 | 0.11 | 0.68 | 0.71 | 0.82 | 1.16 |
| | | 6mm | 无色 | 0.82 | 0.10 | 0.66 | 0.70 | 0.81 | 1.16 |
| | | 8mm | 无色 | 0.81 | 0.10 | 0.62 | 0.67 | 0.77 | 1.21 |
| | | 10mm | 无色 | 0.80 | 0.10 | 0.59 | 0.65 | 0.75 | 1.23 |
| | | 12mm | 无色 | 0.80 | 0.10 | 0.57 | 0.64 | 0.73 | 1.26 |
| | | 6mm | 金色 | 0.41 | 0.34 | 0.44 | 0.55 | 0.63 | 0.75 |
| | | 8mm | 金色 | 0.39 | 0.34 | 0.42 | 0.53 | 0.61 | 0.73 |

### 5.8.3　构造设计

建筑外窗采光性能构造设计宜采取下列措施：

（1）窗的立面设计尽可能减少窗的框架与整窗的面积比。减少窗的框、扇架构与整窗的面积比就是减小了窗结构的挡光折减系数。

（2）按门窗采光性能要求合理选配玻璃或设置遮阳窗帘。窗玻璃的可见光透射比应满足整窗的透光折减系数要求，选用容易清洗的玻璃，有利于减小窗玻璃污染折减系数。

（3）窗立面分格的开启形式满足窗户日常清洗的方便性。窗立面分格的开启形式设计，应使整樘窗的可开启部分和固定部分都方便人们对窗户的日常清洗，不应有无法操作的"死角"。

## 5.9　耐火完整性设计

耐火完整性指在标准规定的试验条件下，建筑门窗某一面受火时，在一定时间内阻止火焰和热气穿透或在背火面出现火焰的能力。

外门窗的耐火完整性用 E 表示，以耐火时间为分级指标，耐火时间以 t 表示，单位为 min。建筑门窗耐火完整性应按室内、室外受火面分级，室内侧受火面以 i 表示，室外侧受火面以 o 表示，分级及指标值见表 5-44。

表 5-44　　　　　　　　　　　耐火完整性分级表

| 分级 | | 代号 | |
|---|---|---|---|
| 受火面 | 室内侧 | E30（i） | E60（i） |
| | 室外侧 | E30（o） | E60（o） |
| 耐火时间 $t$（min） | | $30 \leqslant t < 60$ | $t \leqslant 60$ |

### 5.9.1　性能设计

《建筑设计防火规范》（GB 50016—2014）（2018 版）中 5.5.32 条规定："建筑高度大于54 米的住宅建筑，每户应有一个房间符合下列规定：①应靠外墙设置，并应设置可开启外窗；②内、外墙体的耐火极限不应低于 1.00h，该房间门宜采用乙级防火门，外窗的耐火完整性不宜低于 1.00h"。6.7.7 条规定："除采用 B1 级保温材料且建筑高度不大于 24m 的公共建筑或采用 B1 级保温材料建筑高度不大于 27m 的住宅建筑外，建筑外墙上门、窗的耐火完整性不应低于 0.50h"。因此，常说的耐火窗就是应用在建筑外墙上，具有一定耐火完整性要求的窗。

铝合金门窗耐火完整性能应符合《铝合金门窗》（GB/T 8478—2020）的规定要求，耐火型门窗要求室外侧耐火时，耐火完整性不应低于 E30（o），耐火型门窗要求室内侧耐火时，耐火完整性不应低于 E30（i）。

铝合金门窗耐火性能设计，应根据用途及安装位置不同，并符合《建筑设计防火规范》

(GB 50016—2014)（2018 版）的规定要求。

### 5.9.2 构造设计

（1）耐火型门窗应设计满足性能设计要求规定的耐火完整性要求的防火玻璃。

（2）门窗型材应设计加强钢或铝衬进行结构加固，并使加强结构连接成封闭的框架。

（3）玻璃镶嵌槽口宜设计钢制构件，并安装在增强型钢主骨架上；玻璃与框架之间的间隙应采用柔性阻燃材料填充。

（4）设计选用的辅助材料如填充材料、密封材料、密封件等应采用阻燃或难燃材料。

（5）对型材空腔进行阻燃填充设计，延长支撑件的支撑力。

（6）开启的五金系统应设计在背火侧。

## 5.10 安全设计

### 5.10.1 防雷设计

#### 1. 铝合金门窗的防雷设计

雷云对地放电的频繁程度可用地面落雷密度 $\gamma$ [次/(km$^2$·d)] 表示，它与年平均雷电日 $T_d$ (d/年) 有关。$T_d$ 值可查年平均雷电日数分布图及从有关气象资料中获取，$\gamma$ 与 $T_d$ 之间的关系可用经验公式近似计算：$r=0.024T_d^{0.3}$。

当建筑物上各部位高低不平时，应沿其周边逐点算出最大扩展宽度，其等值受雷面积应根据每点最大扩展宽度外端的连线所包围的面积来计算。

铝合金门窗的防雷设计应符合国家标准《建筑防雷设计规范》（GB 50057—2010）的规定，即一类防雷建筑物其建筑高度在 30m 及以上的外门窗，二类防雷建筑物其建筑高度在 45m 及以上的外门窗，三类防雷建筑物其建筑高度在 60m 及以上的外门窗应采取防侧击雷和等电位保护措施，应与建筑物防雷系统可靠连接。

建筑物雷击有直雷击（直接打在楼顶的）和侧雷击（从侧面打来的）两种。因为一般建筑比较高，设置在屋顶的避雷带并不能完全保护住楼体，所以安装于建筑物侧立面的铝合金门窗需要加设防护侧击雷措施。

高层建筑铝合金门窗防侧击雷通常施工方法是将铝合金门窗与主体建筑防侧击雷均压环可靠连接。

均压环是高层建筑物为防侧击雷而设计的环绕建筑物周边的水平避雷带。在建筑设计中当高度超过滚球半径（一类 30m，二类 45m，三类 60m）时，每隔 6m 设一均压环。在土建设计上通常均压环是利用圈梁内两条主筋焊接成闭合圈，此闭合圈必须与所有的引下线连接。要求每隔 6m 设一均压环，其目的是便于将 6m 高度内上下两层的金属门窗与均压环连接。

#### 2. 防雷构造设计

（1）防雷连接件可采用铜（Cu）、铝（Al）或钢（Fe）等导电金属材料为连接导体，其中采用铜（Cu）为连接导体时，导线截面积不应小于 $16mm^2$；采用铝（Al）为连接导体时，导线截面积不应小于 $25mm^2$；采用钢（Fe）为连接导体时，导线截面积不应小于 $50mm^2$；

（2）门窗框与防雷连接件连接处，宜去除型材表面的非导电防护层，并与防雷连接件连接；

（3）防雷连接导体宜分别与门窗框防雷连接件和建筑主体结构防雷装置焊接连接，焊接长度不小于 100mm，焊接处涂防腐漆。

3. 高层建筑铝合金门窗的防雷接地施工

铝合金门窗的防雷接地施工是高层建筑防雷工程中的重要组成部分。

（1）施工原理。高层建筑铝合金门窗的防雷接地施工主要解决的问题，就是将位于滚球半径以上的铝合金门窗框通过防雷装置与建筑物钢筋骨架法拉第笼连接，把雷电流的巨大能量，通过建筑物的接地系统，迅速传送到地下，从而防止建筑物受雷击破坏。

（2）施工工艺。铝合金门窗框防雷接地的施工要点就是将门窗框与建筑物主体引下线相连，对于面积较大的铝合金门窗，铝框两端均应做防雷接地处理。在门窗框安装之前，土建预留防雷接地施工有两种方式：外露式和内置式。外露式是采用圆钢与主体引下线主筋焊接，预留金属接地端子板与铝合金门窗防雷引线连接完成接地；内置式是在门窗预留洞口处墙体内预埋钢件（即接地端子板），该钢件与主体引下线主筋焊接，铝合金门窗防雷接地引下线与预埋件焊接。铝合金门窗防雷接地施工可根据土建等电位连接体引出方式来确定。引下线可采用圆钢或扁钢，宜优先采用圆钢，圆钢直径不应小于 8mm。扁钢截面积不应小于 $48mm^2$，其厚度不应小于 4mm. 接地端子板宜采用 $80mm \times 80mm \times 4mm$ 的方形钢板。接地端子板与引下线之间、引下线与建筑物主筋之间的连接均采用焊接连接，焊接长度不得小于100mm。铝合金门窗与接地端子板之间可采用镀锌钢、铜、铝等导体连接。各连接导体的最小截面积见表 5 - 45。

表 5 - 45　　　　　　　　各种连接导体的最小截面积　　　　　　　　$mm^2$

| 材料 | 等电位连接带之间和等电位连接带与接地装置之间的连接导体，流过大于或等于 25%总雷电流的等电位连接导体 | 内部金属装置与等电位连接带之间的连接导体，流过小于 25%总雷电流的等电位连接导体 |
|---|---|---|
| 铜 | 16 | 6 |
| 铝 | 25 | 10 |
| 钢（铁） | 50 | 16 |

软编织铜导线作为连接导体（图 5 - 10），一端通过镀锌扁钢与铝合金门窗框相连，另一端与接地端子板（图 5 - 11）相连。

图 5 - 10　软编织铜导线　　　　　图 5 - 11　连接件

铝合金型材表面通常有电泳涂漆、粉末喷涂、氟碳漆喷涂等几种非导电性处理方式，其表面被覆层厚度最大标准值为 $40\mu m$。因此，连接导体与铝框之间可直接采用 M6 螺栓连接，且采用 4 点连接。软编织导线与接地端子板之间也采用 M6 螺栓连接。这种连接方式较之焊接可以不对门窗框被覆层造成破坏，亦可保证连接的稳定和可靠性。

（3）施工中常见的问题及对策。

1）不能正确判定建筑物的防雷类别，造成材料的浪费及成本的增加。或者造成设计能力的不足而导致安全隐患。

在防雷设计阶段首先应该根据当地实际及建筑物的具体情况正确计算出年平均雷击次数，确定建筑物的防雷类别，只有位于滚球半径以上的铝合金门窗框才需要做防雷接地处理。

2）未严格按照防雷技术规范和防雷施工工艺进行施工，施工质量达不到要求。如铜编织导线总截面不够、连接件尺寸不足、门窗框上连接点不足 4 个，以及松动、漏装、未打磨接触面等等。应严格按照防雷技术规范和有关施工工艺施工。

3）铝合金门窗框在安装过程中，为保护其喷涂或氧化层不被破坏，其表面包裹一层临时性保护塑料薄膜。而在防雷施工时没有将该处薄膜去掉，影响导电线路的通畅，因此，在连接前首先应将防雷处的薄膜去除。

4）没有检测电路是否导通便被后续装饰工作隐蔽覆盖。在防雷施工完毕应当立即使用简易方法检测该处线路是否导通，只有检测电路导通后才能进行下一道工序，以避免日后返工。

5）遗漏现象。由于门窗框的安装和防雷施工通常由不同的专业班组完成，容易出现个别门窗框没有做防雷处理的情况，因此，在施工过程中必须做好文字记录工作，避免出现遗漏。

高层建筑铝合金门窗防雷接地施工是铝合金门窗安装工程质量控制的重要部分，也是整个建筑物防雷系统的重要部分。在施工过程中，必须严格按照相关规范并结合实际情况进行。高层建筑物中铝合金门窗工程实施合理的防雷接地技术能显著提高建筑物的防侧击雷的能力，可在很大程度上减少雷击引发的自然灾害，保护人身和财产安全。

（4）铝合金门窗防雷接地工程检测。铝合金门窗防雷接地工程检测分三部分：

1）铝合金门窗防雷接地施工前会同土建单位、工程监理部和质量管理部门对土建预留等电位体是否接通大地进行检测验收，及时消除不导通现象。也可直接同土建防雷施工单位办理工序合格移交手续，然后自检过程发现个别有问题等电位体时及时通知有关单位解决。

2）铝合金门窗预留防雷引线与上建留置等电位体金属片接通后应及时检测其是否导通，通常采用万能电表检测，及时消除不导通现象。

3）铝合金门窗防雷接地施工结束，应及时对门窗接地电阻值进行检测，确保接地电阻值在设计规定范围内。接地电阻的测量可采用接地电阻测量仪测量。

## 5.10.2 玻璃防热炸裂

1. 玻璃的热应力炸裂

（1）玻璃热应力破裂的本质。当玻璃自身受热不均匀，冷热区域之间形成温差，导致非均匀膨胀或收缩而形成的热应力大于玻璃的边缘抗拉强度时，玻璃就会发生破裂，这种破裂称为玻璃的"热应力破裂"或"热炸裂"，典型的热应力破裂具有以下特征：

1）裂纹从边缘开始，一组裂纹与边部只有一个交点，起端与玻璃边缘垂直。

2）在玻璃中区的破裂线多为弧形线，其后分成两支，无规则弯曲向外延伸。

3）边缘处裂口整齐，断口无破碎崩边现象。

对于边部存在微裂痕的玻璃，热应力破裂的纹路不具备上述特征。所有未作磨边处理的玻璃，其边部都存在肉眼看不到的微裂痕，这一点应引起充分的注意。

（2）导致玻璃热应力破裂的因素。

1）设计选择玻璃不当。镀膜玻璃（热反射玻璃或 Low‑E 玻璃）在实际应用中有明显的节能效果，这是因为它能够有效地控制进入室内的阳光。由于建筑玻璃是热的不良导体，而镀膜玻璃的太阳能吸收率又比普通白玻高，因此在同等受热不均匀的情况下，镀膜玻璃热应力破裂率高于白玻璃，这是镀膜玻璃本身特性决定的。

选择镀膜玻璃时不仅要考虑颜色、透光率、遮蔽效果等，更要考虑玻璃的热应力问题，应对玻璃进行热应力计算，若计算结果不满足应力要求，则应采用钢化或半钢化镀膜玻璃，以增强玻璃的抗热冲击性，否则会在随后的使用过程中出现程度不同的热应力破裂。

除计算外，还可根据以下因素做出判断：

①玻璃的太阳能吸收率≥60%时。

②使用着色基片的镀膜玻璃。

③5 或 6mm 常规厚度，面积在 $2m^2$ 以上的，边长比大于 2 的玻璃。

④早晚温差大的寒带和温带地区朝东、朝南安装的镀膜玻璃。

⑤安装在阳光非均匀照射环境中的玻璃。例如：一半受太阳直射，另一半被遮阳棚、立柱、门廊等物体遮蔽；用作窗间墙的玻璃，既玻璃一半后部面靠墙或梁，而另一半后部是通透的房间等易造成温差不均匀的分割；如一端落地安装的或垂直边靠墙的玻璃。

⑥安装在冷、热风道口处的玻璃。

在上述情况下使用的玻璃，建议采用玻璃钢化或半钢化玻璃。

2）玻璃的切割、磨边质量不合格。在导致镀膜玻璃热应力破裂的诸多因素中，玻璃边缘的切割质量至关重要，它是影响玻璃破裂的重要原因。玻璃是脆性材料，其玻璃边部的抗张强度与玻璃边缘缺陷的关系极为密切，任何边部的缺陷都会导致边缘的抗张强度降低十几倍。因此，如果因切割质量不好，在玻璃的边缘存在边界凹凸不平整，崩边崩角的情况或有裂纹，玻璃在受热膨胀时，由于内部应力的作用，就极易在边缘有缺陷的点开始破裂。事实证明，多数的热应力破裂现象也与玻璃的边缘切割质量有关。因此，对所有射镀膜玻璃产品，我们建议切割后必须进行磨边处理，否则将增大热应力破裂的概率。

3）安装不当。

①玻璃安装时应与金属框或其他金属物保持一定的距离，严禁玻璃边角在任何方向直接接触金属框体或保留的空隙过小，以保证玻璃有足够的膨胀空间。如果玻璃的某一个点接触到框架，将导致整块玻璃的受热及膨胀不均匀，就会导致玻璃破裂。

②玻璃窗的安装不平整也是导致玻璃破裂的一个很重要的原因。玻璃在安装中不平，会

产生弯曲变形，虽然还不一定会导致弯曲破裂，但因各种热应力因素的影响，就大大增加了玻璃发生热应力破裂的概率。

③安装玻璃的金属框体的热绝缘好坏也是影响玻璃热应力破裂的因素之一。在安装玻璃时，宜使用导热系数低的泡沫聚苯乙烯或泡沫氯丁橡胶制成的泡沫条作衬垫材料，将玻璃与导热性良好的金属框体或阴冷的墙体隔绝开来。一般来说，由于结构不同，明框幕墙和窗体的玻璃比隐框幕墙的玻璃更容易导致玻璃热应力破裂。

**2. 玻璃防热炸裂设计**

门窗玻璃的热炸裂是由于玻璃在太阳光照射下受热不均匀，面板中部受热温度升高，与边部的冷端之间形成温度梯度，造成非均匀膨胀或受到边部镶嵌的约束，形成热应力，使薄弱部位发生裂纹扩展，热应力超过玻璃边部的抗拉强度而产生的。普通退火玻璃边缘强度比较低，容易在其内部产生的热应力比较大时发生炸裂。因此，在进行铝合金门窗设计时应按照《建筑玻璃应用技术规程》（JGJ 113—2015）的有关规定，进行玻璃防炸裂设计计算，并采取必要的措施防玻璃热炸裂。

门窗设计选用普通退火玻璃（主要是大板面玻璃和着色玻璃）时，应考虑玻璃品种（吸热率、边缘强度）、使用环境（玻璃朝向、遮挡阴影、环境温度、墙体导热）、玻璃边部装配约束（明框镶嵌、隐框胶结）等各种因素可能造成的玻璃热应力问题，以防止玻璃热炸裂产生。

当平板玻璃、着色玻璃、镀膜玻璃、压花玻璃和夹丝玻璃明框安装且位于阳面时，应进行热应力计算，且玻璃边部承受的最大应力值不应超过玻璃端面强度设计值。玻璃热炸裂是由于玻璃的热应力引起，玻璃热应力最大值位于板的边部，且热应力属于平面内应力，因此玻璃强度设计值取端面强度设计值。由于抗热冲击能力强，一般情况下没有热炸裂的可能，因此，半钢化玻璃、钢化玻璃则不必进行防热炸裂的热应力计算。

（1）玻璃端面强度设计值。玻璃中部强度是指荷载垂直玻璃表面时，玻璃中部的断裂强度。例如在风荷载等均布荷载作用下，四边支撑矩形玻璃板最大弯曲应力位于中部，玻璃所表现出的强度称为中部强度，是玻璃强度最大的位置。

边缘强度指荷载垂直玻璃表面时，玻璃边缘的断裂强度。例如在风荷载等均布荷载作用下，三边支撑或两对边支撑矩形玻璃板自由边位置，或单边支撑矩形玻璃支撑边位置，玻璃所表现出来的强度称为边缘强度。

玻璃端面强度荷载垂直玻璃表面时，玻璃端面的抗拉强度。端面指玻璃切割后的横断面，荷载垂直玻璃端面，玻璃端面的抗拉强度。例如在风荷载等均布荷载作用下，全玻璃幕墙的玻璃肋两边的位置；温差应力作用下，玻璃板边部位置，玻璃所表现出的强度称为端面强度。

玻璃端面强度设计值可按式（5 - 19）计算。

$$f_g = c_1 c_2 c_3 c_4 f_0 \qquad (5 - 19)$$

式中　　$f_g$——玻璃强度设计值；

　　　　$c_1$——玻璃种类系数，按表 5 - 46 取值；

　　　　$c_2$——玻璃强度位置系数，按表 5 - 47 取值；

$c_3$——荷载类型系数，按表 5 - 48 取值；

$c_4$——玻璃厚度系数，按表 5 - 49 取值；

$f_0$——短期荷载作用下，平板玻璃中部强度设计值，取 28MPa。

表 5 - 46　　　　　　　　　　　　玻璃种类系数 $c_1$

| 玻璃种类 | 平板玻璃 | 半钢化玻璃 | 钢化玻璃 | 夹丝玻璃 | 压花玻璃 |
|---|---|---|---|---|---|
| $c_1$ | 1.0 | 1.6～2.0 | 2.5～3.0 | 0.5 | 0.6 |

表 5 - 47　　　　　　　　　　　　玻璃强度位置系数 $c_2$

| 强度位置 | 中部强度 | 边缘强度 | 端面强度 |
|---|---|---|---|
| $c_2$ | 1.0 | 0.8 | 0.7 |

表 5 - 48　　　　　　　　　　　　荷载类型系数 $c_3$

| 荷载类型 | 平板玻璃 | 半钢化玻璃 | 钢化玻璃 |
|---|---|---|---|
| 短期荷载 $c_3$ | 1.0 | 1.0 | 1.0 |
| 长期荷载 $c_3$ | 0.31 | 0.50 | 0.50 |

表 5 - 49　　　　　　　　　　　　玻璃厚度系数 $c_4$

| 玻璃厚度 | 5～12mm | 15～19mm | ≥20mm |
|---|---|---|---|
| $c_4$ | 1.00 | 0.85 | 0.70 |

玻璃端面强度设计值也可按表 5 - 50 取值。

表 5 - 50　　　　　　　　　　　　玻璃端面强度设计值

| 玻璃品种 | 厚度（mm） | 端面设计值（N/mm²） |
|---|---|---|
| 平板玻璃 着色玻璃 镀膜玻璃 | 3～12 | 20 |
| | 15～19 | 17 |
| 压花玻璃 | 6，8，10 | 12 |
| 夹丝玻璃 | 6，8，10 | 10 |

注：夹层玻璃、真空玻璃和中空玻璃端面强度设计值与单片玻璃相同。

（2）玻璃热应力计算。一般来说，玻璃的内部热应力的大小，不仅与玻璃的吸热系数、弹性模量、线膨胀系数有关，还与玻璃的安装情况及使用情况有关。

在日光照射下，建筑玻璃端面应力按下式计算：

$$\sigma_h = 0.74 E \alpha \mu_1 \mu_2 \mu_3 \mu_4 (T_c - T_s) \qquad (5 - 20)$$

式中　$\sigma_h$——玻璃端面应力，N/mm²；

$E$——玻璃弹性模量，可按 $0.72 \times 10^5$ N/mm² 取值；

$\alpha$——玻璃线膨胀系数，可按 $10^{-5}$/℃ 取值；

$\mu_1$——阴影系数，按表 5 - 51 取值；

$\mu_2$——窗帘系数，按表 5-52 取值；

$\mu_3$——玻璃面积系数，按表 5-53 取值；

$\mu_4$——边缘温度系数，按表 5-54 取值；

$T_c$——玻璃中部温度，其计算方法见下；

$T_s$——窗框温度，其计算方法见下。

玻璃表面的阴影使玻璃板温度分布发生变化，与无阴影的玻璃相比，热应力增加，两者之间的比值用阴影系数 $\mu_1$ 表示，见表 5-51。

表 5-51　　　　　　　　　　　　　　　阴影系数

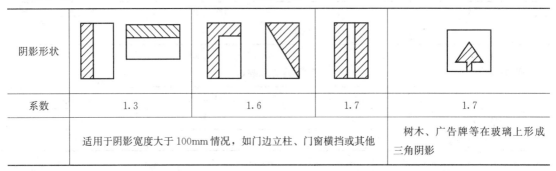

| 阴影形状 | | | | |
|---|---|---|---|---|
| 系数 | 1.3 | 1.6 | 1.7 | 1.7 |
| | 适用于阴影宽度大于100mm情况，如门边立柱、门窗横挡或其他 | | | 树木、广告牌等在玻璃上形成三角阴影 |

在相同的日照量情况下，玻璃内侧装窗帘或百叶与未安装的场合相比，玻璃热应力增加，两者之间的比值用阴影系数 $\mu_2$ 表示，见表 5-52。

表 5-52　　　　　　　　　　　　　窗帘系数

| 窗帘形形式 | 薄丝制品 | | 厚丝制品 | 百叶窗 |
|---|---|---|---|---|
| 窗帘与玻璃的距离（mm） | ＜100 | ≥100 | ＜100 | ≥100 |
| 系数 | 1.3 | 1.1 | 1.5 | 1.3 |

在相同的温度下，不同板面玻璃的热应力值与 $1m^2$ 面积的玻璃的热应力的比值用面积系数 $\mu_3$ 表示，见表 5-53。

表 5-53　　　　　　　　　　　　玻璃面积系数

| 面积（$m^2$） | 0.5 | 1.0 | 1.5 | 2.0 | 2.5 | 3.0 | 4.0 | 5.0 | 6.0 |
|---|---|---|---|---|---|---|---|---|---|
| 系数 | 0.95 | 1.00 | 1.04 | 1.07 | 1.09 | 1.10 | 1.12 | 1.14 | 1.16 |

玻璃边缘温度系数由下式定义：

$$\mu_4 = \frac{T_c - T_e}{T_c - T_s} \tag{5-21}$$

式中　$\mu_4$——边缘温度系数；

　　　$T_c$——玻璃中部温度，℃；

　　　$T_e$——玻璃边缘温度，℃；

　　　$T_s$——窗框温度，℃。

不同玻璃安装形式对应固定窗和开启窗的边缘温度系数见表 5-54。

**表 5-54** 边缘温度系数

| 安装形式 | 固定窗 | 开启窗 | 安装形式 | 固定窗 | 开启窗 |
|---|---|---|---|---|---|
| 油灰、非结构密封胶 | 0.95 | 0.75 | 泡沫条＋弹性密封胶 | 0.65 | 0.50 |
| 实心条＋弹性密封胶 | 0.80 | 0.65 | 结构密封垫 | 0.55 | 0.48 |

（3）玻璃板中部温度和边框温度计算。

1）单片玻璃板中部温度计算：

$$T_c = 0.012I_0 \cdot a + 0.65t_o + 0.35t_i \tag{5-22}$$

式中　$I_0$——日照量，$W/m^2$；

　　　$t_o$——室外温度，℃；

　　　$t_i$——室内温度，℃；

　　　$a$——玻璃的吸收率。

2）夹层玻璃中心温度计算：

①当中间膜厚为 0.38mm 时：

$$T_{co} = I_0(3.32A_o + 3.28A_i) \times 10^{-3} + 0.654t_o + 0.346t_i \tag{5-23}$$

$$T_{ci} = I_0(3.28A_o + 3.39A_i) \times 10^{-3} + 0.642t_o + 0.357t_i \tag{5-24}$$

②当中间膜厚为 0.76mm 时：

$$T_{co} = I_0(3.36A_o + 3.25A_i) \times 10^{-3} + 0.658t_o + 0.342t_i \tag{5-25}$$

$$T_{ci} = I_0(3.25A_o + 3.44A_i) \times 10^{-3} + 0.636t_o + 0.3645t_i \tag{5-26}$$

③当中间膜厚为 1.52mm 时：

$$T_{co} = I_0(3.39A_o + 3.17A_i) \times 10^{-3} + 0.665t_o + 0.335t_i \tag{5-27}$$

$$T_{ci} = I_0(3.17A_o + 3.58A_i) \times 10^{-3} + 0.622t_o + 0.378t_i \tag{5-28}$$

上述公式中 $A_o$、$A_i$ 按下式计算：

$$A_o = a_o \tag{5-29}$$

$$A_i = \tau_o \cdot a_i \tag{5-30}$$

式中　$T_{co}$——室外侧玻璃中部温度，℃；

　　　$T_{ci}$——室内侧玻璃中部温度，℃；

　　　$A_o$——室外侧玻璃总吸收率；

　　　$A_i$——室内侧玻璃总吸收率；

　　　$a_o$——室外侧玻璃的吸收率；

　　　$a_i$——室内侧玻璃的吸收率；

　　　$\tau_o$——室外侧玻璃的透过率。

3）中空玻璃中部温度计算：

①当空气层厚度为 6mm 时：

$$T_{co} = I_0(4.11A_o + 2.01A_i) \times 10^{-3} + 0.788t_o + 0.212t_i \tag{5-31}$$

$$T_{ci} = I_0(2.01A_o + 5.75A_i) \times 10^{-3} + 0.394t_o + 0.606t_i \tag{5-32}$$

②当中间膜厚为 9mm 时：

$$T_{co} = I_0(4.08A_o + 1.89A_i) \times 10^{-3} + 0.801t_o + 0.199t_i \qquad (5-33)$$

$$T_{ci} = I_0(1.89A_o + 5.97A_i) \times 10^{-3} + 0.370t_o + 0.630t_i \qquad (5-34)$$

③当中间膜厚为 12mm 时：

$$T_{co} = I_0(4.17A_o + 1.74A_i) \times 10^{-3} + 0.817t_o + 0.183t_i \qquad (5-35)$$

$$T_{ci} = I_0(1.74A_o + 6.25A_i) \times 10^{-3} + 0.340t_o + 0.660t_i \qquad (5-36)$$

上述公式中 $A_o$、$A_i$ 按下式计算：

$$A_o = a_o[1 + \tau_o \cdot r_i/(1 - r_o \cdot r_i)] \qquad (5-37)$$

$$A_i = a_i \cdot \tau_o/(1 - r_o \cdot r_i) \qquad (5-38)$$

式中　$r_o$——室外侧玻璃反射率；

　　　$r_i$——室内侧玻璃反射率。

4）边框温度计算。

装配玻璃板边框温度 $T_s$ 按下式计算：

$$T_s = 0.65t_o + 0.35t_i \qquad (5-39)$$

式中　$t_o$——室外温度，℃；

　　　$t_i$——室内温度，℃。

在上述计算玻璃中部温度和边框温度时，应根据门窗所在地选用合适的气象参数和根据门窗选用的玻璃类型选用合适的玻璃参数。对于室外温度，夏季时应取 10 年内最低温度值，室内温度应取室内设定的温度值，可取冬季为 20℃，夏季为 25℃。玻璃的光学性能应根据所选玻璃产品确定。

3. 玻璃防热炸裂构造设计

玻璃构造设计时应采用下列措施以减少热炸裂：

（1）防止或减少玻璃局部升温。门窗的立面分格框架设计和窗口室内外的遮阳设计应防止或减少玻璃局部升温造成的玻璃不同区域之间的温度差。

（2）对玻璃边部进行倒角磨边等加工处理，安装玻璃时不应造成边部缺陷。玻璃在裁切、运输、搬运过程中都容易在边部造成裂纹，这将极大地影响玻璃的端面设计强度，因此，安装于门窗上的玻璃的周边不应有易造成裂纹的缺陷，对于易发生热炸裂的玻璃，如面积大于 1m² 的大板面玻璃、颜色较深的玻璃和着色玻璃等，应对玻璃的边部进行倒角磨边等加工处理，安装玻璃时也要注意不要对玻璃周边造成认为的缺陷。

（3）玻璃的镶嵌应采用弹性良好的密封衬垫材料，这是因为弹性良好的密封材料可以防止玻璃与门窗玻璃镶嵌部位的硬性接触，减少玻璃的热应力。

（4）玻璃室内侧的卷帘、百叶及隔热窗帘等内遮阳措施，与窗玻璃之间的距离不应小于 50mm。玻璃的使用和维护情况也直接影响到玻璃内部的热应力，窗帘等遮蔽物如果紧挨在玻璃上，将影响玻璃热量的散发，从而使玻璃温度升高，热应力加大。因此，为了防止玻璃的温度升高的太高或局部温差过大，易将玻璃内侧的窗帘等遮蔽物离开玻璃一定的距离。

### 5.10.3　其他安全性能

（1）开启门扇、固定门以及落地窗的玻璃，应符合建筑玻璃的最大许用面积的规定要求。安全玻璃的最大许用面积应符合表 5-55 的规定，有框平板玻璃、真空玻璃和超白浮法玻璃的最大许用面积应符合表 5-56 的规定。

表 5-55　　　　　　　　　　　　安全玻璃最大许用面积

| 玻璃种类 | 公称厚度（mm） | 最大许用面积（m²） |
| --- | --- | --- |
| 钢化玻璃 | 4 | 2.0 |
| | 5 | 2.0 |
| | 6 | 3.0 |
| | 8 | 4.0 |
| | 10 | 5.0 |
| | 12 | 6.0 |
| 夹层玻璃 | 6.38　6.76　7.52 | 3.0 |
| | 8.38　8.76　9.52 | 5.0 |
| | 10.38　10.76　11.52 | 7.0 |
| | 12.38　12.38　12.76　13.52 | 8.0 |

表 5-56　　　　　　　有框平板玻璃、真空玻璃和超白浮法玻璃的最大许用面积

| 玻璃种类 | 公称厚度（mm） | 最大许用面积（m²） |
| --- | --- | --- |
| 平板玻璃 | 3 | 0.1 |
| 超白浮法玻璃 | 4 | 0.3 |
| 真空玻璃 | 5 | 0.5 |
| | 6 | 0.9 |
| | 8 | 1.8 |
| | 10 | 2.7 |
| | 12 | 4.5 |

（2）公共建筑出入口和门厅、幼儿园或其他儿童活动场所的门和落地窗，必须采用钢化玻璃或夹层玻璃等安全玻璃。

（3）推拉窗用于外墙时，必须有防止窗扇向室外脱落的装置。

（4）有防盗要求的外门窗，可采用夹层玻璃和可靠的门窗锁具，推拉门窗扇应有防止从室外侧拆卸的装置。

（5）为防止儿童或室内其他人员从窗户跌落室外，或者公共建筑管理需要，窗的开启扇应采用带钥匙的窗锁、执手等锁闭器具，或者采用铝合金花格窗、花格网、防护栏杆等防护措施。

（6）安装在易于受到人体或物体碰撞部位的玻璃应采取适当的防护措施。可采取警示（在视线高度设醒目标志）或防碰撞设施（设置护栏）等。对于碰撞后可能发生高处人体或玻璃坠落的情况，必须采用可靠的护栏。

（7）无室外阳台的外窗台距室内地面高度小于 0.9m 时，必须采用安全玻璃并加设可靠的防护措施。窗台高度低于 0.6m 的凸窗，其防护计算高度应从窗台面开始计算。

（8）建筑铝合金门窗应使用安全玻璃。

（9）二层及二层以上建筑外窗宜采用内开启形式，当采用外平开窗时，必须有防止窗扇向室外脱落的装置或措施，窗扇高度较大时，可采用两件防脱器。防脱器宜带有缓冲装置。

# 第6章

## 铝合金门窗结构设计

## 6.1 结构设计概述

铝合金门窗作为建筑外围护结构的组成部分，必须具备足够的刚度和承载能力承受自重以及直接作用于其上的风荷载、地震作用和温度作用。除此之外，铝合金门窗自身结构、铝合金门窗与建筑安装洞口连接之间，还须有一定变形能力，以适应主体结构的变位。当主体结构在外荷载作用下产生变形时，不应使门窗构件产生过大的内力和不能承受的变形。因此，铝合金门窗所用构件应根据受荷载情况和支承条件采用结构力学方法进行设计计算。

铝合金门窗面板玻璃为脆性材料，为了不致由于门窗受力后产生过大挠度导致玻璃破损，同时也避免因杆件变形而影响门窗的使用性能如开关困难、水密性能、气密性能降低或玻璃发生严重畸变等，因此对铝合金门窗受力杆件计算时需同时验算挠度和承载力。铝合金门窗受力杆件的挠度计算，应采用荷载标准值；铝合金门窗受力杆件和连接件的承载力计算，应采用荷载设计值（荷载标准值乘以荷载分项系数）。

铝合金门窗连接件根据不同受荷情况，需进行抗拉（压）、抗剪和承压强度验算。

根据《建筑结构可靠度设计统一标准》（GB 50068—2018）规定，对于承载能力极限状态，应采用下列表达式进行设计：

$$\gamma_0 S \leqslant R \qquad\qquad (6-1)$$

式中　$R$——结构构件抗力的设计值；

　　　$S$——荷载效应组合的设计值；

　　　$\gamma_0$——结构重要性系数。

门窗构件的结构重要性系数（$\gamma_0$）与门窗的设计使用年限和安全等级有关。考虑门窗为重要的持久性非结构构件，因此，门窗的安全等级一般可定为二级或三级，其结构重要性系数（$\gamma_0$）可取 1.0。因此，将式（6-1）简化为：$S \leqslant R$。本承载力设计表达式具有通用意义，作用效应设计值 $S$ 可以是内力或应力，抗力设计值 $R$ 可以是构件的承载力设计值或材料强度设计值。

铝合金门窗玻璃的设计计算方法按《建筑玻璃应用技术规程》（JGJ 113—2015）的规定执行。按此方法计算，门窗玻璃的安全系数 $K=2.50$，此时对应的玻璃失效概率为 0.1‰。

铝合金门窗构件在实际使用中,将承受自重以及直接作用于其上的风荷载、地震作用、温度作用等。在其所承受的这些荷载和作用中,风荷载是主要的作用,其数值可达(1.0～5.0)kN/m²。地震荷载方面,根据《建筑抗震设计规范》(GB 50011—2010)(2016 年版)规定,非结构构件的地震作用只考虑由自身重力产生的水平方向地震作用和支座间相对位移产生的附加作用,采用等效力方法计算。因为门窗自重较轻,即使按最大地震作用系数考虑,门窗的水平地震荷载在各种常用玻璃配置情况下的水平方向地震作用力一般处于(0.04～0.4)kN/m²的范围内,其相应的组合效应值仅为 0.26kN/m²,远小于风压值。温度作用方面,对于温度变化引起的门窗杆件和玻璃的热胀冷缩,在构造上可以采取相应措施有效解决,避免因门窗构件间挤压产生温度应力造成门窗构件破坏,如门窗框、扇连接装配间隙,玻璃镶嵌预留间隙等。同时,多年的工程设计计算经验也表明,在正常的使用环境下,由玻璃中央部分与边缘部分存在温度差而产生的温度应力也不致使玻璃发生破损。因此,在进行铝合金门窗结构设计时仅计算主要作用效应重力荷载和风荷载,地震作用和温度作用效应不做计算,仅要求在结构构造上采取相应措施避免因地震作用和温度作用效应引起门窗构件破坏。

进行门窗构件的承载力计算时,当重力荷载对门窗构件的承载力不利时,重力荷载和风荷载作用的分项系数 $\gamma_G$、$\gamma_w$ 应分别取 1.3 和 1.5,当重力荷载对门窗构件的承载力有利时,$\gamma_G$、$\gamma_w$ 应分别取 1.0 和 1.5。

铝合金门窗年温度变化 $\Delta T$ 应按实际情况确定,当不能取得实际数据时可取 80℃。

当受到外界风荷载作用时,门窗玻璃最先承受风荷载,并传递给门窗受力杆件,门窗的连接件和五金件也是门窗结构中的主要承力构件。所以,在铝合金门窗结构受力分析计算时,应分别对门窗玻璃、受力杆件和连接件、五金件进行设计计算。对于隐框铝合金窗,还应对玻璃进行结构粘结的硅酮结构密封胶的粘结宽度和厚度进行设计计算。

## 6.2 材料的力学性能

### 1. 铝合金型材的强度设计值

铝合金型材的抗拉、抗压、抗弯强度设计值是根据材料的强度标准值除以材料性能分项系数取得的,按照《铝合金结构设计规范》(GB 50429—2007)规定,铝合金材料性能分项系数 $\gamma_f$ 取 1.2,因此相应的铝合金型材抗拉、抗压、抗弯强度设计值为:

$$f_a = f_{ak}/\gamma_f = f_{ak}/1.2 \tag{6-2}$$

式中　$f_a$——铝合金型材强度设计值,N;

　　　$f_{ak}$——铝合金型材强度标准值,N;

　　　$\gamma_f$——铝合金型材性能分项系数。

抗剪强度设计值 $f_v = f_a/3^{1/2}$。

铝合金型材强度标准值 $f_{ak}$ 一般取铝合金型材的规定非延伸强度 $R_{p0.2}$,$R_{p0.2}$ 可按国家标准《铝合金建筑型材 第一部分:基材》(GB/T 5237.1—2017)的规定取用。为便于设计应用,将计算得到的数值取 5 的整数倍,按照这一要求计算出铝合金门窗常用铝型材的强度设计值，如表 6 - 1 所示。

表 6 - 1　　　　　　　　　　　　　铝合金型材的强度设计值 $f_a$　　　　　　　　　　　（N/mm²）

| 合金牌号 | 供应状态 | | 壁厚（mm） | 强度设计值 $f_a$ | | |
|---|---|---|---|---|---|---|
| | | | | 抗拉、抗压强度 | 抗剪强度 | 局部承压强度 |
| 6005 | T5 | | ≤6.3 | 200 | 115 | 300 |
| | T6 | 实心型材 | ≤5 | 185 | 105 | 310 |
| | | 空心型材 | ≤5 | 175 | 100 | 295 |
| 6060 | T5 | | ≤5 | 100 | 55 | 185 |
| | T6 | | ≤3 | 125 | 70 | 220 |
| | T66 | | ≤3 | 130 | 75 | 250 |
| 6061 | T4 | | 所有 | 90 | 55 | 210 |
| | T6 | | 所有 | 200 | 115 | 305 |
| 6063 | T5 | | 所有 | 90 | 55 | 185 |
| | T6 | | 所有 | 150 | 85 | 240 |
| | T66 | | ≤10 | 165 | 95 | 280 |
| 6063A | T5 | | ≤10 | 135 | 75 | 220 |
| | T6 | | ≤10 | 160 | 90 | 255 |
| 6463 | T5 | | ≤50 | 90 | 55 | 170 |
| | T6 | | ≤50 | 135 | 75 | 225 |
| 6463A | T5 | | ≤12 | 90 | 55 | 170 |
| | T6 | | ≤3 | 140 | 80 | 240 |

**2. 铝合金门窗常用钢材的强度设计值**

铝合金门窗中钢材主要用于连接件如连接钢板、螺栓等，其计算和设计要求应按国家标准《钢结构设计规范》（GB 50017—2017）的规定进行。其常用钢材的强度设计值同样按 GB 50017—2017 的规定采用。铝合金门窗常用钢材的强度设计值见表 6 - 2。

表 6 - 2　　　　　　　　　　　　　钢材的强度设计值 $f_s$　　　　　　　　　　　　　（N/mm²）

| 钢材牌号 | 厚度或直径（mm） | 抗拉、抗压、抗弯强度 | 抗剪强度 | 端面承压强度 |
|---|---|---|---|---|
| Q235 | $d$≤16 | 215 | 125 | 320 |
| | 16<$d$≤40 | 205 | 120 | |

注：表中厚度是指计算点的钢材厚度，对轴心受力构件是指截面中较厚板件的厚度。

**3. 铝合金门窗用材料的弹性模量**

材料在弹性变形阶段，其应力和应变成正比例关系（即符合胡克定律），其比例系数称为弹性模量。弹性模量可视为衡量材料产生弹性变形难易程度的指标，其值越大，使材料发生一定弹性变形的应力也越大，即材料刚度越大，亦即在一定应力作用下，发生弹性变形越小。弹性模量 E 是指材料在外力作用下产生单位弹性变形所需要的应力。它是反映材料抵抗弹性变形能力的指标，相当于普通弹簧中的刚度。铝合金门窗用材料的弹性模量见表 6 - 3。

| 表 6-3 | | 材料的弹性模量 $E$ | | (N/mm$^2$) |
|---|---|---|---|---|
| 材料 | E | | 材料 | E |
| 玻璃 | $0.72 \times 10^5$ | | 钢、不锈钢 | $2.06 \times 10^5$ |
| 铝合金 | $0.70 \times 10^5$ | | PA66GF25 | $0.45 \times 10^5$ |

4. 铝合金门窗用材料的泊松比

泊松比是材料在单向受拉或受压时，横向正应变与轴向正应变的绝对值的比值，也叫横向变形系数，它是反映材料横向变形的弹性常数。铝合金门窗用材料的弹性模量见表 6-4。

| 表 6-4 | | 材料的泊松比 $\nu$ | | |
|---|---|---|---|---|
| 材料 | $\nu$ | | 材料 | $\nu$ |
| 玻璃 | 0.20 | | 钢、不锈钢 | 0.30 |
| 铝合金 | 0.33 | | | |

5. 铝合金门窗用材料的线膨胀系数

铝合金门窗用材料的线膨胀系数按表 6-5 规定采用。

| 表 6-5 | | 料的线膨胀系数 $\alpha$ (1/℃) | | |
|---|---|---|---|---|
| 材料 | $\alpha$ | | 材料 | $\alpha$ |
| 玻璃 | $1.00 \times 10^{-5}$ | | 不锈钢材 | $1.80 \times 10^{-5}$ |
| 铝合金 | $2.35 \times 10^{-5}$ | | 混凝土 | $1.00 \times 10^{-5}$ |
| 钢材 | $1.20 \times 10^{-5}$ | | 砖混 | $0.50 \times 10^{-5}$ |
| PA66GF25 | $3.50 \times 10^{-5}$ | | PVC-U 塑料 | $8.0 \times 10^{-5}$ |

6. 铝合金门窗用材料的重力密度标准值

铝合金门窗常用材料的重力密度标准值见表 6-6。

| 表 6-6 | 材料的重力密度标准值 $\gamma_g$ | (N/mm$^2$) |
|---|---|---|
| 材料 | | $\gamma_g$ |
| 普通玻璃、夹层玻璃、钢化玻璃、半钢化玻璃 | | 25.6 |
| 夹丝玻璃 | | 26.5 |
| 钢材 | | 78.5 |
| 铝合金 | | 28.0 |
| PA66GF26 | | 14.5 |

7. 五金件、连接件的强度设计值

在铝合金门窗的实际使用中，失效概率最大的即为门窗的五金件、连接构件，如门窗锁紧装置、连接铰链和合页等。因此，受力的门窗五金件、连接构件其承载力须满足其产品标准的要求，对尚无产品标准的受力五金件、连接件须提供由专业检测机构出具的产品承载力的检测报告。

铝合金门窗五金件、连接件主要用于门窗窗扇与窗框的连接、锁固和门窗的连接，因此一旦出现失效，将影响窗扇的正常启闭，甚至导致窗扇的坠落，应具有较高的安全度。根据目前国内工程的经验，一般情况下，门窗五金件、连接构件的总安全系数可取 2.0，故抗力分项系数 $\gamma_R$（或材料性能分项系数 $\gamma_f$）可取为 1.4。所以，当门窗五金件产品标准或检测报告提供了产品承载力标准值（产品正常使用极限状态所对应的承载力）时，其承载力设计值可按承载力标准值除以相应的抗力分项系数 $\gamma_R$（或材料性能分项系数 $\gamma_f$）1.4 确定。特殊情况下，可按总安全系数不小于 2.0 的原则通过分析确定相应的承载力设计值。

8. 常用紧固件和焊缝强度设计值

铝合金门窗计算常用紧固件材料不锈钢螺栓、螺钉强度设计值时所取的抗力分项系数 $\gamma_R$（或材料性能分项系数 $\gamma_f$）分别为：总安全系数 $K=3$；抗拉：$\gamma_f=2.15$；抗剪：$\gamma_f=2.857$。

（1）不锈钢螺栓、螺钉的强度设计值可按表 6-7 采用。

表 6-7　　　　　　　　　　　不锈钢螺栓、螺钉的强度设计值　　　　　　　　（N/mm²）

| 类别 | 组别 | 性能等级 | σb | 抗拉强度 $f_t$ | 抗剪强度 $f_v$ |
|---|---|---|---|---|---|
| （A）奥氏体 | A1、A2、A3、A4、A5 | 50 | 500 | 230 | 175 |
| | | 70 | 700 | 320 | 245 |
| | | 80 | 800 | 370 | 280 |
| （C）马氏体 | C1 | 50 | 500 | 230 | 175 |
| | | 70 | 700 | 320 | 245 |
| | | 110 | 1100 | 510 | 385 |
| | C3 | 80 | 800 | 370 | 280 |
| | C4 | 50 | 500 | 230 | 175 |
| | | 70 | 700 | 320 | 245 |
| （F）铁素体 | F1 | 45 | 450 | 210 | 160 |
| | | 60 | 600 | 275 | 210 |

（2）焊缝材料强度设计值按现行国家标准《钢结构设计规范》（GB 50017—2017）的规定采用，见表 6-8。

表 6-8　　　　　　　　　　　　　焊缝的强度设计值　　　　　　　　　　　（N/mm²）

| 焊接方法和焊条型号 | 构件钢材 | | 对接焊缝 | | | | 角焊缝 |
|---|---|---|---|---|---|---|---|
| | 牌号 | 厚度或直径 $d$（mm） | 抗压 $f_c^w$ | 抗拉和抗弯受拉 $f_t^w$ | | 抗剪 $f_v^w$ | 抗拉、抗压和抗剪 $f_f^w$ |
| | | | | 一级、二级 | 三级 | | |
| 自动焊、半自动焊和 E43 型焊条的手工焊 | Q235 | $d\leqslant16$ | 215 | 215 | 185 | 125 | 160 |
| | | $16<d\leqslant40$ | 205 | 205 | 175 | 120 | |
| 自动焊、半自动焊和 E50、E55 型焊条 手工焊 | Q390 | $d\leqslant16$ | 345 | 345 | 295 | 200 | 220（E50） |
| | | $16<d\leqslant40$ | 330 | 330 | 280 | 190 | 220（E55） |

## 6.3 铝合金门窗受力杆件设计计算

### 6.3.1 截面特性

1. 杆件的基本受力形式

结构杆件的基本受力形式按其变形特点可归纳为以下五种：拉伸、压缩（柱）、弯曲（梁）、剪切（焊缝）和扭转（转动轴）。它们分别对应于拉力、压力、弯矩、剪力和扭矩。有些情况或者在大多数情况下，结构杆件受两种或两种以上力的作用，产生两种或两种以上基本变形，称为组合变形。例如，偏心受压柱（弯压），雨篷梁（弯剪扭）等。一般在计算或者验算结构构件时，应从三个方面来计算或者验算，即杆件的强度、刚度和稳定性。

（1）强度。

金属材料在外载荷的作用下抵抗塑形变形和断裂的能力称为强度。按外力作用的性质不同，主要有屈服强度、抗拉强度、抗压强度、抗弯强度等。

结构杆件在规定的荷载作用下，保证不因材料强度发生破坏的要求，称为强度要求。即必须保证杆件内的工作应力不超过杆件的许用应力，满足公式 $\sigma = N/A \leqslant [\sigma]$。

（2）刚度。

刚度指结构或构件抵抗变形的能力，包括构件刚度和截面刚度，按受力状态不同可分为轴向刚度、弯曲刚度、剪变刚度和扭转刚度等。对于构件刚度，其值为施加于构件上的力（力矩）与它引起的线位移（角位移）之比。对于截面刚度，在弹性阶段，其值为材料弹性模量或剪变模量与截面面积或惯性矩的乘积。

剪变模量是材料在单向受剪且应力和应变呈线性关系时，截面上剪应力与对应的剪应变的比值：$G = \tau/\gamma$（$\tau$ 为剪应力，$\gamma$ 为剪切角）。在弹性变形范围内，$G = E/2(1+\upsilon)$。

结构杆件在规定的荷载作用下，虽有足够的强度，但其变形不能过大，超过了允许的范围，也会影响正常的使用，限制过大变形的要求即为刚度要求。即必须保证杆件的工作变形不超过许用变形，满足公式 $u \leqslant [u]$。

（3）杆件的稳定性。

在工程结构中，有些受压杆件比较细长，受力达到一定的数值时，杆件突然发生弯曲，以致引起整个结构的破坏，这种现象称为失稳，也称丧失稳定性。因此受压杆件要有稳定的要求。

对于铝合金门窗这类细长构件来说，受荷后起控制作用的首先是杆件的挠度，因此进行门窗工程计算时，可先按门窗杆件挠度计算选取合适的杆件，然后进行杆件强度的复核。

2. 杆件的截面特性

铝合金门窗的受力构件在材料、截面积和受荷状态确定的情况下，构件的承载能力主要取决于与截面形状有关的两个特性，即截面的惯性矩与抵抗矩。

惯性矩是用来计算或验算杆件强度、刚度的一个辅助量，量纲为长度的四次方。惯性矩与材料本身无关，只与截面几何形状、面积有关，无论是铁、铝，还是木材、塑料，只要截面积及几何形状相同，则它们的惯性矩相等。至于相同惯性矩而不同材料间的强度、刚度，则取决于材料的性质，即模量系数。

(1) 截面的惯性矩 ($I$)，它与材料的弹性模量 ($E$) 共同决定着构件的挠度 ($u$)。

(2) 截面的抵抗矩 ($W_j$)，当荷载条件一定时，它决定构件应力的大小。

(3) 弯曲刚度为材料的弹性模量与惯性矩的乘积。

(4) 剪切刚度为剪切模量与截面面积的乘积。

(5) 截面特性的确定。

当铝合金门窗用料采用标准型材时，其截面特性可在《材料手册》中查得。当铝合金门窗用料采用非标准型材时，其截面特性需要通过计算来确定：

简单矩形截面的惯性矩：$I = (b \cdot h^3)/12$

截面的抵抗矩：$W_j = 2I/h$

计算铝合金隔热型材的挠度时，应按铝合金型材和隔热材料弹性组合后的等效惯性矩计算。铝合金隔热型材分为穿条式和浇注式，其等效惯性矩计算方法如下：

1) 穿条式隔热型材的等效惯性矩计算。

穿条式隔热型材截面如图 6-1 所示，图中：

$A_1$—铝型材 1 区截面积，mm²；

$A_2$—铝型材 2 区截面积，mm²；

$S_1$—铝型材 1 区形心；

$S_2$—铝型材 2 区形心；

$S$—隔热型材形心；

$I_1$—1 区型材惯性矩，mm⁴；

$I_2$—2 区型材惯性矩，mm⁴；

$a_1$—1 区形心到隔热型材形心距离，mm；

$a_2$—2 区形心到隔热型材形心距离，mm。

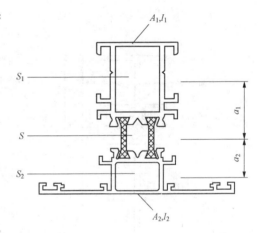

图 6-1 穿条式隔热型材截面

穿条式隔热型材等效惯性矩 $I_{ef}$ 按式（6-3）计算：

$$I_{ef} = \frac{I_s(1-\nu)}{1-\nu\beta} \qquad (6-3)$$

其中：

$$I_s = I_1 + I_2 + A_1\alpha_1^2 + A_2\alpha_2^2$$

$$\nu = \frac{A_1\alpha_1^2 + A_2\alpha_2^2}{I_s}$$

$$\beta = \frac{\lambda^2}{\pi^2 + \lambda^2}$$

$$\lambda^2 = \frac{c_1\alpha^2 L^2}{(EI_s)\nu(1-\nu)}$$

$$c_1 = \frac{\Delta F}{\Delta \delta l}$$

式中　$I_{ef}$——有效惯性矩，$cm^4$；

$I_s$——刚性惯性矩，$cm^4$；

$\nu$——作用参数；

$\beta$——组合参数；

$\lambda$——几何形状参数；

$L$——隔热型材的承载间距，mm；

$\alpha$——1 区形心到 2 区形心的距离，mm；

$E$——组合弹性模量，$N/mm^2$；

$c_1$——组合弹性值，是在纵向抗剪试验中负载-位移曲线的弹性变形范围内的纵向剪切力增量 $\Delta F$ 与相对应的两侧铝合金型材出现的相对位移增量 $\Delta\delta$ 和试样长度 $l$ 乘积的比值；

$\Delta F$——负荷-位移曲线上弹性变形范围内的纵向剪切力增量，N；

$\Delta\delta$——负荷-位移曲线上弹性变形范围内的纵向剪切力增量相对应的两侧铝合金型材的位移增量，mm；

$l$——试样长度，mm。

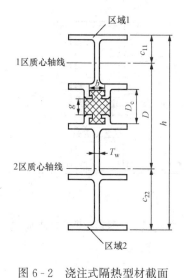

图 6-2　浇注式隔热型材截面

$a_1$—铝型材 1 区截面积（$mm^2$）；

$a_2$—铝型材 2 区截面积（$mm^2$）；

$I_{01}$—铝型材 1 区惯性矩（$mm^4$）；

$I_{02}$—铝型材 2 区惯性矩（$mm^4$）；

$c_{11}$—1 区形心轴线与型材表面的距离（mm）；

$c_{22}$—2 区形心轴线与型材表面的距离（mm）；

$D_c$—隔热槽最大宽度（mm）；

$T_w$—铝型材加强轴边的厚度（mm）；

$D$—两区形心轴线之间距离（mm）；

$b$—隔热胶平均厚度（mm）；$g$—隔热槽两个凸点间距（mm）；$h$—铝型材截面宽度（mm）。

从式（6-3）可以看出，$\lambda$ 取决于梁的跨度，因此隔热铝合金的有效惯性矩是跨度的函数。对于较大的跨度，$\lambda$ 值则接近刚性值。

2）浇注式隔热型材的等效惯性矩计算。

穿条式隔热型材截面如图 6-2 所示：

等效惯性矩结合值 $I_c$（$mm^4$），按式（6-4）式计算：

$$I_c = \frac{a_1 a_2 D^2}{a_1 + a_2} \qquad (6-4)$$

等效惯性矩下限值 $I_0$（$mm^4$），按式（6-5）计算：

$$I_0 = I_{01} + I_{02} \qquad (6-5)$$

等效惯性矩上限值 $I$（$mm^4$），按式（6-6）计算：

$$I = I_c + I_0 \qquad (6-6)$$

复合结构几何参数 $G_P$（N），按式（6-7）计算：

$$G_P = \frac{I b D^2 G_c}{I_c D_c} \qquad (6-7)$$

式中　$G_c$——隔热胶的剪切模量（$N/mm^2$）（值为 $552N/mm^2$）。

参分值 $c_2$（$mm^{-2}$）：

$$c_2 = \frac{G_p}{EI_0} \tag{6-8}$$

式中　$E$——铝合金的弹性模量，$\mathrm{N/mm^2}$（值为 $70000\mathrm{N/mm^2}$）。

施加荷载引起的变形量 $y$（mm）：

$$y'''' - c_2 y'' = \frac{-c_2 M}{EI} + \frac{V'}{EI_0} \tag{6-9}$$

式中　$M$——铝合金复合梁的弯曲力矩，N·mm；

　　　$V$——梁的剪切力，单位为牛顿，N。

集中荷载引起的变形量 $y$（mm），按式（6-10）计算：

$$y = \frac{PL^3}{90EI} - \frac{PLI_e}{4G_p I} - \frac{PL^3}{32EI} + \frac{PI_e e^p}{2G_p I \sqrt{c_2}(e^r + e^{-r})} - \frac{PI_e}{2G_p I \sqrt{c_2}(e^r + e^{-r})e^p} \tag{6-10}$$

$$r = \frac{L\sqrt{c_2}}{2}$$

式中　$P$——外加荷载，N；

　　　$L$——跨距，mm；

　　　$e$——自然常数（其值约为 2.718 28）。

预估等效惯性矩 $I_e$（$\mathrm{mm^4}$），按公式（6-11）计算：

$$I_e = \frac{PL^3}{48Ey} \tag{6-11}$$

式中　$P$——外加荷载，N；

　　　$L$——跨距，mm。

考虑复合梁的两个铝材截面受到外部荷载作用时有形变的发生，校正后的等效惯性矩 $I_e'$（$\mathrm{mm^4}$），按式（6-12）计算：

$$I_e' = \frac{I_c}{1 + \frac{32I_c}{L^2 A}} \tag{6-12}$$

式中　$L$——跨距，mm；

　　　$A$——铝合金的截面面积，$\mathrm{mm^2}$。

**3. 穿条式隔热铝型材抗剪强度对门窗抗风压性能的影响**

隔热铝型材具有较好的隔热性能，是铝合金门窗、幕墙用主要材料。作为主要受力杆件的隔热铝合金型材，在材料和截面受荷状态确定的情况下，构件的承载能力主要取决于截面的惯性矩和抵抗矩。截面的惯性矩与材料的弹性模量共同决定着构件的挠度即抗风压性能。

穿条式隔热铝合金型材指通过开齿、穿条、滚压工序，将条形隔热材料穿入铝合金型材穿条槽口内，并使之被铝合金型材牢固咬合的复合方式。由于隔热条与铝合金型材复合而成，在进行门窗、幕墙结构计算时，应以其等效惯性矩作为隔热型材的惯性矩。

在隔热型材等效惯性矩的计算时，组合弹性值是影响等效惯性矩的关键参数，组合弹性值与隔热型材的纵向抗剪强度有直接的关系。

（1）穿条隔热型材纵向抗剪强度与组合弹性值。

1）穿条隔热型材的纵向抗剪强度指在垂直隔热型材横截面方向作用的单位长度的纵向剪切极限值，按式（6-13）计算：

$$T = F_{\max}/L \qquad (6-13)$$

式中　$T$——试样长度上所能承受的最大剪切力，N/mm；

　　　$F_{\max}$——最大剪切力，N；

　　　$L$——试样长度，mm。

穿条隔热型材的纵向抗剪特征值：

$$T_c = \overline{T} - 2.02S \qquad (6-14)$$

式中　$T_c$——抗剪特征值，N/mm；

　　　$S$——10个试样单位长度承受的最大剪切力的标准差。

2）组合弹性值是在纵向抗剪试验中负荷-位移曲线的弹性变形范围内的纵向剪切增量与相对应的两侧铝合金型材出现的相对应的位移增量和试样长度乘积的比值，是表征铝合金型材和隔热条组合后的弹性特征值。组合弹性值 $c$ 按式（6-15）计算，计算取值如图6-3所示。

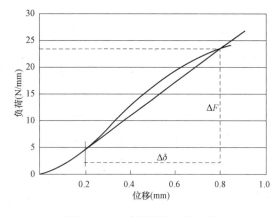

$$c = \frac{\Delta F}{\Delta \delta \cdot L} \qquad (6-15)$$

式中　$\Delta F$——负荷-位移曲线上弹性变形范围内的纵向剪切力增量，N；

　　　$\Delta \delta$——负荷-位移曲线上弹性变形范围内的纵向剪切力增量相对应的两侧铝合金型材的位移增量，mm；

　　　$L$——试样长度，mm。

图6-3　组合弹性值 $c$ 的计算

从式（6-15）知，组合弹性值 $c$ 取自隔热型材纵向抗剪曲线，其值的大小与纵向抗剪强度密切相关。

（2）组合弹性值 $c$ 对隔热型材等效惯性矩的影响。

1）穿条式隔热型材等效惯性矩的计算。穿条式隔热型材等效惯性矩 $I_{ef}$ 按式（6-3）计算。

2）组合弹性值 $c$ 对隔热型材等效惯性矩影响。

图6-4所示型材截面为例，其截面参数如下：

$A_1 = 198.72\,\text{mm}^2$

$A_2 = 230.19\,\text{mm}^2$

$I_1 = 21109.67\,\text{mm}^4$

$I_2 = 15122.65\,\text{mm}^4$

$a_1 = 22.10\,\text{mm}$

$a_2 = 19.57\,\text{mm}$

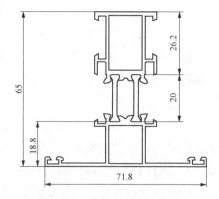

图6-4　隔热型材竖框截面图

$E = 70000\text{N/mm}^2$

$L = 1500\text{mm}$

则由式（6-3）求得：

$$I_s = I_1 + I_2 + A_1 a_1^2 + A_2 a_2^2 = 211\,448.45\text{mm}^4$$
$$\nu = (A_1 a_1^2 + A_2 a_2^2)/I_s = 0.836$$

根据对隔热铝合金型材纵向抗剪试验数据分析，弹性组合值 $c$ 在 80N/mm² 以上约占 8%，40～79N/mm² 约占 45%，24～39N/mm² 约占 26%，24N/mm² 以下约占 21%。分别取弹性组合值 $C$ 室温时的典型代表值 80N/mm²、50N/mm²、24N/mm²、15N/mm² 进行计算其对隔热型材的等效惯性矩的影响，计算结果见表 6-9，根据结果绘制曲线见图 6-5。

表 6-9　　　　典型 $c$ 代表值时，隔热型材惯性矩随受力杆件支承间距变化

| L(cm) | | 50 | 100 | 150 | 200 | 250 | 300 | 350 | 400 | 450 | 500 | 550 | 600 | 650 |
|---|---|---|---|---|---|---|---|---|---|---|---|---|---|---|
| $c=80$ | $\lambda^2$ | 17.1 | 68.5 | 154.0 | 273.8 | 427.8 | 616.1 | 838.5 | 1095 | 1386 | 1711 | 2071 | 2464 | 2892 |
| | $\beta$ | 0.634 | 0.874 | 0.940 | 0.965 | 0.977 | 0.984 | 0.988 | 0.991 | 0.993 | 0.994 | 0.995 | 0.996 | 0.997 |
| | $I_{ef}$ | 7.38 | 12.88 | 16.18 | 17.96 | 18.96 | 19.57 | 19.96 | 20.22 | 20.41 | 20.54 | 20.64 | 20.72 | 20.78 |
| $c=50$ | $\lambda^2$ | 10.7 | 42.8 | 96.3 | 171.1 | 267.4 | 385.0 | 524.1 | 684.5 | 866.3 | 1069 | 1294 | 1540 | 1807 |
| | $\beta$ | 0.520 | 0.813 | 0.907 | 0.946 | 0.964 | 0.975 | 0.982 | 0.986 | 0.989 | 0.991 | 0.992 | 0.994 | 0.995 |
| | $I_{ef}$ | 6.14 | 10.81 | 14.35 | 16.55 | 17.90 | 18.75 | 19.32 | 19.71 | 19.99 | 20.20 | 20.36 | 20.48 | 20.57 |
| $c=24$ | $\lambda^2$ | 5.1 | 20.5 | 46.2 | 82.1 | 128.3 | 184.8 | 251.6 | 328.6 | 415.8 | 513.4 | 621.2 | 739.3 | 867.6 |
| | $\beta$ | 0.342 | 0.676 | 0.824 | 0.893 | 0.929 | 0.949 | 0.962 | 0.971 | 0.977 | 0.981 | 0.984 | 0.987 | 0.989 |
| | $I_{ef}$ | 4.86 | 7.97 | 11.15 | 13.67 | 15.50 | 16.80 | 17.73 | 18.41 | 18.91 | 19.29 | 19.58 | 19.81 | 19.99 |
| $c=15$ | $\lambda^2$ | 3.2 | 12.8 | 28.9 | 51.3 | 80.2 | 115.5 | 157.2 | 205.4 | 259.9 | 320.9 | 388.2 | 462.0 | 542.3 |
| | $\beta$ | 0.246 | 0.566 | 0.745 | 0.839 | 0.891 | 0.921 | 0.941 | 0.954 | 0.963 | 0.970 | 0.975 | 0.979 | 0.982 |
| | $I_{ef}$ | 4.36 | 6.58 | 9.20 | 11.61 | 13.57 | 15.09 | 16.25 | 17.14 | 17.82 | 18.35 | 18.77 | 19.11 | 19.38 |

从表 6-9 及图 6-5 可以看出：

隔热铝合金型材的等效惯性矩与受力杆件跨度及弹性组合值 $c$ 成正比例关系。对于较大的跨度，等效惯性矩接近刚性值。

受力杆件支承间距越小，组合弹性值 $c$ 对等效惯性矩的影响越大，由式（6-15）知，组合弹性值 $c$ 又取自隔热型材纵向抗剪曲线，因此，纵向抗剪强度对隔热型材的等效惯性矩影响很大。

随着弹性组合值 $c$ 的减小，也即随着隔热型材的纵向抗剪强度的减小，隔热型材的等效惯性矩大幅减少。

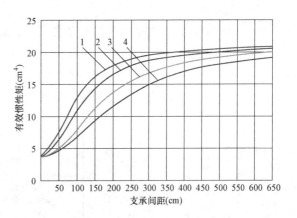

图 6-5　组合弹性值 $c$ 与有效惯性矩关系曲线
1—$c=80$N/mm²；2—$c=50$N/mm²；
3—$c=24$N/mm²；4—$c=15$N/mm²

3）隔热型材等效惯性矩值与受力杆件的挠度成反比例关系，即惯性矩越大，杆件挠度变形越小。而纵向剪切强度（弹性组合值 $c$）的值又影响等效惯性矩大小，因此，在复合型

材承受荷载已定的情况下，则型材的惯性矩可确定，如果选用小截面的铝型材及大复合强度的隔热型材，其复合惯性矩较大且满足承载要求，若选用较小的复合强度，则需较大的铝型材截面对于隔热型材的优化设计不利。

（3）组合弹性值 $c$ 对门窗抗风压性能的影响。

以图 6-4 所示隔热型材为例，主要受力杆件支承间距 1500mm 时，当 $c$ 值分别取 80N/ $mm^2$、50N/$mm^2$、24N/$mm^2$ 及 15N/$mm^2$ 时，其对应的等效惯性矩分别为 16.18$cm^4$、14.35$cm^4$、11.15$cm^4$ 和 9.20$cm^4$。此时，$c$ 值为 50N/$mm^2$、24N/$mm^2$ 及 15N/$mm^2$ 时的等效惯性矩分别相当于 $c$ 值为 80N/$mm^2$ 时等效惯性矩的 88.6%、68.9% 及 56.8%。根据门窗受力杆件挠度计算公式，则相应的抗风压能力分别是 $c$ 值为 80N/$mm^2$ 时的抗风压能力的88.6%、68.9%及 56.8%。

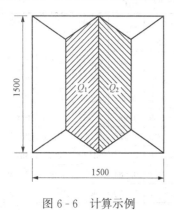

图 6-6　计算示例

对于图 6-6 所示的外形尺寸为 1500×1500mm 的平开窗，采用图 6-4 所示的中竖框料，在 $c$ 值分别取 80N/$mm^2$、50N/$mm^2$、24N/$mm^2$ 及 15N/$mm^2$ 时，经计算其对应的最大抗风压性能分别为：5076Pa、4497Pa、3497Pa 及 2883Pa，抗风压性能差别很大。

铝合金隔热型材杆件的抗风压性能取决于型材的有效惯性矩及弹性模量，穿条式铝合金隔热型材的有效惯性矩与受力杆件跨度及弹性组合值 $c$ 成正比例关系，而弹性组合值 $c$ 的大小取决于纵向抗剪强度。因此，合理调整穿条复合工艺，是穿条式隔热铝型材发挥性能的保证。

### 6.3.2　荷载分布与计算

#### 1. 荷载分布

铝合金门窗在风荷载作用下，承受与外窗平面垂直的横向水平力。门窗各框料间构成的受荷单元可视为四边铰接的简支板。在每个受荷单元的四角各做 45°斜线，使其与平行于长边的中线相交。这些线把受荷单元分成四块，每块面积所承受的风荷载传递给其相邻的构件，并按等弯矩原则化为等效线荷载，见图 6-7～图 6-11（a）荷载传递。

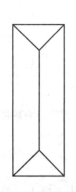

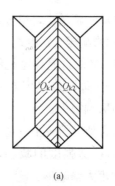
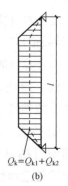

图 6-7　单扇门窗　　图 6-8　带上亮门窗荷载传递　　图 6-9　双扇门窗荷载传递
　　荷载传递　　　　　（a）荷载传递；（b）计算示意　　（a）荷载传递；（b）计算示意

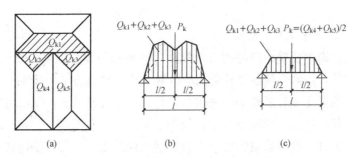

图 6-10　带上亮双扇门窗荷载传递

(a) 荷载传递；(b) 荷载分布；(c) 计算示意

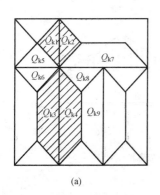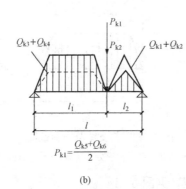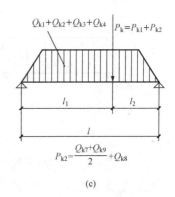

图 6-11　带上亮多扇门窗荷载传递

(a) 荷载传递；(b) 荷载分布；(c) 计算示意

　　门窗受力杆件所受荷载应为其承担的各部分分布荷载和集中荷载的叠加代数和，见图 6-10 (b) 和图 6-11 (b) 荷载分布。

　　当铝合金门窗受风荷载作用时，其受力杆件一般情况下可简化为矩形、梯形、三角形分布荷载和集中荷载的简支梁，见图 6-7～图 6-11 (c) 计算示意。

　　当铝合金门窗的开启扇受风压作用时，其门窗框的锁固配件安装边框受荷情况可按锁固配件处有集中荷载作用的简支梁计算。门窗扇边梃受荷情况按锁固配件处为固端的悬臂梁上承受矩形分布荷载计算，见图 6-12。

　　2. 荷载计算

　　铝合金门窗在风荷载作用下，受力杆件上的风荷载标准值 ($Q_k$) 为该杆件所承受风荷载的受荷面积 ($A$) 与风荷载标准值 ($W_k$) 之乘积，按式 (6-16) 计算：

图 6-12　悬臂梁承受矩形分布荷载

$$Q_k = A \cdot W_k \tag{6-16}$$

式中　$Q_k$——受力杆件所承受的风荷载标准值，kN；

　　　　$A$——受力构件所承受的受荷面积，$m^2$；

　　　　$W_k$——风荷载标准值，$kN/m^2$。

### 6.3.3 杆件计算

**1. 铝合金门窗杆件计算力学模型**

铝合金门窗框、扇主要受力杆件的力学模型，应根据门窗立面的分格情况、开启形式、框扇连接锁固方式等，按照《建筑结构静力学计算手册》计算方法，分别简化为承受各类分布荷载或集中荷载的简支梁和悬臂梁等来进行计算。为了方便计算，下面将铝合金门窗常见的几种简支梁分布荷载计算力学模型列出，仅供参考。

铝合金门窗受力杆件在风荷载和玻璃重力荷载共同作用下，其所受荷载经简化可分为下列形式：

（1）简支梁上呈矩形、梯形或三角形的分布荷载，见图 6-13。

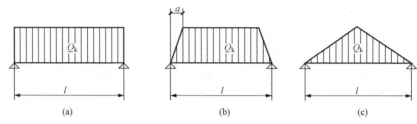

图 6-13　简支梁分布荷载图

（a）矩形分布荷载；（b）梯形分布荷载；（c）三角形分布荷载

（2）简支梁上承受集中荷载，见图 6-14。

（3）悬臂梁上承受矩形分布荷载，见图 6-15。

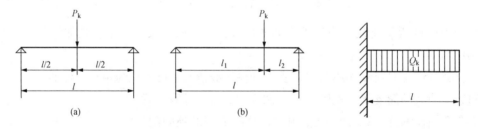

图 6-14　简支梁集中荷载分布图　　　　　图 6-15　悬臂梁矩形分布荷载

（a）集中荷载作用于跨中；（b）集中荷载作用于任意点

**2. 铝合金门窗杆件挠度计算**

铝合金门窗主要受力杆件在风荷载或重力荷载标准值作用下其挠度限值应符合下列规定：

（1）门窗主要受力杆件在风荷载标准值作用下产生的最大挠度应符合公式（6-17）规定，并应同时满足绝对挠度值不大于 20mm。

$$u \leqslant [u] \tag{6-17}$$

式中　$u$——在荷载标准值作用下杆件弯曲挠度值（mm）；

$[u]$——杆件弯曲允许挠度值；

门窗镶嵌单层玻璃、夹层玻璃时：$[u]=l/100$；

门窗镶嵌中空玻璃时：$[u]=l/150$。

式中　$l$——杆件的跨度（mm），悬臂杆件可取悬臂长度的 2 倍。

（2）承受玻璃重量的中横框型材在重力荷载标准值作用下，其平行于玻璃平面方向的挠度应符合式（6-18）规定，并不应超过 3mm，且不应影响玻璃的正常镶嵌和使用。

$$u \leqslant l/500 \qquad\qquad (6-18)$$

门窗中横框型材受力形式是双弯杆件，当门窗垂直安装时，中横框型材水平方向承受风荷载作用力，垂直方向承受玻璃的重力。为使中横框型材下面框架内的玻璃镶嵌安装和使用不受影响，需要验算在承受重力荷载作用下中横框型材平行于玻璃平面方向的挠度值。

（3）铝合金门窗受力杆件在同一方向有分布荷载和集中荷载同时作用时，其挠度应为它们各自产生挠度的代数和。

简支梁受力杆件承受矩形、梯形或三角形的分布荷载和集中荷载时，其挠度（$u$）的计算公式可按表 6-10 选用。

悬臂梁受力杆件承受矩形分布荷载作用时，其挠度（$u$）的计算公式可按表 6-11 选用。

3. 铝合金门窗杆件强度计算

（1）弯矩计算

简支梁受力杆件承受矩形、梯形或三角形的分布荷载和集中荷载时，其弯矩（$M$）的计算公式可按表 6-10 选用。

悬臂梁受力杆件承受矩形分布荷载作用时，其弯矩（$M$）的计算公式可按表 6-11 选用。

表 6-10　　　　　　　　　　　简支梁挠度 $u$ 和弯矩 $M$ 的计算公式

| 荷载形式 | 挠度 $u$ | 弯矩 $M$ |
|---|---|---|
| 矩形荷载 | $u = \dfrac{5Q_k l^3}{384EI}$ | $M = \dfrac{Ql}{8}$ |
| 梯形荷载 | $u = \dfrac{(1.25-\alpha^2)^2 Q_k l^3}{120(1-\alpha)EI}$ | $M = \dfrac{(3-4\alpha^2)Ql}{24(1-\alpha)}$ |
| 三角形荷载 | $u = \dfrac{Q_k l^3}{60EI}$ | $M = \dfrac{Ql}{6}$ |
| 集中荷载（作用于跨中时） | $u = \dfrac{P_k l^3}{48EI}$ | $M = \dfrac{Pl}{4}$ |
| 集中荷载（作用于任意点时） | $u = \dfrac{P_k l_1 l_2 (l+l_2)\sqrt{3l_1(l+l_2)}}{27EIl}$ | $M = \dfrac{Pl_1 l_2}{l}$ |

注：$E$ 为材料的弹性模量 $E$（N/mm²）；$I$ 为截面惯性矩（mm⁴）；$M$ 为受力杆件承受的最大弯矩（N·mm）；$Q$、$P$ 为受力杆件所承受的荷载设计值（kN）；$Q_k$、$P_k$ 为受力杆件所承受的荷载标准值（kN）；$\alpha$ 为梯形荷载系数 $\alpha = a/l$；$l$ 为杆件长度（mm）；$u$ 为受力杆件弯曲挠度值（mm）。

表 6-11　　　　　　　　　　　悬臂梁挠度 $u$ 和弯矩 $M$ 的计算公式

| 荷载形式 | 挠度 $u$ | 弯矩 $M$ |
|---|---|---|
| 矩形荷载 | $u = \dfrac{Q_k l^3}{8EI}$ | $M = \dfrac{Ql}{2}$ |

当铝合金门窗受力杆件上有分布荷载和集中荷载同时作用时，其挠度和弯矩应为它们各自产生挠度和弯矩的代数和。

（2）弯曲应力计算。门窗型材细长杆件受弯后其最大弯曲正应力远大于最大弯曲剪应力，所以在对门窗杆件进行强度复核时可仅进行最大弯曲正应力的验算。同时，因铝合金门窗自重较轻，其在竖框杆件中产生的轴力通常情况下都很小，可以忽略不计。

受力杆件截面抗弯承载力应符合下式要求：

$$\sigma = \frac{M_x}{\gamma W_x} + \frac{M_y}{\gamma W_y} \leqslant f \tag{6-19}$$

式中　$M_x$——杆件绕 $x$ 轴（门窗平面内方向）的弯矩设计值，N·mm；

$M_y$——杆件绕 $y$ 轴（垂直于门窗平面方向）的弯矩设计值，N·mm；

$W_x$——杆件截面绕 $x$ 轴（门窗平面内方向）的弹性截面模量，mm³；

$W_y$——杆件截面绕 $y$ 轴（垂直于门窗平面方向）的弹性截面模量，mm³；

$\gamma$——塑性发展系数，可取 1.00；

$f$——型材的抗弯强度设计值 $f$，N/mm²；

$\sigma$——型材的抗弯承载力，N/mm²。

在进行受力杆件截面抗弯承载力验算时，铝型材的抗弯强度设计值 $f$ 可按表 6-1 的规定采用 $f_a$。从表 6-1 中可以看出，不同合金牌号和热处理状态的铝合金型材的强度设计值是不同的，在设计时可按需要选用。当铝型材中有加钢芯时，其钢芯的抗弯强度设计值 $f$ 可按表 6-2 的规定采用 $f_a$。

对于塑性发展系数 $\gamma$，按《铝合金结构设计规范》（GB 50429—2007）规定，铝合金型材截面塑性发展系数 $\gamma$，当采用强硬化（T4、T5 状态）型材时取 1.00；当采用弱硬化（T6 状态）型材时根据不同的截面形状分别取 1.00 或 1.05，而对于铝合金门窗常用截面形状，大部分都取 $\gamma=1.00$。因此，为方便计算，在进行铝合金门窗受力杆件截面抗弯承载力验算时统一取 $\gamma=1.00$。

式（6-19）中，杆件截面的弹性截面模量 $W$ 可由式（6-20）求得：

$$W = I/C \tag{6-20}$$

式中　$I$——型材的截面惯性矩，mm⁴；

$C$——中和轴到截面边缘的最大距离，mm。

（3）剪力 $Q$ 的计算。在图 6-13～图 6-15 所示荷载分别作用下，剪力 $Q'$ 计算公式按表 6-12 选用。

表 6-12　　　　　　　　　　不同荷载作用下剪力 $Q'$ 计算公式

| 荷载形式 | 剪力 $Q'$ |
| --- | --- |
| 矩形荷载 | $Q' = \pm Q/2$ |
| 梯形荷载 | $Q' = \pm Q (1-a/L)/2$ |
| 三角形荷载 | $Q' = \pm Q/4$ |
| 集中荷载（作用于跨中时） | $Q' = \pm P/2$ |
| 集中荷载（作用于任意点时） | $Q' = (P \cdot l_2)/l$；$Q' = -(P \cdot l_1)/l$ |
| 悬臂梁矩形荷载 | $Q' = -Q$ |

注：1. $Q$、$P$ 为受力杆件所承受的荷载设计值（kN）。

2. 当铝合金门窗受力杆件上有分布荷载和集中荷载同时作用时，其剪力应为它们各自产生剪力的代数和。

（4）剪切应力 $[\tau]$ 按式（6 - 21）计算：

$$\tau_{\max} = \frac{Q'S}{I\delta} \leqslant [\tau] \tag{6 - 21}$$

式中　$Q'$——计算截面所承受的剪力，N；

　　　$S$——计算剪切应力处以上毛截面对中和轴的面积矩，$mm^3$；

　　　$I$——毛截面的惯性矩，$mm^4$；

　　　$\delta$——腹板的厚度，mm；

　　$[\tau]$——材料的抗剪允许应力，MPa。

## 6.4　铝合金门窗玻璃设计计算

在铝合金门窗设计中，玻璃的抗风压设计计算是十分重要的一环。当铝合金门窗用于建筑物立面时，作用在玻璃上的荷载主要是风荷载。玻璃承受的风荷载作用可视作垂直于玻璃面板上的均布荷载。门窗玻璃抗风压设计计算可依据《建筑玻璃应用技术规程》（JGJ 113—2015）之规定进行。

铝合金外门窗用玻璃的抗风压设计应同时满足承载力极限状态和正常使用极限状态的要求。

承载能力极限状态为结构或构件达到最大承载能力或达到不适于继续承载的变形的极限状态。对于门窗玻璃来说，超过承载力极限状态主要由于玻璃构件因强度超过极限值而发生破坏。

正常使用极限状态为结构或构件达到正常使用（变形或耐久性能）的规定限值的极限状态。

### 6.4.1　风荷载计算

1. 风荷载设计值

作用在建筑玻璃上的风荷载设计值按式（6 - 22）计算：

$$w = \gamma_w w_k \tag{6 - 22}$$

式中　$w$——风荷载设计值，kPa；

　　　$w_k$——风荷载标准值，kPa；

　　　$\gamma_w$——风荷载分项系数，取 1.4。

在风荷载的计算时，当风荷载标准值的计算结果小于 1.0kPa 时，应按 1.0kPa 取值。

2. 中空玻璃风荷载计算

中空玻璃两片玻璃之间的传力是靠间隔层的气体，对于风荷载这种瞬时荷载，气体也会在一定程度上被压缩。直接承受荷载的正面玻璃的挠度一般略大于间接承受荷载的背面玻璃的挠度，分配的荷载相应也略大一些。

作用在中空玻璃上的风荷载可按荷载分配系数分配到每片玻璃上，荷载分配系数可按下列公式计算：

（1）直接承受风荷载作用的单片玻璃：

$$\xi_1 = 1.1 \times \frac{t_1^3}{t_1^3 + t_2^3} \qquad (6\text{-}23)$$

（2）不直接承受风荷载作用的单片玻璃：

$$\xi_2 = \frac{t_2^3}{t_1^3 + t_2^3} \qquad (6\text{-}24)$$

式中　$\xi_1$、$\xi_2$——荷载分配系数；

$\quad\quad t_1$——外片玻璃厚度，mm；

$\quad\quad t_2$——内片玻璃厚度，mm。

因此，根据式（6-23）和式（6-24）可求出作用在中空玻璃每一单片玻璃上风荷载标准值为：

（1）直接承受风荷载作用的单片玻璃：

$$w_{k1} = \xi_1 w_k \qquad (6\text{-}25)$$

（2）不直接承受风荷载作用的单片玻璃：

$$w_{k2} = \xi_2 w_k \qquad (6\text{-}26)$$

### 6.4.2　玻璃强度计算

根据荷载方向和最大应力位置将玻璃强度分为中部强度、边缘强度和端面强度。这三种强度数值不同，因此应用时应注意正确选用。同时玻璃在长期荷载和短期荷载作用下强度值也不同，玻璃种类和厚度都影响玻璃强度值，使用时应注意区分。

1. 玻璃强度设计值

玻璃强度设计值可按下式计算：

$$f_g = c_1 c_2 c_3 c_4 f_0 \qquad (6\text{-}27)$$

式中　$f_g$——玻璃强度设计值；

$\quad\quad c_1$——玻璃种类系数，按表6-13取值；

$\quad\quad c_2$——玻璃强度位置系数，按表6-14取值；

$\quad\quad c_3$——荷载类型系数，按表6-15取值；

$\quad\quad c_4$——玻璃厚度系数，按表6-16取值；

$\quad\quad f_0$——短期荷载作用下，平板玻璃中部强度设计值，取28MPa。

玻璃强度与玻璃种类有关，目前世界各国均采用玻璃种类调整系数的处理方式，玻璃种类调整系数 $c_1$ 见表6-13。

表6-13　　　　　　　　　　　　　玻璃种类系数 $c_1$

| 玻璃种类 | 平板玻璃 | 半钢化玻璃 | 钢化玻璃 | 夹丝玻璃 | 压花玻璃 |
|---|---|---|---|---|---|
| $c_1$ | 1.0 | 1.6~2.0 | 2.5~3.0 | 0.5 | 0.6 |

玻璃是脆性材料，在其表面存在大量微裂纹，玻璃强度与微裂纹尺寸、形状和密度有关，通常玻璃边部裂纹尺寸大、密度大，所以玻璃缘部强度低。通常玻璃强度取中部强度的

$80\%$，端部强度取中部强度的 $70\%$。玻璃强度位置系数 $c_2$ 见表 6 - 14。

表 6 - 14　　　　　　　　　　　玻璃强度位置系数 $c_2$

| 强度位置 | 中部强度 | 边缘强度 | 端部强度 |
|---|---|---|---|
| $c_2$ | 1.0 | 0.8 | 0.7 |

作用在玻璃上的荷载分短期荷载和长期荷载，风荷载和地震作用为短期荷载，而重力荷载等为长期荷载。短期荷载对玻璃强度没有影响，而长期荷载将使玻璃强度下降，原因是长期荷载将加速玻璃表面微裂纹扩展，因而其强度下降。钢化玻璃表面存在压应力层，将起到抑制表面微裂纹扩张的作用，因此在长期荷载作用下，平板玻璃、钢化玻璃、半钢化玻璃强度下降值是不同的。通常钢化玻璃、半钢化玻璃在长期荷载作用下，其强度下降到原值的 $50\%$ 左右，而平板玻璃将下降到原值的 $30\%$ 左右。玻璃荷载类型系数 $c_3$ 见表 6 - 15。

表 6 - 15　　　　　　　　　　　荷载类型系数 $c_3$

| 荷载类型 | 平板玻璃 | 半钢化玻璃 | 钢化玻璃 |
|---|---|---|---|
| 短期荷载 $c_3$ | 1.0 | 1.0 | 1.0 |
| 长期荷载 $c_3$ | 0.31 | 0.50 | 0.50 |

实验结果表明，玻璃越厚，其强度越低。玻璃厚度系数 $c_4$ 见表 6 - 16。

表 6 - 16　　　　　　　　　　　玻璃厚度系数 $c_4$

| 玻璃厚度 | $5\sim 12mm$ | $15\sim 19mm$ | $\geqslant 20mm$ |
|---|---|---|---|
| $c_4$ | 1.00 | 0.85 | 0.70 |

在短期荷载和长期荷载作用下，平板玻璃、半钢化玻璃和钢化玻璃强度设计值分别按表 6 - 17 和表 6 - 18 取值。

表 6 - 17　　　　　　　　短期荷载下玻璃强度设计值 $f_g$　　　　　　　　（$N/mm^2$）

| 玻璃种类 | 厚度（mm） | 中部强度 | 边缘强度 | 端部强度 |
|---|---|---|---|---|
| 平板玻璃 | $5\sim 12$ | 28 | 22 | 20 |
|  | $15\sim 19$ | 24 | 19 | 17 |
|  | $\geqslant 20$ | 20 | 16 | 14 |
| 半钢化玻璃 | $5\sim 12$ | 56 | 44 | 40 |
|  | $15\sim 19$ | 48 | 38 | 34 |
|  | $\geqslant 20$ | 40 | 32 | 28 |
| 钢化玻璃 | $5\sim 12$ | 84 | 67 | 59 |
|  | $15\sim 19$ | 72 | 58 | 51 |
|  | $\geqslant 20$ | 59 | 47 | 42 |

表 6-18　　　　　　　　　　长期荷载下玻璃强度设计值 $f_g$　　　　　　　　　　(N/mm²)

| 玻璃种类 | 厚度（mm） | 中部强度 | 边缘强度 | 端部强度 |
|---|---|---|---|---|
| 平板玻璃 | 5～12 | 9 | 7 | 6 |
|  | 15～19 | 7 | 6 | 5 |
|  | ≥20 | 6 | 5 | 4 |
| 半钢化玻璃 | 5～12 | 28 | 22 | 20 |
|  | 15～19 | 24 | 19 | 17 |
|  | ≥20 | 20 | 16 | 14 |
| 钢化玻璃 | 5～12 | 42 | 34 | 30 |
|  | 15～19 | 36 | 29 | 26 |
|  | ≥20 | 30 | 24 | 21 |

注：1. 钢化玻璃强度设计值可达平板玻璃强度设计值的 2.5～3.0 倍，表中数值是按 3 倍取值的；如达不到 3 倍，可按 2.5 倍取值，也可根据实测结果予以调整。

2. 半钢化玻璃强度设计值可达平板玻璃强度设计值的 1.6～2.0 倍，表中数值是按 2 倍取值的；如达不到 2 倍，可按 1.6 倍取值，也可根据实测结果予以调整。

夹层玻璃和中空玻璃强度设计值应按所采用玻璃的类型确定。构成夹层玻璃和中空玻璃的玻璃板通常称其为原片，夹层玻璃和中空玻璃的强度设计值应按构成其原片玻璃强度设计值取值。

2. 最大许用跨度计算

建筑玻璃在风荷载作用下的变形非常大，已远远超出弹性力学范围，应考虑几何非线性。由于风荷载是短期荷载，所以玻璃强度值应按短期荷载强度值采用。矩形玻璃是铝合金门窗用量最大的，不同长宽比的矩形玻璃，其承载力是不同的。

铝合金门窗玻璃承载力极限状态设计（中空玻璃除外），可采用考虑几何非线性的有限元法进行计算，且最大应力设计值不应超过短期荷载作用下玻璃强度设计值。矩形玻璃的最大许用跨度也可按下列方法计算：

（1）最大许用跨度计算按式（6-28）计算：

$$L = k_1(w + k_2)^{k3} + k_4 \tag{6-28}$$

式中　　　　$w$——风荷载设计值，kPa；

　　　　　　$L$——玻璃最大许用跨度，mm；

$k_1$、$k_2$、$k_3$、$k_4$——常数，根据玻璃的长宽比进行取值。

（2）$k_1$、$k_2$、$k_3$、$k_4$ 的取值应符合下列规定：

1）对于四边支承和两对边支承的单片矩形平板玻璃、单片矩形钢化玻璃、单片矩形半钢化玻璃和普通矩形夹层玻璃，其 $k_1$、$k_2$、$k_3$、$k_4$ 可分别按表 6-19～表 6-22 取值。夹层玻璃的厚度为除去中间胶片后玻璃净厚度和。三边支承玻璃可按两对边支承取值。

表 6-19　　　　　　　　　　　单片矩形平板玻璃的抗风压设计计算参数

| $t$ (mm) | 常数 | 四边支撑：$b/a$ | | | | | | | | 两边支撑 |
|---|---|---|---|---|---|---|---|---|---|---|
| | | 1.00 | 1.25 | 1.50 | 1.75 | 2.00 | 2.25 | 3.00 | 5.00 | |
| 3 | $k_1$ | 1558.4 | 1373.2 | 1313.4 | 1343.4 | 1381.9 | 1184.5 | 667.6 | 655.7 | 585.6 |
| | $k_2$ | 0.25 | 0.20 | 0.20 | 0.30 | 0.40 | 0.30 | −0.30 | 0 | 0 |
| | $k_3$ | −0.6124 | −0.6071 | −0.6423 | −0.7112 | −0.7642 | −0.7255 | −0.4881 | −0.5000 | −0.5 |
| | $k_4$ | 4.20 | −1.40 | −22.68 | −12.68 | −11.20 | 2.80 | −8.40 | 0 | 0 |
| 4 | $k_1$ | 2050.7 | 1807.5 | 1725.7 | 1758.9 | 1804.6 | 1549.8 | 884.0 | 867.8 | 774.9 |
| | $k_2$ | 0.237 712 | 0.190 170 | 0.190 170 | 0.285 254 | 0.380 339 | 0.285 254 | −0.285 25 | 0 | 0 |
| | $k_3$ | −0.6124 | −0.6071 | −0.6423 | −0.7112 | −0.7642 | −0.7255 | −0.4881 | −0.5000 | −0.5 |
| | $k_4$ | 5.70 | −1.90 | −30.78 | −17.10 | −15.20 | 3.80 | −11.40 | 0 | 0 |
| 5 | $k_1$ | 2527.1 | 2227.9 | 2124.1 | 2159.0 | 2210.3 | 1901.2 | 1094.8 | 1074.2 | 959.3 |
| | $k_2$ | 0.228 312 | 0.182 649 | 0.182 649 | 0.273 974 | 0.365 299 | 0.273 974 | −0.273 97 | 0 | 0 |
| | $k_3$ | −0.6124 | −0.6071 | −0.6423 | −0.7112 | −0.7642 | −0.7255 | −0.4881 | −0.5000 | −0.5 |
| | $k_4$ | 7.20 | −2.40 | −38.88 | −21.60 | −19.20 | 4.80 | −14.40 | 0 | 0 |
| 6 | $k_1$ | 2990.8 | 2637.2 | 2511.3 | 2546.6 | 2602.4 | 2241.0 | 1301.2 | 1276.2 | 1139.7 |
| | $k_2$ | 0.220 697 | 0.176 558 | 0.176 558 | 0.264 836 | 0.353 115 | 0.264 836 | −0.264 84 | 0 | 0 |
| | $k_3$ | −0.6124 | −0.6071 | −0.6423 | −0.7112 | −0.7642 | −0.7255 | −0.4881 | −0.5000 | −0.5 |
| | $k_4$ | 8.70 | −2.90 | −46.98 | −26.10 | −23.20 | 5.80 | −17.40 | 0 | 0 |
| 8 | $k_1$ | 3843.7 | 3390.2 | 3222.3 | 3255.6 | 3317.7 | 2863.4 | 1683.3 | 1649.9 | 1473.4 |
| | $k_2$ | 0.209 295 | 0.167 436 | 0.167 436 | 0.251 154 | 0.334 872 | 0.251 154 | −0.251 15 | 0 | 0 |
| | $k_3$ | −0.6124 | −0.6071 | −0.6423 | −0.7112 | −0.7642 | −0.7255 | −0.4881 | −0.5000 | −0.5 |
| | $k_4$ | 11.55 | −3.85 | −62.37 | −34.65 | −30.8 | 7.7 | −23.1 | 0 | 0 |
| 10 | $k_1$ | 4709.2 | 4154.6 | 3942.6 | 3970.9 | 4036.8 | 3490.2 | 2074.0 | 2031.8 | 1814.4 |
| | $k_2$ | 0.200 004 | 0.160 003 | 0.160 003 | 0.240 005 | 0.320 006 | 0.240 005 | −0.240 00 | 0 | 0 |
| | $k_3$ | −0.6124 | −0.6071 | −0.6423 | −0.7112 | −0.7642 | −0.7255 | −0.4881 | −0.5000 | −0.5 |
| | $k_4$ | 14.55 | −4.85 | −78.57 | −43.65 | −38.8 | 9.7 | −29.1 | 0 | 0 |
| 12 | $k_1$ | 5548.0 | 4895.6 | 4639.5 | 4660.5 | 4728.2 | 4094.0 | 2455.2 | 2404.1 | 2146.9 |
| | $k_2$ | 0.192 461 | 0.153 969 | 0.153 969 | 0.230 953 | 0.307 937 | 0.230 953 | −0.230 95 | 0 | 0 |
| | $k_3$ | −0.6124 | −0.6071 | −0.6423 | −0.7112 | −0.7642 | −0.7255 | −0.4881 | −0.5000 | −0.5 |
| | $k_4$ | 17.55 | −5.85 | −94.77 | −52.65 | −46.80 | 11.70 | −35.10 | 0 | 0 |
| 15 | $k_1$ | 6685.2 | 5900.5 | 5582.8 | 5590.3 | 5657.8 | 4907.6 | 2975.3 | 2911.9 | 2600.3 |
| | $k_2$ | 0.183 827 | 0.147 062 | 0.147 062 | 0.220 593 | 0.294 124 | 0.220 593 | −0.220 59 | 0 | 0 |
| | $k_3$ | −0.6124 | −0.6071 | −0.6423 | −0.7112 | −0.7642 | −0.7255 | −0.4881 | −0.5000 | −0.5 |
| | $k_4$ | 21.75 | −7.25 | −117.45 | −65.25 | −58.00 | 14.50 | −43.50 | 0 | 0 |
| 19 | $k_1$ | 8056.1 | 7112.3 | 6717.8 | 6704.5 | 6768.0 | 5881.7 | 3607.1 | 3528.2 | 3150.6 |
| | $k_2$ | 0.175 127 | 0.140 102 | 0.140 102 | 0.210 152 | 0.280 203 | 0.210 152 | −0.210 15 | 0 | 0 |
| | $k_3$ | −0.6124 | −0.6071 | −0.6423 | −0.7112 | −0.7642 | −0.7255 | −0.4881 | −0.5000 | −0.5 |
| | $k_4$ | 27.0 | −9.0 | −145.8 | −81.0 | −72.0 | 18.0 | −54.0 | 0 | 0 |

| $t$ (mm) | 常数 | 四边支撑：$b/a$ | | | | | | | | 两边支撑 |
|---|---|---|---|---|---|---|---|---|---|---|
| | | 1.00 | 1.25 | 1.50 | 1.75 | 2.00 | 2.25 | 3.00 | 5.00 | |
| 25 | $k_1$ | 10 118.2 | 8935.8 | 8421.5 | 8368.2 | 8419.2 | 7334.6 | 4566.2 | 4462.9 | 3985.3 |
| | $k_2$ | 0.164 398 | 0.131 519 | 0.131 519 | 0.197 278 | 0.263 037 | 0.197 278 | −0.197 28 | 0 | 0 |
| | $k_3$ | −0.6124 | −0.6071 | −0.6423 | −0.7112 | −0.7642 | −0.7255 | −0.4881 | −0.5000 | −0.5 |
| | $k_4$ | 35.25 | −11.75 | −190.35 | −105.75 | −94.00 | 23.50 | −70.50 | 0 | 0 |

表 6 - 20    **单片矩形钢化玻璃的抗风压设计计算参数**

| $t$ (mm) | 常数 | 四边支撑：$b/a$ | | | | | | | | 两边支撑 |
|---|---|---|---|---|---|---|---|---|---|---|
| | | 1.00 | 1.25 | 1.50 | 1.75 | 2.00 | 2.25 | 3.00 | 5.00 | |
| 4 | $k_1$ | 3594.2 | 3152.6 | 3108.6 | 3374.9 | 3634.8 | 3102.9 | 1382.5 | 1372.1 | 1225.3 |
| | $k_2$ | 0.594 280 | 0.475 424 | 0.475 424 | 0.713 136 | 0.950 848 | 0.713 136 | −0.100 00 | 0 | 0 |
| | $k_3$ | −0.6124 | −0.6071 | −0.6423 | −0.7112 | −0.7642 | −0.7255 | −0.4881 | −0.5000 | −0.5 |
| | $k_4$ | 5.70 | −1.90 | −30.78 | −17.10 | −15.20 | 3.80 | −11.40 | 0 | 0 |
| 5 | $k_1$ | 4429.2 | 3885.9 | 3826.2 | 4142.5 | 4452.0 | 3696.0 | 1712.3 | 1698.5 | 1516.8 |
| | $k_2$ | 0.570 780 | 0.456 624 | 0.456 624 | 0.684 935 | 0.913 247 | 0.684 935 | −0.100 00 | 0 | 0 |
| | $k_3$ | −0.6124 | −0.6071 | −0.6423 | −0.7112 | −0.7642 | −0.7255 | −0.4881 | −0.5000 | −0.5 |
| | $k_4$ | 7.20 | −2.40 | −38.88 | −21.60 | −19.20 | 4.80 | −14.40 | 0 | 0 |
| 6 | $k_1$ | 5241.9 | 4599.7 | 4523.7 | 4886.2 | 5421.8 | 4537.5 | 2035.1 | 2017.9 | 1801.9 |
| | $k_2$ | 0.551 743 | 0.441 394 | 0.441 394 | 0.662 091 | 0.882 788 | 0.662 091 | −0.100 00 | 0 | 0 |
| | $k_3$ | −0.6124 | −0.6071 | −0.6423 | −0.7112 | −0.7642 | −0.7255 | −0.4881 | −0.5000 | −0.5 |
| | $k_4$ | 8.70 | −2.90 | −46.98 | −26.10 | −23.20 | 5.80 | −17.40 | 0 | 0 |
| 8 | $k_1$ | 6736.6 | 5913.0 | 5804.5 | 6246.7 | 6682.5 | 5566.5 | 2632.7 | 2608.8 | 2329.6 |
| | $k_2$ | 0.523 238 | 0.418 590 | 0.418 590 | 0.627 885 | 0.837 180 | 0.627 885 | −0.100 00 | 0 | 0 |
| | $k_3$ | −0.6124 | −0.6071 | −0.6423 | −0.7112 | −0.7642 | −0.7255 | −0.4881 | −0.5000 | −0.5 |
| | $k_4$ | 11.55 | −3.85 | −62.37 | −34.65 | −30.8 | 7.7 | −23.1 | 0 | 0 |
| 10 | $k_1$ | 8253.7 | 7246.3 | 7101.9 | 7619.1 | 8131.1 | 6785.1 | 3243.8 | 3212.6 | 2868.8 |
| | $k_2$ | 0.500 010 | 0.400 008 | 0.400 008 | 0.600 012 | 0.800 016 | 0.600 012 | −0.100 00 | 0 | 0 |
| | $k_3$ | −0.6124 | −0.6071 | −0.6423 | −0.7112 | −0.7642 | −0.7255 | −0.4881 | −0.5000 | −0.5 |
| | $k_4$ | 14.55 | −4.85 | −78.57 | −43.65 | −38.8 | 9.7 | −29.1 | 0 | 0 |
| 12 | $k_1$ | 9723.8 | 8538.8 | 8357.3 | 8942.2 | 9523.6 | 7959.0 | 3839.9 | 3801.2 | 3394.5 |
| | $k_2$ | 0.481 152 | 0.384 922 | 0.384 922 | 0.577 382 | 0.769 843 | 0.577 382 | −0.100 00 | 0 | 0 |
| | $k_3$ | −0.6124 | −0.6071 | −0.6423 | −0.7112 | −0.7642 | −0.7255 | −0.4881 | −0.5000 | −0.5 |
| | $k_4$ | 17.55 | −5.85 | −94.77 | −52.65 | −46.80 | 11.70 | −35.10 | 0 | 0 |
| 15 | $k_1$ | 11 716.9 | 10 291.5 | 10 056.5 | 10 726.3 | 11 396.0 | 9540.7 | 4653.4 | 4604.1 | 4111.4 |
| | $k_2$ | 0.459 568 | 0.367 655 | 0.367 655 | 0.551 482 | 0.735 309 | 0.551 482 | −0.100 00 | 0 | 0 |
| | $k_3$ | −0.6124 | −0.6071 | −0.6423 | −0.7112 | −0.7642 | −0.7255 | −0.4881 | −0.5000 | −0.5 |
| | $k_4$ | 21.75 | −7.25 | −117.45 | −65.25 | −58.00 | 14.50 | −43.50 | 0 | 0 |

| $t$ (mm) | 常数 | 四边支撑：$b/a$ | | | | | | | | 两边支撑 |
|---|---|---|---|---|---|---|---|---|---|---|
| | | 1.00 | 1.25 | 1.50 | 1.75 | 2.00 | 2.25 | 3.00 | 5.00 | |
| 19 | $k_1$ | 14 119.6 | 12 405.0 | 12 101.1 | 12 864.1 | 13 632.2 | 11 434.2 | 5641.5 | 5578.5 | 4981.6 |
| | $k_2$ | 0.437 817 | 0.350 254 | 0.350 254 | 0.525 381 | 0.700 508 | 0.525 381 | −0.100 00 | 0 | 0 |
| | $k_3$ | −0.6124 | −0.6071 | −0.6423 | −0.7112 | −0.7642 | −0.7255 | −0.4881 | −0.5000 | −0.5 |
| | $k_4$ | 27.0 | −9.0 | −145.8 | −81.0 | −72.0 | 18.0 | −54.0 | 0 | 0 |
| 25 | $k_1$ | 17 733.9 | 15 585.7 | 15 170.0 | 16 056.4 | 16 958.2 | 14 258.8 | 7141.5 | 7056.4 | 6301.3 |
| | $k_2$ | 0.410 996 | 0.328 797 | 0.328 797 | 0.493 195 | 0.657 594 | 0.493 195 | −0.100 00 | 0 | 0 |
| | $k_3$ | −0.6124 | −0.6071 | −0.6423 | −0.7112 | −0.7642 | −0.7255 | −0.4881 | −0.5000 | −0.5 |
| | $k_4$ | 35.25 | −11.75 | −190.35 | −105.75 | −94.00 | 23.50 | −70.50 | 0 | 0 |

**表 6 - 21　单片矩形半钢化玻璃的抗风压设计计算参数**

| $t$ (mm) | 常数 | 四边支撑：$b/a$ | | | | | | | | 两边支撑 |
|---|---|---|---|---|---|---|---|---|---|---|
| | | 1.00 | 1.25 | 1.50 | 1.75 | 2.00 | 2.25 | 3.00 | 5.00 | |
| 3 | $k_1$ | 2078.2 | 1826.7 | 1776.3 | 1876.6 | 1979.1 | 1665.8 | 839.7 | 829.4 | 740.7 |
| | $k_2$ | 0.40 | 0.32 | 0.32 | 0.48 | 0.64 | 0.48 | −0.10 | 0 | 0 |
| | $k_3$ | −0.6124 | −0.6071 | −0.6423 | −0.7112 | −0.7642 | −0.7255 | −0.4881 | −0.5000 | −0.5 |
| | $k_4$ | 4.20 | −1.40 | −22.68 | −12.68 | −11.20 | 2.80 | −8.40 | 0 | 0 |
| 4 | $k_1$ | 2734.6 | 2404.4 | 2333.9 | 2457.1 | 2584.4 | 2179.6 | 1111.9 | 1097.7 | 980.2 |
| | $k_2$ | 0.380 339 | 0.304 271 | 0.304 271 | 0.456 407 | 0.608 543 | 0.456 407 | −0.100 00 | 0 | 0 |
| | $k_3$ | −0.6124 | −0.6071 | −0.6423 | −0.7112 | −0.7642 | −0.7255 | −0.4881 | −0.5000 | −0.5 |
| | $k_4$ | 5.70 | −1.90 | −30.78 | −17.10 | −15.20 | 3.80 | −11.40 | 0 | 0 |
| 5 | $k_1$ | 3370.0 | 2963.6 | 2872.6 | 3015.9 | 3165.4 | 2673.7 | 1377.1 | 1358.8 | 1213.4 |
| | $k_2$ | 0.365 299 | 0.292 239 | 0.292 239 | 0.438 359 | 0.584 478 | 0.438 359 | −0.100 00 | 0 | 0 |
| | $k_3$ | −0.6124 | −0.6071 | −0.6423 | −0.7112 | −0.7642 | −0.7255 | −0.4881 | −0.5000 | −0.5 |
| | $k_4$ | 7.20 | −2.40 | −38.88 | −21.60 | −19.20 | 4.80 | −14.40 | 0 | 0 |
| 6 | $k_1$ | 3988.4 | 3508.0 | 3396.3 | 3557.3 | 3727.0 | 3152.2 | 1636.7 | 1614.3 | 1441.6 |
| | $k_2$ | 0.353 115 | 0.282 492 | 0.282 492 | 0.423 738 | 0.564 985 | 0.423 738 | −0.100 00 | 0 | 0 |
| | $k_3$ | −0.6124 | −0.6071 | −0.6423 | −0.7112 | −0.7642 | −0.7255 | −0.4881 | −0.5000 | −0.5 |
| | $k_4$ | 8.70 | −2.90 | −46.98 | −26.10 | −23.20 | 5.80 | −17.40 | 0 | 0 |
| 8 | $k_1$ | 5125.6 | 4509.6 | 4357.8 | 4547.8 | 4751.4 | 4026.9 | 2117.3 | 2087.0 | 1863.7 |
| | $k_2$ | 0.334 872 | 0.267 898 | 0.267 898 | 0.401 847 | 0.535 796 | 0.401 847 | −0.100 00 | 0 | 0 |
| | $k_3$ | −0.6124 | −0.6071 | −0.6423 | −0.7112 | −0.7642 | −0.7255 | −0.4881 | −0.5000 | −0.5 |
| | $k_4$ | 11.55 | −3.85 | −62.37 | −34.65 | −30.8 | 7.7 | −23.1 | 0 | 0 |
| 10 | $k_1$ | 6279.9 | 5526.5 | 5331.9 | 5547.0 | 5718.4 | 4908.4 | 2608.8 | 2570.1 | 2295.1 |
| | $k_2$ | 0.320 006 | 0.256 005 | 0.256 005 | 0.384 008 | 0.512 01 | 0.384 008 | −0.100 00 | 0 | 0 |
| | $k_3$ | −0.6124 | −0.6071 | −0.6423 | −0.7112 | −0.7642 | −0.7255 | −0.4881 | −0.5000 | −0.5 |
| | $k_4$ | 14.55 | −4.85 | −78.57 | −43.65 | −38.8 | 9.7 | −29.1 | 0 | 0 |

| $t$ (mm) | 常数 | 四边支撑：$b/a$ | | | | | | | | 两边支撑 |
|---|---|---|---|---|---|---|---|---|---|---|
| | | 1.00 | 1.25 | 1.50 | 1.75 | 2.00 | 2.25 | 3.00 | 5.00 | |
| 12 | $k_1$ | 7398.5 | 6512.2 | 6274.4 | 6510.3 | 6771.5 | 5757.6 | 3088.2 | 3041.0 | 2715.6 |
| | $k_2$ | 0.307 937 | 0.246 35 | 0.246 35 | 0.369 525 | 0.4927 | 0.369 525 | −0.100 00 | 0 | 0 |
| | $k_3$ | −0.6124 | −0.6071 | −0.6423 | −0.7112 | −0.7642 | −0.7255 | −0.4881 | −0.5000 | −0.5 |
| | $k_4$ | 17.55 | −5.85 | −94.77 | −52.65 | −46.80 | 11.70 | −35.10 | 0 | 0 |

**表 6-22　普通矩形夹层玻璃的抗风压设计计算参数**

| $t$ (mm) | 常数 | 四边支撑：$b/a$ | | | | | | | | 两边支撑 |
|---|---|---|---|---|---|---|---|---|---|---|
| | | 1.00 | 1.25 | 1.50 | 1.75 | 2.00 | 2.25 | 3.00 | 5.00 | |
| 6 | $k_1$ | 2899.0 | 2556.1 | 2434.7 | 2469.9 | 2524.9 | 2174.2 | 1260.2 | 1263.1 | 1103.9 |
| | $k_2$ | 0.222 109 | 0.177 687 | 0.177 687 | 0.266 531 | 0.355 375 | 0.266 531 | −0.266 53 | 0 | 0 |
| | $k_3$ | −0.6124 | −0.6071 | −0.6423 | −0.7112 | −0.7642 | −0.7255 | −0.4881 | −0.5000 | −0.5 |
| | $k_4$ | 8.40 | −2.80 | −45.36 | −25.20 | −22.40 | 5.60 | −16.80 | 0 | 0 |
| 8 | $k_1$ | 3799.6 | 3351.2 | 3185.6 | 3219.1 | 3280.9 | 2831.3 | 1663.5 | 1630.6 | 1456.1 |
| | $k_2$ | 0.209 821 | 0.167 857 | 0.167 857 | 0.251 785 | 0.335 714 | 0.251 785 | −0.251 79 | 0 | 0 |
| | $k_3$ | −0.6124 | −0.6071 | −0.6423 | −0.7112 | −0.7642 | −0.7255 | −0.4881 | −0.5000 | −0.5 |
| | $k_4$ | 11.40 | −3.80 | −61.56 | −34.20 | −30.40 | 7.60 | −22.80 | 0 | 0 |
| 10 | $k_1$ | 4666.6 | 4117.0 | 3907.1 | 3935.8 | 4001.6 | 3459.4 | 2054.7 | 2031.0 | 1797.6 |
| | $k_2$ | 0.200 421 | 0.160 337 | 0.160 337 | 0.240 505 | 0.320 673 | 0.240 505 | −0.240 51 | 0 | 0 |
| | $k_3$ | −0.6124 | −0.6071 | −0.6423 | −0.7112 | −0.7642 | −0.7255 | −0.4881 | −0.5000 | −0.5 |
| | $k_4$ | 14.40 | −4.80 | −77.76 | −43.20 | −38.40 | 9.60 | −28.80 | 0 | 0 |
| 12 | $k_1$ | 5506.6 | 4859.1 | 4605.1 | 4626.5 | 4694.2 | 4064.3 | 2436.3 | 2385.7 | 2130.4 |
| | $k_2$ | 0.192 806 | 0.154 245 | 0.154 245 | 0.231 367 | 0.308 49 | 0.231 367 | −0.231 37 | 0 | 0 |
| | $k_3$ | −0.6124 | −0.6071 | −0.6423 | −0.7112 | −0.7642 | −0.7255 | −0.4881 | −0.5000 | −0.5 |
| | $k_4$ | 17.40 | −5.80 | −93.96 | −52.20 | −46.40 | 11.60 | −34.80 | 0 | 0 |
| 16 | $k_1$ | 7042.7 | 6216.4 | 5879.0 | 5881.5 | 5948.3 | 5162.3 | 3139.6 | 3072.2 | 2743.4 |
| | $k_2$ | 0.181 404 | 0.145 123 | 0.145 123 | 0.217 685 | 0.290 247 | 0.217 685 | −0.217 69 | 0 | 0 |
| | $k_3$ | −0.6124 | −0.6071 | −0.6423 | −0.7112 | −0.7642 | −0.7255 | −0.4881 | −0.5000 | −0.5 |
| | $k_4$ | 23.10 | −7.70 | −124.74 | −69.30 | −61.60 | 15.40 | −46.20 | 0 | 0 |
| 20 | $k_1$ | 8590.8 | 7585.1 | 7160.0 | 7137.2 | 7198.3 | 6259.9 | 3854.9 | 3769.7 | 3366.3 |
| | $k_2$ | 0.172 113 | 0.137 69 | 0.137 69 | 0.206 536 | 0.275 381 | 0.206 536 | −0.206 54 | 0 | 0 |
| | $k_3$ | −0.6124 | −0.6071 | −0.6423 | −0.7112 | −0.7642 | −0.7255 | −0.4881 | −0.5000 | −0.5 |
| | $k_4$ | 29.10 | −9.70 | −157.14 | −87.30 | −77.60 | 19.40 | −58.20 | 0 | 0 |
| 24 | $k_1$ | 10 081.6 | 8903.5 | 8391.3 | 8338.8 | 8390.1 | 7308.9 | 4549.1 | 4446.2 | 3970.4 |
| | $k_2$ | 0.164 57 | 0.131 656 | 0.131 656 | 0.197 484 | 0.263 312 | 0.197 484 | −0.197 48 | 0 | 0 |
| | $k_3$ | −0.6124 | −0.6071 | −0.6423 | −0.7112 | −0.7642 | −0.7255 | −0.4881 | −0.5000 | −0.5 |
| | $k_4$ | 35.10 | −11.70 | −189.54 | −105.30 | −93.60 | 23.40 | −70.20 | 0 | 0 |

2）对于夹丝玻璃和压花玻璃，其 $k_1$、$k_2$、$k_3$、$k_4$ 可按表 6-20 中平板玻璃的 $k_1$、$k_2$、$k_3$、$k_4$ 取值。在按式（6-28）计算玻璃最大许用跨度时，风荷载设计值应以式（6-22）的计算值除以玻璃种类系数取值，玻璃种类系数见表 6-13。

3）对于真空玻璃，其 $k_1$、$k_2$、$k_3$、$k_4$ 可按表 6-22 中的普通夹层玻璃的 $k_1$、$k_2$、$k_3$、$k_4$ 取值。

4）对于半钢化夹层玻璃和钢化夹层玻璃，其 $k_1$、$k_2$、$k_3$、$k_4$ 可按表 6-22 中普通夹层玻璃的 $k_1$、$k_2$、$k_3$、$k_4$ 取值。在按式（6-16）计算玻璃最大许用跨度时，风荷载设计值应以式（6-10）的计算值除以玻璃种类系数取值，玻璃种类系数见表 6-13。

5）当玻璃的长宽比超过 5 时，玻璃的 $k_1$、$k_2$、$k_3$、$k_4$ 应按长宽比等于 5 进行取值。

6）当玻璃的长宽比不包括在表 6-19～表 6-22 中时，可先分别计算玻璃相邻两长宽比条件下的最大许用跨度，再采用线性插值法计算其最大许用跨度。

（3）中空玻璃的承载力极限状态设计，可根据分配到每片玻璃上的风荷载，采用上面给出的方法进行计算。

### 6.4.3　玻璃挠度计算

铝合金门窗玻璃正常使用极限状态设计（中空玻璃除外），可采用考虑几何非线性的有限元法进行计算，且挠度最大值应小于跨度 $a$ 的 1/60。四边支承和两对边支承矩形玻璃正常使用极限状态也可按下列规定设计。

（1）四边支承和两对边支承矩形玻璃单位厚度跨度限值应按下式计算：

$$\left[\frac{L}{t}\right] = k_5(w_k + k_6)^{k_7} + k_8 \tag{6-29}$$

式中　　　$\left[\dfrac{L}{t}\right]$——玻璃单位厚度跨度限值；

$w_k$——风荷载标准值，kPa；

$k_5$、$k_6$、$k_7$、$k_8$——常数，可按表 6-23 取值。

表 6-23　　　　　　　　　　　建筑玻璃的抗风压设计计算参数

| 常数 | 四边支撑：$b/a$ | | | | | | | | 两边支撑 |
|---|---|---|---|---|---|---|---|---|---|
| | 1.00 | 1.25 | 1.50 | 1.75 | 2.00 | 2.25 | 3.00 | 5.00 | |
| $k_5$ | 603.79 | 459.45 | 350.14 | 291.45 | 261.60 | 222.19 | 204.68 | 197.89 | 195.45 |
| $k_6$ | −0.10 | −0.10 | −0.15 | −0.15 | −0.10 | −0.10 | −0.10 | 0 | 0 |
| $k_7$ | −0.5247 | −0.5022 | −0.4503 | −0.4149 | −0.3970 | −0.3556 | −0.3335 | −0.3320 | −0.3333 |
| $k_8$ | 1.64 | 2.06 | 1.29 | 0.95 | 1.10 | 0.29 | −0.05 | 0.03 | 0 |

（2）设计玻璃跨度 $a$ 除以玻璃厚度 $t$，不应大于玻璃单位厚度跨度限值 $\left[\dfrac{L}{t}\right]$。如果大于 $\left[\dfrac{L}{t}\right]$，就增加玻璃厚度，直至小于 $\left[\dfrac{L}{t}\right]$。

（3）中空玻璃的正常使用极限状态设计，可根据分配到每片玻璃上的风荷载，采用上面给出的方法进行计算。

### 6.4.4 玻璃镶嵌构造设计

铝型材玻璃镶嵌构造设计应符合下列规定：

（1）单片玻璃、夹层玻璃、真空玻璃最小安装尺寸应符合表 6‐24 的规定，安装示意图如图 6‐16 所示。

表 6‐24　　　　　单片玻璃、夹层玻璃和真空玻璃最小安装尺寸　　　　　（mm）

| 玻璃厚度 | 前、后余隙 $a$ | | 嵌入深度 $b$ | 边缘余隙 $c$ |
| --- | --- | --- | --- | --- |
| | 密封胶装配 | 胶条装配 | | |
| 3～6 | 3.0 | 3.0 | 8.0 | 4.0 |
| 8～10 | 5 | 3.5 | 10.0 | 5.0 |
| 12～19 | | 4.0 | 12.0 | 8.0 |

注：夹层玻璃、真空玻璃可按玻璃叠加厚度之和在表中选取。

（2）中空玻璃最小安装尺寸应符合表 6‐25 的规定，安装示意图如图 6‐16 所示。

表 6‐25　　　　　　　　　中空玻璃最小安装尺寸　　　　　　　　　（mm）

| 玻璃厚度 | 前、后余隙 $a$ | | 嵌入深度 $b$ | 边缘余隙 $c$ |
| --- | --- | --- | --- | --- |
| | 密封胶装配 | 胶条装配 | | |
| 4＋A＋4 | 5.0 | 3.5 | 15.0 | 5.0 |
| 5＋A＋5 | | | | |
| 6＋A＋6 | | | | |
| 8＋A＋8 | 7.0 | 5.0 | 17.0 | 7.0 |
| 10＋A＋10 | | | | |
| 12＋A＋12 | | | | |

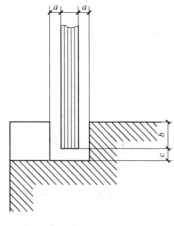

图 6‐16　玻璃安装尺寸图

表 6‐25 中，$A$ 为气体层的厚度，其数值可取 6mm、9mm、12mm、15mm、16mm。

玻璃是脆性材料，不能与边框直接接触，玻璃安装尺寸的要求是保证玻璃在荷载作用下，在框架内不与边框直接接触，并保证玻璃能够适当的变形。玻璃公称厚度越大，最小安装尺寸越大，这是因为玻璃公称厚度越大，玻璃板面可能越大，因此其变形量就越大，玻璃在框架内需要的变形环境就越大。其中前部余隙和后部余隙是为了保证玻璃在水平荷载作用下玻璃不与边框直接接触，嵌入深度是为了保证玻璃在水平荷载作用下玻璃不脱框，边缘间隙是为了保证玻璃在环境温差作用下不与边框接触，同时也保证玻璃在一定量建筑主体结构变形条件下玻璃不被挤碎。

## 6.5　连接设计

铝合金门窗构件的端部连接节点、窗扇连接铰链、合页和锁紧装置等门窗五金件和连接件的连接点，在门窗结构受力体系中相当于受力杆件简支梁和悬臂梁的支座，应有足够的连接强度和承载力，以保证门窗结构体系的受力和传力。在我国多年的铝合金门窗实际工程经验中，实际使用中损坏和在风压作用下发生的损毁，很多情况下都是由于五金件和连接件本身承载力不足或连接螺钉拉脱而导致连接失效所引起。特别是对于外平开窗框、扇型材与铰链通过螺钉连接的部位应加强，可采用型材局部加厚、增加背板、采用铆螺母等加强方式，并经计算或试验确定，确保可靠连接。

因此，在铝合金门窗工程设计中，应高度注意门窗五金件和连接件承载力校核和连接件可靠性设计，应按荷载和作用的分布和传递，正确设计、计算门窗连接节点，根据连接形式和承载情况，进行五金件、连接件及紧固件的抗拉（压）、抗剪切和抗挤压等强度校核计算。

在进行铝合金门窗五金件和连接件强度计算时，根据不同连接情况，可分别采用应力表达式或承载力表达式进行计算：

在进行铝合金门窗五金件和连接件的承载力计算时，应符合式（6-30）和式（6-31）的规定：

$$S \leqslant R \qquad\qquad (6-30)$$

$$R \leqslant F \qquad\qquad (6-31)$$

式中　$S$——五金件和连接件荷载设计值，N；

　　　$R$——五金件和连接件承载力设计值，N；

　　　$F$——五金件和型材之间连接力设计值，N。

通常情况下，进行连接件强度计算时，一般可采用应力表达式进行计算。但门窗五金件产品或产品检测报告所提供的一般为产品承载力，在此情况下，采用承载力表达式进行计算将会较为直观、简单。

铝合金门窗与洞口应可靠连接，连接的锚固承载力应大于连接件本身的承载力设计值，铝合金门窗与附框的连接应通过计算或试验确定承载能力。

铝合金门窗五金件与框、扇间应可靠连接，并通过计算或试验确定承载能力。铝合金门窗各构件之间应通过角码或接插件进行连接，连接件应能承受构件的剪力。构件连接处的连接件、螺栓、螺钉设计，应符合现行《铝合金结构设计规范》（GB 50429—2007）的相关规定。

不同金属相互接触处容易产生双金属腐蚀，所以当与铝合金型材接触的连接件采用与铝合金型材容易产生双金属腐蚀的金属材料时，应采用有效措施防止发生双金属腐蚀。可设置绝缘垫片或采取其他防腐措施。在正常情况下，铝合金型材与不锈钢材料接触不易发生双金属腐蚀，一般可不设置绝缘垫片。与铝合金型材相连的螺栓、螺钉其材质应采用奥氏体不锈钢。

重要受力螺栓、螺钉应通过计算确定承载能力。连接螺栓、螺钉的中心距和中心至构件边缘的距离，均应满足构件受剪面承载能力的需要。一般其中心距不得小于 $2.5d$；中心至构件边缘的距离在顺内力方向不得小于 $2d$，在垂直内力方向对切割边不得小于 $1.5d$，对扎制边不得小于 $1.2d$。如果连接确有困难不能满足上述要求时，则应对构件受剪面进行验算。同时，当螺钉直接通过型材孔壁螺纹受力连接时，应验算螺纹承载力。必要时，应采取相应的补救措施，如采取加衬板或采用铆螺母的方式，或改变连接方式。

门窗常用普通螺栓应按下列规定计算。

（1）在普通螺栓受剪的连接中，螺栓的承载力设计值应取受剪和承压承载力设计值中的较小者。

受剪承载力设计值：

$$N_v^b = n_v \frac{\pi d^2}{4} f_v^b \tag{6-32}$$

承压承载力设计值：

$$N_c^b = d \sum t f_c^b \tag{6-33}$$

式中　$n_v$——受剪面数目；

　　　$d$——螺栓杆直径；

　　　$\sum t$——在同一受力方向的承压构件的较小总厚度；

　$f_v^b$、$f_c^b$——螺栓的抗剪和承压强度设计值。

（2）在普通螺栓杆轴方向受拉的连接中，螺栓的承载力设计值应按式（6-34）计算：

$$N_t^b = \frac{\pi d_e^2}{4} f_t^b \tag{6-34}$$

式中　$d_e$——普通螺栓在螺纹处的有效直径；

　　　$f_t^b$——普通螺栓的抗拉压强度设计值。

（3）同时承受剪力和杆轴方向拉力的普通螺栓，应符合式（6-35）的要求：

$$\sqrt{\left(\frac{N_v}{N_v^b}\right)^2 + \left(\frac{N_t}{N_t^b}\right)^2} \leqslant 1 \tag{6-35}$$

$$N_v \leqslant N_c^b$$

式中　$N_v$、$N_t$——每个普通螺栓所承受的剪力和拉力；

　$N_v^b$、$N_t^b$、$N_c^b$——每个普通螺栓的受剪、受拉和承压承载力设计值。

## 6.6　隐框窗硅酮结构密封胶设计

铝合金型材框、扇杆件完全不显露于窗玻璃外表面，窗玻璃用硅酮结构密封胶粘结固定在铝合金副框上，副框再用机械夹持的方法固定到窗框、扇构架上的铝合金窗称为铝合金隐框窗。

铝合金隐框窗中硅酮结构密封胶的设计、计算应按照《玻璃幕墙工程技术规范》（JGJ 102—2003）中对隐框玻璃幕墙用硅酮结构密封胶的设计要求进行。

在隐框窗结构中，硅酮结构密封胶是重要的受力结构构件，隐框窗结构硅酮密封胶的设计应通过结构胶的受力计算来确定胶缝的结构尺寸。在《建筑用硅酮结构密封胶》（GB 16776—2005）中，规定了硅酮结构密封胶的拉伸强度值不低于 $0.6\text{N/mm}^2$。在风荷载（短期荷载）作用下，取材料的分项系数为 3.0，则硅酮结构密封胶的强度设计值为 $0.2\text{N/mm}^2$。在重力荷载（永久荷载）作用下，硅酮结构密封胶的强度设计值 $f_2$ 取为风荷载作用下强度设计值的 1/20，即为 $0.01\text{N/mm}^2$。因此，结构胶胶缝宽度尺寸计算时应按结构胶所承受的短期荷载（风荷载）和长期荷载（重力荷载）分别进行计算，并符合下列条件：

$$\sigma_1 \text{ 或 } \tau_1 \leqslant f_1 \tag{6-36}$$

$$\sigma_2 \text{ 或 } \tau_2 \leqslant f_2 \tag{6-37}$$

式中　$\sigma_1$、$\tau_1$——短期荷载作用在硅酮结构密封胶产生的拉应力或剪应力设计值，$\text{N/mm}^2$；

$\sigma_2$、$\tau_2$——长期荷载在硅酮结构密封胶中产生的拉应力或剪应力设计值，$\text{N/mm}^2$；

$f_1$——硅酮结构密封胶短期强度允许值，按 $0.2\text{N/mm}^2$ 采用；

$f_2$——硅酮结构密封胶长期强度允许值，按 $0.01\text{N/mm}^2$ 采用。

硅酮结构密封胶承受荷载和作用产生的应力大小，关系到隐框窗构件的安全对结构胶必须进行承载力验算，而且保证最小的黏结宽度和厚度。

根据标准《玻璃幕墙工程技术规范》（JGJ 102—2003）之规定，隐框窗硅酮结构密封胶的黏结宽度不应小于 7mm，黏结厚度不应小于 6mm，且黏结宽度宜大于厚度，但不宜大于厚度的 2 倍。硅酮结构密封胶的黏结厚度不应大于 12mm。

1. 结构胶粘结宽度 $C_s$ 的计算

隐框窗玻璃与铝合金框之间硅酮结构密封胶的宽度 $C_s$ 应分别按结构胶承受短期荷载（风荷载）和长期荷载（重力荷载）两种情况计算，并取两者较大值。

（1）短期荷载（风荷载）。隐框窗的玻璃面板四周边通过结构胶胶缝固定在铝附框上，玻璃面板在风荷载作用下的受力状态相当于承受均布风力的双向板，在玻璃面板上取 1m 宽板带（图 6-17），其受力面积为 $1 \times a/2$，承受的风荷载为 $w \times 1 \times a/2$，这部分风荷载由 1m 长、$C_s$ 宽的胶缝传递给铝合金附框，则胶缝的传力面积为 $1 \times C_s$，胶缝设计强度为 $f_1$，因此，1m 长胶缝可传递风荷载的设计强度为：$f_1 \times 1 \times C_s$。当 $f_1 \times 1 \times C_s = w \times 1 \times a/2$ 时，达到极限状态。亦即玻璃面板支承边缘的最大线均布拉力为 $wa/2$，由结构胶的黏结力承受，即：

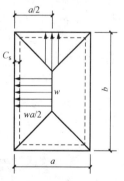

图 6-17　玻璃上的荷载传递示意图

$$f_1 C_s = wa/2 \tag{6-38}$$

则在风荷载作用下，硅酮结构密封胶的黏结宽度：

$$C_s = wa/2f_1 \tag{6-39}$$

式中　$f_1$——硅酮结构密封胶的短期强度允许值，$\text{N/mm}^2$；

$w$——风荷载设计值，$\text{N/mm}^2$。

习惯上，风荷载设计值常采用 $\text{kN/m}^2$ 为单位，则上述公式换算为：

$$C_s = wa/2000f_1 \tag{6-40}$$

式中　$C_s$——硅酮结构密封胶黏结宽度，mm；

$a$——玻璃短边长度，mm。

（2）玻璃自重。在玻璃自重作用下，结构胶缝承受长期剪应力（图 6-18），平均剪应力 $\tau_2$ 为：

$$\tau_2 = \frac{q_{\mathrm{G}}ab}{2(a+b)C_{\mathrm{s}}} \leqslant f_2 \qquad (6-41)$$

式中　$f_2$——硅酮结构密封胶的长短期强度允许值，N/mm²；

$q_{\mathrm{G}}$——玻璃单位面积重力荷载设计值，N/mm²。

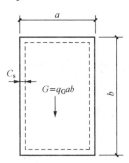

图 6-18　重力荷载下胶缝的受力

习惯上，玻璃重力荷载设计值常采用 kN/m² 为单位，则在玻璃自重作用下，硅酮结构密封胶的黏结宽度 $C_{\mathrm{s}}$ 应按式（6-42）计算：

$$C_{\mathrm{s}} = \frac{q_{\mathrm{G}}ab}{2000(a+b)f_2} \qquad (6-42)$$

式中　$a$、$b$——玻璃的短边和长边长度，mm；

$f_2$——硅酮结构密封胶的长短期强度允许值，N/mm²。

2. 结构胶粘结厚度 $t_{\mathrm{s}}$ 计算

隐框窗结构胶胶缝属对接胶缝，结构胶胶缝厚度 $t_{\mathrm{s}}$ 由风荷载作用下建筑物平面内变形 $u_{\mathrm{s}}$ 和结构胶允许伸长率 $\delta$ 决定。

当建筑物在风荷载作用下，产生平面内变形时，结构胶胶缝发生错位，此时结构胶胶缝厚度由 $t_{\mathrm{s}}$ 变为 $t'_{\mathrm{s}}$，伸长了 $(t'_{\mathrm{s}}-t_{\mathrm{s}})$，结构胶胶缝变位承受能力 $\delta = (t'_{\mathrm{s}}-t_{\mathrm{s}})/t_{\mathrm{s}}$（图 6-19），$\delta$ 取结构胶对应于拉应力为 0.14N/mm² 时的伸长率，不同牌号的结构胶取值不一样，应由结构胶生产厂家提供。

示意图 6-18 中，$t'_{\mathrm{s}}$ 为变形产生的三角形斜边，由直角三角形关系和结构胶延伸率关系得出：

$$t'^2_{\mathrm{s}} = u^2_{\mathrm{s}} + t^2_{\mathrm{s}},\quad t'^2_{\mathrm{s}} = (1+\delta)^2 t^2_{\mathrm{s}}$$

进一步导出：

$$(\delta^2 + 2\delta)t^2_{\mathrm{s}} = u^2_{\mathrm{s}}$$

所以硅酮结构密封胶的粘结厚度应按下式计算：

$$t_{\mathrm{s}} \geqslant \frac{u_{\mathrm{s}}}{\sqrt{\delta(2+\delta)}} \qquad (6-43)$$

$$u_{\mathrm{s}} = \theta h_{\mathrm{g}} \qquad (6-44)$$

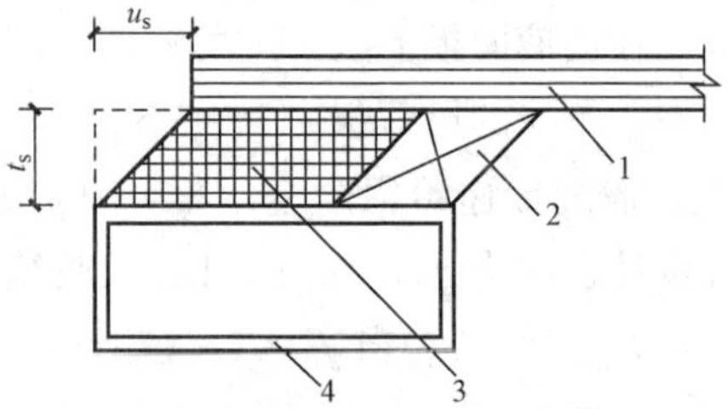

图 6-19　硅酮结构密封胶粘结厚度示意图

1—玻璃；2—垫条；

3—硅酮结构密封胶；4—铝合金框

式中　$u_{\mathrm{s}}$——玻璃相对于铝框的位移，mm；

$h_{\mathrm{g}}$——玻璃面板的高度，取其边长 $a$ 或 $b$；

$\delta$——硅酮结构密封胶的变位承受能力，取对应于其受拉应力为 0.14N/mm² 时的伸长率；

$\theta$——风荷载标准值作用下主体结构的楼层弹性层间位移角限制（rad），其值见表 6-26。

**表 6-26**　　　　　　　　　**水平风荷载作用下楼层弹性位移角限值 $\theta$**

| 结构类型 | | 弹性位移角限值（rad） |
|---|---|---|
| 混凝土框架 | 轻质隔墙 | 1/450 |
| | 砌体充填墙 | 1/500 |
| 混凝土框架—剪力墙，混凝土框架—筒体 | 较高装修标准 | 1/900 |
| 混凝土筒中筒 | 较高装修标准 | 1/950 |
| 混凝土剪力墙 | 较高装修标准 | 1/1100 |
| 高层民用钢结构 | | 1/400 |

注：以混凝土筒结构为主要抗力构件的高层钢结构的位移，按混凝土结构的规定。

3. 硅酮结构密封胶的构造设计

(1) 硅酮结构密封胶在施工前，应进行与玻璃、型材的剥离试验，以及相接触的有机材料的相容性试验，合格后方能使用。如果硅酮结构密封胶与接触材料不相容，会导致结构胶粘结力下降或丧失，从而留下严重的安全隐患。

(2) 硅酮结构密封胶承受永久荷载的能力较低，其在永久荷载作用下的强度设计值仅为 $0.01 \text{N}/\text{mm}^2$，而且始终处于受力状态。所以，在结构胶长期承受重力的隐框窗玻璃下端，宜设置两个铝合金或不锈钢托板，托板设计应能承受该分格玻璃的重力荷载作用，且其长度不应小于 50mm、厚度不应小于 2mm、高度不宜超出玻璃外表面。托板上应设置与结构密封胶相容的柔性衬垫。

【示例】　某建筑物隐框窗，计算求得 $w_k = 2000 \text{Pa}$，玻璃尺寸为 $900 \text{mm} \times 1100 \text{mm}$，采用 $6+12A+6$ 中空玻璃，结构类型为混凝土框架（轻质隔墙），采用 SS621 硅酮结构密封胶，计算结构胶胶缝宽度、厚度。

1. 胶缝宽度计算

在风荷载作用下，硅酮结构密封胶的粘结宽度由式 (6-40) 得：

$$C_{s1} = wa/2000f_1 = 1.4 \times 2.0 \times 900/(2000 \times 0.2) = 6.3(\text{mm})$$

在玻璃自重荷载作用下，硅酮结构密封胶的粘结宽度由式 (6-42) 得：

$$C_{s2} = \frac{q_G ab}{2000(a+b)f_2} = 0.369 \times 900 \times 1100/[2000 \times (900+1100) \times 0.01]$$

$$= 9.13(\text{mm})$$

由 $C_{s1}$ 和 $C_{s2}$ 比较按较大值 $C_{s2}$ 取值，取整 $C_s = 10\text{mm}$。

2. 硅酮结构密封胶粘结厚度计算

玻璃相对于铝框的位移按式 (6-44) 求得：$u_s = \theta h_g = 1100 \times 1/450 = 2.44(\text{mm})$

SS621 硅酮结构密封胶变位承受能力取 0.15，按式 (6-43) 求得结构密封胶粘结厚度为：$t_s = \dfrac{u_s}{\sqrt{\delta(2+\delta)}} = 2.44/[0.15 \times (2+0.15)]^{1/2} = 4.3(\text{mm})$，取 6mm。

# 第7章 铝合金门窗热工设计

## 7.1 计算条件

### 7.1.1 计算边界条件

《建筑门窗玻璃幕墙热工计算规程》（JGJ/T 151）主要参照了国际 ISO 系列标准 ISO15099、ISO10077-1、ISO10077-2、ISO10292 及 ISO9050，并结合我国的有关节能标准而建立的热工理论计算体系。门窗的热惰性不大，采用稳态的方法进行计算。由于气密性能与门窗的质量有关，一般在计算中很难知道渗漏的部位，因此，在热工计算中不考虑气密性能对门窗传热和结露性能的影响。

计算实际工程所用的门窗热工性能所采用的边界条件应符合相应的建筑设计或节能设计标准。设计或评价系统门窗定型产品的热工参数时，所采用的环境边界条件应统一采用标准规定的计算条件。

1. 冬季标准计算环境条件

冬季标准计算环境条件适用于门窗产品设计、性能评价的冬季热工计算环境条件。

室内空气温度 $T_{in}=20℃$

室外空气温度 $T_{out}=-20℃$

室内对流换热系数 $h_{c,in}=3.6W/(m^2 \cdot K)$

室外对流换热系数 $h_{c,out}=16W/(m^2 \cdot K)$

室内平均辐射温度 $T_{rm,in}=T_{in}$

室外平均辐射温度 $T_{rm,out}=T_{out}$

太阳辐射照度 $I_s=300W/m^2$

2. 夏季标准计算环境条件

夏季标准计算环境条件适用于门窗产品设计、性能评价的夏季热工计算环境条件。

室内空气温度 $T_{in}=25℃$

室外空气温度 $T_{out}=30℃$

室内对流换热系数 $h_{c,in}=2.5W/(m^2 \cdot K)$

室外对流换热系数 $h_{c,out}=16W/(m^2 \cdot K)$

室内平均辐射温度 $T_{rm,in}=T_{in}$

室外平均辐射温度 $T_{rm,out}=T_{out}$

太阳辐射照度 $I_s=500W/m^2$

3. 传热系数计算

传热系数计算时应采用冬季计算标准条件，并取 $I_s=0$。门窗周边框的室外对流换热系数 $h_{c,out}$ 取 $8W/(m^2 \cdot K)$，周边框附近玻璃边缘（65mm 内）的室外对流换热系数 $h_{c,out}$ 取 $12W/(m^2 \cdot K)$。

传热系数对于冬季节能计算很重要，夏季传热系数虽然与冬季不同，但传热系数随计算条件的变化不是很大，对夏季的节能和负荷计算所带来的影响也不大。

4. 太阳得热系数的计算采用夏季计算标准条件

太阳得热系数对于夏季节能和空调负荷的计算非常重要，冬季的太阳得热系数的不同对采暖负荷所带来的变化不大。

5. 结露性能评价与计算的标准条件

室内环境温度：20℃

室外环境温度：0℃，−10℃，−20℃

室内环境湿度：30％、60％

室外对流换热系数：20W/(m²·K)

6. 框的太阳得热系数 $SHGC_f$ 计算应采用边界条件

$$q_{in} = \alpha \cdot I_s \qquad (7-1)$$

式中　$\alpha$——框表面太阳辐射吸收系数；

　　$I_s$——太阳辐射照度，$W/m^2$；

　　$q_{in}$——框吸收的太阳辐射热，$W/m^2$。

门窗的传热系数指门窗内外两侧环境温度差为 1K（℃）时，在单位时间内通过单位面积门窗的热量。

面板传热系数指面板中部区域的传热系数，不考虑边缘的影响。如玻璃传热系数是指玻璃面板中部区域的传热系数。

线传热系数表示门窗玻璃（或其他镶嵌板）边缘与框的组合传热效应所产生附加传热量的参数，简称"线传热系数"。

框截面耦合系数指门窗框型材通过二维有限元传热计算获得的截面整体的热流量。

## 7.1.2　计算换热方法

1. 对流换热

对流换热是由于在门窗的两侧具有温度差，造成空气在冷的一面下降而在热的一面上升，产生空气的对流，而造成能量的流失。

当室内气流速度足够小（小于 0.3m/s）时，内表面的对流换热按自然对流换热计算；当气流速度大于 0.3m/s 时，则按强迫对流和混合对流计算。

在设计或评价铝合金门窗定型产品的热工性能时，门窗室内表面的对流换热系数应符合前面"计算环境边界条件"的规定。

(1) 当内表面的对流换热按自然对流计算时

1) 自然对流换热系数 $h_{c,in}$ 按式（7-2）计算：

$$h_{c,in} = N_u\left(\frac{\lambda}{H}\right) \tag{7-2}$$

式中　$\lambda$——空气导热系数，W/（m·K）；

$H$——自然对流特征高度，m；

$N_u$——努谢尔特数（Nusselt number）。

2) 努谢尔特数 $Nu$ 是基于门窗高 H 的瑞利数 $Ra_H$ 的函数，瑞利数 $Ra_H$ 按式（7-3a）和式（7-3b）计算：

$$Ra_H = \frac{\gamma^2 H^3 G C_p \mid T_{b,n} - T_{in} \mid}{T_{m,f}\mu\lambda} \tag{7-3a}$$

$$T_{m,f} = T_{in} + \frac{1}{4}(T_{b,n} - T_{in}) \tag{7-3b}$$

式中　$T_{b,n}$——门窗内表面温度；

$T_{in}$——室内空气温度，℃；

$\gamma$——空气密度，kg/m³；

$C_p$——空气的比热容，J/（kg·K）；

$G$——重力加速度（m/s²），可取 9.8m/s²；

$\mu$——空气运动黏度，kg/（m·s）；

$T_{m,f}$——内表面平均气流温度。

3) 努谢尔特数 $Nu$ 的值应是表面倾斜角度 $\theta$ 的函数，当室内空气温度高于门窗内表面温度（即 $T_{in} > T_{b,n}$）时，内表面的努谢尔特数 $Nu_{in}$ 按式（7-4）～式（7-4e）计算：

①表面倾角 $0° \leqslant \theta < 15°$：

$$Nu_{in} = 0.13 Ra_H^{\frac{1}{3}} \tag{7-4}$$

②表面倾角 $15° \leqslant \theta < 90°$：

$$Ra_c = 2.5 \times 10^5 \left(\frac{e^{0.72\theta}}{\sin\theta}\right)^{\frac{1}{5}} \tag{7-4a}$$

$$Nu_{in} = 0.56(Ra_H\sin\theta)^{\frac{1}{4}}, Ra_H \leqslant Ra_c \tag{7-4b}$$

$$Nu_{in} = 0.13\left(Ra_H^{\frac{1}{3}} - Ra_c^{\frac{1}{3}}\right) + 0.56(Ra_H\sin\theta)^{\frac{1}{4}}, Ra_H \geqslant Ra_c \tag{7-4c}$$

③表面倾角 $90° \leqslant \theta < 179°$：

$$Nu_{in} = 0.56(Ra_H\sin\theta)^{\frac{1}{4}}, 10^5 \leqslant Ra_H\sin\theta < 10^{11} \tag{7-4d}$$

④表面倾角 $179° \leqslant \theta < 180°$：

$$Nu_{in} = 0.58 Ra_H^{\frac{1}{3}}, Ra_H \leqslant 10^{11} \tag{7-4e}$$

当室内空气温度低于门窗内表面温度（即 $T_{in} < T_{b,n}$）时，应以（180°$-\theta$）代替 $\theta$，内表面的努谢尔特数 $Nu_{in}$ 按以上公式计算。

（2）在实际工程中，当内表面有较高速度气流时，室内对流换热按强制对流计算。门窗内表面对流换热系数按下式计算：

$$h_{c,in} = 4 + 4V_s \tag{7-5}$$

式中　$V_s$——门窗内表面附近的气流速度，m/s。

外表面对流换热按强制对流换热计算。设计或评价铝合金门窗定型产品的热工性能时，室外表面的对流换热系数应符合前面"计算环境边界条件"的规定。

（3）当进行工程设计或评价设计工程用铝合金门窗产品性能计算时，外表面对流换热系数按下式计算：

$$h_{c,out} = 4 + 4V_s \tag{7-6}$$

式中　$V_s$——门窗外表面附近的气流速度，m/s。

（4）当进行建筑的全年能耗计算时，铝合金门窗构件外表面对流换热系数应用下列关系式计算：

$$h_{c,out} = 4.7 + 7.6V_s \tag{7-7}$$

式中铝合金门窗附近的风速应按照门窗的朝向和吹向建筑的风向和风速确定。

1）当铝合金门窗外表面迎风时，$V_s$ 按下式计算：

$$V_s = 0.25V \qquad V > 2 \tag{7-7a}$$

$$V_s = 0.50 \qquad V \leqslant 2 \tag{7-7b}$$

式中　$V$——在开阔地上测出的风度，m/s。

2）当铝合金门窗外表面背风时，$V_s$ 按下式计算：

$$V_s = 0.3 + 0.05V \tag{7-7c}$$

3）确定表面是迎风还是背风，应按下式计算相对于铝合金门窗外表面的风向 $\gamma$（如图 7-1）：

$$\gamma = \varepsilon + 180° - \theta \tag{7-7d}$$

当 $|\gamma| > 180°$ 时，$\gamma = 360° - |\gamma|$；

当 $-45° \leqslant |\gamma| \leqslant 45°$ 时，表面为迎风向，否则表面为背风向。

式中　$\theta$——风向（由北朝顺时针方向测量的角度，见图 7-1）；

　　　　$\varepsilon$——墙的方位（由南向西为正，反之为负，见图 7-1）。

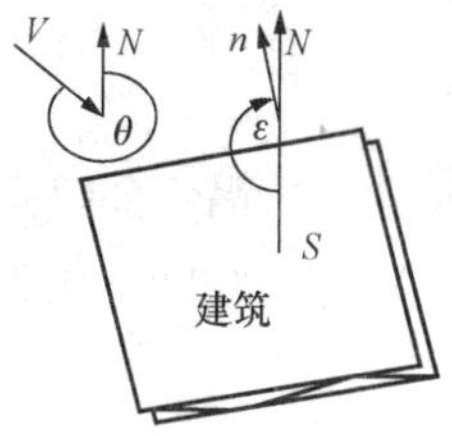

（5）当外表面风速较低时，外表面自然对流换热系数按下式来确定：

$$h_{c,out} = Nu\left(\frac{\lambda}{H}\right) \tag{7-8}$$

图 7-1　确定风向和墙的
方位示意
$n$—墙的法向方向；
$N$—北向；$S$—南向

式中　$\lambda$——空气导热系数，W/(m·K)；

　　　$H$——表面的特征高度，m。

努谢尔特数 $Nu$ 是瑞利数 $Ra_H$ 特征高 $H$ 的函数，瑞利数 $Ra_H$ 按下式计算：

$$Ra_H = \frac{\gamma^2 H^3 GC_p \,|\, T_{s,out} - T_{out} \,|}{T_{m,f}\mu\lambda} \tag{7-8a}$$

式中　$\gamma$——空气密度，kg/m³；

　　　$C_p$——空气的比热容，J/(kg·K)；

$G$——重力加速度，$m/s^2$，可取 $9.80m/s^2$；

$\mu$——空气运动黏度，$kg/(m \cdot s)$；

$T_{s,out}$——门窗外表面温度，℃；

$T_{out}$——室外空气温度，℃；

$T_{m,f}$——外表面平均气流温度，℃，按下式计算：

$$T_{m,f} = T_{out} + \frac{1}{4}(T_{s,out} - T_{out}) \tag{7-8b}$$

努谢尔特数的计算应与前述内表面计算相同，只是其中的倾角 $\theta$ 以（$180° - \theta$）代替。

2. 长波辐射换热

（1）室外平均辐射温度的取值分别为下列两种条件：

1）实际工程条件；

2）用于定型产品性能设计或评价的计算标准条件。

（2）对于实际工程计算条件，室外辐射照度 $G_{out}$ 按下列公式计算：

$$G_{out} = \sigma T_{rm,out}^4 \tag{7-9}$$

$$T_{rm,out} = \left\{ \frac{[F_{grd} + (1-f_{clr})F_{sky}]\sigma T_{out}^4 + f_{clr}F_{sky}J_{sky}}{\sigma} \right\}^{\frac{1}{4}} \tag{7-9a}$$

式中　$T_{rm,out}$——室外平均辐射温度，℃；

$F_{grd}$、$F_{sky}$——铝合金门窗系统相对地面（即水平线以下区域）和天空的角系数；

$f_{clr}$——晴空的比例系数。

1）铝合金门窗相对地面、天空的角系数、晴空的比例系数按下列公式计算：

$$F_{grd} = 1 - F_{sky} \tag{7-9b}$$

$$F_{sky} = \frac{1 + \cos\theta}{2} \tag{7-9c}$$

式中　$\theta$——铝合金门窗系统对地面的倾斜角度。

2）当已知晴空辐射照度 $J_{sky}$ 时，可直接按下列公式计算：

$$J_{sky} = \varepsilon_{sky}\sigma T_{out}^4 \tag{7-9d}$$

$$\varepsilon_{sky} = \frac{R_{sky}}{\sigma T_{out}^4} \tag{7-9e}$$

$$R_{sky} = 5.31 \times 10^{-13} T^6 \tag{7-9f}$$

（3）室内辐射照度：

$$G_{in} = \sigma T_{rm,in}^4 \tag{7-10}$$

铝合金门窗内表面可认为仅受到室内建筑表面的辐射，墙壁和楼板可作为在室内温度中的大平面。

（4）内表面计算时，应按下列公式简化计算玻璃部分和框部分辐射热传递：

$$q_{r,in} = h_{r,in}(T_{s,in} - T_{rm,in}) \tag{7-11}$$

$$h_{r,in} = \frac{\varepsilon_s \sigma(T_{s,in}^4 - T_{rm,in}^4)}{T_{s,in} - T_{rm,in}} \tag{7-11a}$$

$$\varepsilon_{\mathrm{s}} = \frac{1}{\dfrac{1}{\varepsilon_{\mathrm{surf}}} + \dfrac{1}{\varepsilon_{\mathrm{in}}} - 1} \tag{7 - 11b}$$

式中　$T_{\mathrm{rm,in}}$——室内辐射温度，K；

　　　$T_{\mathrm{s,in}}$——室内玻璃面或框表面温度，K；

　　　$\varepsilon_{\mathrm{surf}}$——玻璃面或框材料室内表面发射率；

　　　$\varepsilon_{\mathrm{in}}$——室内环境材料的平均发射率，一般可取 0.9。

设计或评价铝合金门窗定型产品的热工性能时，门窗室内表面的辐射换热系数按下式计算：

$$h_{\mathrm{r,in}} = \frac{4.4\varepsilon_{\mathrm{s}}}{0.837} \tag{7 - 11c}$$

（5）进行外表面计算时，应按下列公式简化玻璃面上和框表面上的辐射传热计算：

$$q_{\mathrm{r,out}} = h_{\mathrm{r,out}}(T_{\mathrm{s,out}} - T_{\mathrm{rm,out}}) \tag{7 - 12}$$

$$h_{\mathrm{r,out}} = \frac{\varepsilon_{\mathrm{s,out}}\sigma(T_{\mathrm{s,out}}^{4} - T_{\mathrm{rm,out}}^{4})}{T_{\mathrm{s,out}} - T_{\mathrm{rm,out}}} \tag{7 - 12a}$$

式中　$T_{\mathrm{rm,out}}$——室外辐射温度，K；

　　　$T_{\mathrm{s,out}}$——室外玻璃面或框表面温度，K；

　　　$\varepsilon_{\mathrm{s,out}}$——玻璃面或框材料室外表面半球发射率。

设计或评价铝合金门窗定型产品的热工性能时，门窗室外表面的辐射换热系数按下式计算：

$$h_{\mathrm{r,out}} = \frac{3.9\varepsilon_{\mathrm{s,out}}}{0.837} \tag{7 - 12b}$$

3. 综合对流和辐射换热

（1）外表面和内表面的换热应按下式计算：

$$q = h(T_{\mathrm{s}} - T_{\mathrm{n}}) \tag{7 - 13}$$

$$h = h_{\mathrm{r}} + h_{\mathrm{c}} \tag{7 - 13a}$$

$$T_{\mathrm{n}} = \frac{T_{\mathrm{air}}h_{\mathrm{c}} + T_{\mathrm{rm}}h_{\mathrm{r}}}{h_{\mathrm{c}} + h_{\mathrm{r}}} \tag{7 - 13b}$$

式中　$h_{\mathrm{r}}$——辐射换热系数；

　　　$h_{\mathrm{c}}$——对流换热系数；

　　　$T_{\mathrm{n}}$——表面温度，K；

　　　$T_{\mathrm{s}}$——环境温度，K。

（2）对于在计算中进行了近似简化的表面，其表面换热系数应根据面积按下式计算修正：

$$h_{\mathrm{adjusted}} = \frac{A_{\mathrm{real}}}{A_{\mathrm{approximated}}}h \tag{7 - 14}$$

式中　$h_{\mathrm{adjusted}}$——修正后表面换热系数；

　　　$A_{\mathrm{real}}$——实际的表面积；

　　　$A_{\mathrm{approximated}}$——近似后的表面积。

### 7.1.3　计算步骤

系统门窗热工计算的基本步骤见图 7 - 2 所示。根据前面确定的系统总体设计方案和子系统设计方案，分析系统门窗的窗型结构及节点构造，确定边界条件，分别计算出门窗各组成子系统的传热系数，然后按要求计算整窗的传热系数。

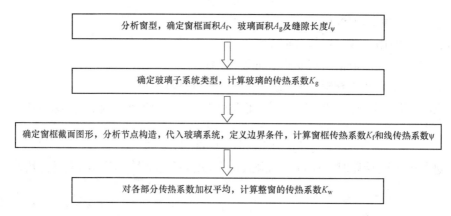

图 7-2 系统门窗热工计算基本步骤

## 7.2 整樘窗的几何描述

### 7.2.1 窗的几何分段

整樘窗应根据窗框截面的不同对窗框进行分类，每个不同类型窗框截面均应计算框传热系数、线传热系数，即整窗应根据框截面的不同对窗框分段，有多少个不同的框截面就应计算多少个不同的框传热系数和对应的框和玻璃接缝线传热系数。不同类型窗框相交部分的传热系数可采用邻近框中较高的传热系数代替。

每条窗框的传热系数都按规定计算。为了简化计算，在两条框相交处的传热不作三维传热现象考虑，简化为其中的一条框来处理，忽略建筑与窗框之间的热桥效应，即窗框与墙边相接的边界作为绝缘处理。

如图 7-3 所示的窗，应计算 1-1、2-2、3-3、4-4、5-5、6-6 六个框段的框传热系数及对应的框和玻璃接缝线传热系数。两条框相交部分简化为其中的一条框来处理。

在计算 1-1、2-2、4-4 截面的二维传热时，与墙面相接的边界作为绝热边界处理。计算 3-3、5-5、6-6 截面的二维传热时，与相邻框相接的边界作为绝热边界处理。

对于如图 7-4 所示的推拉窗，应计算 1-1、2-2、3-3、4-4、5-5 五个框的框传热系数和对应的框和玻璃

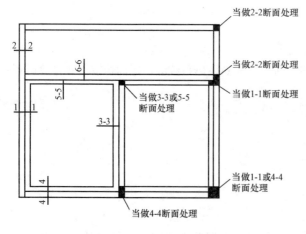

图 7-3 窗的几何分段

接缝线传热系数。两扇窗框叠加部分 5-5 作为一个截面进行计算。

　　一个框两边均有玻璃的情况，可以分别附加框两边的附加线传热系数。如图 7-5 所示窗框两边均有玻璃，框的传热系数为框两侧均镶嵌保温材料时的传热系数，框 1-1 和 2-2 的宽度可以分别是框宽度的 1/2。框 1-1 和 2-2 的附加线传热系数可分别将其换成玻璃进行计算。如果对称，则两边的附加线传热系数应该是相同的。

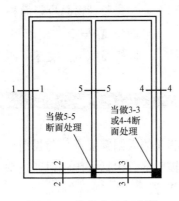
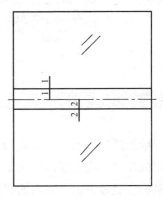

图 7-4　推拉窗几何分段　　　　　　图 7-5　窗横隔几何分段

## 7.2.2　整樘窗的面积划分

　　窗由多个部分组成，窗框、玻璃（或其他面板）等部分的光学性能和传热性能各不一样。因此，整樘窗在进行热工计算时应按图 7-6 之规定进行面积划分。

　　1. 窗框面积

　　窗框室内侧投影面积 $A_{f,i}$：指框从室内侧投影到与玻璃或其他镶嵌板平行的平面上得到的可视框的投影面积。

　　窗框室外侧投影面积 $A_{f,e}$：指框从室外侧投影到与玻璃或其他镶嵌板平行的平面上得到的可视框的投影面积。

　　窗框室内暴露面积 $A_{d,i}$：指从室内侧看到的框与室内空气接触的面积。

　　窗框室外暴露面积 $A_{d,e}$：指从室外侧看到的框与室外空气接触的面积。

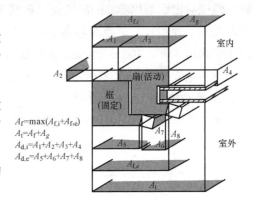

图 7-6　窗各部件面积划分示意

　　窗框投影面积 $A_f$：取框室内侧投影面积 $A_{f,i}$ 和框室外侧投影面积 $A_{f,e}$ 两者中的较大者，简称"窗框面积"。

　　2. 玻璃面积

　　玻璃投影面积 $A_g$ 或其他镶嵌板的投影面积 $A_p$：指从室内、室外侧可见玻璃或其他镶嵌板边缘围合面积的较小值，简称"玻璃面积"（或"镶嵌板面积"）。当玻璃与框相接处胶条能被见到时，所见的胶条覆盖部分也应计入"玻璃面积"。

**3. 玻璃（或其他镶嵌板）的边缘长度**

玻璃的边缘长度 $l_\psi$（或其他镶嵌板 $l_p$）是指玻璃（或其他镶嵌板）与窗框接缝的长度，并取室内、室外长度值中的较大值，见图 7 - 7。

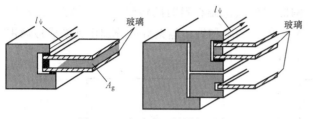

图 7 - 7 窗玻璃区域周长示意

**4. 窗面积**

整樘窗总投影面积 $A_t$：是指窗框面积 $A_f$ 与窗玻璃面积 $A_g$（或其他镶嵌板面积 $A_p$）之和，简称"窗面积"。

## 7.3 玻璃热工性能计算

太阳得热系数指通过玻璃、门窗成为室内得热量的太阳辐射部分与投射到玻璃、门窗上的太阳辐射照度的比值。成为室内得热量的太阳辐射部分包括太阳辐射通过辐射透射的得热量和太阳辐射被构件吸收再传入室内的得热量两部分。

可见光透射比指采用人眼视见函数进行加权，标准光源透过玻璃、门窗成为室内的可见光通量与投射到玻璃、门窗上的可见光通量的比值。

### 7.3.1 单片玻璃的光学热工性能计算

单片玻璃的光学、热工性能计算是按照 ISO9050 的有关规定进行。单片玻璃的光学、热工性能应根据单片玻璃的测定光谱数据进行计算。单片玻璃的光谱数据应包括透射率、前反射比和后反射比，并至少覆盖 $300\sim2500nm$ 波长范围，其中 $300\sim400nm$ 波长数据点间隔不应超过 5nm，$400\sim1000nm$ 波长数据点间隔不应超过 10nm，$1000\sim2500nm$ 波长数据点间隔不应超过 50nm，$2500nm\sim50\mu m$ 波长数据点间隔不应超过 100nm。

**1. 单片玻璃的可见光透射比**

单片玻璃的可见光透射比 $\tau_v$ 按式（7 - 15）计算：

$$\tau_v = \frac{\int_{380}^{780} D_\lambda \tau(\lambda) V(\lambda) d\lambda}{\int_{380}^{780} D_\lambda V(\lambda) d\lambda} \approx \frac{\sum_{\lambda=380}^{780} D_\lambda \tau(\lambda) V(\lambda) \Delta\lambda}{\sum_{\lambda=380}^{780} D_\lambda V(\lambda) \Delta\lambda} \tag{7 - 15}$$

式中　$D_\lambda$——D65 标准光源的相对光谱功率分布；

　　$\tau(\lambda)$——玻璃透射比的光谱数据；

　　$V(\lambda)$——人眼的视见函数。

**2. 单片玻璃的可见光反射比**

单片玻璃的可见光反射比 $\rho_v$ 按式（7 - 16）计算：

$$\rho_v = \frac{\int_{380}^{780} D_\lambda \rho(\lambda) V(\lambda) d\lambda}{\int_{380}^{780} D_\lambda V(\lambda) d\lambda} \approx \frac{\sum_{\lambda=380}^{780} D_\lambda \rho(\lambda) V(\lambda) \Delta\lambda}{\sum_{\lambda=380}^{780} D_\lambda V(\lambda) \Delta\lambda} \tag{7 - 16}$$

式中　$\rho(\lambda)$——玻璃反射比的光谱数据。

3. 单片玻璃的太阳光直接透射比

单片玻璃的太阳光直接透射比 $\tau_s$ 按式（7-17）计算：

$$\tau_s = \frac{\int_{300}^{2500} \tau(\lambda) S_\lambda d\lambda}{\int_{300}^{2500} S_\lambda d\lambda} \approx \frac{\sum_{\lambda=300}^{2500} \tau(\lambda) S_\lambda \Delta\lambda}{\sum_{\lambda=300}^{2500} S_\lambda \Delta\lambda} \tag{7-17}$$

式中　$\tau(\lambda)$——玻璃透射比的光谱数据；

　　　$S_\lambda$——标准太阳光谱。

4. 单片玻璃的太阳光直接反射比

单片玻璃的太阳光直接反射比 $\rho_s$ 按式（7-18）计算：

$$\rho_s = \frac{\int_{300}^{2500} \rho(\lambda) S_\lambda d\lambda}{\int_{300}^{2500} S_\lambda d\lambda} \approx \frac{\sum_{\lambda=300}^{2500} \rho(\lambda) S_\lambda \Delta\lambda}{\sum_{\lambda=300}^{2500} S_\lambda \Delta\lambda} \tag{7-18}$$

式中　$\rho(\lambda)$——玻璃反射比的光谱数据。

5. 单片玻璃的太阳得热系数

单片玻璃的太阳得热系数 SHGC 按照式（7-19）计算：

$$SHGC = \tau_s + \frac{A_s h_{in}}{h_{in} + h_{out}} \tag{7-19}$$

式中　$h_{in}$——玻璃室内表面换热系数，W/(m² · K)；

　　　$h_{out}$——玻璃室外表面换热系数，W/(m² · K)；

　　　$A_s$——单片玻璃的太阳光直接吸收比。

6. 单片玻璃的太阳光总吸收比

单片玻璃的太阳光总吸收比 $A_s$ 按照式（7-20）计算：

$$A_s = 1 - \tau_s - \rho_s \tag{7-20}$$

式中　$\tau_s$——单片玻璃的太阳光直接透射比；

　　　$\rho_s$——单片玻璃的太阳光直接反射比。

### 7.3.2　多层玻璃的光学热工性能计算

（1）太阳光透过多层玻璃系统的计算采用如下计算模型（见图 7-8）。多层玻璃的光学热工性能计算是按照 ISO15099 的通用方法进行计算的。

图 7-8 表示一个具有 $n$ 层玻璃的系统，系统分为 $n+1$ 个气体间层，最外层为室外环境（$i=1$），最内层为室内环境（$i=n+1$）。对于波长 $\lambda$ 的太阳光，系统的光学分析应以第 $i-1$ 层和第 $i$ 层玻璃之间辐射能量 $I_i^+(\lambda)$ 和 $I_i^-(\lambda)$ 建立能量平衡方程，其中角标"＋"和"－"分别表示辐射流向室外和流向室内（见图 7-9）。

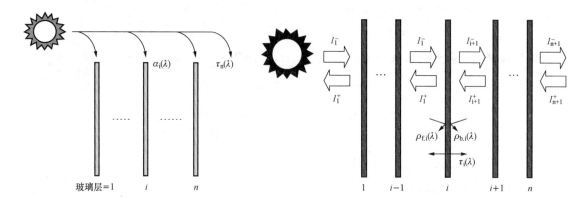

图 7-8  玻璃层的吸收率和太阳光透射比    图 7-9  多层玻璃体系中太阳辐射热的分析

设定室外只有太阳的辐射，室外和室内环境对太阳辐射的反射比为零。

当 $i=1$ 时：

$$I_1^+(\lambda) = \tau_1(\lambda)I_2^+(\lambda) + \rho_{f,1}(\lambda)I_s(\lambda) \tag{7-21a}$$

$$I_1^-(\lambda) = I_s(\lambda) \tag{7-21b}$$

当 $i=n+1$ 时：

$$I_{n+1}^-(\lambda) = \tau_n(\lambda)I_n^-(\lambda) \tag{7-21c}$$

$$I_{n+1}^+(\lambda) = 0 \tag{7-21d}$$

当 $i=2\sim n$ 时：

$$I_i^+(\lambda) = \tau_i(\lambda)I_{i+1}^+(\lambda) + \rho_{f,i}(\lambda)I_i^-(\lambda) \tag{7-21e}$$

$$I_i^+(\lambda) = \tau_i(\lambda)I_{i+1}^+(\lambda) + \rho_{f,i}(\lambda)I_i^-(\lambda) \tag{7-21f}$$

利用解线性方程组的方法计算所有各个气体层的 $I_i^+(\lambda)$ 和 $I_i^-(\lambda)$ 的值。传向室内的直接透射比按下式计算：

$$\tau(\lambda)I_s(\lambda) = I_{n+1}^-(\lambda) \tag{7-21g}$$

反射到室外的直接反射比由下式计算：

$$\rho(\lambda)I_s(\lambda) = I_1^+(\lambda) \tag{7-21h}$$

第 $i$ 层玻璃的太阳辐射吸收比 $A_i(\lambda)$ 采用下式计算：

$$A_i(\lambda) = \frac{I_i^-(\lambda) - I_i^+(\lambda) + I_{i+1}^+(\lambda) - I_{i+1}^-(\lambda)}{I_s(\lambda)} \tag{7-21i}$$

对整个太阳光谱进行数值积分，则通过下面公式可计算得到第 $i$ 层玻璃吸收的太阳辐射热流密度 $S_i$：

$$S_i = A_i I_s \tag{7-22}$$

$$A_i = \frac{\int_{300}^{2500} A_i(\lambda)S_\lambda \mathrm{d}\lambda}{\int_{300}^{2500} S_\lambda \mathrm{d}\lambda} \approx \frac{\sum_{\lambda=300}^{2500} A_i(\lambda)S_\lambda \Delta\lambda}{\sum_{\lambda=300}^{2500} S_\lambda \Delta\lambda} \tag{7-22a}$$

式中  $A_i$——太阳辐射照射到玻璃系统时，第 $i$ 层玻璃的太阳辐射吸收比。

（2）多层玻璃的可见光透射比、可见光反射比、太阳光直接透射比及太阳光直接反射比分别按式（7-15）～式（7-18）计算。

### 7.3.3　玻璃气体间层的热传递

（1）玻璃气体层间的能量平衡可用基本的关系式表达如下（图 7-10）：

$$q_i = h_{c,i}(T_{f,i} - T_{b,i+1}) + J_{f,j} - J_{b,i-1} \qquad (7-23)$$

式中　$T_{f,i}$——第 $i$ 层玻璃前表面温度，K；

　　　$T_{b,i-1}$——第 $i-1$ 层玻璃后表面温度，K；

　　　$J_{f,i}$——第 $i$ 层玻璃前表面辐射热，W/m²；

　　　$J_{b,i-1}$——第 $i-1$ 层玻璃后表面辐射热，W/m²。

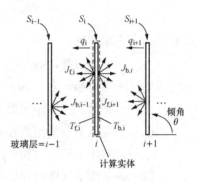

图 7-10　第 $i$ 层玻璃的能量平衡

1）在每一层气体间层中，按下列公式进行计算：

$$q_i = S_i + q_{i+1} \qquad (7-23a)$$

$$J_{f,i} = \varepsilon_{f,i}\sigma T_{f,i}^4 + \tau_i J_{f,i+1} + \rho_{f,i} J_{b,i-1} \qquad (7-23b)$$

$$J_{b,i} = \varepsilon_{b,i}\sigma T_{b,i}^4 + \tau_i J_{b,i-1} + \rho_{b,i} J_{f,i+1} \qquad (7-23c)$$

$$T_{b,i} - T_{f,i} = \frac{t_{g,i}}{2\lambda_{g,i}}(2q_{i+1} + S_i) \qquad (7-23d)$$

式中　$t_{g,i}$——第 $i$ 层玻璃的厚度，m；

　　　$S_i$——第 $i$ 层玻璃吸收的太阳辐射热，W/m²；

　　　$\tau_i$——第 $i$ 层玻璃的远红外透射比；

　　　$\rho_{f,i}$——第 $i$ 层前玻璃的远红外反射比；

　　　$\rho_{b,i}$——第 $i$ 层后玻璃的远红外反射比；

　　　$\varepsilon_{f,i}$——第 $i$ 层前表面半球发射率；

　　　$\varepsilon_{b,i}$——第 $i$ 层后表面半球发射率；

　　　$\lambda_{g,i}$——第 $i$ 层玻璃的导热系数，W/(m·K)。

2）在计算传热系数时，应设定太阳辐射 $I_s=0$。在每层材料均为玻璃的系统中，可以采用如下热平衡方程计算气体间层的传热：

$$q_i = h_{c,i}(T_{f,i} - T_{b,i-1}) + h_{r,i}(T_{f,i} - T_{b,i-1}) \qquad (7-23e)$$

式中　$h_{c,i}$——第 $i$ 层气体层的辐射换热系数；

　　　$h_{r,i}$——第 $i$ 层气体层的对流换热系数。

（2）玻璃层间气体间层的对流换热系数可由无量纲的努谢尔特数 $Nu_i$ 确定：

$$h_{c,i} = Nu_i\left(\frac{\lambda_{g,i}}{d_{g,i}}\right) \qquad (7-24)$$

式中　$d_{g,i}$——气体间层 $i$ 的厚度，m；

　　　$\lambda_{g,i}$——所充气体的导热系数，W/(m·K)；

　　　$Nu_i$——努谢尔特数，是瑞利数 $Ra_i$、气体间层高厚比和气体间层倾角 $\theta$ 的函数。

在计算高厚比较大的气体间层时，应考虑玻璃发生弯曲对厚度的影响。发生弯曲的原因包括：空腔平均温度、空气湿度含量的变化、干燥剂对氮气的吸收、充氮气过程中由于海拔高度和天气变化造成压力的改变等因素。

（3）玻璃层间气体间层的瑞利数可按下列公式计算：

$$Ra = \frac{\gamma^2 d^3 G \beta C_\mathrm{p} \Delta T}{\mu \lambda} \qquad (7\text{-}25)$$

$$\beta = \frac{1}{T_\mathrm{m}} \qquad (7\text{-}25\mathrm{a})$$

$$A_{\mathrm{g,i}} = \frac{H}{d_{\mathrm{g,i}}} \qquad (7\text{-}25\mathrm{b})$$

式中　$Ra$——瑞利数；

　　　$\gamma$——气体密度，$\mathrm{kg/m^3}$；

　　　$G$——重力加速度，$\mathrm{m/s^2}$，可取 9.80；

　　　$\beta$——将填充气体作理想气体处理时的气体热膨胀系数；

　　　$C_\mathrm{p}$——常压下空气比热容，$\mathrm{J/(kg \cdot K)}$；

　　　$\mu$——常压下气体的黏度，$\mathrm{kg/(m \cdot s)}$；

　　　$\lambda$——常压下气体的导热系数，$\mathrm{W/(m \cdot K)}$；

　　　$\Delta T$——气体间层前后玻璃表面的温度差，K；

　　　$T_\mathrm{m}$——填充气体的平均温度，K；

　　　$A_{\mathrm{g,i}}$——第 $i$ 层气体间层的高厚比；

　　　$H$——气体间层顶部到底部的距离，m，通常和窗的透光区域高度相同。

（4）在实际计算中，应对应于不同的倾角 $\theta$ 值或范围，定量计算通过玻璃气体间层的对流热传递。

（5）填充气体的密度应按理想气体定律计算：

$$\gamma = \frac{p \hat{M}}{\Re T_\mathrm{m}} \qquad (7\text{-}26)$$

式中　$p$——气体压力，标准状态下 $p=101\,300\mathrm{Pa}$；

　　　$\gamma$——气体密度，$\mathrm{kg/m^3}$；

　　　$T_\mathrm{m}$——气体的温度，标准状态下 $T_\mathrm{m}=293\mathrm{K}$；

　　　$\Re$——气体常数，$\mathrm{J/(kmol \cdot K)}$；

　　　$\hat{M}$——气体的摩尔质量，$\mathrm{kg/mol}$。

气体的定压比热容 $C_\mathrm{p}$、导热系数 $\lambda$、运动黏度 $\mu$ 是温度的线性函数，典型气体的参数可按表 7-1～表 7-4 给出的公式和相关参数计算。

表 7-1　　　　　　　　　　　　　　　气体的导热系数

| 气体 | 系数 $a$ | 系数 $b$ | $\lambda$(273K 时)$[\mathrm{W/(m \cdot K)}]$ | $\lambda$(283K 时)$[\mathrm{W/(m \cdot K)}]$ |
|---|---|---|---|---|
| 空气 | $2.873 \times 10^{-3}$ | $7.760 \times 10^{-5}$ | 0.024 1 | 0.024 9 |
| 氩气 | $2.285 \times 10^{-3}$ | $5.149 \times 10^{-5}$ | 0.016 3 | 0.016 8 |
| 氪气 | $9.443 \times 10^{-4}$ | $2.286 \times 10^{-5}$ | 0.008 7 | 0.009 0 |
| 氙气 | $4.538 \times 10^{-4}$ | $1.723 \times 10^{-5}$ | 0.005 2 | 0.005 3 |

注：$\lambda = a + bT[\mathrm{W/(m \cdot K)}]$。

表 7 - 2　　　　　　　　　　　　　　　　　气体的运动黏度

| 气体 | 系数 $a$ | 系数 $b$ | $\mu$(273K 时)[kg/(m·s)] | $\mu$(283K 时)[kg/(m·s)] |
|---|---|---|---|---|
| 空气 | $3.723\times10^{-6}$ | $4.940\times10^{-8}$ | $1.722\times10^{-5}$ | $1.721\times10^{-5}$ |
| 氩气 | $3.379\times10^{-6}$ | $6.451\times10^{-8}$ | $2.100\times10^{-5}$ | $2.165\times10^{-5}$ |
| 氪气 | $2.213\times10^{-6}$ | $7.777\times10^{-8}$ | $2.346\times10^{-5}$ | $2.423\times10^{-5}$ |
| 氙气 | $1.069\times10^{-6}$ | $7.414\times10^{-8}$ | $2.132\times10^{-5}$ | $2.206\times10^{-5}$ |

注：$\mu=a+b$[kg/(m·s)]。

表 7 - 1 给出的线性公式及系数可以用于计算填充空气、氩气、氪气、氙气四种气体空气层的导热系数、运动黏度和常压比热容。传热计算时，假设所充气体是不发射辐射或吸收辐射的气体。

表 7 - 3　　　　　　　　　　　　　　　　　气体的常压比热容

| 气体 | 系数 $a$ | 系数 $b$ | $C_p$(273K 时)[J/(kg·K)] | $C_p$(283K 时)[J/(kg·K)] |
|---|---|---|---|---|
| 空气 | 1002.737 0 | $1.232\,4\times10^{-2}$ | 1006.103 4 | 1006.226 6 |
| 氩气 | 521.928 5 | 0 | 521.928 5 | 521.928 5 |
| 氪气 | 248.090 7 | 0 | 248.091 7 | 248.091 7 |
| 氙气 | 158.339 7 | 0 | 158.339 7 | 158.339 7 |

注：$C_p=a+bT$[J/(kg·K)]。

表 7 - 4　　　　　　　　　　　　　　　　　气体的摩尔质量

| 气体 | 摩尔质量（kg/kmol） | 气体 | 摩尔质量（kg/kmol） |
|---|---|---|---|
| 空气 | 28.97 | 氪气 | 83.80 |
| 氩气 | 39.948 | 氙气 | 131.30 |

（6）混合气体的密度、导热系数、运动黏度和比热容是各气体相应比例的函数，应按有关规定计算。

（7）玻璃（或其他远红外辐射透射比为零的板材），气体间层两侧玻璃的辐射换热系数 $h_r$ 按式（7 - 27）计算：

$$h_t = 4\sigma\left(\frac{1}{\varepsilon_1}+\frac{1}{\varepsilon_2}-1\right)^{-1}\times T_m^3 \qquad (7 - 27)$$

式中　$\sigma$——斯蒂芬 - 玻尔兹曼常数；

　　　$T_m$——气体间层中两个表面的平均绝对温度，K；

　$\varepsilon_1$、$\varepsilon_2$——气体间层中的两个玻璃表面在平均绝对温度下 $T_m$ 的半球发射率。

### 7.3.4　玻璃系统的热工参数

1. 玻璃传热系数计算

在计算玻璃系统的传热系数时，可采用简单的模拟环境条件，仅考虑室内外温差，没有太阳辐射，按式（7 - 28）和式（7 - 29）计算：

$$U_g = \frac{q_{in}(I_s = 0)}{T_{ni} - T_{ne}} \quad\quad (7\text{-}28)$$

$$U_g = \frac{1}{R_t} \quad\quad (7\text{-}29)$$

式中 $q_{in}(I_s = 0)$——没有太阳辐射热时,通过玻璃系统传向室内的净热流,$W/m^2$;

$T_{ne}$——室外环境温度,K;

$T_{ni}$——室内环境温度,K。

(1) 玻璃系统的传热阻 $R_t$ 为各层玻璃、气体间层、内外表面换热阻之和,可按下列公式计算:

$$R_t = \frac{1}{h_{out}} + \sum_{i=2}^{n} R_i + \sum_{i=1}^{n} R_{g,i} + \frac{1}{h_{in}} \quad\quad (7\text{-}30)$$

$$R_{g,i} = \frac{t_{g,i}}{\lambda_{g,i}} \quad\quad (7\text{-}30a)$$

$$R_i = \frac{T_{f,i} - T_{b,i-1}}{q_i} \quad (i = 2 \sim n) \quad\quad (7\text{-}30b)$$

式中 $R_{g,i}$——第 $i$ 层玻璃的固体热阻,$m^2 \cdot K/W$;

$R_i$——第 $i$ 层气体间层的热阻,$m^2 \cdot K/W$;

$T_{f,i}$、$T_{b,i-1}$——第 $i$ 层气体间层的外表面和内表面温度,K;

$q_i$——第 $i$ 层气体间层的热流密度。

在上面公式中,玻璃的排列顺序为第 1 层气体间层为室外,最后一层气体间层 $(n+1)$ 为室内。

(2) 环境温度是周围空气温度 $T_{air}$ 和平均辐射温度 $T_{rm}$ 的加权平均值,按式 (7-31) 计算:

$$T_n = \frac{h_c T_{air} + h_r T_{rm}}{h_c + h_r} \quad\quad (7\text{-}31)$$

式中 $h_c$——对流换热系数;

$h_r$——辐射换热系数。

2. 玻璃系统的太阳得热系数计算

玻璃系统的太阳得热系数的计算应符合下面规定:

(1) 各层玻璃室外侧方向的热阻按式 (7-32) 计算:

$$R_{out,i} = \frac{1}{h_{out}} + \sum_{k=2}^{i} R_k + \sum_{k=1}^{i-1} R_{g,k} + \frac{1}{2} R_{g,i} \quad\quad (7\text{-}32)$$

式中 $R_{g,k}$——第 $k$ 层玻璃的固体热阻,$m^2 \cdot K/W$;

$R_{g,i}$——第 $i$ 层玻璃的固体热阻,$m^2 \cdot K/W$;

$R_k$——第 $k$ 层气体间层的热阻,$m^2 \cdot K/W$。

(2) 各层玻璃向室内的二次传热按式 (7-33) 计算:

$$q_{in,i} = \frac{A_{s,i} \cdot R_{out,i}}{R_t} \quad\quad (7\text{-}33)$$

(3) 玻璃系统的太阳得热系数按式 (7-34) 计算:

$$SHGC = \tau_s + \sum_{i=1}^{n} q_{in,i} \quad\quad (7\text{-}34)$$

## 7.4 框的传热设计计算

### 7.4.1 框的传热系数计算

框的传热系数 $U_f$ 是在计算窗的某一截面部分的二维热传导的基础上获得。

在图 7-11 所示的框截面中，用一块导热系数 $\lambda = 0.03\text{W}/(\text{m}\cdot\text{K})$ 的板材替代实际的玻璃或其他镶嵌板。框部分的形状、尺寸、构造和材料都应与实际情况完全一致。板材的厚度等于所替代的玻璃系统或其他镶嵌板的厚度，嵌入框的深度按照面板嵌入的实际尺寸，可见部分的板材宽度 $b_p$ 不应小于 200mm。

稳态二维热传导计算应采用认可的软件工具。软件中的计算程序应包括复杂灰色体漫反射模型和玻璃气体间层内以及框空腔内的对流换热计算模型。

在室内外标准条件下，用二维热传导计算程序计算流过图示截面的热流 $q_w$，$q_w$ 应按式（7-35）整理：

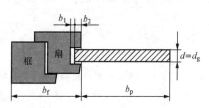

图 7-11　框传热系数计算模型示意

$$q_w = \frac{(U_f b_f + U_p b_p)(T_{n,in} - T_{n,out})}{b_f + b_p} \quad (7\text{-}35)$$

$$U_f = \frac{L_f^{2D} - U_p b_p}{b_f} \quad (7\text{-}35a)$$

$$L_f^{2D} = \frac{q_w(b_f + b_p)}{T_{n,in} + T_{n,out}} \quad (7\text{-}35b)$$

式中　$U_f$——框的传热系数，$\text{W}/(\text{m}^2\cdot\text{K})$；

$\quad\quad L_f^{2D}$——框截面传热耦合系数，$\text{W}/(\text{m}\cdot\text{K})$；

$\quad\quad U_p$——板材的传热系数，$\text{W}/(\text{m}^2\cdot\text{K})$；

$\quad\quad b_f$——框的投影宽度，m；

$\quad\quad b_p$——板材可见部分的宽度，m；

$\quad T_{n,in}$——室内环境温度，K；

$\quad T_{n,out}$——室外环境温度，K。

### 7.4.2 框的太阳得热系数计算

窗框的太阳得热系数可按式（7-36）计算：

$$SHGC_f = \alpha_f \frac{U_f}{\dfrac{A_{surf}}{A_f} h_{out}} \quad (7\text{-}36)$$

式中　$h_{out}$——室外表面换热系数；

$\quad\quad \alpha_f$——框表面太阳辐射吸收系数；

$\quad\quad U_f$——框的传热系数，$\text{W}/(\text{m}^2\cdot\text{K})$；

$\quad A_{surf}$——框的外表面面积，$\text{m}^2$；

$A_f$——框投影面积，$m^2$。

### 7.4.3 典型窗框的传热系数

根据本节前面的讲述，可以输入图形及相关参数，用二维有限单元法进行数字计算得到窗框的传热系数。但是在没有详细的计算结果可以应用时，可以采用本方法近似得到窗框的传热系数。

在本方法中给出的数值都是对应窗垂直安装的情况。传热系数的数值包括了外框面积的影响。计算传热系数时取 $h_{in}=8.0\text{W}/(\text{m}^2 \cdot \text{K})$ 和 $h_{out}=23\text{W}/(\text{m}^2 \cdot \text{K})$。因此，窗框的传热系数 $U_f$ 的数值可通过下列步骤计算获得。

(1) 铝合金窗框的传热系数 $U_f$ 按式（7-37）计算：

$$U_f = \cfrac{1}{\cfrac{A_{f,i}}{h_i A_{d,i}} + R_f + \cfrac{A_{f,e}}{h_e A_{d,e}}} \tag{7-37}$$

式中　$A_{d,i}$，$A_{d,e}$，$A_{f,i}$，$A_{f,e}$——前面"窗的几何描述"定义的面积；

$h_i$——窗框的内表面换热系数，$\text{W}/(\text{m}^2 \cdot \text{K})$；

$h_e$——窗框的外表面换热系数，$\text{W}/(\text{m}^2 \cdot \text{K})$；

$R_f$——窗框截面的热阻〔当隔热条的导热系数为 $0.2\sim0.3\text{W}/(\text{m} \cdot \text{K})$ 时〕$(\text{m}^2 \cdot \text{K})/\text{W}$。

(2) 金属窗框截面的热阻 $R_f$ 按式（7-38）计算：

$$R_f = \frac{1}{U_f} - 0.17 \tag{7-38}$$

对于没有隔热的金属窗框，取 $U_{f0}=5.9\text{W}/(\text{m}^2 \cdot \text{K})$。具有隔热的金属窗框，$U_{f0}$ 的数值按照图 7-12 中阴影区域上限的粗线选取。图 7-13（a）和（b）分别为两种不同的隔热金属窗框截面类型示意图。

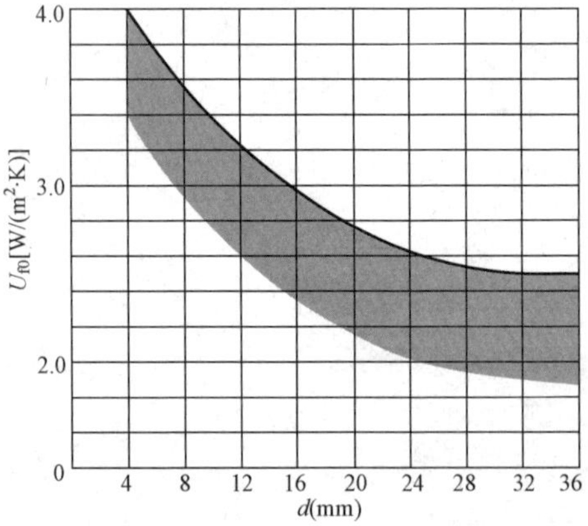

图 7-12　带隔热的铝合金窗框的传热系数

在图 7-12 中，带隔热条的铝合金窗框适用的条件是：

$$\sum_j b_j \leqslant 0.2 b_f \tag{7-39}$$

式中　$b_j$——热断桥 $j$ 的宽度，mm；

$b_f$——窗框的宽度，mm。

在图 7-12 中，采用泡沫材料隔热铝合金窗框适用条件是：

$$\sum_j b_j \leqslant 0.3 b_f \tag{7-40}$$

式中　$b_j$——热断桥 $j$ 的宽度，mm；

$b_f$——窗框的宽度，mm。

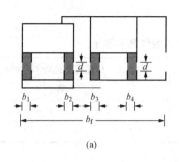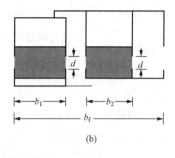

图 7 - 13　隔热铝合金窗框截面类型示意图

(a) 采用导热系数低于 0.3W/(m・K) 的隔热条；(b) 采用导热系数低于 0.2W/(m・K) 的泡沫材料

## 7.5　线传热系数计算

### 7.5.1　框与玻璃系统（或其他镶嵌板）接缝的线传热系数

窗框与玻璃或其他镶嵌板结合处的线传热系数主要描述了在窗框、玻璃和间隔层之间相互作用下附加的热传递，附加线传热系数主要受玻璃间隔层材料导热系数的影响。

在图 7 - 11 所示的计算模型中，用实际的玻璃系统（或其他镶嵌板）替代导热系数 $\lambda = 0.03W/(m・K)$ 的板材。所得到的计算模型如图 7 - 14。

用二维热传导计算程序，计算在室内外标准条件下流过图示截面的热流 $q_\psi$，$q_\psi$ 应按下列方程整理：

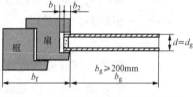

$$q_\psi = \frac{(U_f b_f + U_g b_g + \psi)(T_{n,in} - T_{n,out})}{b_f + b_g} \quad (7 - 41)$$

$$L_\psi^{2D} = \frac{q_\psi(b_f + b_g)}{T_{n,in} + T_{n,out}} \quad (7 - 41a)$$

$$\psi = L_\psi^{2D} - U_f b_f - U_f b_g \quad (7 - 41b)$$

图 7 - 14　框与面板接缝线传热系数
计算模型示意

式中　$\psi$——框与玻璃（或其他镶嵌板）接缝的线传热系数，W/(m・K)；

$L_\psi^{2D}$——框截面传热耦合系数，W/(m・K)；

$U_g$——玻璃的传热系数，W/(m²・K)；

$b_g$——玻璃可见部分的宽度，m；

$T_{n,in}$——室内环境温度，K；

$T_{n,out}$——室外环境温度，K。

计算框的传热系数及框与玻璃系统接缝的线传热系数时，框的传热控制方程、玻璃气体间层的传热、框内封闭空腔及敞口和槽的传热计算方法详见《建筑门窗玻璃幕墙热工计算规程》（JGJ/T 151—2008）。

### 7.5.2　典型窗框线传热系数

窗框与玻璃结合处的线传热系数 $\psi$，在没有精确计算的情况下，可采用表 7 - 5 中的估算值。

**表 7 - 5** 窗框与中空玻璃结合的线传热系数 $\psi$

| 窗框材料 | 双层或三层未镀膜中空玻璃 $\psi[W/(m \cdot K)]$ | 双层 Low - E 镀膜或三层（其中两片 Low - E 镀膜）中空玻璃 $\psi[W/(m \cdot K)]$ |
|---|---|---|
| 带隔热断桥的金属窗框 | 0.06 | 0.08 |
| 没有断桥的金属窗框 | 0 | 0.02 |

## 7.6 整窗热工性能设计计算

整樘窗（门）的传热系数、太阳得热系数、可见光透射比的计算采用各部分的性能按面积进行加权平均计算。

### 7.6.1 整樘窗的传热系数

整窗的传热系数的计算公式为：

$$U_t = \frac{\sum A_g U_g + \sum A_f U_f + \sum l_\psi \psi}{A_t} \tag{7 - 42}$$

式中 $U_t$——整樘窗的传热系数，$W/(m^2 \cdot K)$；

$A_g$——窗玻璃（或其他镶嵌板）面积，$m^2$；

$A_f$——窗框面积，$m^2$；

$A_t$——窗面积，$m^2$；

$l_\psi$——玻璃区域（或其他镶嵌板）的边缘长度，$m$；

$U_g$——窗玻璃（或其他镶嵌板）的传热系数，$W/(m^2 \cdot K)$；

$U_f$——窗框的传热系数，$W/(m^2 \cdot K)$；

$\psi$——窗框和玻璃（或其他镶嵌板）之间的线传热系数，$W/(m \cdot K)$。

上述整窗传热系数计算公式中，当所用的玻璃为单层玻璃时，由于没有空气间隔层的影响，不考虑线传热，此时，线传热系数 $\psi = 0$。

### 7.6.2 整樘窗太阳得热系数

整樘窗的太阳得热系数按式（7 - 43）计算：

$$SHGC_t = \frac{\sum SHGC_g A_g + \sum SHGC_f A_f}{A_t} \tag{7 - 43}$$

式中 $SHGC_t$——整樘窗的太阳得热系数；

$A_g$——窗玻璃（或其他镶嵌板）面积，$m^2$；

$A_f$——窗框面积，$m^2$；

$SHGC_g$——窗玻璃（或其他镶嵌板）区域太阳得热系数；

$SHGC_f$——窗框太阳得热系数；

$A_t$——窗面积，$m^2$。

整樘窗的遮阳系数应为整樘窗的太阳光总透射比与标准 3mm 透明玻璃的太阳光总透射比的比值，因此，整樘窗的遮阳系数按式（7-44）计算：

$$SC = \frac{g_t}{0.87}$$ 　(7-44)

式中　$SC$——整樘窗的遮阳系数；

$g_t$——整樘窗的太阳光总透射比。

计算遮阳系数时，规定标准的 3mm 透明玻璃的太阳光总透射比为 0.87，而没有与我国的玻璃测试计算标准《建筑玻璃可见光透射比、太阳光直接透射比、太阳能总透射比、紫外线透射比及有关窗玻璃参数的测定》（GB/T 2680—2021）中的 0.889，主要是为了与国际通用方法接轨，使得我国的玻璃遮阳系数与国际上惯用的遮阳系数一致，不至于在工程中引起混淆。

### 7.6.3　整樘窗可见光透射比

在计算整樘窗的可见光透射比时，由于窗框部分可见光透射比为 0，所以，在进行加权计算时，只考虑玻璃部分。

整樘窗的可见光透射比按式（7-45）计算：

$$\tau_t = \frac{\sum \tau_v A_g}{A_t}$$ 　(7-45)

式中　$\tau_t$——整樘窗的可见光透射比；

$\tau_v$——窗玻璃（或其他镶嵌板）的可见光透射比；

$A_g$——窗玻璃（或其他镶嵌板）面积，$m^2$；

$A_t$——窗面积，$m^2$。

## 7.7　抗结露性能评价

### 7.7.1　一般规定

（1）在评价实际工程中建筑门窗的结露性能时，采用的室外计算条件应符合《民用建筑热工设计规范》（GB 50176—2016）的相关规定，室内计算条件应与实际工程室内环境相一致。在评价门窗产品的结露性能时，应采用 7.1.1 节规定的计算标准条件，并应在给出计算结果时注明计算条件。

（2）室内和室外的对流换热系数应根据所选定的计算条件，按照《建筑门窗玻璃幕墙热工计算规程》（JGJ/T 151—2008）规定的计算方法确定。

（3）于门窗的结露性能评价指标，应按下列要求取值：

1）玻璃及面板中部内表面的最低温度 $T_{g,p,min}$；

2）除玻璃及面板中部外，其他各个部个部位应采用各个部件内表面温度最低的 10% 面积所对应的最高温度值（$T_{10}$）。

由于空气渗透和其他热源等均会影响结露，因此，在设计应用时应予以考虑。空气渗透会降低门窗内表面的温度，可能使得结露更加严重。但对于多层构造而言，外层构造的空气渗透有可能降低内部结露的风险；另外，热源可能会造成较高的温度和较大的绝对温度，使得结露加剧，因此，当门窗附近有热源时，要求有更高的抗结露性能；再有，湿热的风也会使得结露加剧，如果室内有湿热的风吹到门窗上，也应考虑换热系数的变化、湿度的变化等问题对结露的影响。

（4）门窗的所有典型节点均需要进行内表面温度的计算，计算典型节点的温度可采用二维传热计算程序进行计算。

结露性能与每个节点均有关系，所以每个节点均需要计算。由于门窗的面板相对比较大，所以典型节点的计算可以采用二维传热计算程序进行计算。

（5）对于每一个二维截面，室内表面的展开边界应细分为若干分段，其尺寸不应大于计算软件中使用的网络尺寸，并且应给出所有分段的温度计算值。

为了评价每一个二维截面的结露性能，统计结露的面积，在二维计算的情况下，将室内表面的展开边界细分为许多小段，这些分段用来计算截面各个分段长度的温度，这些分段的长度不大于计算软件程序中使用的网格尺寸。

### 7.7.2　露点温度的计算

（1）水表面的饱和水蒸气压采用国际上通用的计算，即在高于 0℃ 的水表面的饱和水蒸气压可按式（7-46）计算：

$$E_s = E_0 \times 10^{\left(\frac{aT}{b+T}\right)} \tag{7-46}$$

式中　$E_s$——空气的饱和水蒸气压，hPa；

　　　$E_0$——空气温度为 0℃ 时的饱和水蒸气压，取 $E_0 = 6.11$hPa；

　　　$T$——空气温度，℃；

　　　$a$、$b$——参数，$a = 7.5$，$b = 237.3$。

饱和水蒸气压的计算采用的是 Magnus 公式，即相对湿度

$$f = \left(\frac{e}{e_{sw}}\right)_{P,T} \times 100\% \tag{7-47}$$

式中　$e$——水蒸气压，hPa；

　　　$e_{sw}$——水面饱和水蒸气压，hPa。

（2）在一定空气相对湿度 $f$ 下，空气的水蒸气压 $e$ 可按式（7-48）计算：

$$e = fE_s \tag{7-48}$$

式中　$e$——空气的水蒸气压，hPa；

　　　$f$——空气的相对湿度，%；

　　　$E_s$——空气的饱和水蒸气压，hPa。

（3）空气的露点温度按式（7-49）计算：

$$T_d = \frac{b}{\dfrac{a}{\lg\left(\dfrac{e}{6.11}\right)} - 1} \qquad (7-49)$$

式中　$T_d$——空气的露点温度，℃；

$e$——空气的水蒸气压，hPa；

$a$、$b$——参数，$a=7.5$，$b=237.3$。

空气的露点温度即达到 100% 相对湿度时的温度，如果门窗的内表面温度低于这一温度，则内表面就会结露。

### 7.7.3　结露的计算与评价

为了评价产品性能和便于进行结露计算，定义结露性能评价指标 $T_{10}$。$T_{10}$ 的物理意义是指在规定的条件下门窗的各个部件（如框、面板中部及面板边缘区域）有且只有 10% 的面积出现低于某个温度的温度值。

门窗的各部件划分示意图如图 7-15 所示。

（1）在对门窗进行结露计算时，计算节点应包括所有的框、面板边缘及面板中部。

（2）非透光面板中部的结露性能评价指标 $T_{10}$ 应采用二维稳态传热计算得到的面板中部区域室内表面的温度值。玻璃面板中部的结露性能评价指标 $T_{10}$ 应按 7.3 节计算得到的室内表面温度值。即在规定的条件下计算窗门窗内表面的温度场，再按照由低到高对每个分段排序，刚好达到 10% 面积时，所对应分段的温度就是该部件所对应的 $T_{10}$。

（3）门窗各个框、面板边缘区域的结露性能评价指标 $T_{10}$ 按照以下方法确定：

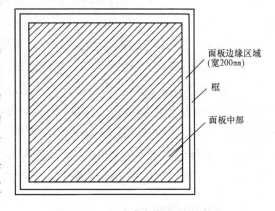

图 7-15　门窗各部件划分示意图

1）采用二维稳态传热计算程序来计算框和面板边缘区域的二维截面室内温度表面每个分段的温度；

2）对于每个部件，按照截面室内表面各分段温度的高低进行排队；

3）由最低温段开始，将分段长度进行累加，直至统计长度达到该截面室内表面对应长度的 10%；

4）所统计分段的最高温度即为该部件截面的结露性能评价指标值 $T_{10}$。

为了评价产品的结露性能，所有的部件均应进行计算。计算的部件包括所有的框、面板边缘及面板中部。

（4）在进行工程设计或工程应用性能评价时，应同时满足下列要求：

1）玻璃及面板中部的结露性能评价指标（$T_{g,p,min}$）$>T_d$；

2）框、面板边缘区域的结露性能评价指标（$T_{10}$）$>T_d$。

（5）对结露性能要求较高或结露风险较大的工程设计，宜采用门窗、幕墙内表面温度 $T_{min}>T_d+0.3℃$ 的要求进行评价。

对于抗结露性能要求较高的建筑，如博物馆、展览馆、高档酒店、储藏室等，或室内高温高湿、易出现结露的建筑，如游泳馆、室内水上乐园等，在抗结露性能设计时，应提高结露评价指标要求。高于露点温度 $0.3℃$，可以认为是临界露点温度，可更有效减少结露现象的出现。

（6）进行产品性能分级或评价时，应按玻璃及面板中部的结露性能评价指标 $T_{g,p,min}$ 和框、面板边缘区域各个部件应按结露性能评价指标 $T_{10,min}$ 的最低值进行分级或评价。

（7）采用产品的结露性能评价指标 $T_{10,min}$ 确定门窗在实际工程中是否结露，应以内表面最低温度不低于室内露点温度为满足要求，可按式（7-50）计算判定：

$$(T_{10,min}-T_{out,std})\frac{T_{in}-T_{out}}{T_{in,std}-T_{out,std}}+T_{out}\geq T_d \qquad (7-50)$$

式中　$T_{10,min}$——产品的结露性能评价指标，℃；

$\quad T_{in,std}$——结露性能计算时对应的室内标准温度，℃；

$\quad T_{out,std}$——结露性能计算时对应的室外标准温度，℃；

$\quad T_{in}$——实际工程对应的室内计算温度，℃；

$\quad T_{out}$——实际工程对应的室外计算温度，℃；

$\quad T_d$——室内设计环境条件对应的露点温度，℃。

在实际工程中，应按上式进行计算，来保证内表面所有的温度均不低于 $T_{10,min}$。在已知产品的结露性能评价指标 $T_{10,min}$ 的情况下，按照标准计算条件对应的室内外温差进行计算，计算出实际条件下的室内表面和室外的温差，则可以得到实际条件下的内表面最低的温度（只有某个部件的 10% 的可能低于这一温度）。只要计算出来的温度高于实际条件下室内的露点温度，则可以判断产品的结露性能满足实际的要求。

### 7.7.4　门窗防结露设计

#### 1. 门窗结露

门窗工程发生结露部位主要有以下几个部位：

图 7-16　窗框结露

（1）框结露。

框型材的隔热性能达不到要求，在型材部位形成冷桥，产生结露（图 7-16）。对铝合金隔热型材来说，型材的隔热性能与型材隔热条的宽度和形状有着直接的关系，如果型材的隔热条宽度较小，不能满足当地的冬季保温性能要求。

（2）玻璃结露。

玻璃结露现象（见图 7-17 和图 7-18）大多数情况下是外窗整体保温性能较差，导致室内温度降低，在玻璃表面形成结露。还有一种情况是室内湿度较大，这种情况主要是因为现在门窗的密封性能较好，特别是在冬季，不能经常开窗换气，导致室内湿度较大，特别在厨房和阳台部位产生水汽较多的位置。

图 7-17　玻璃结露（一）

图 7-18　玻璃结露（二）

（3）框与玻璃结合部位结露。

玻璃与框结合部位结露（见图 7-19），一是中空玻璃间隔条为铝合金，产生热桥；二是玻璃与槽口镶嵌部位隔热措施不到位，形成空气对流，产生冷桥。如图 7-19 所示，玻璃中间部位没有结露，仅在边部产生结露。

（4）框与洞口结合部位结露。

门窗框与安装洞口结合部位产生结露（见图 7-20～图 7-23），一是门窗安装间隙保温没处理好，产生冷桥、结露，甚至发生霉变；二是安装部位防水没处理好，产生漏水。

图 7-19　结合部位结露

图 7-20　安装部位结露（一）

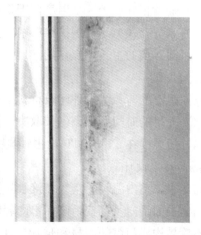

图 7-21　安装部位结露（二）

图 7 - 22　安装部位结露（三）

图 7 - 23　安装部位结露（四）

图 7 - 21 位窗框侧面安装部位产生结露、霉变，图 7 - 20～图 7 - 23 则为凸（飘）窗和阳台窗安装部位产生结露、霉变情况，这种情况除了与安装部位保温没处理好外，还与凸窗和阳台部位建筑主体保温性能较差有关（见图 7 - 22）。

2. 霉变

墙体霉变是指在适宜的温度和湿度下，霉菌利用墙体肤层中的碳源、氮源，寄生于墙体表面，并且大量繁殖，通常呈现出黑毛、绿毛、红毛、黄毛等形态，见图 7 - 20～图 7 - 23 所示。

我国南方地区，夏季气温高，相对湿度大，持续时间长。最热月平均相对湿度为 78%～83%，属典型的高温高湿区域，墙体易吸收空气中水分；北方地区冬季严寒漫长，墙体冷桥导致的结霜结露很普遍，墙体受潮、积水后极易发生墙体霉变。

霉变产生的四个主要条件：

（1）合适的温度。22℃～35℃被认为是霉菌生长的最佳温度。大多数建筑（特别是空调类建筑）通常正好处于这个温度范围里。

（2）水分存在。建筑围护材料中的由于结露所提供的液态水分比其周围空气中的所含的水蒸气，对霉菌的生长更起作用。通常以材料中的相对湿度 80%，作为预防霉菌生长的临界湿含量。

（3）足够的营养。每种建筑材料中都含有不同程度上的营养物质。

（4）充足的时间。霉菌生长取决于温度、相对湿度、材料的含湿量、时间等特性。

当环境温度在 5℃～50℃，相对湿度在 80% 以上，数周或数月就能引发霉菌生长。

3. 防结露设计

在冬季，室内温暖的空气在接触门窗表面时，温度的降低会导致相对湿度的升高，可能导致门窗表面结露及霉变，破坏室内装修，并影响室内空气质量和健康。

不管是构成门窗的型材和玻璃，还是门窗的各节点构造，多腔设计是隔热设计的基本原则。

（1）型材的隔热设计。

型材的隔热设计应根据门窗的整体隔热性能设计来确定。型材的隔热性能与型材的有效隔热厚度成正比。对于多腔体门窗型材来说，型材的有效隔热厚度及型材多腔设计是增大型材热阻的有效手段，热阻越大，型材阻止热的传递的能力就越强，就能减小在型材部位产生冷桥效应，避免在型材部位结露现象的发生。

（2）玻璃隔热设计。

多腔中空玻璃是玻璃隔热设计的首选，在此基础上根据门窗整体节能实际需求选择Low-E膜或是充惰性气体。为了获得更好的隔热性能，可选择真空与中空组成的复合玻璃。

为了阻止玻璃的边部结露现象，应在中空玻璃边部采用暖边胶条，避免玻璃边部冷桥现象发生。

（3）节点构造保温设计。

门窗节点构造设计是门窗节能设计的重要内容，其保温设计同样遵循多腔设计原则。门窗的节点构造包括固定节点和开启节点。

对于固定节点构造的保温设计主要存在于玻璃镶嵌槽口边部，玻璃边部余隙主要通过对流的方式进行热量交换，是产生热桥的主要原因（见图7-19），隔热设计时应采取措施对玻璃余隙进行阻隔。为了取得更好的保温性能，同样在固定节点应进行多腔隔热设计。

开启腔的隔热设计应遵循多腔设计及冷腔和热腔分隔的原则。

（4）安装节点保温设计。

门窗框安装时与墙体之间的密封保温处理，应使门窗尽量贴近保温层或被保温层包住，安装间隙填充保温材料，以达到减少热桥的目的。

门窗安装位置对于建筑整体节能性能也有较大的影响。建筑保温墙体形式有外保温、内保温及夹心保温。建筑门窗安装方式主要有居中、沿墙外侧、沿墙内侧及沿墙外挂安装。

①外保温墙体。外保温墙体外窗洞口热桥线性附加传热系数值见表7-6，沿墙外侧安装保温效果最好。

表7-6　　　　　　外保温墙体外窗不同安装位置洞口线性附加传热系数　　　　$[W/(m^2 \cdot K)]$

| 保温层厚度 (m) | 靠外安装 | | 居中安装 | | 靠内安装 | |
|---|---|---|---|---|---|---|
| | 窗左右侧 | 窗上下侧 | 窗左右侧 | 窗上下侧 | 窗左右侧 | 窗上下侧 |
| 0.06 | 0.22 | 0.02 | 0.35 | 0.15 | 0.80 | 0.77 |
| 0.07 | 0.21 | 0.02 | 0.34 | 0.15 | 0.82 | 0.80 |
| 0.08 | 0.21 | 0.03 | 0.33 | 0.14 | 0.83 | 0.82 |
| 0.09 | 0.20 | 0.03 | 0.31 | 0.13 | 0.84 | 0.84 |
| 0.10 | 0.20 | 0.04 | 0.29 | 0.11 | 0.85 | 0.85 |
| 平均 | 0.21 | 0.03 | 0.32 | 0.13 | 0.83 | 0.82 |

②内保温墙体。内保温墙体外窗洞口处热桥线性附加传热系数值见表7-7，沿墙内侧安装保温效果最好。

表 7-7　　　　　　　　内保温墙体外窗不同安装位置洞口线性附加传热系数　　　　　W/(m²·K)

| 保温层厚度 (m) | 靠外安装 | | 居中安装 | | 靠内安装 | |
|---|---|---|---|---|---|---|
| | 窗左右侧 | 窗上下侧 | 窗左右侧 | 窗上下侧 | 窗左右侧 | 窗上下侧 |
| 0.06 | 0.65 | 0.88 | 0.37 | 0.62 | 0.15 | 0.41 |
| 0.07 | 0.66 | 0.90 | 0.34 | 0.60 | 0.14 | 0.41 |
| 0.08 | 0.67 | 0.91 | 0.31 | 0.56 | 0.14 | 0.39 |
| 0.09 | 0.69 | 0.91 | 0.23 | 0.46 | 0.14 | 0.37 |
| 0.10 | 0.70 | 0.90 | 0.22 | 0.41 | 0.14 | 0.34 |
| 平均 | 0.67 | 0.90 | 0.29 | 0.53 | 0.14 | 0.38 |

③夹心保温墙体。夹心保温墙体外窗洞口线性附加传热系数见表 7-8,沿墙外侧安装窗时,窗洞口处热桥损失较小,墙体居中安装时比沿墙外侧安装时的结果稍大些。

表 7-8　　　　　　　　夹心保温墙体外窗不同安装位置洞口线性附加传热系数　　　　　W/(m²·K)

| 保温层厚度 (m) | 靠外安装 | | 居中安装 | | 靠内安装 | |
|---|---|---|---|---|---|---|
| | 窗左右侧 | 窗上下侧 | 窗左右侧 | 窗上下侧 | 窗左右侧 | 窗上下侧 |
| 0.06 | 0.38 | 0.13 | 0.45 | 0.23 | 0.76 | 0.64 |
| 0.07 | 0.37 | 0.13 | 0.45 | 0.24 | 0.78 | 0.67 |
| 0.08 | 0.35 | 0.11 | 0.45 | 0.24 | 0.80 | 0.70 |
| 0.09 | 0.31 | 0.09 | 0.44 | 0.24 | 0.81 | 0.72 |
| 0.10 | 0.25 | 0.04 | 0.44 | 0.24 | 0.82 | 0.73 |
| 平均 | 0.33 | 0.10 | 0.44 | 0.24 | 0.79 | 0.69 |

④沿墙外侧外挂安装。沿墙外侧外挂安装主要是超低能耗被动式门窗安装方式,门窗安装在墙体外测保温层上,可以有效控制热桥,如图 7-24 所示。

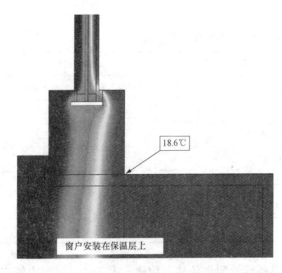

18.6℃

窗户安装在保温层上

图 7-24　沿墙外侧安装示意图

(5)等温线设计。

如图 7-25 温度湿度曲线图所示,以室内温度 20℃相对湿度 50% 为例,当空气温度降低到 12.6℃时,达到霉菌生长的临界温度,当温度降低到 9.3℃时,空气开始结露。所以我们把 13℃和 10℃作为门窗节能设计时的两个关键性的控制温度。

门窗安装节点保温设计时,为了考虑防结露及防霉变,应进行传热性能热工模拟,绘制出等温线图。10℃等温线不应露出门窗室内表面,防止门窗表面结露现象的发生。13℃等温线不宜露出门窗室内表面,避免霉菌生长。

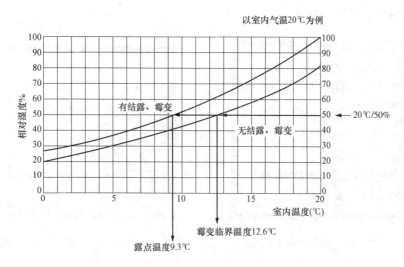

以室内气温20℃为例

图 7-25　温度湿度曲线图

防结露设计应在门窗的保温设计时整体
考虑，应综合考虑组成门窗的型材、玻璃及
节点构造的隔热设计和安装节点保温设计，
各部分的综合隔热性能构成了门窗整体的保
温性能，见图 7-26。

4. 门窗的结露计算与评价

室内湿度计算选择。

在结露设计中，一般选择室内湿度为
60%。湿度越高，对整窗材料选择要求越
高。相同型材、相同玻璃配置，在室内温度
为20℃、室外温度-13℃的气候环境下，不
同湿度对结露设计的影响分别见图 7-27～
图 7-30 及表 7-9～表 7-12。

进行门窗的节能设计时，应根据当地的
室内外温度、项目的室内湿度设计要求等各
项参数进行结露计算，计算结果必须全部满
足要求，才可以认定整窗的结露计算与评价
满足要求。

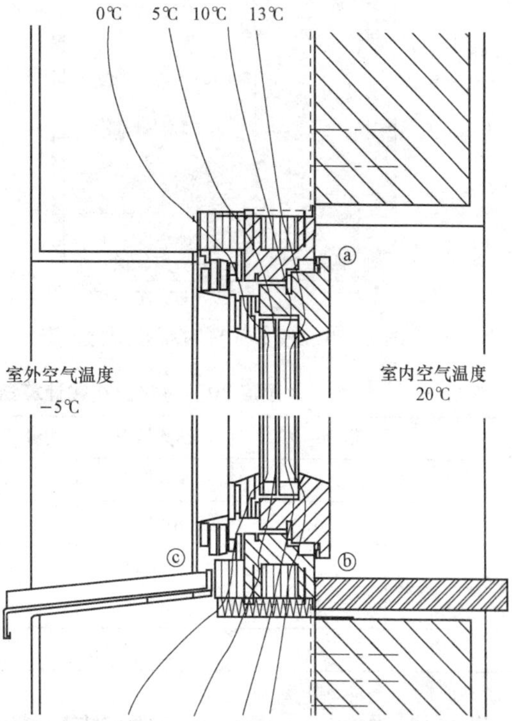

图 7-26　安装节点等温线设计

5. 保温隔热设计误区

一般情况下，门窗框面积占比为 25% 左右，玻璃占比为 75% 左右，因此，很多技术人
员在实际设计门窗的节能性能时，采取高配玻璃低配框。为了降低整窗的传热系数 K 值，
认为玻璃面积占比较大，只要选用 K 值较低的玻璃即可快速降低整窗的传热系数，忽视了
框的传热系数对整窗的节能性能的影响，忽视了玻璃与框型材的等温线不连贯造成的热桥效
应及结露隐患，实际门窗在使用过程中，因门窗的整体等温设计不佳，框及玻璃边部产生热

桥，保温隔热性能不好，产生结露。

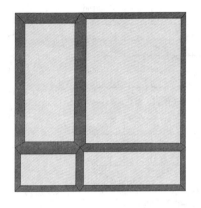

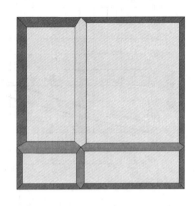

图7-27　湿度30%时无结露　　　　图7-28　湿度40%时部分型材结露

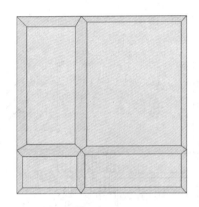

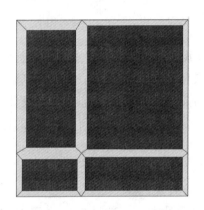

图7-29　湿度50%时所有型材结露　　　　图7-30　湿度60%时全部结露

**表7-9**　　　　　**湿度30%时整窗结露计算结果及判定（露点温度1.9℃）**

| 节点编号 | 框 $T_{10}$（℃） | 结露情况 | 边缘 $T_{10}$（℃） | 结露情况 | 玻璃 $T_{10}$（℃） | 结露情况 |
|---|---|---|---|---|---|---|
| 1 | 8.1 | 不结露 | 6.0 | 不结露 | 12 | 不结露 |
| 2 | 5.2 | 不结露 | 4.3 | 不结露 | 12 | 不结露 |
| 3 | 7.2 | 不结露 | 4.6 | 不结露 | 12 | 不结露 |
| 4 | 7.9 | 不结露 | 6.8 | 不结露 | 12 | 不结露 |
| 整窗 $T_{10}$（℃） | | 3.6 | | 整窗结露判定 | | 不结露 |

**表7-10**　　　　　**湿度40%时整窗结露计算结果及判定（露点温度6℃）**

| 编号 | 框 $T_{10}$（℃） | 结露情况 | 边缘 $T_{10}$（℃） | 结露情况 | 玻璃 $T_{10}$（℃） | 结露情况 |
|---|---|---|---|---|---|---|
| 1 | 8.1 | 不结露 | 6.0 | 结露 | 12 | 不结露 |
| 2 | 5.2 | 结露 | 4.3 | 结露 | 12 | 不结露 |
| 3 | 7.2 | 不结露 | 4.6 | 结露 | 12 | 不结露 |
| 4 | 7.9 | 不结露 | 6.8 | 不结露 | 12 | 不结露 |
| 整窗 $T_{10}$（℃） | | 3.6 | | 整窗结露判定 | | 结露 |

表 7-11　　　　　　　湿度 50%时整窗结露计算结果及判定（露点温度 9.3℃）

| 编号 | 框 $T_{10}$（℃） | 结露情况 | 边缘 $T_{10}$（℃） | 结露情况 | 玻璃 $T_{10}$（℃） | 结露情况 |
|---|---|---|---|---|---|---|
| 1 | 8.1 | 结露 | 6.0 | 结露 | 12 | 不结露 |
| 2 | 5.2 | 结露 | 4.3 | 结露 | 12 | 不结露 |
| 3 | 7.2 | 结露 | 4.6 | 结露 | 12 | 不结露 |
| 4 | 7.9 | 结露 | 6.8 | 结露 | 12 | 不结露 |
| 整窗 $T_{10}$（℃） | | 3.6 | 整窗结露判定 | | 结露 | |

表 7-12　　　　　　　湿度 60%时整窗结露计算结果及判定（露点温度 12℃）

| 编号 | 框 $T_{10}$（℃） | 结露情况 | 边缘 $T_{10}$（℃） | 结露情况 | 玻璃 $T_{10}$（℃） | 结露情况 |
|---|---|---|---|---|---|---|
| 1 | 8.1 | 结露 | 6.0 | 结露 | 12 | 结露 |
| 2 | 5.2 | 结露 | 4.3 | 结露 | 12 | 结露 |
| 3 | 7.2 | 结露 | 4.6 | 结露 | 12 | 结露 |
| 4 | 7.9 | 结露 | 6.8 | 结露 | 12 | 结露 |
| 整窗 $T_{10}$（℃） | | 3.6 | 结露情况 | | 结露 | |

"三分制作，七分安装"，凸显了安装在门窗整体性能中的作用。有很大一部分企业忽视了门窗与洞口安装间隙的保温，安装使用时，导致门窗的结合部位形成热桥，产生结露。

防结露设计是门窗节能设计的内容深化，门窗的防结露设计应进行系统性考虑。门窗的节能设计还应放在建筑整体节能设计里综合考虑，因此，安装位置对门窗整体节能性能的发挥有着重要影响。

## 7.8　THERM 和 WINDOW 软件简介

THERM 和 WINDOW 软件是美国劳伦斯伯克利国家实验室（LBNL）开发的基于 Microsoft Windows 系统的门窗热工性能计算软件。因其计算功能强大，结算结果便于分析研究受到广大工程技术人员的喜爱。

### 7.8.1　THERM 软件

THERM 软件是基于有限单元法的二维传热分析计算软件。其计算所用的公式和方法是基于标准 ISO15099 和 ISO10077。THERM 计算的窗框性能数据可以导入 WINDOW 软件，与玻璃数据一起进行整窗的热工性能计算。同时，THERM 软件也可以单独分析门窗、幕墙型材的内部传热过程，为提高产品的节能性能提供参考。

1. THERM 软件特点

（1）内置数据库功能强大。THERM 内置的数据库中包含了几乎所有的常用窗框材料的物理性能参数，引用方便，并且可以自行定义新型材料。

（2）软件的计算原理是依据有限单元法，结算结果准确可靠，并且可以计算平开、推拉、固定等不同类型的门窗。

（3）软件充分考虑了玻璃边缘与窗框连接处的传热过程，能较真实地模拟出门窗的传热状态。

（4）软件的计算结果不但可以用数值表示，而且能够用热流量图、温度场分布图、彩色温度梯度图显示，直观便捷。

（5）用户可以自行定义边界条件，以便于研究不同边界条件下的传热过程。

2. THERM 计算步骤

（1）绘制型材截面图。在 THERM 软件绘图窗口绘制型材截面图。也可以在 CAD 绘制完图形后通过菜单 File \ Underlay 操作导入到 THERM 中。

（2）定义材料属性。THERM 材料库包含了几乎所有常用的门窗材料，并且可以通过菜单 Libraries \ Material Library 自行定义材料库里没有的新材料。

（3）定义玻璃子系统并插入到型材指定位置。玻璃系统是通过 WINDOW 进行绘制、计算的，然后通过 THERM 菜单 Libraries \ Glazing System 插入到型材指定位置。

（4）定义边界条件。绘制完型材截面图之后，进行定义计算所需的边界条件。定义边界条件时可以选择 THERM 边界条件库里的边界条件，也可以根据需要，自定义新的边界条件。

（5）查看结算结果。定义计算所需边界条件后，执行 THERM 菜单 Calculation \ Disply Options 选择要显示的结果，如图 7 - 31 所示。

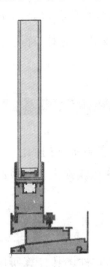

图 7 - 31　结果显示

## 7.8.2　WINDOW 软件

WINDOW 软件是 LBNL 开发的计算整窗传热系数的软件，可以计算单片玻璃、中空玻璃、玻璃门窗的所有光学、热工性能。WINDOW 的数据库（Libraries）包含了国际上主要玻璃生产厂家约 1800 多种玻璃及相关产品的数据库（IGDB），并且能够及时进行新数据的升级。软件还包含了门窗框材数据库、中空玻璃气体数据库、遮阳系统等。

1. WINDOW 软件特点

（1）具备计算任意倾角和环境条件下，玻璃层、气体层、间隔条和分隔组成的系统门窗的能力。

（2）具备模拟计算复杂玻璃系统的能力，如百叶窗等。

（3）对各类玻璃数据库可以任意添加其光谱数据。

（4）环境条件和玻璃系统可以进行自定义添加。

（5）WINDOW 可计算的光学参数有：可见光透射/反射比、太阳光投射/发射比、遮阳系数、门窗的传热系数等性能参数。

2. WINDOW 计算步骤

（1）通过菜单 Libraries \ Environmental Conditions 定义环境条件。计算整窗的传热系数时，可按照《建筑门窗玻璃幕墙热工计算规程》（JGJ/T 151—2008）规定的冬季计算条件。

（2）通过数据库 Libraries \ Glazing System 选择玻璃，组建玻璃系统。WINDOW 玻璃库包含了国际上常用的大多数玻璃数据库，国内的玻璃数据库可以通过中国建筑工业玻璃网（http：//www. glass. org. cn/）的中国玻璃数据库（http：//www. glass. org. cn/ _ galss/index. asp）进行下载，然后导入到 WINDOW 系统中。

（3）计算玻璃 $U$ 值。

（4）通过 Libraries \ Window 菜单，进入整窗传热系数界面，通过选取图形中的窗框，定义 THERM 软件中生成的窗框截面图类型。

### 7.8.3　计算实例

1. 实例描述

（1）计算对象。1200mm×1500mm（宽×高）铝合金平开窗，如图 7 - 32 所示。

（2）玻璃类型。铝合金型材及表面处理、隔热材料、胶条、密封材料、玻璃固定方式及间隔条形式等参数如下：

①铝合金型材：表面采用氟碳喷涂处理，$\lambda = 160W/(m \cdot K)$，$\varepsilon = 0.9$。

②玻璃采用胶条密封，密封胶条：三元乙丙橡胶（EPDM）$\lambda = 0.25W/(m \cdot K)$，$\varepsilon = 0.9$。

③玻璃系统：6Low - E＋16A＋6Low - E 的玻璃系统，玻璃编号为 ID8250，镀膜面在第 2 面、第 3 面，第二片为普通透明玻璃，气体层为空气。

④玻璃间隔条采用附件中的图形文件，材料规定如下：

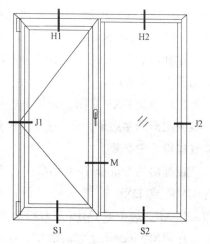

图 7 - 32　整窗划分示意图

玻璃间隔条铝合金：阳极氧化，$\lambda=160\text{W}/(\text{m}\cdot\text{K})$，$\varepsilon=0.9$；

分子筛：$\lambda=0.1\text{W}/(\text{m}\cdot\text{K})$，$\varepsilon=0.9$；

丁基胶（干燥）：硅胶（干燥剂）$\lambda=0.13\text{W}/(\text{m}\cdot\text{K})$，$\varepsilon=0.9$；

⑤墙体与框接缝处聚氨酯泡沫：$\lambda=0.05\text{W}/(\text{m}\cdot\text{K})$，$\varepsilon=0.9$。

（3）模拟计算之前，根据门窗与五金配件的配合关系，按照相关的产品标准，对门窗框节点的装配细节进行合理化调整，边界条件按照《建筑门窗玻璃幕墙热工计算规程》（JGJ/T 151—2008）中规定的标准计算条件。

2. 绘制截面图

根据窗的结果特点，其几何划分如图 7-32 所示。THERM 提供了三种方法进行截面图形的绘制，分别是：THERM 中的衬图自动转换功能输入截面图形，这个功能可以自动转换 DXF 文件中的多边形；相同的 DXF 衬垫图形文件可以用来描绘多边形；可以用输入尺寸的方法描绘截面图形。

在 THERM 绘图过程中，不允许截面图有重叠区域。也就是说在绘制型材截面时可以采用"拼接"方式组成闭合图形如图 7-33 所示。根据窗型划分，各截面图如图 7-34 所示。

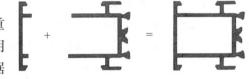

图 7-33　截面示意图

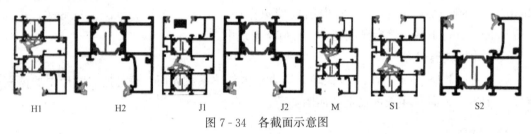

H1　　H2　　J1　　J2　　M　　S1　　S2

图 7-34　各截面示意图

（1）自动转换功能导入衬图，在 File 菜单中，选择 Underlay 选项，将弹出 Underlay 对话框。Underlay 对话框用来为 THERM 中的截面图导入衬垫图形。

在弹出的 Underlay 对话框中，点击 Browse 按钮。弹出对话框，显示出了当前目录下所有 BMP 或 DXF 扩展名的文件；在安装 THERM 时自动包含了 sample 文件：SAMPLE. DXF。选中 SAMPLE. DXF，然后用鼠标左键点击打开按钮。

在弹出的 Underlay 对话框中，勾选 AutoConvert 选项，点击 OK 按钮。导入的截面图形如图 7-35 所示。

（2）描绘 DXF 衬图。如果不想使用 DXF 自动转换的特点，可以根据描绘衬图来创建组成截面图形的多边形。当一些 DXF 文件不能通过自动转换功能准确定义多边形时，这个功能就显得非常必要。

在弹出的 Underlay 对话框中，点击 Browse 按钮。弹出对话框，显示出了当前目录下所有 BMP 或 DXF 扩展名的文件；在安装 THERM 时自动包含了 sample 文件：SAMPLE. DXF。选中 SAMPLE. DXF，然后用鼠标左键点击打开按钮。

在弹出 Underlay 对话框中，不改变 Underlay 对话框中的任何默认的设置；点击 OK 按钮。

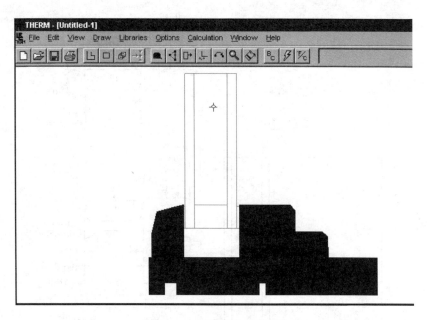

图 7 - 35　截面的各组成部分

　　当 THERM 结束读入 DXF 文件，截面的衬垫图形为灰色，表明这些线条组成的多边形不是真实的，应当把它当作衬垫图进行描绘，如图 7 - 36 所示。DXF 文件可当作衬图导入，可以根据它描绘需要的图形。

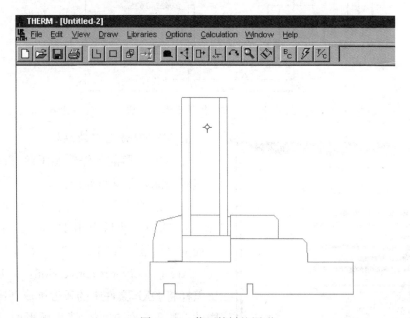

图 7 - 36　截面的衬垫图形

　　（3）输入尺寸进行画图。可以利用鼠标和键盘输入尺寸来画出截面的图形，如图 7 - 37 所示。注意：确定在进行此操作时默认的单位是 IP（℉）制。如果是 SI（℃）制，用菜单栏中的 "Switch Units" 按钮或从 Options 菜单中选择，转换成℉。

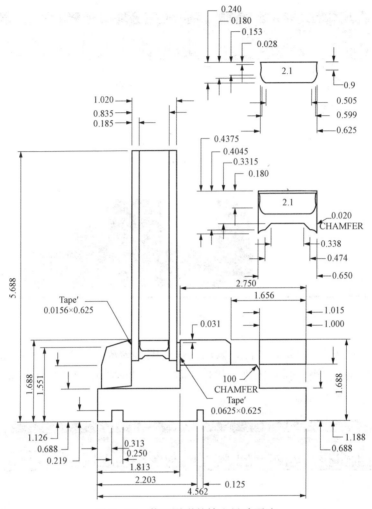

图 7-37　截面图形的输入尺寸画法

图 7-38　设置绘图参数

3. THERM 图形的编辑

在编辑图形前，先熟悉了解 THERM 中图形编辑功能是非常重要的。

（1）绘图参数的选择。选择 Options/Preferences 选项，然后点击 Drawing Options 出现下面的对话框，如图 7-38 所示。

Arc to polygon conversion：该选项用来设置怎样将 DXF 文件中的弧形读成 THERM 文件中的多边形。值越小，读入弧形时 THERM 中的分割线越多，推荐采用 15°。

Stay in Draw mode after drawing：该选项是默认打开 Repeat Modeo Always check for overlapping polygons：该选项使 THERM 在每次

编辑或是画多边形时自动检查是否有重叠区域。也可以在绘图完成时，使用 View/Show Voids/Overlaps 选项进行检查。

Snap Preview：该选项会影响鼠标移动时指针的变化。Snap Preview 会使指针在黏滞距离内停留到任何一点上。对于复杂的图形来说，这个功能会非常耗费时间，因为程序必须检查每个点是否在黏滞距离内。这个功能只会在移动鼠标时起作用，画图时图 7-38 设置绘图参数不会受到影响。

Tape Measure Average Temperature：这个功能是显示线平均温度，它只有当有计算结果时才会显示。

Allow editing of IG polygon：该选项是控制从 WINDOW 中导入的玻璃系统是否可以进行编辑。如果选中该选项，可以增加或是删除玻璃系统上的点。使用这个功能时应特别小心。默认的选项是不使用这个功能。

Prompt before deleting polygons：该选项的功能是当用户删除多边形时是否提示用户。默认的设置是删除多边形时提示用户确认这个操作。如果不选择该选项，当用户删除多边形时，程序不会进行提示。在这种情况下，不小心删除的多边形，可以使用 Edit/Und。进行恢复。

Drawing Size：这个功能显示 THERM 绘图的全部尺寸。这些尺寸会自动调整，很少情况下需要手动改变。

（2）Void 和 Overlaps 选项。为了能自动地生成网格，绘图区域不能有重叠或是空白。有很多功能帮助用户创建有效的计算模型，比如捕捉点，填充空白域，检查是否有重叠和无效的多边形。

Therm 中有个 View/Show Voids/Overlaps 选项，可以帮助用户较容易地识别出大面积的空白和重叠。这个功能使建立的模型为白色，所有的重叠和空白为蓝色（模型边界外的区域也是蓝色），这个功能可以使用户在定义边界条件前发现问题。

（3）镜像。THERM 有两个命令可以对整个截面进行操作，即镜像和旋转。用户可以使用这些功能创建倾斜的截面。复杂的图形镜像时需要一些时间。如果图形在可视屏幕内看不到，使用 Ctrl-Right 按钮。

在 Draw 菜单中，选择 Flip 选项，出现 Horizontal 或 Vertical 选项。

（4）旋转。在 Draw 菜单中，选择 Rotate 选项，会出现左 90°，右 90°，180°或 Degree 选项。选择 Degree 选项会出现一个对话框，上面可以输入指定的旋转角度。

（5）填充空白。当有多个多边形围绕成一个封闭的区域时，THERM 可以使用 Fill Void 功能。

点击 Fill Void 按钮。绘图指针会变为 Fill Void 指针。把 Fill Void 指针停留在所要填充的封闭区域。点击鼠标左键，THERM 绘出一个多边形填充封闭的区域。

4. WINDOW 中绘制玻璃系统

（1）打开 WINDOW 软件，进入 Glazing System Library 菜单，或直接按 F5 键进入。

（2）点击♯Layers 右侧箭头▲选择 2，表示 2 层玻璃的中空玻璃系统；在 Names 处输入文件名："实例 1"；对于垂直安装的门窗 Tilt 值为：90°；Environmental Conditions 选择

JGJ/T 151—2008，然后分别点击 Glassl 和 Glass2 选择 ID 号为 8250 的玻璃；点击 Gap 选择空气层厚度为 16。

对于 WINDOW 边界条件库 Environmental Conditions Library 没有的标准，可以通过菜单 Libraries/Environmental Conditions 或者直接按 F6 键，进入环境条件库界面，点击 New 新建按钮，建立合适的环境条件。对于镀膜玻璃，可以通过 Flip 选项，选择镀膜面的位置。

（3）点击 Calc 按钮，或直接按 F9 键进行计算，点击 Save 按钮进行保存。

（4）导入玻璃系统到 THERM 中。当绘制完截面图形后，应该导入玻璃系统。如果使用衬垫图形时开启了 AutoConvert 功能，则应该删除 THERM 中转换成玻璃部分的多边形。虽然可以自己画出玻璃系统并对它进行定义，但是从 WINDOW 的数据库里导入会更容易一些。如果用户这样做的话，材料的特性和边界条件是预先设定好的。THERM 中包含一个玻璃系统的例子。

①选择 Draw/Locator 选项，确定导入玻璃系统的位置；

②在要导入玻璃系统的左下角点击鼠标左键，在该位置出现一个小圆圈，小圆圈表示导入玻璃系统的左下角位置，如图 7 - 39 所示；

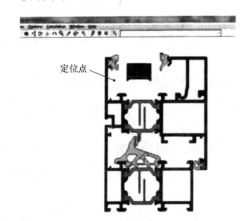

图 7 - 39　小圆圈定位点

③选择 Libraries/Glazing Systems 选项，从数据库中选择玻璃的种类；

④在 Glazing Systems 对话框中，首先确定 Glazing System Library 的路径；

⑤从下拉菜单中选择想要的玻璃系统；

⑥点击 Import 按钮；

⑦弹出 Insert Glazing System 对话框，显示玻璃的位置和大小信息。

Orientation：玻璃系统的方向。Up 表示定位点在图形的下部。Down 表示定位点在图形的上部。默认设置：Up。

CR height：玻璃系统空腔的高度。默认设置：39.37 英寸（IP）；1000mm（SI）。这个值只在进行 CI 计算时非常重要。

Site line to bottom of glass：框的可见部分到玻璃底部的距离。默认设置：0.5 英寸（IP）；12.7mm（SI）。

Spacer height：间隔装置到玻璃底部的距离。默认设置：0.5 英寸（IP）；12.7mm（SI）。

Edge of Glass Dimension：用于计算框的边缘影响的玻璃的尺寸。默认设置：2.5 英寸（IP）；63.5mm（SI）。

Draw spacer：如果选中这个选项，那么当导入玻璃系统时系统将画出指定材料的矩形。如果不选这个选项，用户可以自己画间隔装置或是从别的 THERM 文件中导入。默认设置：不选。

5. 定义材料属性

在 THERM 中有四种材料类型：固体、框的空腔、玻璃的空腔、外部辐射围栏。必须给每个多边形定义材料的类型。画图时，THERM 自动将最近用过的材料定义到图形中。用户可以在画图时定义材料或是画完图后改变材料的类型。

这里有两大种类的材料：固体和空腔。固体有固定的热导率。框的空腔模型用于计算空腔的有效传导率，这在铝合金门窗、塑料门窗和玻璃纤维门窗中比较常见。

（1）固体材料。使用工具栏右侧的材料下拉菜单定义材料属性：

①在要选择的多边形内部点击鼠标左键；

②被选中的多边形的顶点变为正方形；

③在工具栏右侧的材料下拉菜单中选择材料，如图 7-40 所示。

定义多边形材料的另一种方法是双击要改变材料的多边形，这时会出现 Properties for Selected Polygon（s）对话框。

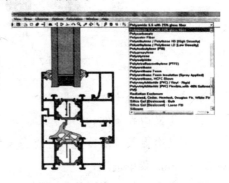

图 7-40　定义材料属性

该对话框里面，显示材料的名称、ID 号、传导率（Conductivity）和发射率（Emissivity）等参数值。该方法的优点是可以通过点击 Library 进入到材料的数据库，因而可以增加材料或是改变材料的参数。

（2）框的空腔。THERM 规定空腔也是一种材料。对于空腔，除了材料的名称和 ID 号还有以下两个参数：Keff 表示有效传导率，Nu 表示努赛尔数，这两个数是 THERM 根据所选模型在材料数据库中计算出的值，不能对它们进行编辑。

Vertical 和 Horizontal dimensions 表示矩形空腔的实际竖直和水平尺寸或是空腔模型中非矩形空腔的有效尺寸。这些值只有在选择 User Dimensions Cavity Model 选项时才能进行编辑。热流方向（Heat Flow Direction）可以在下拉菜单中选择。四个选项分别是水平 Right、Left、Up、Down。温度（Temperature）用于计算整个空腔模型的对流换热系数和单一辐射模型的辐射率。对于水平热流讲，指的是空腔垂直侧的平均温度。这些值可以进行编辑。发射率（Emissivity）只在单一的辐射模型中出现。表面发射率与热流的方向是垂直的。从下拉菜单中预先选定或是手动输入的发射率的值都可以进行编辑。

（3）定义新材料。THERM 中有一些预先设定的材料不能对它进行编辑。可以通过下面的方法在材料数据库中增加新材料。

①点击 Library/Material Library 按钮，出现 Material Definitions 对话框。用户可以使用上面 Material Definitions 下拉菜单查看材料的特性，但是不能对它进行编辑；

②点击 New 按钮，生成新材料；

③系统提示用户给新材料取个名字。选择一个和既有数据库中不同的名字，点击 OK 按钮；

④弹出 Material Definitions 对话框，其中各编辑框都是可见的。选择适当的数值填到各编辑框内；

⑤点击 Color 按钮给用户定义的材料选择颜色；

⑥当用户定义完成材料的各参数后,点击 Save Lib As 按钮将新定义的材料保存到默认的数据库中,便与以后的使用。

本节实例中,完成整窗几何划分后,插入玻璃系统。如图 7-41 所示。

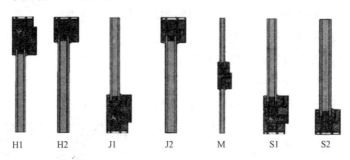

H1　　H2　　J1　　J2　　M　　S1　　S2

图 7-41　插入玻璃系统后的各截面图

6. 定义边界条件

(1) 定义边界条件。

①定义边界条件前首先保存已有文件,然后点击边界条件按钮或者使用 Draw/Boundary Conditions 菜单选项;

②程序将在截面图形的外部画出一条粗实线,这条线有很多边界线组成,每个都可以单独设定边界条件;

③除了从 WINDOW 中导入的玻璃系统外,其他各部分都被默认设置为绝热边界条件。绝热边界条件的颜色是黑色。在 THERM 的边界条件数据库中,接触冷环境的部分边界条件的颜色为蓝色,接触热环境的部分边界条件的颜色为红色。

(2) 重新定义边界条件。可以用 THERM 中的边界条件数据库 (Boundary Conditions Library) 重新定义每一部分的边界条件。用户也可以向边界条件数据库中增加新的边界条件。很多情况下,用户将改变 THERM 自动定义的绝热边界条件。当少于两个非绝热边界条件时,THERM 将不能进行模拟计算,需要重新定义边界条件。

①选择一个或多个边界部分。选择一段定义边界条件,将用户的鼠标停留在那,并点击左键。用户将看到用户选择的部分变为用两个圆点表示。

给多段定义边界条件:

a. 对于连续的各段,选择第一段,按住 Shift 键不放,沿逆时针方向移动指针到最后一段,在最后一段点击鼠标左键并按 Enter (或是双击鼠标左键)便可选择这一系列部分并弹出 Boundary Condition Type 对话框;

b. 对于不连续的各段,按住 Ctrl 键不放,在各小段点击鼠标左键,在最后一节按 Enter (或者按住 Ctrl 键不放并在最后一节双击鼠标左键),将会弹出 Boundary Condition Type 对话框。

②当已经给各部分定义完边界条件,可以使用两种方法重新定义它们的边界条件:

a. 在工具栏右侧的边界条件定义下拉选项中选择各项边界条件;

b. 选择定义边界条件的各部分并按 Enter 键,出现 Boundary Condition Type 对话框。这个方法对于改变表面 U 值的特性非常方便，同时也可以进入边界条件数据库来选择边界条件。

（3）从 WINDOW 中导入的玻璃系统已经预先定义了边界条件。THERM 中假设玻璃系统的左侧是室外表面，右侧为室内表面，除非用户将玻璃系统翻转成水平方向。

（4）定义表面 U 值 U - Factor Surface 特性。表面 U 值 U - Factor Surface 特性是用于将各部分分类来进行 U 值计算。如果没有这些特性程序将不能进行计算。U 值是对在特定情况下通过截面传热情况的一个衡量。

THERM 中的 U 值特性的下拉选项主要有以下几种。

None：当绝热的部分和不需要计算 U 值的部分使用 None。

Frame：Frame 用于内部框的边界部分和玻璃边界介于框和可视线之间的部分。

Edge：Edge 用于玻璃系统边界在可视线以上的部分。

用户可以通过在 Boundary Condition 对话框中点击 U - factor Surface Library 按钮在 U - factor Name Library 中增加新的数值。点击 Add 输入唯一的 U - factor Surface Tag 名字，系统将把这个名字添加到 U - factor Surface Library 中，如图 7 - 42 所示。

（5）定义新边界条件。THERM 边界条件数据库中预先设定的边界条件是不能编辑的。如果在 Boundary Condition 下拉选项中找不到合适的边界条件，可以通过下面的方法增加边界条件数据库。

①通过 Library/Boundary Condition Library 菜单选项打开 Boundary Condition Library。出现 Boundary Condition 对话框。预先设定的边界条件不能编辑，但是用户可以使用下拉选项查看它们的特性；

②点击 New 按钮创建新的边界条件；

③输入新的边界条件名称，输入的名称不能和已经存在的有重复，点击 OK 按钮；

④点击 Color 按钮改变颜色设置；

⑤编辑 Boundary Condition 对话框中的内容；

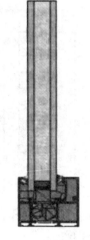

图 7 - 42　不同的边界部分
定义边界 U 值特性

⑥当定义完边界条件的特性，点击 Save Lib 按钮，新边界条件将被保存到默认的数据库中。如果用户忘记保存，THERM 将提示保存。

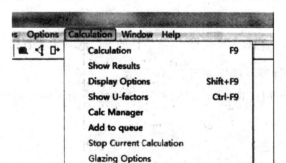

图 7 - 43　计算菜单选项

7. 查看计算结果

THERM 计算菜单选项如图 7 - 43 所示。

Calculation：使用这个选项或是 F9 键，对当前的 THERM 文件进行计算。

Display Options：使用这个选项或是 Shift＋F9 打开 Results Display Options 对话框。默认的设置是在计算结束后显示等温线。

Show U - factor：使用这个选项或是 CtH＋F9 打开 Show U - factor 对话框。

Calc Manager：使用这个功能将 THERM 文件排成列表。程序依次在表的最上面开始计算。点击 Calc Manager 打开 Calculation Manager 对话框。

8. WINDOW 中计算整窗传热系数

(1) 打开 WINDOW 软件，进入 Frame Library 界面。

(2) 点击 List 按钮，然后选择 Import 按钮，选择 THERM 文件所在的文件夹，选中文件后，点击打开按钮，成功导入 THERM 文件。

(3) 点击菜单中的环境条件库 Environmental Conditions Library 或直接按 F6 键，进入环境条件界面。然后点击 New 按钮，根据 JGJ/T 151—2008 要求，新建符合我国标准要求的环境条件。

(4) 点击菜单中的 Window Library，进入主界面，并在数据区中输入计算窗型各参数。

(5) 依次单击图形显示区中窗的各框，然后选择部件区中对应的 THERM 文件：H1、H2、J1、J2、M、S1、S2，选择玻璃库中的玻璃：Boli，如图 7 - 44 所示。

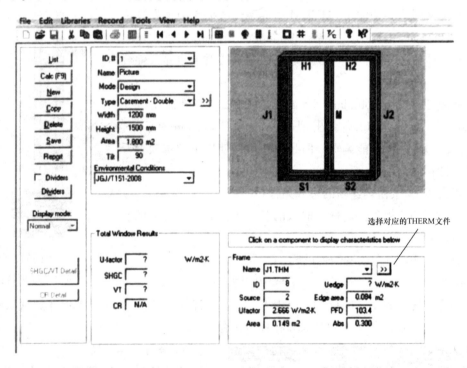

图 7 - 44　计算过程

(6) 点击 Calc 按钮或直接按 F9 键进行计算，结果如图 7 - 45 所示。

至此，整窗的传热系数计算完毕。对于 THERM 和 WINDOW 软件的详细用法，可参阅其用户手册。

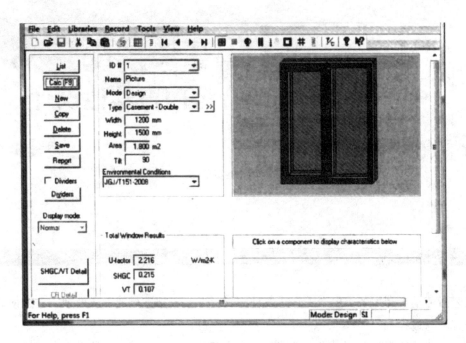

图 7-45  计算结果

# 第8章 铝合金门窗其他设计

工艺指劳动者利用各类生产工具对各种原材料、半成品进行加工或处理，最终使之成为成品的方法与过程。

制定工艺的原则是兼顾技术先进性与经济合理性。由于不同工厂的设备生产能力、精度以及工人熟练程度等因素都大不相同，所以对于同一种产品而言，不同的工厂制定的工艺是不同的，甚至同一个工厂在不同的时期制定的工艺也不同。

工艺设计是指工艺规程设计和工艺装备设计的总称。工艺设计是生产性建设项目设计的核心，是根据工业生产的特点、生产性质和功能来确定的。

劳动者、劳动对象和劳动工具是生产力三要素，贯穿于生产工艺过程之中。因此，生产工艺水平的高低，反映了企业的生产力水平高低。

## 8.1.1 工艺流程设计

工艺流程设计包括工序设计和设备布局。

### 1. 工序设计

工艺流程是指生产某种门窗产品过程中，全部工序的转接程序，是指导全部工序先后顺序优化排列组合的工序文件，一般用工艺流程图来表示。铝合金门窗的整个生产工艺流程中每个工序用一个小方框表示，众多的工序小方框之间用箭头表示前后顺序和位置。这种工序与工序之间的有序排列组合并在关键工序上注明标记就是工艺流程。

一种门窗产品加工首先要确定由多少工序组成，哪道工序在前，哪道工序在后。各工序之间是怎样的对应关系，工艺流程的方向如何走法，这些都是一个企业重大的技术问题。必须认真对待，否则加工的产品就不能保证质量，生产效率就不能得到保证。正确的工艺流程是保证产品质量、节约材料、节约人力、提高工效的前提条件。因此，工艺流程是生产工艺中的纲领性文件，是技术宏观控制性文件。

### 2. 设备布局

生产设备的布局主要根据生产工艺流程和生产车间的面积进行。不同加工设备布置的先后顺序应根据工序加工要求进行，一般按照工艺加工顺序进行布置，这样可以保证上一道工序加工完成的构件就近转移到下一道工序，可以保证工序衔接的最优化。每一道工序之间，各加工构件应通过工艺流转车转接，既提高了工作效率，又可以保护构件。工艺流转车的流转应有专用的通道。所以，对于门窗生产企业来说，生产厂房的面积，应根据生产产品的种类、生产工艺布局和生产规模的大小（生产线的数量）等情况来综合考虑。

## 8.1.2　工艺规程设计

### 1. 工艺规程

工艺规程是用文字、图表和其他载体确定下来，指导产品加工和工人操作的主要工艺文件。它是企业计划、组织和控制生产的基本依据，是企业保证产品质量，提高劳动生产率的重要保证。

工艺规程的形式主要有三种：工艺过程卡（或称工艺路线卡）、工艺卡和工序卡。实际生产中应用什么样的工艺规程要视产品的生产类型和所加工的零部件具体情况而定。一般而言，单件小批生产的一般零件只编制工艺过程卡，内容比较简单，个别关键零件可编制工艺卡；成批生产的零件一般多采用工艺卡片，对关键零件则需编制工序卡片；大批量生产中的绝大多数零件，则要求有完整详细的工艺规程文件，往往需要为每一道工序编制工序卡片。

工艺规程的主要内容包括：

（1）产品特征，质量标准；

（2）原材料、辅助原料特征及用于生产应符合的质量标准；

（3）生产工艺流程；

（4）主要工艺技术条件、半成品质量标准；

（5）生产工艺主要工作要点；

（6）主要技术经济指标和成品质量指标的检查项目及次数；

（7）工艺技术指标的检查项目及次数；

（8）专用器材特征及质量标准。

铝合金门窗加工工艺规程应按大批量生产编写，即工艺规程设计应按工序卡设计要求进行。

### 2. 工序卡片设计

工序卡片是用来对每道加工工序进行工艺控制的技术文件，一般是用卡片的形式进行控制，所以叫工序卡片。其特点是：每一道加工工序一张卡片，卡片必须交到工序岗位的生产工人手中，工人以卡片规定的项目和要求对零、部件进行生产加工。

工序卡片的内容有：产品名称、型号、零部件名称、图号、设备名称、设备编号、设备型号、工装编号、工序名称、工序编号、工序简图、工序标准、操作要求、工艺装备、检测方法、工装定位基准等。工序卡片的绘制以每一种门窗的零部件图样为依据，每个工序一卡。

在铝合金门窗生产工序中，有几个工序是影响产品质量的关键工序。所谓"关键工序"是指在铝合金门窗的生产加工过程中，对产品的最终质量起着至关重要的影响的工序，如果该工序出现质量事故，则最终的产品质量必然不合格。因此，在工序卡上，对关键工序应有特殊符号标明。在关键工序中，对操作要求、工序标准、检测方法等要写的特别详细，以保证关键工序中加工的产品质量。另外将关键工序以文字形式单独出卡也可以。不管以哪种形式，一定要对关键工序写明、写细，以利于操作人员看懂、看明白。对关键工序上的岗位人员应进行培训上岗，实行挂牌制，以增加岗位人员的工作责任和纪律。

3. 工序卡片设计要求

（1）工序简图。

工序简图就是要在工序卡片上对零部件的形状画明，注明定位基准、夹紧位置，并对尺寸、公差标出要求。对于简单的零部件，可以在工序卡片上画出，工序简图不要求严格的比例，只要与原零件相似即可，工序简图加工部位用粗实线画出，但一定要标明各种加工的尺寸、开榫和钻孔的位置、形状、数量与尺寸。有些复杂的零部件，在工序卡片上用简图表示有困难时，可以将零部件的原图样附在工序卡片的后面。

（2）工序名称。

工序名称是指这一道加工工序是做什么（如下料、组装等）。工序名称是工序卡的要领，其操作要求、工艺装备、检测方法都是在这一要领要求下派生的，一定要明确，不可不填，否则这道工序加工的主要意图就难以明确，甚至出现误解。

（3）工序标准。

工序标准是对加工某一零部件在技术上提出的控制要求和达到的质量目标，一般是指加工型材的长度公差，孔和榫的位置公差，或加工表面的粗糙度等要求。技术要求应当以企业所规定的内控质量标准为依据。企业内控质量标准是在满足国家标准要求且高于国家标准的一种企业内部控制标准，是为了确保达到或超过国家标准的标准，因而要按企业内控标准提出的技术要求填写。技术要求的标注一定要有工艺性，要保证企业现有技术水平和规定的工具、度量条件下，可以实现检验的要求。

（4）工艺装备。

工艺装备简称工装，包括工具、量具、刀具、模具、夹具、组装工作台、型材存放架、运料小车等。

（5）检测方法。

检测方法是指对加工某个零部件并按照技术要求指导工人，用什么样的检测工具和什么样的检验方法去实现和检验所加工的零部件是否达到技术要求的规定，是指导工人用正确的操作方法去检查验证质量，防止由于检验方法不正确，导致检测数据出现误差。

（6）操作要求。

操作要求是指工人在加工某一零部件时应采用合理的步骤和方法，明确在加工操作中的注意事项和操作要领。操作要求要指明工装定位基准，以指导工人在加工这一零部件时首先找出零部件加工的基准面，并以这个基准面展开其他工序的加工。一个零部件找不到合理的定位基准，零部件的加工很可能造成废品。除了确定基准面外还应确定夹紧面和定位面。但不是所有工序都有定位基准。需要确定定位基准的工序是指加工复杂的零部件，如下料、打孔开榫等，因为在这些工序中要求的尺寸精度较高，因此必须确定定位基准。对于装密封条、毛条等不复杂、比较简单的工序，可以不列定位基准。

4. 工序卡片制订原则

工序卡片的制订以零部件的图样为基础，要以生产设备和工具条件为实施手段。工序卡片制订原则：

1）每一种规格窗型要建立一套完整的工序卡。

2）每一道工序一张工序卡片。

3）每一张工序卡片包括的内容应填写完整、正确，与工艺流程图统一、一致，与设备台账编号统一、一致，整个工序卡片要有设计、校对、审核人员签字和日期以示责任。

工序卡片的制订是很严肃的技术工作，必须由企业的工艺管理部门和技术管理部门统一进行。制订的程序和批准手续一定要符合企业工艺管理制度的要求，不然工艺管理制度的法规性就不存在了。

随着生产技术的不断发展及产品的更新，生产工艺必然有所改进、提高，因此工序卡片应随着生产工艺的改进、提高而适时更新。

工序卡片的制订中一定要满足上述要求，填写要完整，内容要正确，可操作性要强，同时还要有一定的先进性。

### 8.1.3 生产设备与工艺装备设计

1. 生产设备

（1）生产装备与加工精度。

1）加工误差与加工精度。零件实际几何参数与理想几何参数的偏离数值称为加工误差。加工精度是指零件加工后的实际几何参数（尺寸、形状和位置）与理想几何参数相符合的程度。加工精度与加工误差都是评价加工表面几何参数的术语。加工误差用数值表示，数值越大，其误差越大。加工精度高，就是加工误差小，反之亦然。

在门窗加工中，构件图上所标注的尺寸偏差是构件加工最终所要求达到的尺寸要求，工艺过程中许多中间工序的尺寸偏差，也必须在设计工艺过程中予以确定。

2）影响加工精度的原因。影响加工精度的主要原因有机床误差、刀具的制造精度和磨损、工艺系统受力变形、加工现场环境影响。

最终产品的质量取决于零件的加工质量和产品的装配质量，零件加工质量包含零件加工精度和表面质量两大部分。从铝合金门窗的加工组装工艺看，影响门窗产品的尺寸偏差主要有以下几方面：设备加工精度、工艺组装精度、检测设备测量精度及操作人员的素质等。

产品的质量成本与产品的加工精度往往成正比。质量要求高，则要求产品的加工精度高；加工精度高，要求加工设备的加工精度、检测设备的测量精度及操作人员的技术素质高，则产品的设备成本、人力成本相应提高。

在其他条件不变的情况下，设备的加工精度决定了产品尺寸偏差。因此，设备选择是影响工艺设计的重要因素。在确定门窗加工设备精度条件下，门窗产品最终组装尺寸偏差即由各工序尺寸及其偏差累积而来。因此，门窗各加工工序尺寸偏差的指标设置是门窗生产质量控制的精髓，是与各工序加工设备精度、检测设备精度及质量控制要求相辅相成的。

（2）生产设备的调试。

正常生产的设备应定期进行维护保养，并设置调试周期。随着数控技术在门窗生产中的大量应用，门窗生产过程中大量应用了数控加工设备，这些设备通过数显生产过程中的各种测量及控制参数，包括温度、压力、夹紧力、重量、尺寸、角度等，所有的测控参数都是通过传感器测量并经数字信号转换在显示屏上显示的，这些参数对应的测量传感器存在测量误差，在一定时间内需要进行校准。因此，门窗生产过程中，应根据设备手册定期进行设备校准，才能保证设备测量的准确度，才能保证加工误差在控制要求范围内。

2. 工艺装备

工艺装备简称工装，包括工具、量具、刀具、模具、夹具、组装工作台、型材存放架、运料小车等。

工艺装备应与门窗产品规格、型号及加工工艺相匹配，特殊的工装，如模具、夹具等根据工艺要求预先定制。

（1）工艺装备要求。

1）工具。手持电、气动钻和手持电、气螺丝刀，手电钻，风钻，手锤，木锤，橡皮锤，尖嘴钳，划笔，铅笔等。

2）量具。卷尺、游标卡尺、钢板尺、万能角度尺。

3）刀具和夹具。各种规格的钻头、木工凿子、扁铲、锉刀、铣刀、玻璃切割刀、台钳、虎钳。

4）模具。定位模板、仿形模板、清角机和端头铣床上专用组合铣刀。这些专用模板和铣刀一部分可以在组装设备定货时由设备生产厂家按门窗生产厂所用的型材系列设计、配套提供。钻模部分由门窗组装厂自行设计制作。

5）辅助设备和设施。组装工作台、型材存放架、周转运料车、固定货架等，由组装厂自行准备。

6）专用工装模板和刀具。各门窗组装厂根据所选用的型材断面形状、尺寸及所选用的组装工艺技术路线，必须配备若干种专用工装件。

①定位模板。有的型材需在双角锯、玻璃压条锯切机床及焊接设备上配置专用的装夹定位模板，平开窗框扇合拢定位模板等。

②仿形模板。在仿形铣床上要根据型材断面形状、尺寸和五金件的尺寸配置仿形模板。

③钻模模板。用于安装五金配件，以保证安装位置正确。在焊接——螺接组装工艺路线中用于装配分格型材或组装框扇。

④组合铣刀。在清角机床和端头铣床上需要配备适合于各系列型材断面形状、尺寸的专用组合铣刀。

（2）生产车间要求。

1）门窗加工车间应宽敞明亮，地面光滑、平整清洁；

2）门窗加工环境应满足加工门窗产品的工艺要求；

3）门窗加工车间应有足够的区域存放待加工的型材；

4）门窗加工车间应满足各类加工设备的动力及气源需要，应保持压力和流量的稳定性。

## 8.2　产品图集设计

　　建筑门窗产品图集是建筑门窗产品专用的一种技术文件。图集是建筑门窗生产企业向用户展示本企业可提供订货选择的产品的汇总技术文件，图集中所提供的立面图、型材断面图、节点图等具有体现工厂化生产、标准化、定型、通用的作用，凡是图集已列入的门窗型，应当是生产企业的定型产品，用户订货时，不需再提供特殊要求，直接选择即可。因此，建筑门窗的产品图集，实际上是生产企业向用户展示自己产品种类和生产规模、能力的产品样本，也是双方合同确立的有效凭证之一。

　　图集应按以下要求建立：

　　（1）以国家或省标准图集为依据，也就是说要有国家或省标准图集，同时企业必须建立自己的图集，而不得以国家或省的标准图集代替企业自己的图集。

　　（2）图集应依照国家标准《建筑门窗术语》（GB/T 5823—2008）及《建筑门窗洞口尺寸系列》（GB/T 5824—2008）明确窗型高、宽尺寸系列规格，并以其尺寸系列，标明窗型代号。

　　（3）应有图集编制说明。内容应包括：型材厚度、构造、尺寸系列；选用的型材厂家。门窗的物理性能（抗风压性能、气密性能，水密性能、保温性能、隔声性能、采光性能、遮阳性能）的最低保证值。

　　（4）注明图集的设计、制图、校核负责人。

　　（5）每种不同的型材原则上都要建立一套完整的图集，包括立面图、剖面图、节点图、构件图、安装图。

　　企业可以以国家或省标准设计为依据，而后根据企业的实际需要和生产能力有选择地对国家或省的标准图集进行选择，形成自己的图集。也可以委托有设计能力的单位进行图集的设计。

### 8.2.1　图集的组成

　　产品图集主要由设计说明、型材断面图、立面图、剖面图、节点图、施工安装图等内容组成。

### 8.2.2　图集的规格尺寸

　　图集文本的规格尺寸为：260mm×185mm，图集名称根据产品确定，如铝合金门窗图集或塑料窗图集。图集中每一页右下角均应有图名及页次，左上角均应有签字栏，具体可参照国家或省发行的相关产品图集。

### 8.2.3　图集的绘制要求

　　图集绘制应按国家标准《房屋建筑制图统一标准》（GB/T 50001—2017）、《建筑制图标准》（GB/T 50104—2010）要求绘制。图集中的门窗的洞口尺寸、术语代号等均应符合《建筑门窗术语》（GB/T 5823—2008）、《建筑门窗洞口尺寸系列》（GB/T 5824—2008）的要求。

#### 8.2.4 图集内容的编制

1. 图集目录

企业所编制的图集其内容应编排页次,起到使用户查看方便的作用。

2. 编制说明

图集的编制说明是十分重要的一项内容,凡是在图集中不易用图表示的内容和要求,或者是在图中已有表示,但需要特别强调的内容均应在设计说明中叙述清楚。设计说明一般包括以下内容:

(1) 适用范围。对于铝合金门窗来说,由于采用的铝合金型材表面处理方式的不同、采用玻璃的不同、采用门窗的开启方式不同,从而使得企业生产的铝合金门窗产品的性能不同,适应的用途及范围也因此不同。因此,在编写产品图集时应根据铝合金门窗的不同而分别提出适用范围。

(2) 设计依据。企业应将所生产产品的铝合金门窗在制作加工时所依据的标准、规范及所使用的配套件相关标准分别在此项中列出。

(3) 图集的内容。铝合金门窗产品图集一般包括设计说明、型材断面图、立面图、剖面图、节点图、安装图等内容。

(4) 材料要求。材料要求主要是对所用型材、玻璃、密封胶条、毛条、锁、执手、滑轮等配件提出要求。

(5) 技术要求。应根据《建筑结构荷载规范》(GB 50009—2012),按照 50 年一遇基本风压等规定,对铝合金门窗形式进行抗风压计算,规定出各种铝合金门窗允许的极限制作尺寸。

企业应根据铝合金门窗产品标准中的技术要求,编写所生产的产品的技术要求。

(6) 成品质量要求。应根据铝合金门窗产品性能不同,依据产品的国家标准、行业标准、企业标准编写产品质量要求。如框、扇配合、搭接要求,框、扇构造尺寸偏差要求,框、扇杆件装配间隙及接缝高低差等要求,窗附件安装位置要求等。

(7) 成品包装与标志。应根据国家标准《运输包装发货标志》(GB 6388—1986)及《包装储运标志》(GB/T 191—2008)或企业标准要求编写。

(8) 运输与储存要求。应根据国家标准《运输包装发货标志》(GB 6388—1986)及《包装储运标志》(GB/T 191—2008)或企业标准要求编写或与上一条合并编写。

(9) 安装要求。应根据所生产的铝合金门窗产品,按照国家标准、规范及行业或企业标准编写安装要求。

(10) 维护保养。应当按照所生产的铝合金门窗产品、性能特点、企业标准及有关规定提出对产品的维护及保养要求。

(11) 选用方法。主要是为用户(施工单位、建设单位等)选择图集中某一种型材、某一种窗型较方便、简明的一种表示方法。

3. 型材断面图

企业根据市场的需求及本企业自己的技术力量、工艺、设备情况,对长期、稳定加工的几种型材列为企业自己产品图集中的型材分别绘制断面图。断面图应分别用粗实线画出剖切面切到的部分图形。如框、扇、框梃、压条、密封条等断面图。型材断面图应注意是什么系列的平开窗或推拉窗。具体可参照有关国家或省铝合金门窗产品图集进行绘制。

4. 立面图

铝合金门窗立面图应按《建筑制图标准》（GB/T 50104—2010）绘制，按《建筑门窗洞口尺寸系列》（GB/T 5824—2008）确定不同宽、高洞口的尺寸。立面图为外视图。框构造尺寸与饰面材料有关，根据常用的饰面材料一般考虑厚度为 20～30mm，则铝合金门窗的框构造尺寸一般比洞口尺寸减小 50mm 左右。如果具体工程用外饰面材料厚度有特殊要求，则框构造尺寸可根据具体工程进行调整。为方便用户选用及施工安装操作方便，立面图应根据《建筑门窗术语》（GB/T 5823—2008）及《铝合金门窗》（GB/T 8478—2020）的规定，标明铝合金门窗立面的代号、窗的开启形式。一般情况下，一个企业的铝合金门窗图集中的立面图应根据常用的型材系列设立：推拉窗立面、平开窗立面、平开下悬窗立面等。企业应根据具体情况确定。

5. 剖面图

剖面图除应画出剖切面切到部分的图形外，还应画出沿投射方向看到的部分。被剖切面切到部分的轮廓线用粗实线绘制，剖切面没有切到，但沿投射方向可以看到的部分，用中实线表示。窗的剖面图应包括剖切面和投射方向可见的窗框扇、玻璃、胶条等配件的轮廓线。

每一种窗型，如推拉窗、平开窗，带亮窗或不带亮窗的均应有剖面图。一般剖面图要剖两个方向，在窗的水平方向剖开的，称为横剖面，竖向剖开的称纵剖面。不论是横剖面还是纵剖面其剖切位置一般为：左、右、上、下边框与扇的连接部位，开启扇与固定扇连接部位，开启扇与开启扇连接部位等，剖切的部位均应表示出密封条、玻璃。剖面图的剖视方向、线型、图例标注等应符合《建筑制图标准》（GB/T 50104—2010）的规定。

6. 节点图

节点图是建筑详图的一部分，表示建筑构件间或与结构构件间连接处相互固定的详细做法和连接用料的规格。

节点图又称"节点大样图"，通称大样图或"详图"。当图样中某部分由于比例过小，不能清楚表达时，可将该部分另以较大比例（一般用 1∶1～1∶10）绘制。详图是图集中不可缺少的部分，为施工时准确完成设计意图的依据之一。

窗的节点图是反映两个或多个部件（或材料）相互连接、装配关系的构造图。在建筑外窗加工行业中，节点图的构造与型材断面和工艺加工方式密切相关。节点图与剖面图是完全不同的两种图形，节点图表示了窗的某一联结部位如何联结、搭配、固定及相互间关系，包括配合的间隙尺寸，螺钉的规格尺寸、玻璃厚度等均应表示清楚，其节点图的比例也应相应加大，不同材料的图例均应表示清楚。

7. 安装图

安装图与节点图的表示方法及要求是一样的。安装图是表示窗框与窗洞口四周的砖墙或砼墙、梁板、窗台等部位的联结固定做法、方式及详细的联结材料尺寸、联结固定的间距、窗框与洞口间缝隙填充材料等，均应在图中表示清楚，以方便施工安装人员规范化操作。

## 8.3 产品图样设计

图样是铝合金门窗加工制作的技术依据。是门窗制造企业必须建立的最基础、最重要的技术文件之一。

### 8.3.1 图样与图集的区别

很多门窗生产企业把门窗的图样和图集混为一谈，搞不清图样与图集的区别，错误地认为有了图集就可以不要图样或者把图样与图集搞成同一个模式。二者区别见表 8-1。

表 8-1　　　　　　　　　　　　　　　　图集与图样的区别

| 区别 | 图集 | 图样 |
|---|---|---|
| 作用 | 1. 确定本企业稳定生产门窗产品的系列型号与结构样本。<br>2. 向用户展示本企业所生产系列产品的样本，供用户选择订货 | 生产企业用于各个生产工艺流程中，指导和规范工人进行实际加工制作的图形 |
| 图形性质 | 1. 宏观样本性，不具有严格的绘制比例关系。<br>2. 结构尺寸的标注不一定详细。<br>3. 图形的数量较少 | 1. 严格的绘制比例关系。<br>2. 详细的标注尺寸，有的还必须说明尺寸和形位公差。<br>3. 详细的工艺、技术要求。<br>4. 图形数量要比图集更多更详细 |

正是因为二者有以上的区别，所以图集和图样虽然某些地方有相同之处，但完全是作用不同、内容不同、要求不同的两种技术文件，二者不能混淆，更不能相互代替。

### 8.3.2 图样建立的基本要求

按照国家对门窗生产的要求，建立图样必须满足以下要求：

（1）图样的图形种类必须包括立面图（总图）、剖面图（截面图）、节点图、安装图、部件图和零件图，有的还要建立局部视向图和局部剖面图。

（2）图样的绘制必须依照国家规定的机械制图的要求严格进行。

（3）每张图样必须设标题栏，标题栏中必须包括图样拥有单位、设计者、绘图者、审核者、批准者、绘制比例、使用材料名称、规格、单位重量、图样种类名称、图样编号以及用于图样修改时的修改标记、处数、批准文号、批准修改负责人等内容。

（4）每张图样中必须有严格规范的尺寸标注，有的还要注明尺寸和形位公差以及用文字说明的技术要求（或技术条件）。

（5）在剖面图、部件图和局部剖面图上要用1、2、3……标出零件序号并在标题栏上方设立零件明细表，标明零件序号、图号、零件名称、数量、重量等。

（6）建立图样数量的原则：同一型材规格系列下的同一开启形式应建立一套完整的图样。在实际生产中，为了尽可能减少制图的数量，可以采取归类套用的方法。例如，如果几个不同的窗型，凡是基本结构和节点相同的地方不必每一个窗型都建立一套图样，可以用通用图样替代，另外只对结构不同的地方另建立补充图样，从而实现一图多用，这样实际制图的数量就可以大大减少。但不能以一种型材断面，一种厚度的型材，一种窗型的图样代替全部产品的图样。

（7）正规的图样可以是经过熏晒的蓝图，也可以是经过微机打印出图的白图，最好不要使用别人的图样经复印后形成的图样。

（8）为了便于铝合金门窗生产企业的管理和制造，每套图样应做到一式两份，一份用于技术文件存档管理，一份用于车间加工制作用。

### 8.3.3　各种图样图形的建立要点

#### 1. 立面图

立面图又称外形总图。立面图是反映要加工制造的门窗由室外观看时整个门窗外观的全貌图形，其作用是给人以直观的外形全貌的观感。立面图的绘制按照机械制图的要求绘制。主要参照标准为《产品图样及设计文件》（JB/T 5054.1～JB/T 5054.6—2000），该标准中对产品图样的基本要求、格式、编号原则、完整性、更改办法等做出了具体要求。

另外立面图应按照门窗的真实尺寸依照一定的比例缩小绘出。立面图的尺寸标注原则：只标轮廓尺寸，如果门窗型带亮窗，则还要标出亮窗的高度尺寸。

按照图样建立的基本要求，只要门窗的外形即门窗形式不变，立面图可以作为这一门窗型的代表图形，其宽、高尺寸可以用字母 $a$、$b$ 表示。

用这样的一个立面图形就可以代替本企业生产的所有门窗型相同但规格不同的门窗图形，达到了减少图样绘制量，但所有该门窗型的规格系列尺寸 $a$、$b$ 应在图面的坐下角用表列出，以表明这种门窗型本企业具体生产的系列、规格、数量。

关于图样中的技术条件，可以在立面图中列出，也可以在相应的剖面图中列出。

在图样的右下角列出的是标题栏，它包括了图样的拥有单位名称、图样编号、图样种类、绘制比例、设计者、绘制者、审核者、工艺审核者、批准者及图样修改时的标记、处数、分区、更改文件等栏目。标题栏中的这些栏目都应该填明，并完善签字和签字日期。

在立面图上有 A—A、B—B 等断面标记符号，它们表示所列出的剖面图剖切的断面位置，说明列出的剖面图是从这一位置开始剖开的。因此，不同的剖面位置所形成的剖面图是不一样的。如果没有 A—A、B—B 等剖面标记，则剖面图的图形就成了无水之源，失去了依据。因此，剖面位置的选取不是随便乱选的，应在最能代表门窗内部结构的地方。

#### 2. 剖面图

剖面图又称截面图。剖面图是表示门窗各个零部件相互位置关系的结构图，它表示一樘门窗全部装配完整之后各个零部件之间相互位置、相互关系的图形，它是认识门窗内部结构的重要图形，通过剖面图可以看出一樘门窗内在结构的相互关系。剖面图的绘制要点如下：

（1）剖面图的形状必须和立面图上的 A—A、B—B 等切面标记相符合。

（2）剖面图中各个零部件的相互位置关系应正确反映门窗的实际情况，相关的零部件要一一标出，不得缺少。

（3）必须用1、2、3……序号标出相关零部件的序号，或所用型材代号并在标题栏上方的零部件表中列出其序号、名称、图号、数量、材料、重量。为了便于书写，零部件表中的序号是由下至上排列的，便于随时补充。

（4）必须注明各零部件之间的相互配合尺寸。如窗框与窗扇之间的搭接量、胶条嵌接深度等尺寸。

（5）在剖面图中，横剖面和竖剖面两个剖面不得缺少。如果是带亮窗的门窗，还应有一个亮窗的横剖面图。至于应列入几个剖面图，则应视所加工的门窗型的难易需要而定。

（6）剖面图是显示内部结构的重要图形，为了便于生产工人识图和装配的需求，剖面图的绘制比例应比立面图要大。

（7）技术要求的内容应保证达到产品标准的主要技术要求，字迹应清晰，数据应规范。

（8）剖面图是指导操作工人进行加工制造的重要技术图纸，为满足生产的需要，其图面应采用较大图号，一般至少采用4号图面。

（9）标题栏和材料表应符合立面图中提到的要求。

3. 部件图

部件图是指由部分零件组成的门窗分部整体部件的图形，如门窗框、门窗扇等组成的梁框杆件等。部件图既是整个门窗的一个分部，又是由两个以上零件组成的一个分部整体。是显示和掌握门窗部件构造和制作的重要技术图样。

部件图既然是门窗的一个分部整体，因而在绘制时也必须用这一部件的立面图和剖面图进行表示，因此部件图绘制的要求和前面讲过的整体门窗的立面图和剖面图的要求是同样原则。

4. 节点图

节点图又称节点大样图。它是门窗框、扇中两种不同的型材垂直相交处的结构联结图形。

节点图的构造与型材断面和工艺加工方式密切相关。同样的型材，同样窗型，各个生产厂家可以有不同的节点加工方法。体现了不同生产厂家的工艺特点和技术水平。如在节点处，有的生产厂家加垫片，有的不加，有的用螺钉，有的用连接件等。

以窗框简图8-1、图8-2为例进行说明。在图8-1中上框与右框的结合点1，下框与右框及左框的结合点2就是节点。在图8-2中，上框与右框的结合点3，左框与中横框的结合点4及下框与右框的结合点5都是节点。这些节点都是由二根截面形状不同的型材，通过螺栓进行联结的，其联结图形用剖面图是不能直观表现出来，唯一的办法就是用节点图进行表示。

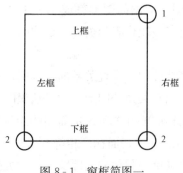

图8-1 窗框简图一

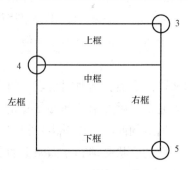

图8-2 窗框简图二

表现节点的图是绘制图样中的一个难点，不容易绘制。最好的办法是采用局部的具有立体感的"轴侧图形"，但绘制起来太烦琐。在实际绘图中一般采用视向图的方法表示节点图，也有以轴侧图形表示的，通过比较两种节点图的表示方法，从中可以看出两种表示方法的区别。视向图在识图上有一定的难度，但若经常使用，还是可以达到要求的。

用视向图的方法绘制节点图时，一定要在立面图上表示出视向的位置代号和箭头方向，表示是从哪个方向去视看的，才能表示出节点的结构，否则就会产生混淆。节点图的目的是为标明节点处的构造，一般只画图形不标注结构尺寸，只要标出绘制比例，绘制线条清晰就可以了。有的节点图采用虚、实线并用的绘制方法，从一端看去，眼看见的部分用实线表示，被遮住的部分用虚线表示。至于用哪一种方法，可以根据企业的技术习惯，只要将节点处的联结结构表示清楚为目的。

为了标明节点图的位置，节点图一般都和门窗框、扇的部件立面图放在同一张图形中。为了标明节点处各零件的数量和位置，节点图中也应用1、2、3…标出相关零件的序号和名称，也要提出技术要求，也同样应列出标题栏，并在标题栏中填写清楚。需要设立组成节点图材料明细表的，也应按要求设立。

5. 安装图

安装图是表示门窗与建筑物洞口进行安装就位的结构图形。除了按要求在图面上应设标题栏和技术要求外，还应注意以下几点：

（1）安装图中应包括门窗型的立面图和与洞口连接的上、下、左（右）三个剖面图，以表示门窗和洞口上、下、左（右）边的不同连接方法。

（2）在安装图的立面图上应注明四个边框与洞口相连接的点数及连接点之间的间距，以利于指导安装人员按图定位连接。

（3）在三个剖面图上应注明相关零件的配合尺寸，并引用序号1、2、3…或文字注明相关零件和填充物、密封胶等的序号或规格，必要时应列出材料明细表并在明细表中将组成零件的名称、数量、材质等写明。

6. 零件图

零件图是指在一樘具体门窗中，由企业自行加工制造的各件型材、各个零件的加工制造图形。

门窗是由各个型材件和各个零件经过相互配合组成的，各个型材、零件等又都是一个个经过一定工艺加工而成的。为了对各个零件进行正确有效地加工制作，因此对各个型材和零件必须提供相应的图样。这种以单个零件为对象的图形，就是零件图。

零件图除了必须设立标题栏并认真填写，标明技术要求外，还应达到下面要求：

（1）零件图必须是一个零件一张图，不能在一张图上画两个零件，也不能将一个零件画在两张图上。

（2）每张零件图都要有不同的图号，并且应与剖面图上该零件图号相一致。即一套产品图样中前后图号应保持一致性。

（3）零件图的视图数量：简单的零件可以用一个，复杂的零件可以用两个或三个，有的零件还需画出断面图，以完全能表达出这个零件全貌为准。

（4）为了保证加工工艺，零件图必须注明详细的长度尺寸、位置尺寸及相应的尺寸公差。至于加工要求的粗糙度，视情况可以标示，也可以不标示。

（5）铝合金门窗节点处的连接板、自制的防盗块等零件也应作为零件进行绘制。

（6）凡是外购不需要自己加工的零件，不用绘制零件图，但应在剖面图或节点图中的材料明细栏目中列出其数量及规格型号要求等。

（7）安装图中的有关连接件，凡是自行加工的要作为零件，就要进行绘制零件图。

## 8.4 耐火性能设计

### 8.4.1 门窗耐火性要求

1. 建筑防火设计要求

《建筑设计防火规范》（GB 50016—2014）（2018 年版）对外门窗耐火完整性要求涉及三个方面：

（1）建筑在一定高度下，当采用非 A 级（不燃）保温材料时要求建筑外墙上的门、窗的耐火完整性不应低于 $0.5h$（见表 8-2 和表 8-3）。

表 8-2　　　　住宅建筑高度与外墙外保温材料及外门窗耐火完整性的应用要求

| 住宅建筑高度（h） | | 所用保温材料及外门窗耐火完整性要求 | | |
|---|---|---|---|---|
| | | A 级保温材料 | B1 级保温材料 | B2 级保温材料 |
| 人员密集场所 | | 应采用 | 不允许 | |
| 非人员密集场所 | $h \leqslant 27m$ | 可采用 | 宜采用 | 当采用 B2 级保温材料：每层设置防火隔离带；建筑外墙上的门窗的耐火完整性不应低于 $0.5h$ |
| | $27 < h \leqslant 100m$ | 可采用 | 当采用 B1 级保温材料：每层设置防火隔离带；建筑外墙上的门窗的耐火完整性不应低于 $0.5h$ | 不允许 |
| | $h > 100m$ | 应采用 | 不允许 | |

表 8-3　　除住宅建筑外的其他建筑高度与外墙外保温材料及外门窗耐火完整性的应用要求

| 除住宅建筑外的其他建筑高度（h） | | 所用保温材料及外门窗耐火完整性要求 | | |
|---|---|---|---|---|
| | | A 级保温材料 | B1 级保温材料 | B2 级保温材料 |
| 人员密集场所 | | 应采用 | 不允许 | |
| 非人员密集场所 | $h \leqslant 24m$ | 可采用 | 宜采用 | 当采用 B2 级保温材料：每层设置防火隔离带；建筑外墙上的门窗的耐火完整性不应低于 $0.5h$ |
| | $24 < h \leqslant 50m$ | 可采用 | 当采用 B1 级保温材料：每层设置防火隔离带；建筑外墙上的门的耐火完整性不应低于 $0.5h$ | 不允许 |
| | $h > 50m$ | 应采用 | 不允许 | |

（2）建筑高度大于 54m 的住宅建筑避难间的外窗耐火完整性不宜低于 1$h$。

（3）步行街两侧的门窗有 1$h$ 耐火完整性及其他相应措施的要求。

2. 门窗产品性能要求

产品标准《铝合金门窗》（GB/T 8478—2020）规定了耐火型门窗要求室外侧耐火时，耐火完整性不应低于 E30（o）；室内侧耐火时，耐火完整性不应低于 E30（i）。门窗的耐火完整性分级见表 5-44。

### 8.4.2　门窗耐火完整性检测

门窗耐火完整性是指在标准规定的试验条件下，建筑门窗某一面受火时，在一定时间内阻止火焰和热气穿透或在背火面出现火焰的能力。

从建筑防火设计要求对门窗的耐火完整性要求分为 0.5h 和 1h。耐火时间是门窗在耐火完整性试验中，能够保持完整性的耐火极限。依据《建筑门窗耐火完整性试验方法》（GB/T 38252—2019）规定，判定门窗失去耐火完整性现象包括：

（1）门窗试件背火面出现火焰持续时间超过 10s。

（2）门窗试件背火面出现贯通至试验炉内的缝隙，直径 6mm±0.1mm 探棒可以穿过缝隙进入试验炉且探棒可以沿缝隙长度方向移动不小于 150mm。

（3）门窗试件背火面出现贯穿至试验炉内的缝隙，直径 25mm±0.2mm 的探棒可以穿过缝隙进入试验炉内。

门窗耐火完整性按受火面分为室外侧受火和室内侧受火。因受火面环境条件不同，因此，门窗的耐火完整性试验耐火时间也不相同。

1. 室外标准升温曲线

门窗耐火完整性试验过程中，试验炉内标准设计—温度曲线见图 8-3，温度与时间关系曲线按式 8-1 控制：

$$T = 660(1 - 0.687e^{-0.32t} - 0.313e^{-3.88t}) + T_0 \qquad (8-1)$$

式中　$t$——试验进行的时间，min；

　　$T$——试验进行到 $t$ 时耐火试验炉内的平均温度，℃；

　　$T_0$——试验开始前耐火试验炉内的初始平均温度，要求为 5℃～40℃，℃。

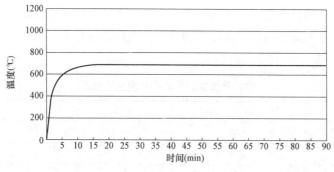

图 8-3　室外标准升温曲线图

### 2. 室内标准升温曲线

门窗耐火完整性试验过程中,试验炉内标准设计—温度曲线见图8-4,温度与时间关系曲线按式(8-2)控制:

$$T = 345 \lg(8t + 1) + 20 \qquad (8-2)$$

式中　$t$——试验进行的时间,min;

　　　$T$——试验进行到 $t$ 时耐火试验炉内的炉内平均温度,℃。

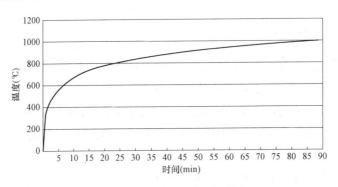

图8-4　室内标准升温曲线图

### 3. 室内/室外升温曲线对比

从图8-3室外标准升温曲线图看出,10min内温度上升速度较快,15min后温度接近直线,试验炉内温度稳定在660℃+初始温度($T_0$)。这主要是室外侧受火时,空间空阔,热量消散快。室外标准升温各关键时点的炉内平均温度见表8-4。

表8-4　　　　　　　　　　室外升温关键时点的炉内平均温度

| 时间 $t$(min) | 炉内平均温度 $T$(℃) | 时间 $t$(min) | 炉内平均温度 $T$(℃) |
|---|---|---|---|
| 5 | $568+T_0$ | 25 | $660+T_0$ |
| 10 | $642+T_0$ | 30 | $660+T_0$ |
| 15 | $656+T_0$ | 45 | $660+T_0$ |
| 20 | $659+T_0$ | 60 | $660+T_0$ |

从图8-4室内标准升温曲线中看出,15min内温度与时间几乎呈线性关系,至25min内温度上升速度非常明显,受火30min时,温度达到842℃,且至受火90min时,温度一直处于上升状态。这主要是室内侧受火,空间密封,散热条件较差。室内升温各关键时点的炉内平均温度见表8-5。

表8-5　　　　　　　　　　室内升温关键时点的炉内平均温度

| 时间 $t$(min) | 炉内平均温度 $T$(℃) | 时间 $t$(min) | 炉内平均温度 $T$(℃) |
|---|---|---|---|
| 5 | 576 | 25 | 815 |
| 10 | 678 | 30 | 842 |
| 15 | 739 | 45 | 902 |
| 20 | 781 | 60 | 945 |

通过图 8-3 和图 8-4 可知，室内侧受火和室外侧受火同样的耐火时间 30min，门窗承受的耐火温度是不同的，室内侧耐火时间 30min 时，温度为 842℃，室外侧受火时间 30min 时，最高温度为 700℃（考虑 $T_0$ 为最高温度 40℃）；室内侧耐火时间 60min 时，温度为 945℃，室外侧受火时间 60min 时，最高温度为 700℃（考虑 $T_0$ 为最高温度 40℃）。也就是说，满足室外侧受火耐火完整性耐火时间的门窗，不一定满足室内侧耐火完整性的耐火时间要求。

要使门窗具备耐火完整性，制作门窗的材料必须采用不燃材料。但目前制造建筑外窗的材料无法全部采用不燃材料，我们就必须通过一定的方法和途径防止燃烧和控制燃烧。

燃烧其实是一种自由基的连锁反应，材料燃烧的条件是可燃物（有一定相对性）与氧化剂作用并达到一定数量比例，且不受化学抑制，有足够能量和温度的引燃源与之作用，也就是燃烧并不一定有明火，可以是炽热体、火星、光辐射热、化学反应热和生物热等。着火源温度越高，越容易造成可燃物的燃烧，常见的火源温度见表 8-6。

表 8-6　　　　　　　　　　　　　　常见火源温度

| 名称 | 火源温度（℃） | 名称 | 火源温度（℃） |
|---|---|---|---|
| 火柴源 | 500～600 | 酒精灯焰 | 1180 |
| 蜡烛源 | 640～940 | 煤油灯焰 | 780～1030 |
| 烟头中心 | 700～800 | 焊割焰 | 2000～3000 |
| 机械火星 | 1200 | 气体灯焰 | 1600～2100 |
| 煤炉火焰 | 1000 | 燃气（甲烷） | 900～1100 |
| 金属镁燃烧 | 1900～2300 | 火灾火场/礼花火焰 | 1000 以上 |

### 8.4.3　门窗材料的耐火性能

按照《建筑幕墙、门窗通用技术条件》（GB/T 31433—2015）的要求，对有耐火完整性要求的外门窗，所用玻璃最少有一层应符合《建筑用安全玻璃 第 1 部分：防火玻璃》（GB 15763.1—2009）的规定。

铝合金门窗其基本构成为框材、玻璃及镶嵌密封材料，按占整窗面积或体积比重约在 24%、70% 和 6%。玻璃是不燃材料，密封材料多为有机材料。

在建筑上广泛使用的低碳钢的力学性能都会随着温度的持续升高而降低，当钢材温度在 350℃ 以下时，由于蓝脆现象，其拉伸强度会比常温时略有提高，然后开始下降，至 500℃ 时强度降低约 50%，600℃ 时降低 70%，一般认为 540℃ 是建筑钢材的强度损失的临界温度，但是钢材在温度升高时，其导热率是在下降的，至 750℃ 时，基本恒定而不再发生变化。钢材属于建筑不燃材料，熔点为 1535℃。

铝合金是热的良导体，导热系数为 160W/(m·K)，属于门窗构成中导热系数最高的，且铝的导热率随温度的升高而上升。铝合金的熔点约 550～650℃，在火灾中火场温度通常远高于铝合金的熔点。从已有火灾案例来看，门窗铝型材的破坏多为在高温下严重变形而无法使用，完全烧熔的现象相对少见。铝合金一般在 300℃ 左右即失去承载能力，并发生不可接受的变形而无法使用。

门窗用的高分子材料的燃烧性能见表8-7～表8-10。

表8-7 部分高分子材料分解温度及门窗使用部位

| 材料名称 | 分解温度（℃） | 使用部位 | 材料名称 | 分解温度（℃） | 使用部位 |
|---|---|---|---|---|---|
| 聚乙烯 | 335～450 | 部品 | 尼龙66 | 310～380 | 隔热条 |
| 聚丙烯 | 328～410 | 暖边间隔条 | 天然橡胶 | 400～900 | 密封材料 |
| 聚氨基甲酸酯 | 200～320 | 型材、填缝剂 | 氯丁橡胶 | 400～875 | 密封材料 |

表8-8 部分高分子材料闪点和自燃点

| 材料名称 | 闪点（℃） | 自燃点（℃） | 材料名称 | 闪点（℃） | 自燃点（℃） |
|---|---|---|---|---|---|
| 聚乙烯 | 350 | 359 | 聚酰胺 | 420 | 425 |
| 聚丙烯 | 380 | 420 | 阻燃EPDM胶条 | 460 | 465 |
| ABS | 360 | 466 | 阻燃PVC胶条 | 475 | 490 |
| 聚氯乙烯 | 391 | 454 | 石墨基膨胀胶条 | 约200 | 约480 |

表8-9 部分高分子材料燃烧火燃温度

| 材料名称 | 燃烧热（kJ/g） | 材料名称 | 燃烧热（kJ/g） |
|---|---|---|---|
| 聚乙烯 | 47.74 | 聚酰胺 | 30.84 |
| 聚丙烯 | 45.8 | 氯丁橡胶 | 38.45 |
| ABS | 40.18 | 丁基橡胶 | 16.04 |

表8-10 部分高分子材料燃烧热

| 材料名称 | 火燃温度（℃） | 材料名称 | 火燃温度（℃） |
|---|---|---|---|
| 聚乙烯 | 2120 | 聚酰胺 | 2000 |
| 聚丙烯 | 2120 | 氯丁橡胶 | 1900 |

高分子材料分解后多有可燃性气体（如甲烷、乙烷、乙烯、甲醛、丙酮等），伴有烟雾，甚至部分材料烟尘较大并产生相对分子质量较高的有机化合物、焦油等液态物质和烟灰、碳黑等碳化物。燃烧热和燃烧火焰温度较高对整窗耐火完整性得以实现是不利的，而这些又是外窗不可或缺的组成材料。

玻璃是外窗所占比重最多的材料，是热的不良导体。实现外窗的耐火完整性主要取决于玻璃热学性能。

首先是热膨胀系数，膨胀系数越小，其热稳定性越高。不同类型的玻璃因构成元素不同，膨胀系数也不同。常温下普通钠钙硅酸盐玻璃的导热系数是1W/(m·K)。玻璃在常温时，为脆性材料，加热后渐渐软化，最后变成液体。玻璃软到可以流动的温度称为玻璃的软化点。成分不同，玻璃的软化点温度也不相同，普通玻璃软化点温度一般在500～700℃。但是玻璃在到达软化点以前已经失去玻璃常温时的强度。

其次是耐热性。玻璃本身是不燃材料，但温度急剧变化会引起玻璃的破碎，这是玻璃表面温差最大处产生的热膨胀差造成玻璃内部张应力大于玻璃强度值所致。而玻璃所能承受这种温度剧变的能力称为耐热性，也称热稳定性。玻璃受火强度变化见图 8-5，图 8-6 为钠钙硅酸盐玻璃的热膨胀曲线。对玻璃热稳定性影响最大的是热膨胀系数，此外还与玻璃厚度、形状和应力分布等密切相关。热应力也是玻璃主要的热学性能。受热不均或膨胀不同，在受热或冷却时所产生的应力为热应力，处理不好就会在温度变化下过早的失去玻璃完整性。

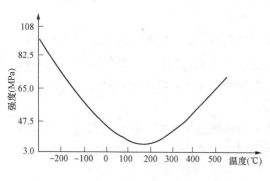

图 8-5　玻璃强度与温度的关系　　　　图 8-6　钠钙硅酸盐玻璃的热膨胀曲线

因此，采用防火玻璃，是防止玻璃受火过早的炸裂，提高玻璃的软化温度的唯一途径。

### 8.4.4　耐火门窗的结构设计

**1. 耐火设计原则**

设计铝合金耐火门窗，确保门窗一定时限的耐火完整性，应遵循如下原则：

（1）选用不燃材料作支撑构件或支撑构件增加不燃材料实现温度变化下的支撑，并连接成封闭的框架。

（2）选用阻燃密封材料，密封胶条包括阻燃 EPDM、阻燃氯丁橡胶，阻燃硅胶等，使得一定时限下室内密封材料不自燃和脱落。

（3）对玻璃进行有效固定，防止其在耐火时限内脱落，并保持玻璃受热均匀，以防止玻璃热炸裂，通常采用钢质或不锈钢夹具将玻璃固定在支撑框架上。

（4）对型材空腔进行耐火填充，降低火焰温度或吸收热能，延长支撑构件的支撑力。

（5）各类缝隙进行有效的防火封堵，在没有密封性能要求时优先使用无机材料，如硅酸铝条，可耐 1260℃高温，复合材料如石墨膨胀条。使用有机材料应为难燃 B1 或阻燃 V-0 级且燃点较高的材料。

（6）玻璃应选择防火玻璃。采用合适的防火玻璃至关重要，如果采用中空玻璃且只有一层为防火玻璃，防火玻璃宜放置在背火面。由于外窗其他材料耐火性能薄弱，建议玻璃选用比整窗耐火完整性时限长一个等级。

（7）开启的五金系统安装在背火侧。

**2. 常用耐火材料**

（1）玻璃承重垫片。一种抗压强度高、硬度适中的不燃防火板材，热变形低，具有耐高温、耐腐蚀、易于加工等特点，在高温条件下，不会变软或粉化，不会对玻璃棱边造成损伤。玻璃垫片主要垫在防火玻璃下方的承重位置，常温下和受火时防止玻璃棱边与型材应接触，降低玻璃爆裂风险。

（2）防火板条。A级不燃性产品，导热系数约为 0.12W/（m·K），受火膨胀后导热系数降低。遇火时，其膨胀成一层硬质的硅酸盐泡沫隔热层，同时兼具吸热冷却、膨胀密封和隔热作用。遇火膨胀温度为 150～200℃，可膨胀到原来 10～40 倍，填充周围的缝隙和孔洞。主要用于耐火门窗的防火薄弱部位，如型材内部空腔、框扇开启腔、五金配件周围等部位。

（3）防火灌注料。吸热型防火灌注料是一种水固化的吸热防火材料，高温下具有吸热冷却和隔热屏障的性能。固化后，导热系数为 0.10W/（m·K），并能提高型材结构的整体机械强度，便于型材的加工及装配。主要用于型材空腔的灌注填充，遇火时，通过吸热和隔热作用延缓型材的熔化速度，增加耐火完整性的时限。

（4）防火棉条。材料为硅酸铝纤维，用于防火玻璃两侧边缘与型材接触部位，柔软可压缩，可有效阻隔热量通过玻璃与型材缝隙传递，同时保护玻璃边角不受机械挤压。

3. 窗框的耐火设计

（1）框型材耐火设计。

铝合金的熔点约 550～650℃，根据防火检测温度曲线，5min 时炉内温度可达到 556℃，这时铝合金开始软化。因此，要保证耐火窗通过 30min（温度 842℃）和 60min（温度 945℃）甚至是更高级别的防火检测，首先要保证作为构成门窗框架结构的框扇型材在高温下不软化、塌陷，可采取以下方法提高型材的耐火完整性。

1）在铝合金框扇型材空腔内添加阻燃棒等防火阻燃材料，见图 8-7。防火阻燃材料如石墨阻燃棒等，在遇火时，吸热膨胀，充满型材腔室，阻止火焰的向背火面传导。

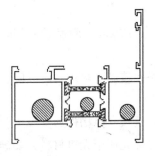

图 8-7 型材空腔填充防火阻燃材料

2）在铝合金框扇型材空腔内灌注阻燃剂、胶凝剂、交联剂等组成的吸热支撑材料提高其耐火完整性，见图 8-8。当遇火时，所填充的材料会迅速膨胀、结硬，形成坚硬的防火胶棒，同时吸收大量的火焰热量，阻止火焰高温向背火面传导，从而延长背火面铝合金窗框的支撑时间。

3）采用在框扇型材内置钢衬的方法提高其耐火完整性，见图 8-9。将钢衬穿入型材腔内，在遇火时，由于穿入型材内钢衬的熔点温度在 1300℃以上而依然能保持原有状态，延长窗框的支撑时间。

4）同时考虑在型材空腔内置钢衬和局部填充吸热支撑材料，增加了门窗整体框架的强度和耐火完整性。

（2）框架结构的耐火设计。

1）框扇构件整体连接。

虽然采取各种措施，增强了铝合金型材的耐火性能，铝合金门窗框扇隔热型材各个单体构件连接成完整的整体，才能从结构上提高整体门窗的耐火性能。因此，应在结构耐火设计时，采取措施将框、扇等各单体构件可靠连接在一起。

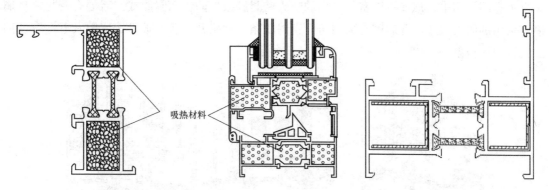

图8-8　型材空腔灌注吸热材料图　　　图8-9　型材空腔填置钢衬图

2）五金件的耐火设计。

五金件的耐火性能及其安装位置对门窗整体的耐火完整性产生重要的影响。门窗框扇之间靠五金进行结构连接，选用耐火性能高的五金件，才能在遇到火焰时，保证框扇间可靠的连接，有效阻止火焰向背火面蔓延。五金件安装在背火面，可以增加耐火完整性的时限。

带有开启扇的耐火窗，应设计有自闭功能的防火锁、防火铰链、闭窗器、热敏元件及自动插销。

3）框扇间密封耐火设计。

门窗开启部分、固定部分及可能接触火焰的部位及间隙，采取防火材料密封，可以保证玻璃安装间隙、框扇开启间隙的封堵效果，不蹿火，起到耐火、防火作用，保持窗体系统的耐火完整性。

4. 玻璃的耐火设计

（1）玻璃的设计。

应选用与门窗耐火级别相匹配的防火玻璃，一般单片非隔热防火玻璃、中空非隔热防火玻璃、复合非隔热防火玻璃。由于不同的防火玻璃对保温隔热性能、采光性能影响较大，因此，选用防火玻璃时还要考虑门窗的其他性能要求。设计时，防火玻璃一般设置在背火面（室内侧）。

（2）玻璃安装结构设计。

基于防火玻璃在火灾中逐步软化变形的动态特征，防火玻璃在安装中须注意以下环节：

1）安装单片防火玻璃时应考虑玻璃产生的热应力，玻璃受热产生弯曲变形应与安装结构协调，避免热应力与机械应力的叠加。

2）在玻璃镶嵌槽口内宜采取耐火钢质构件固定玻璃，该构件应安装在增强型钢主骨架上，防止玻璃受火软化后脱落蹿火，失去耐火完整性。

3）防火玻璃在安装时不应与其他刚性材料在接接触，玻璃与框架之间的间隙应采用柔性阻燃材料填充。

4）玻璃镶嵌密封材料如密封胶条、密封胶等，应采用阻燃或难燃材料。

图 8-10（a）、（b）、（c）分别为框型材腔室内填充防火材料、防火灌注料及加强钢衬耐火窗示意图。图中，玻璃镶嵌密封采用的防火密封胶条、防火密封胶或二者混合密封，玻璃垫块采用的防火垫片，开启密封采用防火密封胶条，框扇开启腔、玻璃镶嵌腔及五金安装部位放置防火板条。

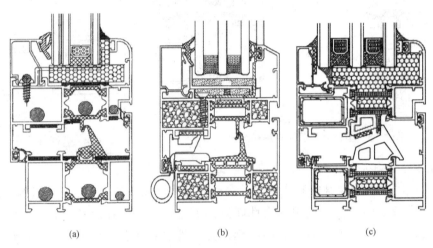

（a）      （b）      （c）

图 8-10 型材空腔填置钢衬图

5. 自闭装置的设计

活动窗要选自动闭窗装置，该装置一般由闭窗器和热敏感元件组成，处于开启状态的耐火窗受火后，热敏元件动作，窗扇失去支撑，在闭窗器的作用下关闭。

防火锁和防火插销。耐火试验时，活动式耐火窗自动关闭后，不允许人为锁闭窗扇，因此完全靠闭窗器的力来保持耐火窗关闭，因此试验中很容易窗扇变形窜火或在热流作用下开启导致不合格。因此选用的防火锁，最后能够在关闭时自动锁闭窗扇，或者在窗扇和窗框上设置自动防火插销，窗扇关闭后可以自动上锁。

# 第9章 铝合金门窗系统设计

## 9.1 系统门窗概述

系统门窗指按照由材料、构造、门窗形式、技术、性能等要素构成的相互关联的技术体系要求生产和安装的建筑门窗。

### 9.1.1 系统门窗技术

系统门窗按其研发设计及生产模式可分为系统门窗技术和系统门窗产品两部分。

1. 系统门窗技术

系统门窗技术指由材料、构造、门窗形式、技术、性能等要素构成的相互关联的技术体系。其中：

（1）材料：包括型材、增强、附件、密封、五金、玻璃等构成门窗的各种原、辅材料。

（2）构造：包括各材料组成的节点构造、角部以及中竖框和中横框连接构造、拼樘构造、安装构造、各材料与构造的装配逻辑关系等构成门窗的所有构造。

（3）门窗形式：包括门窗的材质、功能结构（如形状、尺寸、材质、颜色、开启形式、组合、分格等）及延伸功能结构（如纱窗、遮阳、安全防护、新风及智能开启等）。

（4）技术：包括系统门窗的工程设计规则、加工工艺与工装及安装工法等所有设计、加工及安装方面的技术。

（5）性能：包括安全性、节能性、适用性和耐久性。

安全性主要包括抗风压性能、平面内变形性能、耐火完整性、耐撞击性能、抗风携碎物冲击性能、抗爆炸冲击波性能等；节能性能包括气密性能、保温性能、遮阳性能等；适用性能包括启闭力、水密性能、空气声隔声性能、采光性能、防沙尘性能、耐垂直荷载性能、抗静扭曲性能等；耐久性包括反复启闭性能等。

不同的气候分区、不同地理环境对系统门窗的性能要求不同，因此，系统门窗有其气候及地域适用性。

2. 系统门窗产品

系统门窗产品指按照系统门窗技术要求生产和安装的建筑门窗。

系统门窗将建筑门窗设计分为系统门窗研发设计和系统门窗工程设计两个阶段。第一个阶段系统门窗研发设计,即系统门窗技术供应商采用设计、计算、试制、测试等研发手段,针对不同地域气候环境和用户要求预先研发出一个或数个系统门窗;第二个阶段系统门窗工程设计,即门窗制造商根据具体建筑工程对门窗材质、开启方式、尺寸、颜色、风格、外观、有无纱窗及各项延伸功能的要求,以及对门窗的安全性、适用性、节能性、耐久性等性能要求,在已研发完成的系统门窗的基础上,选择符合建筑工程要求的某系统门窗产品族。然后按照该系统门窗的系统描述,完成系统门窗的开启形式、尺寸、颜色、分格、节点与连接构造的选用设计;抗风压、节能等性能校核以及加工工艺、安装工法的选用设计。

系统门窗能实现按设定性能选用建筑门窗。系统门窗技术研发的对象不是单个的、标准尺寸的门窗,而是设定性能范围的、一个系统门窗产品族。按照相似设计的原理,在系统门窗的研发过程中,通过研发一个产品族中具有最不利性能条件组合的系统门窗的性能,来覆盖同一产品族中其他不同尺寸系统门窗的性能。然后将所研发的系统门窗用图集成软件表达出来。因此,开发商只需根据建筑物对建筑门窗性能指标、材质、开启形式等要求,选择图集中涵盖所要求的性能指标的系统门窗产品族,即可获得满足使用要求的系统门窗。

系统门窗能解决同一地区、同类型建筑工程中,不同尺寸、不同开启形式门窗性能一致性的问题。因为根据所设定的性能范围,系统门窗有明确的工程设计规则,包括能够实现的开启方式、允许的尺寸变化范围、相应的材料和构造的替换规则等。在面对具体建筑工程时,门窗制造商可根据建筑工程对门窗性能和开启形式的要求,按照系统门窗中制定的工程设计规则,选用设计系统门窗的开启方式和尺寸,选择相应的材料和构造,并遵循所规定的加工工艺和工装及安装工法。从而保证了不同开启形式和不同尺寸的门窗的性能都达到设定的要求,并且保证了质量不冗余。

"系统门窗技术"是为设计、制造和安装达到设定性能和质量的建筑门窗,经系统研发而成的由材料、构造、门窗形式、技术这一组要素构成的相互关联的一个技术体系。"系统门窗产品"则是严格按照"系统门窗技术"的要求制造的产品,是有技术支撑和质量保障的门窗产品。

3. 系统门窗技术供应商和系统门窗产品制造商

系统门窗供应商是系统门窗技术研发、材料供应、技术服务的组织者,是"系统门窗(技术)"的供应商。系统门窗供应商研发出一系列的、满足设定性能要求的系统门窗技术,并将它们输出给门窗制造商。同时,它还为门窗制造商提供材料和相应的技术服务。它可以是型材厂、大型且有研发能力的门窗制造商或独立的系统门窗供应商。"系统门窗产品制造商"是门窗产品的制造供应商。

二者的产品不同,系统门窗供应商的"产品"是系统门窗技术;系统门窗产品制造商的"产品"是门窗。二者的客户不同,系统门窗供应商的客户是系统门窗产品制造商;系统门窗产品制造商是最终门窗产品的提供商,服务的客户是建筑门窗的用户。

**4. 门窗产品族**

在密封设计构造相同且开启形式相同或相近的情况下，性能相同或相近的一组门窗。

### 9.1.2　系统门窗的发展

**1. 系统门窗的发展潜力**

（1）房地产市场向买方市场转变后，系统门窗将成重要卖点。

中国房地产行业从起步发展开始，基本就一直属于卖方市场的强势地位，开发商不需要在质量与性能上寻找卖点就能轻松卖出房子。

随着房地产行业逐渐走向买方市场，消费者拥有越来越多的选择权，开始重视能源环境及生活质量和挑剔住宅使用功能，房地产商就需要在住宅的质量与功能上去寻求卖点。建筑门窗作为建筑整体功能的一个重要组成部分，在房屋的使用过程中体现房屋功能及性能起着重要的作用，越来越多的房地产商重视提升门窗的性能与功能，使用系统门窗也将成为房地产商的选择。

（2）随着生活品质的提高和对生存环境的关注，消费者开始重视住宅性能。

门窗作为耐用品的发展历史较短，大多数人对现代建筑门窗性能认识不足，缺乏对门窗性能体验，消费者意识形态中高质量门窗就等于高性能的门窗。

高质量材料组成的门窗产品的质量、性能不一定达到最优状态，但高性能的系统门窗产品一定是质量上乘、性能一流。

随着生活质量的不断提高，人们对赖以生存的环境越来越关注，消费意识也发生了重大改变，对住宅质量与性能有了明确要求，建筑门窗的节能性、安全性、隔音降噪、遮阳、舒适度、耐用性越来越多地受到重视，在购买建筑门窗产品时除了注重门窗明显部位如型材、玻璃、配件等的质量外，也注重这些门窗部件组合后一个综合性能的实现。

当消费者开始为性能买单时，得到消费者认可的系统门窗将迎来巨大市场空间，发展将前景将越来越广阔。

（3）复杂气候条件为系统门窗在我国提供了广阔的成长空间。

我国地域辽阔，气候差异大，严寒地区冬夏温差 70℃ 以上、冬季室内外温差 50℃ 以上，建筑节能设计标准不是完全按照各地区人们生活习惯差异制定，而是按照不同气候条件下应达到节能标准要求的门窗平均传热系数制定。门窗性能的实现除了需要因地而异采用不同节能技术指标外，还要考虑一些特殊的气候条件，如南方及沿海地区炎热多雨多台风，门窗更应注重水密性、抗风压能力以及遮阳性能；西部地区多风沙，门窗更应注重气密性、防尘功能；东北及北方严寒寒冷地区，门窗应着重于保温隔热性能。因此不同地区需要不同侧重功能的系统门窗。

（4）逐渐完善的建筑节能标准与建筑节能的推广实施，将使得系统门窗受到重视。

节能减排、建设低碳社会使我国在建筑节能推广方面采取了前所未有的力度，除了立法强制要求外，还通过完善建筑节能标准与建立建筑能效测评与标识大力推广节能。

未来，建筑节能必然会成为房地产市场重要的竞争手段之一，将建筑节能科学准确量化并以信息标识明示，供市场直接识别。它可以促使建设商将建筑物是否节能作为一种市场营销技术性指标,并通过认证取得如下效果:量化节能标准、节约能源、指导消费者。

建筑门窗节能性能标识就是将反映建筑门窗用能系统效率或能源消耗量等热性能指标以信息标识的形式进行明示。业主在购房时希望了解居室的冷热情况,会把建筑门窗热性能指标作为重要参考。也就是说,建筑门窗能耗标识会引导购房者买到节能建筑。

2. 门窗企业的发展方向

促进我国建筑门窗技术升级的动力将使系统门窗会离我们越来越近,并逐渐走进我们的生活。

(1)系统门窗公司的价值体现。

1)门窗制造企业进入系统门窗领域,有三个途径:

①自己独立开发系统门窗。独立开发就意味着需要花费高昂的资金成本去建试验室,做系统门窗相应的试验、测试、认证,而且绝大部分门窗企业现在普遍规模较小,独立开发系统门窗长期的高成本运作是否有足够的利润保证企业能持续研发与维护系统运转。

②加盟大型系统门窗公司。应对当前快速形成的系统门窗市场需求较好的办法就是门窗企业加盟大型系统门窗公司以较短的时间成本获得成熟的系统门窗技术,借助系统公司较大的品牌影响力和系统产品形成更强的市场竞争力,获得高附加值订单,并能快速占领系统门窗市场,通过与品牌系统公司合作获得更强的市场议价能力。

一旦门窗企业加盟系统公司形成规模化发展之后,系统门窗市场将形成较强的整合效应,也更有助于中国的系统公司的崛起。

③"共享"系统门窗。在这个"共享"经济时代,对于绝大多数建筑门窗企业,特别是广大中小企业,"没有研发能力"、"技术力量不足",走"共享"之路,抱团发展之路,即技术共享、生产共享、供应共享。

技术共享即"共享技术"或叫"共享工程师"。根据生产需求,联合研发设计出适应市场需求的通用型系统门窗技术,授权给型材生产企业加工生产通过型系统门窗型材,研发配套玻璃、五金件、密封材料等。技术可靠,型材稳定,定制辅助配件。

生产共享即"共享生产线"或叫"共享工艺"。针对通用系统门窗技术,研发设计专门的加工工艺及安装工艺,授权给门窗生产企业,进行加工、安装。工艺稳定、质量稳定,性能稳定。

供应共享即"共享供应链"。通过选配与研发系统门窗技术配套的原辅材料生产企业,供应企业相对集中,利于降低成本,利于门窗生产企业集中采购。

通过"共享",利于技术研发力量薄弱的中小型材生产企业及中小门窗生产企业共享设计技术、生产工艺及原材料的统一供应;利于设计部门、地产开发商对系统门窗的统一认知;利于系统门窗产品的统一规格、型号。

2)随着建筑门窗节能性能标识的推广,系统公司取得的各种性能认证更容易获得客户认可与满足客户需求。

建筑门窗节能性能标识将建筑门窗用能系统效率或能源消耗量等热性能指标以信息标识的形式进行明示,供市场直接识别。消费者在购置房产时希望了解居室的冷热情况,会把建筑门窗热性能指标作为重要参考。

系统公司取得的各种性能认证有助于门窗企业为消费者量化节能标准、节约能源，指导消费者购买到真正的高性能的系统门窗产品。

（2）型材是国内系统公司产生增值效应的重要环节。

当系统公司的价值得到充分体现之后，国内系统公司也将迎来快速发展时期。型材作为建筑门窗的"集成系统"，真正的节能系统门窗与这个"集成系统"的设计与选择息息相关。因此，型材成为系统厂商产生增值效应的重要环节。

国外系统公司旭格、阿鲁克除了通过型材断面的开发与设计获取增值效应外，还利用独特系统门窗技术单独开发配件槽口，客户必须使用其专用配件，在配件上获得特有的附加值。国内系统公司模仿国外部分系统公司单独开发配件槽口并不现实，单独开发配件槽口就意味着要选用专业厂商为其生产独特配件，在市场不够大的情况下将带来大量配件的研发与维护成本。

国内系统公司最可能实现增值的环节就是型材的设计与断面选择。如果门窗企业使用了他们的型材设计与断面专利，门窗企业在系统门窗型材上增加的部分成本却能凭借其带来的高性能获得更高的溢价。系统公司也能凭借型材的溢价增值部分支撑整个系统良性运营。

（3）系统门窗时代门窗企业的发展。

我国系统门窗技术起步较晚。我国建筑门窗行业高速发展的这些年来，行业内的企业更注重的是分工，缺少了相互之间的协作。型材企业只注重型材的质量与性能，配件企业只着重配件的质量与功能，玻璃企业也是注重玻璃的质量与性能，设备企业更只是注重设备的质量与产能。很少有企业从加工工艺、加工设备及型材、玻璃、配件、密封材料等内在性能关联与安装工法上去系统研发设计、生产、安装系统门窗。

系统门窗需要考虑加工工艺、设备、型材、配件、玻璃、密封等及包括安装工法各环节性能的综合结果，需要做大量的包括水密性、气密性、抗风压、机械力学强度、隔热、隔声、防盗、遮阳、耐候性、操作等一系列功能测试与认证，通过系统的完美有机组合，最终才能形成高性价比的系统门窗。

目前，国内大多数门窗企业还主要是以加工安装为主。真正主宰中国门窗市场，以设计生产制造为主的还是市场上众多大型铝型材企业。对于广大中小门窗生产企业如何才能在这个系统门窗时代生存发展。

规模化是门窗企业发展方向。中国门窗市场存在着企业规模小、数量多的特点，是一个典型的"碎片市场"。未来随着房地产行业整合效应加剧，大型房地产商占有的市场比例越来越大，规模效应越来越明显，当它达到一定的规模后，在需求客户合作时是越来越倾向讲究门当户对，这些企业将非常希望和跟规模大的信誉有保证的门窗企业合作。

随着房地产格局变化，建筑节能减排、低碳社会已成为世界的共识，社会经济的发展促进人们在生活品质上有越来越多的时候，系统门窗离我们的生活越来越近。

如果我们将门窗作为一个工业化生产的整体性产品，所有门窗都会经过前述系统门窗全生命周期的过程（如目标定位、设计、制造、认证、安装、使用和维护的完整过程），因而也就不存在系统门窗和非系统门窗之别。

在国外，特别是欧美、日本、澳大利亚等国家，门窗都是系统门窗。如德国的旭格、海德鲁、霍克，意大利的阿鲁克和尔吉其，日本的 YKK 等门窗就是按系统门窗的理念设计、制造、检验检测、认证和使用的，是具有世界影响力的门窗知名品牌。

随着我国建筑门窗行业的发展，中国建筑系统门窗也得到了较快发展，涌现出了一批有实力的系统门窗品牌。如广东的贝克洛、希洛，沈阳的乐道、正典，北京的木兰之窗，河北的墨瑟等。

我国建筑门窗行业的发展经历了引进、消化、吸收和再创新的历程，在人才培养、技术创新、经营管理和工程实践等方面都取得了辉煌的发展成就。未来几年，中国建筑门窗行业还将继续保持稳步增长的态势。在未来的发展过程中，建筑门窗技术将以倡导节能环保与追求绿色建筑、满足用户个性化需求、提高产品质量和性能、体现建筑主体风格和提供健康舒适室内空间为主要特点，建筑门窗新材料、新技术、新装备等关键前沿技术将取得更大突破，中国建筑门窗行业及相关行业在主要技术领域将达到国际先进水平。

## 9.2 铝系统门窗方案设计

### 9.2.1 总体方案设计

1. 产品类别设计

系统门窗的产品类别设计，首先是根据系统在目标区域的定位，对系统窗、门系统进行总体设计，系统窗应确定框材质、玻璃；门系统应确定是否有框及有框时的材质，非玻璃门应确定面板的材质。

目前，我国建筑门窗市场主要有工程门窗市场和定制门窗市场，相应的门窗分为工程门窗和定制门窗。工程门窗则指门窗应用于建筑工程，包括民用建筑和公共建筑及工业建筑；定制门窗则应用于家装市场，主要是民用建筑的既有门窗改造及部分高档建筑的工程升级替换。

（1）工程门窗。工程门窗指面向于建筑工程门窗市场。特点是批量生产，接触的对象是地产开发商。

（2）定制门窗。定制门窗市场则直面家装市场，主要是民用建筑门窗。特点是量少规格多。

（3）材质选择。门窗是长期暴露在外的建筑配套产品，我国地域辽阔、气候复杂，有些地区常年处在气候恶劣条件下，门窗长期处在自然环境不利的条件下，如：太阳暴晒、酸雨侵蚀、风沙等。因此，要求门窗使用的型材、玻璃、密封材料、五金配件等要有良好的耐候性和使用耐久性。

选择系统门窗框材质，可以考虑以下几方面因素：

1）气候特点。不同的气候特点，影响当地人们对门窗框材质的使用习惯。

2）性能要求。不同的门窗材质，其制成的门窗性能影响较大。

3）加工制作。不同材质的门窗，其加工工艺大不相同。

4）成本考虑。不同材质的门窗，其产品成本差距较大，影响选择。

**2. 产品族设计**

系统门窗产品族的设计应根据目标区域气候特点、产品性能及使用习惯，以开启方式确定系统门窗的产品族。

不同的地域气候特点，影响着人们对门窗的开启方式选择，且对门窗的性能影响较大。如华南地区，台风频发，人们对水密性能要求较高，因此，门窗多选用外平开为主；北方地区，台风较少，人们习惯选择节能性能较好的内平开为主；公共建筑，如学校等从安全角度选择推拉窗较多。

**3. 产品系列设计**

系统门窗的产品系列设计，应根据目标区域物理性能要求，确定系统门窗的产品系列。对于同一材质的门窗型材，产品性能随产品系列的增大而增强。对于特定的物理性能要求，产品系列往往起着重要的影响。如对于低能耗甚至超低能耗建筑节能门窗，其产品系列的大小对门窗整体性能则起着决定性的影响。

**4. 总体结构设计框图**

系统门窗结构框图如图9-1所示。首先确定门窗的开启方式，然后确定五金槽口，最后确定门窗结构设计方案。在此基础上，配以玻璃方案设计及密封方案设计方案，就构成系统门窗总体设计框架方案。

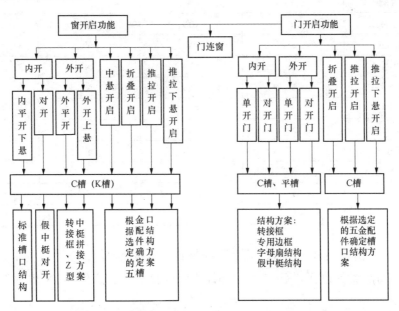

图9-1 系统门窗结构设计框图

## 9.2.2 子系统方案设计

系统门窗子系统方案设计包括型材、玻璃、五金及密封子系统设计。子系统应根据总体方案设计要求、目标区域产品物理性能要求综合考虑确定，外门窗系统应重点考虑抗风压性能、热工性能要求。构成门窗各部分之间是相互关联的，因此，设计门窗子系统时还要考虑其对门窗整体性能的影响。建筑门窗性能与子系统相关性见表9-1。

**表 9-1** 建筑门窗性能与子系统相关性

| 项目 | 子系统 | | | |
|---|---|---|---|---|
| | 型材 | 面板 | 五金 | 密封 |
| 抗风压性能 | Y | Y | (Y) | (Y) |
| 平面内变形性能 | Y | (Y) | (Y) | N |
| 耐撞击性能 | (Y) | Y | (Y) | N |
| 抗风携碎物冲击性能 | (Y) | Y | (Y) | N |
| 抗爆炸冲击波性能 | Y | Y | Y | N |
| 耐火完整性 | Y | Y | (Y) | (Y) |
| 气密性能 | (Y) | N | (Y) | Y |
| 保温性能 | (Y) | Y | (Y) | (Y) |
| 遮阳性能 | N | Y | N | N |
| 启闭力 | (Y) | (Y) | Y | (Y) |
| 水密性能 | (Y) | N | (Y) | Y |
| 空气声隔声性能 | (Y) | Y | (Y) | (Y) |
| 采光性能 | N | Y | N | N |
| 防沙尘性能 | (Y) | N | Y | Y |
| 耐垂直荷载性能 | Y | (Y) | Y | N |
| 抗静扭曲性能 | Y | (Y) | Y | N |
| 抗扭曲变形性能 | Y | (Y) | N | N |
| 抗对角线变形性能 | Y | (Y) | N | N |
| 抗大力关闭性能 | Y | (Y) | Y | N |
| 开启限位 | N | (Y) | Y | N |
| 撑挡试验 | N | (Y) | Y | N |
| 反复启闭性能 | (Y) | (Y) | Y | (Y) |
| 防侵入性能 | (Y) | Y | Y | (Y) |
| 耐候性能 | (Y) | (Y) | | (Y) |

表 9-1 中列出了型材、面板、五金及密封四个子系统对门窗各个性能的影响程度,Y表示部件改变导致性能改变,(Y) 表示部件改变可能导致性能改变,N 表示部件改变不导致性能改变。

各子系统部件中,导致门窗性能改变的关键因素有:

(1) 型材:弹性模量、导热系数、密度、断面形状、尺寸、拼接方式及通风构造;

(2) 面板:类型、质量、表面处理、空气层、填充气体、安装及密封;

(3) 五金:锁点数量、位置及固定方式;

(4) 密封:材质、数量(如外门的三面密封与四面密封)。

1. 型材子系统设计

型材子系统设计应满足系统门窗气密性能、水密性能、抗风压性能、保温性能、力学性能、耐久性能要求，综合考虑主型材以及增强型材的强度、刚度、热工、排水、密封、连接、加工工艺、美观、装配、安装及其对性能的影响，型材子系统设计包括主型材（框、扇、中竖框和中横框等）和辅助型材（玻璃压条、转接和拼接型材）等。

主型材的断面设计是系统门窗方案设计的关键环节。应综合考虑主型材以及增强型材的强度、刚性、传热、采光、排水、密封、连接、成型工艺，门窗加工工艺、美观、安装构造和设定性能，以及五金件、密封胶条、玻璃的安装，及其对性能的影响，设计主型材如框、扇、中竖框和中横框、转接、拼接型材的结构尺寸（如系列、型腔结构、几道密封、功能槽、五金槽口、玻璃等面板腔尺寸、与墙体的安装等）和节点构造（搭接量）等。

型材子系统设计的基本原则：

（1）型材槽口结构尺寸确立。

（2）型材断面符合相关国家标准及设计要求。

（3）经济耐用，工艺合理。

（4）结构稳定，符合门窗力学稳定性要求。

（5）连接结构可靠、技术合理、工艺可行。

2. 五金子系统设计

五金子系统设计应满足系统门窗的功能、性能要求，包括不同开启形式的五金配置，五金安装数量和位置，五金子系统承重能力及适用的开启扇的宽高尺寸等。

五金子系统应符合系统门窗产品族接口尺寸，并应满足系统门窗的功能、性能和质量要求。五金子系统供应商应向系统门窗供应商提供所设计的、符合该系统门窗产品族接口尺寸的、并满足其功能、性能和质量要求的产品。

五金子系统设计包括适用于不同开启形式、不同接口尺寸的槽口标准、不同中心距、框扇搭接量、合页间距（合页通道尺寸）、不同窗扇尺寸、不同承重能力及非标定制的五金子系统及其附件。

五金子系统设计基本原则：

（1）槽口型式设计。五金子系统设计，根据门窗的形式及材质类型确定选用的槽口形式。

（2）确定开放系统还是封闭系统。

（3）结构可靠，满足连接强度及承载要求。

（4）功能合理，满足系统功能设计要求。

（5）配合尺寸符合标准及装配要求。

3. 玻璃子系统设计

玻璃子系统设计应满足强度、刚度及光学热工性能要求，包括玻璃配置、厚度、重量、面密度、颜色、可见光透射比、紫外线透射比、太阳能总透射比（太阳得热系数）、遮阳系数、传热系数、综合隔声量；同时还应考虑玻璃装配构造，如装配间隙尺寸，玻璃与框密封方式，垫块材质、规格、硬度、位置和数量等。

玻璃子系统设计包括中空玻璃、真空玻璃及其复合玻璃等玻璃子系统的设计，并包括组成中空玻璃的单片玻璃、夹层玻璃及间隔层设计。

玻璃子系统设计基本原则:

(1) 结构合理,玻璃强度设计满足标准要求。

(2) 节能设计应满足系统节能性能要求。

(3) 隔声设计应满足系统隔声性能要求。

(4) 安全设计符合相关标准要求。

(5) 光学性能合理。

4.密封子系统设计

密封子系统设计应满足系统门窗的功能、性能和质量要求,包括材质、截面形状、自由状态和工作状态尺寸、连接构造等。

密封子系统设计包括不同材质、不同断面形状、不同自由状态和压缩后尺寸、不同角部连接构造、不同密封程度及特殊构造性能等密封子系统。

密封子系统设计基本原则:

(1) 尺寸设计符合相关标准规定及槽口设计要求。

(2) 适用不同密封功能设计要求。

(3) 软硬复合设计,利于提高密封性能。

(4) 选用性能稳定的材质满足使用耐久性要求。

(5) 节能构造设计满足系统节能设计要求。

### 9.2.3 性能化设计

性能化设计系统门窗是以建筑室内环境参数和规范设计参数为性能目标,利用模拟计算工具,对系统门窗设计方案进行逐步优化,最终达到系统门窗预定性能目标要求的设计过程。

1.性能参数设计

建筑节能设计的目标就是使得居住在其中的人们能够有一个健康、舒适的室内环境。因此,室内环境参数的设计是室内环境参数达到程度的关键。

根据国内外有关标准和文献的研究成果,当人体衣着适宜且处于安静状态时,室内温度20℃比较舒适,18℃无冷感,15℃是产生明显冷感的温度界限。冬季热舒适 ($-1 \leqslant PMV \leqslant 1$) 对应的温度范围为:18~24℃。基于节能和舒适的原则,本着提高生活质量、满足室内舒适度的条件下尽量节能,将冬季室内供暖温度设定为20℃,在北方集中供暖室内温度18℃的基础上调高2℃。

(1) 低能耗建筑。

已经实施的《严寒和寒冷地区居住建筑节能设计标准》(JGJ 26—2018),其设计目标为75%节能率,相对于2016年国家建筑节能设计标准,其能耗降低30%,属于"低能耗建筑"标准。在JGJ 26—2018标准中,将冬季供暖室内温度设定为18℃,处于冬季热舒适温度范围的下限,能够保证基本的室内热环境要求。

(2) 超低能耗建筑。

适应气候特征和场地条件,通过被动式建筑设计,在2016年建筑节能设计标准的基础

上，建筑节能设计标准降低 50％以上的建筑称为"超低能耗建筑"，建筑节能设计标准降低
60％～75％以上的称为"近零能耗建筑"，实现再生能源与大于或等于建筑用能的建筑称为
"零能耗建筑"。

三种能耗建筑的室内环境参数要求相同，室内热湿环境参数为：冬季，温度≥20℃，湿
度≥30％；夏季，温度≤26℃，湿度≤60％。居住建筑室内噪声昼间不大于 40dB（A），夜
间不大于 30dB（A）。公共建筑室内噪声均应符合《民用建筑隔声设计规范》（GB 50118—
2010）中允许噪声级的高标准要求。

2. 技术设计指标要求

技术设计指标要求即标准规范设计要求，是相关建筑节能标准对建筑门窗的节能指标要
求，包括外门窗的传热系数（K）、太阳得热系数（SHGC）、气密性能等。

技术设计指标参数来自相关标准规范的要求，系统门窗的性能设计应符合国家建筑节能
设计标准及地方标准的要求。

3. 性能化设计程序

（1）设定室内环境参数。

（2）制定设计方案。

（3）利用模拟计算软件等工具进行设计方案的定量分析及优化。

（4）制定加工工艺和工装。

（5）试制产品并进行性能测试、优化，直至满足目标设计要求。

（6）确定优选设计方案。

（7）制定工程设计规则。

（8）制定安装工艺。

（9）技术总结。

外门窗是影响建筑节能效果的关键部件，其影响能耗的性能参数主要包括传热系数（K
值）、太阳得热系数（SHGC 值）以及气密性能。影响外窗节能性能的主要因素有玻璃层
数、Low-E 膜层、填充气体、边部密封、型材材质和截面设计及门窗开启方式等。

性能化设计是以定量分析及优化为核心，进行系统门窗组成要素的关键参数对门窗性能
的影响分析，在此基础上，结合门窗的经济效益分析，进行技术措施和性能参数的优化。

### 9.2.4 型材设计

型材的断面设计是型材设计的重要内容之一。型材断面设计，应在确定方案设计的基础
上进行。性能化设计有助于通过定量分析与优化确定方案设计，快速确定型材的热工性能要
求，在此基础上构筑型材的截面尺寸。

型材设计包括型材断面设计、隔热设计和主体型材的结构设计。

1. 断面设计

型材断面的设计首先要保证有良好的使用性能，同时也要有较好的制造工艺性。

（1）型材断面设计基本原则。

1）尺寸设计符合相关国家标准及设计要求。型材的各部位尺寸设计应符合标准要求，

主要受力部位尺寸还应满足设计计算要求;尺寸设计公差还应满足标准要求,五金槽口尺寸设计公差应满足五金装配要求,密封胶条槽口尺寸、玻璃镶嵌槽口尺寸应满足装配要求;

2)结构稳定,符合门窗力学稳定性要求。铝合金型材断面的结构设计主要是针对门窗所受荷载的部位按照门窗设计标准要求确定型材断面惯性矩,保证型材有足够惯性矩,抵抗因结构尺寸、安装的玻璃自重荷载及所受的风荷载等外部载荷引起的门窗框扇的变形,从而保证门窗的基本结构强度。

3)经济性要求。型材的断面设计应保证性能要求的前提下,降低材料及工艺制造成本。

4)功能配合要求。隔热型材要考虑型材的断热设计与隔热性能配合要求,给五金件留出合理的安装空间和配合结构。

5)组装工艺要求。型材断面设计时要根据型材种类考虑到组装工艺可行性。不同的组装工艺,连接件不同,有铸铝、挤压铝连接件,对于型材的异型腔体设计,更适合铸铝连接件等。

6)挤压工艺要求。铝合金型材设计完成后,需要型材生产企业开模挤压成型,因此,型材断面设计时对于圆、弧、槽口等断面细节处理应考虑型材挤压工艺要求的可行性。

(2)五金及附件槽口设计。

门窗配套件槽口是指门窗型材在设计、生产过程中,为了使门窗能够达到预先设定的功能要求而预留的与其他配套材料的配合槽口,包括型材与五金件配合槽口、型材与密封胶条配合槽口及型材玻璃镶嵌槽口等。

1)五金槽口设计时应遵循五金槽口尺寸要求,标准要求的尺寸偏差均为五金安装要求的净尺寸,断面设计要特别考虑不同的涂层处理带来的尺寸增加。

2)胶条与型材组合一般有穿入式和压入式两种方式。为了使二者较好配合,胶条同型材配合的端部形式与尺寸的设计非常关键。对于压入式胶条的设计,要充分利用橡胶的特有弹性来达到胶条与型材合适的配合。

(3)造型美观要求。

断面设计在满足强度及功能要求的前提下应体现优美的造型,使窗立面显得线条流畅、美观大方,同时在满足各项物理力学性能的前提下,通过减少型材宽度和厚度,以提高透光率、降低成本。

2. 隔热设计

铝合金型材隔热性能关键取决于隔热材料的尺寸与形状。型材的隔热能力随隔热材料的厚度尺寸增大而增强。隔热腔设计应遵循多腔设计原则,增加腔室设置主要目的是阻隔热能的对流和辐射传递,因此,采用导热系数低的隔热材料填充隔热腔也是提高隔热能力的有效方式。型材的隔热设计还要考虑型材装配后组成的开启、固定构造节点的系统性隔热设计,并应遵循等温设计原则。

3. 结构设计

铝合金型材结构设计包括装配结构设计和连接结构设计。

(1)装配结构设计。

1)五金槽口装配设计。槽口的装配结构设计应与门窗的开启方式相匹配,门窗不同的开启方式,五金装配结构设计不同,其装配尺寸要求也不同。

2）配套功能装配设计。结构设计时应考虑配套功能的装配尺寸。

3）框扇装配设计（见图9-2）。首先满足五金装配尺寸要求；其次需满足框扇搭接及密封胶条配合尺寸要求。

4）玻璃槽口装配设计。根据框扇玻璃装配槽口尺寸及玻璃系统尺寸要求，设计压条及密封胶条；玻璃装配尺寸还应符合相关标准要求；压条的断面设计及安装方式应考虑所承受的荷载要求。

（2）连接结构设计。

连接结构设计包括拼樘连接、角部连接、中梃连接、假中梃、Z型中梃及子母扇结构等。

1）拼樘连接。按连接方式可分为硬连接和柔性连接。

硬连接是门窗尺寸常见的连接方式，见图9-3，柔性软连接，是条形窗或带形窗常见的连接方式，见图9-4。

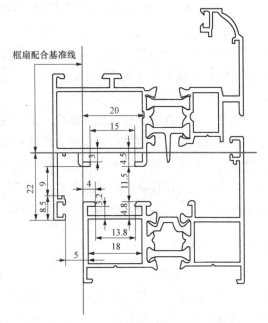

图9-2　C槽五金框扇装配示意图

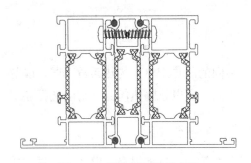

图9-3　拼接硬连接示意图

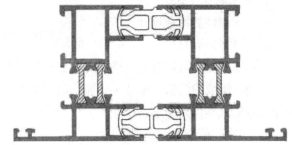

图9-4　拼接软连接示意图

2）角部连接。常见连接方式有螺钉连接、铆接、销钉连接、活动角码连接。

螺钉连接方式常见于推拉门窗，这种角部连接方式对型材形位公差和型材端面加工精度要求较高，组装方便，但连接部位易渗水。

铆压挤角是目前铝合金门窗最常见的组角连接方式，加工方便，适合批量生产，对角部加工设备精度要求较高，组角后受力稳定。

销钉组角也是门窗组角的常见组角方式。组角时，通过销钉将角码与型材固定连接销钉组角加工工艺方便，适合现场组装要求；角部受力强度高、稳定性好；销钉孔位加工精度要求高；加工成本高。销钉组角工艺与挤组角一样，组角时需要通过专用注胶孔注胶。

活动角码组角为通过螺丝将两片角码连接在一起。因活动角码的特殊构造，组角时无法注胶，造成角部受力变形性能与注胶组角方式相比较差。活动角码组角加工方便、简捷，但操作过程要求高,受力不稳定,角部易渗水。

3)中梃连接。中梃连接方式有榫接、螺接、角铝连接、销钉加连接件等。

螺钉连接目前国内很多铝合金门窗 T 型、十型连接时采用的组装工艺。框梃型材设计时设计定位丝孔,组装时将梃型材端铣,通过螺丝连接固定;十字连接时采用螺丝+连接件连接。螺丝连接工艺连接强度中,成本低,结构简单,加工效率高,但对端铣加工精度要求高,接缝处易漏水,工艺技术水平低。

销钉+连接件(螺栓或顶丝固定)是目前比较先进的 T 和十型连接工艺。销钉用于固定连接件与框梃,连接件的固定则有螺栓和顶丝两种方式。连接件采用螺栓固定的连接工艺特点是专用连接,销钉+注胶工艺,销钉孔加工精度要求较高,受力稳定,强度高,工艺复杂,成本高;连接件采用顶丝固定的连接工艺特点是结构稳定,连接强度高,安装灵活,适合现场操作,工艺复杂,成本高,适合做较大分格的窗型。

## 9.2.5 构造设计

1. 连接构造设计

连接构造设计主要是型材连接以及框扇与五金或玻璃的连接。连接构造设计应在已确定的主型材及节点构造的基础上,对型材的角部连接、中横框和中竖框连接构造和玻璃安装构造进行设计。设计内容包括专用附件如角码、中横框和中竖框连接件、玻璃垫块、角部增强快、胶角等,以实现连接构造的强度、密封性和组装工艺的快捷方便性。

2. 热工构造设计

(1)保温性能构造设计。

1)采用隔热型材。

采用隔热型材可以有效降低门窗框的传热系数。不同的隔热型材,传热系数不同,隔热效果不同,组成的门窗节能效果不同,门窗的造价也不同。所以,隔热门窗型材的选择还要满足门窗的成本预算要求。

2)利用"等温线"原理设计。

对于节能门窗框扇组成的开启腔及镶嵌玻璃的固定腔部分,应采用多腔设计,冷暖腔体独立,气密、水密腔室分隔,并做空腔密封处理。采用等温线原理,使得传热各部件等温线尽量设计在一条直线上。

3)镀膜中空玻璃或中空真空复合玻璃。

采用镀膜中空玻璃可以根据要求有效调控玻璃的热工参数,同样的中空玻璃如果采用暖边设计或填充惰性气体可以更好地降低玻璃的传热系数。对于要求传热系数更低的玻璃,可采用由真空玻璃和中空玻璃组成复合玻璃。

4)提高门窗的气密性能。

提高门窗的气密性能可减少空气渗透而产生的热量损失,因此,采用密封性能更好地平开门窗,并通过增加中间密封胶条的三密封结构,极大地提高门窗的气密性能。

5)采用双重门窗设计。

采用带有风雨门窗的双重门窗可以更加有效地提高门窗的保温性能。

6）门窗框与洞口之间安装缝隙密封保温处理。

门窗框与安装洞口之间的安装缝隙应进行妥善的密封保温处理，以防止由此造成的热量损失。

以上这些措施，应根据不同地区建筑气候的差别和保温性能的不同具体要求，综合考虑，合理采用。

（2）隔热性能构造设计。

1）设置隔热效果好的窗外遮蔽。

在窗口无建筑外遮阳的情况下，降低外窗遮阳系数应优先采用窗户系统本身的外遮阳装置如外卷帘窗、外百叶窗等。

2）采用窗户的内遮阳。

采用窗户系统本身的内置遮阳如中空玻璃内置百叶、卷帘等，可以同时起到外装美观和保护内遮阳装置的双重效果。

3）采取遮阳系数小的玻璃。

单层着色玻璃（吸热玻璃）和阳光控制镀膜玻璃（热反射玻璃）有一定的隔热效果；阳光控制镀膜玻璃和着色玻璃组成的中空玻璃隔热效果更好；阳光控制低辐射镀膜玻璃（遮阳型 Low-E 玻璃）与透明玻璃组成的中空玻璃隔热效果很好。

以上各种遮阳措施应根据外窗遮阳隔热和建筑装饰要求，并考虑经济成本而适当采用。

### 3. 气密性能构造设计

外门窗气密性能构造设计的关键是要合理设计门窗缝隙断面尺寸与几何形状，以提高门窗缝隙的空气渗透阻力。应采用耐久性好并具有良好弹性的密封胶或密封胶条进行玻璃镶嵌密封和框扇之间的密封，以保证良好、长期的密封效果。不宜采用性能低、弹性差、易老化的改性 PVC 塑料胶条，而应采用合成橡胶类的三元乙丙橡胶、氯丁橡胶、硅橡胶等热塑性弹性密封条。门窗杆件间的装配缝隙以及五金件的装配间隙也应进行妥善密封处理。

### 4. 水密性能构造设计

水密性能构造设计是门窗产品设计对工程水密性能设计指标的具体实现。合理设计门窗的结构，采取有效的结构防水和密封防水措施，是水密性能达到设计要求的保证。

（1）选用合理的门窗形式。一般来说平开型门窗水密性能要优于普通推拉门窗。因此，对于要求有较高水密性能的场所，应采用平开型门窗。

（2）利用等压原理设计。

对于利用等压原理进行水密性能设计的框扇外道密封胶条的设置，一般遵循如下原则：

1）对于沿海台风较多地区，宜装设外道密封胶条，同时增加阻水檐口，可以阻止大量雨水的涌入致使排水不及，应在适当部位开启气压平衡孔。

2）对于风沙较多地区，外道密封胶条宜装设，同时增加阻水檐口，可以防止因大量沙尘进入而阻塞排水通道，应在适当部位开启气压平衡孔。

3）对于其他地区可以不装设外道密封胶条，但应增加阻水檐口，留出的缝隙可以作为等压腔与室外连接的气压平衡通道。

根据水密设计的等压原理可以知道,对于内平开门窗和固定门窗,可以沿固定部分门窗玻璃的镶嵌槽空间以及开启扇的框与扇配合空间,进行压力平衡的防水设计。

对于不宜采用等压原理及压力平衡设计的外门窗结构,如有的固定窗,应采用密封胶阻止水进入的密封防水措施。

而对于采用密封毛条密封的推拉窗也不宜采用等压原理,主要是通过合理设计门窗下滑的截面尺寸,特别是下框室内侧翼缘挡水板的高度,其次是排水孔的合理设计、下滑的密封设计等达到要求。

(3) 提高结构设计刚度。外门窗在强风暴雨时所承受的风压比较大,因此,提高门窗受力杆件的刚度,可减少因受力杆件变形引起的框扇相对变形和破坏防水设计的压力平衡。可采用截面刚性好的型材,采用多点锁紧装置,采用多道密封以实现多腔减压和挡水。

(4) 连接部位密封。铝合金门窗框、扇杆件连接多采用机械连接装配,在型材组装部位和五金附件装配部位均会有装配缝隙,因此,应采用合理的组装工艺和防水密封型螺钉等密封措施。

(5) 墙体洞口密封。门窗水密性能的高低,除了与门窗本身的构造设计和制造质量有关外,门窗框与洞口墙体安装间隙的防水密封处理也至关重要,应注意完善其结合部位的防、排水构造设计。

5. 隔声性能构造设计

门窗的隔声性能主要取决于占门窗面积 70%～80% 的玻璃的隔声效果。提高门窗隔声性能最直接有效的方法就是采用隔声性能良好的中空玻璃或夹层玻璃。采用不同厚度的玻璃组合,以避免共振,得到更好的隔声效果。门窗玻璃镶嵌缝隙及框、扇开启缝隙,也是影响门窗隔声性能的重要环节。采用耐久性好的密封胶和弹性密封胶条进行门窗密封,是保证门窗隔声效果的必要措施。对于有更高隔声性能要求的门窗也可采用双层系统门窗。

6. 采光性能构造设计

建筑外窗采光性能构造设计宜采取下列措施:

(1) 窗的立面设计尽可能减少窗的框架与整窗的面积比。减少窗的框、扇架构与整窗的面积比就是减小了窗结构的挡光折减系数。

(2) 按门窗采光性能要求合理选配玻璃或设置遮阳窗帘。窗玻璃的可见光透射比应满足整窗的透光折减系数要求,选用容易清洗的玻璃,有利于减小窗玻璃污染折减系数。

(3) 窗立面分格的开启形式满足窗户日常清洗的方便性。窗立面分格的开启形式设计,应使整樘窗的可开启部分和固定部分都方便人们对窗户的日常清洗,不应有无法操作的"死角"。

7. 安装节点构造设计

建筑门窗安装节点构造设计应采取下列措施:

(1) 外门窗安装方式应根据墙体的构造方式进行优化设计,优化原则是等温线设计,即门窗等温线与建筑墙体等温线形成连续。

当没有条件进行优化计算时,一般遵循下列原则:

1) 普通外墙保温设计时,门窗宜沿墙外侧安装方式;

2）外墙夹心保温，外窗宜采用沿墙中偏外安装方式；

3）内墙保温，外窗宜采用沿墙内侧安装方式；

4）对于超低能耗建筑外保温系统，外窗应整体沿外墙外挂式安装，框内表面宜与基层墙体外表面齐平。

（2）外门窗外表面与基层墙体的连接处宜采用防水透气材料密封，门窗内表面与基层墙体的连接处应采用气密性材料密封。

（3）窗户外遮阳设计应与主体建筑结构可靠连接，连接件与基层墙体之间应采取阻断热桥的处理措施。

## 9.2.6　方案设计结果

1．方案设计结果

总体方案设计完成后，其结果应包括：设定门窗形式的门窗图纸，门窗框架用主型材及增强方式的断面图纸。节点构造、连接构造及附件的图纸，所设计的密封、五金、玻璃各子系统的系列品种、型号、规格等。

2．材料、构造和门窗形式的方案图纸研发设计过程应符合下列规定

（1）应使用二维或三维设计手段，设计构成系统门窗产品族的全部材料和构造。

（2）应根据设定的研发目标，设计构成系统门窗产品族的门窗形式，并应计算出该系统门窗产品族各节点的力学和热工学属性。

（3）方案设计的输出结果应为设定门窗形式（总装图）下，构成系统门窗产品族的节点图、角部、中竖框和中横框连接构造图（部装图），各种材料的图纸（零件图），及其门窗形式－节点/连接－材料的装配逻辑关系图集，以及系统门窗产品族各框架、面板节点的力学和热工学属性。

其中，系统门窗材料应当包括型材、增强、附件、密封、五金件、玻璃等，构造应当包括框、扇、中竖框和中横框、框与扇、扇与中竖框和中横框、拼接、延伸功能、安装等的节点构造、角部连接、中竖框和中横框连接构造。

系统门窗产品族的门窗形式设计要包括，门窗的形状、尺寸、开启形式、分格；纱窗、遮阳、安全防护等延伸功能，上述节点图、角部、中竖框和中横框连接构造图（部装图）的关联关系。

# 第10章
## 铝合金门窗的智能化

## 10.1 智能门窗概述

智能门窗系统作为智能建筑的一部分，指有效融合型材、电动传动、传感器、视频监控、空气质量检测、新风系统、遮阳系统、启闭系统，甚至移动互联网、语音识别、指纹识别等多个领域，自动对室内居住环境进行监控，对门窗的启闭、采光及遮阳进行调控，并利用互联网进行远程监控。

智能门窗与普通门窗不同，要实现智能控制，必须由主机、各种传感器、各种报警终端、遥控器以及一系列机械传动装置配合门窗组装而成。

智能门窗的基本功能：自动防风防雨、紧急救助（入室盗窃）、自动检控燃气、自动检控火灾、自动调控采光与遮阳、自动净化室内空气。智能门窗产品可应用于机场、宾馆酒店、展览中心、会议中心、体育场馆、大剧院、科技馆、购物中心、温室花园、工业厂房、现代物流仓库等公共场所和个人场所的高档别墅、阳光房、普通住宅的上悬窗、下悬窗、中悬窗、平开窗、推拉窗及屋顶天窗，通过与玻璃幕墙、透明屋顶等的结合，有效地解决建筑上将美观、实用、便捷、通透性强、节能以及经济性等完美融为一体的技术问题。随着门窗技术的发展及智能技术的普及，智能门窗必将在建筑上得到广泛的应用。

## 10.2 智能门窗

### 10.2.1 智能门窗的功能设计

智能门窗的基本功能有自动防风防雨、紧急救助（入室盗窃）、自动检控燃气、自动检控火灾、自动调控采光与遮阳、自动净化室内空气。

智能门窗产品可应用于机场、宾馆酒店、展览中心、会议中心、体育场馆、大剧院、科技馆、购物中心、温室花园、工业厂房、现代物流仓库等公共场所和个人场所的高档别墅、阳光房、普通住宅的上悬窗、下悬窗、中悬窗、平开窗、推拉窗及屋顶天窗。通过与玻璃幕墙、透明屋顶等的结合，有效地解决建筑上将美观、实用、便捷、通透性强、节能以及经济性等完美融为一体的技术问题。随着门窗技术的发展及智能技术的普及，智能门窗必将在民用建筑上得到广泛的应用。

　　智能门窗与普通门窗不同，要实现智能控制，必须由主控制器、各种检测传感器、各种报警终端、遥控器以及一系列机械传动执行装置配合门窗组装而成。

　　智能门窗根据其实现功能划分为三部分，即智能启闭、智能遮阳和智能净化通风。智能门窗的检测设备及输出控制单元也相应地分为三个子系统：智能启闭子系统、智能遮阳子系统及智能净化通风子系统。

　　根据智能门窗的多子系统的要求，智能门窗还须具备依托自身通信能力基础上的相互协作性能。这种协作性能依赖于建筑物内的无线 WIFI 局域网及局域网与物联网的连接。

　　通过建筑物内的 WIFI 局域网，可以实现单体（单智能门窗）之间的相互通信，实现建筑物的单体之间根据各自的功能要求，既相互协调，又相互制约的功能。如当任一智能门窗发出新风送风指令时，则其他窗户自动发出关闭指令；任一智能门窗发出开启换气指令时，自动关闭开启的智能净化通风指令，除非该房间的智能门窗净化通风功能打在手动强制执行状态；当建筑物内煤气监测超出标准值时，则自动发出开窗换气指令，同时发出报警指令；对于晚上睡眠时间时，自动发出关闭遮阳帘指令，对于节能保温要求，自动调节遮阳帘角度等功能要求。

## 10.2.2　智能启闭系统

　　开启和关闭是门窗的基本功能，通过开启和关闭可以实现门窗的通风换气、噪声隔离及节能保温。智能启闭系统通过监测设备，自动检测室内外空气质量、噪声及温度等参数，经过信息处理模块输出控制指令给执行单元，自动控制门窗的开启和关闭。控制原理框图如图10-1所示。

　　在智能门窗启闭系统中，系统通过对室内/外温度、室外噪声、室内/外 PM2.5 的数值分析，并综合现时室外天气情况，做出外窗的开启或关闭动作。当室内煤气监测值超标时，立即开启门窗通风换气并报警。门窗的开启或关闭动作位置由各自的限位控制。

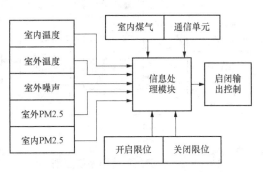

图 10-1　智能门窗启闭系统原理框

　　门窗的室内/外温度、室内/外空气质量及室外噪声等由分别设置于门窗内/外的检测设备实时测量，室外天气状况由通信单元通过网络获取，开启和关闭限位由门窗开启或关闭极限限位传感器获取，所有检测设备测得的参数传输到信息处理单元，信息处理模块根据设定的控制程序，对门窗的开启或关闭进行控制，门窗的开启或关闭动作由执行机构完成。

　　通信单元可与网络连接，可从网络获取所在地区天气情况，并便于远程控制。

　　门窗开启/关闭控制设置手动/自动控制，手动控制级别优于自动控制。

## 10.2.3　智能遮阳系统

　　门窗遮阳指门窗玻璃遮阳。玻璃遮阳分为中空玻璃百叶遮阳和调光玻璃遮阳两种。智能遮阳系统通过采取对中空玻璃遮阳百叶或调光玻璃智能控制，达到调节室内采光和隔离太阳辐射热及保护室内隐私的目的。

（1）中空玻璃百叶遮阳是在中空玻璃内部安装磁控遮阳百叶，以调节玻璃的遮阳性能。

（2）调光玻璃指通过调整玻璃的颜色达到调整玻璃的遮阳系数。调光玻璃根据玻璃变色原理分为光致变色玻璃和电致变色玻璃。

1）光致变色玻璃。

在适当波长光的辐照下改变其颜色，而移去光源时则恢复其原来颜色的玻璃，称光致变色玻璃。

光致变色玻璃是在玻璃原料中加入光敏剂。通常光敏剂以微晶状态均匀地分散在玻璃中，在日光照射下分解，降低玻璃的光透光度。当玻璃在暗处时，光敏剂再度化合，恢复透明度。玻璃的着色和褪色是可逆的、永久的，这就是变色玻璃变色的基本原理。

光致变色玻璃的装饰特性是玻璃的颜色和透光度随日照强度自动变化。日照强度高，玻璃的颜色深，透光度低；反之，日照强度低，玻璃的颜色浅，透光度高。

2）电致变色玻璃。

电致变色玻璃是一种由基础玻璃和电致变色材料组成的装置，利用电致变色材料在电场作用下而引起的透光（或吸收）性能的可调性，可实现由人的意愿调节光照度的目的，同时，电致变色系统通过选择性地吸收或反射外界热辐射和阻止内部热扩散，可减少建筑物在夏季保持凉爽和冬季保持温暖而必须耗费的大量能源。

（3）智能遮阳系统控制原理框图见图 10 - 2。

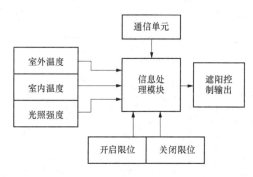

图 10 - 2　智能门窗遮阳系统原理

智能门窗遮阳系统中，光照强度传感器置于窗外，用于检测室外太阳光照强度。信息处理模块通过检测窗外光照强度，并与室外天气状况、室内/外温度等比较分析，确定在炎热的夏季，调节玻璃遮阳百叶或电致变色玻璃，将太阳热隔绝在室外；在冬季取暖时，调节遮阳百叶或变色玻璃，利用太阳能取暖；在春/秋季节调整遮阳百叶的角度或变色玻璃的颜色，满足室内采光或获取太阳热能的需求。同时，智能遮阳系统还可根据季节变换，确定晚间自动关闭遮阳装置，以保护个人隐私。图中的开启/关闭限位，仅适用于百叶遮阳系统。

室外天气状况可通过通信单元从网络上自动获取，并确定当前季节的夜晚时间，以便自动关闭遮阳系统。

遮阳系统的开启/关闭设置手动与自动控制两种方式，手动控制级别优于自动控制。

### 10.2.4　智能净化通风系统

门窗通风首先是自然通风，即通过门窗本身的开启达到室内通风换气的目的。

门窗净化通风系统是指安装在门窗上，能根据室内及室外环境条件，自动进行室内外换气通风，并自动虑除室外粉尘，给以室内洁净、舒适的居住环境条件。

门窗净化通风系统根据给风压力分为负压和正压两种方式。

负压换气以自室内向室外抽风为主，通过施加室内负压，被动调整室内空气，达到室内换气的目的。负压换气由于通过抽风口向室外抽风，使室内产生负压，因向室内进气的位置无法保证，只要室内外密封不好的位置都可以向室内换气，因此，也就无法保证进入室内的空气质量。

正压换气以通风系统通过风机向室内鼓风，即向室内施加正压送风换气，送风通道内安装空气过滤系统，将室外污染物隔离过滤，达到向室内输送洁净空气的目的。

智能门窗净化通风系统原理框图如图 10 - 3 所示。

在智能门窗净化通风系统中，系统信息处理模块通过对室内/外 PM2.5 及室内/外温度等参数值分析，并综合当前所处季节情况，确定新风系统的开启和关停。当系统确定当前处于门窗开启状态时，则关闭新风系统。

系统通过通信单元获取指令或将监控数据上传。

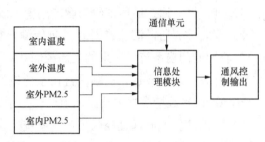

图 10 - 3　智能门窗净化通风系统原理框图

同样，净化通风系统的开启/关闭设置手动与自动控制两种方式，手动控制级别优于自动控制。

### 10.2.5　智能门窗系统控制平台设计

#### 1. 系统控制平台方案设计

基于多个单体的智能门窗控制平台系统，是将一个住宅单元或一个建筑单元体中各单体的智能门窗，通过 WIFI 连接，形成一个有机整体，组成一个系统。系统根据单元建筑物的功能需求，对各单体智能门窗进行自动控制，各智能门窗之间在建筑物整体功能控制上相互关联，各智能门窗通过 WIFI 与中央控制系统连接，服从于中央控制系统，但各单体智能门窗的功能控制又具备相互独立性。多个单体的智能门窗控制平台系统的结构设计如图 10 - 4 所示。

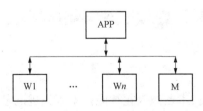

图 10 - 4　智能门窗控制系统结构图

中央控制系统可以是一个独立的控制单元，也可以是一个 App 控制程序，可以远程对各单体智能门窗进行控制，智能门窗的控制状态数据也实时上传到 App 中。

图 10 - 4 中，App 为远程控制程序界面，W1，W$n$ 为 1…$n$ 个窗户，M 为进户门。App 与 W1…W$n$ 之间可以互相数据传输，W1…W$n$ 之间也可以互相就控制状态进行传输。App 及 W1…W$n$ 之间数据的传输依赖建筑单元内的 WIFI 网络。

#### 2. 控制平台功能设计

多智能体门窗系统控制平台设计，就是利用单体的通信性能和协作性能，实现单体之间的数据相互传输，实现多智能体系统的协同动作，完成智能体门窗系统的联控动作，并利用单体的开放性与远程 App 平台保持数据传输，进而实现 App 平台对智能门窗系统的远程控制与状态显示。

（1）通信密码的设置。

为了保证多智能体门窗系统之间信息传输的唯一合法性，设计时对系统内各智能门窗设置通信密码，密码是系统内识别数据合法性的唯一密匙，从而保证系统内相互接收数据的正确性。通信密码也是智能门窗系统与 App 远程控制平台数据传输的唯一密匙。

（2）App 远程控制平台设计。

App 远程控制平台是智能门窗系统与远程控制平台之间联系的关键。App 远程控制平台的设计，具有以下特点。

1）惟一性。通过通信密码与智能门窗系统保持联系的惟一性，不会发生指令的混乱。

2）双向性。通过信息数据的双向传输，App 平台既可向智能门窗系统发出控制指令，又可接收智能门窗系统发送来的当前控制状态及报警信号。

3）开放性。App 远程控制平台在系统设计时，可根据多 Agent 智能门窗系统中智能门窗（单 Agent）数量多少主动添加组网，当系统组网完成后，则不再变动。

4）联控性。App 远程控制平台在系统运行时，可设置系统内各智能门窗控制是否处于联控状态。当处于联控状态时，智能门窗系统内各智能门窗单体之间的功能控制具有相互协调和联动；反之，则各单体智能门窗的功能控制相互独立，互不影响。

基于无线 WIFI 的应用，智能门窗系统通过网络，可以实现手机远程云控制。

将每个智能门窗作为单体，可组成居住单元的智能门窗控制系统，智能门窗控制系统检测与控制数据基于网络可上传共享，并且居住单元的各个智能门窗之间可根据需要组成控制联动。

同时，智能门窗系统可与室内智能监控系统、智能照明系统、智能家电控制系统、家居垃圾处理系统及智能保洁系统共同组成家居智能系统。

建筑门窗的发展与智能控制的有机结合，促使建筑门窗的智能化、自动化、网络化发展是必然趋势。智能门窗系统与室内智能监控系统、智能照明系统、智能家电控制系统、家居垃圾处理系统及智能保洁系统共同组成家居智能系统。

## 10.3 铝合金门窗智能生产控制技术及其应用

### 10.3.1 智能制造技术

智能制造技术是在现代传感技术、网络技术、自动化技术、拟人化智能技术等先进的基础上，通过智能化的感知、人机交互、决策和执行技术，实现设计过程、制造过程和制造装备智能化，是信息技术和智能技术与装备制作过程技术的深度融合与集成（摘自《智能制造科技发展"十二五"专项规划》）。

门窗技术的发展，推动了门窗产品的升级，而门窗生产技术的革命，加速了门窗技术的发展。

数字化、自动化、信息化及智能化正在引起制造业的新的工业革命。建筑门窗生产作为制造业的一部分，在生产技术数字化、自动化、信息化及智能化的推动下，正在发生深刻的变革，推动了门窗生产技术的进步和发展。

产品设计数字化、生产制造自动化、生产装备智能化、企业管理信息化是门窗生产技术的发展方向，物联网的发展，推动了门窗生产控制智能化技术的发展与应用。

1. 智能制造的特征

智能制造和传统的制造相比，智能制造系统具有以下特征：

（1）自律能力。即搜集与理解环境信息和自身的信息，并进行分析判断和规划自身行为的能力。具有自律能力的设备称为"智能机器"，"智能机器"在一定程度上表现出独立性、自主性和个性，甚至相互间还能协调运作与竞争。强有力的知识库和基于知识的模型是自律能力的基础。

（2）人机一体化。IMS 不单纯是"人工智能"系统，而是人机一体化智能系统，是一种混合智能。基于人工智能的智能机器只能进行机械式的推理、预测、判断，它只能具有逻辑思维（专家系统），最多做到形象思维（神经网络），完全做不到灵感（顿悟）思维，只有人类专家才真正同时具备以上三种思维能力。因此，想以人工智能全面取代制造过程中人类专家的智能，独立承担起分析、判断、决策等任务是不现实的。人机一体化一方面突出人在制造系统中的核心地位，同时在智能机器的配合下，更好地发挥出人的潜能，使人机之间表现出一种平等共事、相互"理解"、相互协作的关系，使二者在不同的层次上各显其能，相辅相成。

因此，在智能制造系统中，高素质、高智能的人将发挥更好的作用，机器智能和人的智能将真正地集成在一起，互相配合，相得益彰。

（3）虚拟现实技术。这是实现虚拟制造的支持技术，也是实现高水平人机一体化的关键技术之一。虚拟现实技术是以计算机为基础，融信号处理、动画技术、智能推理、预测、仿真和多媒体技术为一体；借助各种音像和传感装置，虚拟展示现实生活中的各种过程、物件等，因而也能拟实制造过程和未来的产品，从感官和视觉上使人获得完全如同真实地感受。但其特点是可以按照人们的意愿任意变化，这种人机结合的新一代智能界面，是智能制造的一个显著特征。

（4）自组织与超柔性。智能制造系统中的各组成单元能够依据工作任务的需要，自行组成一种最佳结构，其柔性不仅表现在运行方式上，而且表现在结构形式上，所以称这种柔性为超柔性，如同一群人类专家组成的群体，具有生物特征。

（5）学习能力与自我维护能力。智能制造系统能够在实践中不断地充实知识库，具有自学习功能。同时，在运行过程中自行故障诊断，并具备对故障自行排除、自行维护的能力。这种特征使智能制造系统能够自我优化并适应各种复杂的环境。

2. 智能技术

（1）新型传感技术——高传感灵敏度、精度、可靠性和环境适应性的传感技术，采用新原理、新材料、新工艺的传感技术（如量子测量、纳米聚合物传感、光纤传感等），微弱传感信号提取与处理技术。

(2) 模块化、嵌入式控制系统设计技术——不同结构的模块化硬件设计技术，微内核操作系统和开放式系统软件技术、组态语言和人机界面技术，以及实现统一数据格式、统一编程环境的工程软件平台技术。

（3）先进控制与优化技术——工业过程多层次性能评估技术、基于海量数据的建模技术、大规模高性能多目标优化技术，大型复杂装备系统仿真技术，高阶导数连续运动规划、电子传动等精密运动控制技术。

（4）系统协同技术——大型制造工程项目复杂自动化系统整体方案设计技术以及安装调试技术，统一操作界面和工程工具的设计技术，统一事件序列和报警处理技术，一体化资产管理技术。

（5）故障诊断与健康维护技术——在线或远程状态监测与故障诊断、自愈合调控与损伤智能识别以及健康维护技术，重大装备的寿命测试和剩余寿命预测技术，可靠性与寿命评估技术。

（6）高可靠实时通信网络技术——嵌入式互联网技术，高可靠无线通信网络构建技术，工业通信网络信息安全技术和异构通信网络间信息无缝交换技术。

（7）功能安全技术——智能装备硬件、软件的功能安全分析、设计、验证技术及方法，建立功能安全验证的测试平台，研究自动化控制系统整体功能安全评估技术。

（8）特种工艺与精密制造技术——多维精密加工工艺，精密成型工艺，焊接、粘接、烧结等特殊连接工艺，微机电系统（MEMS）技术，精确可控热处理技术，精密锻造技术等。

（9）识别技术——低成本、低功耗 RFID 芯片设计制造技术，超高频和微波天线设计技术，低温热压封装技术，超高频 RFID 核心模块设计制造技术，基于深度三位图像识别技术，物体缺陷识别技术。

3. 测控装置

（1）新型传感器及其系统——新原理、新效应传感器，新材料传感器，微型化、智能化、低功耗传感器，集成化传感器（如单传感器阵列集成和多传感器集成）和无线传感器网络。

（2）智能控制系统——现场总线分散型控制系统（FCS）、大规模联合网络控制系统、高端可编程控制系统（PLC）、面向装备的嵌入式控制系统、功能安全监控系统。

（3）智能仪表——智能化温度、压力、流量、物位、热量、工业在线分析仪表、智能变频电动执行机构、智能阀门定位器和高可靠执行器。

（4）精密仪器——在线质谱/激光气体/紫外光谱/紫外荧光/近红外光谱分析系统、板材加工智能板形仪、高速自动化超声无损探伤检测仪、特种环境下蠕变疲劳性能检测设备等产品。

（5）工业机器人与专用机器人——焊接、涂装、搬运、装配等工业机器人及安防、危险作业、救援等专用机器人。

（6）精密传动装置——高速精密重载轴承，高速精密齿轮传动装置，高速精密链传动装置，高精度高可靠性制动装置，谐波减速器，大型电液动力换挡变速器，高速、高刚度、大功率电主轴，直线电机、丝杠、导轨。

（7）伺服控制机构——高性能变频调速装置、数位伺服控制系统、网络分布式伺服系统等产品，提升重点领域电气传动和执行的自动化水平，提高运行稳定性。

（8）液气密元件及系统——高压大流量液压元件和液压系统、高转速大功率液力耦合器调速装置、智能润滑系统、智能化阀岛、智能定位气动执行系统、高性能密封装置。

**4. 制造装备**

（1）石油石化智能成套设备——集成开发具有在线检测、优化控制、功能安全等功能的百万吨级大型乙烯和千万吨级大型炼油装置、多联产煤化工装备、合成橡胶及塑料生产装置。

（2）冶金智能成套设备——集成开发具有特种参数在线检测、自适应控制、高精度运动控制等功能的金属冶炼、短流程连铸连轧、精整等成套装备。

（3）智能化成形和加工成套设备——集成开发基于机器人的自动化成形、加工、装配生产线及具有加工工艺参数自动检测、控制、优化功能的大型复合材料构件成形加工生产线。

（4）自动化物流成套设备——集成开发基于计算智能与生产物流分层递阶设计、具有网络智能监控、动态优化、高效敏捷的智能制造物流设备。

（5）建材制造成套设备——集成开发具有物料自动配送、设备状态远程跟踪和能耗优化控制功能的水泥成套设备、高端特种玻璃成套设备。

（6）智能化食品制造生产线——集成开发具有在线成分检测、质量溯源、机电光液一体化控制等功能的食品加工成套装备。

（7）智能化纺织成套装备——集成开发具有卷绕张力控制、半成品的单位重量、染化料的浓度、色差等物理、化学参数的检测仪器与控制设备，可实现物料自动配送和过程控制的化纤、纺纱、织造、染整、制成品等加工成套装备。

（8）智能化印刷装备——集成开发具有墨色预置遥控、自动套准、在线检测、闭环自动跟踪调节等功能的数字化高速多色单张和卷筒料平版、凹版、柔版印刷装备、数字喷墨印刷设备、计算机直接制版设备（CTP）及高速多功能智能化印后加工装备。

**5. 运作过程**

（1）任一网络用户都可以通过访问该系统的主页获得该系统的相关信息，还可通过填写和提交系软件统主页所提供的用户订单登记表来向该系统发出订单。

（2）如果接到并接受网络用户的订单，Agent 就将其存入全局数据库，任务规划结点可以从中取出该订单，进行任务规划，将该任务分解成若干子任务，将这些任务分配给系统上获得权限的结点。

（3）产品设计子任务被分配给设计结点，该结点通过良好的人机交互完成产品设计子任务，生成相应的 CAD/CAPP 数据和文档以及数控代码，并将这些数据和文档存入全局数据库，最后向任务规划结点提交该子任务。

（4）加工子任务被分配给生产者，一旦该子任务被生产者结点接受，机床 Agent 将被允许从全局数据库读取必要的数据，并将这些数据传给加工中心，加工中心则根据这些数据和命令完成加工子任务，并将运行状态信息送给机床 Agent，机床 Agent 向任务规划结点返回结果，提交该子任务。

（5）在系统的整个运行期间，系统 Agent 都对系统中的各个结点间的交互活动进行记录，如消息的收发，对全局数据库进行数据的读写，查询各结点的名字、类型、地址、能力及任务完成情况等。

（6）网络客户可以了解订单执行的结果。

### 10.3.2　数控加工技术在铝合金门窗生产中的应用

门窗技术的发展，推动了门窗产品的升级，而门窗生产技术的革命，加速了门窗技术的发展。数字化、自动化、信息化及智能化正在引起制造业的新的工业革命。建筑门窗生产作为制造业的一部分，在生产技术数字化、自动化、信息化及智能化的推动下，正在发生深刻的变革。

产品设计数字化、生产制造自动化、生产装备智能化、企业管理信息化是门窗生产技术的发展方向，物联网的发展，推动了门窗生产控制智能化技术的发展与应用。

#### 1. 数控加工技术应用

数字控制（Numerical Control）是近代发展起来的一种自动控制技术，是用数字化的信息实现机床控制的一种方法。数控系统是一种新型控制系统，能方便地完成加工信息的输入、自动译码、运算、控制，从而控制机床的运动和加工过程。

数控机床对零件的加工过程，是严格按照加工程序中所规定的参数及动作执行的。它是一种高效的能自动或半自动运行的机床。CNC 是计算机辅助设计的 NC 系统。其系统的核心是计算机，即由计算机通过执行其存储器内的程序，来执行机床的部分或全部动作。

数控机床是具有广阔前景的新型自动化机床，是高度机电一体化、自动化的产品，最早主要应用在数控钻床、车床、铣术等要求精度较高的机床上。数控技术在铝合金门窗加工行业内的应用在最近几年才逐渐开始，应用范围也还较窄。但随着铝合金门窗技术的发展，铝合金门窗加工行业对数控加工技术的需求逐渐增加。

#### 2. 铝合金门窗加工行业对数控加工技术的需求

（1）工期要求紧，要求提高生产效率。

在我国门窗企业承揽工程时，往往面临工期短，生产量大，供货需求急，而且加工周期加长，势必造成资金积压，增大产品库存。不利于企业的发展，因此原有的生产模式，老式的加工设备已经严重地制约企业的发展。

数控加工中心只要更换一下刀具即可实现各种动作，可铣、钻、镗等。节省了工序之间运输及重新装夹等辅助空间和时间，并且更换加工品种极其方便，只要更换程序，就可以实现，大大缩短了换型的周期。由于数控机床在结构设计上采用了有针对性地设计，因此，效率是普通机床的十几倍，加上自动换刀等辅助动作的自动化，使得数控机床的生产效率非常高。

（2）加工精度要求提高，保障产品质量。

目前，我国对建筑门窗节能提出了更加严格地要求，原来普通铝合金门窗基本退出建筑门窗市场，代之的是满足节能要求的新型节能门窗，如隔热铝合金门窗、铝木复合门窗等。为了达到良好的节能效果，对其产品质量及加工、组装提出了更高的要求，包括产品质量要求、加工精度要求、操作人员素质的要求及质量管理水平的要求等。

数控机床在进给机构中采用了滚珠杠螺母机构，使机械传动误差尽可能小；还利用软件进行精度校正和补偿，使传动误差进一步减少；由于加工过程是程序控制，减少了人为因素对加工精度的影响，这些措施不仅保证了较高的加工精度，同时还保证了较高的质量稳定性。

（3）合理使用生产资源，加大设备的有效使用面积。

虽然数控加工设备整体较大，但在一台设备上能够完成多个加工工序。相对于传统的加工设备，生产资源和使用面积的综合使用效率有所提高，可省去常规设备如冲床、铣床、钻床等，减少了繁琐的工序转换。

（4）市场竞争激烈，提高综合能力。

现今铝合金门窗工业竞争激烈，特别是一些中小企业星罗棋布，他们靠拼设备，拼人力在市场上占有一席之地，但从长久考虑，一个企业在设计、加工能力上需要具有一定的实力。虽然采用先进设备的前期投入较大，但通过规模化生产可增强企业的市场竞争能力，增加利润。因此对于大中规模的铝合金门窗加工企业来说，配置更先进的设备，提高生产效率，提高加工质量，提高市场竞争能力是刻不容缓的。

3. 铝合金门窗数控加工设备发展现状

铝合金门窗加工工艺中主要的几个加工工序是型材下料、各种孔型钻铣、组装等，针对这些工序国内外门窗加工设备制造公司主要生产的设备有数控切割锯、多轴数控钻铣床、多轴加工中心等，加工具体内容主要是锯切、铣、镗、攻螺丝、组角等工序。一般来说 3 轴钻铣床只能加工正上面的孔形，4 轴可绕型材进行 180°加工，5 轴钻铣床可在 360°度内进行斜孔加工，国外专业从事门窗加工设备制造的公司有德国和意利合资安美百事达（AME PRESSTA），德国叶鲁（ELUMATEC）意大利飞幕（FOM）等，这些公司这些年来相继生产，研制出数控门窗加工设备，包括可达 6 个控制轴的加工中心，技术已达相当水平。

目前，国内门窗生产正在普及数控加工设备，主要有数控切割锯、数控钻铣床、单头加工中心及数控锯切中心和数控加工中心等。

目前用于铝合金门窗加工行业的设备主要有以下几种：

（1）数控双头切割锯见图 10 - 5。

图 10 - 5　数控双头切割锯

1）用于自动完成铝型材 22.5°、45°、90°的定尺定角切割加工。

2）自动动切割定尺，自动实现锯切角度转换，自动程度高。

3）具有尺寸补偿功能，重复定位精度高，锯切尺寸精度高。

4）可与上位管理计算机进行通讯，实现门窗加工计算机辅助设计，辅助制造。

5）打印产品标签，便于企业生产管理。

（2）数控锯切中心见图 10-6。

图 10-6　数控锯切中心

1）数据导入方式：①软件对接。与 ERP 软件联机；②网络/优盘导入，按照工厂现有下料单格式即可；③手动输入。

2）自动排屑机（料头）、自动集尘装置（铝屑），降低打扫频率，提高工作效率。

3）安全性高。气电保护装置，机械防护装置，确保安全生产。

4）自动刀具寿命管理系统，锯片需要修磨、更换自动提示。

5）自动维护保养提示功能，提前排除设备隐患，提高设备使用率。

6）自动产能统计、设备状态时间统计，实时监控，交期可控、降低库存、提高资金流利用率。

7）远程服务功能（维护、保养、培训），节约服务时间，减少停机时间，降低工厂对熟练工人的依赖性。

（3）数控加工中心见图 10-7。

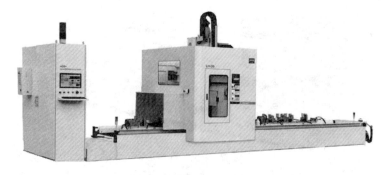

图 10-7　数控加工中心

1）按预先设置程序自动完成各种孔槽的钻铣加工，可以攻丝，减少人工操作，自动化程度高。

2）自动刀具库，实现换刀自动化。

3）可与上位管理计算机进行通讯，自动编程，自动选择最佳加工顺序，提高生产效率。

4）打印产品标签，便于企业生产管理，使产品标签与产品相对应，便于下一流程检验，有效避免物料混乱和加工错误。

5）由传统的 3 轴～4 轴、5 轴，功能逐渐加强。

（4）存储单元的仓库。

应用范围非常多样，而且完整，特点是可靠，简单，速度快以及适应性强。存储单元的软件可以和公司自己的管理软件相连接，软件可以给出每个存储单元里盛放东西的重量、长度和数量。而且以随时查出每种部件是否有货，有利库房自动化。

（5）数控门窗加工设备发展方向。

1）数字化、网络化。将来的企业，需要通过提高管理水平、技术水平、运营方法等来增强企业参与市场竞争的能力，以后生产管理逐步实现计算机网络化生产和管理，并逐步提出电子商务的概念，从订单开始，到设计、加工、组装、储存、交货的所有流程通过网络化实现。现在只具备这种生产形式的雏形，只实现了单个工序或部分工序组合的自动化。

产品制造的全过程也具有网络化和数字化的特性，在这种环境下，网络数控成为各种先进制造系统的基本单元，是各种先进制造系统的技术基础。

2）柔性加工系统。多台数控机床在统一的管理下，实现统一输送、统一下料、统一钻铣、统一组装、入库等工序，这样就构成柔性加工系统（FMS），这样发展必然要求数控设备进行通信联网。这与网络化、数字化发展相互促进、相互制约。

虽然数控技术在门窗加工行业的应用是最近几年才发展起来的，但随着我国经济建设的发展，科技水平的进步，铝合金门窗加工技术也将有一个崭新的发展空间，数控技术的应用也将越来越广，各个工序实现自动化或半自动化控制，通过传输皮带就可以组成自动化生产线，并且通过网络系统将整个控制系统连入公司局域网中，在办公室即可完成程序设计、参数输入、程序执行等功能，还能监控现场生产情况等。这样可以大幅提高生产效率、节约成本、减少人力，这样全自动化或半自动化生产车间的出现将会有力地促进门窗加工业的发展。

### 10.3.3　智能制造技术在铝合金门窗生产中的应用

智能制造技术应用于铝合金门窗生产加工过程是门窗生产技术发展的必然。本书以雷德数控智能技术在铝合金门窗生产中的应用为例介绍。

1. 管理软件 LEDE SYS

LEDE SYS 管理软件功能见图 10-8。

智能分工。

## 功能概述　Function Overview

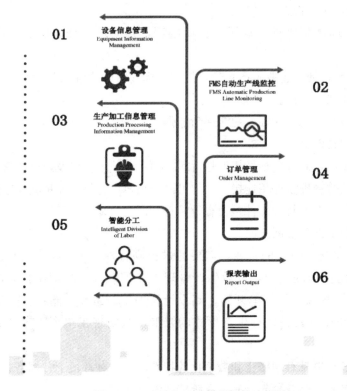

图 10 - 8　LEDE SYS 管理软件功能图

人员管理。自由分配公司员工账户，员工可使用账户登录系统查询信息。

班次管理。根据实际情况设定班次信息，统计数据时可根据设定的班次进行筛选。

生产加工信息管理。

板材统计。各种板材消耗一目了然。

工件统计。随时掌握设备产出详情，全程可追溯管理。

设备信息管理。

实时监控。设备运行实时信息即时掌控。

设备维护。智能提醒设备维护保养及关键零部件状态，保障设备稳定运行。

设备状态。设备状态全程监控，通过数据分析功能与报警异常信息，分析影响 OEE 的瓶颈，让数据成为生产力。

设备信息管理如图 10 - 9 所示。

2. 产线管理看板 - 开料看板

产线管理看板可将生产线各种生产信息在显示屏上显示出来。

（1）开料（锯切中心）。开料看板见图 10 - 10 所示。

（2）机加工（加工中心）。机加工看板如图 10 - 11 所示。

（3）组装。组装看板见图 10 - 12 所示。

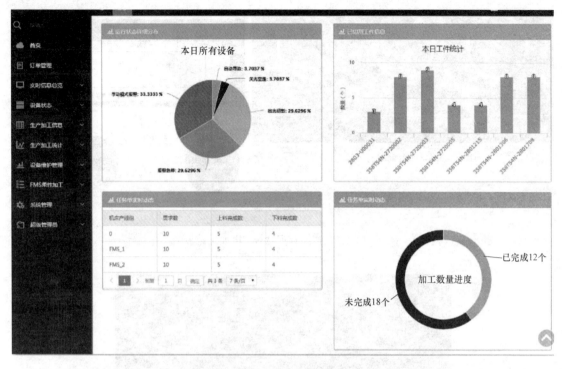

图 10 - 9　LEDE SYS 设备信息管理图

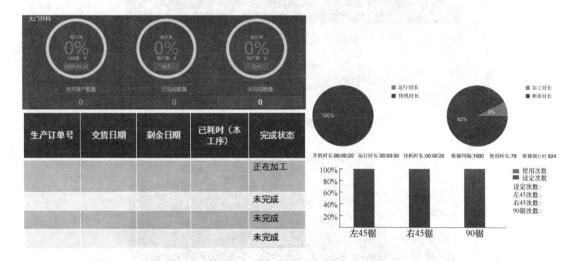

图 10 - 10　产线管理看板 - 开料看板

（4）入库。每一工件贴有二维码，二维码信息包含订单号，每完成一个工件扫一次，便于计数统计，入库看板见图 10 - 13。

（5）订单总览。订单总览可以将生产、销售等各种订单完成情况等信息实时显示，见图 10 - 14 所示。

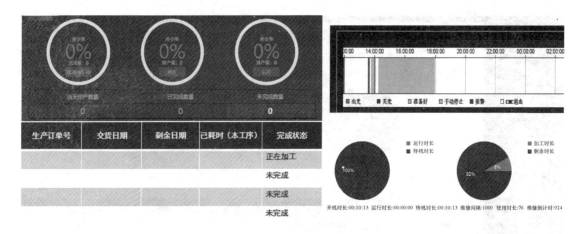

| 生产订单号 | 交货日期 | 剩余日期 | 已耗时（本工序） | 完成状态 |
|---|---|---|---|---|
| | | | | 正在加工 |
| | | | | 未完成 |
| | | | | 未完成 |
| | | | | 未完成 |

图 10 - 11　产线管理看板 - 机加工看板

| 生产订单号 | 交货日期 | 剩余日期 | 已耗时（本工序） | 完成状态 |
|---|---|---|---|---|
| | | | | 正在加工 |
| | | | | 未完成 |
| | | | | 未完成 |
| | | | | 未完成 |

图 10 - 12　产线管理看板 - 组装看板

| 生产订单号 | 交货日期 | 剩余日期 | 已耗时（本工序） | 完成状态 |
|---|---|---|---|---|
| | | | | 正在加工 |
| | | | | 未完成 |
| | | | | 未完成 |
| | | | | 未完成 |

图 10 - 13　产线管理看板 - 入库看板

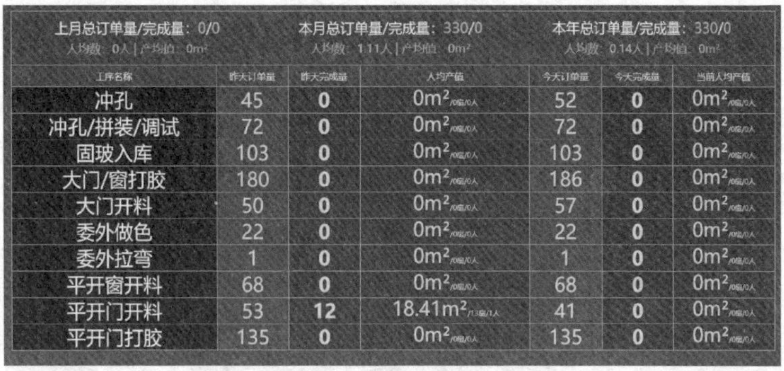

| 上月总订单量/完成量: 0/0 人均数 0人 产均值 0m² | | | 本月总订单量/完成量: 330/0 人均数 1.11人 产均值 0m² | | | 本年总订单量/完成量: 330/0 人均数 0.14人 产均值 0m² |
|---|---|---|---|---|---|---|
| 工序名称 | 昨天订单量 | 昨天完成量 | 人均产值 | 今天订单量 | 今天完成量 | 当前人均产值 |
| 冲孔 | 45 | 0 | 0m² | 52 | 0 | 0m² |
| 冲孔/拼装/调试 | 72 | 0 | 0m² | 72 | 0 | 0m² |
| 固玻入库 | 103 | 0 | 0m² | 103 | 0 | 0m² |
| 大门/窗打胶 | 180 | 0 | 0m² | 186 | 0 | 0m² |
| 大门开料 | 50 | 0 | 0m² | 57 | 0 | 0m² |
| 委外做色 | 22 | 0 | 0m² | 22 | 0 | 0m² |
| 委外拉弯 | 1 | 0 | 0m² | 1 | 0 | 0m² |
| 平开窗开料 | 68 | 0 | 0m² | 68 | 0 | 0m² |
| 平开门开料 | 53 | 12 | 18.41m² | 41 | 0 | 0m² |
| 平开门打胶 | 135 | 0 | 0m² | 135 | 0 | 0m² |

图 10 - 14　产线管理看板—订单总览

### 3. 生产设备

（1）智能加工生产线。

智能加工生产线，如图 10 - 15 所示，具有自动切割、智能分拣、机器搬运、智能机加工等特点。机械手智能分拣如图 10 - 16 所示；智能料车，扫码分拣，订单存储，如图 10 - 17 所示。

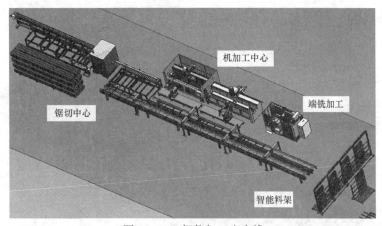

图 10 - 15　智能加工生产线

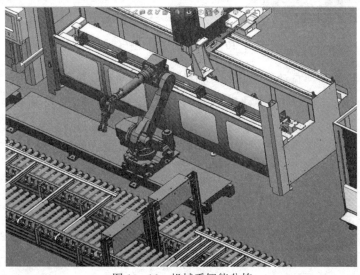

图 10 - 16　机械手智能分拣

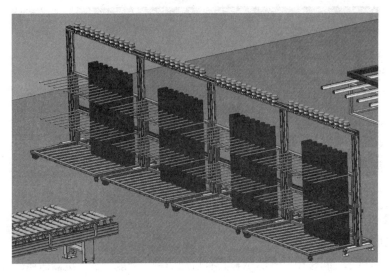

图 10-17　智能料车

（2）智能组装生产线。智能组装生产线见图 10-18 所示。

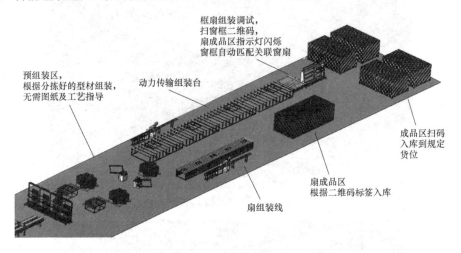

图 10-18　智能组装生产线

　　框扇组装。框扇组装自动寻的配对，扫描框型材二维码，屏幕显示扇成品区料车号，扇料车相应的货位指示灯闪烁，自动提示扇的仓储位置，配 AGV 自动运送到组装台进行组装。

　　出库发货。物料出库自动提示，自动提示入库订单信息及仓储货位号。

# 第11章

## 铝合金门窗生产组织

门窗作为建筑物的配套产品，突出特点是配套性，主要体现在以下三个方面。

（1）功能配套。门窗只有安装在墙体上与建筑物结合，才能发挥其性能和作用。

（2）数量配套。一个单体建筑工程的大小决定了配套门窗数量的多少，如一栋20多层的高层建筑，单体建筑面积约2万~3万 $m^2$，其门窗面积大约为5000 $m^2$。一栋5~6层的多层宿舍楼或办公楼，单体建筑面积约3000~4000 $m^2$，其门窗面积约1000 $m^2$。

（3）工期配套。门窗须在土建墙体工程全面完工后，在相对较短的时间内且不影响外墙和门窗洞口装修处理的情况下，自上而下完成上墙安装工作，安装工期仅有几个月的时间，甚至更短。

目前大多铝合金门窗生产企业既负责门窗的生产制作，又负责工程现场的门窗安装。因此，门窗生产企业应须结合自身的资金势力和技术水平，明确市场定位，承接与自身企业能力相应的门窗工程。防止出现大工程接不上或接了不能按期完成，小工程不愿接而没工程可做的情况。

一般来讲，按生产能力和承接能力，铝合金门窗生产企业可划分为三类：一类为大型企业，可一次承接单体门窗数量在5000 $m^2$ 以上的工程，年产量在10万 $m^2$ 以上；二类为中型企业，可一次承接单体门窗数量在3000 $m^2$ 以上或同时承接多个单体门窗数量在1000 $m^2$ 以下的工程，年产量在5万 $m^2$ 以上；三类为小型企业，可承接几个单体门窗数量在1000 $m^2$ 以下的工程，年产量在2万~3万 $m^2$。

不同类型的铝合金门窗生产企业在设备、设施及人员的配备上有很大的不同。

## 11.1 生产规模的配置

生产规模是指一个企业在一定时期如一年内生产某种产品的能力。铝合金门窗的生产规模由所生产产品的特点决定，一方面取决于设备和厂房硬件设施的配备情况，另一方面取决于技术、管理、生产人员的能力和素质及资金配套情况。

### 11.1.1 生产设备与设施配置

表11-1~表11-3分别给出了小型、中型铝合金门窗生产设备及智能生产线典型配置

方案。

**表 11 - 1　　　小型铝合金门窗企业生产设备典型配置方案（年产量 5 万 m²）**

| 序号 | 设备名称 | 数量 | 备注 |
|---|---|---|---|
| 一、主要加工设备 | | | |
| 1 | 铝门窗数控双头切割锯 | 1 | — |
| 2 | 铝门窗数控单头切割锯 | 1 | — |
| 3 | 铝门窗双头仿形铣床 | 1 | — |
| 4 | 铝门窗数控钻铣床 | 1 | — |
| 5 | 铝门窗多功能冲床 | 1 | — |
| 6 | 铝门窗数控角码切割锯 | 1 | — |
| 7 | 铝门窗数控端面铣床 | 1 | — |
| 8 | 铝门窗气动组角机 | 2 | — |
| 9 | 铝门窗数控锯切中心 | 1 | — |
| 10 | 冲床 | | 视型材品种 |
| 11 | 钻铣床 | 3 | — |
| 12 | 空气压缩机 | 3 | — |
| 二、辅助设备 | | | |
| 1 | 铝型材支架 | — | 视实际需求 |
| 2 | 门窗周转车 | — | 视实际需求 |
| 3 | 铝型材周转车 | — | 视实际需求 |
| 4 | 组装工作台 | — | 视实际需求 |
| 5 | 玻璃周转车 | — | 视实际需求 |
| 6 | 铝型材料架 | — | 视实际需求 |
| 7 | 胶条车 | — | 视实际需求 |

**表 11 - 2　　　中型铝合金门窗企业生产设备典型配置方案（年产量 10 万 m²）**

| 序号 | 设备名称 | 数量 | 备注 |
|---|---|---|---|
| 一、主要加工设备 | | | |
| 1 | 铝门窗数控锯切中心 | 2 | — |
| 2 | 铝门窗数控双头精密切割锯 | 1 | — |
| 3 | 铝门窗数控单头切割锯 | 2 | — |
| 4 | 铝门窗数控加工中心 | 2 | — |
| 5 | 铝门窗数控仿形钻铣床 | 1 | — |
| 6 | 铝门窗多功能冲压机 | 2 | — |
| 7 | 铝门窗数控角码切割锯 | 2 | — |
| 8 | 铝门窗数控端面铣床 | 2 | — |
| 9 | 铝门窗气动组角机 | 2 | — |
| 10 | 铝门窗双头组角机 | 1 | — |
| 11 | 铝门窗数控四头组角机 | 1 | — |
| 12 | 冲床 | | 视型材品种 |
| 13 | 钻铣床 | 4 | — |
| 14 | 铝门窗弯圆机 | 1 | — |

续表

| 序号 | 设备名称 | 数量 | 备注 |
|------|---------|------|------|
| 15 | 空气压缩机 | 4 | — |
| 二、辅助设备 | | | |
| 1 | 铝型材支架 | — | 视实际需求 |
| 2 | 门窗周转车 | — | 视实际需求 |
| 3 | 铝型材周转车 | — | 视实际需求 |
| 4 | 组装工作台 | — | 视实际需求 |
| 5 | 玻璃周转车 | — | 视实际需求 |
| 6 | 铝型材料架 | — | 视实际需求 |
| 7 | 胶条车 | — | 视实际需求 |

**表 11 - 3** 铝合金门窗智能生产线典型配置方案

| 序号 | 设备名称 | | 数量 | 备注 |
|------|---------|---|------|------|
| 一、主要软、硬设备配置 | | | | |
| 1 | 企业智能管理软件系统 | | 1 | — |
| 2 | 智能加工线 | 数控锯切中心 | 1 | — |
| 3 | | 数控加工中心 | 1 | — |
| 4 | | 激光刻线机 | 1 | — |
| 5 | | 数控端铣床 | 1 | — |
| 6 | | 机器人 | 2 | — |
| 7 | | 自动传输 | 1 | — |
| 8 | | 智能料车 | 8 | — |
| 9 | 智能组装线 | 气动组角机 | 2 | — |
| 10 | | 窗扇组装线 | 1 | — |
| 11 | | 自动传输组装台 | 1 | — |
| 12 | | 智能调试台 | 2 | — |
| 13 | | 数控压条切割据 | 2 | — |
| 14 | | 空气压缩机 | 4 | — |
| 二、辅助设备 | | | | |
| 1 | 铝型材支架 | | — | 视实际需求 |
| 2 | 门窗周转车 | | — | 视实际需求 |
| 3 | 铝型材周转车 | | — | 视实际需求 |
| 4 | 组装工作台 | | — | 视实际需求 |
| 5 | 玻璃周转车 | | — | 视实际需求 |
| 6 | 铝型材料架 | | — | 视实际需求 |
| 7 | 胶条车 | | — | 视实际需求 |

图 11 - 1～图 11 - 3 分别给出了小型、中型铝合金门窗生产及智能生产车间典型布置方案。

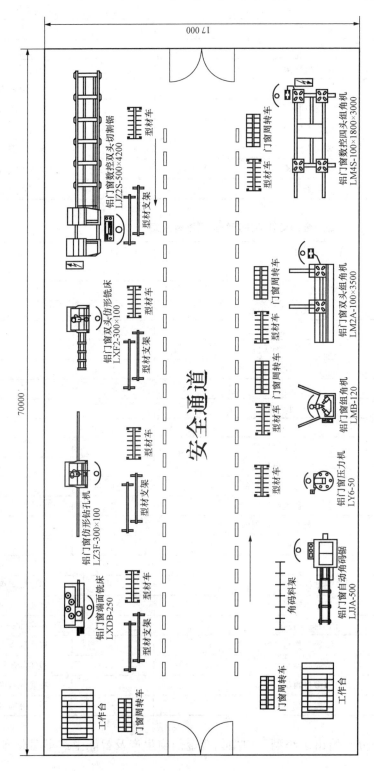

图 11 - 1  小型铝合金门窗企业生产车间典型布置方案

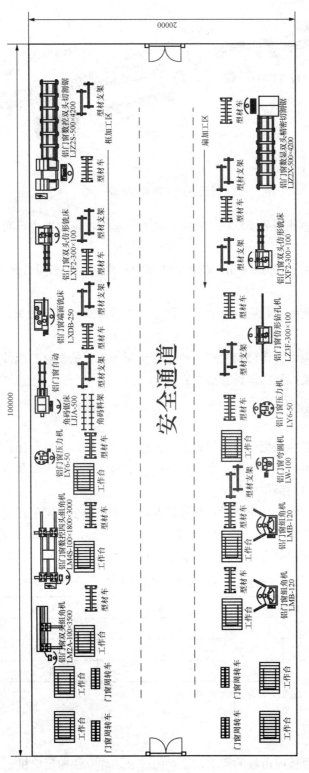

图 11 - 2　中型铝合金门窗企业生产车间典型布置方案

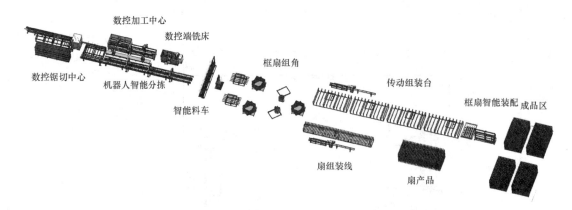

图 11-3  智能生产线布置方案图

小型铝合金门窗生产企业需要 $1000\sim1200m^2$ 的生产车间，典型生产车间布置方案如图 11-1 所示。

中型铝合金门窗生产企业需要 $2000m^2$ 以上生产车间，典型生产车间布置方案如图 11-2 所示。

铝合金门窗生产智能化程度较高的企业，往往生产能力及规模也是较大，图 11-3 是典型智能生产线布置方案。

另外，对于中型及大型铝合金门窗生产企业还需要配备独立的型材、配件库房和产品库房，面积大小以适应型材及产品的周转存放为宜。

## 11.1.2  生产企业人员配置

大中型铝合金门窗企业与小型铝合金门窗企业相比，设备配备的自动化程度高，管理人员和生产人员的专业分工更细致，专业水平相对较高。小型企业管理人员和生产人员专业分工相对较粗，要求人员从事的岗位更全面。

根据目前典型铝合金门窗生产企业设备配置情况，大型铝合金门窗生产企业的生产和安装人员，每人每天的定额约为 $10m^2$，中型企业为 $9m^2$，小型企业为 $8m^2$，每月按 22 天计算定额工作量。小中大型规模铝合金门窗生产企业的人员配置情况见表 11-4 所示。

表 11-4　　　　　　　　　铝合金门窗生产企业人员配置方案

| 企业类型 | 生产工人 | 安装工人 | 技术人员 | 销售人员 | 管理人员 |
|---|---|---|---|---|---|
| 小型 | 15～20 | 12 | 3 | 3 | 5 |
| 中型 | 16～25 | 20 | 4 | 4 | 6 |
| 大型 | 30～35 | 35 | 5 | 5 | 8 |

注：表中小型企业的生产工人与安装工人为共同生产和安装。

## 11.1.3  生产企业部门配置

铝合金门窗生产企业要适应市场的需求，企业内部必须建立快速反应机制，从合同签订到设计、材料采购、生产加工、产品发运及安装、售后服务等各环节，生产企业应设置相应的部门或人员分别负责相应环节的工作，形成事事有人做、有人管，不重叠、不漏缺，各环节相互监督、相互制约、相互促进、协调统一的闭环管理模式，各部门、人员都能按照各自的职责开展工作，在企业内形成一个有机整体，有计划按步骤地完成各个门窗供货合同，确保及时顺利地给用户提供满意的产品。

1. 部门设置

本着"精简、高效"的原则，一般企业可设置供应部、安装部（销售部）、生产部、技术部、质检部、财务部、行政办公室等部门，小型企业可设置相应的专职负责人员。

2. 部门职责

（1）安装部（销售部）。负责产品安装和售后服务及与用户沟通，对每个门窗供货合同负责落实项目责任经理（人）。

负责安装质量的验收。

（2）技术部。

负责新材料、新产品的研发和推广，适时推出新产品。

负责工艺路线的设计、改进。

负责向生产部提供所需的材料计划、工程设计图样、工艺卡片、下料单等工艺技术文件。

负责生产计划的制订。

负责工艺装备、设备管理。

（3）供应部。

负责开拓市场，拓展用户，签订门窗加工合同。

负责原材料供货商的评价及合同的签订。

负责回收货款，促进门窗合同按期完成，及时回收货款。

负责原材料的采购。

负责原材料的入库保管。

（4）生产部。

负责产品的生产加工。

负责生产加工过程中各环节的协调配合。

负责产品加工过程中的工序检验。

与技术部配合完成技术、工艺的改进。

（5）质检部。

负责原材料进货检验。

负责产品的出厂检验。

负责产品生产过程的质量检验。

（6）财务部。

负责收付货款及成本核算。

负责固定资产核算管理。

负责其他财务活动。

（7）行政办公室。

负责后勤保障及行政管理工作。

以上各部门的设置应根据铝合金门窗生产企业的具体情况而定，各部门职责的划分及确定应涵盖企业的整个管理活动（包括质量活动）。

3．部门间的相互关系

供应部将已签订的合同，包括品种、数量、材料说明、用户要求及合同附件资料，转给技术部门。由技术部门绘制门窗生产加工图纸、下料单，计算型材、辅材、配件和安装材料等综合耗用清单，根据合同要求制订生产计划，并转给生产部门和供应部门，由供应部门负责原、辅材料、配件采购。

生产部门按照生产计划安排生产车间生产加工，进行加工过程中的质量检验。质检部负责成品质量的检验，检验合格的产品签发合格证，办理入库手续，签发检验报告，不合格的产品进行返工返修处理。

安装部根据合同时间要求，安排产品的发运及现场工程安装，协同工程安装验收。

目前，国内门窗生产企业和工程建设方一般情况执行按进度付款，即签订合同预付一定的预付款，加工安装过程中按进度分期付款，在门窗安装完毕时付至工程款的70%～80%，验收完毕后付至90%～95%，余款作为质量保证金。在质量保证期内由双方协商付清余款。产品发货后，货款回收工作依然没有完成的，财务部门就需与供应部门核对每个合同货款回收情况，督促供应部落实货款回收计划，降低货款回收风险，最大限度地回收货款。

## 11.2 生产计划的制订

铝合金门窗作为建筑物的配套产品，只有与建筑物正确配合，才能发挥出其自身的作用，铝合金门窗的这种配套性，决定了其生产、安装进度必须与建筑工程总体进度协调一致，按建筑工程总工期要求如期完工和验收。这就要求铝合金门窗生产企业对生产铝合金门窗所需的原辅材料及配套件的供应、产品生产加工、安装进度等进行综合计划、协调安排，使企业的生产加工高效有序，以保证与工地施工现场的安装进度协调一致，配合土建工程同步完成。

### 11.2.1 原材料采购计划

目前，市场上供应的铝合金型材品种类别众多，各铝合金型材企业生产的型材也不尽相同，且每年都有新产品开发出来。铝合金门窗因所配套的建筑物功能、作用要求不同，对铝合金型材的要求也不相同。因此，当门窗生产企业签订铝合金门窗合同时，就需要根据建筑设计部门对铝合金门窗的性能和功能要求，明确铝合金型材的品种，有时还需要具体到铝合金型材生产厂家，主要配套件和玻璃的种类也要明确。

当一个门窗合同签订后，门窗的立面大样图、窗型、结构、开启形式及各类门窗型的数量也就确定了，所用的铝合金型材、五金件及其他配套材料也就确定了。这时，企业的相关部门就可以根据合同规定的品种、数量及材料要求，制定相应的铝合金型材、玻璃、五金件和辅助材料的采购计划。尽管有可能在生产过程中会有小的变更，但一般来说，大部分的品种、数量都已经确定。

【示例】某铝合金窗工程合同为LC001，其窗型、数量如图 11-4 所示。

铝合金型材选用 55 系列隔热断桥氟碳喷涂型材，表面颜色为外绿内白，玻璃采用（5＋9A＋5）mm 白色浮法中空玻璃，五金件选用国产名优产品，胶条采用三元乙丙橡胶条。

根据窗型和材料要求，列出窗汇总见表 11-5。

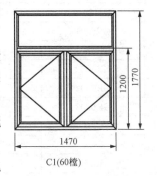
C1(60橙)

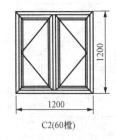
C2(60橙)

图 11-4　LC001 号铝合金窗合同窗型图

**表 11-5　LC001 号铝合金窗汇总表**

| 合同号 | LC001 | 合同单位 | ××× | | 门窗数量（橙） | | 120 |
|---|---|---|---|---|---|---|---|
| 门窗号 | 数量（橙） | 单橙窗面积（m²） | 总面积（m²） | 开启形式 | 型材 | 玻璃 | 配件 |
| C1 | 60 | 2.88 | 172.8 | 内平开 | 喷漆绿白 | 中空 | 名优 |
| C2 | 60 | 1.44 | 86.4 | 内平开 | 喷漆绿白 | 中空 | 名优 |
| 合计 | 120 | — | 259.2 | — | — | — | — |

### 1. 铝型材采购计划

由技术人员根据合同，结合具体窗型和规格尺寸，设计下料单，计算铝合金型材的需要量。不同规格的铝合金型材如框、扇、中橙、玻璃压条、扣板、角码等要齐全配套。必须按需要的数量，在最大限度提高材料的利用率的前提下，用优化下料的方法，计算各种铝合金型材的采购数量。铝合金型材的标准长度为 6m，如数量较大，可与铝合金型材生产厂家确定定尺长度，保证足额采购又不浪费。本合同窗 C1、C2 各规格铝合金型材的需要量分别见表 11-6 和表 11-7。

**表 11-6　C1 窗型型材需要量**

| 序号 | 名称 | 型材代号 | 下料长度（mm） | 数量（支） | 备注 |
|---|---|---|---|---|---|
| 1 | 上下框 | GR6301 | 1470 | 120 | — |
| 2 | 左右框 | GR6301 | 1770 | 120 | — |
| 3 | 上下橙 | GR6302 | 704.6 | 240 | — |
| 4 | 左右橙 | GR6302 | 1155.2 | 240 | — |
| 5 | 中横框 | GR6303 | 1414 | 60 | — |
| 6 | 中竖框 | GR6303 | 1143.5 | 60 | — |
| 7 | 上亮横玻压条 | 6305 | 1414 | 120 | 实测尺寸 |
| 8 | 上亮竖玻压条 | 6305 | 496 | 120 | 实测尺寸 |
| 9 | 扇横玻压条 | 6304 | 612.6 | 240 | 实测尺寸 |
| 10 | 扇竖玻压条 | 6304 | 1017.2 | 240 | 实测尺寸 |
| 11 | 框角码 | 18.5 | — | 240 | |
| 12 | 扇角码 | 28.5 | — | 480 | |
| 13 | 中橙连接件 | 19 | — | 120 | |

表 11 - 7                 **C2 窗型型材需要量**

| 序号 | 名称 | 型材代号 | 下料长度（mm） | 数量（支） | 备注 |
|------|------|----------|----------------|------------|------|
| 1 | 上下框 | GR6301 | 1200 | 120 | — |
| 2 | 左右框 | GR6301 | 1200 | 120 | — |
| 3 | 上下梃 | GR6302 | 596.6 | 240 | — |
| 4 | 左右梃 | GR6302 | 1156 | 240 | — |
| 5 | 中竖框 | GR6303 | 1144 | 60 | — |
| 6 | 扇横玻压条 | 6304 | 477.6 | 240 | 实测尺寸 |
| 7 | 扇竖玻压条 | 6304 | 1050 | 240 | 实测尺寸 |
| 8 | 框角码 | 18.5 | — | 240 | — |
| 9 | 扇角码 | 28.5 | — | 480 | — |
| 10 | 中梃连接件 | 19 | — | 120 | — |

根据 C1、C2 窗型需要的各规格型材的数量，进行优化排料，C1、C2 窗型所用型材相同，应对其共同进行优化，优化排料后的结果见表 11 - 8，该表既可作为采购的依据，又可作为指导下料的下料单。

表 11 - 8                **C1、C2 窗型主要型材优化排料表**

| 序号 | 名称 | 型材代号 | 6m 定尺 | | 用途 | 下料数量（支） |
|------|------|----------|------------|----------------|------|----------------|
| | | | 支数（支） | 下料尺寸（mm） | | |
| 1 | 框料 | GR6301 | 120 | 1470×1 | C1 上下边框 | 120 |
| | | | | 1770×1 | C1 左右边框 | 120 |
| | | | | 1200×2 | C2 横竖边框 | 240 |
| 2 | 扇料 | GR6302 | 48 | 1155.2×5 | C1 左右边框 | 240 |
| | | | 24 | 569.6×10 | C2 上下边框 | 240 |
| | | | 40 | 704.6×6 | C1 上下边框 | 240 |
| | | | 48 | 1156×5 | C2 左右边框 | 240 |
| 3 | 中梃 | GR6303 | 12 | 1143.2×5 | C1 中竖框 | 60 |
| | | | 12 | 1144×5 | C2 中竖框 | 60 |
| | | | 15 | 1414×5 | C1 中横框 | 60 |
| 4 | 扇玻璃压条 | 6304 | 27 | 612.6×9 | C1 扇横玻压条 | 240 |
| | | | 48 | 1017.2×5 | C1 扇竖玻压条 | 240 |
| | | | | 477.6×1 | C2 扇横玻压条 | 48 |
| | | | 60 | 1050×4 | C2 扇竖玻压条 | 240 |
| | | | | 477.6×3 | C2 扇横玻压条 | 180 |
| | | | 1 | 477.6×12 | C2 扇横玻压条 | 12 |
| 5 | 上亮玻璃压条 | 6305 | 30 | 1414×4 | C1 上亮横玻压条 | 120 |
| | | | 10 | 416×13 | C1 上亮竖玻压条 | 120 |

注：1. 表 11 - 8 是以型材定尺长度为 6m 进行优化的，优化排料时需要考虑锯片厚度 2～3mm、锯切时的余量 2mm、型材两端不能用的部分约 120mm。

      2. 表中 6m 长度型材的支数是最少采购量，实际采购时一般应增加 5% 作为采购余量。

根据上述优化的铝合金型材数量，制定铝合金型材采购计见表 11 - 9。

表 11 - 9　　　　　　　　　　LC001 号合同铝合金型材采购计划

| 序号 | 名称 | 型材代号 | 米重（kg/m） | 采购数量 | | |
|---|---|---|---|---|---|---|
| | | | | 支数（支） | 长度（m） | 重量（kg） |
| 1 | 框料 | GR6301 | 1.194 | 120 | 720 | 859.68 |
| 2 | 扇料 | GR6302 | 1.294 | 160 | 960 | 1242.24 |
| 3 | 中梃 | GR6303 | 1.306 | 39 | 234 | 305.60 |
| 4 | 扇玻璃压条 | 6304 | 0.39 | 136 | 816 | 318.24 |
| 5 | 上亮玻璃压条 | 6305 | 0.34 | 40 | 240 | 81.60 |

　　对于不同规模的工程，型材采购以配合土建工程进度，不影响安装为前提，同时结合铝合金型材的供应情况，最大限度降低资金占用，可采取先急后缓的采购方式，确保采购的各种材料及时进入生产车间和安装施工现场。规模较大的工程可与铝合金型材生产厂家商定，采取一次签订全部铝合金型材数量，分批购进，先购窗框和中梃材料，随着工程的进行再分批购进窗扇需要的型材。当铝合金型材用量比较少时，可到铝合金型材市场直接购进合格的铝合金型材。

　　2. 玻璃采购计划

　　C1、C2 窗型玻璃采购计划见表 11 - 10。

表 11 - 10　　　　　　　　　　LC001 号合同玻璃采购计划

| 窗号 | 尺寸（mm） | 类别 | 数量（块） | 面积（m²） |
|---|---|---|---|---|
| C1 | 1400×531 | 中空（5＋9＋5） | 60 | 44.60 |
| | 598.6×1049.2 | 中空（5＋9＋5） | 120 | 75.37 |
| C2 | 423.6×1010 | 中空（5＋9＋5） | 120 | 51.34 |

　　3. 五金件及辅助材料采购计划

　　五金件及辅助材料采购计划见表 11 - 11。

表 11 - 11　　　　　　　　　　LC001 号合同辅助材料采购计划

| 序号 | 材料名称 | 规格 | 单位 | 采购数量 | 备注 |
|---|---|---|---|---|---|
| 1 | O 型胶条 | — | M | 912 | 平开框 |
| 2 | O 型胶条 | — | M | 912 | 平开扇 |
| 3 | K 型胶条 | — | M | 2928 | 安装玻璃 |
| 4 | 铰链 | — | 副 | 480 | — |
| 5 | 滑撑 | — | 副 | 240 | — |
| 6 | 执手传动器 | — | 套 | 240 | — |
| 7 | 螺钉 | — | — | — | — |
| 8 | 连接地脚 | — | 个 | 2640 | 固定窗框 |
| 9 | 发泡胶 | — | 桶 | 25 | 安装密封框 |
| 10 | 密封胶 | — | 桶 | 210 | 安装密封框 |
| 11 | 玻璃垫块 | — | 块 | 2760 | — |

## 11.2.2 生产进度计划

### 1. 生产工期计划

由于铝合金门窗的特点是非定型化、配套使用的产品,从数量、结构形式到供货期是完全由买方决定的订单式产品。因此,铝合金门窗不能像定型化、标准化的家电、服装等产品一样,企业可以根据自身的生产能力,按照相对固定的生产计划进行生产。铝合金门窗企业的生产计划一般按照合同规定的工期,制订一个弹性生产计划。每天的生产计划又受到各种原辅材料的供货情况影响。因此,对于不同类型的铝合金门窗企业,需要注意自身生产过程中各个供货合同的衔接,保持时间上不冲突。

小型企业一般不同时承接多个工程,也就是在一个时间段内只进行一个供货合同的生产,以最终交货或完成安装日期为终点,倒推出整个合同的生产时间,在整个生产时间段内,车间生产与工地安装可以有重合时间,即可以一边生产一边安装,也可以先生产完毕后再安装,这取决于生产和安装工人的分工。当生产和安装由同一批工人完成时,就先生产完毕后再进行安装。生产进度以供货合同数量除以生产和安装两个阶段的工期,作为当日必须完成的生产任务,此外,各工序之间应进行协调和平衡。

对于一个合同的生产和安装总工期,其生产进度可用时间进度表表示,参见表 11 - 12。制订总体时间生产进度计划,在计划执行过程中,随时调整意外情况影响的时间,生产计划完成情况每月进行统计汇总,做到及时调整、及时优化,确保按确定的总工期完成生产和安装任务。

表 11 - 12　　　　　　　　　　单个合同生产时间进度表

| 合同单位 | | | 门窗数量 | | 2400m² | | 完工日期 | | 6 月 30 日 | | | | | | | | | |
|---|---|---|---|---|---|---|---|---|---|---|---|---|---|---|---|---|---|---|
| 日期 | 4 月 | | | | | | 5 月 | | | | | | 6 月 | | | | | |
| | 5 | 10 | 15 | 20 | 25 | 30 | 5 | 10 | 15 | 20 | 25 | 30 | 5 | 10 | 15 | 20 | 25 | 30 |
| 框下料 | | | | | | | | | | | | | | | | | | |
| 框加工 | | | | | | | | | | | | | | | | | | |
| 框组装 | | | | | | | | | | | | | | | | | | |
| 扇下料 | | | | | | | | | | | | | | | | | | |
| 扇加工 | | | | | | | | | | | | | | | | | | |
| 扇组装 | | | | | | | | | | | | | | | | | | |
| 成品组装 | | | | | | | | | | | | | | | | | | |
| 工地安装 | | | | | | | | | | | | | | | | | | |

时间进度表说明:

(1) 该时间进度表为小型企业生产计划,总工期以安装完成日期为准。生产和安装需要的时间以工人生产定额核定,以每人每天 8m² 计算。

(2) 实行窗框和窗扇分别运到工地上进行安装,窗框加工完毕后即可开始安装,窗框安装完毕并清理现场后,再安装窗扇。

（3）该生产进度计划为全部生产人员先从事车间内的生产加工，当窗框组装完毕后抽出一部分工人进行安装，另一部分工人继续进行生产加工。

中型或大型企业同时承接多个工程，在同一个时间段内同时进行多个供货合同的生产和安装，须分别以每个供货合同的交货或完成安装的日期为终点，计算每个供货合同的生产和安装时间。同时完成多个供货合同的中型或大型企业，从事生产和安装的工人大都实行专业化分工，生产工人只负责车间内生产加工，安装工人只负责工地安装。由于不同工程可能分布在不同的省、市，安装工人大都实行专一工地安装方式，即在一个工地安装完成后转移到另一个工地。同时生产多个合同的，车间内的生产相对于单个合同来讲，要保证多个供货合同的协调与均衡，生产进度的安排上相对复杂，需要对多个合同和不同工序进行综合协调。在安排生产进度时，要兼顾生产合同的数量、时间和生产工人数量、材料供应等多种情况。

在材料供应保证的前提下，确保合理的生产效率，以保证生产进度。当短期内工程量较大，生产时间紧迫时，要合理确定生产各工序之间、生产与安装之间的时间衔接，避免出现窝工和撞车现象。多个合同同时生产时的时间进度表参见表 11 - 13。

表 11 - 13　　多个合同同时生产时间进度表（2009 年 3 月铝合金门窗时间进度表）

| 合同号 | 进度 | 1 | 2 | 3 | 4 | 5 | 6 | 7 | 8 | 9 | 10 | 11 | 12 | 13 | 14 | 15 | 16 | 17 | 18 | 19 | 20 | 21 | 22 | 23 | 24 | 25 | 26 | 27 | 28 | 29 | 30 | 31 |
|---|---|---|---|---|---|---|---|---|---|---|---|---|---|---|---|---|---|---|---|---|---|---|---|---|---|---|---|---|---|---|---|---|
| 001 | 框 | | | | | | | | | | | | | | | | | | | | | | | | | | | | | | | |
| | 扇 | | | | | | | | | | | | | | | | | | | | | | | | | | | | | | | |
| | 安装 | ■ | ■ | ■ | ■ | ■ | | | | | | | | | | | | | | | | | | | | | | | | | | |
| 002 | 框 | | | | | | | | | | | | | | | | | | | | | | | | | | | | | | | |
| | 扇 | ■ | ■ | ■ | ■ | ■ | ■ | ■ | ■ | | | | | | | | | | | | | | | | | | | | | | | |
| | 安装 | ■ | ■ | ■ | ■ | ■ | ■ | ■ | ■ | ■ | ■ | ■ | ■ | ■ | ■ | ■ | ■ | | | | | | | | | | | | | | | |
| 003 | 框 | ■ | ■ | ■ | ■ | ■ | ■ | ■ | ■ | ■ | ■ | | | | | | | | | | | | | | | | | | | | | |
| | 扇 | ■ | ■ | ■ | ■ | ■ | ■ | ■ | ■ | ■ | ■ | ■ | ■ | ■ | ■ | ■ | ■ | ■ | ■ | ■ | ■ | | | | | | | | | | | |
| | 安装 | | | | | | ■ | ■ | ■ | ■ | ■ | ■ | ■ | ■ | ■ | ■ | ■ | ■ | ■ | ■ | ■ | ■ | ■ | ■ | ■ | ■ | ■ | ■ | | | | |
| 004 | 框 | | | | ■ | ■ | ■ | ■ | ■ | ■ | ■ | ■ | ■ | ■ | ■ | ■ | ■ | ■ | ■ | ■ | ■ | ■ | ■ | ■ | | | | | | | | |
| | 扇 | | | | | | | | | | | | | | | | | | | | | | | ■ | ■ | ■ | ■ | ■ | ■ | ■ | ■ | ■ |
| | 安装 | | | | | | | | | | | | | | | | | | | | | | | | | | | ■ | ■ | ■ | ■ | ■ |
| 005 | 框 | | | | | | | | | | | | | | | | | | | | | | | | | ■ | ■ | ■ | ■ | ■ | ■ | ■ |
| | 扇 | | | | | | | | | | | | | | | | | | | | | | | | | | | | | | | |
| | 安装 | | | | | | | | | | | | | | | | | | | | | | | | | | | | | | | |

从表 11 - 13 时间进度表可以看出，001 号合同已完成生产加工，延续上月的安装并计划 3 月 5 日完成安装任务。002 号合同延续上月的生产和安装，窗框已完成加工，计划 3 月 8 日完成窗扇的生产加工，3 月 16 日完成安装任务。003 号合同延续生产，计划 3 月 10 日完成窗框生产加工，3 月 20 日完成窗扇生产，3 月 6 日开始安装，3 月 27 日完成安装任务。004 号合同生产计划，从 3 月 4 日开始生产窗框，3 月 23 日开始生产窗扇，3 月 27 日开始安装，生产和安装任务延续到 4 月份。005 号合同生产计划，从 3 月 25 日开始生产窗框，本

月没有计划生产窗扇和安装计划。对于上月生产和安装计划延续到本月的，以及本月生产和安装计划需要延续到下月的，要标注出延续生产和安装任务的数量，可以用具体数量或百分比表示，能定量反应本月的完成情况。为更直观具体地利用好时间进度表，可在时间进度表上标注出百分比进度要求，同时利用该表在时间进度横线（计划线）下方用红颜色笔标注出实际进度完成情况。

2. 工序生产计划

生产管理人员对各工序地生产计划和实际完成数量必须随时掌握，以及时协调和调整各工序的生产，保证工序时间平衡，避免发生工序间流程不通的现象。对各工序用生产计划单的形式安排当日的生产任务，并汇总生产计划完成情况。

锯切下料工序生产计划、组装工序生产计划分别参见表 11-14 和表 11-15。

表 11-14　　　　　　锯切下料工序生产计划（汇总）单　　　　　　日期：3月8日

| 合同号 | 加工内容 | 规格 | 加工计划 | 当日完成 | 操作者 | 检验员 | 计划总数 | 累计完成 |
|---|---|---|---|---|---|---|---|---|
| 002 | 框料 | 料单 | 400 | | | | | |
| | 扇料 | | 400 | | | | | |
| | 中梃 | | 100 | | | | | |
| | 框角码 | | 400 | | | | | |
| | 扇角码 | | 400 | | | | | |
| 003 | | | | | | | | |
| 004 | | | | | | | | |
| 计划员： | | | | 统计员： | | | | |

表 11-15　　　　　　组装工序生产计划（汇总）单　　　　　　日期：3月8日

| 合同号 | 加工内容 | 规格 | 加工计划 | 当日完成 | 操作者 | 检验员 | 计划总数 | 累计完成 |
|---|---|---|---|---|---|---|---|---|
| 002 | 组框 | 料单 | 100 | | | | | |
| | 组扇 | | 100 | | | | | |
| 003 | | | | | | | | |
| 004 | | | | | | | | |
| 计划员： | | | | 统计员： | | | | |

## 11.3　生产现场的组织管理

生产现场一般指生产车间，是生产过程中诸要素综合汇集的场所，是计划、组织、控制、指挥、反馈消息的来源。生产现场要求人流、物流、信息流的高效畅通，使生产现场的人、机、物、法、环、信各要素合理配置，定置管理。生产要素的合理配置，是指生产加工某产品或部件时，生产工人利用何种机械、物料、加工方法、在什么环境状态下加工，各环节的消息传递方式都应有明确要求。例如：锯切下料工序，就是由该工序的熟练工人操作切割锯，分别对框料或扇料，按合同要求的铝合金型材品种下料，加工方法包括按规程和工艺操作，误差不超标准。环境是指工作的环境，锯切下料时双头锯周围必须保证有足够放置材料的空间，有照明设施，能看清工作台和尺寸标尺，冬季有相应的保温措施，防止气路冻坏，影响汽缸工作。生产计划和实际完成的质量、数量能及时反馈到管理者，保证整个生产正常运行。

1. 生产现场的定置管理

定置管理是指对生产现场的设备、物料、工作台、半成品、成品及通道等，根据方便、高效的原则，规定确定的位置，实现原材辅料、半成品，在各工序之间以最短的时间、最少的人工、最短的距离、最少的渠道流转。

生产车间的定置管理由企业的生产车间布局和生产设备配置以及生产状况确定，原则上按生产流程布置生产设备和原材料、半成品、产品。不同规模企业生产车间的定置管理可参照典型车间布置方案图 10-1～图 10-3 进行定置。

2. 物料管理

（1）铝合金型材的管理。采购进厂的铝合金型材，首先进行质量验证（参见铝合金型材检验）。经检验合格的，开具铝合金型材检验单，确认购买数量，办理入库手续。

铝合金型材要有专门的储存场所，不应在室外露天存放。当生产车间面积足够时，为方便生产，可存放在车间一端。存放铝型材的场所，要求远离高温、高湿和酸碱腐蚀源，铝合金型材不能直接接触地面存放，要放在型材架上，按规格、批次分别存放，节约空间，方便存取。为防止铝合金型材变形，6m 长的型材应用 3～4 个型材架，型材架之间的距离不应超过 1.5m。当型材批量较大，需要在室外临时存放时，型材底部应垫高 20～30cm，形成 3～4 个支撑点，型材上面必须覆盖篷布，防雨防晒。

（2）五金件及其他辅助材料管理。五金件与密封材料按技术要求和相关标准进行检验（参见铝合金门窗配件检验）。经检验合格的，办理入库手续。

五金件和胶条、毛条等辅料，要有专门的库房存放，库房必须防火、防潮、防蚀、防高温。各类物资要分类存放，分别存放于不同的货架上。仓库存储的物资要设置材料台账和材料卡，台账要记录存储物资的名称、规格、数量、价格、收发日期；材料卡记录存储物资的名称、规格、数量和收发日期，挂贴在存储物资上。收发各种物资后须及时在材料台账上和材料卡上进行登记，以保证各种物资帐、物、卡相符。

（3）玻璃的管理。玻璃是易碎品。且不宜搬运，管理较难。玻璃的管理要注意以下几点：一是要分类存放在玻璃架上，按不同合同、不同规格种类分类详细记录，在台账上和玻璃实物上记录合同号、规格、品种、数量等信息，保证帐、物、卡一致；二是要放置在合理的位置。方便存取；三是要防雨、防高温、防尘、防撞。

3. 试制样品验证生产工艺

铝合金门窗的开启形式不同，其生产工艺不同；不同的型材厂生产的铝合金型材断面结构不同，其生产工艺也有所不同。因此，当生产一种新窗型时，首先必须根据铝合金型材厂提供的产品图集和型材实物，设计出该种型材系列的门窗图样，计算各种型材的下料尺寸，确定配合连接位置和尺寸以及槽孔的位置和尺寸。然后试做样品，对样品尺寸、配合及各部件的连接进行检验，及时发现问题及早解决。

4. 生产现场的质量管理

产成品的质量,一方面取决于原辅材料的质量,另一方面取决于生产过程中的质量控制,在保证原辅材料质量的前提下,产成品的质量就完全取决于生产过程中的质量控制。因此,要加强工序质量控制和质量检验,各生产工序要严格把好质量控制关。

铝合金门窗过程检验的内容及要求参见本书第13章13.4节工序检验。

铝合金门窗生产现场组织管理,还要做好构件及半成品的编号和统计工作,明确产品状态标识和检验状态标识,避免重复工作。

## 11.4 产品成本控制

产品成本是企业为了生产产品而发生的各种耗费,是指企业为生产一定种类和数量的产品所支出的生产费用的总和,也可以指一定时期生产产品的单位成本。

工业企业产品生产成本(或制造成本)的构成,包括生产过程中实际消耗的直接材料、直接工资、其他直接支出和制造费用。

(1)直接材料。直接材料包括企业生产经营过程中实际消耗的原材料、辅助材料、备品配件、外购半成品、燃料、动力、包装物以及其他直接材料。

(2)直接工资。直接工资包括企业直接用于从事产品生产人员的工资及福利费。

(3)其他直接支出。其他直接支出包括直接用于产品生产的其他支出。

(4)制造费用。制造费用包括企业各个生产单位(分厂、车间)为组织和管理生产所发生的各种费用。一般包括:生产单位管理人员工资、职工福利费、生产单位的固定资产折旧费、租入固定资产租赁费、修理费、机物料消耗、低值易耗品、取暖费、水电费、办公费、差旅费、运输费、保险费、设计制图费、试验检验费、劳动保护费、季节费、修理期间的停工损失费以及其他制造费用。

产品成本有狭义和广义之分。狭义的产品成本是指产品的生产成本,而将其他的费用放入管理费用和销售费用中,作为期间费用,视为与产品生产完全无关。广义的产品成本既包括产品的生产成本(中游),还包括产品的开发设计成本(上游),同时也包括使用成本、维护保养成本和废弃成本(下游)等一系列与产品有关的所有企业资源耗费。相应地,对于产品成本控制,就是要控制这三个环节所发生地所有成本。

产品成本是反映企业经营管理水平的一项综合性指标,企业生产过程中各项耗费是否得到有效控制,设备是否得到充分利用,劳动生产率的高低、产品质量的优劣都可以通过产品成本这一指标表现出来。铝合金门窗产品成本高低直接关系到企业的经济效益,在销售合同确定后,销售价格就基本确定,成本高则利润低,因此,要保证合理的利润,就必须对成本项目进行控制。

### 11.4.1 产品成本项目构成

铝合金门窗产品成本项目构成与其他工业产品相似,包括以下几方面:

(1)直接材料。包括铝合金型材、五金件、密封材料、安装材料及其他辅助材料等。

（2）直接工资。包括生产工人工资和安装工人工资。

（3）其他直接支出。包括宣传费、招待费、利息、税金等。

（4）制造费用。包括水电费、工具费、办公费、维修费、运输费、保险费、检验费、交通费、折旧费、通信费、福利费等。

从成本项目构成上分析，要生产制造合格的铝合金门窗，又要使成本受控不超过计划数，必须采取相应措施，严格控制各成本项目。按铝合金门窗的生产过程，铝合金门窗产品成本可分别在生产环节和安装环节进行控制。

### 11.4.2 产品成本控制

1. 生产过程成本控制

通过制定生产环节的经济责任制，对直接材料的消耗和生产费用明确责任，实行节奖超罚。

直接材料成本占到销售价格的 70%～75%，铝型材又占到直接材料的 60%～70%，所以生产过程成本控制，首先要严格控制直接材料成本。直接材料不能偷工减料，成本控制要从把好材料消耗关、质量关出发，严格控制采购原材料质量，减少生产和使用过程中的损失和浪费。具体方法为：

（1）严把原材料质量关。对采购来的原材料严格按要求进行检验，做到不合格材料不入库。杜绝把不合格材料用到铝合金门窗产品上，防止因返工造成的材料和人工浪费。

（2）根据材料单明确限额领料。通过控制铝合金型材、五金件、胶条、毛条、螺钉、插接件等生产材料的消耗。辅助材料、玻璃采购计划即作为物资采购的依据，又作为仓库收发和车间领用料的依据。

（3）严格控制下料、组角和组装等关键工序的质量。必须严格按操作控制程序和工艺操作规程要求进行下料、组角和组装，严格遵守三检和首检制度。

（4）各工序严格按照工艺规程操作，保证产品质量。人力资源的合理利用和控制。使用运输工具，降低劳动强度，减少搬运时间，提高工作效率，降低人工成本。提高工人的生产积极性和工作效率，减少窝工。可采取基本工资与计件工资相结合的工资管理模式，配合材料及配件计划单进行考核，有具体的、易操作的奖罚制度，切实落实、奖勤罚懒。管理费用可采取定额控制的办法。

2. 安装环节成本控制

安装环节产品控制主要注意以下问题：

（1）工地原材料的存放要整齐有序，减少损坏和丢失。根据现场条件和施工进度，材料分批进厂，并做好材料进厂检验等手续。

（2）样板先行，避免大面积返工，造成浪费。

（3）制定安装质量检验制度并严格实施。实行自检、互检，逐樘检查，避免侥幸心理。

（4）合理安排物料运输。如高层施工时玻璃的运输须在施工洞封闭前将玻璃运送到每层。

（5）合理安排施工顺序，避免重复工作和材料损坏。比如外墙镶贴或抹灰未完成前，坚决不能安装玻璃。

（6）人力资源合理安排，根据施工计划提前组织人员，或提前加班，避免因集中突击造成质量及进度无法保证。

（7）根据企业自身情况，确定采取何种方式：承包制或是公司内部设立安装队。

（8）安装材料根据配套材料计划限额领用，对安装过程中玻璃的破损率、门窗产品及配件的损坏率实行定额考核，节奖超罚。

（9）及时做好变更签证，工程决算时做到有据可查。

# 第12章

## 构件加工

铝合金门窗的构件加工是指通过切割锯、端面铣床、仿型铣床、冲床、钻床等加工设备和相应工装，将铝合金型材进行切割、钻冲孔、铣削等加工，使铝合金型材构件符合组装铝合金门窗要求的加工过程。

## 12.1 加工工艺

### 12.1.1 生产工艺流程

铝合金门窗的制作工艺流程按窗的开启形式分为推拉和平开两种，其生产制作的工艺流程分别见图 12-1 和图 12-2。

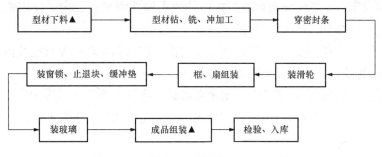

图 12-1　铝合金推拉窗加工工艺流程

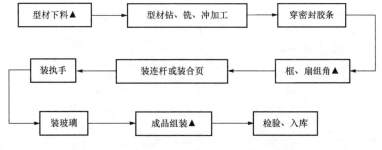

图 12-2　铝合金平开窗加工工艺流程

### 12.1.2 生产工艺

铝合金门窗的生产工艺对于不同的规格系列和构造设计，其生产工艺会有差异，主要包括下列工序：

（1）下料（杆件加工）工序。使用锯切设备将型材按设计要求切割成组装需要的长度和角度。

（2）机加工（铣、冲、钻）工序。机加工工序是对经下料工序锯切后的型材杆件，按照加工工艺和产品设计图样的要求，利用机械加工设备或专用设备如铣床、冲床、钻床等对型材杆件进行铣、冲、钻加工。

（3）组装（装配五金配件、毛条、胶条、组角、成框等）工序。组装工序是将经加工完成的各种零部件及配件、附件按照产品设计图样的要求组装成成品门窗。

（4）门窗框、扇的组角。铝合金门窗框、扇的组装，一般采用45°组角的方式进行组装。若构件为封闭式空腹型材时，采用机械式组角工艺成型，在相邻构件的45°斜角内，插入专用角插件连接；对隔热型材的组角使用两个组角插件，一个组角插件起主要负载作用，插入型材内侧空腔，另一个组角插件起辅助作用，插入型材外侧空腔。专用组角插件的材料为压铸式铝合金或挤压的铝合金型材。

按组角插件的固定方式可分为两种：

1）机械式铆压法。将带有沟槽的组角插件，插入构件的空腔内，使用组角铆压设备将型材壁压入组角插件的沟槽内固定。

2）手工式固定法。将两块对合的组角插件插入构件型材空腔内，使用锥销固定，即用锥销涨紧组角插件达到组角固定的目的。

机械式和手工式固定法组角，均需在组角之前，将组角插件和型材空腔内表面的油污清洗干燥后涂上密封胶，才能保证角部的密封作用。

对于隔热铝合金平开窗，其下料、组角和组装工序的典型工艺见表12-1～表12-3。对于普通铝合金推拉窗，其下料、组装工序的典型工艺见表12-4和表12-5。

表 12 - 1

## 中梃下料工序工艺卡片

| 关键工序工艺卡片 | | | | | | |
|---|---|---|---|---|---|---|
| 产品名称 | 平开铝合金窗 | 设备名称 | 数控双头切割锯 | 设备编号 | HASB-01 | 工序名称 | 中梃下料 |
| 产品型号 | WBW65PLC | 设备型号 | LJB2B-CNC-500×5000 | 工装编号 | HAGZ-01 | 工序编号 | 65PLC-02 |
| 产品规格 | 150150 | | | | | |

**工序标准**

1. 加工精度：下料长度 $L\leq2000$ mm 时，允许偏差 ±0.3mm；$L>2000$ mm 时，允许偏差 ±0.5mm；角度允许偏差 −10′
2. 用记号笔标明框料或喇料的位置和工程名称
3. 切割后型材断面应规整光洁，外表面清洁，无毛刺，无划伤

**操作要求**

1. 切割前检查设备运转是否正常
2. 按组角方式确定型材在双头锯上的摆放方法，保证切割同种型材时型材摆放方法一致。要使用与型材形状相符的垫块
3. 切割时型材要放平，压紧，①②为定位面，③为夹紧面，注意夹紧面、定位面，夹紧面与操作台、夹具之间是否有间隙
4. 装夹时注意夹紧力适当，防止型材变形，适当增加保护
5. 切割、搬运及存放过程中应防止型材变形及框面划伤
6. 首件必须严格检验，合格后方可批量生产
7. 异常现象应立即停车，关闭电源检修
8. 对不合格品要做标识，单独存放

**工艺装备**　钢卷尺、角度尺、定位模具、夹具、型材周转车

**检验方法**

1. 钢卷尺检测下料长度
2. 角度尺检测下料角度
3. 目测外观

| 设计 | | | | |
|---|---|---|---|---|
| 审核 | | | | |
| 批准 | 标记 | 处数 | 更改文件号 | 签字 | 日期 |

工序简图

表 12-2

## 组角工序工艺卡片

| 关键工序工艺卡片 | | | | | |
|---|---|---|---|---|---|
| 产品名称 | 平开铝合金窗 | 产品型号 | WBW65PLC | 产品规格 | 150150 |

| 设备名称 | 铝门窗组角机 | 设备编号 | HASB-06 | 工序名称 | 组角 |
|---|---|---|---|---|---|
| 设备型号 | LMB-120 | 工装编号 | HAGZ-06 | 工序编号 | 65PLC-06 |

| 工序标准 | 1. 组角应紧密，每个组角处应打专用组角胶，组角型材端面应抹胶<br>2. 槽口宽度、高度构造内侧尺寸之差：<2000mm 时，允许偏差为±2.0mm，≥2000mm 时，允许偏差为±2.5mm；3500mm 时，允许偏差为±1.5mm，≥2000mm<<br>3. 框扇杆件接缝高低差≤0.3mm<br>4. 装配间隙≤0.3mm<br>5. 装饰面应光洁无划伤、无残留胶迹 |
|---|---|
| 操作要求 | 1. 根据型材断面调整靠紧模、刀具位置<br>2. 气压达到要求时再开始工作<br>3. 定位准确，及时清理台面和靠紧模上的碎屑、污物<br>4. 型材应平贴工作台、紧靠紧模、顶紧定位板<br>5. 出现异常情况时应紧急制动，排除故障后方可工作<br>6. 组角后产品应静放至少 6h，保证组角胶完全干透后再进行下一步工序 |
| 工艺装备 | 钢卷尺、角度尺、深度尺、塞尺、靠尺、挤角刀 |
| 检验方法 | 1. 用游标卡卷尺量测量外形尺寸<br>2. 用角度尺检测垂直度<br>3. 用深度尺、塞尺检测高低差、装配间隙<br>4. 目测外观质量及胶是否适宜 |

| 设计 | | | | |
|---|---|---|---|---|
| 审核 | | | | |
| 批准 | | | | |
| 标记 | 处数 | 更改文件号 | 签字 | 日期 |

工序简图

表 12-3

**组装工序工艺卡片**

| 关键工序工艺卡片 | 产品型号 | WBW65PLC | 设备名称 | 手电钻、组装平台 | 设备编号 | HASB-08 | 工序名称 | 组装 |
|---|---|---|---|---|---|---|---|---|
| 产品名称 | 产品规格 | 150150 | 设备型号 | | 工装编号 | HAGZ-08 | 工序编号 | 65PLC-08 |
| 平开铝合金窗 | | | | | | | | |

| 工序标准 | 1. 五金件安装位置应正确，数量齐全、牢固<br>2. 合页（铰链）、锁闭执手的固定螺钉必须采用不锈钢材质<br>3. 窗扇高度大于900mm应有两个或两个以上锁闭点<br>4. 五金件应启闭灵活，具有足够的强度，满足窗的机械力学性能要求及窗扇的承重要求，承受往复运动的配件在结构上应便于更换<br>5. 可调件固定适宜<br>6. 外形尺寸应符合质量标准要求 |
|---|---|
| 操作要求 | 1. 安装五金件应在工作台上进行，并配备专用工具<br>2. 执手、锁点、铰链等易失件可在窗安装完后装配<br>3. 安装角部铰链时可做模具，以保证安装位置准确<br>4. 安装操作时，工作台应有防划垫，避免饰面损伤<br>5. 对不合格产品作出标识，单独存放 |
| 工艺装备 | 钢卷尺、刚直尺、皮锤、塞尺、深度尺、卡尺、剪刀、平台 |
| 检验方法 | 1. 用游标卡卷尺测量外形尺寸及传动器锁点位置<br>2. 用深度尺、塞尺测量高低差、装配间隙<br>3. 用刚直尺或深度尺测量框扇框搭接量<br>4. 用深度尺或卡尺测量玻璃镶嵌尺寸 |

| 设计 | | | | | |
|---|---|---|---|---|---|
| 审核 | | | | | |
| 批准 | | 标记 | 处数 | 更改文件号 | 签字 | 日期 |

工程简图

表12-4

## 下料工序工艺卡片

| 产品名称 | 推拉铝合金窗 | 设备名称 | 数控双头切割锯 | 设备编号 | HASB-01 | 工序名称 | 中横框下料 |
|---|---|---|---|---|---|---|---|
| 产品型号 | WPT85TLC | 设备型号 | LJB2B-CNC-500×5000 | 工装编号 | HAGZ-01 | 工序编号 | 85TLC-02 |

| 工序标准 | 1. 加工精度：下料长度 L≤2000mm 时，允许偏差±0.5mm；L>2000mm 时，允许偏差±0.5mm；角度允许偏差-10'<br>2. 用记号笔标明框料或嵌料的位置和工程名称<br>3. 切割后型材断面应规整光洁，外表面清洁，无毛刺，无划伤 |
|---|---|
| 操作要求 | 1. 切割前检查设备运转是否正常<br>2. 切割时对型材要装放平，压紧，注意型材是否变形是否有间隙<br>3. 装夹时注意夹紧力适当，防止型材变形，适当增加保护<br>4. 切割、搬运时应注意型材变形，合格后方可批量生产<br>5. 首件必须严格检验，合格后方可批量生产<br>6. 异常现象应立即停车、关闭电源检修<br>7. 对不合格品要作出标识、单独存放 |
| 工艺装备 | 钢卷尺、角度尺、定位模具、夹具、型材周转车 |
| 检验方法 | 1. 游标卡尺检测下料长度<br>2. 角度尺检测下料角度<br>3. 目测外观 |

| 设计 | | | | |
|---|---|---|---|---|
| 审核 | | | | |
| 批准 | 标记 | 处数 | 更改文件号 | 签字 | 日期 |

工序简图

表12-5

## 组装工序工艺卡片

| 关键工序工艺卡片 | 产品名称 | 推拉铝合金窗 | 产品型号 | WPT85TLC | 产品规格 | 150150 |
|---|---|---|---|---|---|---|

| | 设备名称 | 电钻、安装平台 | 设备编号 | HASB-08 | 工序名称 | 组装 |
|---|---|---|---|---|---|---|
| | 设备型号 | | 工装编号 | HAGZ-08 | 工序编号 | 85TLC-06 |

**工序标准**
1. 五金件安装位置应正确、数量齐全、牢固
2. 合页（铰链）、锁闭执手的固定螺钉必须采用不锈钢材质
3. 窗扇高度大于900mm应有两个或以上锁闭点
4. 五金件应启闭灵活，具有足够的强度，满足窗的机械力学性能要求及窗扇的承重要求，承受往复运动的配件在结构上应便于更换
5. 可调件固定适宜
6. 外形尺寸应符合合格质量标准要求

**操作要求**
1. 安装五金件应在工作台上进行，并配备专用工具
2. 执手、锁点、铰链罩等易夫件可做模具，以保证安装位置准确
3. 安装角部铰链时可做模具
4. 安装操作时，工作台应有防划垫，避免饰面损伤
5. 对不合格产品作出标识，单独存放

**工艺装备** 钢卷尺、刚直尺、皮锤、塞尺、深度尺、卡尺、剪刀、平台

**检验方法**
1. 用游标卡尺卷尺测量外形尺寸及传动器锁点位置
2. 用深度尺、塞尺测量高低差，装配间隙
3. 用刚直尺或深度尺测量框扇搭接量
4. 用深度尺或卡尺测量玻璃镶嵌尺寸

| 设计 | | | 标记 | 处数 | 更改文件号 | 签字 | 日期 |
|---|---|---|---|---|---|---|---|
| 审核 | | | | | | | |
| 批准 | | | | | | | |

工序简图

## 12.2 铝合金门窗的下料

### 12.2.1 材料准备

**1. 型材规格**

铝合金型材是制作铝合金门窗的主要材料。推拉铝合金门窗常用的型材规格有 70 系列、75 系列、80 系列、85 系列、90 系列等。平开铝合金门窗常用的型材规格有 55 系列、60 系列、65 系列、70 系列及 90 系列和 100 系列等，应根据铝合金门窗的性能设计要求选用合适的型材。如图 12-3~图 12-6 分别为 65 平开系列隔热和 85 推拉系列铝合金型材截面图和其所组装的铝合金窗的构造图。

**2. 铝型材壁厚**

门窗用铝合金型材主型材基材壁厚公称尺寸应根据设计要求计算和试验确定，并符合《铝合金建筑型材 第 1 部分：基材》（GB/T 5237.1—2017）及产品标准《铝合金门窗》（GB/T 8478—2020）中规定要求。铝合金型材断面尺寸与受力构件的抗风压性能有直接的关系，减小铝合金型材的厚度，在较大荷载作用下，很容易使表面受损或门窗变形，降低了门窗的抗风压性能，而且耐久性也较差。

**3. 表面涂层**

表面涂层起到保护铝合金型材表面的作用，主要有氧化膜、电泳涂漆、粉末喷涂、氟碳喷涂四种表面处理方式，还有基于粉末喷涂基础上的木纹转印处理，颜色种类较多。

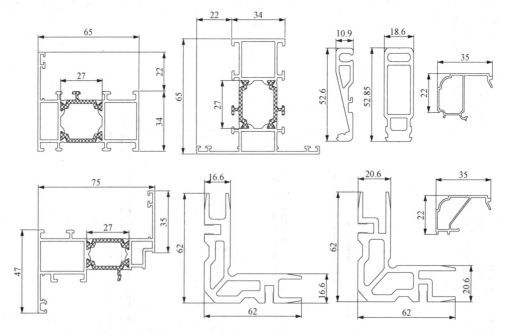

图 12-3　65 系列隔热平开铝合金型材断面图

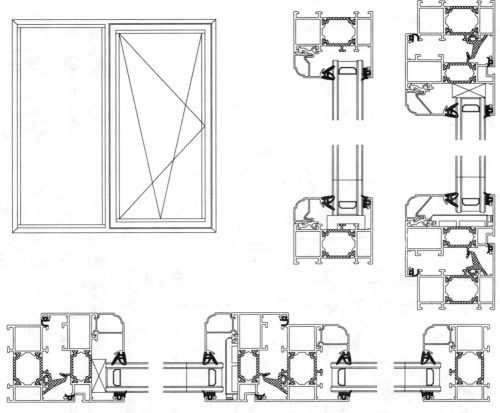

图 12-4　65 系列隔热平开铝合金窗构造图

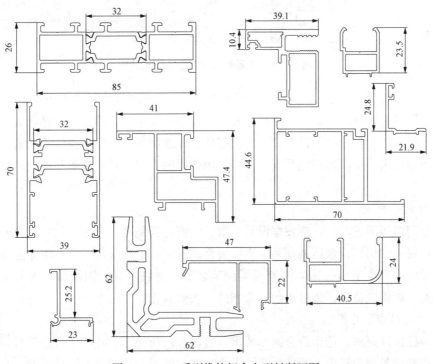

图 12-5　85 系列推拉铝合金型材断面图

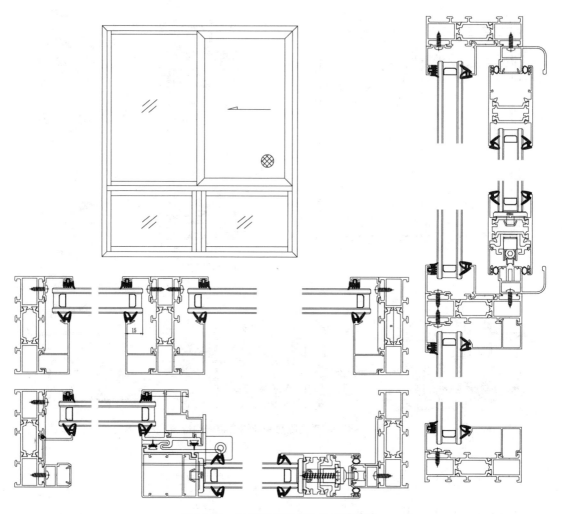

图 12-6　85 系列推拉铝合金窗构造图

　　应根据建筑物所在地区及建筑物的装饰要求，选用不同处理方式及不同颜色的表面涂层。由于不同的表面处理方式，涂层厚度及造价成本有所不同，因此，选择什么样的表面涂层，应根据建筑物所在地的气候条件，使用部位、建筑物等级及经济条件等因素进行综合考虑。如沿海地区由于受海风侵蚀严重，就要选用较厚的涂层。氧化膜不要在酸碱较严重的地区使用。

　　4. 配件的选择

　　铝合金门窗所用的配件，应根据设计要求、门窗的类别合理选用。如推拉窗的锁具颜色可按设计选定，常用锌合金压铸制品，表面镀铬或覆膜；平开窗的合页、滑撑应为不锈钢制品，钢片厚度不宜小于 1.5mm，并有松紧调节装置，滑块一般为铜制品。执手为锌合金压铸制品，表面镀铬或覆膜，也可用铝合金制品，表面氧化。

　　5. 铝合金门窗的备料

　　（1）根据设计要求，选出符合国标要求，且具有效质保书的各种铝合金型材。

　　（2）将所选各种型材表面用棉纱擦洗干净，如有油污，可使用水溶性洗剂。

（3）注意事项。

1）型材表面不应有明显的损伤。

2）型材着色表面不应有明显色差。

3）擦洗后的型材表面不得有油斑、毛刺或其他污迹。

4）型材备料过程中要轻取轻放，以免损伤型材表面。

5）备料中发现不合格型材，应及时报告质管部门。

6）禁止硬物碰划型材表面，亦禁止用丙酮或其他可能腐蚀型材的化学物质擦洗。

## 12.2.2　下料

### 1. 下料计算

门窗杆件的制作尺寸除与门窗的加工工艺和装配方式有关，还与外墙墙面的装饰材料有关，一般门窗的构造尺寸与洞口间的间隙见表 12-6。

表 12-6　　　　　　　　　门窗的构造尺寸与洞口间的间隙　　　　　　　　　mm

| 饰面材料 | 贴面金属材料 | 清水墙 | 抹水泥砂浆或马赛克 | 贴面转 | 大理石或花岗岩 |
|---|---|---|---|---|---|
| 缝隙 | ≤5 | 10~15 | 15~20 | 20~25 | 40~50 |

因此首先根据现场墙面的装饰材料确定好门窗与洞口的间隙尺寸（须由业主或监理确认），进而确定门窗的外包尺寸，再根据门窗加工工艺，计算各构件的下料尺寸。

构件下料尺寸确定的基本过程：

（1）根据外墙装饰材料和现场测量放线情况确定门窗的外框外包尺寸。

（2）根据外框组装方式和外框构件的料型尺寸确定各外框杆件的下料尺寸。

（3）根据扇与外框的搭接量关系确定扇的外包尺寸。

（4）根据扇的组装方式和扇构件的料型尺寸确定各扇杆件的下料尺寸。

（5）根据扇和外框的尺寸确定玻璃压线的下料尺寸。

玻璃压线的下料长度通过计算后，可以在第一次下料时进行试装，确定试装时的效果，满意后才可以批量下料。

铝合金门窗常见窗型为平开窗和推拉窗，其下料计算基本原理如下：

（1）对于平开窗（图 12-7），其下料计算为

门窗外框宽度（高度）尺寸 $L(H)$＝洞口尺寸－2×间隙尺寸。

当外框为 45°下料组装时，外框横料和竖料的下料尺寸＝门窗的外包宽度和高度的尺寸。

扇外包宽度尺寸：$a＝(L－2×外框料宽－中竖框料宽＋总搭接量)/2$

扇宽度总搭接量＝2×（与边框的搭接量＋与中竖框的每边搭接量）

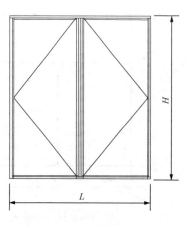

图 12-7　平开窗计算

351

扇外包高度尺寸：$b=H-2\times$外框料宽$+$总搭接量

扇高度总搭接量$=2\times$与边框的搭接量

玻璃尺寸$=$内扇的见光尺寸$+2\times$玻璃搭接深度

(2) 对于推拉窗（见图 12-8），其下料计算为：

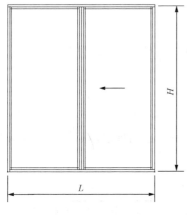

图 12-8 推拉窗计算

门窗外框宽度（高度）尺寸$L(H)=$洞口尺寸$-2\times$间隙尺寸；

门窗竖向边框的下料尺寸$=$门窗的外框高度尺寸

因门窗外框竖通横断，所以外框横料的下料尺寸为

门窗横向上下外框的下料尺寸$=$门窗的外框宽度尺寸$-2\times$横料装配位置至外竖边框边部的尺寸$-2\times$柔性防水垫片的厚度尺寸；

扇宽度外包尺寸：$a=(L-2\times$外框料宽$+$两边部的总搭接量$+$带勾边梃料宽) $/2$；

扇上下横料下料长度$=$扇的宽度外包尺寸$-$构造尺寸；

外扇高度：$b_1=$外侧导轨间净空尺寸$+$上下搭接量$=H-$外框料导轨总高$+$上下搭接量；

内扇高度：$b_2=$内侧导轨间净空尺寸$+$上下搭接量$=H-$外框料导轨总高$+$上下搭接量；

内扇竖料下料尺寸$=b_1$ 或 $b_2$。

一般平开窗的扇框搭接量为 5.5～6.5mm，此尺寸由平开窗的料型尺寸和铰链厚度尺寸确定。推拉窗的上下导轨搭接量为 7～10mm，此尺寸也由推拉窗料的构造尺寸和配件尺寸确定，各种料型的具体搭接量，需测量各料型材料的具体尺寸和配件尺寸后确定。

其他分格形式的门窗构件下料尺寸按各门窗相应结构装配图确定。

根据上述下料计算原理，以图 12-3 和图 12-5 所述铝合金型材分别按图 12-9、图 12-10 所示窗型计算各构件下料尺寸如下。

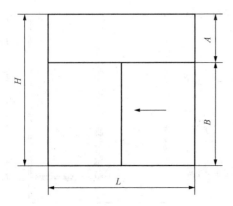

上、下框$=L$（45°）

竖边框$=H$（45°）

中横框$=L-26\times2$（90°）

内扇横梃$=L/2-41.7+20.5$（45°）

内扇边梃$=B-42.7-16.7$（45°）

内扇中梃$=B-42.7-16.7$（45°）

外扇中梃$=B-26$（90°）

图 12-9 85系列推拉铝合金窗下料计算图

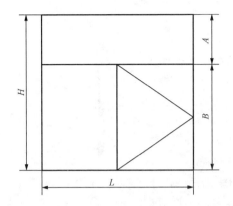

上、下框＝$L$（45°）

竖边框＝$H$（45°）

中横框＝$L-34×2$（90°）

扇上下梃＝$L/2-39-1$（45°）

扇竖边梃＝$B-56-1$（45°）

图 12-10　65 系列平开铝合金窗下料计算图

**2. 下料**

按照铝合金门窗的组装方式，铝合金型材的下料主要为对型材进行 45°或 90°切割。

（1）下料准备。下料前，应根据铝合金门窗设计图纸及下料作业单给出的长度尺寸，用切割设备切断铝合金型材。下料时应根据设计图纸提供的规格、尺寸，结合所用铝合金型材的长度，长短搭配，合理用料，优化用料，尽量减少料头废料。

（2）下料设备。铝合金型材下料设备按使用功能分型材切割锯和角码切割锯，其中型材切割锯按切割的材料又分为框扇型材切割锯和玻璃压条切割锯；按锯头数量分有单头切割锯和双头切割锯；按切割精度分普通切割锯、精密切割锯及数控切割锯等，如图 12-11～图 12-13 分别为数控双头切割锯、角码切割锯和压条锯。

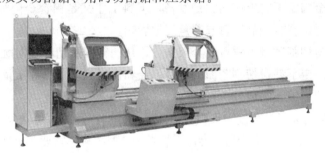

图 12-11　铝合金门窗数控双头切割锯

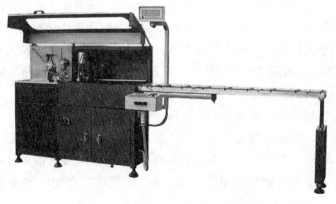

图 12-12　铝合金门窗角码切割锯

图 12-13　铝合金型材玻璃压条锯

数控切割锯具有以下主要特点:

1) 切割角度自动调整。

2) 高精度进口切割锯片,切口端面光滑。

3) 可一次输入要切割的数根型材尺寸,实现不同长度连续切割。

4) 锯切长度尺寸直接输入,变换锯切长度不用回参考点。

5) 可对切割的型材顺序打印标记贴片。

6) 活动锯头由滚珠丝杠驱动,定尺精度高。

随着门窗生产自动化生产水平的不断提高,数控加工机床在门窗加工过程中得到的普及应用。不论使用何种设备,切割时其锯口位置应在划线外,并留出划线痕迹。进行切割时,应保证切割的精度。

切割锯是铝合金门窗下料工序的关键设备,下料工序又是铝合金门窗生产的关键工序,切割锯的切割质量对铝合金产品质量起着重要的影响。

影响铝合金型材切割质量主要有三个因素:锯片的径向跳动和轴向跳动及锯片质量。径向跳动和轴向跳动决定了型材切割断面的尺寸偏差和角度偏差,锯片质量决定着切割断面的粗糙度,进而影响门窗组装的质量。

硬质合金锯片包含齿形、角度、齿数、锯片厚度、锯片直径、硬质合金种类等多数参数,这些参数决定着锯片的加工能力和切削性能。选择锯片时要根据需要正确选用锯片参数。

1) 齿形。常用的齿形有平齿、斜齿、梯形齿、梯平形齿等。平齿运用最广泛,主要用于普通木材的锯切,这种齿形比较简单、锯口比较粗糙,在开槽工艺操作时平齿能使槽底平整。斜齿锯切锯口质量比较好,适合锯切各种人造板、贴面板,梯形齿适合锯切贴面板、防火板,可获得较高的锯切质量,梯平形齿主要应用于切割有色金属如铝与铜的材料。

2) 锯齿的角度。锯齿的角度就是锯齿在切削时的位置。锯齿的角度影响着切削的性能效果。对切削影响最大的是前角 $\gamma$、后角 $\alpha$、楔角 $\beta$。

前角 $\gamma$ 是锯齿的切入角,前角越大切削越轻快,前角一般在 $10°\sim15°$ 之间。后角是锯齿与已加工表面的夹角,其作用是防止锯齿与已加工表面发生摩擦,后角越大则摩擦越小,加工的产品越光洁。硬质合金锯片的后角一般取值 $15°$。楔角是由前角和后角派生出来的,但楔角不能过小,它起着保持据齿的强度、散热性、耐用度的作用。前角 $\gamma$、后角 $\alpha$、楔角 $\beta$ 三者之和等于 $90°$。

3）锯齿的齿数。一般来说齿数越多，在单位时间内切削的刃口越多，切削性能越好，但切削齿数多需用硬质合金数量多，锯片的价格就高，但锯齿过密，齿间的容屑量变小，容易引起锯片发热；另外锯齿过多，当进给量配合不当的话，每齿的削量很少，会加剧刃口与工件的摩擦，影响刀刃的使用寿命。通常齿间距在 15～25mm，应根据锯切的材料选择合理的齿数。

4）锯片的厚度从理论上我们希望锯片越薄越好，锯缝实际上是一种消耗。用硬质合金锯片锯板的材料和制造锯片的工艺决定了锯片的厚度。选择锯片厚度时应从锯片工作的稳定性以及锯切的材料去考虑。

5）锯片直径与所用的锯切设备以及锯切工件的厚度有关。锯片直径小，切削速度相对比较低；锯片直径大对锯片和锯切设备要求就要高，同时锯切效率也高。

总之，齿形、角度、齿数、厚度、直径、硬质合金种类等一系列参数组合成硬合金锯片的整体，要合理选择和搭配才能更好地发挥它的优势。

（3）下料工艺规程。

1）按照工艺要求和图纸标示的型材长度尺寸，调节好定尺夹具。

2）锯料前必须检查锯床的运转情况，待锯运转平稳后方可下料。

3）锯料时进刀要平稳、匀速。

4）在锯切首件型材时，须经检验合格后，方可成批生产。

5）在夹料、卸料时必须精心操作，防止型材损伤。

6）检验员认真填写工序记录。

7）加工合格的工件，按规格、型号、整齐码放在料架上并加标识。

## 12.3 构件机加工

铝合金门窗要完成组装，还需对锯切后的型材杆件，按照加工工艺和设计图纸及五金配件的安装要求，利用机械加工设备或专用设备对型材杆件进行铣、冲、钻等加工，以保证成品门窗的组装要求。

1. 铣排水槽

加工设备：仿形铣床（见图 12-14）。

仿形铣床的仿形板上预先加工好所需的各种开孔，铣床刀具按照预先选定的孔槽轨迹对型材进行机加工。

仿形铣床有单轴仿形铣床、双轴仿形铣床及多轴仿形铣床之分，主要用于加工铝合金门窗各类形状的孔榫槽及排水孔、气压平衡孔等。

应根据加工图要求，在型材正确的部位铣排水槽及排气孔，排水槽一般用仿型铣床铣削加工。

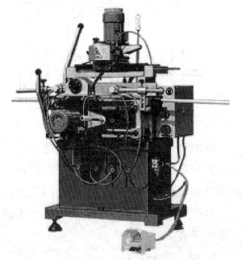

图 12-14　铝合金门窗双轴仿形铣床

铝合金门窗的两个部位上存在着排水问题，即玻璃镶嵌槽的排水和框扇密封部位的排水。所以无论是平开门窗还是推拉门窗的框、扇型材都应该设置排水腔，以使流入门窗扇内的雨水和冷凝水可以排出室外。

排水槽的尺寸、位置和数量应符合设计图纸要求。对于标准门窗，排水孔一般为 $\Phi4\sim\Phi6$，长 $20\sim35mm$ 的腰圆孔，一个门窗扇要开设 2 个排水孔，排水孔至拐角的距离最小应为 $15\sim20mm$，最大不得超过 $100mm$（见图 12-15）。门窗扇的排水最好是由外腔直接向外排出，也可以通过型材空腔向下经过窗框排水道排出（见图 12-16）。门窗框的排水方式最好采用向下排出的方式。同时开设的排水孔应兼顾整体门窗的密封性，扣装在室外的排水孔封盖可预防风雨较大时排水不畅及无雨时对气密性能的影响。

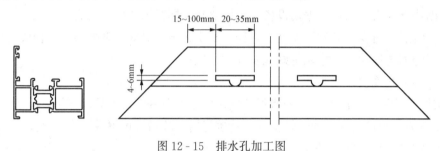

图 12-15　排水孔加工图

2. 铣削门窗框组装榫口

加工设备：端面铣床（见图 12-17）。

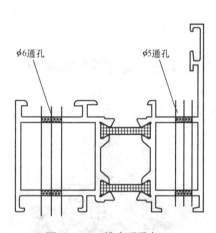

图 12-16　排水通孔加工

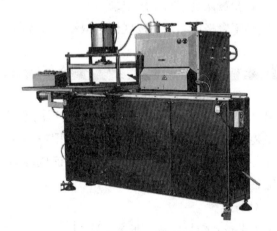

图 12-17　铝合金门窗端面铣床

端面铣床适用于加工铝型材端部台阶面、长方形凹槽、榫头及其他不同形状的端面。

铝合金门窗中横框或中竖框与框料之间的拼接，需要将中横框或中竖框料头两端按照外框型材的配合端面进行加工，利用端面铣床进行型材装配端面的铣加工（见图 12-18）。

外框竖料上、下端（中梃）铣加工的尺寸和位置应符合图纸要求，铣加工部位要与组装基准面平齐。

3. 铣（冲）扇料

加工设备：仿形铣床或冲床。

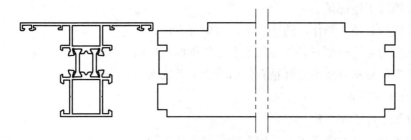

图 12-18 中竖（横）框端铣

铝合金推拉门窗的组装切口、滑道切口、锁口、带勾边梃凸面、装滑轮切口及平开窗的装执手槽口（装合页槽口）等均可利用仿形铣床或冲床进行加工。

4．钻（冲）孔

加工设备：钻床或冲床。

铝合金推拉门窗组装孔（上下端、边梃）、地角安装孔（或组合孔）、止退块安装孔、缓冲垫安装孔、扇的组装孔、滑轮安装孔及平开窗框、扇滑撑安装孔（或合页安装孔）、执手安装孔等均需利用钻（冲）床进行加工（见图 12-19）。

5．构件加工工艺要求

（1）铣削工艺要求。

1）按照生产通知单和工艺技术要求选用铣床设备。

2）按照工艺要求选用工装夹具和铣刀，在铣床上固定方法可靠、简便，不得松动。

3）操作前必须检查铣床运转情况，待铣床运转平稳后方可铣削。

4）进刀要平稳，进给量要适量，随时加用润滑剂润滑。

5）铣削首件型材，要经过检验人员的检验，合格后方可成批生产。

6）装料卸料时必须精心操作，防止型材损伤。

7）质检员认真填写工序记录。

8）经检验合格的加工件，应整齐码放在料架上，并用标签注明工程、规格、型号。

9）铣削后的工件型材，表面不允许粘有污物、尘土和损伤。

（2）冲孔工艺要求。

1）操作前必须检查设备运转是否正常，模具精度在允许范围之内。

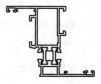

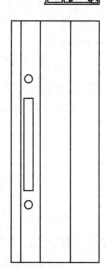

图 12-19 执手安装孔

2）按生产通知单和图样要求选用工艺组合冲床和模具。

3）调节好上下模配合尺寸，并进行空车运行试验。

4）每冲一孔后，应用棕刷沾用润滑剂加在模具上。

5）每班首件进行检验，经验合格后，方可成批生产。

6）认真填写工序记录。

7）装卸料时要精心操作，防止造成人为型材损伤。

8）冲孔后的工件应整齐码放在料架上，并用标签标明型号、规格、工程。

9）冲孔后的型材表面不允许粘有污物、尘土及擦伤。

（3）钻孔工艺要求。

1）按划线工序工作交班。

2）按图纸和工艺技术要求，选用合理的钻床钻头及工装夹具。

3）将工件夹紧，并选择好钻床的转速，变速必须停车。

4）每打一个孔，必须滴入机油，以防钻头与工件卡死或钻头折断。

5）每班首件实行检验，合格后方可成批生产。

6）进退刀应轻缓，循序渐进。

7）认真填写工序记录。

8）在装料、卸料时要精心操作，防止人为造成型材损伤。

9）钻孔后的型材，经检查合格后，应整齐码放在料架上，并用标签标明规格、型号和工程名称。

10）钻孔的型材表面，不允许粘染污物、尘土和擦伤。

6. 构件加工尺寸偏差要求

为了保证铝合金门窗的组装精度要求，铝合金门窗构件加工精度除了符合图纸设计要求，还要符合下列规定：

（1）杆件直角截料时，长度尺寸允许偏差应为±0.3mm，杆件斜角截料时，端头角度允许偏差应小于$-10'$。

（2）截料端头不应有加工变形，毛刺应小于0.2mm。

（3）构件上孔位加工应采用钻模、多轴钻床或画线样板等进行，孔中心允许偏差应为±0.2mm，孔距允许偏差应为±0.2mm，累积偏差应为±0.5mm。

（4）螺钉沉孔应符合《紧固件 沉头用沉孔》（GB/T 152.2—2014）规定。

（5）铝合金门窗构件的槽口（图12-20）、豁口（图12-21）、榫头（图12-22）加工尺寸允许偏差应符合表12-7的规定。

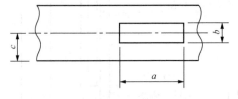

图 12-20 构件的槽口加工

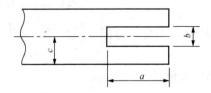

图 12-21 构件的豁口加工

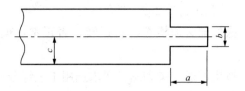

图 12-22 构件的榫头加工

**表 12 - 7** 构件的槽口、豁口、榫头尺寸允许偏差 mm

| 项目 | $a$ | $b$ | $c$ |
|---|---|---|---|
| 槽口、豁口允许偏差 | +0.2<br>0.0 | +0.2<br>0.0 | ±0.2 |
| 榫头允许偏差 | 0.0<br>−0.2 | 0.0<br>−0.2 | ±0.2 |

# 第13章
## 铝合金门窗组装

铝合金门窗的组装工序就是将加工完成的各种铝合金门窗的零部件、五金件、密封条、玻璃及配件等经过装配成为一樘完整产品的过程。因此，组装工序由许多子工序组成，上述完成铝合金门窗组装的所有工序统称为组装工序。

铝合金门窗的组装方式有45°角对接、直角对接和垂直插接三种，如图13-1所示。

45°角对接　　　　　　　　直角对接　　　　　　　　垂直插接

图13-1　铝合金门窗组装方式

## 13.1 推拉门窗的组装

### 13.1.1 框的组装

先量出在上框上面的两条紧固槽孔距离侧边的距离和高低尺寸，然后按此尺寸在门窗框边框上部衔接处画线钻孔，孔径应与紧固螺钉相配套。然后将柔性胶垫置于边框槽口内，再用自攻螺丝穿过边框上钻出的孔和柔性胶垫上的孔，旋进上框上的固紧槽内。图13-2和图13-3分别为窗框边框与上、下框连接组装图。

连接固定时，应注意不得将上、下框滑道的位置装反，柔性胶垫不可缺，下框滑道的轨面一定要与上框滑道相对应，才能使窗扇在上、下滑道内滑动。

图13-4为GR838隔热型材推拉窗框组装示意图。

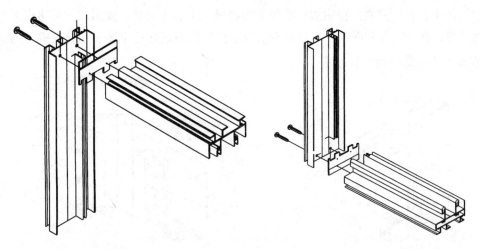

图 13-2　推拉门窗框上框连接组装　　　　　图 13-3　推拉窗框下框连接组装

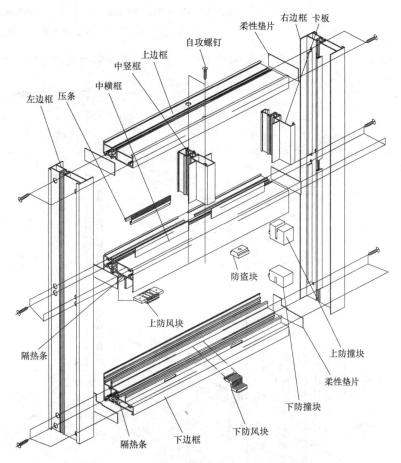

图 13-4　GR838 隔热推拉窗框典型组装示意图

## 13.1.2　扇的组装

门窗扇边梃与下梃组装时，应先将窗扇边梃与下梃衔接端各钻 3 个孔，中间的孔是滑轮

调整螺钉的工艺孔，并在门窗扇边框或带勾边框做出上、下切口，要求固定后边框下端与下
框底边齐平。图 13-5 和图 13-6 分别为铝合金推拉门窗扇连接组装和铝合金推拉门窗扇下
框与滑轮连接示意图。

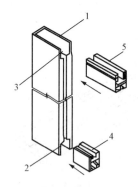 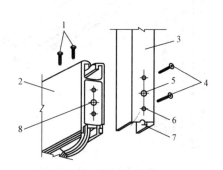

图 13-5　推拉门窗扇连接组装

1—左或右边框；2—下切口；3—上切口；
4—上框；5—下框

图 13-6　推拉门窗扇下框与滑轮连接

1—滑轮上方固定螺钉；2—下框；3—边框；4—滑轮侧边固定螺钉；
5—调节孔；6—固定孔；7—半圆滑轮槽；8—调节螺丝

　　图 13-7 和图 13-8 分别为 GR838 隔热型材铝合金推拉窗扇组装示意图一和示意图二。

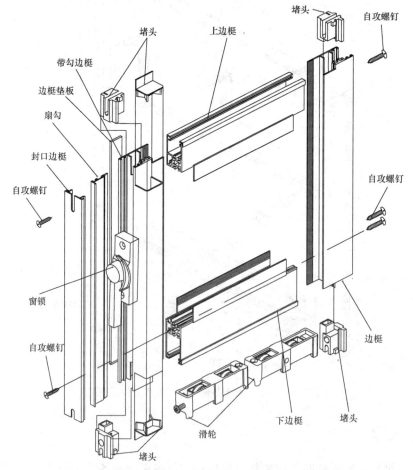

图 13-7　GR838 隔热推拉窗扇组装示意图一

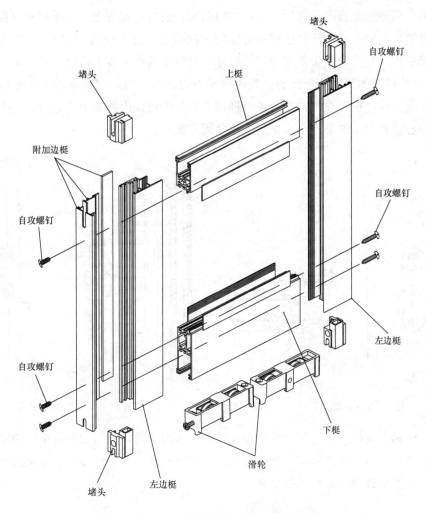

图 13 - 8　GR838 隔热推拉窗扇组装示意图二

　　推拉铝合金门窗的框扇螺接组装工艺具有连接稳定性较差，连接部位密封性能较差，特别是隔热铝型材的普遍应用，促进了推拉铝合金门窗的组装工艺改进，目前，主要采用 45°组角的框扇成型组装工艺。45°组角成型组装工艺详见平开门窗组装。

### 13.1.3　五金件的组装

　　1. 门窗扇底部滑轮的组装。

　　在每个下梃的两端各装一只滑轮，其安装方法如下：

　　把铝合金门窗滑轮放进下梃一端的底槽中，使滑轮上有调节螺钉的一面向外，该面与下梃端头平齐，在下梃底槽板上划线定位，再按划线位置在下梃底槽板上打固定孔，然后用滑轮配套螺钉，将滑轮固定在下梃内。参见图 13 - 6 和图 13 - 8。

　　2. 门窗锁的组装

　　(1) 半圆锁的安装。半圆锁安装如图 13 - 9 所示。

　　(2) 钩锁的安装。钩锁安装如图 13 - 10 所示。安装窗钩锁前，先要在窗扇边梃上开锁口,开口的一面必须是窗扇安装后,面向室内的面。窗扇有左右之分,所以开口位置要特别注意不要开错,窗钩锁通常是装于窗扇边框的中间高度,如窗扇高于 1.5m,装窗钩锁的位置可适当降低些。开窗钩锁长条形锁口的尺寸,要根据钩锁可装入边框的尺寸来定。加工设备参见 12.3 构件机加工章节。孔的位置正对锁内钩之处,最后把锁身放入长形口内。通过侧边的锁钩插入孔,检查锁内钩是否正对锁插入孔的中线,内钩向上提起后,钩尖是否在圆插入孔的中心位置上。如果完全对正后,扭紧固定螺钉。

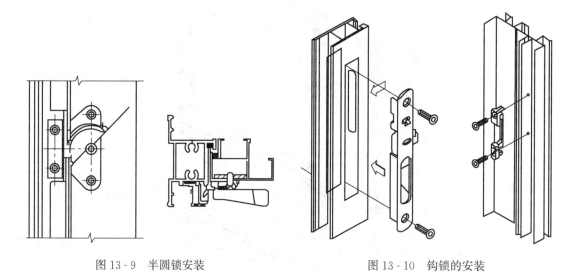

图 13 - 9　半圆锁安装　　　　　　　　图 13 - 10　钩锁的安装

　　为了适应铝合金门窗功能复杂性设计及性能要求的提高,门窗五金系统的功能复杂性及性能要求也越来越高。各种功能复杂的五金系统新品不断出现,具体五金系统的应用与安装应按照设计开发所选用的五金系统要求进行。

## 13.2　平开门窗的组装

### 13.2.1　平开门窗的组装方式

　　1.组装方式

　　铝合金门窗的立面形式以矩形为最常见,因此,平开铝合金门窗的框或扇的组装方式一般采用 45°角对接。45°角对接至少有六种组装工艺:螺接、铆接、挤角、拉角、涨角和焊接。目前,国内大多数门窗生产企业主要采用挤角(也有叫撞角或冲铆角)组装工艺,也有少部分企业采用活动角码螺接工艺。

　　(1)铝合金门窗的挤角工艺采用组角机挤压铝型材底面使之与角码紧密结合。这种组角方式其工作原理是当组角机的挤角刀顶进铝型材表面时,由于铝型材变形使得角码固定于型材腔内,从而将两部分铝合金型材连接在一起。采用挤角的组装方式需要根据型材的壁厚、两空腔间距及角码的尺寸确定挤角刀的角度、进刀深度和宽度及刀具间距,见图 13 - 11 和图 13 - 12。当根据型材及角码调整好组角机参数后,挤角工艺则具有工效高、工厂内大批量生产，机械化水平高，特别是数控四头组角机的出现，提高了铝合金门窗生产的自动化水平。

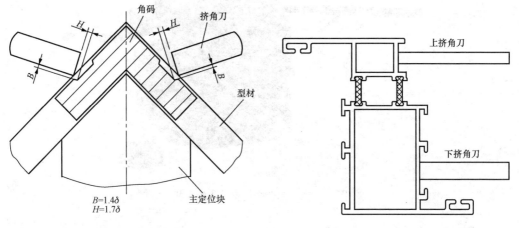

图 13-11　组角示意图　　　　　　　图 13-12　挤角刀具位置调整图

δ—型材壁厚

（2）铝合金门窗的组角采用活动角码的组装工艺，通过在铝合金型材上预先按照组角角码上开孔位置打孔，然后利用螺钉将角码固定在型材内，进而将两部分铝合金型连接接在一起。其优势有如下几点：

1）活动角码采用高强度连接螺栓连接，比较采用挤角机组角的方式活动角码不破坏铝型材的腔室（外形尺寸不会出现扭曲）避免了第 4 角偏移的问题。

2）活动角码在组角有错位时可以重新调整，这是普通挤角式角码无法比拟的。

3）活动角码可以实现门窗的现场组装，铝合金门窗厂可以到工厂接到订单后将铝合金型材切割并冲出活动角码的安装孔，直接装箱，配上活动角码、门窗五金等直接运输到现场装配。

4）活动角码的价格比挤角式角码高，但可以组装特殊角度（如非 90°角）的门窗。

5）活动角码需要使用模具加工，且活动角码只能在大的空腔使用，造成断桥料小的空腔一侧拼角容易有缝隙。

**2. 组角设备**

组装设备是指挤角组装方式来说。铝合金门窗采用组角机挤角，只能组装 45°角对接。目前，铝合金门窗组角设备主要有单头组角机、双头组角机及四头组角机之分。顾名思义，单头组角机一次只能组装一个角，双头组角机一次可同时组装两个角，四头组角机一次可同时组装四个角，即可同时完成一个门窗框或扇的组角组装。由于四头组角机组装要求高，只有四角同时完成，才能保证组角的精度要求，因此，四头组角机一般为数控操作，自动化水平高。图 13-13 为铝合金门窗单头组角机示意图，图 13-14 为数控四头组角机示意图。

（1）单头组角机设备特点。

1）动力由液压系统控制，工作平稳可靠。

图 13-13　铝合金门窗单头组角机

图 13-14　铝合金门窗数控四头组角机

2）左右冲头钢性同步进给，避免组角过程的无益变形，使窗角连接更牢固。

3）同步进给机构使机器调整变得简单。

4）螺纹调节上下组角刀的距离，使对刀工作更方便。

5）可配置单刀多点组角刀，使隔热断桥铝门窗组角更加可靠。

（2）四头数控组角机设备特点。

1）可一次完成四个角的角码式冲压连接，生产效率高。

2）压紧装置自动前后移动，操作方便，窗体尺寸自动调节。

3）通过伺服系统的力矩监控，实现四角自动预紧。

4）组角刀前后左右调整方便，适应不同型材的需要。

5）一次性组框可对型材间的接缝及平面度进行控制，使组框质量具有可预见性。

3. 角码

铝合金门窗组角用角码有铝质角码、塑料角码和活动角码。

铝质角码主要用于挤角工艺。铝质角码材料是铝合金挤压型材，角码由设计人员根据铝合金型材腔室空间尺寸提出角码下料尺寸，由操作人员利用角码切割锯将角码铝型材切割成需要的尺寸（图 13 - 15）。

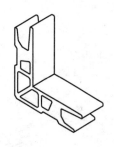

图 13 - 15　铝角码

塑料角码也是铝合金门窗常用挤角角码，这种角码采用工程塑料铸造，但是在较大内外开窗扇上面，要慎用，因为剪力太大，塑料角码变形比铝合金角码大，因此，多用于纱扇组角。

活动角码为铸造件，一般采用锌合金材料。因此，需要根据选用的铝合金型材的腔室空间尺寸专门制作角码，通用性差。角码与铝合金型材的连接采用螺接固定（图 13 - 16）。

图 13 - 16　活动角码

### 13.2.2　框、扇组角

1. 组角工艺

（1）挤角工艺。普通平开铝合金门窗框、扇组装时要在组装的框、扇内插入组角角码，角码插入之前要先涂抹组角胶，角码与框或扇型材的连接固定采用组角机挤角的生产工艺。组角胶的作用是用于铝合金门窗组角时使角码与铝型材牢固黏结，辅助冲铆后加固角部区域结合力，消除应力集中于冲铆点，使角码与铝型材黏结牢固可靠。角码的尺寸应与所用型材相配套。如图 13 - 17 为普通平开门框、扇组角示意，图 13 - 18 为隔热平开窗框、扇组角示意图。

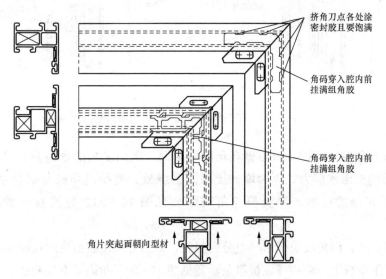

图 13 - 17　平开门框、扇组角

采用挤角方式的组装工艺，组角胶可以很大程度提高角部强度，由于挤压铝角码空位大，而且直切的断面也不适合组角胶流动，因此组角时易采用导流板。挤压角码使用导

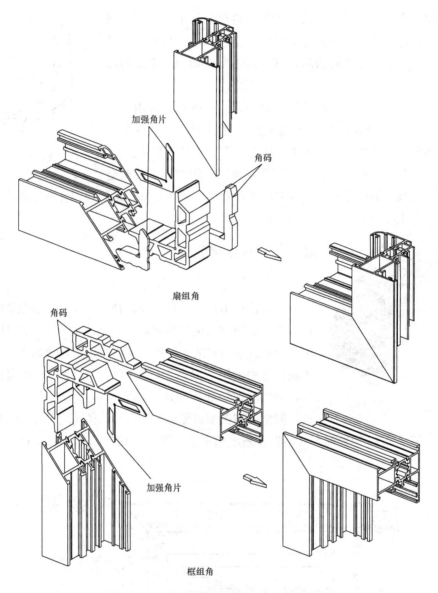

加强角片

角码

扇组角

角码

加强角片

框组角

图 13-18　平开隔热型材框、扇组角示意图

流板可以节省组角胶，使用导流板盖在角码两侧面，阻挡多余的密封胶流进角码的空腔，同时提高角部的抗渗水能力，因为增加接触面的缘故，使得组角胶与铝合金内腔体及角码四周都有了充分的接触。导流板与角码配合见图 13-19。导流板一般由 ABC 塑料制作。

采用导流板时，组角胶应采用双组分密封胶，双组分组角胶由注胶孔注入，注胶孔一般开在组角上、下横料上。采用导流板组角示意见图 13-20。角码带有导胶槽，双组分组角胶通过孔进入角码内部胶槽，形成连续密封。组角接触面涂断面密封胶。

导流板只是在同一尺寸腔体角码用起来比较方便，若在一个型号窗，型材要用到两、三种角码，那样用起来就不方便了，同时开倒流板的模具成本也会高的。

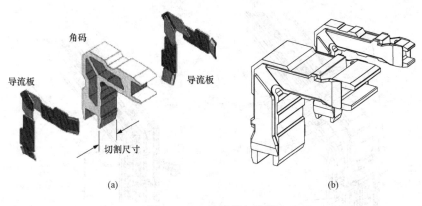

图 13-19 导流板与角码

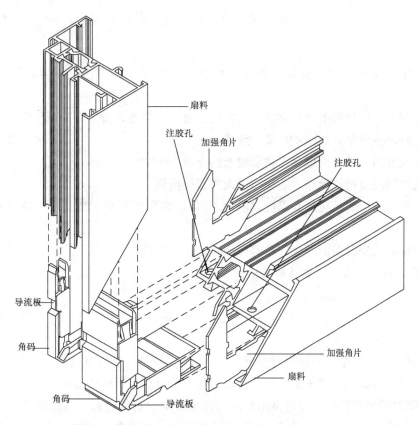

图 13-20 导流板组角示意图

（2）螺接工艺。螺接工艺组角采用活动角码。活动角码需要根据型材组角空腔尺寸专门制作，专门性强。为了保证螺接组装的精度，采用活动角码螺接组角时，螺接孔应采用与活动角码配套的模具进行开孔。门窗的组角除了可以组装 90°角的连接外，还可以组装任意角度的特殊框、扇连接。非 90°角的组角连接见图 13-21 所示。

2. 组角工艺规程（挤角工艺）

（1）操作前必须检查设备运转是否正常，调整工作压力，在气压达到要求时方可开始

369

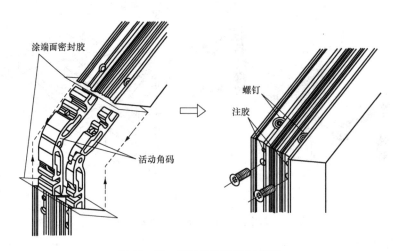

图 13 - 21　活动角码组装示意图

工作。

（2）按生产作业单和图样要求选用与型材断面配套或匹配模具，模具精度在允许范围内。

（3）按照工艺设计要求及型材断面确定定位面、夹紧面，调节好配合尺寸，并进行空车运行试验，确保各组角刀的同步性及一致性。

（4）定位准确，及时清理台面和靠模上的碎屑、污物。

（5）装卸料时要精心操作，防止造成人为型材损伤。

（6）组角后的半成品应整齐码放，静置 6h 保证组角胶完全干透，用标签标明型号、规格、工程。

（7）组角后的型材表面不允许粘有污物、尘土及擦伤。

3.影响组角（挤角）可靠性的几个因素

（1）主型材的选用与加工。

1）主型材的型腔结构。铝合金门窗用型材是薄壁件，稍有不适，便可能使得组角工序变得比较麻烦，甚至无法组角。

2）型材的壁厚。型材的壁厚对组角可靠性的影响同样重要，单就组角工序来说，因为组角连接是通过型材的变形来实现的，所以型材的壁厚直接影响连接强度。

3）主型材的挤出精度。型材挤出的几何精度要求型材的弯曲、扭曲的变形量不得超出标准规定，并且不得影响组装质量。在铝合金门窗组装过程中，时常遇到切割角度、切割长度不稳定的情况，操作人员经常在加工设备的精度方面找不到原因。其实在很多情况下，型材的不规范（如扭曲、翘曲）会导致切割角度和长度的不准确。型材长度的误差，会最终影响到组角的精度。

4）主型材的下料（切割）精度。型材的挤出精度，影响其加工精度以至影响组角可靠性，而加工设备的工作精度同样是影响其加工精度主要因素。要使铝合金门窗的组装精度达到国家标准要求，其型材加工精度则必须高于国家标准要求。

（2）合理使用双角切割锯。

1）保持两机头角度误差方向相反，使得组角时该误差得以补偿。在双头锯床的制作和使用过程中，我们试图使 45°没有误差，但是无论大家做得如何准确，也做不到零误差。那么，既然有误差，当调整角度时，我们有意让一个机头相对标准角度出现上偏差，另一个机头出现下偏差，于是在组角时，这两个误差相互抵消，所以组角缝隙最小。

2）中横（竖）框长度取下偏差，可提高连接强度。中横（竖）框的设计长度，是理论尺寸。切割定尺时，要求实际切割尺寸不大于设计尺寸。这样在安装中横（竖）框后，对四个角产生的压应力，有利于成窗更牢固。

3）保持工作台清洁，也可以减少切割角度偶然误差。工作台上如果存有杂物，并垫在了型材下面，从而影响切割角度和切割长度的精度。

4）用好托料架，减少角度误差。切割锯上的托料架一方面用于稳定型材，使得操作方便，更重要的是，当两个机头中间的型材较长时，防止型材下垂（或上翘）而影响切割角度误差。

（3）角码的选用与加工。

1）角码型材嵌槽口合理。在合格的角码型材上，嵌槽口的角度是个标准的入刀角度。如果角度不合适，将影响组角机稳定性，甚至无法组角。

2）角码型材厚度合适。角码型材挤出厚度同主型材行腔的配合间隙应不大于 0.2mm。否则将影响组角稳定性，甚至无法组角。

3）角码下料长度合格。角码切割长度，同主型腔的配合间隙最好不大于 0.2mm，这样一方面避免门窗相邻构件措位，另一方面充分发挥组角胶的潜能。如果切割角码配合导流板组角，则角码切割尺寸还应考虑导流板的厚度尺寸。

4）角码切割面的垂直精度足够。角码切割面的垂直度不大于 0.1mm。由于主型材型腔同角码的配合间隙不大于 0.2mm，所以，如果角码切割垂直度大于 0.1mm，该角码连接的两根型材就可能发生扭曲。

5）角码尺寸还应考虑铝型材内腔的挤出工艺尺寸。通常铝合金型材内腔角部最小圆角为 R0.3，因此，角码设计尺寸及切割尺寸应充分考虑圆角对角码装配的影响。

6）切下的角码不能留有小尖角。这需要角码切割锯拥有可靠的导向压紧装置，使得切割的角码不留有尖角，即使切割不大于 3mm 长的角码也不留有尖角。

7）角码使用前的处理。为了提高角码质量和刀具耐用度，切割角码时一般用"锯切油"或低标号机油进行润滑，所以切割完毕的角码上都留有油渍，对这些油渍需要用纯碱或其他清洗剂处理干净，以保证后面工序中组角胶连接可靠。

8）如果使用专用的锯切油，属于"水性油"，切割后的角码用清水清洗就可以了。

目前，门窗生产企业角码的切割加工一般采用角码切割锯，由于锯片的厚度较大，那么材料的浪费就大，而且加工切割面有毛刺，对角码与型材配合产生影响，进而影响组角质量。如果采用加工精度高的线切割技术加工角码，具有角码切口材料损耗小，切口无毛刺、精度高等特点，可以提高铝合金门窗的组角质量。

（4）合理使用组角胶。

1）使用合格的组角胶，不仅解决密封问题，更有利于提高连接可靠性。

2）严格按组角胶使用说明进行施工。

3）对接面涂胶均匀，保证牢固黏结且不浪费胶。

4）及时清理残露胶，以免固化后清理时损伤型材表面，影响门窗外观。

5）双组分组角胶要配比适当，混合均匀，使用前应做流动性和混均性试验。

（5）正确使用组角机。

1）刀具安装位置正确，首先应尽量使刀具相对于型材截面对称布置。

2）刀具平面应同组角机工作台平面相平行。

3）托料架位置精确。托料架应同工作台处于同一平面，不能偏低，更不能偏高。如果托料架偏低，起不到托料作用；如果托料架偏高，则迫使组角的两件型材不能处于同一平面，使组角出现措位。

4）组角前应把型材45°断面附近的保护膜撕开；同时对端面进行清理，严格禁止端面粘有铝屑。

5）组角时应注意观察型材对接情况，防止45°错位组角，事后难以纠正。

6）组角机对窗角的连接是通过冲压变形原理完成的，所以需要保证合理的冲压深度，才能够既实现了连接牢固，且不引起型材变形。

7）对于液压动力的组角机，其压力不必调得太高，太高容易引起型材变形，同时也浪费动力，压力一般不超过12MPa。

8）及时对接缝平整度调整。角逢相邻件出现局部上下措位时，应在组角后半小时内进行调整。

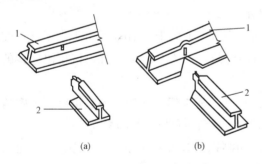

图 13-22　平开铝合金门窗横竖工料榫接法

（a）平榫肩榫接；（b）斜榫肩榫接

1—横向工料；2—竖向工料

### 13.2.3　框、扇中横、竖工料的连接

门窗框、扇中横（竖）工料连接是采用榫接拼合，所以在组装前要进行榫头、榫孔的加工制作。榫接有两种方法，一种是平榫肩法，另一种是斜榫肩法，如图 13-22 所示。

图 13-23 和图 13-24 分别为隔热平开铝合金窗边框与中横框 T 型连接和中横框与中竖框的十字连接示意图。图 13-25 为十字连接件安装图。

### 13.2.4　五金配件的安装

根据型材五金槽口的断面构造尺寸，门窗五金配件分为 C 槽五金和 U 槽五金。绝大多数铝合金门窗均采用 C 槽五金配件。C 槽五金一般采用嵌入式和卡槽式固定，依靠不锈钢螺钉顶紧力和机螺钉不锈钢衬片与五金槽口夹紧力来保障五金件的安装牢固度，不锈钢螺钉顶紧会在型材表面产生约 0.5~1.0mm 的局部变形使不锈钢螺钉与铝型材紧密地结合在一起保障五金件在受力时不发生位移。

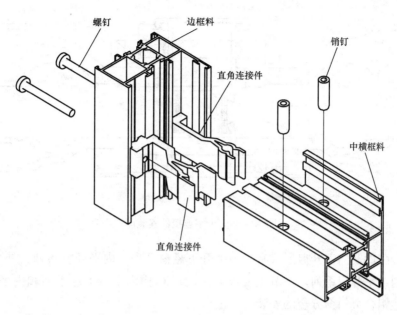

螺钉　　边框料　　销钉　　直角连接件　　中横框料　　直角连接件

图 13-23　隔热平开铝合金窗 T 型连接示意

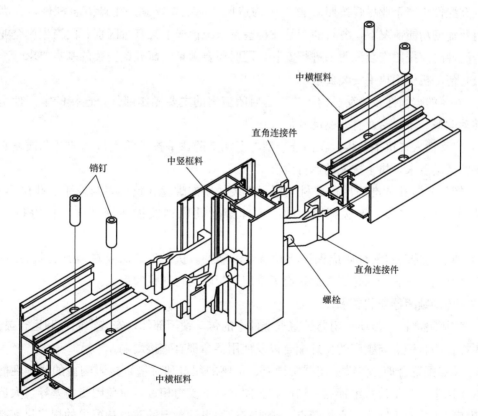

中横框料　　直角连接件　　中竖框料　　销钉　　直角连接件　　螺栓　　中横框料

图 13-24　隔热平开铝合金窗十字连接示意

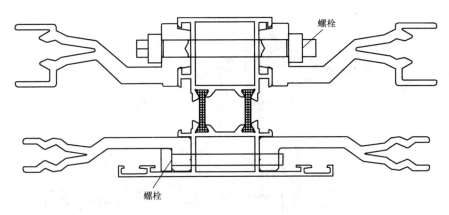

图 13-25 十字连接件安装图

常见五金配件及门窗开启形式有：内平开下悬窗系列、内平开窗系列、外平开窗系列、推拉门窗系列、平开门系列，本节主要以常用的以 C 槽内平开下悬系列和内平开系列五金配件为例详述铝合金门窗五金的安装。

1. C 槽五金件的安装要求

五金配件生产企业尽管按照 C 槽五金构造尺寸标准要求统一生产五金配件，在满足门窗开启及辅助功能情况下，各自的产品在构造及系统构成上又有所区别。门窗生产企业在安装五金配件时应按照安装说明书进行安装，同时还要满足门窗五金安装的基本要求。

（1）传动机构用执手安装要求。

1）安装的牢固性。传动机构用执手是启闭窗扇的主要操作部件，连接的牢固性是保证执手转动顺畅、不脱落及有效驱动其他五金件。

2）拨叉插入式执手安装。在铝合金型材上加工的执手拨叉的运行孔的开孔质量必须满足执手的运动要求，执手拨叉的运行没有卡阻。

3）螺丝安装孔的准确性。型材上用于安装执手的螺丝孔位如果与执手的孔位不一致，会造成螺丝无法安装、无法拧紧、执手底座螺丝孔内螺纹损坏等情况，使得执手无法工作。

4）执手与传动器配合后应保证驱动有效、顺畅。执手安装后要在扇开启状态下空转，通过手柄转动，检查转动是否灵活，有无卡阻、影响运行通畅的现象。

（2）传动锁闭器安装要求。

1）牢固灵活性。传动锁闭器是窗五金件中的传动锁闭部件，安装牢固性和运行灵活性，对执手操作力、锁点与锁座的良好配合以及使用寿命都有直接影响。

2）锁点配置合理。传动锁闭器中锁点、锁座的配置和质量直接影响窗的物理性能。在风荷载作用下，为了使每组锁点、锁座在关闭状态下受力相近，避免因受力差异过大造成锁点和锁座作用状态不同步，宜将锁点、锁座按选用设计确定的数量和窗扇的规格尺寸有效的合理排布，才能使门窗的性能达到最佳。

3）锁点位置准确。根据已有执手孔位确定对应的传动锁闭器的安装位置，确认是否需要开孔；再根据已确定的位置安装锁点、锁座。

4）连接杆的尺寸、开孔准确。在有安装槽口的型材上安装传动锁闭器，当传动部分需要用铝连杆进行连接时，铝连杆连接孔位如果偏斜会增加摩擦力，造成传动阻力过大、运行不顺畅。

（3）合页安装要求。

1）安装的牢固、可靠性。合页是平开窗的主要承载部件，安装不牢固会带来窗扇掉角、下垂、脱落，甚至出现安全隐患，直接影响窗的安全性和使用寿命。合页是承载部件，夹持式合页安装时应选用有足够摩擦力的夹持片以及足够啮合力的螺钉。

2）安装位置的准确性。合页是内平开窗的主要承载部件，安装位置不准确会带来窗扇变形等情况，不能实现有效的承载和转动。

3）采用紧定螺丝紧定合页轴的合页，为了防止合页轴向下窜动、脱落，安装后需将紧定螺钉紧定到位。

4）可调合页如果调整不到位会影响使用，因此一组可调合页应该调整到以同一旋转中心线旋转的最佳状态，以保证窗扇启闭顺畅、旋转灵活。

（4）撑挡的安装要求。

1）符合节能要求。为了保证连接强度和不破坏隔热结构，撑挡安装应避免安装在隔热条上。

2）安装位置合理。撑挡的作用是防止窗扇在风荷载作用下撞击到洞口，当窗扇开启大于90°时，易与洞口相碰。撑挡的安装位置与窗所需的开启角度有关，所以要确定好安装位置，避免撞击洞口、出现安装隐患。

3）配件选用合理。撑挡安装后与框扇之间不能产生相对位移，撑挡与框扇的连接件主要受剪切力，铝合金抽芯铆钉抗剪切强度不够，宜选用不锈钢紧固件。

2. 内平开下悬窗五金件的安装

本节以坚朗 NPD100 两边多点锁（见图 13-26）和 NPD200 四边多点锁（见图 13-27）为例介绍内平开下悬窗五金件的安装。

（1）执手的安装。执手安装示意图见 13-28。安装时，先将执手舌头卡住主传动杆凸台，再用两个固定螺钉将防误器固定到执手上。为防止执手使用过程中松动，采用在固定螺钉表面涂有一种特殊的蓝色螺钉胶和采用带锯齿的螺钉垫圈。执手表面采用静电粉末喷涂，能有效抵抗强紫外线的照射及各种酸碱物质的腐蚀。

（2）转角器的安装。转角器安装示意图见 13-29。安装时，将转角器连上铝传动杆，穿入扇型材槽口，再用 2.5mm 的内六角扳手锁紧两个固定螺钉。通过调节转角器可以调节窗户的气密性、水密性和锁紧度。调节方法为使窗户处于平开状态，用 4mm 的内六角扳手旋转偏心锁点，须注意的是锁点的调节量过大会导致窗户启闭时，执手转动不灵活。转角器表面采用电镀（珍珠铬），能有效抵抗强紫外线的照射及各种酸碱物质的腐蚀。

（3）下合页的安装。下合页安装见图 13-30。图 13-30（a）为框、扇下合页分别安装，图 13-30（b）为框扇下合页合体组装。安装时先将框下合页固定到框型材上，再将扇下合页穿到扇型材槽口后固定。最后将扇下合页放到框下合页内。合页表面采用静电粉末喷涂，能有效抵抗强紫外线的照射及各种酸碱物质的腐蚀。

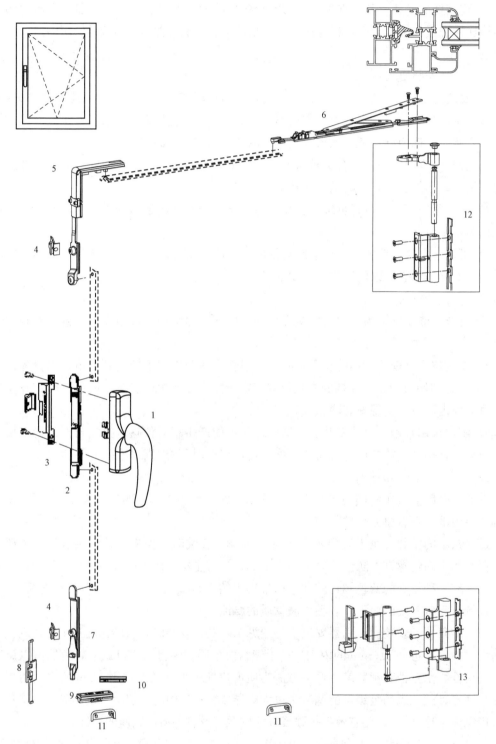

图 13-26 两边多点锁内平开下悬窗五金配件

1—执手；2—主传动杆；3—防误器；4—锁块；5—转角器；6—上拉杆；7—翻转；
8—防脱器；9—支承块；10—垫块；11—防水盖；12—上合页；13—下合页

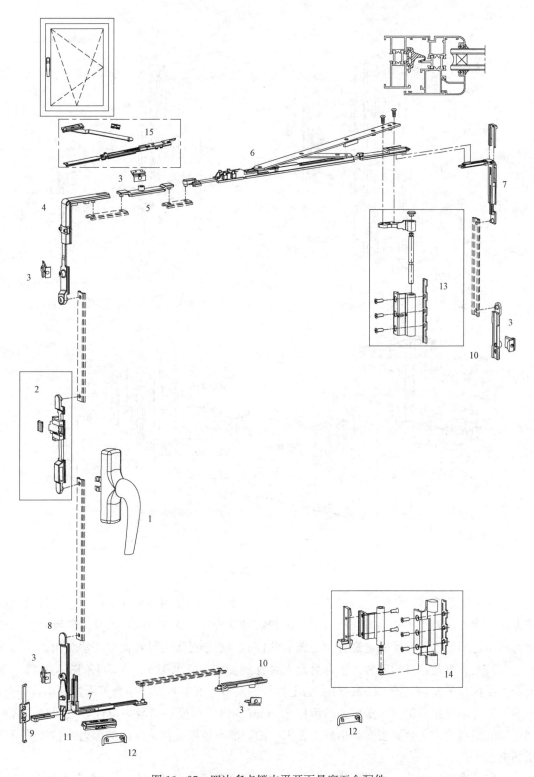

图 13-27  四边多点锁内平开下悬窗五金配件

1—执手；2—防误传动杆；3—锁块；4—转角器；5—中间传动杆；6—上拉杆；7—小转角器；

8—翻转支撑；9—防脱器；10—边传动杆；11—支撑块；12—防水盖；13—上合页；14—下合页；15—第二拉杆

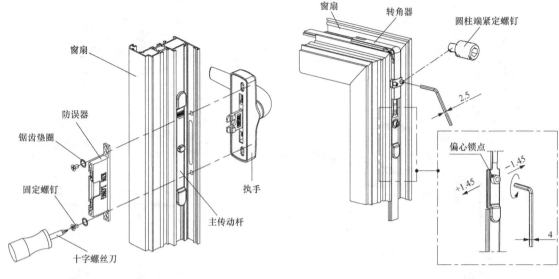

图 13-28 执手安装示意图     图 13-29 转角器安装示意图

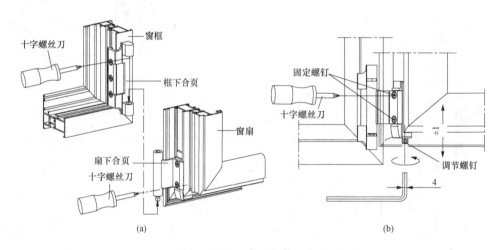

(a)                    (b)

图 13-30 下合页安装示意图

　　窗扇下坠的调节。外窗完成安装后,窗扇由于受重力的作用整体向下产生微量位移。调节方法为使外窗处于平开状态,将两个固定螺钉稍微拧松,再用 4mm 的内六角扳手将调节螺钉调至适当位置后拧紧固定螺钉。当调节螺钉的调节量过大会导致窗户无法关闭。

　　(4) 上合页及拉杆的安装。上合页及上拉杆的安装示意见图 13-31。图 13-31 (a) 为上合页及拉杆的安装,图 13-31 (b) 为上拉杆的调节。安装时先将上合页固定到小拉杆上,再连上铝传动杆穿入扇型材槽口,然后用 2.5mm 的内六角扳手锁紧小拉杆,最后将上合页固定到框型材上。上合页表面采用静电粉末喷涂,能有效抵抗强紫外线的照射及各种酸碱物质的腐蚀。

　　窗扇的下坠的调节。窗户完成安装后,窗扇由于受重力的作用执手下侧产生微量下垂。调节方法为使窗户处于平开状态,用 4mm 的内六角扳手顺时针旋转调节螺钉。

　　通过调节上拉杆可以外窗的气密性、水密性和锁紧度。调节方法:使窗户处于下悬状

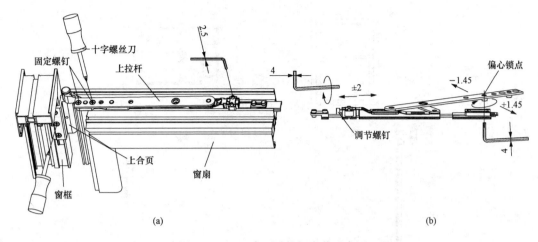

图 13 - 31　上合页及拉杆安装示意图

态，用 4mm 的内六角扳手旋转偏心锁点。锁点的调节量过大会导致窗户启闭时，执手转动不灵活。

（5）支撑块的安装。支撑块采用独特的滚轮设计，使窗户开启更灵活，并有可调功能，能有效调节扇下悬状态时的密封性能。支撑块安装示意图见图 13 - 32。

安装时用 2.5mm 的内六角扳手先将支撑座锁紧到框型材上，再锁紧两个固定螺钉。支撑块表面采用电镀（珍珠铬），能有效抵抗强紫外线的照射及各种酸碱物质的腐蚀。

通过调节支撑块可以调节外窗的气密性、水密性和锁紧度。调节方法：使窗户处于平开状态，将两个固定螺钉稍微拧松，把支撑块调到适当的位置后拧紧螺钉。

3. 平开门五金件的安装

（1）平开门五金配件安装注意事项。

1）确定平开门的开启方向及锁点配置情况。

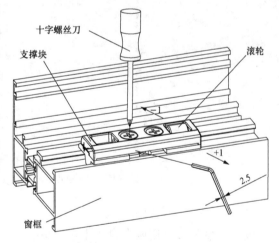

图 13 - 32　支撑块安装示意图

2）根据型材的结构和扇料的腔体尺寸、扇料与框料的配合间隙、门的分格尺寸，确定主锁、框面板、合页的型号，并根据主锁的边心距 $L$ 确定与其相配合的执手。

3）根据平开门的开启方式、主锁的安装位置及扇料的宽度尺寸确定锁芯的型号（一般不同系列型材配不同的锁芯）。

4）根据扇料的结构和宽度尺寸及所选执手的型号确定执手的固定螺钉的长度、上下合页固定螺钉的长度和方钢的长度。

图 13 - 33 为坚朗 PM300 单开门五金配件图。

（2）执手的安装。单点锁执手安装示意见图 13 - 34，图 13 - 34（a）为安装示意图，图

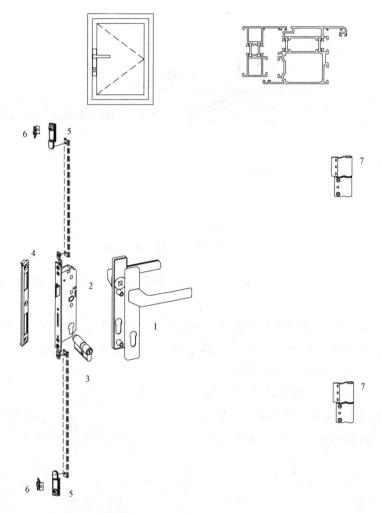

图 13-33　单开门五金配件

1—执手；2—门锁；3—锁芯；4—框面板；5—边传动杆；6—锁块；7—合页

13-34（b）为安装完成后示意图。

安装步骤如下：用两个自攻十字沉头螺钉将门锁固定在门扇上，并使锁身孔与执手开孔对齐，将执手插入型材执手开孔中，用十字螺钉将另一面执手固定在门扇型材上，然后插入锁芯，用十字螺钉锁紧锁芯。

（3）传动锁闭系统的安装。平开门传动锁闭系统安装示意见图 13-35，安装步骤如下：

1）将铝传动杆先导入门扇型材槽口。

2）将门锁放入型材开孔中。

3）将门锁传动条与铝传动杆连接。

4）将门锁固定在门扇上，并使锁身孔与执手开孔对齐，插入方轴，安装执手并固定在扇上。

5）插入锁芯并固定锁紧锁芯。

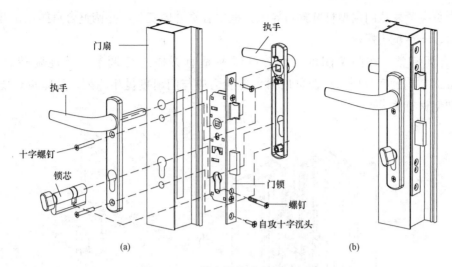

(a)　　　　　　　　　　　　　　　　　(b)

图 13 - 34　单点锁执手安装示意图

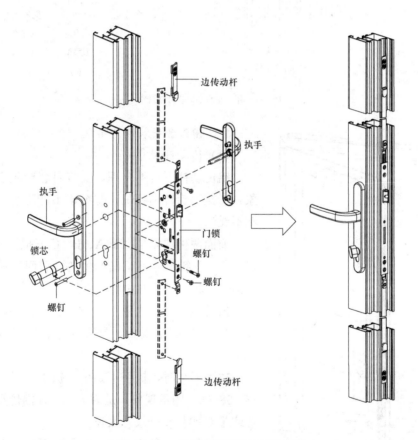

图 13 - 35　传动锁闭系统安装示意图

（4）合页的安装。合页安装示意见图 13 - 36，图 13 - 36（a）为合页安装示意图，图
13 - 36（b）为合页调整示意图。

1）安装步骤。在门框料组装之前，先将框合页夹紧块插入门框型材安装合页位置，然

后将扇合页夹紧块从门扇型材开豁口导入。框扇合页合体安装,并调整合页能正常开启,最后固定自攻十字沉头螺丝。

2)合页调整。在门关闭的时候,可以在垂直方向进行调节。通过旋转合页轴套±0.5mm调节门的密封压力。合页最大承重能力应与门扇重量相匹配。具体承重能力与合页安装和型材有关。

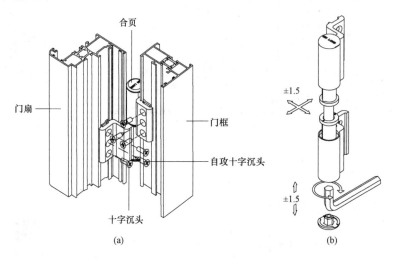

(a)            (b)

图 13-36 合页安装示意图

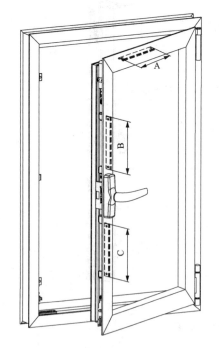

图 13-37 传动杆安装示意

### 4. C 槽五金安装常见错误

(1) 传动杆尺寸。

铝传动杆下料不合理,安装时会产生以下几种现象:①执手旋转不到位;②窗扇不能下悬;③执手转动不灵活。

前面两种现象是由于 A、B、C 三根铝传动杆(图 13-37)下料尺寸不正确产生的,后面一种现象是由于铝传动杆开孔不在中间产生的。

执手锁闭时,执手不到位。执手锁闭时,出现图 13-38(a)图示现象,是因为 A、B 铝传动杆尺寸太长。

执手下悬时,执手不到位。执手下悬时,出现图 13-38(b)图示现象,是因为 A、B 铝传动杆尺寸太短或是 C 铝传动杆尺寸太长。

(2) 防误器安装尺寸。内平开下悬窗对型材尺寸要求很严格。图 13-39(a)和图 13-39(b)是内平开下悬窗的型材断面图。内平开下悬窗的平开与下悬

两个功能是不能同时实现的,即平开时不能下悬,下悬时不能平开,如果同时出现这两个功能,那么整个窗扇就很容易被端下来。为了防止出现这种情况出现,内平开下悬窗都有一个

防误操作系统，这个防误操作系统对型材的尺寸要求基本是一样的，由于人们对图 13-39（a）和图 13-39（b）中 X、Y 尺寸理解不够，忽视了 X 和 Y 尺寸，最终影响防误器的功能发挥。

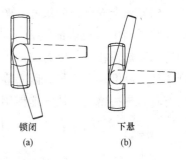

图 13-38 传动杆尺寸错误

X、Y 尺寸是两个关键尺寸，会影响到防误器的安装和防误器的防误性能。一般来说 X 尺寸在 10.5～12mm 比较合理。从五金配件设计的搭配情况来看，X 尺寸大于 12.5mm 时防误器的操作系统将不灵活或不起作用。从防误系统的安装情况看，Y 尺寸一般大于或等于 10mm，如果 Y 尺寸小于 9mm 时，防误器将无法安装。

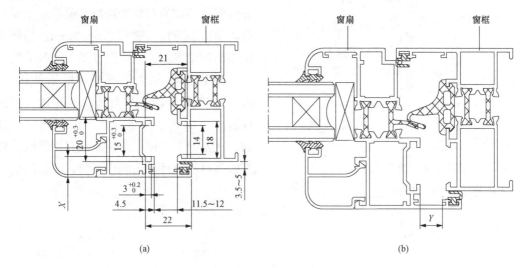

图 13-39 防误器安装尺寸

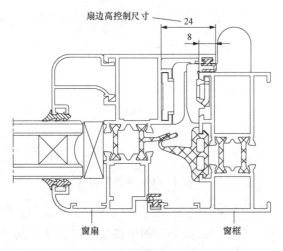

图 13-40 型材设计错误一

（3）框扇搭接量。铝合金型材生产企业对欧式标准槽的概念理解不透彻，造成框扇搭接量设计错误。图 13-40 是一家铝材厂的内平开下悬窗的型材断面图，不仔细看这个型材没有问题，标准槽口样样齐全。可是仔细看搭接侧，扇边控制尺寸按 24mm、搭接按 8mm 设计（已经超出搭接的最大值），并没有按扇边控制尺寸为 22mm、搭接为 6mm 设计。结果造成合页侧与窗扇型材相碰，以至于合页无法安装。目前市场上通用的欧式标准槽型材的合页要求框扇型材搭接量一般都在 5.5～7mm，一旦超过这个范围，可用的合页几乎没有。

（4）五金安装空间尺寸。图 13-41 是一家铝材厂的内平开下悬窗的型材断面图。扇型材隔热桥高出 C 槽表面线 2mm，如果隔热桥高出 C 槽表面，窗扇在开启或锁闭时，锁块很容易与隔热桥相碰。因此门窗生产企业想降低锁块的高度，不想铣隔热桥，但是后来发现降低锁块的高度还是不行，因为降低锁块后，发现锁点与锁块的搭接量太少或无法锁闭，所以只有将隔热桥铣去一块才能使用。

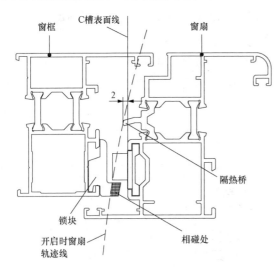

图 13-41　型材设计错误二

关于五金配件的调节功能，大多数人认为五金配件是有调节功能的，不管窗做成什么样子，通过五金配件的调节是可以调节的，如果调节不好就是五金配件有问题。这是对五金配件的调节功能存在误区，事实上五金配件的调节对整个窗户来说是一个微量的调节，调节量一般在 0.5～1mm，当调节量超出这个范围，五金配件是无法调节的。

图 13-42 是防误器与窗框型材相碰，图 13-43 是翻转支撑与防脱器相碰。这两种情况在工程中最常见，通常是同时出现的。这是因为门窗生产企业没有按照欧式标准槽型材的设计要求制作外窗，而是门窗生产企业随便加大型材搭接量。

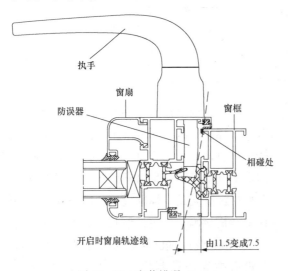

图 13-42　安装错误（一）

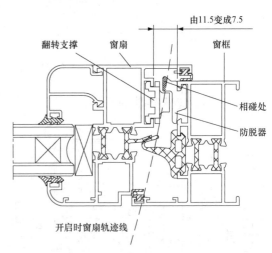

图 13-43　安装错误（二）

很多门窗生产企业认为型材搭接量过小，想要增加型材搭接量。由于型材已经成型，门窗生产企业只有将扇框之间五金件活动空间尺寸 11.5mm 减小（如果将五金件活动空间尺寸变 9.5mm，整个扇框之间的间隙做到 19mm），但因欧标槽型材的夹持式合页之间的距离都是按 11.5mm 标准设计的，安装合页后，自然把合页侧的五金件活动空间尺寸恢复 11.5mm，变相的把执手开启侧的标准的距离 11.5mm 减小了。其结果是当整个扇框之间的间隙做到 19mm 时，执手开启侧的间隙只有 7.5mm，比原来的 11.5mm 小了 4mm，才造成上面的情况出现。

## 13.3　框扇密封

铝合金门窗的框扇密封是指两个相对运动的门窗框与扇之间的密封，其密封质量应满足门窗的气密性能、水密性能、保温性能、隔声性能等设计要求。

框扇间常用的密封形式有以下两种：

(1) 挤压式密封，这种密封方式通过框扇间的压力使框与扇之间的密封材料产生弹性变形来实施，常用于平开门窗，见图 13 - 44。

(2) 摩擦式密封，是两个平行对应部件缝隙的密封，常用于推拉门窗或转门，见图 13 - 45。

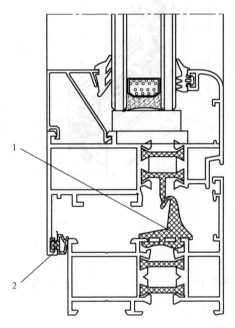

图 13 - 44　中间密封和框边缘密封

1—中间密封；2—框边缘密封

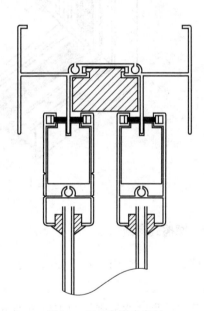

图 13 - 45　摩擦式密封

### 13.3.1　挤压式密封

挤压式密封常用于平开铝合金门窗中的框扇的边缘密封和中间密封，见图 13 - 44 中的 1 和 2。

图 13 - 44 中 2 为框扇边缘密封，常用于平开门窗的框扇间边缘密封，其密封胶条的式样见图 13 - 46 （a）。

图 13 - 44 中 1 为框扇中间密封，常用于平开门窗的框扇中间密封，其密封胶条的式样见图 13 - 46 （b）。

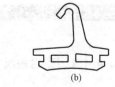

(a)　　　(b)

图 13 - 46　中间密封胶条

中间密封常用于隔热断桥铝合金门窗，通过增加中间密封胶条（又称鸭嘴胶条），将框扇间空腔分为两个腔室，外侧为水密腔室，内侧为气密腔室。这样在外侧腔室形成等压腔，提高了门窗的水密性能；由于独立的气密腔室，提高了门窗的气密性能和隔声性能；中间密封胶条将框扇间的一个腔室分隔成两个腔室，延续了框扇间的隔热桥，提高了门窗的保温性能。

对于隔热型材的平开铝合金窗的中间鸭嘴密封胶条的角部接头处，应采用 45°对接，且安装完后对接处应用密封胶将接头部位粘结牢固，如图 13 - 47 所示。

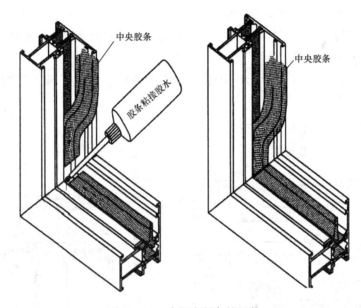

图 13 - 47　中间密封条的组装

### 13.3.2　摩擦式密封

摩擦式密封一般用在两平面窄缝之间用毛条密封居多，也有少部分用胶条密封，采用这种密封方式密封的推拉门窗，可以左右推动，对毛条或胶条的压力不能太大，否则门窗扇的开启力可能较大。这种密封的密封效果不与前述的好。

解决推拉门窗密封效果的有效办法是采用提升推拉式结构设计。其特点是门窗扇开启时先提升再推拉，不对密封带产生摩擦作用，在关闭时又降回原位置，与密封带紧密吻合。其密封材料一般采用胶条密封，可以提高门窗的密封性能。

对于框扇间密封材料的选择详见第 4 章相关章节内容。

## 13.4　门窗组装技术要求

### 13.4.1　门窗组装尺寸要求

铝合金门窗组装后成品尺寸允许偏差应符合表 13 - 1 的规定。

表 13 - 1　　　　　　　　　　　　　　门窗组装尺寸允许偏差　　　　　　　　　　　　　　mm

| 项目 | 尺寸范围 | 允许偏差 | |
|---|---|---|---|
| | | 门 | 窗 |
| 门窗宽度、高度构造尺寸 | L＜2000 | ±0.5 | |
| | 2000≤L＜3500 | ±1.0 | |
| | L≥3500 | ±1.5 | |
| 门窗宽度、高度构造尺寸对边尺寸差 | L＜2000 | ≤1.0 | |
| | 2000≤L＜3500 | ≤1.5 | |
| | L≥3500 | ≤2.0 | |
| 对角线尺寸差 | ≤2500 | 1.5 | |
| | ＞2500 | 2.0 | |
| 门窗框、扇搭接宽度 | — | ±2.0 | ±1.0 |
| 框、扇杆件接缝高低差 | 相同截面型材 | ≤0.3 | |
| | 不同截面型材 | ≤0.5 | |
| 框、扇杆件装配间隙 | — | ≤0.3 | |

## 13.4.2　门窗组装构造要求

铝合金门窗构件间连接应牢固，紧固件不应直接固定在隔热材料上。当承重（承载）五金件与门窗连接采用机制螺钉时，啮合宽度应大于所用螺钉的两个螺距。不宜用自攻螺钉或抽芯铆钉固定。

为防止门窗构件接缝间渗水、漏气，构件间的接缝应采用密封胶进行密封处理。

门窗开启扇与框间的五金件位置安装应准确，牢固可靠，装配后应动作灵活。多锁点五金件的各锁闭点动作应协调一致。在锁闭状态下五金件锁点和锁座中心位置偏差不应大于 3mm。

铝合金门窗框、扇搭接宽度应均匀，密封条、毛条压合均匀。门窗扇装配后启闭应灵活，无卡滞、噪声，扇及锁闭装置的操作力应符合标准《建筑门窗幕墙通用技术条件》（GB/T 31433—2015）的规定要求。

平开窗开启限位装置安装应正确，开启量应符合设计要求。

扇纱位置安装应正确，不应阻碍门窗的正常开启。

## 13.5　玻璃镶嵌

玻璃安装是铝合金门窗组装的最后一道工序，内容包括玻璃制作、玻璃就位、玻璃密封与固定等。

### 13.5.1　玻璃制作

玻璃制作时时，应根据窗、扇的尺寸来计算下料尺寸，一般要求玻璃侧面及上下都应与金属面留出一定的间隙，以适应玻璃膨胀变形的需要。

目前，我国铝合金门窗产品中，中空玻璃是基本配置，对于高端门窗甚至配置有了Low-E镀膜玻璃或钢化夹层玻璃等玻璃深加工产品，因此，对于大部分门窗生产企业来说，玻璃一般作为外协件采购，不需要自己加工，只需要向玻璃加工企业提出具体要求即可。

玻璃安装时，应确认玻璃板块中Low-E镀膜玻璃或钢化夹层玻璃等朝向面，不能随意安装。

### 13.5.2 玻璃就位

当玻璃单块尺寸较小时，可用双手夹住就位，如果单块玻璃尺寸较大，为便于操作，就要使用玻璃吸盘将玻璃吸紧后将其就位。

玻璃就位时应将玻璃放在凹槽的中间，内、外两侧的间隙应根据采用的密封材料（密封胶或密封胶条）及玻璃的厚度的不同而调整。

玻璃的下部应用支承垫块将玻璃垫起，玻璃不得直接坐落在金属面上，垫块的厚度也应根据采用的密封材料（密封胶或密封胶条）及玻璃的厚度的不同而调整。玻璃的其他三边应采用定位垫块将玻璃固定。

1. 玻璃垫块的作用

（1）将玻璃重量合理分配到扇框上，门窗的扇框必须承受来自玻璃的重量，同时还要承受因温度变化、风压、启闭操作所产生的力。门窗制作时，必须通过合理布置玻璃垫块，将重力分配在承重扇框上，然后传递到周围的相关结构如框架、铰链等组件上。

（2）玻璃垫块的合理安装能起到校正扇与框的作用。

（3）能够确保门窗使用功能的持久性。

（4）保证框架槽内水、气流动通畅。

2. 玻璃垫块的材质

玻璃垫块必须采用不易变形的防腐材料。一般用聚氯乙烯或聚乙烯塑料注塑成型。这种塑料具有足够的抗压强度，不会引起玻璃的破碎。不允许使用木材等其他吸水或易腐蚀材料替代。

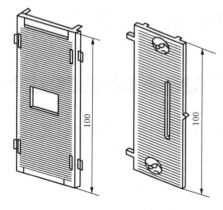

图 13-48　玻璃垫桥

3. 玻璃垫块的种类

（1）玻璃垫桥。玻璃垫桥又称垫块分解桥或基础垫块，如图13-48所示。其宽度正好放入玻璃槽底部，厚度与玻璃底槽到压条槽边的高度差相等，长度至少为100mm。

玻璃垫桥安装于底部，可以防止在其上面放置的玻璃垫块滑脱移位，为玻璃提供了最佳安装空间，保证了扇框槽底部的水、气流动畅通。

（2）支承垫块。支承垫块亦称受力垫块。垫块必须承受玻璃的重量或承受玻璃的压力。支承垫块最小长度不得小于 50mm，宽度应等于玻璃的厚度加上前部余隙和后部余隙，厚度应等于边部余隙。不同窗型支承垫块的安装位置不同。正确的安装可以将玻璃重量合理分配到扇框上，并能起到对扇框的校正作用，保证门窗的使用功能。

（3）定位垫块。定位垫块亦称隔离垫块或防震垫块。主要作用是防止玻璃与扇框直接接触，防止玻璃在扇框槽内滑动，门窗关闭时减缓震动。定位垫块长度不应小于 25mm，宽度应等于玻璃的厚度加上前部余隙和后部余隙，厚度应等于边部余隙。

玻璃垫块的规格常见有：长 100/宽 20mm 及长 100/宽 26、28mm，厚度分别为 2、3、4、5、6mm。如图 13-49 所示。玻璃垫块根据不同厚度采用特定的颜色塑料制作。

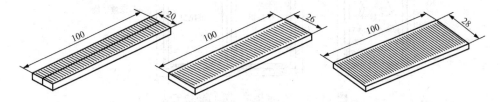

图 13-49　支承垫块和定位垫块（mm）

（4）玻璃垫块的安装。支承块和定位块的安装位置应符合下列规定（见图 13-50）：

1）采用固定安装方式时，支承块和定位块的安装位置应距离槽角 1/4 边长位置处。

2）采用可开启安装方式时，支承块和定位块的安装位置距槽角不应小于 30mm。当安装在门窗框架上的铰链位于槽角部 30mm 和距离 1/4 边长之间时，支承块和定位块的位置应与铰链安装的位置一致。不同窗型玻璃垫块安装位置如图 13-51 所示。

3）支承块、定位块不得堵塞排水孔和气压平衡孔。

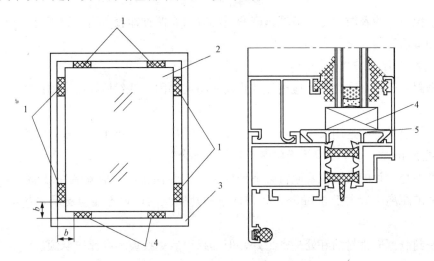

图 13-50　支承块和定位块的安装位置

1—定位块；2—玻璃；3—框架；4—支承块；5—玻璃垫桥

4. 注意事项

（1）正确安装和调整支承块是保证门窗使用功能的重要环节。

（2）对于平开门窗，必须仔细的调整支承垫块的受力状况，确保门窗开关灵活，扇不下

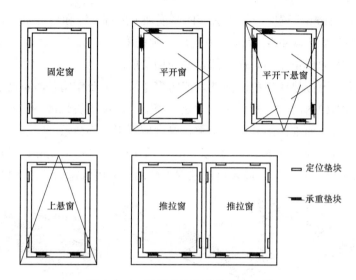

图 13-51　承重垫块和定位垫块安装

垂。支承垫块与铰链的协同调整还能保证双扇平开门窗的水平度一致。

（3）推拉门窗扇的支承垫块放置要与滑轮安装位置一致。推拉门窗固定上亮玻璃支承垫块的正确安装可防止推拉上框下垂，确保推拉扇滑动灵活。

（4）为保证扇框底边水、气流动通畅，安装玻璃垫块时，不要将型材槽口堵死，保证雨水能横向流动。

### 13.5.3　玻璃的镶嵌密封

玻璃就位后，应及时固定。玻璃镶嵌密封的方法有两种即胶条密封和密封胶密封，亦称干法密封和湿法密封。

1. 密封胶密封

采用密封胶密封，在注胶前应用弹性止动片将玻璃固定，然后在镶嵌槽的间隙中注入硅酮密封胶。

（1）弹性止动片的选用尺寸应符合下列要求：①长度不应小于 25mm；②高度应比槽口或凹槽深度小 3mm；③厚度应等于玻璃安装前后部余隙 $a$。

（2）弹性止动片的安装位置应符合下列要求：①弹性止动片应安装在玻璃相对的两侧，止动片之间的距离不应大于 300mm；②弹性止动片安装的位置不能与支承块和定位块位置相同。

采用密封胶镶嵌密封的好处是密封好，但如果以后更换玻璃则比较麻烦。

2. 胶条密封

用橡胶条镶嵌、密封，表面不再注胶，但接口处应打胶密封见图 13-52。这种方法的好处是更换玻璃方便，但密封不是非常严密，可以通过在型材的室外面开排水孔的方法排水。

玻璃镶嵌胶条密封和密封胶密封见图 13-53。

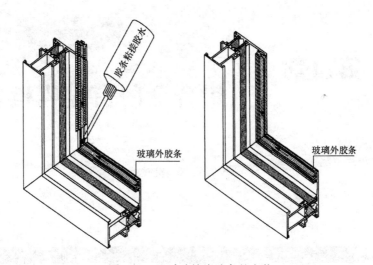

图 13-52　玻璃镶嵌胶条的安装

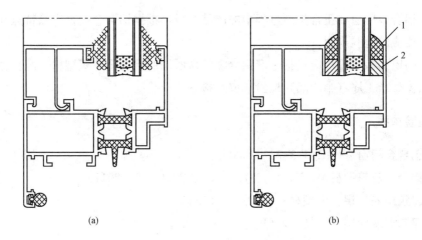

(a)　　　　　　　　　　　　　　　(b)

图 13-53　玻璃密封形式

(a) 胶条密封；(b) 密封胶密封

1—密封胶；2—弹性止动片

## 13.6　组装工艺规程

（1）认真审核图纸、看懂图纸。

（2）备齐所用工具。

（3）检验所有组合零件尺寸和质量是否符合技术要求，对不符合要求的零部件不予组装。

（4）门窗的组装应在专门操作台架上，上面必须垫有胶皮麻布，以免划伤型材装饰面。

（5）装配时精心操作，防止机械或人为磕碰损伤。

（6）自攻螺钉要拧紧，严禁用锤敲打。

（7）组装后要擦洗干净，无油污。

（8）经检验合格后的制成品应竖立堆放并标明品种规格。严禁接触酸碱等腐蚀性物质。

# 第14章
## 铝合金门窗过程检验

## 14.1 检验依据

为保证铝合金门窗在正常生产过程中的产品质量，根据铝合金门窗产品特点和加工工艺条件，制定相应的检验规程。

铝合金门窗的检验规程应包括生产铝合金门窗所用的铝合金建筑型材、配套材料的检验和铝合金门窗生产工序（半成品）检验、成品检验。

### 14.1.1 检验依据

(1)《铝合金门窗》（GB/T 8478—2020）。

(2)《铝合金建筑型材》（GB/T 5237.1～GB/T 5237.6—2017）。

(3)《建筑用隔热铝合金型材》（JG 175—2011）。

(4)《建筑玻璃应用技术规范》（JGJ 113—2015）。

(5)《铝合金门窗工程技术规范》（JGJ 214—2010）。

(6) 与铝合金门窗有关的各种五金件、紧固件、玻璃、密封材料等相关产品标准。

### 14.1.2 组批与抽样

1. 组批

铝合金门窗组装前，同一类型的同一加工安装要求的零部件定义为一批；同一批购入的同一品种、同一规格的外购零件为一批。门窗（框、扇）组装后，同一工程、同一品种的半成品或成品为一批。

2. 抽样

铝合金型材、辅助材料以及五金配套件的抽样检验，若产品标准中有抽样规则，则按产品标准抽样、检验；在产品标准中没有抽样规则时，建议按《计数抽样检验程序　第一部分：按接受质量限（AQL）检索的逐批检验抽样计划》（GB/T 2828.1—2012）的规定要求，采用正常检验一次抽样方案，取一般检查水平Ⅰ，AQL6.5，合格质量判断按表14-1要求进行。表中Ac、Re以不合格品件数计。

**表 14 - 1**                   合格判定表                   单位：件

| 批量范围 $N$ | 样本大小 $n$ | 接收数 $Ac$ | 拒收数 $Re$ |
|---|---|---|---|
| 2～8 | 2 | 0 | 1 |
| 9～15 | 2 | 0 | 1 |
| 16～25 | 3 | 0 | 1 |
| 26～50 | 5 | 0 | 1 |
| 51～90 | 5 | 0 | 1 |
| 91～150 | 8 | 1 | 2 |
| 151～280 | 13 | 1 | 2 |
| 281～500 | 20 | 2 | 3 |
| 501～1200 | 32 | 3 | 4 |

铝合金门窗产品检验按每组批的 10% 随机抽样，但最少抽样数不小于 3 樘。

按照 GB/T 2828.1—2012 的规定，对于上面所提术语解释如下：

过程平均：在规定的时间段或生产量内，过程处于统计控制状态期间的质量水平（不合格品百分数）。

接受质量限（AQL）：当一个连续系列批被提交验收抽样时，可允许的最差过程平均质量水平（以不合格品百分数表示）。

正常检验：当过程平均优于接受质量限时抽样方案的一种使用法。此时抽样方案具有为保证生产方以高概率接受而设计的接受准则。

一次抽样方案是样本量、接受数和拒绝数的组合。

### 14.1.3 首件检验

首件检验即先加工首件经检验合格后，方可进行本组批、本工序的加工。每组批、每工序加工时，必须执行首件检验制度。

为了保证检验结果的准确性，检验所使用的计量器具均应是经过计量部门计量检定合格，并在检定有效期内的计量器具。

## 14.2 型材检验

铝合金型材进厂后，必须对购进的型材进行检验。首先检查型材生产厂家的资质资料，包括型材生产许可证、质量保证书、检验报告和合格证等；其次是依据《铝合金建筑型材》（GB/T 5237.1～GB/T 5237.6—2017）及《铝合金门窗》（GB/T 8478—2020）检查型材的性能指标，包括壁厚、尺寸偏差、外观质量、膜厚等。

### 14.2.1 型材生产许可证、质量保证书、检验报告和合格证

铝合金型材生产许可证是国家对具备生产条件和生产能力的型材生产厂家发放的准许生

产铝合金型材产品单元的凭证，质量保证书和合格证是型材生产厂家对产品质量的承诺文件，也是日后解决质量问题纠纷的依据。

质量保证书（合格证）应标明：①生产厂家；②产品名称；③合金牌号、状态和合金成分；④型号；⑤重量或件数；⑥批号；⑦力学性能、表面涂层厚度及技术监督部门印记；⑧包装日期。

应有生产单位提供由国家法定检验单位出具的有效检验报告。检验报告的内容和结果应符合国家相关标准的要求。

每批型材应具有质量保证书，每包型材须具有产品合格证。

### 14.2.2　断面尺寸及壁厚

1. 质量要求

（1）型材的型号和断面尺寸应符合供货合同的要求，尺寸偏差应符合标准《铝合金建筑型材 第 1 部分：基材》（GB/T 5237.1—2017）中规定的要求。

（2）型材壁厚。型材壁厚应符合《铝合金门窗》（GB/T 8478—2020）主型材基材壁厚公称尺寸：外门不应小于 2.2mm，内门不小于 2.0mm；外窗不应小于 1.8mm，内窗不小于 1.4mm。

（3）有装配关系的门窗主型材基材壁厚公称尺寸允许偏差应采用 GB/T 5237.1—2017 规定的超高精级；有装配关系的门窗主型材基材非壁厚公称尺寸允许偏差宜采用 GB/T 5237.1—2017 规定的高精级。

（4）对型材有特殊要求的，应由供需双方在供货合同中确定。

2. 检验方法

型材外形尺寸、壁厚用游标卡尺、深度尺、千分尺测量。

### 14.2.3　表面涂层厚度

1. 质量要求

门窗用铝合金型材表面处理应符合标准 GB/T 5237.2～GB/T 5237.6—2017 的规定，型材的表面处理层的适用范围和厚度要求还应符合表 14 - 2 的规定。

表 14 - 2　　　　　铝合金型材装饰面表面处理层适用范围及厚度要求

| 表面处理层 | | 阳极氧化 | 电泳涂漆 | 喷粉 | 喷漆 |
|---|---|---|---|---|---|
| 适用范围及厚度要求 | 外门窗 | 膜厚级别≥AA15 局部膜厚≥12$\mu$m | 膜厚级别 A、B （氧化膜局部膜厚≥9$\mu$m） | 装饰面局部厚度≥50$\mu$m | 四涂层装饰面 局部膜厚≥55$\mu$m 三涂层装饰面 局部膜厚≥34$\mu$m |
| | 内门窗 | 膜厚级别≥AA10 局部膜厚≥8$\mu$m | 膜厚级别 S （氧化膜局部膜厚≥6$\mu$m） | 装饰面局部厚度≥40$\mu$m | 二涂层装饰面 局部膜厚≥25$\mu$m |

2. 检验方法

型材膜厚用分辨率为 0.5$\mu$m 的膜厚检测仪测量。测量时，将测厚仪检测探头垂直靠在型材表面上，直接读出数值即可。测量膜厚每根型材要 5 个点以上，每个点测 3 次，取平均值，每个点的膜厚都必须达到规定的厚度。测量前，测厚仪应校零。

每次测量前，应清除型材表面上的所有附着物质如尘土、油脂及腐蚀物等。

### 14.2.4　外观质量

1. 质量要求

（1）阳极氧化型材：产品表面不允许有电灼伤、氧化膜脱落等影响使用的缺陷。

（2）电泳涂漆型材：漆膜应均匀、整洁，不允许有皱纹、裂纹、气泡、流痕、夹杂物、发粘和漆膜脱浇等影响使用的缺陷。

（3）粉末喷涂型材：涂层应平滑、均匀，不允许有皱纹、流痕、鼓泡、裂纹、发黏等影响使用的缺陷。

（4）氟碳漆喷涂型材：涂层应平滑、均匀，不允许有皱纹、流痕、气泡、脱落等影响使用的缺陷。

（5）隔热型材：

1）穿条式隔热型材复合部位允许涂层有轻微裂痕，但不允许铝基材有裂纹。

2）浇注式隔热型材去除金属临时连接桥时，切口应规则、平整。

2. 检验方法

用正常视力在散射光源下目测检查表面质量。

铝合金型材入库检验记录表格参见表 14-3。

**表 14-3　　　　　铝合金型材入库检验记录表**

供货单位：　　　　　　　　　　　　　日期：

| 型材种类 | | 型材批量（根/吨） | | | | | | | | | |
|---|---|---|---|---|---|---|---|---|---|---|---|
| 生产许可证 | | 合格证 | | | | | | | | | |
| 检验项目 | 技术要求 | 检验结果 | | | | | | | | | |
| | | 1 | 2 | 3 | 4 | 5 | 6 | 7 | 8 | 9 | 10 |
| 型材壁厚 | | | | | | | | | | | |
| 表面膜厚 | | | | | | | | | | | |
| 色泽 | | | | | | | | | | | |
| 表面质量 | | | | | | | | | | | |
| 外形尺寸 | | | | | | | | | | | |

检验结论：　　　　　　　　　　　　检验员：

## 14.3　配件检验

铝合金门窗配件分为五金件、玻璃（包括窗纱）、密封材料、外协件四大类。

### 14.3.1 五金件

1. 五金件品种

执手、撑挡、合页、滑撑、窗锁、滑轮、自攻螺钉、紧固件及平开下悬五金系统等。

2. 质量要求

对于五金配套件的产品质量，应满足以下几点：

(1) 有供货单位提供的符合国标或行标有效产品检验报告及产品合格证，产品的性能应符合标准要求。

(2) 规格尺寸应符合采购要求。

(3) 产品表面应光洁，无露底、锈蚀、脱皮现象。

(4) 铆接部位应牢固，转动、滑动部位应灵活，无卡阻。

(5) 产品应满足使用功能要求。

3. 检验方法

五金配套件品种多、标准不同，主要采取下列方式检验：

(1) 有国家标准或行业标准规定的通用五金配套件，查验供货单位提供的符合国家标准或行业标准的有效检验报告。

(2) 查验产品合格证，没有产品合格证的产品应慎用。

(3) 采用目测检查外观是否合格。

(4) 手试开启、转动和滑动是否灵活，铆接是否牢固。

(5) 依据国家或行业标准，采用相应的检测工具进行检测，如外形尺寸、零件之间的配合、滑轮的轴向窜动、径向跳动是否符合标准要求。

(6) 进行试装配，检查是否满足使用功能要求，特别是与型材之间的匹配。

配件入库检验记录表格参见表 14-4。

表 14-4　　　　　　　　　　配件入库检验记录表

编号：　　　　　　　　　　日期：

| 名称 | | 生产单位 | |
|---|---|---|---|
| 型号 | | 出厂编号 | |
| 数量 | | 出厂日期 | |
| 采购员 | | 购入日期 | |
| 质量保证文件 | | | |
| 检验依据 | | 检验数量 | |
| 检验内容 | | | |
| 检验结论 | | | |
| 检验员 | 批准 | | 仓库保管员 |
| 日期 | 日期 | | 日期 |

### 14.3.2 外协件

1. 外协件品种

连接件、接插件、加强件、缓冲垫、玻璃垫块、固定地角、密封盖等。

2. 质量要求

外协件应符合门窗生产企业向供货单位提供的图纸和技术要求。材质应满足性能的要求，规格尺寸应符合图纸要求，满足使用功能的要求。

耐火型门窗用玻璃垫片，应采用无有害物质挥发的不燃材料，邵氏 A 硬度宜为 80～90，导热系数不宜大于 0.25W/(m•K)，且应符合现行标准 GB/T 3003《耐火纤维及制品》的规定。

耐火型门窗用型腔插条，应采用 A 级非硬质陶棉类不燃材料；耐火型铝合金门窗用防火棉条，应采用无有害物质挥发的不燃材料，且导热系数不宜大于 0.25W/(m•K)。

3. 检验方法

（1）材质方面应取得供货单位的质量保证书或合格证。

（2）用钢板尺、游标卡尺等测量工具检测规格尺寸。

（3）试用是否满足使用功能的需要。

### 14.3.3 玻璃

1. 玻璃种类

平板玻璃、中空玻璃、夹层玻璃、钢化玻璃和镀膜玻璃等。

2. 质量要求

（1）有供货单位出具的产品性能符合国家标准要求的有效产品检测报告及质量保证书，平板玻璃应符合《平板玻璃》（GB 11614—2009）、中空玻璃应符合《中空玻璃》（GB/T 11944—2012）、夹层玻璃应符合《建筑用安全玻璃 第 3 部分：夹层玻璃》（GB 15763.3—2009）、钢化玻璃应符合《建筑用安全玻璃 第 3 部分：钢化玻璃》（GB 15763.2—2005）、阳光控制镀膜玻璃应符合《镀膜玻璃 第 1 部分：阳光控制镀膜玻璃》（GB/T 18915.1—2013）、低辐射镀膜玻璃应符合《镀膜玻璃 第 2 部分：低辐射镀膜玻璃》（GB/T 18915.2—2013）、真空玻璃应符合《真空玻璃》（JC/T 1079—2008）的要求。

（2）玻璃的规格尺寸应符合采购要求。

（3）外观质量按相关标准的相应等级检查，不提出具体等级要求时，按合格品的等级要求检查。

（4）中空玻璃除应符合现行国家标准《中空玻璃》（GB/T 11944—2012）的有关规定外，还应符合下列要求：

1）中空玻璃的单片玻璃厚度相差不宜大于 3mm。

2）中空玻璃产地与使用地海拔高度相差超过 800m 时，因两地的大气压差约为 10%，因此应加装毛细管平衡内外气压差。

（5）采用低辐射镀膜玻璃（简称 Low - E 玻璃）的铝合金门窗，所用的 Low - E 玻璃除应符合《镀膜玻璃 第2部分：低辐射镀膜玻璃》（GB/T18915.2—2013）及《中空玻璃》（GB/T 11944—2012）的有关规定外，尚应符合下列要求：

1）由真空磁溅射法（俗称离线法）生产的 Low‑E 玻璃，在合成中空玻璃使用时，应将 Low‑E 玻璃边部与密封胶接触部位的 Low‑E 膜去除，且 Low‑E 膜层应位于中空气体层内；

2）由热喷涂法（俗称在线法）生产的 Low‑E 玻璃可单片使用，且 Low‑E 膜层宜朝向室内。

3. 检验方法

（1）检查质量保证书和合格证。

（2）目测表面质量，其气泡、夹杂物、划伤、线道等缺陷不超过标准要求。

（3）外形尺寸、厚度用钢卷尺、游标卡尺测量，弯曲度用刚直尺、塞尺测量。

### 14.3.4 窗纱

1. 质量要求

（1）应有供货单位出具的有效产品质量保证书。

（2）规格尺寸符合要求。

（3）不得有抽丝、断丝、集中的大片结点等缺陷。

2. 检验方法

用钢卷尺检查窗纱的规格尺寸，目测外观质量。

### 14.3.5 密封材料

1. 密封材料品种

橡胶条、毛条、密封胶。

2. 质量要求

（1）供货单位出具的有效的产品质量保证书。胶条应符合《建筑门窗幕墙用密封胶条》（GB/T 24498—2009）标准和《建筑门窗复合密封条》（JG/T 386—2012）、毛条应符合《建筑门窗密封毛条技术条件》（JC/T 635—2011）、密封胶根据不同产品应分别符合下列标准的规定：《硅酮建筑密封胶》（GB/T 14683—2017）、《聚硫建筑密封膏》（JC 483—2006）、结构胶应符合《建筑用硅酮结构密封胶》（GB 16776—2005）标准要求，发泡胶应符合《建筑窗用弹性密封剂》（JC 485—2007）标准要求。

耐火型门窗用膨胀密封条，应采用不燃或难燃材料，除应符合现行标准 GB 16807《防火膨胀密封件》的规定外，其烟毒性安全级别不应低于标准 GB/T 20285—2006《材料产烟毒性危险分级》规定的 ZA2 级，产烟毒性宜符合 GB 8624—2012《建筑材料及制品燃烧性能分级标准》规定的 t1 级要求，带胶类产品不宜含有影响胶黏性能的塑化剂。

耐火型门窗用密封胶应采用符合 GB/T 24267《建筑用阻燃密封胶》规定的阻燃密封胶，且其耐火性能应符合 GB 23864《防火封堵材料》规定的 1.0h 级别。

（2）胶条、毛条的规格尺寸符合采购要求，并与型材槽腔匹配。

（3）胶条、毛条的外观应外观平整、光滑，符合使用要求。

（4）胶条的强度、弹性应符合标准要求。

（5）密封胶、结构胶、发泡胶的产品种类、出厂批号、有效期应符合要求，并与所接触材料的相容性和粘结性符合要求。

3. 检验方法

（1）首先检查质量保证书、合格证。

（2）用样板、游标卡尺检验橡胶条、毛条的外形尺寸是否符合要求。

（3）目测胶条、毛条的外观质量。

（4）用拉力计测试胶条的强度和弹性。

（5）对于密封胶在入库前登记检查批号、有效期，施工前检查有效期及按照标准进行与所接触材料的相容性和粘结性试验。

## 14.4　工序检验

工序检验是指按铝合金门窗生产加工工艺流程，依次对锯切下料工序、机加工（铣、冲、钻）工序、组装（装五金配件、毛条、胶条、组角、成框）工序进行检验。

### 14.4.1　型材锯切下料工序检验

铝合金型材锯切下料工序是铝合金门窗生产的重要工序即关键工序，是质量控制点，因此，应保证锯切下料后的杆件质量处于受控状态。所以，铝合金型材经切割机锯切下料后，必须对锯切加工后的杆件进行严格的检验，并使尺寸误差控制在标准允许的范围内。

1. 检验项目及质量要求

（1）下料后型材长度，尺寸偏差应符合技术要求。

（2）型材角度允许偏差应符合技术要求。

（3）切割断面粗糙度应符合技术要求。

（4）切割断面毛刺高度应符合技术要求。

（5）型材切割面切屑应符合技术要求。

（6）型材外观不得有碰、拉、划伤痕（不包括由模具造成的型材挤压痕）。

注：上述检验项目的质量要求是根据《铝合金门窗》（GB/T 8478—2020）及企业内控标准要求制定的。在实际生产中，要确保成品门窗的质量，应根据企业的具体工艺技术条件及工艺装备条件进行产品控制偏差的工艺分解，在下料工序中提出尺寸偏差的控制要求。

2. 检验器具

游标卡卷尺、钢板尺、直角尺、万能角度尺、样板、卡尺、深度尺、粗糙度样块、测膜仪。

3. 检验方法

（1）下料长度。下料长度用游标卡卷尺。测量时用游标卡卷尺紧贴型材表面，与长度方向平行，一端定位从另一端读出测量数即型材的长度。

（2）垂直度和角度。垂直度和角度用万能角度尺测量。测量时用把角度尺的一边紧靠型材的一面，调整角度尺的另一边，直至最后使用微调棘轮，使角度尺的另一边紧靠被测角度的另一面即可，此时读出角度数值。

（3）使用粗糙度样板对比、目测检验切断面粗糙度。

（4）用卡尺或深度尺测量毛刺长度。

（5）目测切屑无粘连在加工面上现象。

（6）目测外观有无损伤，若有损伤则用钢板尺测量损伤面积，用测膜仪检测出涂层损坏程度。

锯切下料工序检验记录表格式参见表 14-5。

**表 14-5** 锯切下料工序检验记录表

编号： 日期：

| 合同编号 | | 工程名称 | | 材料种类 | | | | |
|---|---|---|---|---|---|---|---|---|
| 下料批量 | | 检验数量 | | 操作者 | | | | |
| 序号 | 检验项目 | 技术要求 | 检验结果 | | | | | 备注 |
| | | | 1 | 2 | 3 | 4 | 5 | 6 | |
| 1 | 长度（mm） | | | | | | | | |
| 2 | 斜角 | | | | | | | | |
| 3 | 直头断面与侧面垂直度 | | | | | | | | |
| 4 | 切口平面粗糙度 | | | | | | | | |
| 5 | 切口平面切屑 | | | | | | | | |
| 6 | 切口平面毛刺高度 | | | | | | | | |
| 7 | 型材表面质量 | | | | | | | | |
| 检验员： | | | 检验结论： | | | | | | |

### 14.4.2 机加工（铣、冲、钻）工序检验

机加工工序是指对锯切后的型材杆件，按照加工工艺和产品图样的要求，利用机械加工设备或专用设备对型材杆件进行的铣、冲、钻加工。

1. 铣排水槽

（1）质量要求。

1）排水槽的尺寸和位置应符合图纸的要求。

2）排水槽槽口表面毛刺应小于 0.1mm。

3）型材表面不得有明显的碰、拉、划伤痕。

（2）检验器具。钢板尺、钢卷尺、深度卡尺、游标卡尺。

（3）检验方法。

1）按加工工艺和生产图纸的要求测量排水槽的位置、尺寸是否正确。

2）用深度尺测量毛刺。

3）目测型材表面质量。

2. 铣门窗框组装榫口

(1) 质量要求。

1) 中横、竖框两端端铣加工的尺寸和位置应符合图纸的要求。

2) 铣加工部位要与组装基准面平齐，不平度小于 0.1mm。

3) 型材表面不得有明显的碰、拉、划伤痕。

(2) 检验器具。钢板尺、钢卷尺、游标卡尺、深度卡尺。

(3) 检验方法。

1) 按加工工艺和产品图样的要求测量组装榫口的位置是否正确，尺寸是否符合要求。

2) 用深度尺测量加工面的不平度。

3) 目测型材表面质量，不得有卡伤和碰、拉、划伤痕。

3. 铣（冲）扇料

推拉窗的组装切口、滑道切口、锁口、勾企凸面、装滑轮切口等。

(1) 质量要求。

1) 切口的尺寸和位置应符合图纸要求。

2) 切口和加工面应平整，加工面与原连接面的不平度小于 0.1mm，切口凹凸变形小于 0.05mm，毛刺小于 0.1mm。

3) 型材表面不得有明显的卡伤和碰、拉、划伤痕。

(2) 检验器具。钢板尺、钢卷尺、游标卡尺、深度尺、塞尺。

(3) 检验方法。

1) 按加工工艺和生产图纸的要求测量切口的位置是否正确，尺寸是否符合要求。

2) 用深度尺、塞尺测量不平度、凹凸变形和毛刺。

3) 目测型材表面质量，不得有明显卡伤和碰、拉、划伤痕。

4. 钻（冲）工序

推拉窗框组装孔（上下端、中梃）、地角安装孔（或组合孔）、装止退块孔、缓冲垫孔（也可在扇上）、扇组装孔、装滑轮孔。

平开窗框、扇滑撑安装孔（或合页安装孔）、执手安装孔。

(1) 质量要求。

1) 钻（冲）孔位置、孔径、孔中心距、孔径边距及尺寸偏差符合图纸要求。

2) 钻（冲）孔表面应平整、无明显凹凸变形，毛刺应小于 0.1mm。

3) 型材表面不得有明显的碰、拉划伤痕。

(2) 检验器具。钢板尺、钢卷尺、游标卡尺、深度尺、塞尺。

(3) 检验方法。

1) 按加工工艺和生产图纸的要求测量孔的数量是否正确，孔径、孔中心距、孔径边距及尺寸偏差是否符合要求。

2) 钻（冲）孔表面应平整，用深度尺、钢板尺、塞尺测量凹凸变形和毛刺。

3) 目测型材表面质量，不得有碰、拉、划伤痕。

### 14.4.3 组装工序

组装工序是铝合金门窗生产过程中的关键工序，是质量控制点，必须对组装后的各项指标进行严格检验，是误差控制在允许范围内。

1. 穿毛条、胶条

（1）质量要求。

1）使毛条或胶条在自然状态下穿在型材槽中，不得过紧或过松。毛条长度应与型材上安装毛条槽的长度相同。胶条长度比型材上安装胶条的槽长度长 10mm，框、扇挤角后切成45°角，橡胶密封条安装后保持接头严密，表面平整，密封条无咬边。

2）毛条或胶条在型材上不得脱槽。

3）型材表面不得有明显的磕碰、划伤。

（2）检验器具：钢卷尺。

（3）检验方法。

1）毛条或胶条长度用钢卷尺测量，目测、手试毛条或胶条不过紧过松。

2）目测毛条或胶条是否脱槽。

3）目测型材表面质量。

2. 安装滑轮（推拉门窗）

（1）质量要求。

1）滑轮规格、安装位置应符合图纸要求。

2）滑轮安装后应牢固、可靠，安装螺丝不准有滑扣现象。

3）滑轮安装后使用功能应符合图纸要求和使用要求。

（2）检验方法。

1）测量安装位置、滑轮规格是否符合图纸要求。

2）手试滑轮安装的牢固、可靠程度。

3）手试滑轮是否转动灵活、符合使用要求。

3. 组角和组装框扇、装配中梃

平开窗框、扇组角前先在连接件和型材组角处涂粘结剂。推拉窗框、扇用螺钉连接组装，中间加橡胶密封垫。有中横（竖）料构件的门窗，在组装窗框时，先装配中中横（竖）料。

（1）质量要求。

质量要求应根据《铝合金门窗》（GB/T 8478—2020）及企业内控标准要求制定。

1）铝合金门窗装配尺寸允许偏差见表 14-6。

表 14-6　　　　　铝合金门窗装配尺寸允许偏差　　　　　mm

| 项目 | 尺寸范围 | 允许偏差 | |
|---|---|---|---|
| | | 门 | 窗 |
| 门窗宽度、高度构造内侧尺寸 | L<2000 | | |
| | 2000≤L<3500 | | |
| | L≥3500 | | |

续表

| 项目 | 尺寸范围 | 允许偏差 | |
|---|---|---|---|
| | | 门 | 窗 |
| 门窗宽度、高度构造内侧对边尺寸差 | $L<2000$ | | |
| | $2000\leqslant L<3500$ | | |
| | $L\geqslant 3500$ | | |
| 对角线尺寸差 | $\leqslant 2500$ | | |
| | $>2500$ | | |
| 门窗框、扇搭接宽度 | — | | |
| 型材框、扇杆件接缝表面高低差 | 相同截面型材 | | |
| | 不同截面型材 | | |
| 型材框、扇杆件装配间隙 | — | | |

2）框、扇组装后，角度允许偏差应符合设计要求。

3）框、扇组装后，各配件应到位，位置应符合图纸要求，配件应牢固，无松动。

4）型材外观不得有锤痕、污迹、粘结剂外溢和碰、拉、划伤痕。

（2）检验方法。

1）框、扇的宽度和高度尺寸测量。将组装好的框、扇平放在工作平台上，用卷尺测量相对两边的实际尺寸。测量时，测量点应距框扇组件端部100mm处（见图14-1）。每个尺寸应对两端部各测一遍，取与公称尺寸差距大得数据为测量数值。

2）用钢板尺或钢卷尺，按图纸要求测量分格的尺寸，计量分格尺寸之差。

3）用深度尺或平板尺加塞尺测量框扇杆件的接缝高低差。用深度尺的测量基准面靠实在相邻杆件中平面较高的一侧的型材表面，用测量头测量零件较低一侧的型材表面。或将平板尺靠在相邻杆件平面较高一侧的型材表面，用塞尺测量较低一侧型材表面与直尺之间的间隙。

4）用塞尺从薄到厚依次试测框扇杆件间的装配间隙，直到塞尺在装配间隙中松紧适宜，读出此时塞尺对应的测值。

5）用万能角度尺测量框、扇的角度。

6）目测各零件安装位置是否正确、到位，手试安装零件是否牢固、无松动。

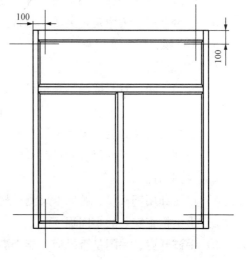

图 14-1　门窗框扇宽度和高度尺寸测量

7）目测型材外观质量，无污迹、粘结剂外溢和明显的碰、拉、划伤痕。

4. 平开窗装配滑撑（或合页、撑挡）

（1）质量要求。

1）滑撑（或合页、撑挡）的规格尺寸、安装位置应符合图纸要求。

2）滑撑安装应牢固、可靠，安装螺丝不准有滑扣现象。

3）滑撑安装后应开启灵活，使用功能满足使用要求。

4）框扇四周搭接配合应均匀，配合尺寸符合图纸要求，配合尺寸偏差不大于±1mm或±2mm（门）。

（2）检验器具。游标卡尺、钢板尺、深度尺。

（3）检验方法。

1）用游标卡尺和钢板尺测量滑撑的规格尺寸和安装位置。

2）手试滑撑安装的牢固、可靠程度。

3）手试滑撑开启是否灵活，能否满足使用要求。

4）把门窗立放在检验平台上，沿开启扇四周在框上画线，用深度尺或钢直尺测量搭接配合尺寸并计算偏差。

5. 平开门窗装执手

（1）质量要求。

1）执手规格尺寸、安装位置应符合图纸要求。

2）执手安装应牢固、可靠。

3）执手安装完后，窗扇开启、关闭应灵活，使用功能满足使用要求。

（2）检验器具。钢板尺、游标卡尺。

（3）检验方法。

1）目测和用钢板尺、游标卡尺测量执手的规格尺寸、安装位置。

2）手试检查执手安装的牢固、可靠程度。

3）手试开启、关闭是否灵活，能否满足使用要求。

6. 装窗锁、闭门器、插销

（1）质量要求。

1）窗锁、闭门器、插销的规格尺寸、安装位置应符合图纸要求。

2）安装应牢固、可靠，安装螺钉应符合要求，不准有滑扣现象。

3）安装完后应开启、关闭灵活自如，不存在卡阻现象，使用功能满足使用要求。

（2）检验器具。钢板尺、游标卡尺。

（3）检验方法。

1）目测和用钢板尺、游标卡尺测量规格尺寸、位置。

2）手试检查安装的牢固程度。

3）手试开启、关闭是否灵活，能否满足使用要求。

7. 装地角

（1）质量要求。

1）地角的安装位置、数量应符合图纸要求。

2）安装应牢固、可靠。

（2）检验方法。

1）目测地角安装数量，用钢板尺测量安装位置。

2）手试安装是否牢固、可靠。

8. 装玻璃

（1）质量要求。

1）装玻璃时，要在玻璃四周先安装玻璃垫块，垫块的规格尺寸、数量应符合要求。

2）玻璃尺寸应符合要求，保证每边的搭接量。

3）玻璃两侧若采用密封胶密封，注胶应平整密实、宽度一致、表面光滑、整洁美观。

4）玻璃两两侧若采用胶条密封时，胶条安装后应整齐、均匀，宽度一致，无起鼓现象。

5）玻璃的安装尺寸应符合《建筑玻璃应用技术规程》（JGJ 113—2015）规定的最小安装尺寸要求。

6）平开窗、固定窗的玻璃压条装配后应牢固，对接处间隙不大于 0.5mm，不平度不大于 0.5mm。

（2）检验器具：钢卷尺、深度尺、塞尺、游标卡尺。

（3）检验方法。

1）用钢卷尺测量玻璃尺寸，用游标卡尺测量玻璃厚度。

2）用游标卡尺、深度尺测量玻璃安装尺寸是否符合要求。

3）用塞尺测量压条装配间隙，用深度尺测量不平度。

4）其他项目用目测或手试是否符合要求。

9. 推拉窗装缓冲垫、防盗块

（1）质量要求。缓冲垫、防盗块的安装位置应正确、牢固，不能自由松动脱落，满足使用功能要求。

（2）检验方法。目测安装位置是否正确，手使是否牢固。

## 14.5　成品检验

铝合金门窗的成品检验分为出厂检验和型式检验。

### 14.5.1　出厂检验

出厂检验是生产企业在某一批次的产品出厂前，按照标准要求对该批次产品进行的产品质量检验。只有经检验合格后，才能对该批次产品进行出厂放行，并做好该批次产品的检验记录留存及出具检验合格证，作为供需双方对产品质量及工程质量验收的凭据。

按照产品标准要求，铝合金门窗产品的物理性能检验应由国家认定的检测机构按照建筑门窗物理性能检测方法进行检验并出具产品的物理性能检测报告。物理性能检测报告应符合产品标准要求及工程设计要求。因此，铝合金门窗产品的出厂检验项目应是除物理性能以外的检验项目。

1. 检验项目

出厂检验是对成品门窗的主要项目和一般项目的检验，包括构件连接、扇的启闭、门窗的装配质量、外形尺寸、表面质量方面的检验。出厂检验项目及技术要求见表 14-7。

2. 抽样方法

外观和装配质量为全数检验。

门窗及框扇装配尺寸偏差检验，每100樘为一个检验批，不足100樘也为一个检验批。从每个出厂检验批中的不同类型、品种、系列、规格分别随机抽取5%，且不少于3樘。

3. 检验器具

钢板尺、钢卷尺、游标卡尺、深度游标卡尺、塞尺、检验工作台。

**表 14-7** 铝合金门窗出厂检验项目 mm

| 序号 | 检验项目 | 技术要求 | |
|---|---|---|---|
| 1 | 宽度、高度构造内侧尺寸 | <2000 | |
| | | ≥2000<3500 | |
| | | ≥3500 | |
| 2 | 宽度、高度构造内侧尺寸对边尺寸之差 | <2000 | |
| | | ≥2000<3500 | |
| | | ≥3500 | |
| 3 | 对角线尺寸差 | ≤2500 | |
| | | >2500 | |
| 4 | 框与扇搭接宽度 | 门±2.0 | |
| 5 | 框、扇杆件接缝高低差 | 相同截面型材 | |
| 6 | 框、扇杆件装配间隙 | 不同截面型材 | |
| 7 | 装配质量 | 框、扇杆件连接牢固，装配间隙应进行有效密封 | |
| | | 附件安装牢固，开启扇五金配件运转灵活，无卡滞 | |
| | | 紧固件就位平正，并进行密封处理 | |
| 8 | 外观质量 | 产品表面不应有铝屑、毛刺、油污或其他污迹 | |
| | | 密封胶缝应连续、平滑，连接处不应有外溢的胶粘剂 | |
| | | 密封胶条应安装到位，四角应镶嵌可靠，不应有脱开的现象 | |
| | | 框扇型材表面没有明显的色差、凹凸不平、划伤、擦伤、碰伤等缺陷 | |

4. 检验方法

(1) 构件连接。目测构件是否齐全，用钢板尺测量连接件是否使用合理、正确；手试检查门窗框料之间、框与内装料之间、扇料之间、框或扇与五金件之间的连接是否牢固。

(2) 附件安装。目测附件是否齐全，用钢板尺、钢卷尺测量安装位置是否正确，手试是否牢固和满足使用要求。

(3) 门窗宽度、高度构造内侧尺寸。测量时，将检测门窗平放在工作台架上，用钢卷尺测量。测量位置如图14-1。测量高度时，从宽度方向向距离边框外缘100mm处测量，测量宽度时，从高度方向向距离边框外缘100mm处测量。测量时，要将钢卷尺拉紧，并与边框保持平行。分别测量出高度方向或宽度方向两端的数据，取与公称尺寸偏差较大的偏差值为宽度或高度尺寸的偏差。

(4) 门窗宽度、高度构造内侧尺寸对边尺寸之差。即两次测量的宽度方向或高度方向尺寸之差值。

(5) 框、扇杆件接缝高低差和装配间隙。将门窗平放于工作台或平台上，用深度尺或直尺和塞尺测量框、扇同一平面两相邻杆件之间的高低不平度即为接缝高低差。同一樘检测门、窗中以所有测得的高低差之最大值为该门、窗的高低差值。

测量构件之间的装配间隙，用塞尺从小到大（或厚薄组合）依次试测，直至松紧适度为止，此时塞尺测片厚度值即为该间隙的实际装配间隙。同一樘检测门、窗的几个装配间隙测值中，以最大间隙作为该门窗的装配间隙。或目测最大间隙后测量该间隙值即为该检测门、窗的装配间隙。

(6) 搭接宽度偏差。将检测门、窗关闭平放于检验平台上，在门、窗框与扇搭接四边的中间配合部位分别用铅笔画出直线作为记号，然后用深度游标卡尺或直尺分别测量搭接配合面至记号线之间的值，并与搭接量设计值比较，其中最大偏差即为该门、窗的搭接宽度偏差。或计算出搭接偏差的正负偏差值，并以此偏差范围作为搭接偏差。

(7) 装配质量。采用目测、手试等方式，检查杆件、附件、紧固件的装配质量是否满足使用要求。

(8) 外观质量。目测检查门窗型材表面不允许有铝屑、毛刺、油污或其他污迹。连接处不应有外溢的胶粘剂。表面应平整，没有明显的色差、凹凸不平、划伤、擦伤、碰伤等缺陷。

5. 判定规则

(1) 抽检产品检验结果全部符合标准要求时，判该批产品合格。

(2) 抽检产品检验结果如有多于 1 樘不符合标准要求时，判该批产品不合格。

(3) 抽检项目中如有 1 樘（不多于 1 樘）不合格，可再从该批产品中抽取双倍数量产品进行复检。复检结果全部达到标准要求时判定该项目合格，复检项目全部合格，判定该批产品合格，否则判定该批产品不合格。

## 14.5.2　型式检验

型式试验是依据产品标准对铝合金门窗全部检验项目进行检验。因此，型式试验是对门窗生产企业的生产设备加工精度、人员素质、检测设备及检验人员检验能力及技术水平和管理水平等进行的一次综合检验。因此，生产企业有下列情况时应进行产品的型式检验：

(1) 新产品或老产品转厂生产的试制定型鉴定。

(2) 正式生产后，产品的原材料、构造或生产工艺有较大改变，可能影响产品性能时。

(3) 正常生产时应每两年至少进行一次型式检验。

(4) 产品停产半年以上重新恢复生产时。

(5) 出厂检验结果与上次型式检验结果有较大差异时。

1. 检验项目

型式检验是对铝合金门窗全部项目进行的检验，即除对成品门窗出厂检验项目进行检测外，还要对门窗的关键项目即抗风压性能、气密性能、水密性能等物理性能进行检测。

2. 检验方法

物理性能试验由国家认定的检测机构依据《建筑外门窗气密、水密、抗风压性能检测方法》(GB/T 7106—2019)、《建筑外门窗保温性能检测方法》(GB/T 8484—2019)、《建筑外门窗空气隔声性能分级及检测方法》(GB/T 8485—2008) 等进行检验和判定产品等级,并给生产企业出具产品性能检测报告。

## 14.6 物理性能检测

### 14.6.1 检测目的

门窗是建筑外围护构件,是安装在外墙上的四边支承的超静定薄壁结构,它承受本身的自重、启闭时的开关力和侧面吹来的风的压力,因此,门窗的质量直接关系到建筑工程的质量。

门窗的物理性能是其最重要、最根本的性能,它关系到门窗作为建筑围护结构的一部分是否能与墙体一同起到应有的作用、能否满足建筑物使用功能要求。因此,建筑设计上提出了对门窗的物理性能要求,即抗风压性能、气密性能、水密性能、保温隔热性能、空气声隔声性能及采光性能。

铝合金门窗的物理性能能否达到规定的要求,将通过检测来验证。一般来讲,铝合金门窗物理性能的检测分为定级检测和工程检测。

### 14.6.2 定级检测

定级检测是确定产品的性能分级的检测,即检验产品的最高物理性能分级指标。对于铝合金门窗生产企业来说,定级检测一般在产品的型式检验时进行。定级检测是为了检验企业生产某种产品(如平开或推拉)性能的能力,通过产品性能的定级检测,验证企业的生产能力,包括设备加工能力、技术设计能力、人员素质等方面的综合能力。通过定级检测,可以确定企业生产某一种产品性能的最高分级。

在下列情况下,企业应进行定级检测:

(1) 新产品或老产品转厂生产的试制定型鉴定。

(2) 正式生产后,当结构、材料、工艺有较大改变而可能影响产品性能时。

(3) 正常生产时,每两年检测一次。

(4) 产品长期停产后,恢复生产时。

(5) 发生重大质量事故时。

定级检测一般由生产企业委托有检验资质的省级及以上的检验机构进行。通过定级检测的结果,企业可以发现继续改进或完善的方向或方法,进一步提高生产水平和技术水平。

### 14.6.3 工程检测

工程检测是考核实际工程用的门窗的性能能否满工程设计要求的检测。铝合金门窗的性能应由建筑设计部门根据建筑物所在地区的地理、气候和周围环境以及建筑物的高度、体型、重要性等确定。铝合金门窗的工程检测样品应与实际工程相一致，并且是从实际工程用门窗中随机抽取出来的检测样品。因此，工程检测的结果是判断实际工程用门窗能否满足工程设计要求的依据，是建筑工程质量竣工验收的必要资料。

### 14.6.4　检测结果的评定方法

铝合金门窗物理性能的检测中，气密性能、空气隔声性能、保温性能、采光性能的检测为一次性检测，即根据实际检测结果及相应物理性能分级表确定门窗的物理性能分级等级。如果是定级检测则根据检测结果进行性能的定级；如果是工程检测则根据检测结果与工程设计值相比较判定是否满足工程设计要求。

对于抗风压性能和水密性能的检测则依检测性质的不同即工程检测或定级检测则检测结果的评定不同。

对于抗风压性能，如果为定级检测则逐级加压至外窗主要受力构件面法线挠度达到 1/250（单层或夹层玻璃）或 1/375（中空玻璃）时的变形检测压力差值 $P_1$，并以 $P_2 = 1.5P_1$，$P_3 = 2.5P_1$ 分别进行反复加压检和定级检测，以检测外窗是否发生功能障碍或损坏为依据判定外窗所处抗风压性能等级；如果为工程检测简单来说就是以工程设计值 $W_k$ 为最高值检测压力差值进行检测，当外窗经检测未出现功能障碍或损坏且 2.5 倍的变形检测中主要受力构件挠度达到 $l/250$（单层或夹层玻璃）或 1/375（中空玻璃）时所对应压力差值超过工程设计值 $W_k$，则该樘窗判为满足工程设计要求，否则判为不能满足工程设计要求。

在定级检测中，以三樘样窗定级值的最小值作为该组样窗的定级值。工程检测时，三樘检测样窗必须全部满足工程设计要求。

对于水密性能的检测，定级检测和当工程所在地为非热带风暴和台风地区时的工程检测，采用稳定加压法检测；当工程所在地为热带风暴和台风地区时的工程检测，则采用波动加压法检测。稳定加压法和波动加压法淋水量不同，波动加压法可以检测外窗抵抗台风和热带风暴时雨水侵入的能力。

# 第15章
# 铝合金门窗安装施工

铝合金门窗的安装是指按照安装工艺要求将组装好的门窗产品固定到墙体洞口上。铝合金门窗只有安装在建筑物墙体洞口之后，使其处于工作状态，才能正常使用，才能发挥其防水、防风、保温、隔声等功能。

安装施工是门窗在交付使用前最后的一道工序。因此，安装质量的好坏决定着企业所生产的门窗能否完全发挥出设计功能及能否完好交到用户手中的关键。

## 15.1 安装施工工艺

铝合金门窗的安装方法有预留洞口法、精洞口法和衬套法等。安装习惯和安装方法随国情而异，国外多采用精洞口法安装。

所谓精洞口法安装，就是在铝合金门窗安装前先将洞口全部制作粉刷完毕，留有一个装饰好的洞口，将比此洞口略小的门窗装入其中，通过在门窗框内打安装固定孔，用专用的固定螺丝将门窗与墙体固定。门窗装入洞口后用聚氨酯发泡剂及密封胶进行密封后就可以直接使用了，无需后期的水泥嵌缝及墙面粉刷。精洞口安装因为不需要进行后道抹灰、粉刷工序，因而不会对成品门窗造成污染，也就避免了框扇的损坏，因此对铝合金门窗的保护较好。精洞口法安装特别适用于等高档门窗的安装，可以避免安装施工中对门窗框的损坏。

预留洞口法安装又称湿法安装，是将门窗直接安装在未经表面装饰的墙体门窗洞口上，在墙体表面湿作业装饰时对门窗框与洞口的间隙进行填充和防水密封处理。

衬套法又称干法安装，是在墙体门窗洞口预先安置附加外框并对墙体缝隙进行填充、防水密封处理，在墙体洞口表面装饰湿作业完成后，将门窗固定在附框上的安装方法。

干法安装与精洞口法安装非常相似，可以说干法安装中的衬套附框是对安装洞口尺寸的校正。不管采用何种方法进行铝合金门窗的安装，都要进行事前准备、安装施工、收尾清洁等大部分工作。

铝合金门窗的安装施工艺流程如图 15-1 所示。

由于铝合金门窗表面极易损伤，且铝合金型材表面涂层破坏后难以修补。因此，铝合金门窗安装施工不得采用边砌洞口边安装或先安装后砌洞口的施工方法。为了对铝合金门窗进行更好的保护，应采用干法安装方式。

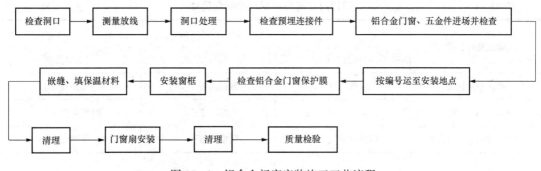

图 15-1　铝合金门窗安装施工工艺流程

## 15.2　安装准备

### 15.2.1　材料准备

（1）复核准备安装的铝合金门窗的规格、型号、数量、开启形式等是否符合设计要求，且应有出厂合格证。

（2）检查铝合金门窗的装配质量及外观是否满足设计要求。

（3）检查各种安装附件、五金件等是否配套齐全。

（4）检查辅助材料的规格、品种、数量是否满足施工要求。

（5）复核所有材料是否有出厂合格证及必需的质量检测报告。

（6）填写材料进场验收记录和复检报告。

（7）门窗安装所需的机具、辅助材料和安全设施，应齐全、安全可靠。

（8）门窗附框材料应符合 GB/T 39866《建筑门窗附框技术要求》的规定。

### 15.2.2　安装设备准备

铝合金门窗安装需配备铝合金切割机、电钻、冲击钻、射钉枪、螺丝刀、钢直尺、钢卷尺、錾子、手锤、电焊机、打胶枪、线锯、木楔、扳手、托线架、线坠、水平尺、灰线袋等。

### 15.2.3　确定安装位置

1. 检查安装洞口

安装洞口施工质量应符合现行国家施工质量验收规范的要求。

（1）洞口尺寸检查。铝合金门窗框安装都是后塞口，所以要根据不同的材料品种和门窗框的宽、高尺寸，逐个检查门窗洞口的尺寸，核对所有门窗洞口尺寸与门窗框的规格尺寸是否相适应，能否满足安装要求。

一般情况下，洞口尺寸与门窗框尺寸之间的配合尺寸见表 15-1。

表 15 - 1                洞口尺寸与门窗框尺寸配合尺寸

| 饰面材料种类 | 洞口尺寸（mm） | | |
| --- | --- | --- | --- |
| | 门窗洞口宽度 | 窗洞口高度 | 门洞口高度 |
| 水泥砂浆抹面 | 门窗框宽度+50 | 窗框高度+50 | 门框高度+25 |
| 贴瓷砖、马赛克 | 门窗框宽度+60 | 窗框高度+60 | 门框高度+30 |
| 镶贴大理石、花岗岩 | 门窗框宽度+80 | 窗框高度+80 | 门框高度+40 |

安装铝合金门窗时，要求洞口尺寸偏差不超过表 15 - 2 的规定。

表 15 - 2                洞口尺寸偏差要求

| 项目 | 允许偏差（mm） |
| --- | --- |
| 洞口宽度、高度 | ±5.0 |
| 洞口对角线长度差 | ≤5.0 |
| 洞口侧边垂直度 | ≤1.5/1000 且不大于 2.0 |
| 洞口中心线与基准轴线偏差 | ≤5.0 |
| 洞口下平面标高 | ±5.0 |

（2）洞口位置检查。由安装人员会同土建人员按照设计图纸检查洞口的位置和标高，若发现洞口位置与设计图纸不符或偏差太大，则应进行必要的修正处理。

2. 确定安装基准

按室内地面弹出的 500mm 水平线和垂直线，标出门窗框安装基准线，作为门窗框安装时的标准，要求同一立面上门、窗的水平及垂直方向应做到整齐一致。

（1）测量放线。在最高层找出门窗口边线，用大线坠沿门窗口边线下引，并在每层门窗口处划线标记，对个别不直的口边应剔凿处理。高层建筑可用经纬仪找垂直线。门窗口的水平位置应以楼层+500mm 水平线为准，往上返，量出窗下皮标高，弹线找直，每层窗下皮（若标高相同）则应在同一水平线上。如在弹线时发现预留洞口的位置、尺寸有较大偏差，应及时调整、处理。

（2）确定墙厚方向的安装位置。根据外墙大样图及窗台板的宽度，确定铝合金门窗在墙厚方向的安装位置。如外墙厚度有偏差时，原则上应以同一房间窗台板外露尺寸一致为准，窗台板应伸入铝合金门窗的窗下 5mm 为宜。

3. 检查预留孔洞或预埋铁件

逐个检查门窗洞口四周的预留孔洞或预埋铁件的位置和数量是否与铝合金门窗框上的连接铁脚匹配吻合。

逐个检查门窗洞口防雷连接件的预留位置并标记。

对于铝合金门窗，除以上提到的确定位置外，还要特别注意室内地面标高，地弹簧门的地弹簧上表面应与室内地面饰面标高一致。

### 15.2.4  作业条件要求

在铝合金门窗框上墙安装前，应确保以下各方面条件均已达到要求。

（1）结构工程质量已经验收合格。

（2）门窗洞口的位置、尺寸已核对无误，或已经过修补、整修合格。

（3）预留铁脚孔洞或预埋铁件的数量、尺寸已核对无误。

（4）管理人员已进行了技术、质量、安全交底。

（5）铝合金门窗及其配件、辅助材料已全部运至施工现场，且数量、规格、质量完全符合设计要求。

（6）已具备了垂直运输条件，并接通了电源。

（7）各种安装保护措施等齐全可靠。

## 15.3 门窗框的安装

铝合金门窗框的上墙安装一般要经过立框、连接锚固、嵌缝密封、检验等工序。

### 15.3.1  立框

按照在洞口上测量出的门、窗框位置线，根据设计要求，将门、窗框中心线立于位置线上或内侧。

### 15.3.2  连接锚固

安装方式的不同，门、窗框在洞口墙体上的锚固方式也有所区别。

**1. 干法安装**

采用干法安装时，金属附框的安装应在洞口及墙体抹灰湿作业前完成，铝合金门窗的安装则在洞口及墙体抹灰湿作业之后进行。

干法安装对金属附框的要求如下：

（1）金属附框用于与铝合金门窗框连接的侧边的有效宽度不应小于 30mm。

（2）金属附框宜采用固定片与洞口墙体连接固定。在金属附框的室内外两侧安装固定片与墙体可靠连接。固定片宜采用 Q235 钢材，表面经防腐处理，厚度不小于 1.5mm，宽度不小于 25mm。

（3）金属附框固定片距角部距离不大于 150mm，相邻两固定片中心距不应大于 500mm，如图 15 - 2 所示，固定片在墙体固定点的中心位置至墙体边缘距离不小于 50mm，如图 15 - 3 所示。

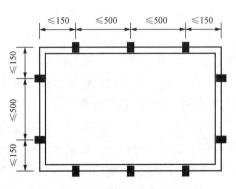

图 15 - 2  金属附框、铝合金门窗框
安装固定位置

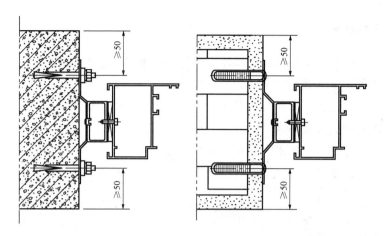

图 15-3　固定片安装位置

（4）为了保证门窗安装的位置及美观，相邻洞口金属附框平面内偏差不超过 10mm，金属附框内廓表面应与洞口抹灰饰面齐平，金属附框宽度和高度尺寸偏差及对角线差值应符合表 15-3 规定。

表 15-3　　　　　　　　　　　　金属附框尺寸允许偏差

| 项目 | 允许偏差（mm） | 检测方法 |
| --- | --- | --- |
| 金属附框高、宽 | ±3.0 | 钢卷尺检测 |
| 对角线 | ±4.0 | 钢卷尺检测 |

干法安装时，铝合金门窗框与金属附框采用螺钉连接见图 15-3，连接螺钉距角部距离不大于 150mm，相邻两连接螺钉间距不应大于 500mm。

安装时应保证铝合金门窗框与金属附框连接牢固可靠，铝合金门窗框与金属附框连接固定点的设置要求见图 15-2。

2. 湿法安装

采用湿法安装时，铝合金门窗框的安装在洞口及墙体抹灰湿作业前完成。铝合金门窗框与洞口墙体宜采用固定片连接固定时，对固定片的要求与干法安装相同。

铝合金门窗框与墙体连接的固定片距角部距离不大于 150mm，相邻两固定片中心距不应大于 500mm，固定点的设置要求如图 15-2 所示。

固定片与铝合金门窗框的连接宜采用卡槽连接方式，如图 15-4 所示。与无槽口铝合金门窗框连接时，可采用自攻螺钉，钉头处应密封，如图 15-5 所示。

铝合金门窗框可采用木楔、或其他器具在洞口内临时固定，但不得导致铝合金门窗框型材变形或损坏，待检查立面垂直，左右间隙大小、上下位置均符合要求后，再将门窗框固定在洞口内。门窗安装完后，应将临时固定物及时移除。

铝合金门窗框与洞口缝隙，应采用保温、防潮且无腐蚀性的软质材料填塞密实；也可使用防水砂浆填塞，但不宜使用海砂成分的砂浆。使用聚氨酯泡沫填缝胶，施工前应清除粘接面的灰尘，墙体粘接面应进行淋水处理，固化后的聚氨酯泡沫填缝胶表面应作密封处理。

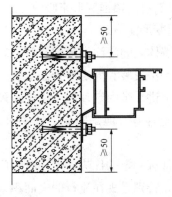
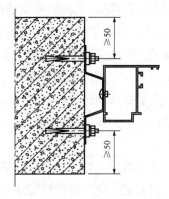

图 15-4　卡槽连接方式　　　　图 15-5　自攻螺钉连接方式

铝合金门窗框周边与洞口抹灰层接触部位应进行防腐处理。可采用涂刷防腐涂料或粘贴塑料薄膜进行保护，以免水泥砂浆直接与铝合金门窗表面接触，产生电化学反应，腐蚀铝合金门窗。

3. 门窗安装中湿法安装和干法安装的区别

（1）湿法安装。湿法安装在铝框和墙体之间灌注水泥砂浆填充缝隙，湿水泥要接触铝合金框，水泥固化把铝合金框限制住。水泥砂浆填缝，这样施工最简单，也最符合实际。但它对铝合金门窗装饰面以及门窗框型材内表面有腐蚀及污染。这就要求施工单位施工时严密注意，保护好门窗型材的装饰面，在处理门窗外框与墙体缝隙以致墙体表面装饰完毕后，才能取掉铝型材装饰面的保护胶带。至于水泥砂浆对门窗框型材内表面（非装饰面）容易产生腐蚀，避免的办法是在铝材表面涂以防腐漆。据资料介绍，在水泥砂浆未凝固时，对铝材有腐蚀现象，待水泥砂浆凝固干燥后，对铝材的腐蚀也就停止了。因此，这种处理方法在我国目前是最常用的方案之一。它能使门窗框牢固的与墙体连接，而且对壁厚较薄的框料起着加固作用。尤其对铝合金推拉门窗下轨道变形起着很重要的加固作用。

湿法安装的优点有：

1）施工时对土建预留的洞口要求简单。

2）塞缝后门窗整体性较好。

3）塞缝造价低。

4）施工简便。

5）与土建配合较不容易产生摩擦。

湿法安装有以下几大弊病：

1）湿水泥砂浆对铝材有腐蚀现象。

2）铝框截面较小，料较薄时，水泥砂浆填缝易导致铝框变形。

3）水泥砂浆填缝不能用于隔热型材，因为其导热系数较大，保温性能较差。

4）水泥和铝框的热膨胀系数不同，产生的热应力无法消除，只能靠铝框变形来吸收。时间过久，水泥会出现龟裂。

5）防水性能差。水泥是可以渗水的，即使采用防水水泥砂浆或其他办法，在水泥出现龟裂后，雨水依然会通过裂缝渗漏。

6）主体结构会有沉降，水泥砂浆填缝沉降要被迫由铝框变形来吸收。

7）地震时，水泥砂浆填缝使整窗丧失了平面变形能力。

（2）干法安装。干法安装需要在铝合金框和墙体之间灌注发泡剂或塞入岩棉毡等软质保温材料，铝合金框不与水泥接触，是柔性连接。湿法安装和固定片干法安装是日本传入中国的，钢附框干法安装是欧洲传入中国的。从理论上讲，带固定片的干法安装最为合理，可以比较好地吸收热应力、主体沉降和地震变形，安全性好。但是安装工期要求非常紧，与内、外装配合要求很高。

使用泡沫剂施工对保温性、抗震性、防水性都有一定的优势，但同时对门窗洞口的要求也更加严格，且对固定连接片的壁厚要求也更高，特别是现在流行的大面积采光的落地窗越来越多，门窗与主体的连接的强度对柔性填缝来说也是更高的考验。目前，行业内鼓励采用带副框安装的方法（干法安装）。这样对门窗产品的成品保护及工程的施工有较大好处。

干法安装的主要优点是：

1）减少与土建的交叉作业，有利于产品的现场保护，提高交付质量。

2）有利于门窗产品的工厂化批量加工，从而提高工作效率及质量。

3）与门窗主框之间预留间隙，有利于温度应力及其他应力的释放。

### 15.3.3 铝合金门窗框与墙体的连接

1. 连接方法

采用干法安装时，铝合金门窗框与金属附框一般用螺钉连接，见图 15-3。

采用湿法安装时，铝合金窗框上的固定片与墙体的固定方法有预埋件连接、燕尾铁脚连接、金属胀锚栓连接、射钉连接等固定方法，铝合金窗示意见图 15-6 所示，安装节点Ⓐ、Ⓑ、Ⓒ其节点大样图分别见图 15-7 铝合金窗与墙体连接（一）和（二）中（a）、（b）、（c）和（d）所示。

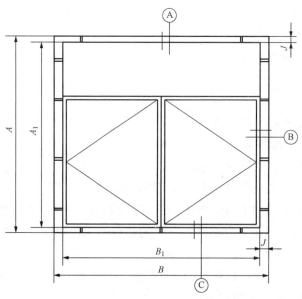

图 15-6　铝合金窗与墙体连接示意图

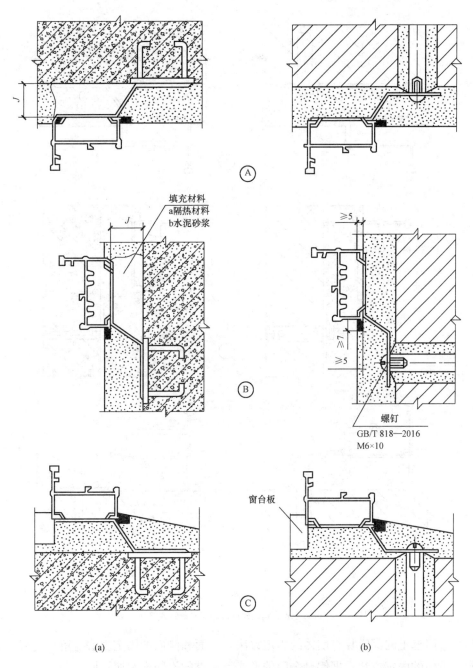

图 15-7　铝合金窗与墙体连接（一）

（a）预埋件焊接连接；（b）燕尾铁脚螺钉连接

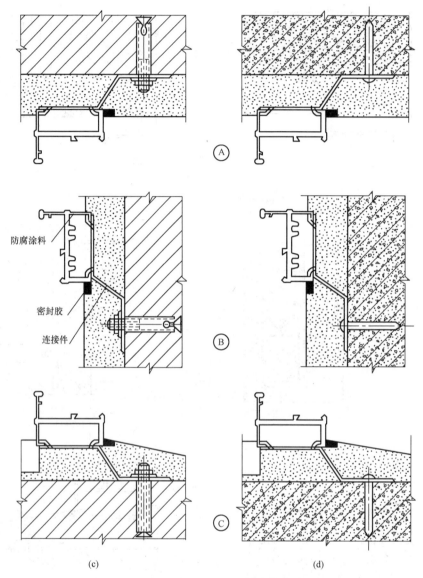

图 15-7　铝合金窗与墙体连接（二）

（c）金属胀锚螺栓连接；（d）射钉连接

　　铝合金门框上的固定片与墙体的固定方法，上面和侧面的固定方法与铝合金窗的固定方法相同，下面的固定方法根据铝合金门的形式、种类的不同而有所不同。

　　（1）平开门框下部的固定方法，见图 15-8。

　　（2）推拉门框下部的固定方法，见图 15-9。

　　2. 连接注意事项

　　（1）当主体结构为混凝土结构时，可采用 φ4 或 φ5 的射钉将固定片固定在墙体上；当洞口为砖混结构时，应采用膨胀螺钉固定，而不得采用射钉固定。

　　（2）带型窗、大型窗的拼接处，如需设角钢或槽钢加固时，则其上、下部要与预埋钢板焊接，预埋件按每 1000mm 间距在洞口内均匀设置。

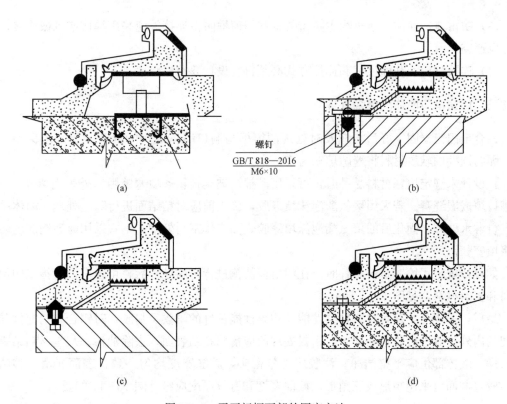

图 15-8　平开门框下部的固定方法

（a）预埋连接；（b）燕尾铁脚连接；（c）金属胀锚螺栓连接；（d）射钉连接

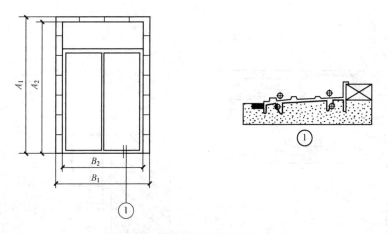

图 15-9　推拉门框下部的固定方法

（3）禁止在铝合金门窗连接地进行焊接操作，当固定片与洞口预埋件焊接时，门窗框上要遮盖石棉毯等防火材料，防止焊接时烧伤门窗。

### 15.3.4　门窗框的防雷连接

（1）门窗外框应有专用的防雷连接件与门窗框可靠连接。

（2）门窗外框与防雷连接件连接，应先除去非导电的表面处理层。

（3）防雷连接导体与建筑物主防雷装置和门窗框防雷连接件应采用焊接或机械连接，形成导电通路。

（4）连接材质、截面尺寸和连接方式必须符合设计要求。

### 15.3.5 门窗框与墙体的缝隙处理

铝合金门窗框固定好后，应及时处理门窗框与洞口墙体之间的缝隙，要采用保温、防潮、无腐蚀性的软质材料将缝隙填塞密实。

在设计未规定填塞材料品种时，可采用矿棉或玻璃棉毡条填塞缝隙，外表面留 5～8mm 深槽口填嵌嵌缝膏。若采用聚氨酯泡沫填缝胶，施工前应对粘结面进行除尘处理，墙体粘结面进行淋水处理，固化后的聚氨酯泡沫填缝胶表面应作密封处理。不宜采用海砂制成的防水砂浆填塞。

如设计规定了填塞材料品种时，在门窗框两侧进行防腐处理后，可填嵌设计指定的保温材料和密封材料，见图 15-10。

最后，采用与相接触材料粘结性能和相容性能良好的耐候密封胶，对铝合金门窗框与墙体间的内外边缝进行防水处理。在密封处理前应清洁粘结表面，去除油污、灰尘。粘结表面应干燥，墙体部位应平整洁净。注胶应平整密实，胶缝宽度均匀一致，表面光滑，整洁美观。胶缝截面可采用矩形或三角形。截面宽度和有效厚度应符合图 15-11 的要求。

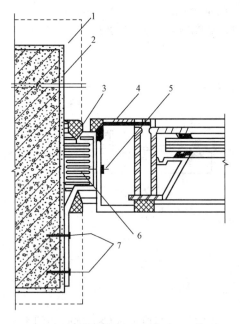

图 15-10 铝合金门窗安装密封示意图

1—最后一遍饰面层；2—第一遍粉刷；3—密封膏；

4—铝框；5—自攻螺钉；6—软质填充料；7—膨胀螺栓

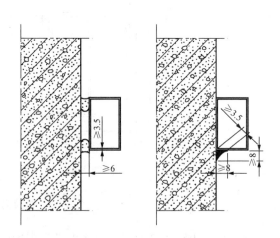

图 15-11 胶缝截面宽度和有效厚度要求

### 15.3.6 安装质量要求

铝合金门窗安装就位后，其安装允许偏差应符合表 15-4 的规定。

表 15 - 4　　　　　　　　　　铝合金门窗安装允许偏差　　　　　　　　　　　　mm

| 项目 | | 允许偏差 | 检测设备 |
|---|---|---|---|
| 门窗进出方向位置 | | ±5.0 | 经纬仪 |
| 门窗框标高 | | ±3.0 | 水平仪 |
| 门窗框左右方向位置（无对线要求时） | 相邻两层处于同一垂直位置 | +10.0 0.0 | 经纬仪 |
| | 全楼高度内处于同一垂直位置（30m 以下） | +15.0 0.0 | |
| | 全楼高度内处于同一垂直位置（30m 以上） | +20.0 0.0 | |
| 门窗框左右方向位置（有对线要求时） | 相邻两层处于同一垂直位置 | +2.0 0.0 | 经纬仪 |
| | 全楼高度内处于同一垂直位置（30m 以下） | +10.0 0.0 | |
| | 全楼高度内处于同一垂直位置（30m 以上） | 15.0 0.0 | |
| 门窗竖边框及中竖框自身进出方向和左右方向的垂直度 | | ±1.5 | 经纬仪 |
| 门窗横向边框及中横框的自身水平度偏差 | | ±1.0 | 水平仪 |
| 相邻两横边框及中横框的高度偏差 | | +1.5 0.0 | 水平仪 |

## 15.4　产品保护

### 15.4.1　运输与保管

　　铝合金门窗的运输工具应保持清洁，并有防雨水设施。运输时铝合金门窗应竖立排放，不得倾斜、挤压。各樘门窗之间应采用非金属软质材料隔垫，五金件要相互错开，门窗要用绳索绑紧，做到稳固可靠，防止因车辆颠簸而损坏铝合金门窗。

　　装卸铝合金门窗时应轻拿、轻放，不得撬、摔、甩。采用机械设备吊运门窗时，应在底部采用牢固、可靠的吊运托架且在其表面采用非金属软质材料衬垫防护。

　　门窗运输到工地时，应选择平整、干燥的场地存放，且应避免日晒雨淋。门窗下部应放垫木，不得直接接触地面。门窗应立放，立放角度不应小于 70°，并应采取防倾倒措施。严禁存放在腐蚀性较大或潮湿的地方。

### 15.4.2　施工安全

　　铝合金门窗的安装应由技术人员进行技术交底，负责现场指导。在进行室外安装时，一般由两人配合操作，对于组合门窗一般由三人配合安装。施工安装人员在现场进行安装时，必须佩戴安全帽、安全带和工具袋等，防止人员和物件坠落。安全带要挂在室内牢固可靠的位置上，禁止将安全带挂在窗扇或窗撑等窗体上，更不准手攀窗框、窗扇，以防止损坏造成人员坠落。

施工现场门窗成品及辅助材料应堆放整齐、平稳，并对易燃材料采取放火等措施。

安装时，使用的电动工具不得有漏电现象，当使用射钉枪时应采取安全保护措施。

安装时，有关劳动保护、防火防毒等施工安全技术应按《建筑施工高处作业安全技术规范》（JGJ 80—2016）执行。

现场焊接作业时，应采取有效防火措施。

### 15.4.3　产品保护

安装前应仔细检查铝合金门窗的保护膜是否有缺损，对于缺损部分应补贴保护膜。

在进行安装施工过程中，不得损坏铝合金门窗上的保护膜。如不慎在安装时粘上了水泥砂浆，应及时擦拭干净，以免腐蚀铝合金门窗。

铝合金门窗安装完毕后，在工程验收前，不得剥去门窗上的保护膜，并且要防止撞击，避免损坏门窗。

已安装上门窗的洞口，禁止再作运料通道。

严禁在门窗框、扇上安装脚手架、悬挂重物。外脚手架不得顶压在门窗框扇或窗撑上，并严禁踩踏窗框、扇或窗撑。

应防止利器划伤门窗表面，并应防止电、气焊火花烧伤或烫伤门窗面层。

### 15.4.4　门窗的清理

铝合金门窗验收交工之前，应将型材表面的塑料保护膜去掉，如果塑料保护膜在铝型材表面留下胶痕，应使用香蕉水清洗干净。

铝合金门窗框扇，可用清水或浓度为1%～5%的中性洗涤剂清洗，然后用布擦干。不得用酸性或碱性制剂清洗，也不能用钢刷刷洗。

玻璃应用清水擦洗干净，对浮灰或其他杂物应全部清理干净。

## 15.5　工程验收

铝合金门窗的工程验收应符合《建筑工程施工质量验收统一标准》（GB 50300—2013）和《建筑装饰装修工程质量验收规范》（GB 50210—2018）及《建筑节能工程施工质量验收规范》（GB 50411—2019）的规定要求。

（1）铝合金门窗的隐蔽工程验收，应在作业面封闭前进行并形成验收记录。

（2）铝合金门窗工程验收时应提供下列文件和记录：

1）铝合金门窗工程的施工图、设计说明及其他设计文件。

2）根据工程需要出具铝合金门窗的抗风压性能、气密性能、水密性能、保温性能、隔声性能检测报告。

3）铝合金门窗型材、玻璃、密封材料及五金件等材料的产品质量合格证书及性能检测报告，进场验收记录。

4）隐框窗应提供硅酮密封胶与相接触材料的相容性检验报告。

5）铝合金门窗框与洞口墙体连接固定、防腐、缝隙填塞及密封处理及防雷连接等隐蔽工程验收记录。

6）铝合金门窗出厂合格证书。

7）铝合金门窗安装施工自检合格记录。

8）进口商品应提供相关报关及商检证明。

### 15.5.1　铝合金门窗安装验收的主控项目

（1）铝合金门窗的品种、类型、规格、尺寸、性能、开启方向、安装位置、连接方式及铝合金门窗用型材的合金牌号、状态、化学成分、力学性能、尺寸允许偏差、外观质量及表面处理应符合现行国家标准的规定。型材主要受力构件的壁厚应符合设计要求。铝合金门窗的防腐处理及嵌填、密封处理应符合设计要求。

（2）铝合金门窗框和金属附框的安装必须牢固。预埋件的数量、位置、埋设方式与框的连接方式等必须符合设计要求。

（3）铝合金门窗扇必须安装牢固，并应开关灵活、关闭严密、无倒翘。推拉门窗必须有防脱落措施。

（4）铝合金门窗配件的型号、规格、数量应符合设计要求，安装应牢固，位置应正确，功能应满足使用要求。

### 15.5.2　铝合金门窗安装验收的一般项目

（1）铝合金门窗表面应洁净、平整、光滑、色泽一致，无锈蚀。大面应无划痕、碰伤。保护层应连续。

（2）铝合金门窗扇及锁闭装置的操作力应符合标准《建筑门窗幕墙通用技术条件》（GB/T 31433—2015）的规定要求。

（3）铝合金门窗框与墙体之间的缝隙应嵌填饱满，并采用密封胶密封。密封胶表面应光滑、连续、无裂纹。

（4）铝合金门窗扇的橡胶密封胶条或毛毡密封条应安装完好，不应脱槽。

（5）铝合金门窗的排水孔、气压平衡孔应通畅，位置和数量应符合设计要求。

（6）铝合金门窗的安装允许偏差和检验方法应符合表 15 - 4 的规定。

## 15.6　维护与保养

为保证铝合金门窗的使用寿命，应对其进行必要的维护和保养。

铝合金门窗日常使用过程中应注意以下几方面的事项：

（1）铝合金门窗应在通风、干燥的环境中使用，保持门窗表面整洁，不得与酸、碱、盐等有腐蚀性的物质接触,门窗在使用过程中应防止锐器对窗体表面碰、划、拉伤及其他损坏。

(2)推拉窗开启时,联动器式先将执手旋转 90°,半圆锁式将手柄旋转 180°,将窗锁转到开启状态,用手轻推窗扇即可,外力不能直接作用在窗锁上;关闭时,用手轻推拉窗扇,使窗扇关闭到位,在将执手、窗锁反向旋转关闭窗扇,保证窗扇缝隙密封严密。

平开窗开启时,先将执手旋转 90°开启到位后再轻推(拉)窗扇,以免上下锁点阻碍窗扇启闭或因用力过猛损坏执手;关闭窗扇时,轻拉(推)窗扇到位,再将执手反转到关闭状态即可。

内平开下悬窗开启时,先明确开启方式,内开时先将执手旋转 90°,开启到位后再轻拉执手打开窗扇;内倒时将执手旋转 180°开启到位后再轻拉执手打开窗扇;关闭窗扇时,轻推窗扇到位,将执手反转到关闭状态即可。

(3)应定期检查门窗排水系统,清除堵塞物,保持排水口的畅通。

(4)保持门窗滑槽、传动机构、合页(铰链)、滑撑、执手等部位的清洁,去除灰尘。门窗螺丝松动时应及时拧紧。铰链、滑轮、执手等门窗五金件应定期进行检查和润滑,保持开启灵活,无卡滞现象。出现启闭不灵活或附件损坏时应及时维修更换。门窗窗扇和门窗执手、铰链等五金件上严禁吊挂重物,以免损坏五金件或造成窗扇变形。

(5)因热胀冷缩原因,门窗胶条有可能出现伸缩现象,此时不能用力拉扯密封胶条,应使其呈自然状态,以保证门窗密封性能。铝合金门窗的密封胶条、毛条出现破损、老化、缩短时应及时修补或更换。

(6)铝合金门窗宜用中性的水容性洗涤剂清洗,不得使用有腐蚀性的化学剂如丙酮、二甲苯等清洗门窗。

铝合金门窗工程竣工验收 1 年后,应对门窗工程进行一次全面的检查,并做好回访检查维护记录。

# 参 考 文 献

[1] 孙文迁，王波．铝合金门窗生产与质量控制［M］．北京：中国电力出版社，2010．

[2] 王波，孙文迁．建筑节能门窗设计与制作［M］．北京：中国电力出版社，2016．

[3] 王波，孙文迁．建筑系统门窗研发设计［M］．北京：中国电力出版社，2020．

[4] 王波，气密性对建筑外门窗保温性能的影响［J］．新型建筑材料，2012（3）．

[5] 孙文迁．建筑外窗之设计计算、试验、生产加工及施工验收［J］．中国建筑金属结构，2007（8）：8-12．

[6] 孙文迁．玻璃幕墙用中空玻璃质量控制与问题分析［J］．中国建筑金属结构，2009（2）：20-22．

[7] 孙文迁．铝合金门窗用型材的选择［J］．中国建筑金属结构，2012（9）：49-51．

[8] 孙文迁，等．穿条式隔热铝型材抗剪强度对门窗性能的影响［J］．中国建筑金属结构，2018（11）：50-53．

[9] 孙文迁、孙林．智能门窗系统［J］．中国建筑金属结构，2017（12）：40-42．

[10] 孙文迁．建筑门窗防结露设计［J］．中国建筑金属结构，2019（12）：45-48．

[11] 刘旭琼，朴永日，殷岭．建筑节能门窗配套技术问答［M］．北京：化学工业出版社，2009．

[12] 王祝堂，田荣璋．铝合金及其加工手册［M］．长沙：中南大学出版社，2000．

[13] 朱祖芳．铝合金阳极氧化工艺技术应用手册［M］．北京：冶金工业出版社，2007．

[14] 王寿华．建筑门窗手册［M］．北京：中国建筑工业出版社，2002．

[15] 朱洪祥．中空玻璃的生产与选用［M］．济南：山东大学出版社，2006．

[16] 阎玉芹，李新达，等．铝合金门窗［M］．北京：化学工业出版社，2015．

[17] 王春贵．电偶腐蚀—铝合金门窗五金件的锈蚀特点［J］．中国建筑金属结构，2007（3）：36-37．